21世纪高等教育建筑环境与能源应用工程融媒体新形态系列教材

零碳建筑技术概论

主　编　郭春梅
副主编　王昌凤　赵　薇

主　审　张　欢

机 械 工 业 出 版 社

本书立足于建筑运行阶段的碳减排技术和设计方法，以如何设计零碳建筑为思路构建结构体系，系统讲述了建筑碳减排的发展、建筑碳排放的核算方法、建筑能耗动态模拟方法、建筑围护结构及构造等被动式减排技术，以及太阳能、地热能、海洋能、热泵技术、蒸发冷却技术、储能技术和可再生水源节能利用技术等主动式减碳技术，介绍了可以提高建筑运行管理水平的建筑物联网监控技术，最后以工程案例的方式介绍了减少能源需求的被动式建筑技术和多能互补的能源利用技术。本书适度融入了课程思政元素，内容突出前沿性，同时强调实用性。章后设有思考题和二维码形式客观题（扫码可在线做题），部分图通过扫描二维码可看彩图，方便读者学习。

本书可作为高等院校建筑环境与能源应用工程、土木工程、给排水科学与工程等专业的教材，也可供建筑设计和建筑咨询等从业者参考。

本书配有 PPT 电子课件和章后习题参考答案，免费提供给选用本书作为教材的授课教师。需要者请登录机械工业出版社教育服务网（www.cmpedu.com）注册后下载。

图书在版编目（CIP）数据

零碳建筑技术概论/郭春梅主编. —北京：机械工业出版社，2024.3
21 世纪高等教育建筑环境与能源应用工程融媒体新形态系列教材
ISBN 978-7-111-74776-5

Ⅰ.①零… Ⅱ.①郭… Ⅲ.①生态建筑-高等学校-教材 Ⅳ.①TU-023

中国国家版本馆 CIP 数据核字（2024）第 017278 号

机械工业出版社（北京市百万庄大街 22 号 邮政编码 100037）
策划编辑：刘 涛　　责任编辑：刘 涛 舒 宜
责任校对：杨 霞 张 薇　　封面设计：马精明
责任印制：郜 敏
三河市宏达印刷有限公司印刷
2024 年 3 月第 1 版第 1 次印刷
184mm×260mm · 22 印张 · 587 千字
标准书号：ISBN 978-7-111-74776-5
定价：69.80 元

电话服务	网络服务
客服电话：010-88361066	机 工 官 网：www.cmpbook.com
010-88379833	机 工 官 博：weibo.com/cmp1952
010-68326294	金 书 网：www.golden-book.com
封底无防伪标均为盗版	机工教育服务网：www.cmpedu.com

前言

党的二十大报告对“积极稳妥推进碳达峰碳中和”做出部署，这是党中央统筹国内、国际两个大局做出的重大决策，是贯彻新发展理念、构建新发展格局、推动高质量发展的内在要求。建筑领域清洁低碳转型是实现“双碳”目标的重要环节，对于推动经济社会绿色化、低碳化发展，实现高质量发展目标意义重大。为了深入贯彻党中央、国务院关于碳达峰碳中和决策部署，控制城乡建设领域碳排放量增长，依据《城乡建设领域碳达峰实施方案》强化保障措施要求，“鼓励高校增设碳达峰碳中和相关课程，加强人才队伍建设”，培养建筑类专业本科生掌握实现零碳建筑的技术措施和设计方法，编写了本书。采用本书授课建议不少于24学时。

本书立足于建筑运行阶段的碳减排技术和设计方法，以如何设计零碳建筑为思路构建结构体系，系统讲述了建筑碳减排的发展、建筑碳排放的核算方法、建筑能耗动态模拟方法、建筑围护结构及构造等被动式减排技术，以及太阳能、地热能、海洋能、热泵技术、蒸发冷却技术、储能技术和可再生水源节能利用技术等主动式减碳技术，介绍了可以提高建筑运行管理水平的建筑物联网监控技术，最后以工程案例的方式介绍了减少能源需求的被动式建筑技术和多能互补的能源利用技术。本书内容突出前沿性，同时强调实用性，可作为教材，也可作为建筑设计和建筑咨询等从业者的参考书。

本书由天津城建大学郭春梅教授拟定全书编写内容和提纲。全书共13章。第1章绪论由张静讲师编写，第3章零碳建筑被动式技术由王昌凤副教授与范国强高级工程师（天津市政工程设计研究总院有限公司）共同编写，第4章太阳能利用技术由李宪莉副教授编写，第5章地热能开发利用技术由马玖辰副教授编写，第6章海洋能利用技术由武振菁博士编写，第8章可再生水源利用技术由穆荣副教授编写，第9章建筑储能技术由贺中禄博士编写，第10章建筑物联网技术由由玉文副教授编写，第11章空气源热泵利用技术由王宇副教授编写，第12章零碳建筑设计方法由李岩副教授编写，以上各章主要由天津城建大学能源与安全工程学院可再生能源利用技术科研团队负责完成；第2章建筑碳排放核算方法由辽宁工业大学赵薇教授编写，第7章蒸发冷却及溶液除湿空调技术由集美大学陈奕副教授编写，第13章典型建筑案例由天津市天友建筑设计股份有限公司刘冰教授级高工、任军教授级高工编写。本书在编写过程中，天津城建大学硕士研究生武星岑、黄前广、杨杰、吴庆、徐毅，辽宁工业大学硕士研究生廖秋菊帮助收集整理资料，做了大量的工作，在此表示感谢。

本书参考了许多期刊、图书和项目案例等文献资料，谨向有关文献的作者表示衷心的感谢。

本书在编写过程中，机械工业出版社的编辑刘涛给予了极大的帮助和支持。在此表示衷心的感谢。

本书由郭春梅教授任主编并统稿，王昌凤副教授、赵薇教授任副主编，张静讲师负责校稿，天津大学张欢教授任主审。

由于编者的水平有限，书中错误和不足之处，敬请广大读者批评指正，编者不胜感谢。

编　者

目录

第1章 绪论

1

降低能源消耗和减少碳排放是各行各业共同的使命，面对当下碳达峰碳中和（简称“双碳”）目标方案的实施，建筑领域由于建筑存量的不断增长以及涉及面宽（包括建筑建材、建筑设备、建筑建造、建筑运维等）等原因，面临着严峻的挑战。本章围绕着为何要实现建筑的净零排放、如何实现建筑的净零排放、实现建筑净零排放的技术措施以及什么是零碳建筑，进行了概述。

1.1 为什么要设计零碳建筑

为了避免气候变化的严重影响，保护地球的宜居环境，需要将全球气温上升限制在不超过工业化前水平1.5℃的范围内。目前，地球气温已经比19世纪末高出约1.1℃，但是温室气体排放量还在继续上升。《巴黎协定》明确提出，到21世纪末，将全球平均温升保持在相对于工业化前水平2℃以内，并为全球平均温升控制在1.5℃以内付出努力，以降低气候变化的风险与影响，更好地改善全球气候环境。实现全球变暖控制在不超过1.5℃的目标，温室气体排放量需要在2030年前减少45%，到2050年实现净零排放。

向净零排放过渡是人类面临的最大挑战之一。它要求我们彻底改变生产、消费和行动方式。实现净零排放需要所有国家，首先是最大的排放国，大幅加强其国家自主贡献，并立即采取大胆的步骤减少排放。《格拉斯哥气候公约》呼吁所有国家在2022年底前重新审视并加强其国家自主贡献的2030年目标，以与《巴黎协定》的温度目标保持一致。

2020年9月，中国国家主席习近平在第七十五届联合国大会一般性辩论上郑重宣示：中国将提高国家自主贡献力度，采取更加有力的政策和措施，二氧化碳排放力争于2030年前达到峰值，努力争取2060年前实现碳中和。2020年12月，习近平主席在气候雄心峰会上进一步宣布，到2030年，中国单位国内生产总值二氧化碳排放将比2005年下降65%以上，非化石能源占一次能源消费比重将达到25%左右，森林蓄积量将比2005年增加60亿立方米，风电、太阳能发电总装机容量将达到12亿千瓦以上。一系列提升国家自主贡献的举措，彰显了我国坚持绿色低碳发展的战略定力和积极应对气候变化、推动构建人类命运共同体的大国担当，得到国际社会的高度赞誉和广泛响应。

我国宣布碳达峰碳中和目标意义重大，影响深远。从国内看，这一重大宣示对我国应对气候变化、推动生态文明建设提出了更高要求；对于建立以绿色发展为价值引领和增长动力的现代经济体系，实现经济社会发展与生态环境保护协同、建设美丽中国具有重要意义。从国际看，这一重大宣示充分展现了我国积极应对全球气候变化、推动世界可持续发展的责任担当，增强了我国在全球气候治理中的主动权和影响力，为世界各国树立了标杆和典范。在我国宣布碳中和目标后，日本、韩国等国家相继做出碳中和承诺，美国宣布重回《巴黎协定》，国际应对气候变化行动全面加速。

国家各部门陆续颁布关于碳达峰碳中和目标实施路径和行动计划。建筑领域是碳排放的三大领域之一，根据《中国建筑能耗研究报告（2020）》的统计，2018年我国建筑全生命周期碳排放总量达49.3亿tCO_2，占全国能源碳排放的比例为51.2%。其中，建材生产阶段碳排放27.2亿tCO_2，占建筑全生命周期的55.2%；建筑施工阶段碳排放1亿tCO_2，占建筑全生命周期的2%；建筑运行阶段碳排放21.1亿tCO_2，占建筑全生命周期碳排放的比例为42.8%，占全国能源碳排放的比例为21.9%。因此，城乡建设领域是实现我国“双碳”目标的关键部分。随着城镇化进程快速推进和产业结构深度调整，城乡建设领域碳排放量及其占全社会碳排放总量的比例均将进一步提高。为深入贯彻落实党中央、国务院关于碳达峰碳中和决策部署，控制城乡建设领域碳排放量增长，切实做好城乡建设领域碳达峰工作，根据《中共中央 国务院关于完整准确全面贯彻新发展理念做好碳达峰碳中和工作的意见》《关于推动城乡建设领域绿色发展的意见》《2030年前碳达峰行动方案》等目标引领，2022年6月30日，住房和城乡建设部、国家发展改革委印发《城乡建设领域碳达峰实施方案》，主要目标为：2030年前，城乡建设领域碳排放达到峰值；力争到2060年前，城乡建设方式全面实现绿色低碳转型，系统性变革全面实现，美好人居环境全面建成，城乡建设领域碳排放治理现代化全面实现。该方案明确提出了“推动低碳建筑规模化发展，鼓励建设零碳建筑和近零能耗建筑”的行动。

低碳、近零碳、零碳建筑体系的发展是建立低碳城市、零碳城市的重要组成部分，是一项具有实践性且有经济效益的公益事业。一系列技术标准体系的发布和实施将为未来抵御极端气候、实现建筑室内微气候自循环成为可能。发展零碳建筑，可真正为建筑使用者创造更加舒适的室内微气候，也可为建筑在长期使用过程中节省运行费用。不论是在理论上还是在实践案例中，零碳建筑的经济效益和社会效益都是显而易见的。随着公众意识的普及与技术体系的不断完善，未来建筑将会实现人居环境的理想状态，形成适合人类生存、又对外部环境依赖极少的宜居空间和更美好的可持续发展城市。

在教育方面，2021年9月27日天津市在我国最早以立法形式颁布《天津市碳达峰碳中和促进条例》，并明确指出，教育部门、学校应当将碳达峰、碳中和知识纳入学校教育内容，培养学生的绿色低碳意识。《城乡建设领域碳达峰实施方案》明确提出，鼓励高校增设碳达峰碳中和相关课程，加强人才队伍建设。在政策指引、环境需求、社会发展的大背景下，编写低碳建筑和零碳建筑相关教材，开设相关课程，培养相关领域建设人才，势在必行。

1.2 零碳建筑的基本概念

低碳建筑是零碳建筑的基础，而零碳建筑是低碳建筑的目标。低碳建筑是指在建筑生命周期内，在规划、设计、施工、运营、拆除、回收利用等各个阶段，通过减少碳源（向大气中释放碳的过程、活动或机制）和增加碳汇（通过植树造林、植被恢复等措施，吸收大气中的二氧化碳，从而降低温室气体在大气中浓度的过程、活动或机制），实现建筑生命周期碳排放性能优化的建筑。在2003年国外学者提出“低碳经济”概念后，我国政府就组织技术力量开始“低碳经济”专题研究。“低碳建筑”作为建筑领域实现“低碳经济”的重要方式被提出，并开始实践运用。早期的研究认为低碳建筑是在使用过程中低耗能、甚至零耗能的建筑，强调运营阶段的能源使用或能耗指标控制。近年来，随着全生命周期理论体系在低碳建筑研究过程中的运用，学者认为低碳建筑需采用低碳材料和低碳工艺建造，并采用低碳方式运营及拆除。

零碳建筑又称为净零碳建筑（Zero Carbon Buildings，ZCB），由世界绿色建筑委员会提出。世界绿色建筑委员会（World GBC）对净零碳建筑的定义为：高效节能的建筑，所有的能耗都由现场或者场地外的可再生能源提供，以实现每年的净零碳排放。零碳建筑是指在建筑生命周期内，在规划、设计、施工、运营、拆除、回收利用等各个阶段，通过减少碳源和增加碳汇实现建筑生命周期零碳排放的建筑。从定性上讲，零碳建筑是在建筑全生命周期内，通过减少碳排放和增加碳汇实现建筑的零碳排放。定量上看，零碳建筑是充分利用建筑本体节能措施和可再生能源资源，使可再生能源年减碳量大于或等于建筑全年碳排放量的建筑。零碳建筑的主要特征：一是强调建筑围护系统的节能指标，二是强调可再生能源的利用，三是建造和运营阶段的零碳化，四是建筑运营阶段碳排放量占建筑全生命周期碳排放总量的80%以上。其中，既涵盖“物的行为”，又包括“人的行为”，既体现了绿色建筑的“绿色性能”，又体现了被动式建筑的“节能性能”，真正的可感知和获得感是零碳建筑的核心。零碳建筑是建筑领域落实“碳达峰、碳中和”目标的重要内容。

依靠当前的建筑技术，很难实现全建筑领域、全建筑生命周期的零碳排放，即使是实现运行阶段零碳排放也有较大的局限性，从建筑领域整体出发，要实现全建筑类型、全功能、规模化的建筑零碳排放，势必需要借助一定的外部碳抵消措施，对建筑物碳排放核算的空间边界范围内所产生的二氧化碳排放的减少量以及碳汇，以碳信用、碳配额或新建林业项目等产生碳汇量的形式来补偿或抵销边界内的二氧化碳排放。这也是当前部分零碳建筑或者碳中和建筑实现零碳的主要方式。对单体建筑而言，通过围护结构被动式节能、建筑设备能效提升、可再生能源应用以及智能化运行实现运行阶段的零碳排放是可以实现的，进一步来讲，采用木竹建材、装配式和智能化建造手段，实现全生命周期的零碳排放也是可以实现的。本书的零碳建筑及其采取的技术措施，则是针对运维阶段的零碳排放建筑而言的。

零碳建筑在运维阶段，不仅利用各种手段减少自身产生的污染，还将废物合理利用，使用清洁环保的能源，以降低二氧化碳排放，最终达到“零废水、零能耗、零废弃物”的理想状态。零碳建筑消耗的能量与其自身产生的能量大体相当，从而实现零排放。实现零碳建筑的主要途径是：通过太阳能、风能和有机垃圾发酵产生的生物质能作为核心能源达到化石能源的“零能耗”；通过屋顶收集的雨水冲洗马桶或灌溉植物，减少对自来水的需求，以此达到“零废水”；将有机垃圾用来发电，将无机垃圾制作成家具或建筑材料，以此达到“零废弃物”。

1.3 零碳建筑的发展

世界绿色建筑委员会（World GBC）呼吁通过以下两个目标来实现向完全零碳建筑环境的转变：一是自2030年起，所有新建建筑必须实现零碳排放；二是截至2050年，所有的建筑必须在零碳排放条件下运营。

过去的几十年里，气候变化加剧已经导致全球数百万人流离失所和死亡，严重威胁人类生存，应对气候变化带来的全球挑战迫在眉睫。对此，190多个缔约方（国家）就确保到21世纪中叶全球实现净零排放，以保持1.5℃以内升幅的目标达成了共识。从世界范围看，欧盟、美国、日本等发达国家都积极制定了更严格的中长期政策和发展目标，推动建筑迈向超低能耗、近零能耗和零能耗，出版了建筑节能领域的技术标准体系，并通过标准的不断提升，引导新建建筑和既有建筑逐渐提高节能减排性能，逐步迈向零能耗和零排放。在碳排放问题上的“先驱”——英国，早在2002年就建设了全球首个“零碳社区”，还有世界闻名的“零碳屋”。2005年，英国文化协会发起一次覆盖60个国家的全球性活动——“零碳城市”，引导人们用创造性的方式去探讨气候变化问题。2007年3月，英国推出《气候变化方案》，规定总体目标为在2050年前使英国的温室气体排放量比1990年减少60%。英国政府计划让所有新建房屋都实现碳的零排放，还承诺在全英国建立10个零碳排放的生态城镇。欧盟公布“欧洲绿色协议”，提出“到2030年将欧盟温室气体排放量降低到1990年水平的55%，到2050年实现碳中和”；美国政府则制订了“2035年美国电力系统达到零碳，2050年美国达到全社会零碳”的“国家自主贡献”（National Determined Contribution，NDC）计划，并发布行政令通过了“联邦可持续发展计划”，以细化NDC计划。

“十三五”期间，我国建筑节能工作成效显著，截至2020年6月，我国共有10个省及自治区和17个城市共出台47项政策，对超低能耗建筑项目给出了明确的发展目标或激励措施。为了加快超低能耗建筑、近零能耗建筑在我国的推广速度，政府和科研人员对建筑节能工作高度重视，通过采用优化布局、科技创新、完善标准等手段积极探索适合我国“近零能耗建筑”发展的技术路线。2019年我国正式颁布《近零能耗建筑技术标准》（GB/T 51350—2019），它将近零能耗建筑定义为适应气候特征和场地条件，通过被动式建筑设计最大幅度降低建筑供暖、空调、照明需求，通过主动技术措施最大幅度提高能源设备与系统效率，充分利用可再生能源，以最少的能源消耗提供舒适室内环境，且室内环境参数和能效指标符合该标准规定的建筑，其建筑能耗水平应较国家标准《公共建筑节能设计标准》（GB 50189—2015）和行业标准《严寒和寒冷地区居住建筑节能设计标准》（JGJ 26—2018）、《夏热冬冷地区居住建筑节能设计标准》（JGJ 134—2010）、《夏热冬暖地区居住建筑节能设计标准》（JGJ 75—2012）降低60%~75%。《近零能耗建筑技术标准》是我国首部引领性建筑节能国家标准，通过借鉴国外先进经验并建立符合我国国情的技术体系，提出了近零能耗建筑的概念和关键控制性指标，推动了我国近零能耗建筑和零能耗建筑的健康发展。《近零能耗建筑技术标准》（GB/T 51350—2019）的颁布标志着适合我国国情的近零能耗建筑技术标准体系的建立。该标准中明确提出“有条件时，宜实现零能耗”，并定义“零能耗建筑是近零能耗建筑的高级表现形式，其室内环境参数与近零能耗建筑相同，充分利用建筑本体和周边的可再生能源资源，使可再生能源年产能大于或等于建筑全年全部用能的建筑”。

2020年1月，我国第一个净零能耗建筑“天友·零舍”投入使用（本书在第13章详细介绍了该建筑的设计过程和方法），该试点示范案例取得了显著的节能减排效果。随后，中国建筑科学研究院办公楼、北京城市副中心智慧能源服务保障中心、钱塘区云帆未来社区未来体验馆等大批项目陆续亮相，在短短两年的时间内，实现了从单体到规模化推广的转型。

2019年，《建筑碳排放计算标准》（GB/T 51366—2019）的颁布与实施为建筑领域碳排放计算提供了有力支撑，建筑领域碳排放核算以及相关标准的制定以此为基础不断展开。目前，我国零碳建筑相关国家标准正在编制中，其中重庆、北京、天津等地已发布实施或正在编制与零碳建筑相关的标准规范。重庆市早在2012年发布实施了《低碳建筑评价标准》（DBJ50/T-139—2012），北京市《低碳社区评价技术导则》（DB11/T 1371—2016）、北京市《低碳小城镇评价技术导则》（DB11/T 1426—2017）陆续颁布实施。2020年我国“双碳”目标确立以后，关于零碳建筑和碳中和建筑技术标准的需求更加迫切，2021年由天津市低碳发展研究中心牵头制定的全国首个零碳建筑团体标准——《零碳建筑认定和评价指南》（T/TJSES 002—2021）正式实施，填补了国家建筑领域中零碳建筑标准的空白，助力建筑从绿色建筑、超低能耗建筑、近零碳建筑进一步向“零碳建筑”迈进。2022年，天津市勘察设计协会团体标准《建筑碳中和评定标准》（T/TJKCSJ 002—2022）于2022年2月1日正式实施，为低能耗建筑实现碳中和提出了评定的方法；同年6月15日，中国城市科学研究会与中国房地产业协会组织编写的《碳中和建筑评价导则》发布，为高质量低能耗绿色建筑规模化开展和创新性实践，引导建筑从易到难、分阶有序实现高质量零碳，促进能源、金融和碳交易与建筑减碳工作协同发展，提供了数据基础和技术支撑。

1.4　零碳建筑的技术措施

要设计一个零碳建筑，首先需要在保证建筑声、光、热环境舒适性的前提下，通过提高建筑能效来降低能源需求，继而需要考虑各种适合的、可行的、经济的可再生能源开发利用方案。“零碳”建筑的设计可划分为四个阶段：

第一阶段为装配式、智能化低碳建筑建造设计。

第二阶段为被动式建筑设计，体现为自然采光（又称天然采光）、自然通风、遮阳、断热桥、气密层、防水透气、保温隔热等被动式建筑设计思路。

第三阶段为主动式建筑设计，首先体现为高能效供暖、空调、通风、照明、电梯、生活热水、卫生器具装置绿色技术措施合理利用，以及太阳能、地热能、空气能、风能、生物质能等清洁能源的开发利用以及能源的积蓄利用技术。

第四阶段为智能化高效运维手段的设计，对建筑设备系统采用能源调配、智慧监控的物联网技术。

零碳建筑采用的设计元素丰富多彩，不一而足，且因地制宜，充分体现了地域特色。目前世界上比较著名的零碳建筑社区有英国伦敦贝丁顿零碳社区、美国亚利桑那州 Civano 社区、美国纽约 Ecovillage 社区、丹麦 Kolding 社区、荷兰 Ecolonia 社区等，零碳建筑包括美国苹果飞船总部大楼、新加坡建设局大楼、韩国的绿色明天住宅项目、中国香港的零碳天地项目等。上海世博会“零碳馆”是中国内地第一座零碳排放的公共建筑，2020 年以来，我国的零碳建筑示范项目更是不断涌现，如南京江北新区人才公寓（1 号地块）项目社区中心、中新天津生态城公屋展示中心、张家口斜屋、济南鲁能国际中心等。

下面挑选几个国内外的典型案例，通过建筑作品来介绍零碳建筑实现的路径，并展示零碳建筑人文、生态与技术共生之美。

1. 南京江北新区人才公寓（1 号地块）项目社区中心

南京江北新区人才公寓（1 号地块）项目社区服务中心项目，位于南京市江北新区中央商务区，占地面积 0.22 万 m^2，建筑面积 0.24 万 m^2，建筑高度 14.4m，2020 年建成。建筑顶部三个斜屋顶形成人工山丘的建筑形态，斜屋面上结合屋顶木屋架布置成片的太阳能板，同时建筑屋面通过坡道、台阶吸引地面人流拾级而上，整个建筑仿佛一个“能量山”，与城市发生积极的互动。该项目是运用绿色低碳技术的典型代表，是我国第一栋装配式木结构零碳建筑，目前已获得三星级绿色建筑、三星级健康建筑、零耗能建筑、被动式建筑等标识。南京江北新区人才公寓（1 号地块）项目社区中心效果图如图 1-1 所示。

该项目设计以全生命周期净零碳排放为目标，该项目在采用木结构体系的基础上，注重低碳建材应用，可循环材料占比达到 93.8%，从源头减少对生态环境的影响，同时采用高性能围护结构，优化建筑的采光设计，设置高性能的天窗系统以改善中庭的微气候，在采光、通风、遮阳、保温等方面寻求环境营造与空间营造上的最佳平衡点。建筑的卫生间、设备间、楼梯间被移至西北方向，形成热缓冲空间。建筑表皮选择垂直木格栅实现立面遮阳，并通过性能化分析优化围护结构热工设计，以满足建筑“冬暖夏凉”的需求。

该项目除了采用高能效的设备，还通过安装吊扇、采用热回收式新风机组、智能照明等技术，充分降低建筑运营能耗，通过大台阶的设计创造了较为舒适宜人的交往场所，有效平衡了环境、能源和人的场所需求。

房屋顶面嵌入了数千块光伏玻璃，太阳能光伏电池板与斜屋顶一体化设计，实现了建筑运

图 1-1　南京江北新区人才公寓（1 号地块）项目社区中心效果图

（图片来自被动房之家）

行过程中能源自给自足。据测算，该建筑每年可发电 24.1 万 kW·h，在夏季用电富余时可通过蓄电池储电，以备阴雨天使用，多余电量还可为新能源车充电。设置屋顶一体化光伏系统、直流微电网、智能照明、智能天窗系统等，可实现全生命周期零碳排放。项目光伏系统总装机容量为 279.8kWp，预计年发电量可达 26.9 万 kW·h。同时，项目聚焦可再生能源的就地消纳，引入直流微电网设计，整栋楼宇采用直流配电，向电动汽车、空调、照明、插座设备直流供电。年节约用电约 31.6 万 kW·h，年节约用水约 1600t，折合二氧化碳减排约 274.4t/a。

2. 美国苹果飞船总部大楼

美国苹果飞船总部大楼（Apple Park）是美国苹果公司新总部大楼，位于美国加利福尼亚州库比蒂诺市，占地面积 280 万 ft^2（约合 26 万 m^2），为环状建筑，中间是大型庭院，主建筑为 5 层楼高的圆形设计，可容纳 1.42 万余名员工。该建筑从规划到投入使用历时 8 年，北京时间 2017 年 9 月 13 日，苹果公司首次在 Apple Park 的史蒂夫·乔布斯剧院举行 2017 苹果秋季新品发布会。苹果飞船总部大楼项目效果图如图 1-2 所示。

图 1-2　苹果飞船总部大楼项目效果图

（图片来自百度百科）

该建筑主要采用 5 项被动式技术，包括：①自然采光；②自然通风；③室内外绿植景观；④建筑外遮阳；⑤防眩光反光板。它的屋顶是有史以来最大的碳纤维独立屋顶，重达 80t，由 44 块面板组成，在迪拜完成组装后运抵项目所在地，入口的玻璃圆柱是苹果零售店常用的经典元素。这些被动式技术都有一个共同的特点：充分利用了自然条件与建筑外部条件，减少了建筑的室内声光热环境营造负荷。其中，通过优化自然通风和天然采光满足了室内环境的舒适性，通过外部的绿植和外遮阳可以充分减少夏季建筑的冷负荷，苹果称该建筑一年中的 9 个月都不用使用冷气或暖气；而防眩光反光板能优化建筑的采光，可有效减少建筑的照明需求。

该建筑还采用了 8 项主动式能效提升技术：①高效新风热回收机组；②全新风置换通风技术；③辐射供暖技术；④辐射供冷技术；⑤高效电气设备；⑥工位照明技术；⑦高能效照明灯具；⑧室内环境监控系统。这些主动式能效提升技术的共同特点是减少建筑的终端能耗需求。其中，通过新风热回收和全新风置换通风设计，可以减少建筑制冷系统的使用时间，从而降低空调通风能耗；辐射供暖和供冷技术通过冷面和热面的设计，产生冷感和热感，与室内空气进行对流换热，相比其他供暖空调末端，还可以减少末端动力能耗，无风机噪声，使人更加舒适；变压器、风机、水泵等高效的电气设备可以减少输配能耗和损失；节能灯具和照明系统的优化则可以减少照明的能耗，其中工位照明的设计在优化工作台区域光线的同时，单位照明功率降低 20%。通过室内环境监测可以很大程度上优化建筑在运行过程中的能耗需求，借助智能监控措施，实现按需供能，避免不需要的能耗。

在可再生能源替代措施上，建筑的顶部铺设了太阳能光伏板，装机容量达到了 17MW，与燃料电池系统（供电负荷为 4MW）共同供电，日供电峰值负荷约 15.8MW，可以满足 75%的日峰值用电负荷，剩余 25%由加州光伏电站供给满足，同时建筑已成功并网，非峰值用电期间可以向电网输送自发电能，100%实现可再生能源供应，为零碳排放的建筑。

3. 英国伦敦贝丁顿零碳社区

英国伦敦贝丁顿零碳社区是首个世界自然基金会和英国生态区域发展集团倡导建设的“零能耗”社区，有人类“未来之家”之称，又被称为“贝丁顿能源发展”计划。贝丁顿零碳社区位于伦敦市西南的萨顿镇，占地面积 1.65hm^2，包括 82 套公寓和 2500m^2 的办公和商住面积，建于 2002 年。伦敦贝丁顿零碳社区项目效果图如图 1-3 所示。

图 1-3　伦敦贝丁顿零碳社区项目效果图

（图片来自参考文献［18］）

（1）采用环保材料　为了减少对环境的破坏，在建造材料的取得上，该项目采用了“当地获取”的策略，以减少交通运输，并选用环保建筑材料，甚至使用了大量回收或是再生的建筑材料。项目完成时，52%的建筑材料在56.3km^{2}的场地范围内获得，15%的建筑材料为回收或再生的。例如，项目中95%的结构用钢材都是再生钢材，是从该项目所在地56.3km^{2}范围内的拆毁建筑场地回收的。选用木窗框而不是UPVC窗框，则减少了大约800t UPVC在制造过程中的碳排放量，相当于整个项目碳排放量的12.5%。

（2）利用绿色能源　社区使用的绿色能源主要来自两个方面，一是在建筑的屋顶南向大面积安装太阳能光伏板，二是在社区内建有一个利用废木料发电并提供生活热水的小型热电厂。社区内所有的住宅都坐北朝南，最大限度铺设太阳能光伏板，充分吸收日光，最大限度地储存能量和产生电能。贝丁顿零碳社区的综合热电厂采用热电联产系统为社区居民提供生活用电和热水，由一台130kW的高效燃木锅炉进行运作。主要以当地的废木料为燃料，废木料是一种可再生资源，在作燃料发电的同时减小了城市垃圾填埋的压力。木料的预测需求量为1100t/a，来源包括周边地区的木材废料和邻近的速生林。该社区附近有一片三年生的70hm^{2}速生林，每年砍伐其中的三分之一，并补种上新的树苗，以此循环。树木成长过程中吸收了二氧化碳，在燃烧过程中等量释放出来。因此它实现了温室气体的零排放。

（3）零能耗供暖系统　英国为高纬度岛国，冬季寒冷漫长，有半年时间都为供暖期。为了减少供暖对能源的消耗，设计师精心选择建筑材料并巧妙地循环使用热能，基本实现了零能源消耗供暖。朝南的设计也让建筑最大限度地从太阳光中吸收热量。每家每户都有一个玻璃阳光房，玻璃材料都是双层低辐射真空玻璃。夏天将阳光房的玻璃打开后就成为敞开式阳台，有利于散热，冬天关闭阳光房的玻璃可以充分保存从阳光中吸收的热量。此外，屋顶上五颜六色的是可以摆动的风帽，它形成有效的热压和风压，负责室内的自然通风及热量调节，不但满足房间对新鲜空气的需求，还能够充分利用空气余热，充分减少排风热损失，根据试验，最多有70%的通风热损失可以在此热交换过程中得到回收。

在十多年的实际运营中，伦敦贝丁顿零碳社区也暴露出了一些问题。例如：热电联产设施在常规的发电中会产生大量的热能，而这些热量由于没能很好地利用，只能白白流失掉，尽管它的燃料是可再生能源，但热量的流失降低了整个系统的运行效率。此外，小区的生活污水处理设施利用芦苇湿地对生活污水进行过滤，然后再用来冲厕和浇灌花园，但由于它的运行和维护成本很高，因此现在这套系统已经停止运行，而雨水收集装置在雨水很少的时候也很难发挥其作用。如今贝丁顿社区也要依赖国家电网供电，依靠公用设施供水系统供水。虽然如今这个社区并没有真正实现零碳排放，2002年前的一些设计思路在20多年的运行中暴露出了一些问题，但它带给人们理念的转变仍然深刻且持久。

4. 中国香港零碳天地项目

零碳天地（Zero Carbon Building，ZCB）项目坐落于中国香港东九龙的九龙湾常悦道，整个项目占地面积为14700m^2，零碳天地建筑的占地面积为1400m^2，其余为公共景观用地。该项目于2012年6月正式竣工。项目范围内的主要区域内建设了中国香港首座都市原生林景观、生态广场以及一个宣传“一个地球生活圈”的室外展览场地。建筑共3层，地上2层，地下1层，主要功能包括展览区域、绿色家居展示以及绿色办公室。中国香港零碳天地项目效果图如图1-4所示。

（1）被动式节能减碳技术

1）自然通风技术：整个平面布置和建筑布局充分考虑了地域气候条件，解决了中国香港炎热和潮湿的气候环境下的室内空气热环境问题，提高了空气速率，使得室温更加舒适（在空气

图1-4 中国香港零碳天地项目效果图
（图片来自参考文献［19］）

速率大于0.6m/s的情况下，室温不超过30℃），有效的通风布局使每年超过34%的时间可用自然通风来达到降温的效果。建筑东南立面造型尽可能扩大了建筑对自然通风的利用，同时，它的整体造型也提升了背风面负压值，以便进一步增强贯流式自然通风效果。此外，还使用捕风构件加大建筑核心区域的自然通风量，展示区和多功能厅室内做中庭处理，通过屋顶天窗形成热压通风，强化通风效果。

2）外遮阳设计：通过斜坡式剖面处理，在南立面面积减小的同时北立面面积增大，降低了南向太阳辐射得热。东南立面设计45°的挑檐，能有效遮挡夏季日照。此外，通过外遮阳以及高绝热性能的玻璃，进入建筑的太阳辐射被削减。针对各个立面的设计策略是在优化天然采光以及景观视野的同时阻隔阳光辐射进入室内：在建筑面向常悦道的北侧立面，使用了透光率较高的玻璃；在东南立面，深远的挑檐在降低辐射得热的同时保证了良好的景观视野。带有印花图案的高性能玻璃有效控制了两个立面的透光性能并阻止过量的辐射。

3）天然采光：斜坡式造型增大了自然光经由北向天窗向室内的漫射；通过倾斜屋顶、光格栅、光导管以及大面积的北向立面，利用天然光提高室内照度，可减少70%的人工照明能耗。

4）增强太阳能光伏板太阳能辐射：渐渐升起的斜坡屋顶（17°~20°）使太阳能光伏板能最大限度地获得太阳辐射能。

5）场地绿化覆盖率超过60%，能有效削减城市热岛作用。

（2）主动式节能减碳技术　该项目采用的典型主动式技术包括：通过地道冷却系统对进入建筑的空气进行预冷；使用高风量、低转速、低噪声风扇，获得和缓、风向一致的自然通风；如果操作正确，1年中超过50%的时间可以采用自然通风。高能效地板送风及天花吊顶辐射系统，增加节能减排效果；设置高温空气调节系统；使用超过3000个传感器，建立建筑性能综合监测系统；通过微气候监测提升建筑性能；使用人工控制的自动开启式窗户和自动调节天窗；在不产生眩光的同时，突出工作区照度并减弱非工作区照度，并利用高能效照明装置；设备运行及空间使用感应器设计；构建人工湿地，用于中水及雨水的过滤净化。

（3）可再生能源利用　大规模使用了太阳能光伏系统并与天窗一体化集成，太阳能光伏硅晶板总面积 1015m^2（其中 80%置于建筑屋面）；发电量 80MW·h/a（超过建筑能量需求的60%）；太阳能热水系统为生态咖啡屋供应热水。此外，ZCB 还展示了新型产品——超轻圆柱式太阳能薄膜电池。ZCB 还使用了从废弃食油提炼的生物柴油来发电。ZCB 每年产能值 145MW·h（建筑年平均能耗值 130MW·h，绿化带年平均能耗值 15MW·h）；把现场通过利用可再生能源产生的电能并入市政电网来平衡自身能耗及碳排放的同时，它产生的能源还能抵消自身所用建材生产和运输过程中产生的碳排放。

太阳能发电技术已经得到广泛的推广应用，建筑上安装使用光伏发电技术案例很多，都较好地解决了发电型建材使用过程中与建筑结合问题，但真正满足建筑对美学、结构、安全等方面的要求项目还比较少见。所以发电型建材的使用需要在建筑设计时同步进行，综合考虑建筑能耗需求、建筑外围护美学要求和提高发电型建材发电能力的要求。

国内外建设经验证明，实现建筑的零碳排放是可能的，但要如果实现规模化发展，需要绿色电力、低碳建材工业、海绵城市、智慧城市等全产业链的低碳化建设作为支撑。虽然普及有待时日，但只要更新观念，不断改变生活方式和工作方式，从建筑设计和相关领域各个方面做出努力，重视从“节能”到“创能”的观念转变，就会向着“零能耗、零排放”一步一步地迈进。

思考题

1. 零碳排放的意义是什么？
2. 什么是零碳建筑？
3. 实现零碳建筑的一般途径是什么？
4. 请以一个零碳建筑为例，简述零碳建筑的技术措施。

二维码形式客观题

扫描二维码可在线做题，提交后可查看答案。

参考文献

[1] 中国建筑节能协会能耗统计专业专委会. 中国建筑能耗研究报告 2020 [R/OL]. (2021-01-04) [2023-01-04]. https://www.cabee.org/site/content/24020.html.

[2] 中共中央，国务院. 中共中央 国务院关于完整准确全面贯彻新发展理念做好碳达峰碳中和工作的意见 [EB/OL]. (2021-10-24) [2023-01-04]. http://www.gov.cn/zhengce/2021-10/24/content_5644613.htm.

[3] 中共中央办公厅，国务院办公厅. 关于推动城乡建设绿色发展的意见 [EB/OL]. (2021-10-21) [2023-01-04]. http://www.gov.cn/zhengce/2021-10/21/content_ 5644083.htm.

[4] 天津市人民代表大会常务委员会. 天津市碳达峰碳中和促进条例 [EB/OL]. (2021-09-27) [2023-01-04]. https://www.tjrd.gov.cn/xwzx/system/2021/09/27/030022517.shtml.

[5] 住房和城乡建设部. 住房和城乡建设部关于印发“十四五”建筑节能与绿色建筑发展规划的通知 [EB/OL]. (2022-03-11) [2023-01-04]. https://www.mohurd.gov.cn/gongkai/fdzdgknr/zfhcxjsbwj/202203/20220311_765109.html.

[6] 住房和城乡建设部，国家发展和改革委员会. 住房和城乡建设部 国家发展改革委关于印发城乡建设领域碳达峰实施方案的通知 [EB/OL]. (2022-06-30) [2023-01-04]. http://www.gov.cn/zhengce/zhengceku/2022-07/13/content_5700752.htm.
[7] 王净怡，杨元华，吴俊楠. 零碳建筑概念辨析及基于重庆地区特征的边界条件研究 [J]. 重庆建筑，2019，18 (10)：47-49；53.
[8] 周杰. 碳中和目标下零碳建筑标准体系研究 [J]. 中国质量与标准导报，2021 (3)：21-23.
[9] 董恒瑞，刘军，秦砚瑶，等. 从绿色建筑、被动式建筑迈向零碳建筑的思考 [J]. 重庆建筑，2021，20 (10)：19-22.
[10] 操红. 解读零碳建筑 [J]. 工业建筑，2010，40 (3)：1-3.
[11] 住房和城乡建设部. 近零能耗建筑技术标准：GB/T 51350—2019 [S]. 北京：中国建筑工业出版社，2019.
[12] 天津市环境科学学会. 天津市环境科学学会关于发布《零碳建筑认定和评价指南》《食品制造企业温室气体排放核算和报告方法》团体标准的通知 [EB/OL]. (2022-08-31) [2023-01-04]. http://www.ttbz.org.cn/Home/WebDetail/28633.
[13] 天津市勘察设计师协会. 关于发布《建筑碳中和评定标准》团体标准的公告 [EB/OL]. (2022-01-10) [2023-01-04]. http://www.tjkcsj.com/common/news_view.aspx?fid=+AkFvLpow2E=.
[14] 中国城市科学研究会，中国房地产业协会. 关于发布《碳中和建筑评价导则》的公告 [EB/OL]. (2022-01-10) [2023-01-04]. http://www.chinasus.org/index.php?c=content&a=show&id=997.
[15] 李诚. 零碳建筑的发展现状 [J]. 绿色建筑，2015 (3)：18-23.
[16] 虞菲，冯威，冷嘉伟. 美国零碳建筑政策与发展 [J]. 暖通空调，2022，52 (4)：72-82.
[17] 赵伟先，张彦栋，方旦. 居于天地：零碳建筑设计的探索之路 [J]. 绿色建筑，2015 (3)：24-26.
[18] 佚名. 国内外六大零碳建筑案例 [J]. 住宅与房地产，2022 (2)：67-70.
[19] 李贵义. 香港首座零碳建筑 [J]. 动感：生态城市与绿色建筑，2011 (4)：54-59.

第 2 章 建筑碳排放核算方法

建筑领域是全球能源消耗和碳排放的主要领域。根据联合国环境规划署（United Nations Environment Programme，UNEP）的统计，在世界范围内，全球 30%~40%的初级能源消耗于建筑领域及其相关产业链。根据联合国政府间气候变化专门委员会（IPCC）第六次评估报告数据显示，全球 2019 年建筑领域温室气体排放为约 120 亿 t 二氧化碳当量，占全球温室气体排放的 21%，其中 57%是建筑用电、用热的间接排放，24%是建筑直接排放，还有 18%间接碳排放来源于水泥、钢铁等建材生产过程。可见，建筑节能减排对于整个社会节能减排具有十分重要的意义。

定量核算建筑碳排放是制定切实可行的建筑“双碳”目标行动方案、营造零碳建筑的先决条件。本章从建筑碳排放的基本概念出发，明晰碳核算边界，重点介绍国内外普遍使用的 3 种碳核算方法，即排放因子法、生命周期评价法和投入产出法。

2.1 建筑碳排放基本概念及核算边界

2.1.1 碳排放基本概念

碳排放可以用碳足迹进行核算。关于“碳足迹”（Carbon Footprint，CF）概念的缘起，目前学术界存在两种不同的观点。一种观点认为“碳足迹”源自“生态足迹”理论，因而将“碳足迹”定义为中和化石燃料排放 CO_2 需要的森林面积；另一种观点认为“碳足迹”为生命周期评价（Life Cycle Assessment，LCA）中“温室效应”的影响类别，具有生命周期的视角，该观点已被越来越多的学者所接受。“碳足迹”一般用于表征产品或服务在其生命周期内直接和间接的温室气体排放，用二氧化碳当量（CO_2 eq）表示，以区别于一般碳排放概念以 CO_2 绝对质量为度量单位。但在碳足迹核算的系统边界及所包含的温室气体种类方面，不同学者持有不同的看法。“碳足迹”的定义见表 2-1。

表 2-1 “碳足迹”的定义

来 源	定 义
英国议会科学技术办公室(The UK Parliamentary Office of Science and Technology)	某一产品或过程在全生命周期内所排放的二氧化碳和其他温室气体的总量
英国石油(British Petroleum)	个人日常活动过程中所排放的二氧化碳总量
碳信托(Carbon Trust)	产品从原料生产、制造至最终处理的整个生命周期(不包含使用阶段)的等效二氧化碳量
世界可持续发展工商理事会(World Business Council for Sustainable Development)	定义为三个层面:第一层面是来自机构自身的直接碳排放;第二层面将边界扩大到为该机构提供能源的部门的直接碳排放;第三层面包括供应链全生命周期的直接和间接碳排放

（续）

来　源	定　义
全球足迹网络（Global Footprint Network）	生态足迹的一部分，可看作化石能源的生态足迹
欧盟环境技术行动计划（Environmental Technologies Action Plan European Commission）	人类活动所造成的温室气体排放对环境的影响，用等效二氧化碳量表示
《温室气体　产品的碳足迹　量化要求与指南》（ISO 14047）	组织产品生产或服务提供等过程中系统的温室气体排放和清除的总和
《建筑碳排放计算标准》（GB/T 51366—2019）	建筑碳排放是建筑物在与其有关的建材生产及运输、建造及拆除、运行阶段产生的温室气体排放的总和，以二氧化碳当量表示

碳足迹分类方式众多，按研究对象可分为产品碳足迹、个人碳足迹、企业碳足迹；按研究尺度不同可分为家庭碳足迹、区域碳足迹、国家碳足迹；按部门不同可分为能源部门碳足迹、工业部门碳足迹、农林和土地利用碳足迹、废弃物部门碳足迹；按核算边界可分为直接碳足迹和间接碳足迹。

碳足迹中温室气体的种类包括《京都议定书》规定的 6 种气体，它们是二氧化碳（CO_2）、甲烷（CH_4）、氧化亚氮（N_2O）、六氟化硫（SF_6）、全氟碳化物（PFC_S）、氢氟碳化物（HFC_S）以及《蒙特利尔议定书》中管制的气体，如氯氟烃类化合物（CFC_S）、氢代氯氟烃类化合物（$HCFC_S$）、水蒸气（H_2O）、臭氧（O_3）等。主要温室气体的温室效应潜值详见表 2-2。

表 2-2　主要温室气体的温室效应潜值

温室气体	温室效应潜值/（kg CO_2eq/kg）		
	20 年	100 年	500 年
CO_2	1	1	1
CH_4	72	25	7.6
N_2O	289	298	153
HFC_S	16300	22800	32600
PFC_S	12000	14800	12200
SF_6	5210	7390	11200

碳足迹核算过程可以表示为

$$CF = \sum M_i \times GWP_i \tag{2-1}$$

式中　CF——碳足迹（kg CO_2 eq）；

M_i——第 i 类温室气体排放质量（kg）；

GWP_i——第 i 类温室气体的温室效应潜值（kg CO_2 eq/kg）。

目前国际涉及碳足迹核算标准主要有 PAS 2050、ISO 系列标准、GHG Protocol、IPCC 指南等，满足对产品、企业或组织、国家不同层面的碳足迹核算，也被广泛应用于建筑领域。国际主要生命周期碳足迹核算标准见表 2-3。

表 2-3 国际主要生命周期碳足迹核算标准

标准对象	标准名称
产品	GHG Protocol《温室气体核算体系》 ISO 14067《产品碳足迹》 PAS 2050《商品和服务在生命周期内的温室气体排放评价》
企业或组织	GHG Protocol《温室气体核算体系》 ISO 14064-1《温室气体　第一部分:组织排放与削减定量、监督及报告规范》 ISO 14064-2《温室气体　第二部分:项目的温室气体排放和削减的量化、监测和报告规范》 ISO 14064-3《温室气体　第三部分:温室气体声明验证和确认指导规范》
国家	《国家温室气体清单指南》(IPCC Guidelines for National Greenhouse Gas Inventory)

《商品和服务在生命周期内的温室气体排放评价标准》(PAS 2050) 是全球首个专注于产品的碳足迹标准，它于 2008 年由英国标准协会首次发布，并于 2011 年修订。PAS 2050 标准是根据 ISO 14040 和 ISO 14044 定义的生命周期评价法制定的，它的范围限于商品和服务。它提供了 2 种碳足迹核算方法，一种评价方法将产品生命周期定义为“从摇篮到大门”，评估产品从一个制造商到另一个制造商过程碳足迹；另一种评价方法将产品生命周期范围衡量扩展到消费者，即整个全生命周期全过程。这种碳足迹的定义方法忽略了与能量输入和消费者与员工相关的碳足迹，因此，将 PAS 2050 标准应用于建筑碳足迹的研究依然存有一定局限性。

ISO 14067 产品碳足迹主要为量化商品或服务（统称为产品）生命周期中，因直接及间接活动累积于商品或服务的温室气体排放量。基于生命周期评价（ISO 14040/14044）方法，评估产品生命周期内各阶段的温室气体排放量。涉及的温室气体除了《京都议定书》规定的 6 种温室气体外，还包含《蒙特利尔议定书》中管制的温室气体。该标准在目的、范围、抵消制度、产品类别以及数据质量评估等方面与 PAS 2050 基本一致，在原则、系统边界和排放源等方面则有所差异，但基本都是可协调的；此外在分配、产品比较和沟通上存在一定的不同。

ISO 14064 系列标准为组织量化、报告温室气体排放提供了程序方法。ISO 14064-1 从组织层次上对温室气体排放和清除进行了量化，并阐明了报告的原则和要求。ISO 14064-2 讨论旨在减少温室气体排放或加快温室气体清除速度的温室气体项目（包括确定基线和与基线相关的检测、量化和报告项目绩效的原则与要求)。ISO 14064-3 提出了实施和管理温室气体声明审定与核查的原则和要求。

GHG Protocol《温室气体核算体系》由世界资源研究所和世界可持续发展商业理事会制定。它可以帮助各国政府和商界领袖了解、量化和管理温室气体排放。它是一个全面而有效地测量各种类别气体排放的标准化指南。

《国家温室气体清单指南》(IPCC Guidelines for National Greenhouse Gas Inventory) 是由联合国政府间气候变化专门委员会（IPCC）编制的技术规范，当前最新版为《国家温室气体清单指南》(2019 修订版)。该指南基于国家或区域边界，通过排放因子和活动水平核算温室气体排放量。

我国结合 ISO 相关标准以及国情，目前建筑行业碳排放标准主要包括《建筑工程可持续性评价标准》(JCJ/T 222—2011)、《建筑碳排放计量标准》(CECS 374—2014) 和《建筑碳排放计算标准》(GB/T 51366—2019)。《建筑工程可持续性评价标准》(JCJ/T 222—2011) 是我国第一部建筑工程生命周期可持续性定量评价的标准，它的功能单位和数据质量要求参照 ISO 14040。《建筑碳排放计量标准》(CECS 374—2014) 提供了 2 种用于核算建筑碳足迹的评估方法：清单统计法和信息模型法。《建筑碳排放计算标准》(GB/T 51366—2019) 强调按照生命周期评价法，分别计算建筑物运行阶段、建造及拆除阶段、建材生产及运输阶段的碳排放。

2.1.2　碳排放核算边界

碳足迹核算的对象为在一个特定的时间段，与一个组织、商品或服务相关的碳排放量，包括直接碳排放（如化石能源消耗产生的碳排放及购买电力相关资源消耗的碳排放）和间接碳排放（如与生产、运输、原料生产、废物处置等相关的碳排放）。核算边界决定碳足迹核算中包括哪些过程，并显示被研究系统生命周期的起点和终点。碳排放核算应该首先确定核算边界，其次收集数据。通常，碳排放核算边界定义为 3 个范围（见表 2-4），如下：

范围 1——由人、系统或活动直接导致的所有碳排放。

范围 2——扩大边界，包括上游能源生产导致的碳排放（如发电和蒸汽）。

范围 3——进一步扩大边界，考虑间接生命周期碳排放。

目前，建筑碳排放核算一般包含范围 1 及范围 2。由于范围 3 的边界界定比较复杂且相关数据较难获取，所以在选择上具有一定的灵活性。

表 2-4　碳排放核算边界

范围	类型	定义	实例
1	直接排放	由组织或地理边界和定义的系统过程或活动直接导致或内部发生的排放	由碳排放主体直接操作的车辆、机械和器具中燃烧的燃料碳排放
2	直接排放+间接排放	所定义的系统过程或活动上游的能源排放	发电站、蒸汽站所产生的碳排放
3	直接排放+间接排放	所定义的系统过程或活动的结果，但发生在组织或地理边界之外的排放	原材料生产产生的碳排放或运输经营者产生的碳排放

2.2　建筑碳排放核算的方法及工具

目前，国内外有多种方法用于建筑碳排放核算，本书重点介绍排放因子法、生命周期评价法和投入产出法。

2.2.1　排放因子法

1. 排放因子法的概念

IPCC 发布的国家温室气体清单指南提出碳排放核算的排放因子法（Emission Factor Approach），将研究区域划分为能源、工业、农林、土地变化和废弃物等，尺度划分为个人、家庭、城市、国家等。针对每一种排放源构建其活动数据与排放因子，以排放源活动数据和该过程排放因子的乘积作为碳排放估算值，公式如下：

$$\text{Emission} = AD \times EF \tag{2-2}$$

式中　Emission——温室气体排放量；

AD——活动数据，主要来自国家相关统计数据、排放源普查和调查资料、检测数据等；

EF——排放因子，可以采用 IPCC 报告中的缺省值，也可以采用国家编写的清单或企业供应链上的数据。

IPCC 排放因子方法将排放源数据估算层次分为 3 个层级，层级 1 是推荐使用 IPCC 数据库中的缺省因子，因各个国家的生产技术力的不同，所造成的排放也有差异，该层级的数据准确度不高；层级 2 是在特定国家特定生产水平条件下进行排放因子的清单编写；层级 3 是使用详细工厂排放数据，适用于研究检测工作，是准确度最高的层级。

我国国家发展改革委于 2011 年发布了《省级温室气体清单编制指南》，该指南参考 IPCC 指南，包含能源活动、工业生产过程、农业活动、土地利用变化和林业、废弃物处理和不确定性方法、质量保证和控制等内容。指南中涉及 6 类温室气体，包括二氧化碳（CO_2）、甲烷（CH_4）、氧化亚氮（N_2O）、六氟化硫（SF_6）、全氟碳化物（PFC_S）、氢氟碳化物（HFC_S）。通过该温室清单编制，可以清晰地掌握地区温室气体排放结构和组分，辨识温室气体排放量及排放特征，跟踪温室气体增减变化及发展趋势，预测未来温室气体排放的情况，进而确定减排目标，制订和实施行动计划，提出切实、有效的温室气体减排措施和方案，有力推动地区向低碳化方向发展。

2. 基于排放因子法的建筑碳排放核算

国家标准《建筑碳排放计算标准》（GB/T 51366—2019）对建筑碳排放做出了定义，采用排放因子法对建材生产及运输、建筑建造、建筑运行、建筑拆除阶段的碳排放核算进行了规定。

（1）建材生产及运输阶段碳排放计算

$$C_{JC} = \frac{C_{sc} + C_{ys}}{A} \tag{2-3}$$

$$C_{sc} = \sum_{i=1}^{n} M_i F_i \tag{2-4}$$

$$C_{ys} = \sum_{i=1}^{n} M_i D_i T_i \tag{2-5}$$

式中 C_{JC}——建材生产及运输阶段单位建筑面积的碳排放量（$kgCO_2eq/m^2$）；

C_{sc}——建材生产阶段碳排放量（$kgCO_2eq$）；

C_{ys}——建材运输阶段碳排放量（$kgCO_2eq$）；

M_i——第 i 种主要建材的消耗量；

F_i——第 i 种主要建材的碳排放因子（$kgCO_2eq$/单位建材数量）；

D_i——第 i 种建材的平均运输距离（km）；

T_i——第 i 种建材运输方式下单位重量运输距离的碳排放因子［$kgCO_2eq/(t \cdot km)$］；

A——建筑面积（m^2）。

（2）建筑建造阶段的碳排计算

$$C_{jz} = \frac{\sum_{i=1}^{n} E_{jz,i} EF_i}{A} \tag{2-6}$$

式中 C_{jz}——建筑建造阶段单位建筑面积的碳排放量（$kgCO_2eq/m^2$）；

$E_{jz,i}$——建筑建造阶段第 i 中能源总用量（kW · h 或 kg）；

EF_i——第 i 类能源的碳排放因子［$kgCO_2eq/(kW \cdot h)$ 或 $kgCO_2eq/kg$］；

A——建筑面积（m^2）。

（3）建筑运行阶段碳排放计算

$$C_M = \frac{\left[\sum_{i=1}^{n} (E_i EF_i) - C_P\right] y}{A} \tag{2-7}$$

$$E_i = \sum_{j}^{n} (E_{i,j} - ER_{i,j}) \tag{2-8}$$

式中　C_M——建筑运行阶段单位建筑面积碳排放量（$kgCO_2eq/m^2$）；

E_i——建筑 i 类能源年消耗量（kW · h 或 kg/a）；

EF_i——第 i 类能源的碳排放因子；

$E_{i,j}$——j 类系统的第 i 类能源消耗量（kW · h 或 kg/a）；

$ER_{i,j}$——j 类系统消耗由可再生能源系统提供的第 i 类能源量（kW · h 或 kg /a）；

i——建筑消耗终端能源类型，包含电力、燃气、石油、市政热力；

j——建筑用能系统类型，包括供暖空调、照明、生活热水等；

C_P——建筑绿地碳汇系统年减碳量（kg CO_2eq/a）；

y——建筑设计寿命（a）；

A——建筑面积（m^2）。

（4）建筑拆除阶段碳排放计算

$$C_{cc} = \frac{\sum_{i=1}^{n} E_{cc,i} EF_i}{A} \tag{2-9}$$

式中　C_{cc}——建筑拆除阶段单位建筑面积的碳排放量（$kgCO_2eq/m^2$）；

$E_{cc,i}$——建筑拆除阶段第 i 类能源总用量（kW · h 或 kg）；

EF_i——第 i 类能源的碳排放因子［$kgCO_2eq/(kW \cdot h)$ 或 $kgCO_2eq/kg$）］；

A——建筑面积（m^2）。

3. 排放因子法数据库

目前使用排放因子法使用的数据库主要包括《IPCC 国家温室气体清单指南》、IPCC 排放因子数据库、国家排放因子数据库、《EMEP 空气污染物排放清单指南》《中国产品全生命周期温室气体排放系数集（2022）》等，详见表 2-5。

表 2-5　排放因子数据库

名　称	来　源
IPCC 国家温室气体清单指南	IPCC
IPCC 排放因子数据库(EFDB)	IPCC
国家排放因子数据库	美国环境保护署 EPA
EMEP 空气污染物排放清单指南	欧洲环境署 EEA
中国产品全生命周期温室气体排放系数集(2022)	生态环境部环境规划院

《IPCC 国家温室气体清单指南》鼓励使用现场或本土化的排放因子，然而国内在此领域的研究成果相对有限，该指南中的排放因子不能完全反映我国实际情况，使用时需对其数据源和数据质量进行详细考察。

IPCC 搭建了排放因子数据库（Emission Factor Data Base，EFDB）在线平台，提供了多种排放源的碳排放因子缺省值，各国学者及研究机构可以上传或查询特定情况下温室气体排放因子的数值，也可以根据 IPCC 提供的建设清单方法构建符合国情的源排放因子。该数据库具有格式统一、时间序列长、国家全面、燃料品种全、部门分类详细等特点，为国家之间的碳排放因子数据提供了良好的比较平台。

美国碳核算体系成熟，早在 1968 年发布的《空气污染物排放系数汇编》就已经包含部分温室气体的排放系数，之后通过学习和借鉴 IPCC 方法及数据，公布了多个改进的《美国温室气体排放和减排清单》，并建立了美国排放因子数据库。

《EMEP 空气污染物排放清单指南》为欧盟成员国应用 IPCC 指南方法，建立整个欧盟的温室气体排放数据清单，包含人为和自然排放源的排放数据。

《中国产品全生命周期温室气体排放系数集（2022）》是中国生态环境部联合北京师范大学等研究机构编制的，公开免费为组织、机构和个人等准确快速地计算碳足迹的数据库，其数据主要是基于 ISO 14067 中的基本规则和方法，确定产品生命周期温室气体排放系数，过程包含获取原材料，原材料的生产、使用和废弃的整个生命周期。该数据集是基于公开文献资料的数据进行收集、整理、分析、评估和再计算。同时也将排放因子分类为工业产品、能源产品、生活产品、废弃物处理、交通服务和碳汇。

2.2.2 生命周期评价法

1. 生命周期评价法的概念和方法

生命周期评价（Life Cycle Assessmet，LCA）法是一种综合考虑并量化产品或功能生命周期的全过程——原料获得、制造、运输、使用、废弃处理——对环境和资源造成的影响。LCA 的历史可以追溯到 20 世纪 60 年代末—20 世纪 70 年代初由美国开展的一系列针对包装品的分析、评价。典型的案例研究是 1969 年美国可口可乐公司对饮料包装的评价，当时称为资源与环境状况分析。这个案例考虑是否以一次性塑料瓶代替可回收玻璃瓶，比较了两种方案的环境排放，评价结果肯定了前者的优越性。随后美国国家环保局资助开展了大约 40 种包装材料的评价，涉及玻璃、钢铁、铝、纸和塑料等工业部门以及相应的支持工业部门。20 世纪 80 年代末，随着环境问题的日益严重，以及可持续发展行动的兴起，资源与环境分析引起了广泛关注，研究涉及研究机构、管理部门、工业企业、产品消费者等，但它们的分析目的和侧重点各不相同。不同机构给出了不同的生命周期评价法的定义（见表 2-6），但是它们的核心概念基本一致。

表 2-6 生命周期评价法的定义

机构	定义
国际环境毒理学与化学学会（SETAC）	一种对产品、生产工艺以及活动的环境负荷进行评价的客观过程，它是通过对物质、能量利用以及由此造成的废物排放进行辨别和量化来进行的，其目的在于评估能量和物质的利用，以及废物排放对环境的影响，同时寻求改善环境影响的机会，以及如何利用这种机会
国际标准化组织（ISO）	对一个产品系统的生命周期中输入、输出及潜在环境影响的汇编和评价
美国环境保护署（EPA）	对特定产品、过程或服务的整个生命周期的分析
联合国环境规划署（UMEP）	评价一个产品从原材料生产和加工，到产品制造、包装、使用、再使用，直至再循环和最终废弃处理全部阶段的环境影响的工具
中国	对一个产品系统的生命周期输入、输出及潜在环境影响的汇编和评价

SETAC 和 ISO 分别进行了关于生命周期评价法技术框架的讨论，两者表述非常相似，如图 2-1 所示。ISO 14040 中对于 LCA 法框架的表述包括 4 个方面：①目标和范围定义（Goal and Scope Definition）；②清单分析（Inventory Analysis）；③影响评价（Impact Assessment）；④解释（Interpretation）。而 SETAC 将生命周期评价的基本结构归纳为 4 个部分：①定义目标与范围确定（Goal Definition & Scope）；②清单分析（Inventory Analysis）；③影响评价（Impact Assessment）；④改善评价（Improvement Assessment）。ISO 对 SETAC 框架的一个重要改动是去掉了改善评价阶段，同时增加了解释阶段，这个阶段与其他三个阶段的关系是双向的。对于全生命周期评价在国

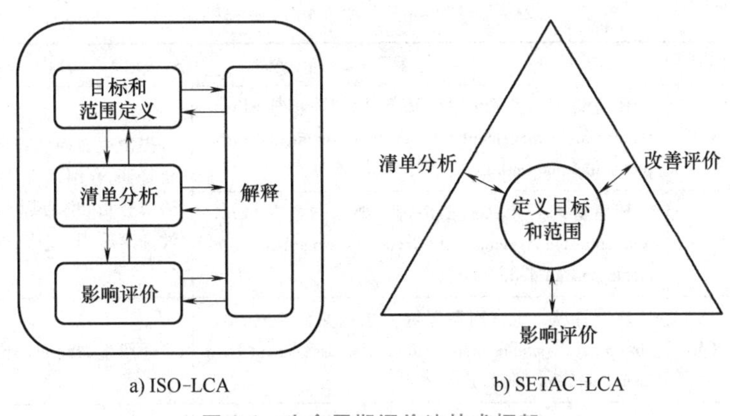

a) ISO-LCA　　b) SETAC-LCA

图 2-1　生命周期评价法技术框架

内的研究相对较晚，我国参照 ISO 相关标准陆续出台了一些规范和标准，为生命周期评价法的应用提供了支撑。

LCA 法可分为基于过程的 LCA 法、混合 LCA 法两类，二者对比见表 2-7。

表 2-7　基于过程的 LCA 法与混合 LCA 法对比

类别	基于过程的 LCA 法	混合 LCA 法
方法	自下而上	自上而下
优点	可以对不同产品进行环境影响评价； 对具体单元过程进行详细分析； 对单元过程进行改进优化	以经济为系统边界；包含生产资料和间接成本；具有时效性
缺点	系统边界选择具有主观性；数据质量不能保证；清单数据收集过于烦琐	仅能代表某一行业的平均水平；无法区别能源结构

（1）基于过程的 LCA（Process based LCA，PLCA）法　基于过程的 LCA 是 ISO 标准推荐的 LCA 法，主要是由生命周期评价的目的和范围来确定研究范围并建立产品的生命周期模型，通过采集单元过程中的各项水平活动数据，根据收集的数据进行计算，基于过程分析从上到下汇总的产品生命周期清单结果。使用该方法可以找出改进或提升单元过程，还可以对比不同产品的生命周期清单结果。但是该方法的评估过程过于烦琐，对于基础数据收集的成本相对较高，收集详细的清单数据需要投入大量的财力和人力，并且对于数据质量无法保证。

（2）混合 LCA（Hybrid LCA，HLCA）法　混合 LCA 法将基于过程的 LCA 与环境投入产出（Environment Extended Input-Output，EEIO）分析相结合，在国民经济系统边界内更精确地评价某种技术或产品产生的环境影响。混合 LCA 模型具有基于过程的 LCA 法和 EEIO 模型双重优势，既可以刻画某个具体技术或产品的生命周期影响，又拓展了基于过程 LCA 模型的系统边界。EEIO 基于某一国家或地区的经济投入产出表，通常以某一国家或地区的经济系统为边界，利用投入产出矩阵来反映系统内部各产业之间的相互影响。

2. LCA 相关标准

为推进全球环境生命周期管理，国际标准化组织设定了 ISO 14040 系列为生命周期评价标准号，制定了生命周期评价的基本原理和框架、清单分析以及环境影响评价，结果解释的规范和准则。详见表 2-8。在我国也制定了相关国家标准，详见表 2-9。目前，LCA 法已经发展成为国际公认的环境管理标准，是带有规范性、公约性的文件。

表 2-8　国际生命周期评价的相关标准

标准号	时间	名　称	内容/特点
ISO 14040	2006 年	环境管理　生命周期评价　原则与框架(Environmental management-Life cycle assessment-Principles and framework)	提出生命周期评价的原则、阶段、主要特征,介绍了方法学框架、生命周期清单分析、生命周期解释、报告、鉴定性评审原则、方法、程序和要求
ISO 14044	2006 年	环境管理　生命周期评价　要求与指南(Environmental management-Life Cycle Assessment-Requirements and guidelines)	
ISO/TS 14048	2002 年	环境管理　生命周期评价　数据文件格式(Environmental management-Life cycle assessment-Data documentation format)	介绍生命周期评价文件的编制格式
ISO/TS 14071	2014 年	环境管理　生命周期评价　关键审查过程和评审者能力(Environmental management-Life cycle assessment-Critical review processes and reviewer competencies)	介绍生命周期评价文件的评审程序
ISO/TS 14072	2014 年	环境管理　生命周期评价　组织生命周期评价的要求与指南(Environmental management-Life cycle assessment-Requirements and guidelines for organizational life cycle assessment)	对组织生命周期的评估
ISO/TS 14074	2022 年	环境管理　生命周期评价　归一化、权重与解释的原则、要求与指南(Environmental management-Life cycle assessment-Principles, requirements and guidelines for normalization, weighting and interpretation)	对生命周期评价和足迹评价的归一化、权重与解释的原则和要求进行说明

表 2-9　我国生命周期评价的相关标准

标准号	时间	名　称	与 ISO 标准的关系
GB/T 24040	2008 年	环境管理　生命周期评价　原则与框架	等同采用 ISO 国际标准 ISO 14040:2006
GB/T 24044	2008 年	环境管理　生命周期评价　要求与指南	等同采用 ISO 国际标准 ISO 14044:2006

3. 基于 LCA 的建筑碳排放核算

自 20 世纪 90 年代以来，LCA 法在建筑行业开始应用。建筑 LCA 包含原材料的开采、建筑材料和构件生产、使用、拆除和废弃物处理的全部过程。其中，需要考虑的生命周期环境影响类型包含使用资源（水土资源、原材料）、能源消耗（可再生能源利用、不可再生能源利用）、生态效益和环境排放问题（温室气体排放情况、臭氧损耗情况等）及人类健康（污染物对人体健康的影响）。LCA 法具体到建筑领域，LCA 评价的目标可以是建筑材料、建筑构件、单体建筑，甚至可以是某个城市片区的建成环境，最为常用的评价方法是基于单元过程的 LCA 法。

在进行建筑生命周期碳排放核算时，要先考虑生命周期范围及阶段划分等相关问题。根据对国内外相关文献进行调研可以看出，对于不同研究对建筑生命周期的划分方法存在一定差异，其中计算范围也是不同的。表 2-10 汇总了部分国内外建筑生命周期能耗及碳排放案例研究中的居住建筑生命周期各个阶段情况，最少划分为 2 个阶段（建筑材料生产阶段及运行阶段），最多划分为 9 个阶段。已有研究对建筑材料生产及建筑运行阶段的研究较多，并且指出这 2 个阶段的能源消耗及碳排放在建筑生命周期阶段的占比是最大的。

表 2-10　居住建筑生命周期各个阶段情况

案例国家	建筑寿命/a	评价边界和范围									碳排放
		建造阶段				使用和维护阶段	拆除处置阶段				
		原料加工	建材生产	建材运输	建筑施工	建筑运行	维护	拆除	运输	废弃物	
西班牙	50	√	√	√	√	√H/C/DHW/V/E	√	√	√	√	√
	50	√	√			√H/C/DHW					√
	50	√	√	√	√	√E/G	√	√			√
意大利	70	√	√	√	√	√H/C/DHW/V/E	√	√	√	√	√
	50	√	√	√		√H/C					
美国	50	√	√	√	√	√H/C/DHW/E	√	√	√	√	√
	75	√	√	√	√	√H/C/DHW/E	√	√	√	√	√
比利时	30	√	√	√		√H	√				√
印度尼西亚	40	√	√	√	√		√				
以色列	50	√	√	√		√H/C					√
瑞典	50	√	√	√	√	√H/V/DHW/E	√	√	√		
新西兰	50	√	√		√	√H/V/DHW/E	√			√	
瑞典	50	√	√	√	√	√H/V/DHW/E		√		√	√
中国	50	√	√		√						√

注：1. H、C、DHW、V、E 和 G 分别表示供暖、制冷、生活热水、通风、用电及燃气。
2. √表示包含的研究阶段。

4. 生命周期评价软件及数据库

建筑可持续性评价逐渐由定性评价转为定量分析，其中 LCA 法是可持续性评价的有效工具。目前，在国际上主流的可持续建筑评价体系有德国 DGNB、美国 LEED、英国 BREEAM、日本 CASBEE 等，均有涉及 LCA 的相关评价内容。我国《绿色建筑评价标准》（GB/T 50378—2019）中，列入“进行建筑碳排放计算分析，采取措施降低单位建筑面积碳排放强度”的评分规则。近些年，有很多企业和科研机构开发了产品生命周期清单数据库和 LCA 软件，以辅助 LCA 分析。

（1）LCA 相关软件　基于 ISO 等生命周期评价相关标准，目前开发了很多 LCA 软件，将 LCA 数据库与 LCA 软件进行衔接，可以加快产品生命周期模型建立效率。以下是目前比较主流的 LCA 软件：

SimaPro 软件。该软件是荷兰的 Pre 公司开发的集成类 LCA 软件，主要应用于产品开发、设计与生产，包含全面的 LCA 法，它的数据库主要包含电力、主要能源、制造行业、包装材料等多个行业的数据。

GaBi 软件。该软件由德国开发，目前在全球有超过 10000 家用户，主要应用于产品研发与可持续设计领域。它是用来分析物质代谢和生命周期的软件，可以为数据输入、管理和使用提供清晰的框架，可以针对性地研究每个对象的过程单元，建立物质输入和输出，并进行过程单元连接。

eBalance 软件。该软件由成都亿科环境科技有限公司开发，是首个我国自主研发的商业类通用型的 LCA 软件，可以实现 LCA 建模、生态设计、清洁生产及碳足迹计算等相关应用。

eFootprint 软件。该软件是一款国内研发的在线 LCA 系统，支持 LCA 建模、在线数据调查、数据库支持计算分析、结果输出与评价功能。该平台适合全行业 LCA 研究，对于建模步骤完全根据 LCA 研究步骤，主要分为新建产品模型、定义目标与范围、填写相关产品信息、添加物料消耗、关联数据库、添加废弃物、获取计算结果及分析等相关步骤。

上述 LCA 软件在建筑领域均有应用，此外，还有部分建筑类专用 LCA 软件。普遍应用的建筑类 LCA 软件的特点及应用情况见表 2-11。

表 2-11 建筑类 LCA 软件的特点及应用情况

名称	开发国家	特点及应用情况
BEES	美国	生命周期清单数据库是以混凝土、玻璃等建筑材料为基本分析单元，界面简洁，操作简单，无须用户创建产品的 LCA 过程
eBalance	中国	有国内外权威数据库的支持，具有数据收集支持功能，可以对量化的数据质量进行评价与控制，可以对不同方案的环境影响进行对比分析，支持本国的节能减排评价
WHUE-LCA	中国	具有较强的标准性和规范性；适用于各种类型产品的 LCA 分析，使用范围比较广泛；LCA 数据库系统存储我国行业和部门基础材料数据库；操作相对简单，便于用户理解软件，有效地操作软件
GaBi	德国	丰富的生命周期数据库；适用范围广泛，目标用户为各个行业的 LCA 分析师；需要用户依据 ISO 对 LCA 理论制定的框架，创建产品的 LCA 过程
SimaPro	荷兰	丰富的生命周期数据库；综合型 LCA 软件，目标用户是专业的 LCA 分析师；使用时需要用户自己建立产品的生命周期模型；软件已对我国用户进行了部分汉化
Impact	英国	整合了多种生命周期评价和生命周期成本的权威标准，其特点是便于进行建筑方案比选，以及可以与能耗软件结合；它的数据来源于 Ecoinvent 数据库及大部分英国本土数据库，数据库主要包括建筑部件和建筑材料
Tally	美国	该软件是 Revit 软件平台下的一个 LCA 计算插件，用户可以在 Revit 模型中，利用 Tally 插件将模型图元和建筑材料的 LCA 数据进行关联；该软件主要专注于建筑领域的 LCA 研究，它的数据库主要包括了建筑施工中常用的建筑材料并且包含详细的数据集来源和说明
Athena EcoCalculator	美国	用于建筑结构和建筑围护构件的材料在全生命周期内的能源及资源消耗情况，并得出所有材料的碳排放量；适用范围为美国的主要城市和地区的居住建筑和商业建筑
Eco-QUANTUM	荷兰	计算居住建筑的环境性能，分析方案带来的环境影响；最终评价结果由 Excel 表格的柱状图形式表达
Envest 2	英国	可用于设计人员早期阶段对建筑工程进行环境影响的分析，从而帮助设计者选择环境影响较小的建筑形式；提供建筑构件及建材的环境影响基本数据，可以对不同方案的环境影响进行比较分析

（2）LCA 相关数据库　一般生命周期清单数据库清单包含建筑材料生命周期清单、建筑材料价格清单、建筑构件生命周期清单、建筑构件生命周期成本清单、建筑构件使用寿命信息。目前主流的 LCA 数据库如下：

Ecoinvent 数据库。该数据库是全球通用的数据库，涵盖范围较广。该数据库建于 2000 年左右，是通过瑞士联邦机构和 ETH 研究机构共同研发而成的。Ecoinvent 数据库将现有的瑞士不同研究机构公布的公开 LCA 数据库进行整合更新，通过各个工业部门调查，使清单数据质量有保障。目前，Ecoinvent 数据库是世界上知名度较高的数据库之一。

GaBi 数据库。该数据库是属于商业数据库，由德国 ThinkStep 开发。该数据库开发的目的是为商业用户提供实时更新的生命周期清单数据。它包含全球工业部门、合作伙伴及政府经济部分收集到的基础生命周期数据清单。

CLCD 数据库。该数据库是我国首个符合国际标准的本土化 LCA 数据库。该数据库开发目的是为我国相关产品的 LCA 评价提供数据支持。它包括了我国的基础性能源、原材料、运输的 LCA 数据，主要涉及建筑行业基础产品数据库和建筑建材产品数据库。基础产品数据库是建立在核心模型基础上的。其中，核心模型是指我国国民经济体系中的大宗能源、原材料、运输等行业的基础数据，并且与这些行业的单元过程是相互关联的。对于建筑建材产品数据库，主要包含了水泥、混凝土、钢材等相关的建材产品的数据。

CAS-RCEES 数据库。该数据库是由中国科学院（简称中科院）生态环境研究中心开发的，主要包含 1000 多个单元过程，涉及不可再生资源、化石燃料、水资源消耗量等。

国内外 LCA 数据库见表 2-12。

表 2-12　国内外 LCA 数据库

地区	数据库名称	备　注
欧洲各国	Ecoinvent	由瑞士生命周期清单中心开发；由于它的一致性和透明度，它已经被包含在 SimaPro 等多种 LCA 软件中；清单模型提供可下载报告，包含方法学、流程图、生命周期清单和参考文献
	ELCD	包含一些关键的材料、运输和废物管理系统；它由几个数据库汇编，包括欧洲数据集、GaBi 数据库和 Plastics Europe 数据集等
	GaBi	完整的数据库，涉及建筑材料，每种产品都有足够的多样性；可以在线查阅流程的文档，以及它们的来源、库存和流程图
	Plastics Europe Eco-Profiles	一个免费的专门从事塑料材料的 LCA 数据库；它提供了在欧洲生产的主要聚合物的数据。该数据库包含在 SimaPro 和 GaBi 中，名称为 Industry data v2.0；主要内容包括原材料提取、空气和水的排放以及产生的废物，以及生产、车辆维护和更换电池和轮胎的运输
	BEDEC	西班牙结构化的数据库，包含超过 50 万种建筑元素的经济和环境信息；每种建筑材料都提供了具体能源、二氧化碳排放和废物处理的数据；由于缺乏可追溯性和对方法过程的概述，使其完全无法验证
	CPM LCA	瑞典开发的生命周期数据库，包含了大约 700 个建筑产品过程信息，并实施了三种评估方法（EPS、EDIP 和 Eco-indicator99）来计算它们的影响
美国	Athena	该数据库包括建筑材料、能源、运输、建筑和拆除过程、维护、维修和废物处理的数据，其中一些数据来自美国 LCI 数据库。这些数据反映了加拿大和美国的生产过程，按地区分类，考虑了运输、能源组合和回收材料价格的差异；所有类别的建筑材料都包含在大约 70 种不同产品的数据集中；由于访问数据库和软件需要获得许可证，因此一直不可能确定是否显示了文件、参考报告、流程图和清单
	U. S. Life Cycle Inventory	考虑了能源和材料的输入和输出流，专门用于美国；侧重于金属、木材和塑料
中国	CLCD	涵盖我国大宗能源、原材料、运输的 LCA 数据；涵盖资源消耗、温室气体以及主要污染物，支持节能减排分析（ECER 方法）；代表国内市场平均水平：按技术、规模以及本地或进口细分，然后按市场份额平均；兼容国际主流数据库 Ecoinvent 和欧盟 ELCD，支持进口原料与出口产品的 LCA，可以为 LCA 研究和分析提供丰富的数据选择
	CAS-RCEES LCI	包含 1000 多个单元过程，涉及不可再生资源、化石燃料、水资源消耗量等

2.2.3 投入产出法

1. 投入产出法的概念和框架

投入产出（Input-Output Analysis，IOA）法是一种“自上而下”的分析方法，反映各部门初始投入、中间投入、总投入与中间产出、最终产出、总产出之间的关系。19 世纪 30 年代，诺贝尔经济学奖获得者 Leontief 首次提出投入产出模型的概念，用于研究美国各部门间的经济关系并且成功预测了美国 1950 年的钢铁需求量，此后该方法迅速普及，于 20 世纪 70 年代开始用于环境和能源领域的研究。根据投入产出法原理，现阶段主要应用三类投入产出模型进行计算：实物型投入产出模型、价值型投入产出模型和混合投入产出模型。三类投入产出模型各有优劣，在实际应用中，应依据所解决问题的实际需求来选择合适的投入产出模型。

（1）实物型投入产出模型　实物型投入产出模型是将经济系统按产品划分为若干个部分，以实物为计量单位。实物型投入产出表见表 2-13。由于该模型以实物来刻画经济系统流动，所以更适合用来分析环境系统和经济系统的关系。在投入产出模型建立过程中，将经济系统划分为 n 个部门，每个部门生产一种或者一类商品，每个部门消耗其他部门的产品，同时将产品进行加工，变成本部门的产品。在这一过程中所消耗的产品被称为“投入”，主要包括中间投入和初始投入，两者之和为总投入。其中，中间投入是指在生产过程中某一部门产出的产品又作为其他部门的投入进行生产，初始投入包括环境投入、劳动报酬等。生产的产品被称为“产出”，主要分为中间使用和最终需求。对于某一部门或产品，该部门的总投入等于该部门的总产出。而对于一个经济系统而言，所有部门的总投入之和应等于总产出之和，这样才能达到平衡。

表 2-13　实物型投入产出表

投入		产出					
		中间产品				最终产品	总产出
		部门 1	部门 2	…	部门 n		
中间投入	部门 1	x_{11}	x_{12}	…	x_{1n}	y_1	x_1
	部门 2	x_{21}	x_{22}	…	x_{2n}	y_2	x_2
	⋮						
	部门 n	x_{n1}	x_{n2}	…	x_{nn}	y_n	x_n
初始投入	环境投入	n_{11}	n_{12}	…	n_{1n}		
	劳动报酬	n_{21}	n_{22}	…	n_{2n}		
总投入		x_1	x_2	…	x_n		

根据投入产出的平衡关系：总产出=中间产品+最终产品

表中，x_{ij} 表示第 j 个产品所消耗的第 i 个产品数量；y_i 表示第 i 个产品的最终需求量；x_i 表示第 i 个产品的总产出。由此得到式（2-10）：

$$\sum_{j=1}^{n} x_{ij} + y_i = x_i (i = 1,2,\cdots,n) \tag{2-10}$$

引入直接消耗系数 a_{ij}，表示生产单位 j 产品所要消耗的第 i 种产品的数量，见式（2-11）：

$$a_{ij} = \frac{x_{ij}}{y_i} \tag{2-11}$$

将直接消耗系数代入式（2-10）可得到投入产出模型矩阵（2-12）：

$$AX+Y=X \tag{2-12}$$

其中，A 为直接消耗系数矩阵：

$$A=(a_{ij})_{n\times n}=\begin{bmatrix} a_{11} & a_{12} & \cdots & a_{1n} \\ a_{21} & a_{22} & \cdots & a_{2n} \\ \vdots & \vdots & & \vdots \\ a_{n1} & a_{n2} & \cdots & a_{nn} \end{bmatrix}$$

总产出项 $X=(x_1, x_2, \cdots, x_n)^{\mathrm{T}}$，最终产品项 $Y=(y_1, y_2, \cdots, y_n)^{\mathrm{T}}$。将式（2-12）进行变换得到投入产出矩阵的一般形式：

$$X=(I-A)^{-1}Y \tag{2-13}$$

式中　I——单位矩阵。

$(I-A)^{-1}$ 就是所谓的 Leontief 逆矩阵。Leontief 逆矩阵用来表示获得第 j 个部门单位最终产品需要消耗部门 i 投入的产品数量，是投入产出理论的核心概念。

（2）价值型投入产出模型　价值型投入产出模型是投入产出分析中应用较广泛的模型，主要以货币为计量单位。它是将国民经济划分为若干个部门，按照产品的产出和消耗方向制成的棋盘式表格。在价值型投入产出表中，行的方向反映了各部门产品实物运动过程，而列的方向反映了产品部门的价值形成过程。价值型投入产出模型同样由初始投入和最终需求构成，初始投入主要包括劳动报酬、固定资产折旧、营业盈余等。与实物型投入产出模型相比，价值型投入产出表中不论部门数量多少都涵盖了整个经济系统。价值型投入产出表见表 2-14。它比实物型投入产出表包括的范围更广，数据来源通常可以从政府统计数据中获得，整体应用价值更大。表 2-14 中各元素均以价值量为单位。

表 2-14　价值型投入产出表

投入		产出					
		中间产品				最终产品	总产出
		部门 1	部门 2	…	部门 n		
中间投入	部门 1	x_{11}	x_{12}	…	x_{1n}	y_1	x_1
	部门 2	x_{21}	x_{22}	…	x_{2n}	y_2	x_2
	⋮						
	部门 n	x_{n1}	x_{n2}	…	x_{nn}	y_n	x_n
初始投入	劳动报酬	n_{11}	n_{12}	…	n_{1n}		
	固定资产折旧	n_{21}	n_{22}	…	n_{2n}		
	营业盈余	n_{31}	n_{32}	…	n_{3n}		
总投入		x_1	x_2	…	x_n		

根据平衡关系：中间产品 + 最终产品 = 总投入，将直接消耗系数式（2-11）代入式（2-10）得：

$$\sum_{j=1}^{n} a_{ij}x_j + y_i = x_i(i=1,2,\cdots,n) \tag{2-14}$$

对式（2-14）进行变换得到式（2-15）和式（2-16）：

$$AX+Y=X \tag{2-15}$$

$$X=(I-A)^{-1}Y \tag{2-16}$$

（3）混合型投入产出表　混合型投入产出模型是价值型投入产出模型与实物型投入产出模型的折中选择，它以混合单位（如用吨（t）刻画水和矿物质资源，用焦耳（J）刻画能源，用货币单位刻画服务行业等）刻画经济系统的物质流动。混合型投入产出表中，代表目标部门的行以实物单位表示，代表其他部门的行则以货币单位表示。混合型投入产出模型通常是在价值型投入产出模型的基础上改造而成，它将所要分析的 m 个子部门从价值型投入产出模型的 n 个部门中分离出来，而构建成具有（$m+n$）个部门的混合型投入产出模型。混合型投入产出模型只有行平衡关系，由于混合型投入产出模型的每一列的元素具有不同的单位，因此其没有列平衡关系。

2. 基于投入产出法的建筑碳排放核算

将碳排放强度系数矩阵作为投入产出模型的资源环境卫星账户，可以得到碳排放投入产出模型。定义 $1\times n$ 行向量 $\boldsymbol{p}$ 代表各个部门产生的碳排放，假设建筑部门为第 k 个部门，则元素 p_k 为建筑部门的碳排放。可以通过式（2-17）计算得到各个行业的 $1\times n$ 碳排放强度因子 $\boldsymbol{f}$，其中元素 f_k 代表建筑部门生产单位产出所产生的碳排放。

$$\boldsymbol{f}=\boldsymbol{p}\times\hat{\boldsymbol{X}}^{-1} \tag{2-17}$$

结合式（2-17）经济系统的碳排放 **CF** 可通过式（2-18）计算，该公式描述了经济系统碳排放与最终需求的关系。

$$\mathbf{CF}=\boldsymbol{f}\times\boldsymbol{X}=\boldsymbol{f}\times(\boldsymbol{I}-\boldsymbol{A})^{-1}\times\boldsymbol{Y} \tag{3-18}$$

3. 投入产出法数据库

基于投入产出法的碳排放核算的核心是碳排放强度系数矩阵、Leontief 逆矩阵和最终需求矩阵等，其中碳排放强度系数矩阵可以通过统计年鉴中各部门的能源消费量、能源碳排放因子和部门产值计算得到，Leontief 逆矩阵和最终需求矩阵数据均由投入产出表计算得到。

我国在 20 世纪 60 年代初就进行了关于投入产出法的研究，并于 1975 年在国家计委的组织下由中科院的研究人员编制了 1973 年的投入产出表，主要包含了 61 个实物产品，这是我国第一张实物型投入产出表，它为后来的投入产出分析和经济系统研究工作奠定了基础。随后国务院决定从 1987 年开始每隔五年进行一次全国性的投入产出调查，并更新 5 年期间的投入产出延长表，至此，我国的投入产出分析才走向成熟。表 2-15 为我国投入产出表历年编制情况。

表 2-15　我国投入产出表历年编制情况

年份	类型	部门数(个)	备注
1973 年	实物型	61	第一个全国投入产出表
1979 年	实物型	61	1973 年表的延长表
	价值型	21	
1981 年	实物型	146	
	价值型	26	
1983 年	实物型	146	1981 年表的延长表
	价值型	22	将 1981 年表中 5 个农业部门合并 1 个农业部门
1987 年	价值型	117	第一个基于投入产出调查的全国投入产出表
1990 年	价值型	33	1987 年表的延长表
1992 年	实物型	151	基于投入产出调查的全国投入产出表
	价值型	118	

（续）

年份	类型	部门数(个)	备注
1995 年	价值型	33	1992 年表的延长表
1997 年	价值型	124	基于投入产出调查的全国投入产出表
2000 年	价值型	40	1997 年表的延长表
2002 年	价值型	122	基于投入产出调查的全国投入产出表
2005 年	价值型	40	2002 年表的延长表
2007 年	价值型	135	基于投入产出调查的全国投入产出表
2012 年	价值型	139	2007 年表的延长表

由于环境数据的稀缺性，这些数据库大部分只针对某一个或者某几个年份，其涵盖的时间序列都很短，无法支持长时间序列的比较研究（如数十年跨度的结构分解分析）。例如，我国广东工业大学、美国密西根大学等联合开发的中国环境投入产出数据库（Chinese Environmentally Extended Input-Output，CEEIO）是我国目前最全面的 EEIO 数据库。CEEIO 数据库涵盖了 200 多个资源环境指标、多个时间节点和多种部门分类，但是它只涵盖了 1992—2010 年的数据。由于数据稀缺性，其无法构建 1992 年之前的我国环境投入产出数据。

全球多区域投入产出数据库在各个国家投入产出表的基础上添加了国际贸易矩阵，它可刻画国家内部部门间的产品交易和国际产品交易。相关学者目前构建了多个全球多区域投入产出数据库（包括碳排放轻度指标），较为常用的是 WIOD 数据库、Eora 数据库、GTAP 数据库和 EXIOPOL 数据库等。

思　考　题

1. 建筑的生命周期包括哪些阶段？简述各个阶段碳排放的主要来源。
2. 建筑碳排放考虑的主要温室气体类型有哪些？如何核算碳足迹？
3. 简述碳排放核算边界定义的 3 个范围及各自特征。
4. 什么是生命周期评价？简述生命周期评价的研究框架。
5. 对比运用排放因子法、生命周期评价、投入产出法开展建筑碳排放核算的优势及劣势。
6. 选择某一典型零碳建筑，画出碳排放核算的系统边界图，尝试查找资料，运用排放因子法计算该建筑的碳排放。

二维码形式客观题

扫描二维码可在线做题，提交后可查看答案。

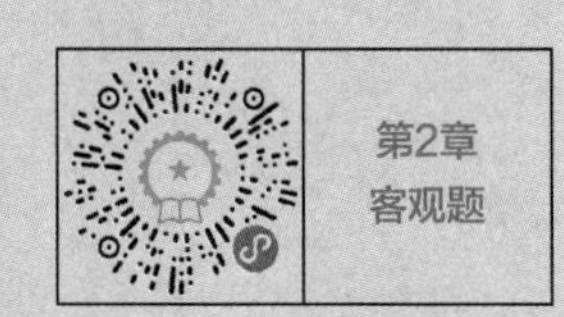

参考文献

[1] 陈亮，刘玫，黄进. GB/T 24040—2008《环境管理 生命周期评价原则与框架》国家标准解读［J］. 标准科学，2009（2）：76-80.

[2] 中华人民共和国住房和城乡建设部. 绿色建筑评价标准：GB/T 50378—2019［S］. 北京：中国建筑工业出版社，2019.

[3] 方恺. 环境足迹的核算与整合框架——基于生命周期评价的视角［J］. 生态学报，2016，36（22）：7228-7234.

[4] 罗智星. 建筑生命周期二氧化碳排放计算方法与减排策略研究［D］. 西安：西安建筑科技大学，2016.

[5] 郭安. 基于终点破坏法的绿色建筑环境影响评价研究［D］. 武汉：华中科技大学，2009.

[6] 马雪，王洪涛. 生命周期评价在国内的研究与应用进展分析［J］. 化学工程与装备，2015（2）：164-166.

[7] 国家标准化管理委员会. 环境管理 生命周期评价 原则与框架：GB/T 24040—2008［S］. 北京：中国标准出版社，2008.

[8] LU A T，NGO R H，CRAWFORD R，et al. Life cycle greenhouse gas emissions and energy analysis of prefabricated reusable building modules［J］. Energy and Buildings，2012，47（4）：159-168.

[9] MARTÍNEZ-ROCAMORA A，SOLÍS-GUZMÁN J，MARRERO M. LCA databases focused on construction materials：A review［J］. Renewable and Sustainable Energy Reviews，2016，58（5）：565-573.

[10] KHOZEMA A A，IDAYU A M，YUSRI Y. Issues，Impacts，and Mitigations of Carbon Dioxide Emissions in the Building Sector［J］. Sustainability，2020，12（18）：7427-7438.

[11] 王微，林剑艺，崔胜辉，等. 碳足迹分析方法研究综述［J］. 环境科学与技术，2010，33（7）：71-78.

[12] FENNER A E，KIBERT C J，WOO J，et al. The carbon footprint of buildings：A review of methodologies and applications［J］. Renewable and Sustainable Energy Reviews，2018，94（10）：1142-1152.

[13] 张楠，杨柳，罗智星. 建筑全生命周期碳足迹评价标准发展历程及趋势研究［J］. 西安：西安建筑科技大学学报（自然科学版），2019，51（4）：569-577.

[14] 朱松丽，蔡博峰，朱建华，等. IPCC 国家温室气体清单指南精细化的主要内容和启示［J］. 气候变化研究进展，2018，14（1）：86-94.

[15] 赵宗慈，罗勇，黄建斌. 回顾 IPCC 30 年（1988—2018 年）［J］. 气候变化研究进展，2018，14（5）：540-546.

[16] 梁赛，王亚菲，徐明，等. 环境投入产出分析在产业生态学中的应用［J］. 生态学报，2016，36（22）：7217-7227.

[17] MILLER R E，BLAIR P D. Input-output analysis Foundations and extension［M］. 2nd ed. Cambridge：Cambridge University Press，2009.

第3章 零碳建筑被动式技术

对于建筑单体而言，零碳建筑设计主要涉及被动式技术和主动式技术两方面的策略。主动式技术是指通过充分利用可再生能源和节能高效系统及设备来降低能源消耗和碳排放量；被动式技术主要依靠建筑结构布局和围护结构的保温隔热，来充分利用自然通风、天然采光和冬夏季的保温隔热，达到降低建筑供暖、空调和照明负荷，实现节能减排。在零碳建筑设计中，上述两种方式缺一不可。目前国内外公认的原则是：在充分使用被动式设计手段的基础上，采用主动式设计的方法，以发挥事半功倍的效果。

与主动式设计相比，被动式设计与建筑布局、建筑设计、建筑材料等紧密相关。被动式设计的效果可以在定性的基础上进行计算机模拟，从定性走向定量，从而发挥越来越重要的作用。表3-1总结了建筑设计中常用的被动式设计方法，从减碳（减少CO_2排放）和固碳（吸收CO_2）两方面出发，将其总结为：保温隔热、遮挡阳光、自然通风、日照采光、建筑绿化五个方面，然后结合建筑物周边环境、建筑体形、建筑空间、建筑围护结构、建筑细部（构造），从减碳方面出发，研究零碳建筑被动式技术。

表3-1　零碳建筑被动式设计一览表

		方法	周边环境	建筑体形	建筑空间	建筑围护结构	建筑细部(构造)
减碳	抵御自然	保温隔热	—	体形系数	功能布局 缓冲空间	保温材料 窗墙比	相关构造
		遮挡阳光	总体布局 周边景观	形体 自遮阳	架空空间 内凹空间	各类遮阳设施	
	利用自然	自然通风	总体布局 周边景观	形体导风	中庭设计 架空空间 下沉空间 半室外空间	可开启面 积和方式	导风设施 可开启构造
		日照采光	总体布局 周边景观	—	中庭设计 下沉空间	开窗形式 窗墙比	导光设施
固碳	利用自然	建筑绿化	周边景观	—	中庭设计 内院设计 室内绿化	墙面绿化 屋顶绿化	相关构造

3.1 建筑围护结构节能技术

零碳建筑节能设计应以保证生活和生产所必需的室内环境参数和使用功能为前提，遵循被动节能措施优先的原则，改善围护结构保温隔热性能为主要方式之一。不同的气候条件对房屋建筑提出了不同的要求。为了满足炎热地区的通风、遮阳、限热，寒冷地区的采暖、防冻和保温的需要，明确建筑和气候两者的科学联系，我国的《民用建筑热工设计规范》（GB 50176—2016）

从建筑热工设计的角度出发，将全国建筑热工设计分为五个分区，即严寒、寒冷、夏热冬冷、夏热冬暖和温和地区。这五个气候区的分区指标、气候特征的定性描述、对建筑的基本设计要求见表3-2，主要城市分区见附录A。

表3-2 建筑热工设计分区及设计要求

分区名称	分区指标		设计要求
	主要指标	辅助指标	
严寒地区	最冷月平均温度≤-10℃	日平均温度≤5℃的天数≥145d	必须充分满足冬季保温要求，一般可不考虑夏季防热
寒冷地区	最冷月平均温度为-10~0℃	日平均温度≤5℃的天数为90~145d	应满足冬季保温要求，部分地区兼顾夏季防热
夏热冬冷地区	最冷月平均温度为0~10℃，最热月平均温度为25~30℃	日平均温度≤5℃的天数为0~90d，日平均温度≥25℃的天数为49~110d	必须满足夏季防热要求，适当兼顾冬季保温
夏热冬暖地区	最冷月平均温度>10℃，最热月平均温度为25~29℃	日平均温度≥25℃的天数为100~200d	必须充分满足夏季防热要求，一般可不考虑冬季保温
温和地区	最冷月平均温度为0~13℃，最热月平均温度为18~25℃	日平均温度≤5℃的天数为0~90d	部分地区应考虑冬季保温，一般可不考虑夏季防热

由于我国幅员辽阔，各地气候差异很大，为了使建筑物适应各地不同的气候条件，满足节能要求，应根据建筑物所处的建筑气候分区，确定建筑围护结构合理的热工性能参数。建筑围护结构的热工性能参数计算符合下列规定：

1）外墙、屋面的传热系数（包括结构性热桥在内的平均传热系数）的计算：

$$K_m = K + \frac{\sum \Psi_j l_j}{A} \tag{3-1}$$

式中 K_m——外墙、屋面的传热系数［W/(m²·K)］；

K——外墙、屋面平壁的传热系数［W/(m²·K)］；

Ψ_j——外墙、屋面上的第 j 个结构性热桥的线传热系数［W/(m·K)］；

l_j——第 j 个结构性热桥的计算长度（m）；

A——外墙、屋面的面积（m²）。

2）透光围护结构的传热系数计算：

$$K = \frac{\sum K_{gc}A_g + \sum K_{pc}A_p + \sum K_{fc}A_f + \sum \Psi_g l_g + \sum \Psi_p l_p}{\sum A_g + \sum A_p + \sum A_f} \tag{3-2}$$

式中 K——幕墙单元、门窗的传热系数［W/(m²·K)］；

A_g、A_p、A_f——透光面板、非透光面板及框的面积（m²）；

K_{gc}、K_{pc}、K_{fc}——透光面板中心、非透光面板中心及框的传热系数［W/(m²·K)］；

l_g、l_p——透光面板边缘长度、非透光面板边缘长度（m）；

Ψ_g、Ψ_p——透光面板边缘、非透光面板边缘的线传热系数［W/(m·K)］。

3）透光围护结构太阳得热系数（SHGC）计算：

$$\mathrm{SHGC} = \mathrm{SHGC}_c \cdot \mathrm{SC}_s \tag{3-3}$$

$$\mathrm{SHGC}_c = \frac{\sum g \cdot A_g + \sum \rho_s \frac{K}{\alpha_e} A_f}{A_w} \tag{3-4}$$

式中　$SHGC_c$——门窗、幕墙自身的太阳得热系数，无量纲；

SC_s——建筑遮阳系数，无建筑遮阳时取 1，无量纲；

g——门窗、幕墙中透光部分的太阳辐射总透射比，无量纲；

ρ_s——门窗、幕墙中非透光部分的太阳辐射吸收系数，无量纲；

K——门窗、幕墙中非透光部分的传热系数 [W/(m²·K)]；

α_e——外表面传热系数 [W/(m²·K)]，夏季取 16，冬季取 20；

A_g、A_f——门窗、幕墙中透光部分、非透光部分的面积（m²）；

A_w——门窗、幕墙的面积（m²）。

建筑围护结构传热系数、太阳得热系数等热工系数值可参阅《建筑节能与可再生能源利用通用规范》（GB 55015—2021）的规定，详见附录 B。

3.1.1　围护结构保温隔热技术

根据建筑围护结构合理的热工性能，对围护结构保温隔热系统进行设计计算。零碳建筑围护结构保温隔热技术主要涉及的内容有优先选用高性能保温隔热材料，以及选择适宜的围护结构保温隔热新技术，对建筑物围护结构的保温隔热性能和节能效果做出综合判断。

1. 建筑保温材料

建筑保温材料对于建筑保温隔热效果具有重要的作用，它是构建零碳建筑和实施建筑节能改造的重要组成部分。高性能的建筑保温材料是实现保温隔热性能的前提条件。

建筑保温材料种类繁多，根据热工原理分为多孔保温材料和反射保温材料；根据保温材料的形态可分为板块状保温材料和浆体状保温材料；根据保温材料的材质可分为有机保温材料和无机保温材料等。其中，石墨聚苯板、模塑聚苯板、挤塑聚苯板、硬泡聚氨酯板、岩棉条、岩棉板、增强珍珠岩板、真空绝热板、无机轻集料保温砂浆、玻璃棉等是较为常用的保温材料。

围护结构保温层主要采用导热系数小、吸湿（水）率低、防火性能好、抗压强度或压缩强度大的高效轻质保温材料。根据设计计算，保温层具有一定厚度，可有效降低围护结构的传热系数，以满足节能标准对该地区墙体的保温要求。保温材料选用具有较低的吸湿率及较好的黏结性能，为了使所用的胶黏剂及表面层的应力尽可能减少，一方面要用收缩率小的产品，另一方面，在控制其尺度变动时产生的应力要小。

同时，保温材料具有稳定的物理化学性质，它的连接件也应具有可靠的机械强度和耐久性，满足设计及防火要求。国家标准《建筑设计防火规范（2018 年版）》（GB 50016—2014）明确外保温系统防火构造及组成材料的性能要求，规定“建筑的内、外墙保温系统，宜采用燃烧性能为 A 级保温材料，不宜采用 B2 级保温材料，严禁使用 B3 级保温材料”。其中，A（A1~A2）级为不燃建筑材料及其制品，B1、B2、B3 级分别为难燃、可燃、易燃建筑材料及其制品。部分常用围护结构各保温材料的适用部位选用表见表 3-3，部分常用保温材料性能见表 3-4。

表 3-3　部分常用围护结构各保温材料的适用部位选用表

保温材料	适用部位
石墨聚苯板	外墙、屋面、接触室外空气的外挑楼板、设备平台、外廊
模塑聚苯板	屋面、地面、分户楼板、地下室顶板（板上）、设备平台、外廊
挤塑聚苯板	地面、分户楼板、地下室顶板（板上）

（续）

保温材料	适用部位
硬泡聚氨酯板	屋面、热桥处理局部空间受限处
岩棉条	外墙防火隔离带、外墙（建筑高度在21m及以下，外墙保温材料燃烧性能为A级要求的砌体结构房屋）、设备平台、外廊
岩棉板	外墙（建筑高度在21m及以下幕墙系统的砌体结构房屋）、屋面防火隔离带、地下室顶板（板下）、变形缝、风（烟）道、分隔供暖与非供暖空间的隔墙、设备平台、外廊
真空绝热板	风（烟）道、分隔供暖与非供暖空间的隔墙、热桥处理局部空间受限处
无机轻集料保温砂浆	分户墙、分隔供暖与非供暖空间的隔墙

表 3-4　部分常用保温材料性能

指标	石墨聚苯板	模塑聚苯板	挤塑聚苯板	硬泡聚氨酯板	岩棉条（板）	增强珍珠岩板	真空绝热板	无机轻集料保温砂浆
表观密度/(kg/m^3)	≥20	18~22	30~35	≥35	≥100（140）	—	—	干密度≤350
导热系数/[W/(m·K)]	≤0.032	≤0.033	≤0.030	≤0.024	≤0.046（0.040）	≤0.084	≤0.035（穿刺后）	≤0.070
压缩强度/kPa	≥100	≥100	≥200	≥150	—	≥450	≥100	≥100
抗拉强度/MPa	≥0.10	≥0.10	≥0.20	≥0.10	0.10(0.01)	≥0.25	≥0.08	—
尺寸稳定性(%)	≤0.3	≤0.3	≤1.0	≤1.0	≤1.0	—	≤0.5(长) ≤3.0(厚)	—
吸水率体积分数(%)	≤3	≤3	≤1.5	≤3	质量吸湿率≤1.0	质量含水率≤4.0	表面吸水量(g/m^2)≤100	—
渗透系数/ng/(Pa·m·s)	2.0~4.5	≤4.5	1.5~3.5	≤6.5	憎水率≥98%	—	—	—
弯曲变形/mm	≥20	≥20	≥20	≥20	≥20	—	—	—
氧指数(%)	≥30	≥30	≥30	≥30	≥30	—	—	—
燃烧性能等级	B1级	B1级	B1级	B1级	A(A1)级	A级	A(A2)级	A级

2. 外墙保温隔热技术

外墙是建筑围护结构的重要组成部分，它的节能设计主要是提高墙体的保温隔热性能，减少传热损失及在夏季内表面的温度波动。外墙保温隔热系统涉及的内容很多，就节能减排而言，需要根据气候分区、建筑类型、围护结构类型、体形系数、经济造价等不同情况选择相应的保温材料和厚度，使之达到相应的热工性能要求，具体可以参阅《建筑节能与可再生能源利用通用规范》（GB 55015—2021）。

外墙保温隔热的主要措施为采用不同的保温材料与基层墙体构成复合保温墙体，或采用具有较高热阻的墙体材料实现墙体自保温。外墙保温隔热按照保温层的设置位置进行分类，主要有自保温、外保温、内保温、夹心保温四大类。保温墙体基本结构如图3-1所示，外墙保温构造方式分类形式见表3-5。

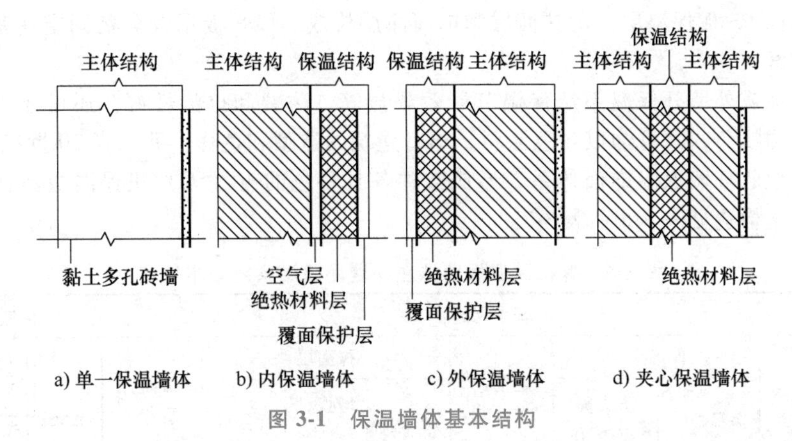

图3-1　保温墙体基本结构

表3-5　外墙保温构造方式分类形式

类别	特　　点	适用范围
自保温	墙体既有承重功能，又有较好的热工性能，具有保温效果 优点：构造简单，施工方便，经济实用 常用的有蒸压加气混凝土砌块等材料	保温效果受到一定的限制，使用范围有限
外保温	保温层在围护结构外侧 能有效地保护围护结构 基本消除了热桥的影响 有利于提高墙体的防水性和气密性 不占有内部空间的面积，且避免了室内装修对保温层可能的破坏	对保温材料的各项性能要求较高 对施工队伍和各项技术要求较高 适应于各类建筑外墙，使用范围广 适用于各类新建建筑和既有建筑改造
内保温	保温层在围护结构内侧 施工方便、技术简单 占有了一定的内部空间面积，室内装修和平时使用时容易破坏保温层	常常难以避免热桥问题 特别适用于历史保护建筑 要注意材料对人体健康安全的影响
夹心保温	保温材料设置在外墙中间 对保温材料要求不高，易于保护 难以消除热桥现象，且施工困难 容易导致外墙抗震性减弱，外墙寿命缩短	使用范围受限

建筑外墙宜采用外墙外保温构造形式或夹心保温构造形式，在特殊条件下也可采用自保温及内保温构造形式。对于建筑被动式技术及设计，建议采用外墙外保温新技术或夹心保温新技术。

（1）外墙外保温技术　外墙外保温是指在建筑物外墙的外表面上建造保温层。由于保温层多选用高效保温材料，故这种体系能明显提高外墙的保温效能。

此外，由于保温层在室外，故它的构造必须能满足水密性、抗风压以及温湿度变化要求，不致产生裂缝，并能抵抗外界可能产生的碰撞作用，还能使相邻部位（如门窗洞口、穿墙管等）之间以及在边角处、面层装饰等方面，均能得到适当的处理。

1）有机保温板、无机保温板薄抹灰外墙外保温技术。保温板薄抹灰外墙外保温是在第二次世界大战后最先由德国开发成功，以后为欧洲各国广泛使用，在节能及改善居住条件上发挥了很大的作用，因而在国际上得到公认。初始，较有代表性的为“聚苯板（EPS板）薄灰外墙外保温系统”，由 EPS 板保温层、薄抹面层和饰面涂层构成，EPS 板用胶黏剂固定在基层上，薄抹面层中满铺玻纤网。

保温板薄抹灰外墙外保温系统保温节能效果显著，防裂和抗渗性好，还可便于利用聚苯板做出各种凹装饰线角，并可饰以各色涂料，丰富建筑的造型和色彩。我国自 20 世纪 80 年代开始研究、开发类似的外墙保温饰面体系，形成数种各具特色的有（无）机保温板薄抹灰外墙外保温技术，其基本构造见表 3-6 和表 3-7。

表 3-6 有机保温板薄抹灰外墙外保温系统基本构造

基层墙体①	基本构造								构造示意图
	黏结层②	保温层		辅助连接件⑤	抹面层			饰面层⑨	
		保温板③	防火隔离带④		底层⑥	增强材料⑦	面层⑧		
混凝土墙、砌体墙	胶黏剂	有机保温板、防火隔离带		锚栓	抹面胶浆	玻纤网	抹面胶浆	涂料及饰面砂浆等	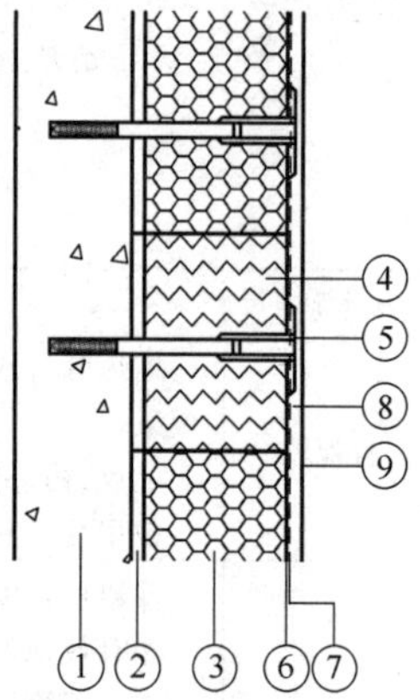

表 3-7 无机保温板薄抹灰外墙外保温系统基本构造

基层墙体①	基本构造							构造示意图
	黏结层②	保温层③	辅助连接件④	抹面层			饰面层⑧	
				底层⑤	增强材料⑥	面层⑦		
混凝土墙、砌体墙	胶黏剂	无机保温板	锚栓	抹面胶浆	玻纤网	抹面胶浆	涂料及饰面砂浆等	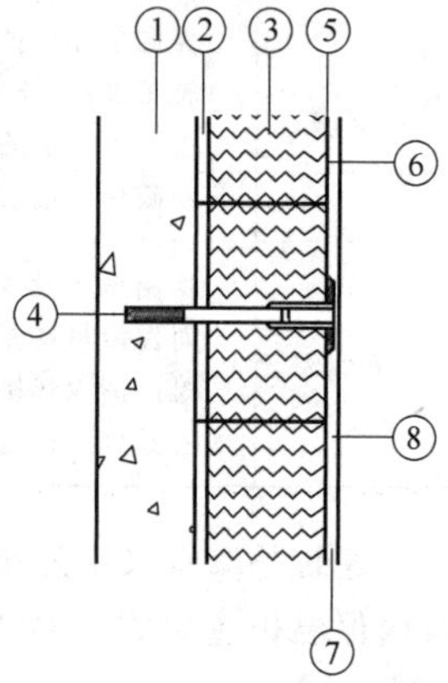

2）现浇混凝土内置保温技术（建筑保温与结构一体化技术）。现浇混凝土内置保温技术就是建筑保温与结构一体化技术，是集建筑保温功能与墙体围护功能于一体的墙体，不需要另行采取保温措施即可满足建筑节能要求，适用于现浇混凝土建筑外墙的保温。它的技术特点是通过不锈钢腹丝焊接网架或金属连接件，将现浇混凝土结构层和防护层可靠连接，中间设置保温层，在保温层两侧结构层和防护层同时浇筑混凝土，形成保温与外墙结构一体的外墙保温系统。墙体保温与墙体结构同步施工，可节约大量人力、时间以及安装机械费和零配件，并能够实现建筑保温与墙体同寿命。它的不足之处在于，混凝土在浇筑过程中引起的侧压力有可能引起对保温板的压缩而影响墙体的保温效果。因此，系统外侧设置防护层，结构层和防护层浇筑的同时，

须采取必要技术措施，保证保温板不发生位移。防护层一般采用自密实混凝土，防护层厚度一般不小于 50mm。保温板一般采用模塑聚苯板、挤塑聚苯板、石墨聚苯板或发泡水泥等材料作为芯材。现浇混凝土保温系统按防护层和结构层连接方式不同，现常采用点连式和腹丝穿透式两种形式，其技术构造见表 3-8 和表 3-9。

表 3-8 现浇混凝土外墙内置保温系统——点连式

基本构造					构造示意图
基层墙体	保温层	连接件		防护层（≥50mm）	
钢筋混凝土①	保温板②	连接件③	限位固定件④	自密实混凝土⑤	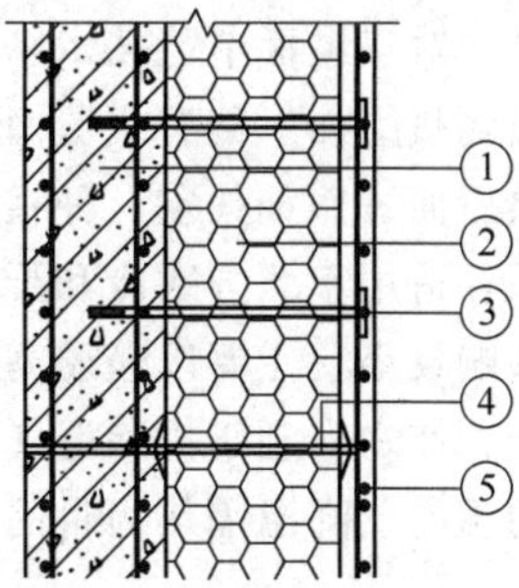
		或国家构造、由单项设计确定			

表 3-9 现浇混凝土外墙内置保温系统——腹丝穿透式

基本构造					构造示意图
基层墙体	保温层	连接件		防护层（≥50mm）	
钢筋混凝土①	保温板②	V 形复线③	拉结筋④	自密实混凝土⑤	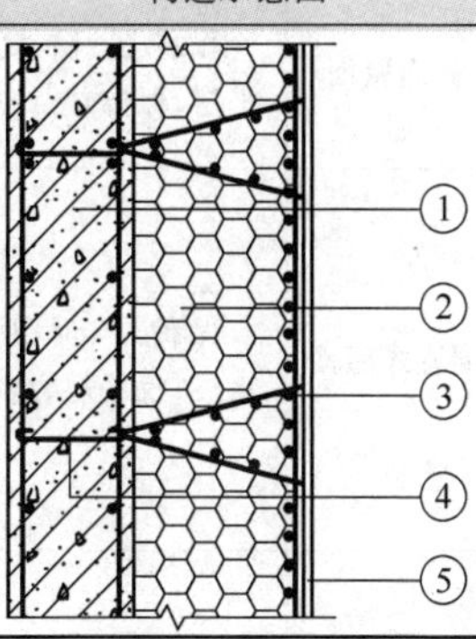
		或国家构造、由单项设计确定			

（2）夹心保温技术 夹心保温系统一般由四个部分组成：混凝土结构内墙、保温板、混凝土外装饰墙体和连接内、外墙的低导热性拉结件（如高强度塑料件或组合件）。夹心保温体系的优点是墙体的保温隔热性能好，耐久、防火性能好、施工方便等，它的基本构造见表 3-10。

表 3-10 夹心墙体保温系统基本构造

基本构造				构造示意图
外叶板①	保温板②	内叶板③	低导热性拉结件④	
混凝土结构外装饰墙体	保温板	混凝土结构内墙	高强度塑料构件或组合件	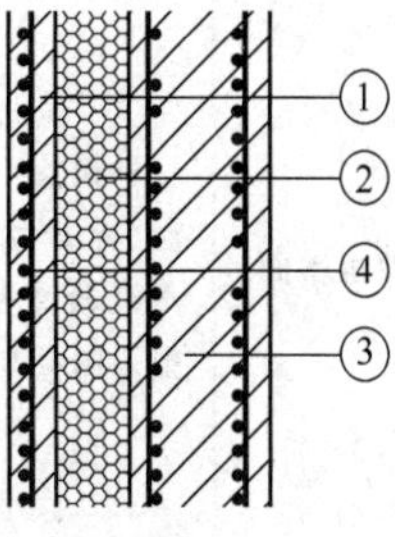

3. 屋面保温隔热技术

屋面作为建筑物外围护结构，所造成的室内外温差传递耗热量大于任何一面外墙或地面的耗热量。屋顶保温隔热技术涉及防水、保温、美观等多方面的要求。就被动式设计而言，需要根据气候分区、建筑类型、围护结构类型、体形系数及经济造价的不同，选择相应的保温料和厚度使之达到相应的传热系数和热惰性指标等要求。

屋顶的形式主要有平屋顶、坡屋顶；材料有钢筋混凝土屋面、瓦屋面、金属屋面、膜材屋面等；构造做法有普通屋面、倒置式屋面、架空屋面、种植屋面、蓄水屋面等。这里需要提出的是，对于屋面节能技术来说，保温和隔热的概念区别明显。虽然应用于北方寒冷和严寒地区的保温隔热屋面、倒置式屋面能够同时起到保温隔热的作用，但对于应用于南方夏热冬暖地区的隔热屋面，例如架空、种植、蓄水等隔热屋面来说，则只能够起到隔热作用，基本上没有保温效果。适用于北方寒冷和严寒地区的保温隔热屋面绝大多数为外保温构造，这种构造受周边热桥影响较小，主要以轻质高效、吸水率低或不吸水的保温材料作为保温隔热层，以及改进屋面构造，使之有利于排除湿气等措施为主；应用于南方的隔热屋面节能技术以降低传至屋顶内表面的温度、降温隔热为目的。表 3-11 总结了常见钢筋混凝土屋面的特点及构造分层技术。

表 3-11　常见钢筋混凝土屋面的特点及构造分层技术

类型	常见主要构造分层情况(从上至下)	技术要点	适用范围
普通屋面	保护层、防水层、找平层、保温层、结构层	1)防水层上应加做保护层 2)保温层宜选用吸水率低、密度和导热系数小且有一定强度的材料	1)适用于各气候区 2)不适合室内湿度大的建筑
倒置式屋面	保护层、保温层、防水层、找平层、结构层	1)应采用吸水率低(≤4%),有一定压缩强度,且长期浸水不腐烂的保温材料 2)如采用卵石保护时,保护层与保温层之间要铺设隔离层 3)在檐沟、水落口等部位,应采用现浇混凝土或砖砌堵头,并做好排水处理	1)夏热冬暖、夏热冬冷、寒冷地区 2)既有建筑改造 3)室内空间湿度大的建筑 4)不适用金属屋面
架空屋面	架空通风层、常见屋面做法	1)架空屋面的坡度不宜大于 5% 2)架空隔热层的高度根据屋面宽度或坡度定,一般高度为 100~300mm 3)当屋面宽度大于 10m 时,应设置通风屋脊,以保证气流畅通 4)进风口应设置在当地夏季主导风向的正压区,出风口在负压区 5)架空板与女儿墙的距离约为 250mm	1)应与不同保温屋面系统联合使用 2)严寒、寒冷地区不宜采用
种植屋面	种植层、土工布过滤层、蓄排水层、细石防水混凝土层、隔离层+根系阻挡层、普通屋面	1)应在隔离层设置阻断植物根系生长的阻挡层,以防止植物根系对防水层、保温层、结构层的破坏 2)应与种植部门配合,选定合适的植物类型、土壤及相关配套产品 3)植物种类应易于养护、有地域性,一般不宜在屋顶种植高大的乔木 4)倒置式屋面不得做种植屋面 5)屋面板必须是钢筋混凝土屋面板,防水层必须两道设防,种植土的厚度不得小于 100mm	1)夏热冬冷、夏热冬暖、温和地区 2)严寒地区不宜采用 3)公共建筑可以采用各类植物和各类培植方法 4)坡屋顶、高层及超高层建筑的平屋顶宜采用草皮、地被植物

（续）

类型	常见主要构造分层情况(从上至下)	技术要点	适用范围
蓄水屋面	蓄水层、刚性防水层、柔性防水层、找平层、结构层	1)应划分为不同蓄水区 2)蓄水屋面有普通的和深蓄水屋面之分,深蓄水深度一般在400mm,普通蓄水深度在200mm左右 3)设置一定蓄水屋面坡度 4)普通蓄水屋面需定期补充水源,避免蓄水屋面干涸,避免刚性防水层开裂。深蓄水屋面可利用降雨量来补偿水面的蒸发	1)夏热冬冷、夏热冬暖、温和地区 2)严寒地区不宜采用 3)适用于雨水量相对充足地区,充分利用天然雨水

4. 外门窗保温隔热技术

外门窗（包括阳台的透明部分）是建筑外围护结构的开口部位，是阻隔外界气候侵扰的基本屏障。外窗除需要满足视觉的联系、采光、通风、日照及建筑造型等功能要求外，作为围护结构的一部分，外窗的热工性能指标对于降低建筑能耗、减少碳排放量具有重要作用。因此，在外窗保温隔热设计中，采用高性能的门窗系统，根据建筑热工设计分区、建筑朝向、建筑体形系数、窗墙面积比等情况，确定相应的传热系数、遮阳系数、综合遮阳系数、可见光透射比等指标，并要考虑到外窗的气密性、水密性等要求。

从围护结构的保温节能性能来看，外窗是薄壁轻质构件，是建筑保温、隔热、隔声的薄弱环节。外窗不仅有与其他围护结构所共有的温差传热问题，还有通过外窗缝隙的空气渗透传热带来的热能消耗。对于夏季气候炎热的地区，外窗还有通过玻璃的太阳能辐射引起室内过热、增加空调制冷负荷的问题。但是，对于严寒及寒冷地区南向外窗，通过玻璃的太阳能辐射对降低建筑采暖能耗是有利的。因此，在不同地域、气候条件下，不同的建筑功能对外窗的要求是有差别的。但是总体来说，节能窗保温隔热技术都是在保证一定的采光条件下，围绕着控制窗户的得热展开的，可以通过以下技术措施使外窗达到节能要求。

（1）控制建筑各朝向的窗墙面积比　窗墙面积比是影响建筑能耗的重要因素，窗墙面积比的确定要综合考虑多方面的因素，其中最主要的是不同地区冬季和夏季的日照情况（日照时间长短、太阳总辐射强度、阳光入射角大小）、季风影响、室外空气温度、室内采光设计标准、通风要求等因素。一般普通外窗的保温性能比外墙差很多，而且窗的四周与墙相交之处也容易出现热桥，窗越大，温差传热量也越大。因此，在零碳建筑设计中，对外窗的设计原则是在满足功能要求基础上尽量减少窗户的面积，且各朝向窗墙面积比不宜超过节能设计标准规定的限值要求。

考虑到严寒和寒冷地区的冬季比较长，建筑的供暖用能大，窗墙面积比的要求限制强；夏热冬冷地区气候夏季炎热，冬季湿冷，人们无论是过渡季节还是冬、夏两季普遍有开窗加强房间通风的习惯，房间通风能带走室内余热蓄冷，节能重点为提高外窗的热工性能；夏热冬暖地区为亚热带湿润季风气候（湿热型气候），太阳辐射强烈且雨量充沛，北区冬季稍冷，窗户要具有一定的保温性能，南区则不必考虑；为遮挡强烈的太阳辐射，宜设遮阳避免西晒。《建筑节能与可再生能源利用通用规范》（GB 55015—2021）分别给出居住建筑窗墙面积比限值，见表3-12和表3-13。

对于公共建筑的种类较多，形式多样，规定“公共建筑（甲类）的屋面透光部分面积不应大于屋面总面积的20%”。从建筑师到使用者都希望公共建筑更加通透明亮，建筑立面更加美观，建筑形态更为丰富。所以，公共建筑窗墙比一般比居住建筑的大些，并且也没有依据不同气候区进一步细化。但在设计中要谨慎使用大面积的玻璃幕墙，以避免加大供暖及空调的能耗。

表 3-12　居住建筑窗墙面积比限值

朝向	窗墙面积比				
	严寒地区	寒冷地区	夏热冬冷地区	夏热冬暖地区	温和 A 区
北	≤0.25	≤0.30	≤0.40	≤0.40	≤0.40
东、西	≤0.30	≤0.35	≤0.35	≤0.30	≤0.35
南	≤0.45	≤0.50	≤0.45	≤0.40	≤0.50

表 3-13　居住建筑屋面天窗面积的比限值

屋面天窗面积与所在房间屋面面积的比值				
严寒地区	寒冷地区	夏热冬冷地区	夏热冬暖地区	温和 A 区
≤10%	≤15%	≤6%	≤4%	≤10%

（2）减少外窗的传热能耗　为了降低窗的传热能耗，研究人员近年来对窗户进行了大量的研究，所取得的节能窗技术如图 3-2 所示。

1）采用节能玻璃。对有供暖要求的地区，节能玻璃具有传热小、可利用太阳辐射热的性能。对于夏季炎热地区，节能玻璃应具有阻隔太阳辐射热的隔热、遮阳性能。

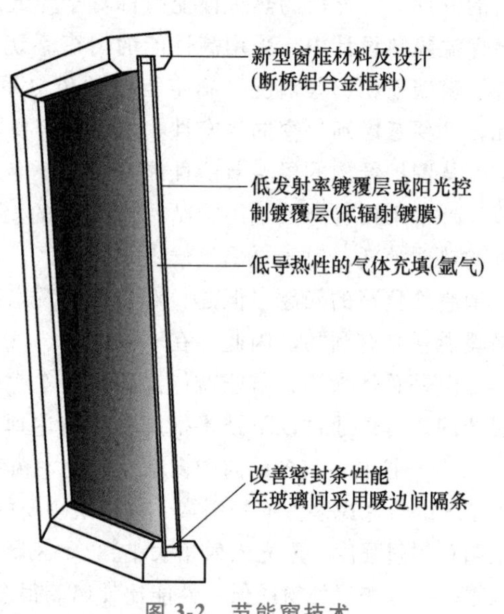

图 3-2　节能窗技术

节能玻璃对不同波长的太阳辐射具有选择性，普通玻璃对于可见光和波长 3μm 以下的短波红外线来说几乎是透明的，但能够有效地阻隔长波红外线辐射（即长波辐射），但这部分能量在太阳辐射中所占比例较少。因此，外窗的玻璃材料宜选用低辐射镀膜（Low-E）中空玻璃或真空玻璃，玻璃配置要考虑玻璃层数、Low-E 膜层、真空层、惰性气体等保温隔热措施，它的性能符合玻璃的传热系数 $K \leqslant 0.8\mathrm{W/(m^2 \cdot K)}$，玻璃的太阳能总透射比值 $g \geqslant 0.40$，玻璃的光热比 LSG≥1.25 的规定。因此，符合现行节能要求的可以采用低辐射镀膜（Low-E）中空玻璃、真空玻璃以及热反射玻璃等。

低辐射镀膜玻璃：目前使用更为广泛的是低辐射镀膜（Low-E）玻璃。Low-E 玻璃是利用真空沉积技术，在玻璃表面沉积一层低辐射涂层，一般由若干金属或金属氧化物薄层和衬底层组成。普通玻璃的红外发射率约为 0.8 左右，对太阳辐射能的透射比高达 84%，而 Low-E 玻璃的红外发射率最低可达到 0.03，能反射 80%以上的红外能量。由于镀上 Low-E 膜的玻璃表面具有很低的长波辐射率，可以大大增加玻璃表面间的辐射换热热阻而具有良好的保温性能。因此，该种镀膜玻璃在世界上得以广泛应用。

根据 Low-E 膜玻璃的不同透过特性曲线，将 Low-E 膜分成冬季型 Low-E 膜、夏季型 Low-E 膜和遮阳型 Low-E 膜。冬季型 Low-E 玻璃对以采暖为主的北方地区极为适用；遮阳型 Low-E 玻璃对以空调制冷的南方地区极为适用。

中空玻璃、真空玻璃：为了实现更好的节能效果，除了在玻璃表面附加 Low-E 膜以外，对普通中空玻璃充惰性气体或者抽真空都是常用的手段。

普通中空玻璃是以两片或多片玻璃为有效支撑，均匀隔开，周边黏结密封，使玻璃层间形成干燥气体空间的产品。中空、真空玻璃结构示意图如图 3-3 所示。

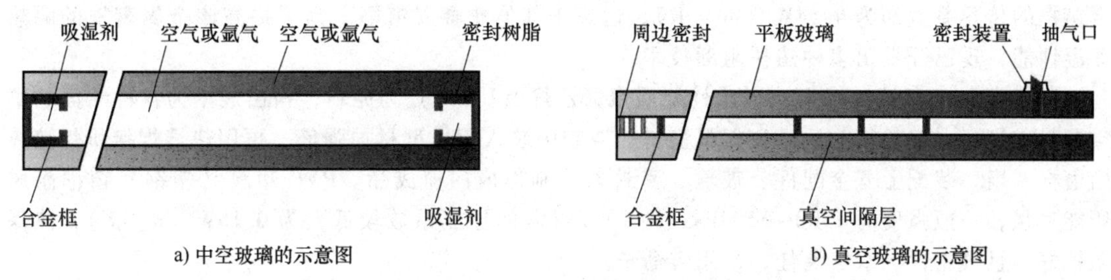

图 3-3　中空、真空玻璃结构示意图

中空玻璃内部填充的气体除空气之外，还有氙气、氪气等惰性气体。因为气体的导热系数很低，中空玻璃的导热系数比单片玻璃低一半左右。例如“6+12+6”的白玻中空组合，当充填空气时传热系数值约为 2.7W/(m^2·K)，充填 90%氧气时传热系数值约为 2.55W/(m^2·K)，充填 100%氩气时传热系数约为 2.53W/(m^2·K)［注：空气传热系数为 0.024W/(m^2·K)；氩气传热系数为 0.016W/(m^2·K)］。此外，增加空气间层的厚度也可以增加中空玻璃的热阻，但当空气层厚度大于 12mm 后，其热阻增加已经很小，因此空气间层厚度一般小于 12mm。

真空玻璃是基于保温瓶原理发展而来的节能材料，其剖面示意如图 3-3 所示。真空玻璃的构造是将两片平板玻璃四周密封，一片玻璃上有一排气管，排气管与该片玻璃也用低熔点玻璃密封。两片玻璃的间隙为 0.1~0.2mm。为使玻璃在真空状态下承受大气压的作用，两片玻璃板间放有微小支撑物。由于支撑物非常小，不会影响玻璃的透光性。

标准真空玻璃的夹层内气压一般只有几帕，由于夹层空气极其稀薄，热传导和声音传导的能力将变得很弱，因而这种玻璃具有比中空玻璃更好的隔热保温性能和防结露、隔声等性能。标准真空玻璃的传热系数可降至 1.4W/(m^2·K)，其保温性能一般是中空玻璃的 2 倍、单片玻璃的 4 倍。

热反射玻璃：在玻璃表面喷涂一层或几层金属、非金属或其氧化物薄膜物质，使它具有较高的光线反射特性。热反射玻璃可以将大部分的太阳光吸收和反射，阻挡太阳光线直接进入室内，会使室内温度降低。热反射玻璃的反射特性和室内透明度成反比，过高的反射性会降低室内的亮度，室内光线过暗也不是最佳效果，因此对玻璃反射率的控制非常有必要。

在夏季光照强的地区，热反射玻璃的隔热作用十分明显，可有效衰减进入室内的太阳热辐射。但在无阳光的环境中，如夜晚或阴雨天气，它的隔热作用与普通玻璃无异。从节能的角度来看，它不适用于严寒、寒冷地区。此外，镀膜热反射玻璃表面金属层极薄，使其在迎光面具有镜子的特性，而在背光面又如玻璃窗般透明，对建筑物内部起到了遮蔽及帷幕作用。

建筑外窗的热工性能参数可参阅《近零能耗建筑技术标准》（GB/T 51350—2019）的规定，详见附录 C。

2）提高窗框的保温性能。窗框是固定窗玻璃的支撑结构，它需要有足够的强度及刚度。同时，窗框需要具有较好的保温隔热能力，以避免窗框成为整个窗户的热桥。框扇型材部分加强保温节能效果可采取以下三个途径：

第一，选择导热系数较小的框料。

第二，采用导热系数小的材料截断金属框料型材的热桥制成断桥式框料。

第三，利用框料内的空气腔室或利用空气层截断金属框扇的热桥。

针对以上要求以及零碳建筑设计，外窗框可采用铝合金及断桥铝合金窗框、PVC 塑料（塑钢）窗框或木窗框。

铝合金及断桥铝合金窗框：这种窗户重量轻，强度、刚度较高，抗风压性能佳，较易形成复杂断面，耐燃烧、耐潮湿性能良好，装饰性强。但铝合金窗保温隔热性能差，无断热措施的铝合金窗框的传热系数约为4.54W/(m²·K)，远高于其他非金属窗框。为了提高该金属窗框的隔热保温性能，现已开发出多种热桥阻断技术。

PVC塑料（塑钢）窗框：以改性硬质聚氯乙烯（UPVC）为原料，挤出成型为各种断面的中空塑料异型材，定长切割后，在塑料型材的空腔中装入钢质型材加强筋，再用热熔焊接机焊接成门窗框、扇，装配上五金配件、玻璃、密封条等制作成门窗成品。PVC塑料（塑钢）窗框耐风压能力强，一般强度为1500~3500Pa；硬PVC材质的导热系数较低，为0.16W/(m·K)，热保温性好，且气密性、水密性佳，使用寿命长。

木窗框：木材强度高，保温隔热性能优良，容易制成复杂断面，木窗框的传热系数可以降至2.0W/(m²·K)以下。窗框新材料的不断研发，以木型材为主受力构件的铝木复合窗也受到推广。

（3）提高外窗的气密性，减少冷风渗透　完善的密封措施是保证窗的气密性、水密性以及隔声性能和隔热性能达到一定水平的关键。图3-4为窗缝处的气流情况。

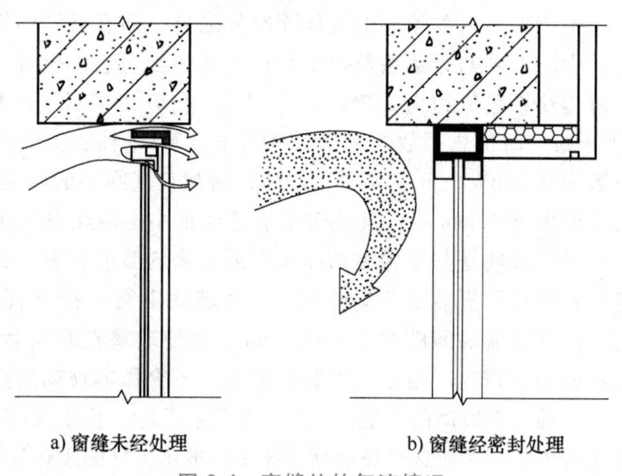

图3-4　窗缝处的气流情况

国家标准《建筑幕墙、门窗通用技术条件》（GB/T 31433—2015）中将门窗的气密性能分为8级，具体数值见表3-14，其中8级最佳，规定“外窗气密性能不宜低于8级；外门、分隔供暖空间与非供暖空间的户门气密性能不宜低于6级”。门窗气密性能以单位缝长空气渗透量或单位面积空气渗透量为分级指标，门窗气密性能分级符合表3-14的规定。

表3-14　门窗气密性能分级

分级	1	2	3	4	5	6	7	8
单位缝长分级指标值 $q_1/[m^3/(m\cdot h)]$	$4.0\geq q_1>3.5$	$3.5\geq q_1>3.0$	$3.0\geq q_1>2.5$	$2.5\geq q_1>2.0$	$2.0\geq q_1>1.5$	$1.5\geq q_1>1.0$	$1.0\geq q_1>0.5$	$q_1\leq 0.5$
单位面积分级指标值 $q_2/[m^3/(m^2\cdot h)]$	$12.0\geq q_2>10.5$	$10.5\geq q_2>9.0$	$9.0\geq q_2>7.5$	$7.5\geq q_2>6.0$	$6.0\geq q_2>4.5$	$4.5\geq q_2>3.0$	$3.0\geq q_2>1.5$	$q_2\leq 1.5$

外窗的几何形式与面积、窗型、遮阳方式、窗盖板等构件对外窗的保温隔热性能也有很大的影响。因此，外窗的大小、形式、材料及构造要兼顾各方面的技术要求，以取得整体的最佳节能效果。加强外窗气密性的措施有以下几个方面：

第一，通过提高窗用型材的规格尺寸、准确度、尺寸稳定性和组装的精确度以增加开启缝隙部位的搭接量，减少开启缝的宽度达到减少空气渗透的目的。

第二，采用气密条，提高外窗气密水平。各种气密条由于所用材料、断面形状、装置部位等情况不同，密封效果也略有差异。

第三，应注意各种密封材料和密封方法的互相配合。近年来的许多研究表明，在封闭效果上，密封料要优于密封件。这与密封料和玻璃、窗框等材料之间处于黏合状态有关。但是，玻璃等在干湿温变作用下所发生的变形会影响这种静力状态的保持，从而导致密封失效。密封件虽然对变形的适应能力较强，且使用方便，但是它的密封作用却不完全可靠。

这里值得注意的是，外门占围护结构的比例较小，且承担着重要的安全防盗功能，达到与外窗同样的保温性能技术难度较高，因此仅对严寒和寒冷地区建筑外门的热工性能提出要求，外门透光部分多为玻璃窗，要符合外窗的相应要求。非透光部分多为金属框架填充保温隔热材料，由于金属框架的严重热桥和保温隔热材料厚度受到门体限制，故非透明部分传热系数值不宜要求太严格。

5. 玻璃幕墙保温隔热技术

对于高层建筑或某些不方便直接开窗的建筑，往往难以直接开窗进行自然通风，因此可以通过与太阳能、水体、空中绿化等结合来设计幕墙结构，以达到保温隔热的目的。

上海世博会的法国阿尔萨斯案例馆南向采用了幕墙设计，建筑南立面表皮分为三层：外层是太阳能光伏板和第一层玻璃形成的太阳能密闭舱，中间是密闭舱的空气舱，最后面是水幕和承载水幕的玻璃。该馆的幕墙外观如图 3-5 所示。上海市冬冷夏热，幕墙在设计时按照季节分为冬季和夏季两种运行模式。“冬季工作模式”中外层幕墙的所有通风口关闭，太阳能光伏板运作，并向建筑提供部分用电；水幕墙关闭，其间的空气层被太阳能光伏板的余热及太阳辐射加热，热空气被源源不断地送往室内（见图 3-6）。“夏季工作模式”中，外层幕墙的所有通风口开启，太阳能光伏板将产生的电能供给水泵，通过水泵的输送，水幕自上而下流经最后一层幕墙，带走建筑的热量；在水幕墙的水帘、光伏板的阴影以及外部幕墙通风口的共同作用下，其间的空气层被降温，从而起到给建筑降温的作用（见图 3-7）。系统运行期间，利用水幕调节室内热湿环境，利用太阳辐射到光伏板的能量提供电力供给，具有多重节能效果。

图 3-5　上海世博会法国阿尔萨斯案例馆幕墙外观
（图片来自百度百科）

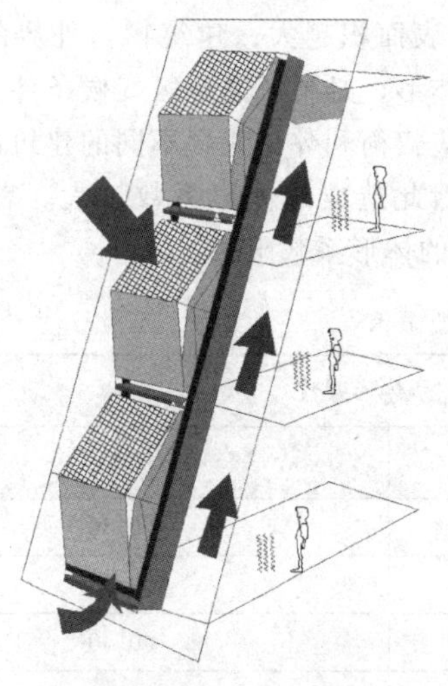
图 3-6　幕墙系统冬季工作模式

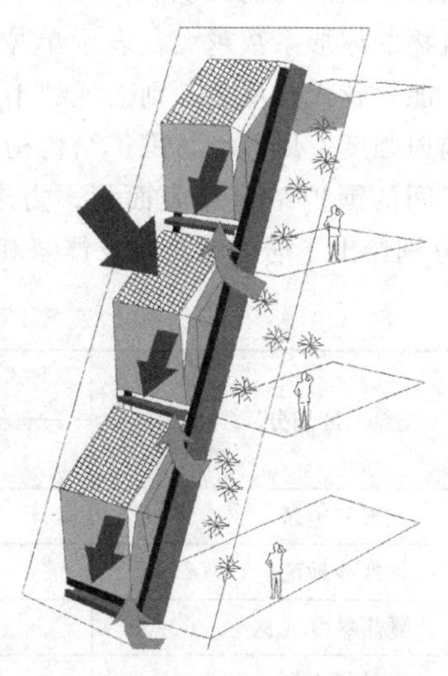
图 3-7　幕墙系统夏季工作模式

6. 地面保温隔热技术

地面按其是否直接接触土壤分为两类。一类是不直接接触土壤的地面，又称地板。它又可分为接触室外空气的地板和不采暖地下室上部的地板，以及底部架空的地板。另一类是直接接触土壤的地面，当地面的温度高于地下土壤温度时，热流便由室内传入土壤中。居住建筑室内地下、地面下部土壤温度的变化并不大，变化范围：一般从冬季到春季仅有10℃，从夏末至秋天也只有20℃左右，变化十分缓慢。但是在房屋与室外空气相邻的四周边缘部分的地下土壤温度的变化还是相当大的。冬季，受室外空气以及房屋周围低温土壤的影响，将有较多的热量由该部分被传递出去。

对于接触室外空气的地板，以及不采暖地下室上部的地板等，应采取保温措施，使地板的传热系数满足要求。地下室外墙外侧保温层要与地上部分保温层连续，并采用吸水率低的保温材料；保温层应延伸到地下冻土层以下，或完全包裹住地下结构部分；保温层内部和外部要分别设置一道防水层。

对于直接接触土壤的非周边地面，一般不须做保温处理。对于直接接触土壤的周边地面（即从外墙内侧算起2m范围内的地面）要采取保温措施，而且地面保温与外墙保温连续、无热桥。周边地面保温构造如图3-8所示。

此外，考虑到南方湿热的气候因素，对地面进行全面的绝热处理还是必要的，可以采用内侧地面绝热处理的方法，或者在室内内侧布置随温度变化快的材料，热容量较小的材料做装饰面，并加设防潮层。

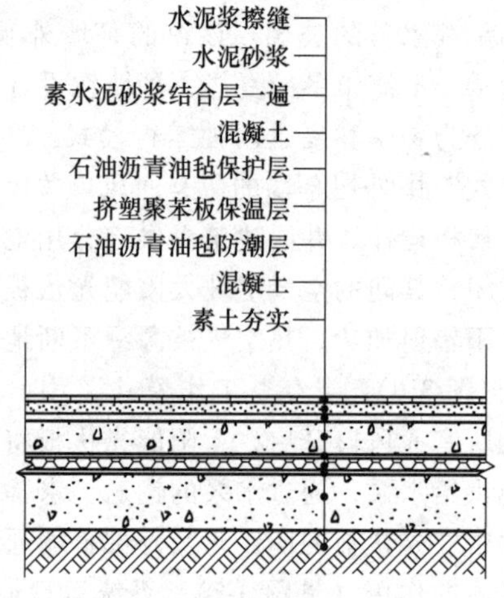

图 3-8 周边地面保温构造

7. 建筑体形系数

建筑物的保温隔热效果既取决于围护结构的热工性能，又取决于外围护结构的建筑体形。建筑物体形系数（Shape Factor 或 Building Shape Cofficient）是指建筑物与室外大气接触的外表面积（F）与它所包围的体积（V）的比值，一般用S表示。其中，外表面积不包括地面和不采暖楼梯间内墙及户门的面积。

建筑物的体形系数越大，表示单位建筑体积对应的外表面积越大，建筑物与外界的能量交换越多，能耗越大；反之，则能耗越小。合理地控制建筑体形，必须考虑地区气候条件，冬、夏季太阳辐射强度、风环境、围护结构构造等各方面因素。应权衡利弊，兼顾不同的建筑造型，尽量减少房间的围护结构外表面积，力求体型简单，避免因此造成的体形系数过大。表3-15和表3-16分别给出了居住建筑以及严寒和寒冷地区公共建筑的体形系数限值。

表 3-15 居住建筑的体形系数限值

热工区划分	体形系数	
	≤3层	>3层
严寒地区	≤0.55	≤0.30
寒冷地区	≤0.57	≤0.33
夏热冬冷A区	≤0.60	≤0.40
温和A区	≤0.60	≤0.45

表 3-16　严寒和寒冷地区公共建筑的体形系数限值

单栋建筑面积 A/m^2	建筑体形系数
$300<A\leqslant800$	<0.50
$A>800$	≤0.40

如此，可有效减少围护结构热（冷）损失，有效控制室内能耗水平，并有利于建筑施工和运行总体经济节约。通常控制体形系数的大小可以合理控制建筑面宽，采用适宜的面宽与进深比例；增加建筑层数，减小屋面面积；合理控制建筑体形及立面凹凸变化；对建筑整体节能水平进行权衡等方法。

3.1.2　建筑遮阳技术

太阳给人类带来了光明和热量，但在夏季，强烈的阳光使人炎热难受，增加了建筑物的空调能耗和碳排放量。为此，在夏季遮挡阳光成为建筑设计中必须考虑的重要内容。良好的建筑外遮阳措施可以大大减少建筑物的空调能耗，具有很高的性价比，不少地区已经把建筑外遮阳作为必须采取的节能减排措施予以推广。

1. 建筑遮阳的种类

建筑遮阳措施的种类很多，从位置而言，可以大体分为外窗遮阳和天窗遮阳。外窗遮阳较为常见，人们已经积累了丰富的经验。天窗遮阳主要用于大中型公共建筑的中庭采光天窗，一般安置在建筑内部，采用电动设施，以便操作。

从内外而言，遮阳分为外遮阳、内遮阳、中间遮阳三类。外遮阳的效果远优于内遮阳和中间遮阳，是建筑师首选的措施。内遮阳一般仅用于室内设计阶段，或者用于不能改变外立面效果的历史保护建筑。中间遮阳一般位于玻璃窗或者两层门窗、幕墙之间，造价和维护成本高。

从遮阳构件的活动性而言，分为活动式遮阳、固定式遮阳两类。其中，活动式遮阳既可以满足夏季遮挡阳光的需求，又可以满足冬季获取阳光的需求，具有非常广泛的使用范围，当然其价格、质量要求也相对较高。

从遮阳构件的控制而言，分为手动式控制、电动式控制两类。其中，电动式控制适用于各种类型的建筑物，特别是高大的建筑和空间，具有广泛的使用范围。

从遮阳构件的材料而言，种类丰富，有钢筋混凝土构件、铝合金构件、玻璃构件、木制构件、织物、植物等。其中，铝合金构件最为常见。

从遮阳构件的形式而言，可以分为挡板、百叶、卷帘、花格、布篷等。

从遮阳构件的类型而言，可以分为水平式遮阳、垂直式遮阳、综合式遮阳、挡板式遮阳四类，它们各有适用的范围（见表 3-17）。

表 3-17 只是给出了遮阳的一些基本原则，在设计中需要根据建筑热工设计分区、建筑朝向、遮阳板尺寸等数据查阅相关资料和规范要求，进行初步计算，然后不断调整，最终确定遮阳板的形式、尺寸等细部内容。

2. 建筑遮阳设计

建筑遮阳设计、选择的优先顺序根据投射的太阳辐射强度确定，结合房间的使用要求、窗口朝向及建筑安全性综合考虑。可采用固定或可调等遮阳措施，也可采用可调节太阳得热系数的调光玻璃进行遮阳。遮阳的太阳得热系数根据国家标准《民用建筑热工设计规范》（GB 50176—2016）计算确定；当设计建筑采用活动遮阳（可调）装置时，根据国家标准《近零能耗建筑技术标准》（GB/T 51350—2019）的要求，供暖季和供冷季的遮阳系数 SC 的取值见表 3-18。

表 3-17 遮阳构件的常见类型

类型	适用范围	常见图例
水平式遮阳	适用于我国各地的南向窗口、我国北回归线以南地区的北向窗口	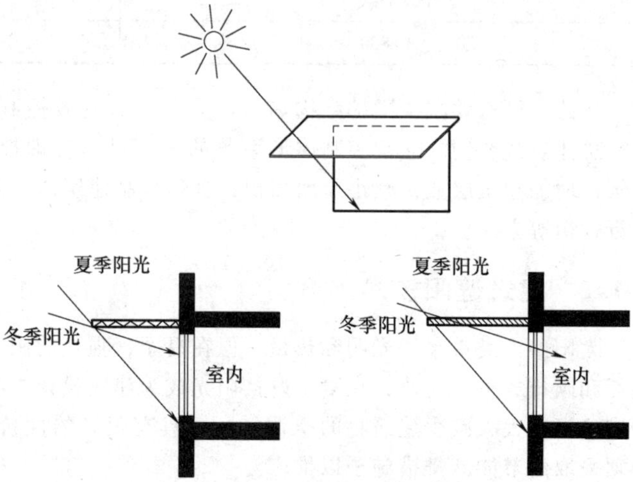 夏季阳光 冬季阳光 室内 夏季阳光 冬季阳光 室内 水平式外遮阳对不同季节的阳光遮挡示意图，尽量遮挡夏季阳光，而让冬季阳光进入
垂直式遮阳	适用于北向、东北向、西北向的窗口	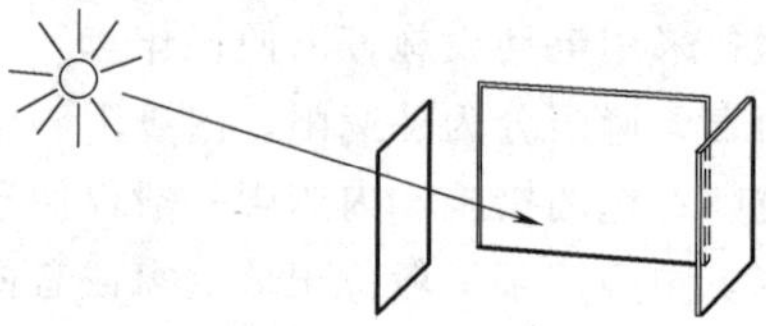
综合式遮阳	具有水平式遮阳和垂直式遮阳的双重作用	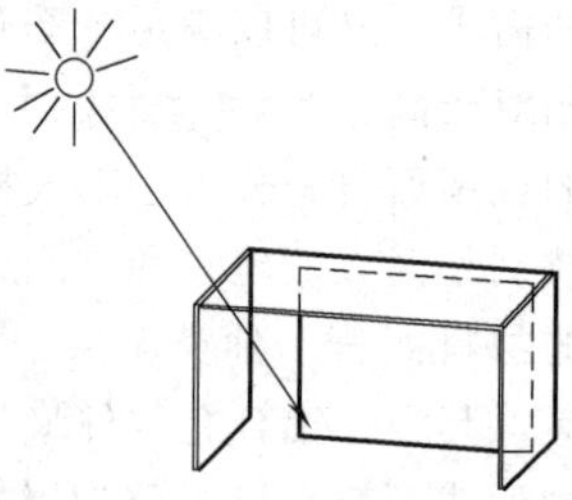
挡板式遮阳	适用于东向、西向的窗口	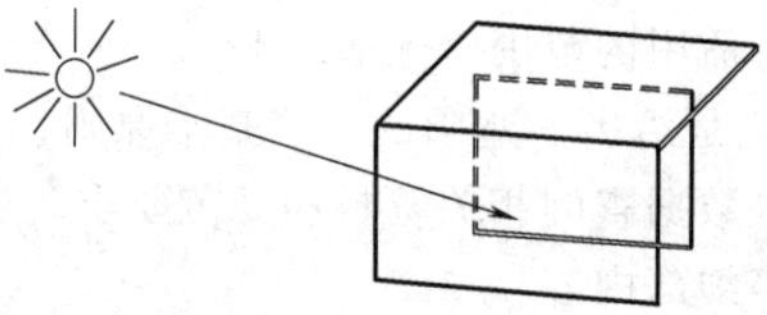

表 3-18 活动遮阳装置的遮阳系数 SC 的取值

控制方式	供暖季	供冷季
手动控制	0.80	0.40
自动控制	0.80	0.35

建筑南向门窗可采用可调节外遮阳、可调节中置遮阳或水平固定外遮阳的方式。东向和西向外窗宜采用可调节外遮阳设施，或采用垂直方向起降遮阳百叶帘，不宜设置水平遮阳板。设置垂直遮阳时，应尽量增加遮阳百叶以及相关附件与外窗玻璃之间的距离。

固定遮阳是将建筑的天然采光、遮阳与建筑融为一体的外遮阳系统（见图 3-9a）。设计固定遮阳时综合考虑建筑所处地理纬度、朝向太阳高度角和太阳方向角及遮阳时间。固定外遮阳挑出长度应满足夏季太阳不直接照射到室内，且不影响冬季日照的要求。

光伏构件与建筑遮阳组合也是一种节能新方式（见图 3-9b），光伏遮阳系统既要求与一般遮阳一样，在夏季尽量减少太阳辐射通过外围护结构的得热量，冬季尽可能多地获得通过围护结构的太阳辐射热量，保证足够的照明，还可以通过光伏组件发电供电。

a) 固定遮阳

b) 光伏遮阳板

图 3-9　遮阳在建筑立面上的应用

（图片来自鲁永飞，鞠晓磊，张磊，《设计前期建筑光伏系统安装面积快速估算方法》）

公共建筑推荐采用可调节光线的遮阳设计，居住建筑宜采用卷帘窗、可调节百叶等遮阳设计。天津市河西区陈塘科技商务区办公楼东、西向部分外窗在外窗封闭气体间层的外侧空腔中置入可调节的遮阳叶片（见图 3-10），可调节遮阳设施的面积占外窗透明部分的比例为 47.9%，在很大程度上降低了夏季太阳辐射得热。

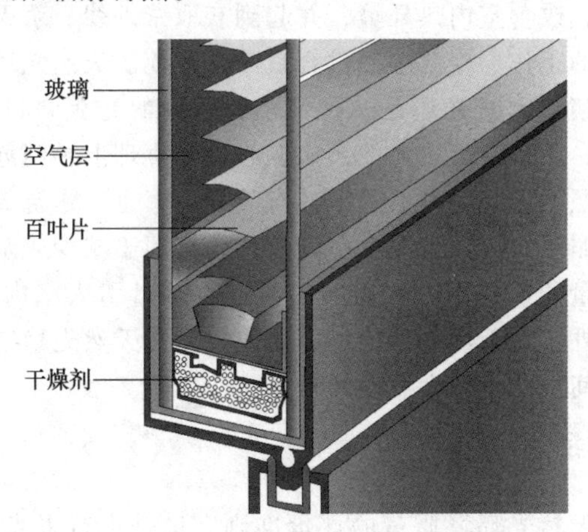

图 3-10　可调节（活动）遮阳设计

除固定、可调遮阳外，也可结合建筑立面设计，采用自然遮阳措施。非高层建筑宜结合景观设计，利用树木形成自然遮阳（见图 3-11），降低夏季辐射热负荷。

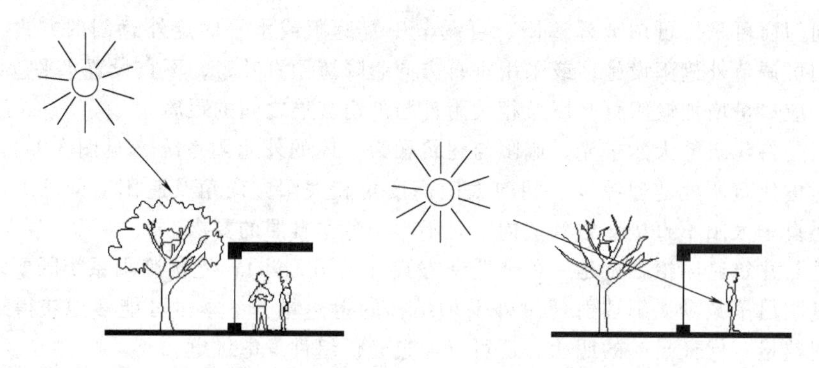

a) 利用树木形成的自然遮阳(夏季、冬季)

b) 利用蔓藤植物形成的自然遮阳

图 3-11 自然遮阳

3.2 天然采光环境营造技术

零碳建筑除考虑围护结构节能和设备节能以外，重点考虑在正常运行状态下室内的空间舒适、光环境、温湿度环境和空气质量的舒适性。日照和采光是建筑设计中利用光线的重要内容，前者主要获取太阳的能量，改善室内热环境，并起到获取紫外线、杀灭细菌等卫生作用；后者主要获取天然光线，为人们的工作、生活等提供合适的光环境。天然光环境是人类视觉工作中最舒适、最亲切、最健康的环境。天然光还是一种清洁、廉价的光源。利用天然光进行室内采光照明，不仅可以有益于环境，而且在天然光下人们在心理和生理上感到舒适，有利于身心健康，提高视觉功效。利用天然光照明，是对自然资源的有效利用，也是建筑节能的一个重要方面。

天然光代替人工光源照明，可大大减少空调负荷，有利于减少建筑物能耗。此外，新型采光玻璃可以在保证合理采光量的前提下，在需要的时候将热量引入室内，而在不需要的时候将天然光带来的热量阻挡在室外。对天然光的使用，要注意掌握天然光稳定性差，特别是直射光会使室内的照度在时间上和空间上产生较大波动的特点。

3.2.1 天然光环境的评价方法

采光设计标准是评价天然光环境质量的评价准则，也是进行采光设计的主要依据，最常用的评价指标就是采光系数。

1. 采光系数

在利用天然光照明的房间里，室内照度随室外照度的变化而时刻变化着。因此，在确定室内天然光照度水平时，必须把它同室外照度联系起来考虑。采光系数是指在室内参考平面上的一点，由直接或间接地接收来自假定和已知天空亮度分布的天空漫射光而产生的照度与同一时刻该天空半球在室外无遮挡水平面上产生的天空漫射光照度之比。

2. 采光系数标准

作为采光设计目标的采光系数标准值，是根据视觉工作的难度和室外的有效照度确定的，指的是在规定的室外天然光设计照度下，满足视觉功能要求时的采光系数值。

室外天然光设计照度值是指室内全部利用天然光时的室外天然光最低照度；室内天然光照度标准值是对应于规定的室外天然光设计照度值和相应的采光系数标准值的参考平面上的照度值。

天然采光环境营造中评价天然采光效果的主要技术指标为采光系数、室内天然光照度，特定情况下还需要对采光均匀度、不舒适眩光等采光质量进行控制。

对天津市北辰区王庄某项目商业建筑 21 号楼进行天然采光环境模拟，采用 Ecotect 建模及模拟计算的方式评价 21 号楼首层室内主要功能空间的采光效果。

21 号楼首层 Ecotect 模型及采光系数模拟如图 3-12 所示。模拟及计算结果显示，商场主要功能房间的采光系数满足现行国家标准《建筑采光设计标准》（GB 50033—2013）的要求，室内饰面使用了浅色材料，采用天窗进行补光，区域内 65%面积的采光系数不小于 3%。

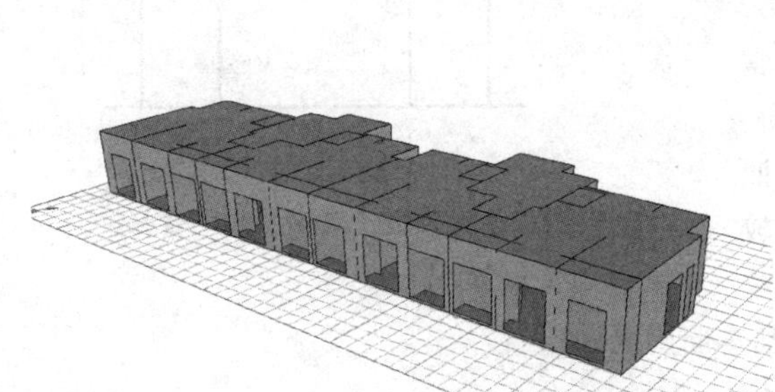

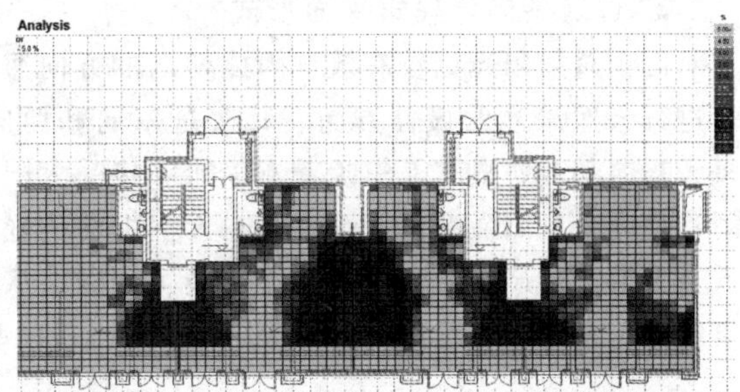

图 3-12　21 号楼首层 Ecotect 模型及采光系数模拟

（扫描二维码可看彩图）

3.2.2　天然采光与建筑构造

零碳建筑设计中注意合理地设计房屋的层高、进深与采光口的尺寸，注意利用中庭处理大面积建筑采光问题，并适时地使用采光新技术。新的采光技术主要用于解决以下三个方面的问题：

首先，解决大进深建筑内部的采光问题。由于建设用地的日益紧张和建筑功能的日趋复杂，建筑物的进深不断加大。仅靠侧窗采光已不能满足建筑物内部的采光要求。

其次，提高采光照质量。传统的侧窗采光，随着与窗距离的增加，室内照度显著降低，窗口处的照度值与房间最深处的照度值之比大于 5∶1，视野内过大的照度对比容易引起不舒适眩光。

最后，解决天然光的不稳定性问题。天然光的不稳定性一直都是天然光利用中的一大难点所在，通过日光跟踪系统的使用，可最大限度地捕捉太阳光，在一定的时间内保持室内较高的照度值。

1. 建筑总体布局和周边环境

我国绝大部分国土处于北回归线以北，日照的一般规律为每天太阳从东方升起，中午时分到达南面，傍晚从西方日落。从太阳高度角来看，冬季的太阳高度角比较低，夏季的太阳高度角比较高。因此，我国绝大部分地区的建筑均以南向（或者南偏东、南偏西）作为最佳朝向，加之我国夏季的主要风向是东南风，最终导致“朝南（或者南偏东、南偏西）”成为我国建筑的最主要朝向。

在住宅设计中，首先可以通过控制建筑物的间距来满足日照时数的要求，但一般情况下还需要通过计算进行核对。计算公式为

$$L=H/\tan\alpha \tag{3-5}$$

式中 L——住宅间距（日照间距）；

H——前排住宅北侧檐口顶部与后排住宅南侧底层窗台面的高差；

α——大寒日（或冬至日）的太阳高度角。

日照间距公式中变量的含义如图 3-13 所示。在具体节能计算时，需要查阅各地数据，才能确保计算正确。鉴于我国城市（尤其是大中城市）人多地少的现状，在总体布局时常常采用住宅错落布置、点式住宅和条式住宅相结合、住宅方位适当偏东或偏西等方式，综合达到节约用地和确保日照间距的要求（见图 3-14）。

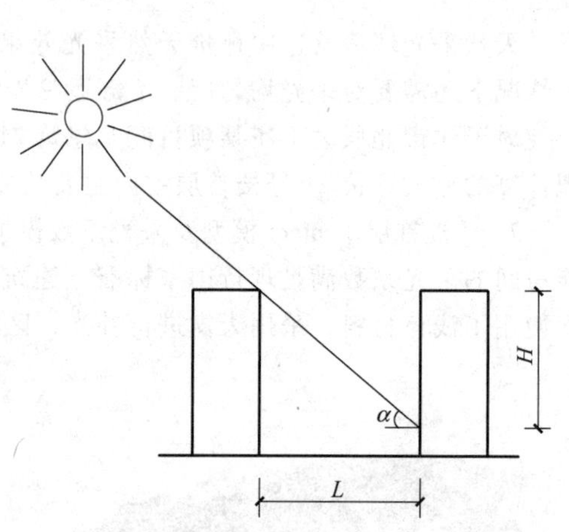

图 3-13　日照间距公式中变量的含义

2. 建筑朝向与建筑平面形式

由于直射阳光比较有效，因此朝南的方向通常是进行天然采光的最佳方向，其次是东向和西向。每天东向和西向只有上午或者下午能够接受太阳照射；且夏天日照强度最大；太阳在天空中的位置较低会带来非常严重的眩光和阴影遮蔽等问题。从建筑物方位来看，最理想的楼面布局，确定方位的基本原则为：

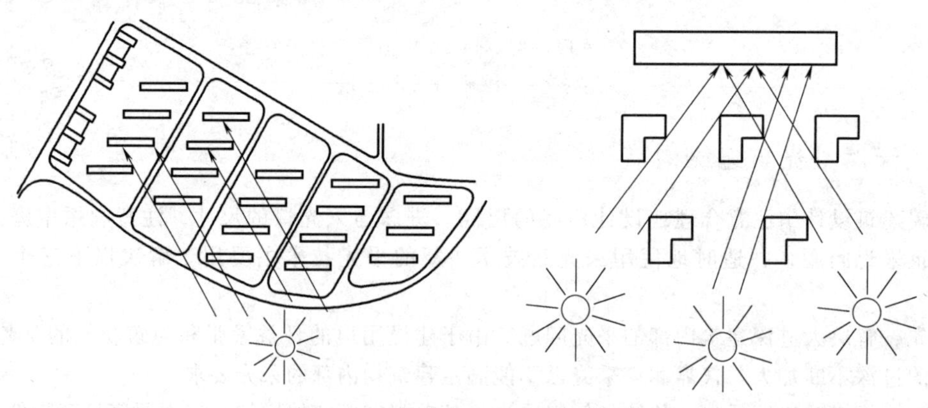

图 3-14　错落式、点式住宅布置

第一，天然采光时，应采用朝南的侧窗进行天然采光。

第二，天然采光时，为了不使夏天过热或者带来严重的眩光，应避免在东向和西向设计玻璃窗。

建筑平面形式决定了侧窗和天窗之间的搭配，以及天然采光口的数量。在多层建筑中，距离窗户 4.5m 进深左右的区场内能够被日光完全照亮，再进深 4.5m 的地方能被日光部分照亮。图 3-15 列举了建筑的三种不同平面形式，面积均为 900m^2。在正方形布局里，有 16%的地方日光根本照不到，另有 33%的地方只能照到一部分（见图 3-15a）。在长方形布局里，没有日光完

全照不到的地方，但仍然有大面积的地方日光只能部分照得到（见图 3-15b）。在中央天井的平面布局中，屋子里所有地方都能被日光照到（见图 3-15c）。当然，中央天井与周边区域的实际比例要由实际面积决定。建筑物越大，中央天井就应当越大，而周边的表面积越小。当中央天井空间太小，难以发挥作用时，它们常常被当作采光井，可以通过天窗、高侧窗（矩形天窗）或者窗墙的方式来辅助中央天井的天然采光亮度。具有采光功能的中央天井形式如图 3-16 所示。

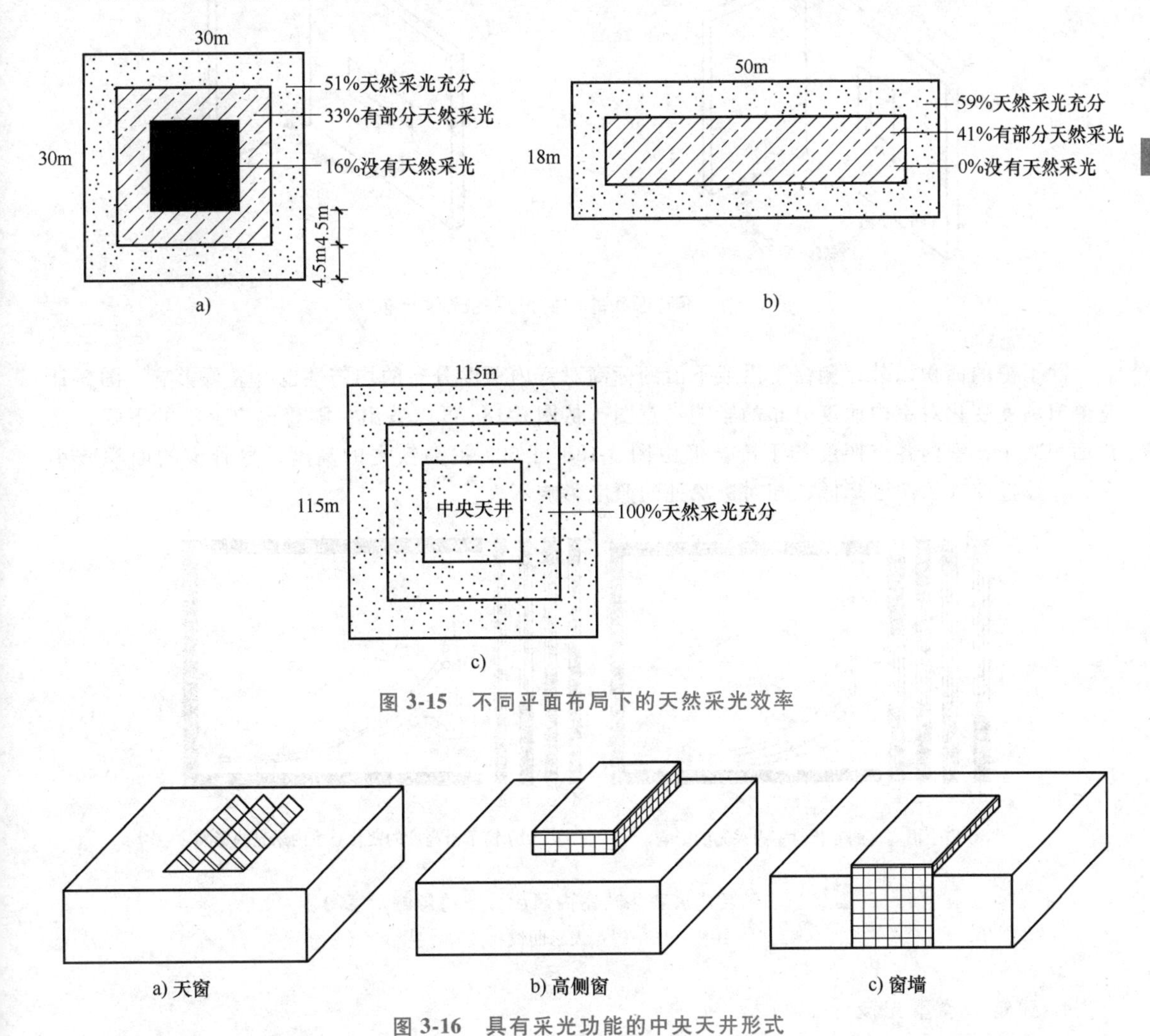

图 3-15　不同平面布局下的天然采光效率

图 3-16　具有采光功能的中央天井形式

3. 建筑侧窗采光设计

天然采光的形式主要有侧面采光和顶部采光，此外还有采用反光板、反射镜等通过光井、侧高窗等采光口进行采光的形式。窗的面积越小，获得天然光的采光量就越少，而且不同采光口形式的特征对室内光环境的影响很大。相同窗口面积的条件下，窗户的形状、位置对进入室内光通量的分布有很大的影响。如果光能集中在窗口附近，可能会造成远窗处因照度不足需要人工照明，而近窗处因为照度过高造成因眩光的不舒适感需要拉上窗帘，结果是仍然需要人工照明，这样就失去天然采光的意义了。因此，对于一般的天然采光空间来说，尽量降低邻近采光口处的照度，提高远离采光口处的照度，使照度尽量均匀化是有意义的。

在侧窗面积相等、窗台标高相等的情况下，正方形窗口获得的采光量最高，竖长方形次之，横长方形最少。从均匀性角度看，竖长方形在进深方向上照度均匀性好，横长方形在宽度方向上照度均匀性好，如图 3-17 所示。

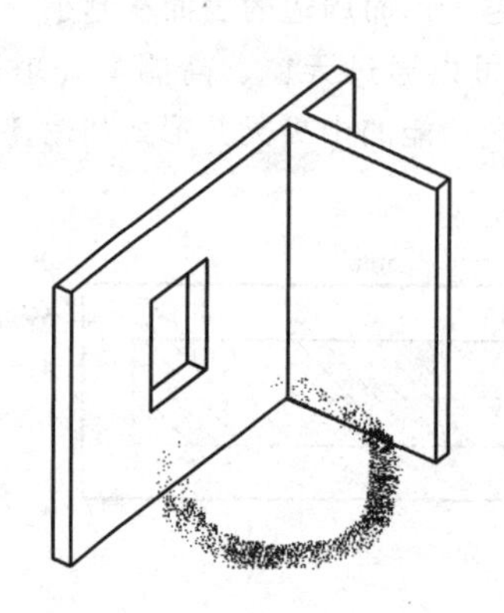

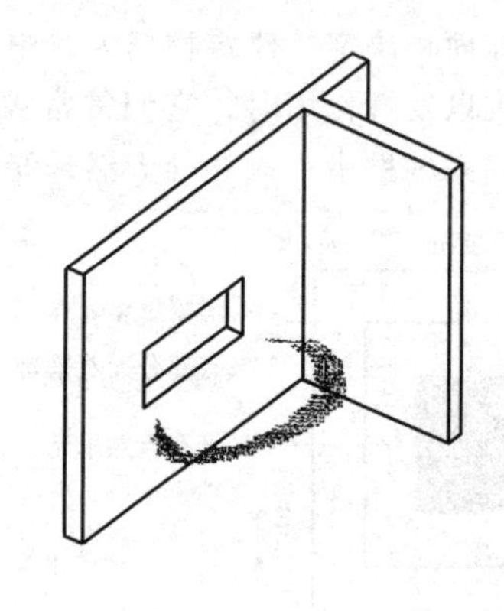

图 3-17　不同形状的侧窗形成的光线分布

除了窗的面积以外，侧窗上沿或下沿的标高对室内照度分布的均匀性也有显著影响。图 3-18 是侧窗高度变化对室内照度分布的影响示意图。从图 3-18a 可以看出，随着窗户上沿的下降，窗户面积减小，室内各点照度均下降。但由图 3-18b 可知，提高窗台的高度，尽管窗的面积减小了，导致近窗处的照度降低，却对进深处的照度影响不大。

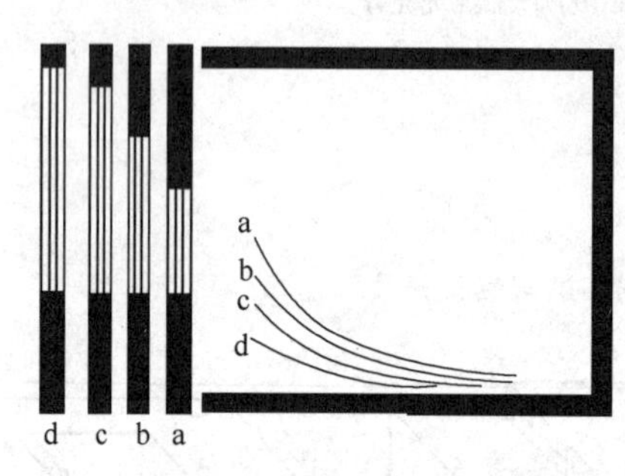

a) 窗上沿高度的变化对室内采光的影响

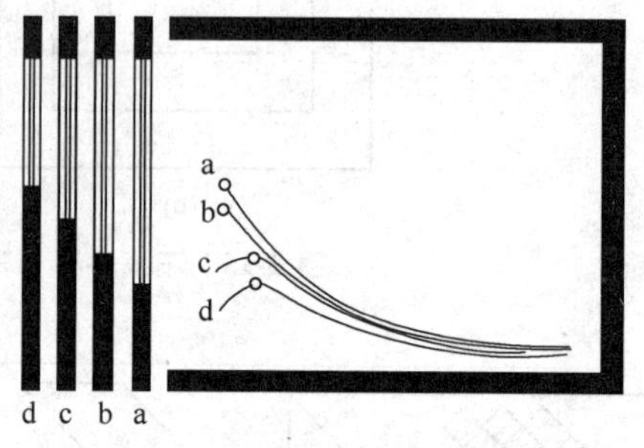

b) 窗下沿高度的变化对室内采光的影响

图 3-18　侧窗高度变化对室内照度分布的影响示意图

（注：图中圆点表示曲线拐点）

4. 建筑天窗采光设计

一般单层和多层建筑的顶层可以采用屋顶上的天窗进行采光，也可以利用采光井；它的优势是使相当均匀的光线照亮屋里相当大的区域，室内照度分布比侧窗均匀，而且水平的窗口也比竖直的窗口获得的光线更多，缺点是来自天窗的光线在夏天时比在冬天时更强，而且水平的玻璃窗也难以遮蔽。

天窗多用于大型空间，如商用建筑、体育场馆、高大车间等；对于进深较大的房间，也会通过采光中庭和采光竖井的设计，引入自然光。因此，天窗一般分为高侧窗、矩形天窗、锯齿形天窗和平天窗等形式，如图 3-19 所示。其中，矩形天窗实质上是安装在屋顶上的高侧窗，又可分为纵向矩形天窗、梯形天窗、横向矩形天窗等；矩形天窗照度均匀，不易形成眩光，便于通风，采光效率一般低于平天窗；适用于中等精密工作及有通风要求的车间。锯齿形天窗属单面顶部采光，光线具有方向性，采光均匀性较好，采光效率较高；能满足精密工作车间的采光要求。平天窗则在建筑屋面直接开洞，铺上透光材料；它的结构简单，布置灵活，采光效率高，污染较垂直窗严重，多用于高大空间的采光板、采光带、采光顶棚设计。

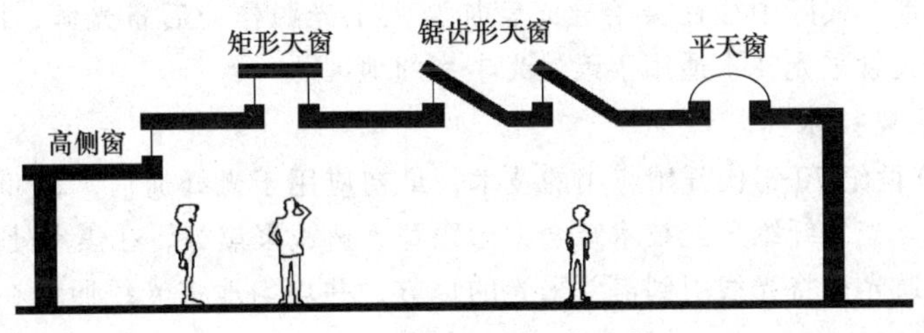

图 3-19　建筑物的天窗形状

3.2.3　天然采光在建筑中的应用

1. 百叶窗及建筑幕墙采光设计

百叶窗一般分为固定式和可旋转式，表面类型有镜面饰面、亚光饰面或半透明饰面。百叶窗可以用于遮阳、防止眩光和控制光的方向，也可以通过反射阳光直射来增加光的照射进深。其中，百叶窗中的凸面镜面饰面可用于高于眼睛视线范围的窗口，它可将阳光反射到天花板上，避免潜在的眩光，如图 3-20 所示。当天空阴暗时，百叶窗也有助于日光的均匀分布。

建筑幕墙作为建筑围护结构的一种，有利于尽可能多地争取天然光入射室内。建筑幕墙扩展了“窗”这一概念的范畴，立面上的幕墙可以被认为是一种超大面积的“侧窗”或是一种近乎可全部采光的“墙”。但是，如果不采取相应措施，则会造成室内产生严重眩光，影响室内光环境或造成人体视觉不舒适。因此，优化建筑幕墙，尤其是双层幕墙采光可以使用内置百叶中空玻璃的方式。

目前，透明的聚四氟乙烯（ETFE）薄膜建筑外围护结构设计也充分利用了自然光，且达到节约照明能耗的目的。国家游泳中心“水立方”的建筑围护结构（见图 3-21）由内外两层 ETFE 气枕组成，它的透光特性可保证 90% 自然光进入场馆，使“水立方”平均每天天然采光达到 9h。

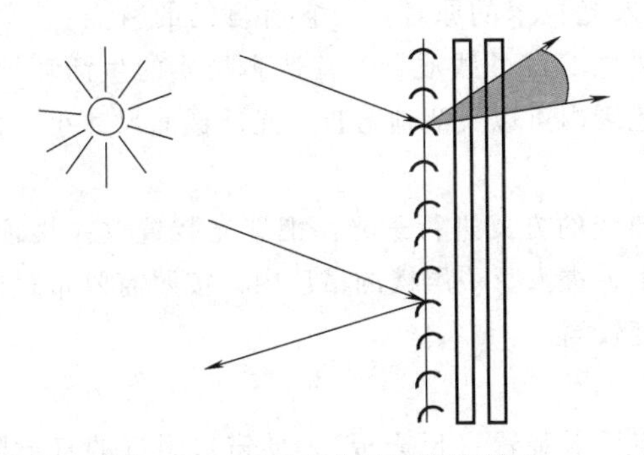

图 3-20　百叶窗中凸面镜面设计

图 3-21　国家游泳中心“水立方”建筑围护结构

2. 导光管采光技术

导光管采光又称为日光照明、自然光照明、光导照明等。导光管主要由 3 部分组成，分别是用于收集日光的采光器、用于传输光的光导管、用于控制光线在室内分布的出光部分（如漫射器），如图 3-22 所示。它通过室外的采光器收集室外的日光，并将其导入系统内部，然后经过导光装置强化并高效传输后，由漫射器将自然光均匀地导入室内需要光线的任何地方。导光管采光技术引用到室内的光线，光线分布均匀，是人类最适应的自然光；且经过漫射器的散射，不存在眩光问题。通过控制调光装置转动遮光片，控制室内采光量，进行室内光照度调节。但是，由于天然光的不稳定性，实际中往往会给导光管加装人工光源作为后备光源，以便在日光不足的时候作为补充。导光管采光技术适用于天然光丰富的地区。

3. 光导纤维采光技术

光导纤维是20世纪70年代开始应用的技术，最初应用于光纤通信，20世纪80年代开始应用于采光照明领域。光导纤维采光技术结合太阳跟踪、透镜聚焦等，在焦点处大幅提升太阳光亮度，光导纤维的高通光率将光线引到需要采光的地方，并均匀地将光线照射在室内的各个角落，如图3-23所示。

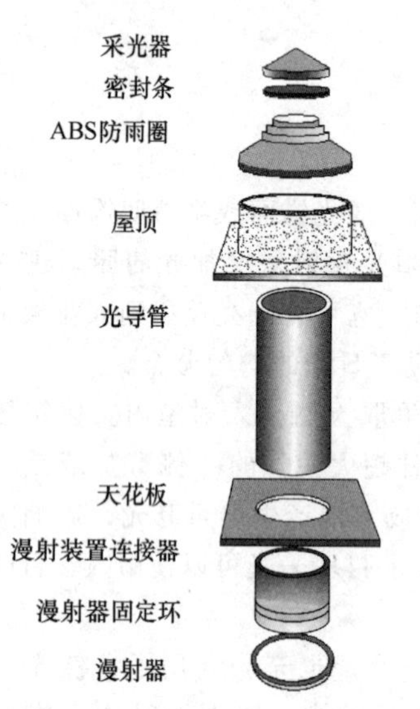

图3-22　导光管的基本构成

图3-23　光导纤维采光技术

光导纤维采光系统的组成类似于导光管的基本组成，由聚光部分、传光部分和出光部分3部分组成。虽然光导纤维采光技术原理类似于导光管采光技术的原理，但它有自己的特点。一方面，通过光导纤维采光系统能够降低天然光中的紫外线、红外线成分，营造高品质的生活环境；另一方面，利用光纤传送自然光过程中，在一定的范围内可以灵活地弯折，光纤截面尺寸小，传光效率高，传送距离长。

对某一建筑物进行采光设计，光纤可采取集中布线的方式进行采光。把聚光装置放在楼顶，同一聚光器下可以引出数根光纤，通过总管垂直引下，进入每一层楼的吊顶内，按照需要布置出光口，以满足各层采光的需要，设计和施工的自由度较高。

4. 采光隔板光导技术

采光隔板光导技术是在侧窗上部安装一个或一组反射装置（反光板），使窗口附近的直射阳光经过一次或多次反射到屋顶上部，再均匀散射到室内，以提高房间内部照度的采光技术。当房间进深不大时，采光隔板的结构可以十分简单，仅是在窗户上部安装一个或一组反射面，使窗口附近的直射阳光，经过一次反射，到达房间内部的顶棚，利用顶棚的漫反射作用，使整个房间的照度和照度均匀度均有所提高，避免阳光直射带来的眩光问题。如果配合侧窗使用，还可以很好地解决进深大、单侧开窗空间内部昏暗、自然照度不足等问题，可以为进深小于9m的房间提供充足均匀的光照。采光隔板光导示意图如图3-24所示。

在与中庭结合的采光板设计中，中庭顶部采用垂直百叶遮阳体系和垂直金属导光片，一方面遮挡夏季过于强烈的阳光直射，另一方面也可以将光线反射至中庭的底部，为下面的办公空间带来更多的天然采光，如图 3-25 所示。中庭空间的内界面可以采用浅色材料或玻璃，增加亮度、便于光线反射、改善中庭附近办公空间的采光效果。

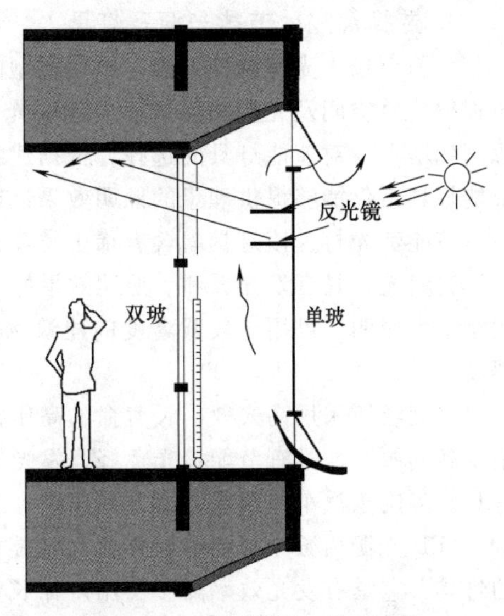

图 3-24　采光隔板光导示意图

5. 棱镜面板采光技术

棱镜面板是利用棱镜的折射作用改变入射光的方向，使太阳光照射到房间深处。棱镜面板一面为平面，一面带有平行棱镜或锯齿状，它可以有效地减少窗户附近直射光引起的眩光，提高室内照度的均匀度。同时，由于棱镜的折射作用，可以在建筑间距较小时，获得更多的阳光。

通常是用透明材料将棱镜封装起来，形成棱镜面板，棱镜一般采用有机玻璃制作。导光棱镜如果作为侧窗使用，人们透过窗户向外看时，影像是模糊或变形的，会给人的心理造成不良的影响。因此，在使用时，棱镜面板通常是安装在窗户的顶部或者作为天窗使用。

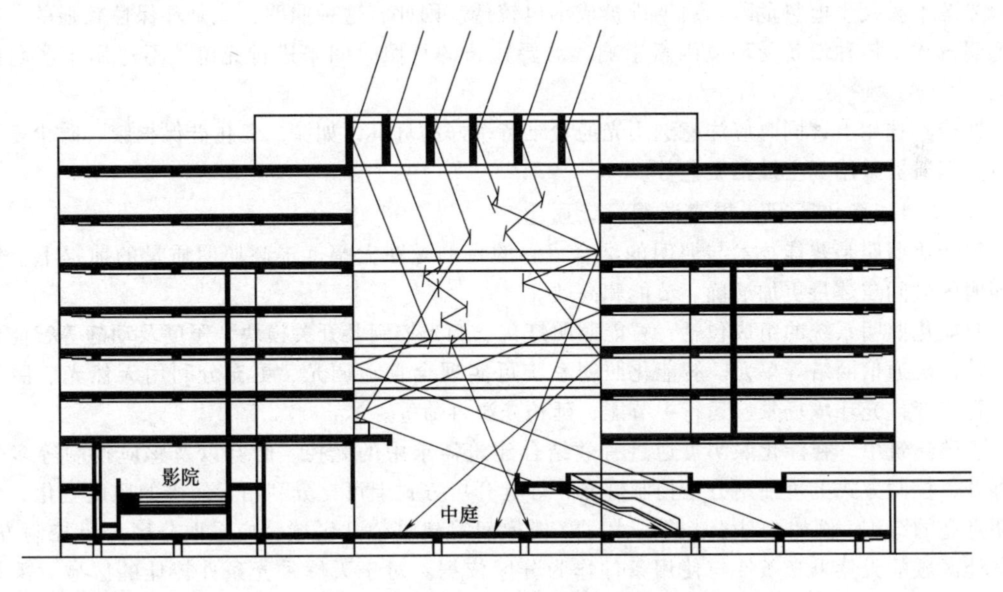

图 3-25　与中庭结合的采光隔板光导技术

3.2.4　天然采光与照明节能技术

在零碳建筑设计中，被动式技术和主动式技术两种方式缺一不可，在充分利用天然光源的基础上，积极结合主动式设计提升建筑整体的光环境。应综合考虑健康、舒适、节能、经济等因素，采用高能效照明产品、提高照明质量、优化照明设计等手段，实现舒适与健康，降低能源消耗和碳排放的目的。

1. 选择高光效节能光源及灯具

目前市场上光源种类繁多，不同类型的光源的能耗及照明效果均有不同。在选取光源时，应该根据建筑空间及光源功能选取合理的光源来满足照明效果，避免因光源选取不合理而造成能源消耗增大。对节能灯具的选择，依据建筑照明的需求和天然采光的实际效果做出决定，高效的节能灯具不仅能够提供理想的照明效果，还能够减少能源的消耗。

节能荧光灯，该灯具内含有稀土类荧光物质，发光颜色由红、绿、蓝三种颜色组合而成，较接近自然光。具有发光柔和、照明效果好、能耗低、无电热灾害等应用优势，可代替传统白炽灯用于室内照明。可用于较低高度的建筑物中，既满足室内光照需求，又能够充分发挥人的自然感观。

大型场所采用高光效、长寿命的高压钠灯和金属卤化物灯，此类灯具能够提供色温较高、聚集度高的照明，具有节能、光色好、发光效率高等优势，但该类灯具的使用寿命略低于其他节能灯具，多用于汽车照明或大型公共建筑、工业厂房、道路照明以及室外景观照明工程中。

LED 光源由数个可将电能转化为光能的半导体芯片组成，是目前节能灯具中节能效果最好的灯具，它具有发光效率高、使用寿命长、使用安全、适用性强等应用优势。白光 LED 灯具可应用于建筑照明领域，以替代白炽灯、荧光灯、气体放电灯。

太阳能照明设备一般由照明灯具、小型太阳电池板和控制系统组成，主要应用于夜间室外照明。白天利用太阳光充电，夜间通过太阳电池板放电实现照明。设备不用敷设电路，调整光源布局极为方便，且太阳能照明设备可选用 LED 光源灯具作为照明灯具，使用寿命长、安全性高，且冷光源不易发生电热危险，后期维护成本也较低。因此，这种照明方式是环保性较强的一种节能照明方式。该种设备受环境因素影响，需要较长的日照时间来进行充电，不适用于多阴雨的地区。

在灯具选用上，同时应注意选用光通量维持率好的灯具，如涂二氧化硅保护膜、防尘密封式灯具，反射器采用真空镀铝工艺等。

2. 采用智能化照明，提高照明设计质量

智能化照明是智能技术与照明的结合，它的目的是在大幅度提高照明质量的前提下，使建筑照明的时间与数量更加准确、节能和高效。

智能化照明系统的组成包括：智能照明灯具、调光控制及开关模块、照度及动静等智能传感器、计算机通信网络等单元。智能化照明系统可实现全自动调光、更充分利用天然光、照度一致、智能变换光环境场景、运行中节能、延长光源寿命等。

零碳建筑中，智能化照明可通过有效结合建筑需求中的光控、时空以及感应控制等多个系统展开，控制方式上可使用分区控制灯光，灯具开启方式上可充分利用天然光的照度变化，决定照明点亮的范围。例如，对于走道、大厅、楼梯间等建筑公共区域，应采取分区分组控制方式，将各处区域的天然采光条件与使用条件作为分区依据。对于天然采光条件较佳的区域，采取感知照明控制方式，设置一定数量的光传感器，持续感知周边环境光照亮度与天然采光条件，在天然光源可以满足场所照明需求时关闭全部照明灯具，在采光条件不佳时启动部分数量或全部的照明灯具，始终维持一个恒定的环境照度。

对于一般照明可满足照度均匀度要求的场所，则采取单灯控制方式，在场所内安装高光效的照明灯具。此外，还可在建筑照明系统中安装时间控制器，采取时间控制方式，对各处建筑区域分别制订时间控制方案，由时间控制器在特定时间段接通电路开启照明，并在灯具开启后由时间控制器统计灯具的持续工作时间，达到限定值后断开电路，避免手动控制不及时而增加照明系统实际运行时间、电能用量等。

3.3　自然通风热湿环境营造技术

3.3.1　建筑与自然通风

营造满足舒适要求的热湿环境和保证建筑空气质量，与自然通风密不可分。建筑自然通风设计是建筑节能、室内舒适环境创造的有效手段，可以在不消耗能源的情况下，带走内部空间的热量、湿气和污浊空气，消除建筑余热余湿，并提供新鲜的自然空气。自然通风有助于减少人们对空调的依赖，防止空调病，并节约能源，减少碳排放量。

风是太阳能的一种转换形式，在物理学上它是一种矢量，既有速度又有方向，一个地区不同季节风向分布可用风玫瑰图表示。按照常年主导风向的方向进行建筑总体布局。我国绝大部分地区的夏季主导风向是南向或东南向，冬季主导风向是西北向或北向。自然通风主要解决春季、秋季、夏季的通风，因此尽管各地的情况可能有所不同，但我国绝大部分建筑都以南向或者东南向作为最佳朝向。对于冬季的寒风，主要通过景观（如山体、高大的植物）、建筑物等进行遮挡处理。表 3-19 为建筑总体布局与自然通风原则。图 3-26 为建筑群体布局与自然通风，它比较了错列式布局与行列式布局的风影影响，显示出错列式布局更有利于自然通风；图 3-27 为建筑高度布局与自然通风，它显示高低错落式布局也有利于自然通风。

表 3-19　建筑总体布局与自然通风原则

项目	主要原则
群体布局	错列式、斜列式比规整的行列式、内院式更加有利于自然通风
朝向布局	建筑物的主立面一般以一定的夹角迎向春秋季、夏季的主导风向
景观布置	应该考虑植物、草坪、水面对自然通风的影响。如果在进风口附近有草坪、水面、绿化，则有利于湿润空气和降低气流的温度，有利于自然通风
高度布局	一般采用“前低后高”“高低错落”的原则，以避免较高建筑物对较低建筑物的挡风
高度与长度	建筑高度≤24m 时，其最大连续展开面宽的投影不应大于 80m 24m<建筑高度<60m 时，其最大连续展开面宽的投影不应大于 70m 建筑高度>60m 时，其最大连续展开面宽的投影不应大于 60m 不同建筑高度组成的连续建筑，其最大连续展开面宽的投影上限值按较高建筑高度执行

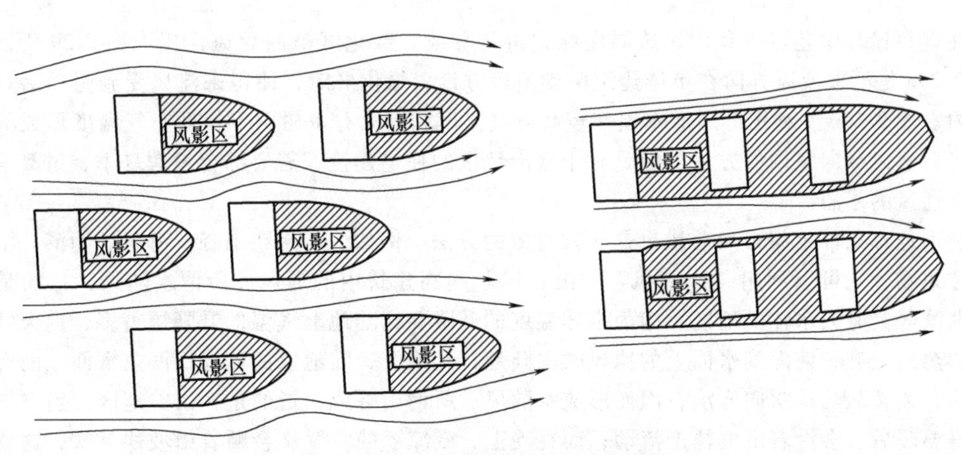

图 3-26　建筑群体布局与自然通风

值得关注的是，我国北方严寒、寒冷地区冬季主要受来自西伯利亚的寒冷空气影响，形成以西北风为主要风向的冬季寒流。各地区在最冷的1月主导风向也多是不利风向。

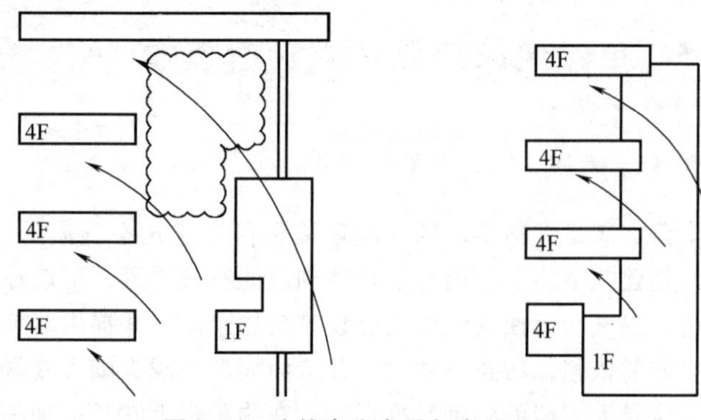

图 3-27　建筑高度布局与自然通风

从零碳建筑的需要出发，在规划设计时建筑主要朝向注意避开不利风向，减轻寒冷气候产生的建筑失热，同时对朝向冬季寒冷风向的建筑立面应多选择封闭设计，封闭西北向，同时合理选择封闭或半封闭式周边式布局的开口方向和位置，使得建筑群的组合可避风，或者是利用建筑的组团阻隔冷风，减少建筑物和周围场地外表面的热损失，节约能源。

当低层建筑与高层建筑如图 3-28 所示布置时，在冬季季风时节，在建筑物之间会形成比较大的风旋区（也称涡流区），使风速加快，进而增大风压，造成建筑的热能损失。在这方面，曾有研究表明：当高层建筑迎风面前方有低层建筑物时，行人高度处的风速与在开阔地面上同一高度自由风速之比，风旋风速增大 1.3 倍。为满足防火或人流疏散要求设计的过街门洞处，建筑下方门洞穿过的气流增大 3 倍。设计中应根据当地风环境、建筑的位置、建筑物的形态，注意避免冷风对建筑物的侵入。

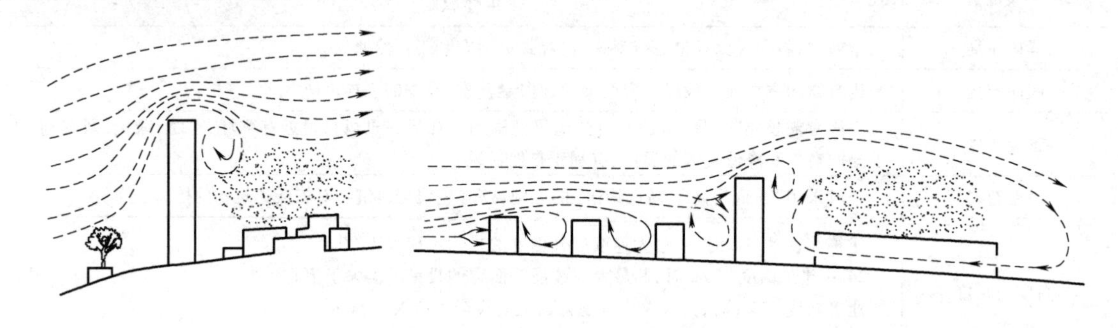
图 3-28　建筑背风处的风旋区

在规划设计中还可以利用建筑周围绿化进行导风。绿化屏障的导风作用如图 3-29 所示，其中图 3-29a 是沿来流风方向在单体建筑两侧前后方设置绿化屏障，使得来流风受到阻挡后可以进入室内。图 3-29b 是利用低矮灌木顶部较高空气温度和高大乔木树荫下较低空气温度形成的热压差，将自然风导向室内的方法。但是对于寒冷地区的住宅建筑，需要综合考虑夏季、过渡季通风及冬季通风的矛盾。

利用地理条件组织自然通风也是非常有效的方法。例如，如果在山谷、海滨、湖滨、沿河地区的建筑物，就可以利用“水陆风”“山谷风”提高建筑内的通风。所谓水陆风，指的是在海滨、湖滨等具有大水体的地区，因为水体温度的升降要比陆地上气温的升降慢得多，白天陆上空气被加热后上升，使海滨水面上的凉风吹向陆地，到晚上，陆地上的气温比海滨水面上的空气冷却得快，风又从陆地吹向海滨，因而形成水陆风。所谓山谷风，指的是在山谷地区，当空气在白天变得温暖后，会沿着山坡往上流动；而在晚上，变凉了的空气又会顺着山坡往下吹，这就形成了山谷风，如图 3-30 所示。

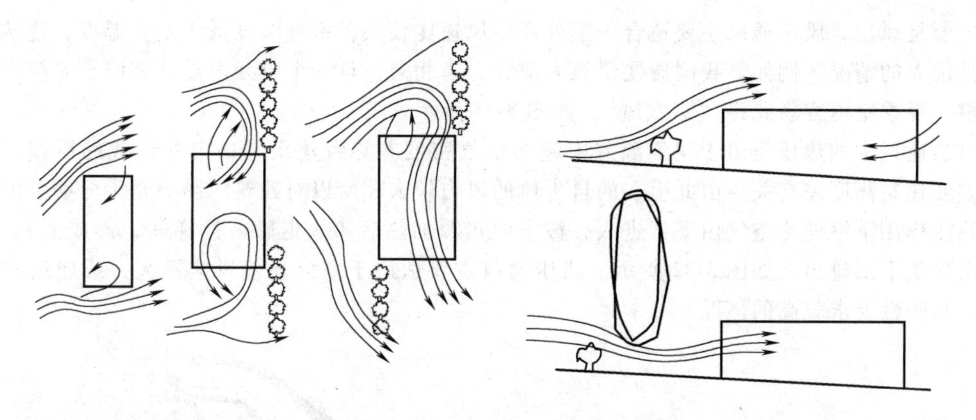

a) 在单体建筑两侧前后方设置绿化屏障进行导风　　b) 利用高矮绿植形成的热压差进行导风

图 3-29　绿化屏障导风作用

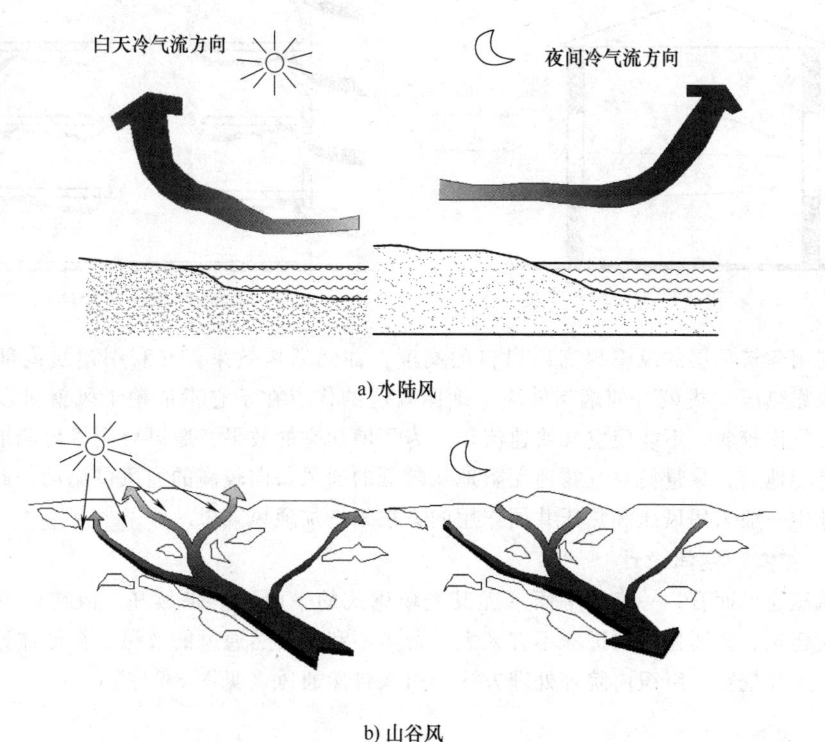

a) 水陆风

b) 山谷风

图 3-30　水陆风、山谷风的形成

3.3.2　自然通风技术原理与建筑构造

前面已经介绍了建筑在外部风环境的控制和利用，这一节主要介绍在夏季通过建筑物自身的自然通风获得舒适的室内热环境、降低空调能耗的方法。

1. 自然通风技术原理

建筑内部自然通风的动力主要有风压和热压。风压是由于当气流与障碍物相遇时，迎风面气流受阻，动压降低，静压增高，侧面和背风面由于产生局部涡流，和远处未受干扰的气流相比静压降低，这种静压的升高或降低统称为风压。当入风口与出风口水平高度相同时，自然通风的动力主要是风压。风压通风主要适合于室外环境风速比较大，室外温度低于室内温度，建筑物进深不是很大的情况。例如，我国居住建筑大部分为南北向，且一个单元内设计有南、北两个朝向的外窗，夏季室内容易获得“穿堂风”，如图 3-31 所示。

自然通风中的热压是由于建筑温差引起的空气密度差导致建筑开口内外形成的压差。热压与温差或建筑高度差有关，由此引入的自生风的风力较大，所以对建筑的影响是十分明显的。建筑在热压作用下室外冷空气由下部进入，被室内热源加热后渗入走廊或楼梯间，形成上升气流，最后由建筑上部排出，如图 3-32 所示。热压通风主要适用于室外环境风速不大，或建筑物进深较大、私密性要求较高的情况。

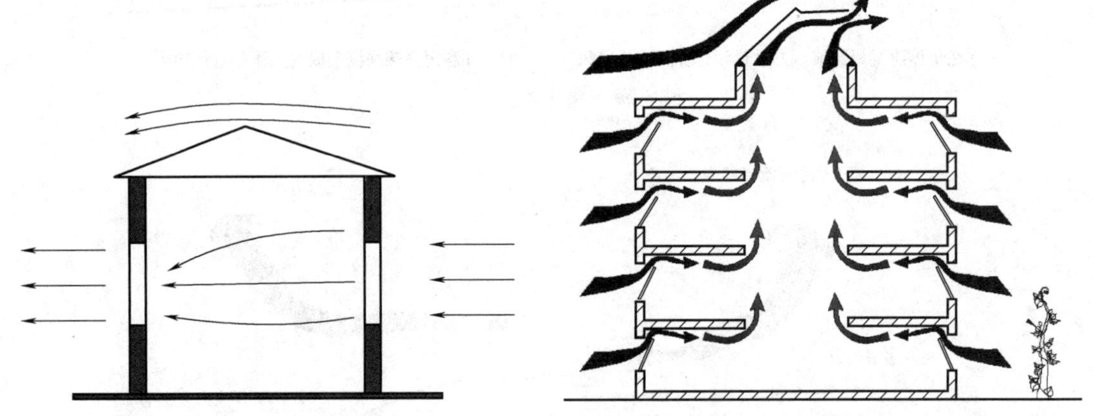

图 3-31　利用风压的通风示意图　　图 3-32　利用热压的通风示意图

图中利用建筑顶层的风帽提高出风口的高度，加强通风效果，并利用建筑内部的中庭作为风道起到依靠热压“拔风”的烟囱效应。烟囱效应的优点在于它不依赖于风就可以进行，但它的缺点是力量比较弱，不能使空气快速流动。为了增加它的效果，通风口应尽可能地大，垂直距离应该尽可能地远，尽量使空气畅通无阻地从较低的通风口向较高的通风口流动。此外，现代建筑通风设计中一般采用风压和热压共同作用的方法来增加通风效果。

2. 建筑形体和空间设计

对于风压通风而言，一字形平面（尤其是单廊式的平面）效果最好，但往往节地效果不理想；内廊式建筑、普通住宅的进深不宜太大，否则不利于自然通风的效果；在形体处理上，可以采用架空、局部挖空、组织内院等处理方法，引入自然通风（见图 3-33）。

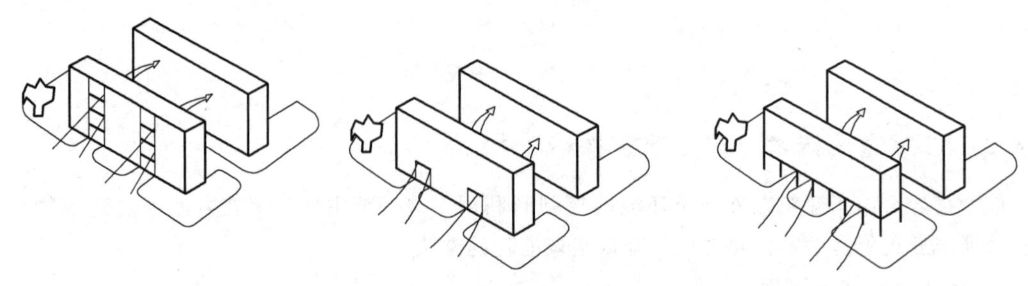

图 3-33　通过架空、局部挖空等方式引入自然通风

对于热压通风而言，通风效果取决于出风口与进风口之间的高差和温差，具体措施见表 3-20。图 3-34、图 3-35 分别为某展览馆展厅和东京 Gas Kohoku NT 大楼自然通风示意图，显示

了如何利用建筑空间、楼梯间、通风竖井等组织热压通风，以及如何利用太阳能设备或地下土壤蓄热性能促进热压通风。

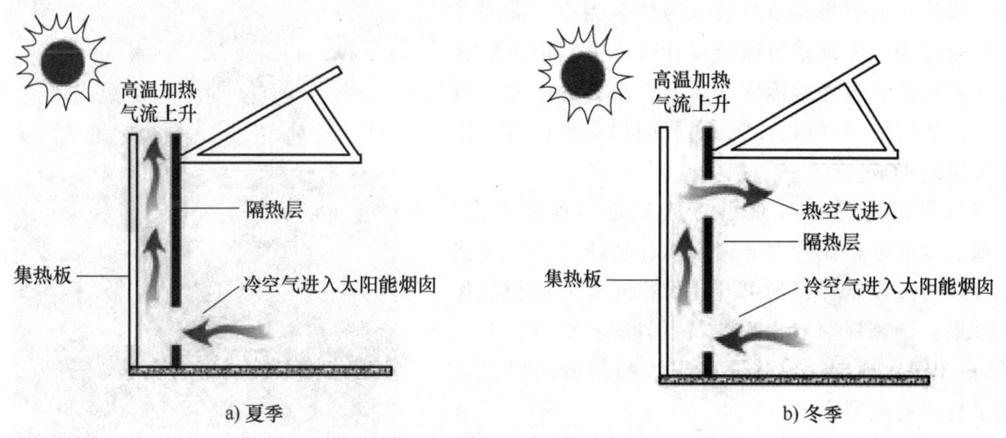

图 3-34　某展览馆展厅夏、冬季节自然通风示意图

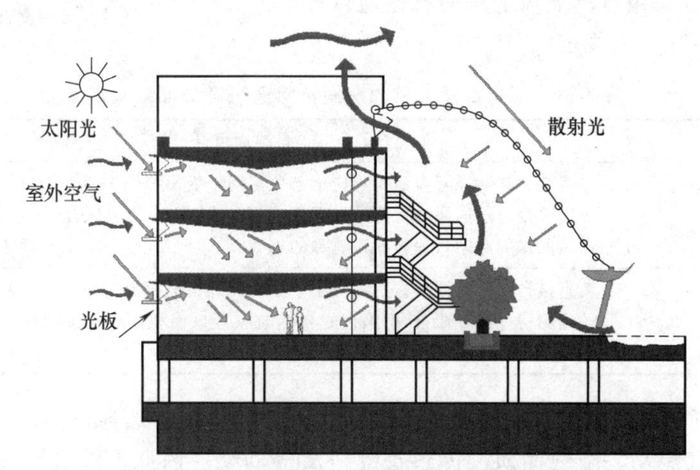

图 3-35　Gas Kohoku NT 大楼自然通风示意图

（图片来自 George Baird，Sustainable building in practice，what the users think）

表 3-20　影响热压通风效果的因素及采取的措施

影响因素	可能采取的设计措施	可能使用的物件
出风口与进风口之间的高差	进风口可以设置在底层的顶棚附近 出风口可以设置在顶楼的顶棚附近	可以通过高大的中庭空间、楼梯间、烟囱等
出风口与进风口之间的温差	可以通过水体或其他冷源降低进风口空气的温度，通过加热设施加热出风口处的空气温度	可以通过土壤、水体、绿化等；通过相关设备收集的太阳能等

通过建筑形体和空间设计加强自然通风的方式有很多。位于英国伦敦的瑞士再保险公司大厦，通过子弹头曲线设计，使建筑物对周边的气流产生有效的引导，借由锯齿形布局的捕风窗，产生室内外空气压差，达到室内空气置换的效果，降低了室内空调设备的使用率；同时，子弹头的流线形态，也能够有效避免强风与强旋流的产生，如图 3-36 所示。

3. 建筑开窗面积和方式

建筑开窗面积和方式涉及日照、天然采光、自然通风、建筑立面效果和节能效果等诸多因素，需要建筑师综合考虑。零碳建筑通风设计时注重利用自然通风的布置形式，合理地确定房屋开口部分的面积与位置、门窗的装置与开启方式，通风的构造措施等，注重穿堂风的形成。

图 3-36 “子弹头”设计建筑曲线立面
（图片来自百度百科）

(1) 外窗的可开启面积　从节能的角度出发，可以通过窗墙面积比控制开窗面积；从通风的角度出发，可以通过设定外窗的可开启面积或开口面积确保通风效果。国家标准《民用建筑设计统一标准》（GB 50352—2019）规定，建筑空间组织和门窗洞口设计应满足自然通风要求。

对于住宅，每套住宅的自然通风开口面积不应小于地面面积的 5%。采用自然通风的房间自然通风开口面积应符合表 3-21 中的规定。

表 3-21　采用自然通风的房间自然通风开口面积规定

房间名称	自然通风开口面积
卧室、起居室(厅)、明卫生间	直接自然通风开口面积不应小于该房间地板面积的 1/20 当采用自然通风的房间外设置阳台时，阳台的自然通风开口面积不应小于采用自然通风的房间和阳台地板面积总和的 1/20
厨房	直接自然通风开口面积不应小于该房间地板面积的 1/10，并不得小于 0.60m 当厨房外设置阳台时，阳台的自然通风开口面积不应小于厨房和阳台地板面积总和的 1/10，并不得小于 0.60m

(2) 外窗的开启原则　建筑立面设计要结合建筑群整体的自然通风情况，研究如何开窗，以保证良好的空气流动、空气品质、传热及舒适度等问题。因此，外窗设置涉及很多因素，表 3-22 总结了建筑开窗基本判断原则。

表 3-22　建筑开窗基本判断原则

项目	不同类型	基本规律
开口与风向	相对两面墙上开窗时	窗户与主导风向形成夹角较为有利
	相邻两面墙上开窗时	窗户与主导风向垂直较好
	仅在建筑一侧开窗时	窗户与主导风向形成夹角较为有利
开口尺寸	无法形成穿堂风时	窗户尺寸变化的影响不明显
	形成穿堂风时	进风口、出风口面积相等或接近时，自然通风的效果较好 进风口、出风口面积不等时，则室内平均风速取决于较小的开口
开口位置	平面位置	进风口、出风口在相对墙面时，宜相对错开设置 进风口、出风口在单面或相邻墙面时宜加大二者之间的距离
	剖面位置	受到层高的限制，剖面方向的影响不大；建议可以适当降低窗台的高度(0.3~0.9m)，有助于形成较好的室内通风效果

（续）

项目	不同类型	基本规律
开启方式	平开窗	开启面积大，可以有导风作用
	旋转窗	开启面积大，可以有导风作用
	推拉窗	开启面积小，导风效果不明显
	悬窗	上悬窗有助于将风导向顶部；下悬窗有助于将风导向下部

同时，建筑构造及空间布局也应考虑自然通风的特点，除符合有关规定外，宜采用风环境模拟计算分析软件，对室内外空间及外窗设计等通风方案进行充分优化。

下面对天津市北辰区王庄 1~21 号楼，采用 Phoenics 人工环境系统分析软件，对夏季、过渡季及冬季三个工况进行风环境分析。室外风环境模拟主要考虑在一般情况下夏季、过渡季节的自然通风，冬季的防风以及极端气候条件下行人的安全等（不考虑极大风工况），天津市北辰区王庄 1~21 号楼鸟瞰图及室外风场如图 3-37 和图 3-38 所示。通过模拟计算，场地内风环境有利

图 3-37　1~21 号楼鸟瞰图

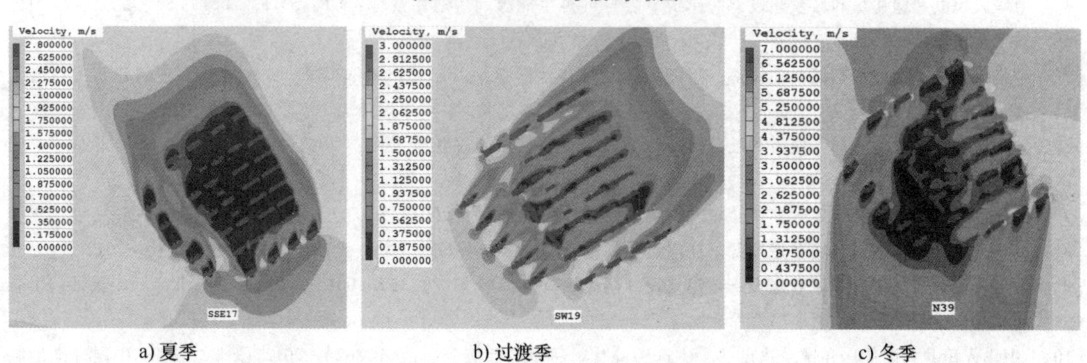

a) 夏季　　b) 过渡季　　c) 冬季

图 3-38　夏季、过渡季及冬季室外 1.5m 高处风速云图（扫描二维码可看彩图）

于室外行走、活动舒适和建筑的自然通风；其中，夏季、过渡季节人活动区没有出现涡旋或无风区，可开启外窗室内外表面的风压差大于0.5Pa的面积比例分别为63.8%和69.2%；冬季，西北与东南方向建筑面平均压差为4.6Pa，东北与西南方向建筑面平均压差为4.3Pa，除迎风面第一排建筑外，其他建筑迎风面与背风面的风压差不大于5 Pa；而且，三个工况的风压差均满足国家标准《绿色建筑评价标准》（GB/T 50378—2019）的得分规定。

思考题

1. 结合建筑布局，说明零碳建筑被动式技术如何充分利用自然通风、天然采光，达到降低能耗目的。
2. 零碳建筑被动式技术与体形系数有什么关系？为什么对建筑物的体形系数做出限定？
3. 如何对天然光环境进行评价？
4. 自然通风的动力主要有哪些？它们各自有何特点？

二维码形式客观题

扫描二维码可在线做题，提交后可查看答案。

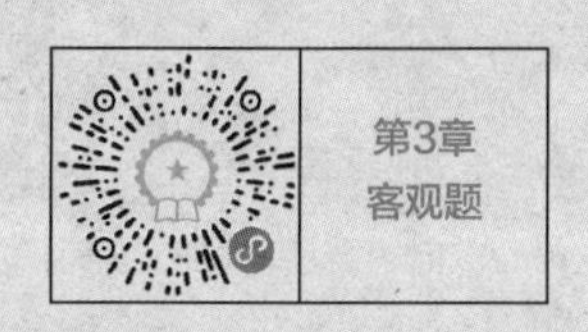

参考文献

[1] 王立雄．建筑节能［M］．2版．北京：中国建筑工业出版社，2009.

[2] 陈易．低碳建筑［M］．上海：同济大学出版社，2015.

[3] 中华人民共和国住房和城乡建设部．民用建筑热工设计规范：GB 50176—2016［S］．北京：中国建筑工业出版社，2016.

[4] 中华人民共和国住房和城乡建设部．建筑节能与可再生能源利用通用规范：GB 55015—2021［S］．北京：中国建筑工业出版社，2021.

[5] 中华人民共和国住房和城乡建设部．近零能耗建筑技术标准：GB/T 51350—2019［S］．北京：中国建筑工业出版社，2019.

[6] 国家市场监督管理总局．城市和社区可持续发展　低碳发展水平评价导则：GB/T 41152—2021［S］．北京：中国标准出版社，2021.

[7] 天津市环境科学学会．零碳建筑认定和评价指南：T/TJSES 002—2021［S］．天津：出版者不详，2021.

[8] 中华人民共和国住房和城乡建设部．住宅设计规范：GB 50096—2011［S］．北京：中国计划出版社，2012.

[9] 中华人民共和国住房和城乡建设部．建筑设计防火规范（2018年版）：GB 50016—2014［S］．北京：中国计划出版社，2018.

[10] 中华人民共和国住房和城乡建设部．建筑材料及制品燃烧性能分级：GB 8624—2012［S］．北京：中国标准出版社，2012.

[11] 中华人民共和国住房和城乡建设部．外墙外保温工程技术标准：JGJ 144—2019［S］．北京：中国建筑工业出版社，2019.

[12] 中华人民共和国国家市场监督管理总局．建筑外门窗保温性能检测方法：GB/T 8484—2020［S］．北京：中国标

准出版社，2020.
[13] 天津市住房和城乡建设委员会．民用建筑节能门窗工程技术标准：DB/T 29-164—2021 [S]．天津：出版者不详，2021.
[14] 中华人民共和国国家市场监督管理总局．建筑外门窗气密、水密、抗风压性能检测方法：GB/T 7106—2019 [S]．北京：中国标准出版社，2019.
[15] 河北省住房和城乡建设厅．被动式超低能耗公共建筑节能设计标准：DB13（J）T 8360—2020 [S]．北京：中国建材工业出版社，2020.
[16] 河北省住房和城乡建设厅．被动式超低能耗居住建筑节能设计标准：DB13（J）T 8359—2020 [S]．北京：中国建材工业出版社，2020.
[17] 中华人民共和国国家市场监督管理总局．建筑幕墙气密、水密、抗风压性能检测方法：GB/T 15227—2019 [S]．北京：中国标准出版社，2019.
[18] 中华人民共和国国家市场监督管理总局．铝合金门窗：GB/T 8478—2020 [S]．北京：中国标准出版社，2020.
[19] 中华人民共和国住房和城乡建设部．塑料门窗及型材功能结构尺寸：JG/T 176—2015 [S]．北京：中国标准出版社，2015.
[20] 中华人民共和国城乡建设环境保护部．建筑气象参数标准：JGJ 35—1987 [S]．北京：中国建筑工业出版社，1987.
[21] 中华人民共和国住房和城乡建设部．建筑采光设计标准：GB 50033—2013 [S]．北京：中国建筑工业出版社，2013.
[22] 清华大学建筑节能研究中心．中国建筑节能年度发展研究报告 2021：城镇住宅专题 [M]．北京：中国建筑工业出版社，2021.
[23] 上海现代建筑设计有限公司技术中心．被动式建筑设计技术与应用 [M]．上海：上海科学技术出版社，2014.
[24] 卜一德．绿色建筑技术指南 [M]．北京：中国建筑工业出版社，2008.
[25] 贡萨洛，赫伯曼．建筑节能设计 [M]．马琴，万志斌，译．北京：中国建筑工业出版社，2008.
[26] 古佐夫斯基．可持续建筑的自然光运用 [M]．汪芳，李天骄，谢亮蓉，译．北京：中国建筑工业出版社，2004.
[27] 张季超，吴会军，周观根，等．绿色低碳建筑节能关键技术的创新与实践 [M]．北京：科学出版社，2014.
[28] 崔国庆，杜思义．建筑节能工程质量检测 [M]．2 版．北京：中国建筑工业出版社，2021.
[29] 朱颖心．建筑环境学 [M]．4 版．北京：中国建筑工业出版社，2016.
[30] DEKAY MARK，BROWN G Z. Sun，wind & light：architectural design strategies [M]. Hoboken：Wiley，2014.
[31] HANS，LIND. Sustainable buildings in practice：what the users think [M]. London：Routledge，2010.
[32] 王明，杨维菊．2010 年上海世博会绿色建筑典型案例分析：以法国馆和阿尔萨斯馆为例 [J]．建筑节能，2011，39（11）：30-33.
[33] 马欣．建筑电气照明系统的节能设计研究 [J]．光源与照明，2022（3）：34-36.
[34] 章宇峰．自然通风与建筑热模型耦合模拟研究 [D]．北京：清华大学，2004.
[35] 周欣．陈易．德国低碳建筑设计研究：以德国联邦环境局办公楼为例 [J]．住宅科技，2015（8）：29-34.
[36] 夏冰，陈易．德国产能型住宅设计案例解析与思考 [J]．住宅科技，2014，34（12）：33-38.
[37] 宋晔皓，林波荣，吴博．绿色设计 vs 数字化设计：内蒙古库布奇沙漠论坛酒店生态设计实录 [J]．建筑技艺，2011（Z1）：136-139.
[38] 王爱英，时刚．天然采光技术新进展 [J]．建筑学报，2003（3）：64-66.
[39] 王志民，谢阿琳．绿色建筑技术与建筑造型设计研究 [J]．建筑技术开发，2020，47（8）：144-145.
[40] 鲁永飞，鞠晓磊，张磊．设计前期建筑光伏系统安装面积快速估算方法 [J]．建设科技，2019（2）：58-62.

第 4 章 太阳能利用技术

作为促进建筑实现零碳化的可再生能源之一，太阳能具有能量大、分布广泛、技术成熟等优点。《建筑节能与可再生能源利用通用规范》（GB 55015—2021）自 2022 年 4 月 1 日实施，在可再生能源建筑应用系统设计中，对太阳能系统、地源热泵系统、空气源热泵系统提出了明确要求：新建建筑应安装太阳能系统；在既有建筑上增设或改造太阳能系统，必须经建筑结构安全复核，满足建筑结构的安全性要求；太阳能系统应做到全年综合利用，根据使用地的气候特征、实际需求和适用条件，为建筑物供电、供生活热水、供暖或（及）供冷。由此可见太阳能系统在建筑碳减排工作中的重要性。

在国内外零碳建筑案例中，太阳能资源利用广泛，上海世博零碳馆是我国首座零碳排放的公共建筑，坡屋顶上大面积的太阳能板，提供了馆内供暖、制冷、热水系统所需能量；中新天津生态城公屋展示中心是天津市首座零碳建筑，在室内照明中采用了导光筒折射和反射太阳光技术，屋顶安装太阳能光伏板提供电能。

本章按照《建筑节能与可再生能源利用通用规范》（GB 55015—2021）要求的太阳能在建筑中利用的系统形式，主要对太阳能光伏发电系统、太阳能热水系统、太阳能供暖与制冷系统的技术原理、系统构成、主要设备及性能进行介绍。

4.1 太阳能光伏发电技术

在长期能源战略中，太阳能光伏发电将成为人类社会未来能源的基石、世界能源舞台的主角。目前，世界上许多国家都加大了对太阳能光伏发电技术的研究并制定了相关政策鼓励太阳能产业的发展。近几年，世界太阳电池组件的年平均增长率约为 33%，光伏产业已成为当今发展最迅速的高新技术产业之一。

我国太阳能光伏发电的开发和研究起步于 20 世纪 70 年代。2000 年，我国的光伏技术步入大规模并网发电阶段。2002 年，我国政府启动了“光明工程”“送电到乡工程”等项目，重点研发和利用太阳能光伏发电技术。目前，太阳能光伏电池中的多晶硅材料已实现大幅度的国产化和规模化，生产光伏电池的成本显著下降，光伏发电具备了大规模应用的市场条件。

4.1.1 太阳电池

1. 太阳电池组件

太阳电池组件简称光伏组件，是将太阳电池块用导线串联和并联后形成一定电压和功率的组件，经密封、刚化、框架化处理后可用在工业生产过程中。为了满足负荷供电的需要，通常将十几个或者几十个甚至上百个组件组合在一起，构成太阳电池阵列安装在地面或者建筑上。

2. 太阳电池材料的分类

为了提高利用太阳能的效率，太阳电池材料的选择至关重要。新型太阳电池材料的研发、制作、应用成为近年来最具潜力的研究领域。根据基体材料的不同，太阳电池可以分为晶体硅太阳电池、非晶硅太阳电池、微晶硅薄膜太阳电池、纳米硅薄膜太阳电池、化合物太阳电池、有机半导体太阳电池等。其中，晶体硅太阳电池包括单晶硅太阳电池、片状多晶硅太阳电池、铸锭多晶硅太阳电池、桶状多晶硅太阳电池、球状多晶硅太阳电池等；化合物太阳电池包括硫化镉太阳电池、碲化镉太阳电池、砷化镓太阳电池等。

3. 太阳电池发电原理

太阳电池是一种对光有响应并能将光能转换成电力的器件。现以晶体硅为例描述光发电过程，P 型晶体硅经过掺杂磷可得 N 型硅，形成 PN 结（见图 4-1）。

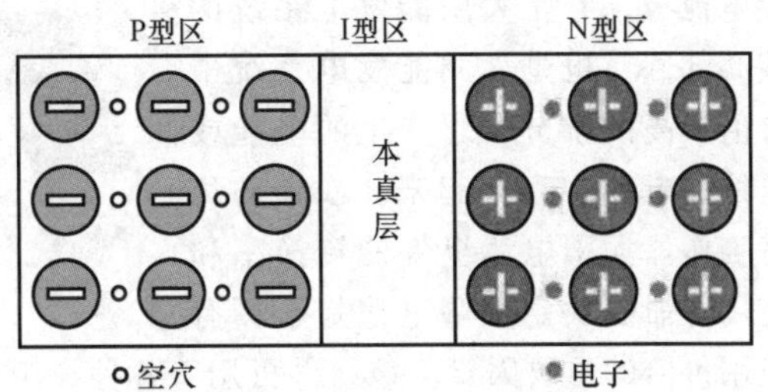

图 4-1　PN 结

当光线照射到太阳电池表面时，一部分光子被硅材料吸收，光子的能量传递给了硅原子，使电子发生跃迁，成为自由电子在 PN 结两侧集聚形成电位差，当外部接通电路时，在该电压的作用下，将会有电流流过外部电路，产生一定的输出功率。这个过程的实质是光子能量转换成电能的过程。

4. 光伏发电系统的分类

根据光伏发电系统与电力系统的关系，光伏发电系统可以分为离网光伏发电系统和并网光伏发电系统。离网光伏发电系统主要由太阳电池组件、控制器、蓄电池组成，若要为交流负荷供电，还需要配置交流逆变器。并网光伏发电系统是将太阳能组件产生的直流电经过并网逆变器转换成符合市电电网要求的交流电后接入公共电网，它可以分为带蓄电池的和不带蓄电池的发电系统。

4.1.2　离网光伏发电系统

图 4-2 为离网光伏发电系统的安装场景。光伏方阵在有光照的情况下将太阳能转换为电能，通过太阳能充放电控制器向负荷供电，同时可为蓄电池组充电；在无光照时，通过太阳能充放电控制器由蓄电池组向直流负荷供电。此外，蓄电池可直接向独立逆变器供电，通过独立逆变器逆变成交流电，向交流负荷供电。

图 4-2　离网光伏发电系统安装场景

（图片来自百度百科）

离网光伏发电系统也称为独立光伏发电系统。严格来说，电力系统将千瓦级以上的独立光伏发电系统称为离网光伏发电系统。独立光伏发电系统的规模一般相差很大，功率范围从几毫瓦到几千瓦不等，整个系统可以用单块光伏电池组件，也可以用多块光伏电池组件形成光伏阵列，作为唯一的能量来源。

采用离网光伏发电系统可以不受距离和供电条件的影响，自发自用，将多余电量储存，一般蓄电池储存的电量可以满足用户正常用电 3 天，保证用户在连续阴雨天仍可以正常用电。

1. 基本构成

离网光伏发电系统主要由太阳电池组件、太阳能控制器、蓄电池等组成，若要为交流负荷供电，还需要配置交流逆变器（见图 4-3）。

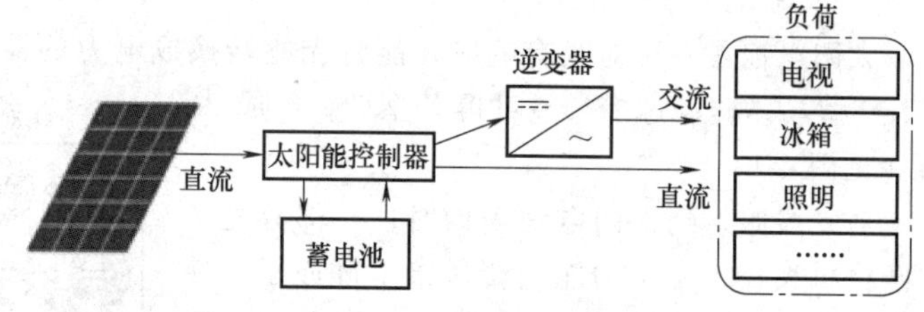

图 4-3　离网光伏发电系统框图

（1）太阳电池组件　又称太阳能电池板，它是太阳能发电系统的核心部件，也是太阳能发电系统中价值最高的部分，它产生的电能或送往蓄电池中存储起来，或推动负荷工作。太阳电池组件的转换率和使用寿命是决定太阳电池是否具有使用价值的重要因素。该组件可用于各种户用光伏系统、独立光伏电站和并网光伏电站等。

（2）太阳能控制器　太阳能控制器控制整个系统的工作状态，并对蓄电池起到过充电保护、过放电保护的作用，由专用处理器 CPU、电子元器件、显示器、开关功率管等组成。图 4-4 所示太阳能控制器为其中一种。其主要特点包括：采用单片机和专用软件，实现智能控制；利用蓄电池放电率特性修正准确放电控制，具有过充电、过放电、电子短路、过载保护、独特的防反接保护等全自动控制；以上保护均不损坏任何部件，不烧保险；采用串联式脉冲宽度调制（PWM）充电主电路，使充电回路的电压损失与使用二极管的充电电路相比，降低近一半，充电效率较非 PWM 高 3%～6%，增加了用电时间；发光二极管（LED）指示当前蓄电池状态，让用户直观了解使用状况；所有控制全部采用工业级芯片，能在寒冷、高温、潮湿环境运行自如，同时使用了晶振定时控制，更精确；取消了电位器调整控制设定点，而利用了电擦除可编程只读存储器记录各工作控制点，使设置数字化，消除了因电位器振动偏位等引起的准确性和可靠性不够的因素；使用数字 LED 显示及设置，一键式操作即可完成所有设置，操作便捷。在温差较大的地方，合格的太阳能控制器还应具备温度补偿功能。其他如光控开关、时控开关都应该是太阳能控制器的附加功能。

图 4-4　一种太阳能控制器

（3）蓄电池　蓄电池的作用是在有光照时将太阳电池组件产出的电能储存起来，到需要的时候再释放出来。国内被广泛使用的太阳能蓄电池主要有铅酸免维护蓄电池和胶体蓄电池，这两类蓄电池因为它们固有的免维护特性及对环境较少污染的特点，很适合用于性能可靠的太阳能光伏系统，特别是无人值守的工作站。小微型系统中，也可用镍氢电池、镍镉电池或锂电池。在并网太阳能发电系统中，可不加蓄电池组。

（4）逆变器　太阳能的直接输出一般为 12V DC、24V DC、48V DC。为能向 220V AC 的电器提供电能，需要将太阳能发电系统所发出的直流电能转换成交流电能，因此需要使用 DC-AC 逆变器。输出波形是逆变器品质与成本的指标，有正弦波、方形波等，如图 4-5 所示。

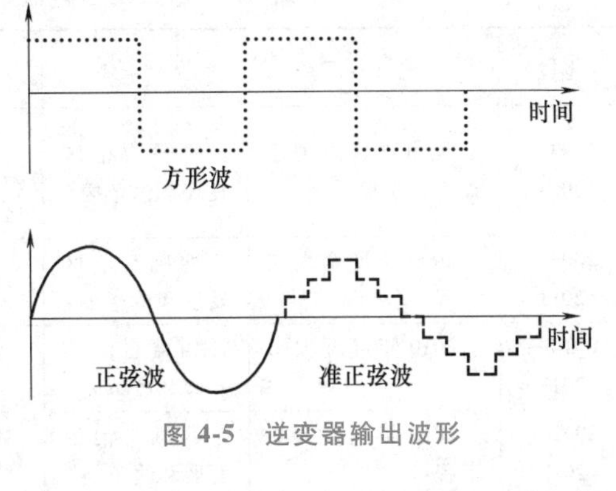

图 4-5　逆变器输出波形

2. 系统形式

根据用电负荷的不同，离网光伏发电系统可分为以下几种形式：

（1）无蓄电池的直流光伏发电系统　太阳电池与用电负荷直接连接，有阳光时就发电供负荷工作，无阳光时就停止工作。系统不需要使用控制器，也没有蓄电池等储能装置，因此没有造成蓄电池存储和释放过程中的损失，提高了太阳能利用效率。

（2）有蓄电池的直流光伏发电系统　主要由太阳电池、充放电控制器、蓄电池以及直流负荷等组成。有阳光时太阳电池向负荷供电并同时向蓄电池存储电能，夜间或阴雨天时则由蓄电池向负荷供电。这种系统应用广泛，当系统容量和负荷功率较大时，需要配备太阳电池方阵和蓄电池组。

（3）交流光伏发电系统　与直流光伏发电系统相比，该系统多了交流逆变器，用以把直流电转换成交流电。

（4）交、直流混合光伏发电系统　该系统既能为直流负荷供电，也能为交流负荷供电。

（5）市电互补型光伏发电系统　以太阳能光伏发电为主，以普通 220V 交流电补充电能为辅，基本上是当天有阳光，当天就用太阳能发电，遇到阴雨天时就用市电能量进行补充。这样，太阳电池和蓄电池的容量可以设计得小一些，既减小了系统一次性投资，又有显著的节能减排效果，是太阳能光伏发电系统在现阶段推广和普及过程中一个过渡性的好办法。

3. 系统设计要点

根据气候区特点、太阳能资源状况、建筑物类型和安装情况等，离网光伏发电系统设计应至少包括以下内容：

1）建筑负荷用电量及供电电压等级设计。

2）确定光伏组件安装角度，计算系统峰值输出功率，确定光伏组件选型，完成方阵电气设计。

3）确定蓄电池容量。

4）监控系统设计。

5）系统防火设计。

6）附属设施设计。

4. 离网光伏发电系统应用案例

21 世纪以来，在党中央、国务院的高度重视和西藏自治区党委、政府的领导下，西藏自治区的能源问题有了较大改善。从 20 世纪 90 年代初开始，西藏自治区陆续开展了一些离网光伏电站的推广和示范工作，先后实施了“西藏光明工程先导项目”“科学之光计划”“送电到乡”“金太阳工程”等项目，离网光伏电站从原来只满足基本照明用电过渡到满足生活用电，性能更加优越，功能更加全面，已经能够满足农牧民使用洗衣机、冰箱等大功率电器的需求。

随着“无电地区电力建设光伏工程”在内的多项惠民工程在西藏自治区的七个地市的实施，基本实现了西藏自治区无电人口全覆盖，详见表 4-1。

表 4-1　西藏自治区历年离网光伏电站推广应用统计表

年份	项目名称	投资主体	建设地点	容量规格/kW	数量/座	总容量/kW
2003—2004	无电地区电力建设光伏工程	西藏自治区发展和改革委	那曲地区尼玛县、双湖县、巴青县岗切乡、拉萨市尼木县、阿里地区7县共计61个乡镇	2~75不等	107	2639.5
2009—2011	2009年度金太阳工程	西藏自治区发展和改革委	山南地区2个县的2个乡镇	4.4~30不等	2	34.4
2010—2013	2010年度金太阳工程	西藏自治区发展和改革委	那曲班戈县的8个建制村	10~45不等	8	224.96
2012—2013	2012年度金太阳工程	西藏自治区发展和改革委	7个地市(拉萨、日喀则、山南、林芝、昌都、那曲、阿里)的54个县	10~45不等	54	982.1
2015—2016	金太阳二期工程	西藏自治区发展和改革委	7个地市(拉萨、日喀则、山南、林芝、昌都、那曲、阿里)新建和扩容	4~45不等	191	9393.12
2018—2020	西藏自治区项目	西藏自治区发展和改革委	阿里地区改则县4座光伏电站修复升级	18~85不等	4	192.74

4.1.3　并网光伏发电系统

并网光伏发电系统是指将光伏阵列输出的直流电转化为与电网电压同幅值、同频、同相的交流电，并与电网连接，将能量输送到电网的系统。

并网光伏发电系统有集中式大型并网光伏系统和分散式小型并网光伏系统。集中式大型并网光伏电站一般是国家级电站，投资大、建设周期长、占地面积大，主要特点是将所发电能直接输送到电网，由电网统一调配向用户供电，需要复杂的控制和配电设备。分散式小型并网光伏系统，由于投资小、建设快、占地面积小、政策支持力度大等优点，是目前并网光伏发电系统的主流。

在光伏发电并网过程中，涉及的关键技术主要包括：光伏并网逆变技术、光伏并网监控技术、反孤岛保护技术、低电压穿越以及直流并网技术等。

1. 基本构成

并网光伏发电系统主要由太阳电池板、逆变器、交流配电柜等构成（见图 4-6）。

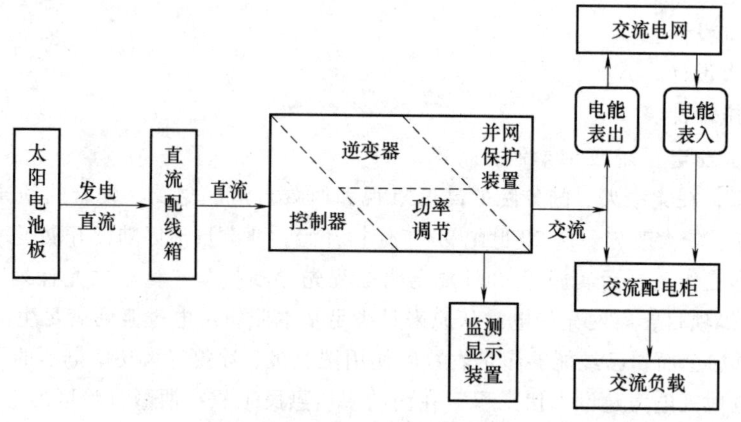

图 4-6　并网光伏发电系统

太阳电池板：太阳电池板是太阳能发电系统中的核心部分，与离网光伏发电系统中的作用保持一致，在此不再赘述。

逆变器：逆变器是实现光伏并网的重要组成部分，主要作用是将光伏电池产生的直流电能转化为交流电能，从而实现与电网电能的交互。目前常用的逆变器包括集中式逆变器、组串式逆变器和微型逆变器三类，不同类型逆变器的技术特点不同，适用于不同的光伏发电系统。

交流配电柜：交流配电柜在电站系统的主要作用是对备用逆变器进行切换，保证系统正常供电，同时对线路电能进行计量。

2. 系统形式

并网光伏发电系统一般有下列几种形式：

（1）有逆流并网光伏发电系统　当光伏发电系统发出的电能富余时，可将剩余电能接入公共电网，向电网供电；当光伏发电系统提供的电力不足时，由电网向负荷供电。

（2）无逆流并网光伏发电系统　即使发电富余，该系统也不向公共电网供电，但当光伏发电系统供电不足时，则由公共电网向负荷供电。

（3）切换型并网光伏发电系统　该系统具有自动运行双向切换功能。当光伏发电系统因阴雨天及自身故障等导致发电量不足时，切换器将自动切换到公共电网供电一侧，由电网向负荷供电；当电网因某种原因突然停电时，可以自动切换使电网与光伏系统分离，成为独立光伏发电系统的工作状态。一般切换型并网光伏发电系统都带有储能装置，另外，某些系统可以在需要时断开为一般负荷供电，接通对应急负荷供电。

（4）有储能装置的并网光伏发电系统　该系统在上述几类并网光伏发电系统中根据需要配置储能装置。带有储能装置的光伏发电系统主动性较强，当电网出现停电、限电及故障时，可独立运行并正常向负荷供电，因此，它可为紧急通信电源、医疗设备、加油站、避难场所指示及照明等重要场所或应急负荷供电。

（5）大型并网光伏发电系统　大型并网光伏发电系统由若干个并网光伏发电单元组合而成，如图4-7所示。

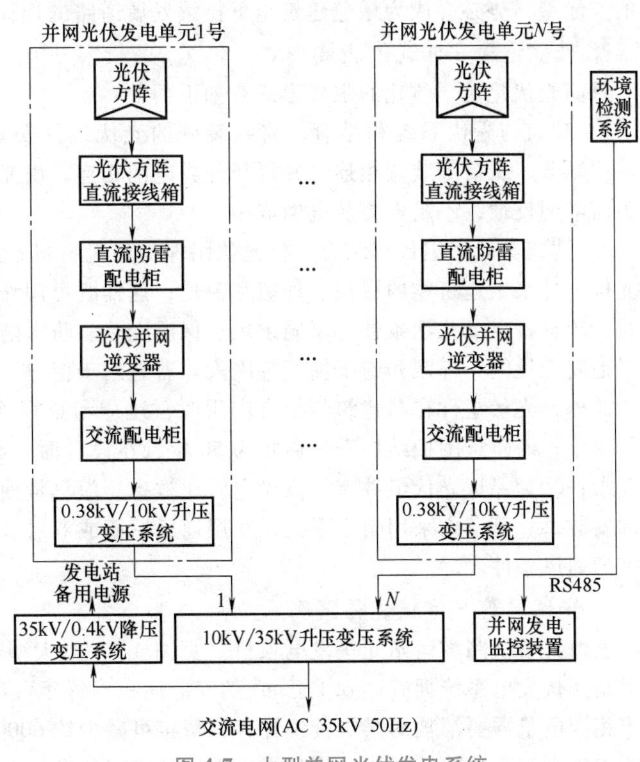

图4-7　大型并网光伏发电系统

3. 并网供电方式对系统的要求

采用“并网供电方式”时，太阳能光伏发电系统所产出的直流电在通常情况下通过逆变器变换成交流电，或者向电网发送电能，或者与电网端一起输出到低压负荷，即当时发电当时使用。采用“并网供电方式”需要解决的根本问题是：如何保证太阳能光伏发电系统向交流负荷提供的电能和向公共电网发送电能时的质量始终处于受控状态，保证在电网低压接入时对外供电网的影响最小。因此，“并网供电方式”对太阳能光伏发电系统的要求如下：

1）并网光伏发电系统在与公共电网连接时需通过变压器等进行电气隔离，形成与公共电网市政供电线路之间明显的分界点，并且保证并网太阳能光伏发电系统的发电容量在上级变压器容量的20%以内；同时实现直流隔离，使逆变器向电网馈送的直流电流分量不超过其交流额定值的1%。

2）太阳能光伏发电系统的输出电压、相位、频率、谐波和功率因数等参数在满足实用要求的同时，能够随着公共电网的相关参数改变而改变。自控装置要对公共电网的电压、相位、频率等参数进行采样，实时调整光伏发电系统逆变器的输出，保证并网光伏发电系统与公共电网的同步运行，从而不造成电网电压波形过度畸变，不导致注入电网过多的谐波电流。

3）设置相应的并网保护装置，一旦出现光伏系统发电异常或故障时，能够自动将光伏系统与电网分离。

4. 并网光伏发电系统应用案例

2021年，中国石化福建漳州石油分公司首座分布式光伏发电项目在漳州市区延北加油站完成安装，成功并网发电。该项目利用加油站屋顶建设分布式光伏发电站，安装面积为312m^2，总装机容量为41.42kW，预计年发电量为4.79万kW·h，每年可减少二氧化碳排放量为38.8t，每年可节约电费约2.4万元，节省了大量成本，减少了污染。

4.1.4 太阳能光伏建筑一体化技术

2020年11月，中国建筑节能协会能耗统计专业委员会发布了一份详细测算我国建筑领域能源消耗和碳排放数据的报告。该报告显示，2018年全年我国建筑领域碳排放总量近50亿t，超过2018年全年全国碳排放量的一半。考虑到广泛的太阳能资源和广阔的建筑屋顶和外墙，打造光伏发电组件与建筑完美融合的“光伏建筑一体化”，推动建筑从传统的耗能型到符合可持续发展的产能型，势必会成为绿色建筑走可持续发展道路的选择。

1. 光伏建筑一体化的主要形式

目前光伏建筑一体化的主要形式有如下两种：

1）建筑与光伏系统相结合。将封装好的光伏组件安装在建筑物屋顶上，与逆变器、蓄电池、控制器、负荷等装置相连，并可与外界电网相连，由光伏系统和电网并联向建筑供电，多余电力向电网反馈，不足电力从电网取用。

2）建筑与光伏组件相结合，将光伏组件与建筑材料集成化。用光伏组件代替部分建材，即用光伏组件来做建筑物的屋顶、外墙和窗户，这样既可用作建材，也可用于发电。光伏组件用作建材，须具备以下几项条件：坚固耐用、保温隔热、防水防潮、适当的强度和刚度等。此外，还应考虑安全性能、外观和施工简便等因素。若是用于窗户、天窗等，则必须能够透光。

此外，光伏组件在与建筑相结合应用时，还应考虑两个重要因素：①光伏组件寿命通常为15~25年，而建筑围护结构寿命通常为50年，在设计时，必须考虑光伏组件失效后的拆卸和更换要求；②为保证光伏组件有较高光电转化效率，应尽量使光伏组件周围的环境温度较低，在设计和安装时，可考虑采用架空形式、双层通风屋面或双层玻璃幕墙形式等，以形成光伏组件周围良好的通风条件。

2. 光伏建筑一体化优秀案例

上海虹桥铁路客运站光伏发电项目（见图4-8）是大型光伏建筑一体化项目的优秀范例。该客运站光伏发电系统拥有达6.1万m^{2}的安装面积，每年可产出600多万kW·h的电能，如果按产出相同电量需要消耗的煤炭资源计算，每年可减少约6000t的二氧化碳净排放量。该工程项目可为未来大型光伏建筑一体化项目提供丰富的规划、设计、施工经验。该项目参数见表4-2。

图 4-8　上海虹桥铁路客运站光伏发电项目
（图片来自周文波，碳中和背景下的光伏建筑一体化发展趋势）

表 4-2　上海虹桥铁路客运站光伏发电项目参数

名　称	参　数	名　称	参　数
应用类型	风雨棚	电池类型	晶硅电池
建成时间	2010 年 7 月	安装面积	6.1 万 m^2
装机功率	6.688MWP	年发电量	6.3GW · h

4.1.5　光伏发电系统运行维护与故障排除

由于光伏发电具有间歇性和波动性的特点，导致了它在大规模并网发电的过程中存在不稳定性，由此提高了光伏电站规划设计和运行维护的难度。

在大型光伏电站的运行过程中，电气设备是非常重要的元件。只有提高电气设备的运行成效，才能更大发挥大型光伏电站的作用以及功能。结合大型光伏电站电气设备运行维护中凸显的问题，应该做好科学运行维护检修工作。

第一，明确巡检工作要点，做好翔实记录。在大型光伏电站电气设备的运行维护检修过程中，从业技术人员应该做好常态化巡视检查工作。一方面，光伏电站在达到规模容量之后，可以将运行和检修两项工作分开，工作人员应该对检查工作的项目和周期进行不断优化完善，开展设备点检工作，有效提高运行维护工作人员的巡检工作质量。另一方面，在大型光伏电站电气设备的巡检过程中，专业技术人员应该综合运用各类感官，依靠自身的专业知识以及经验来进行科学研判与分析。此外，在巡检过程中，技术人员还应该做好翔实的巡检记录，包括电气设备运行状态、运行参数等，以便基于这些参数或者数值变化来分析电气设备的故障成因。

第二，组件运行维护工作要点，做好定期检查。在大型光伏电站电气设备运行维护过程中，电气设备电池板组件是非常重要的元件，也是运行维护工作的重点内容。在运行维护过程中，必须明确组件维护的工作要点，同时做好定期化、常态化的检查。一方面，在大型光伏电站电气设备运维过程中，应该科学做好电池板组件的检查工作。在实际检查过程中，应该遵循全面准确的原则，着重检查电池板组件的接线位置是否发生了连接不稳固问题，分析电池板组件的性能发挥优良与否，还应该研判电池板组件是否需要进行清理等。另一方面，在大型光伏电站电气设备检测过程中，应该做好定期化检查，着重检查电池板组件是否存在损坏情况，抑或存在电气设备的电气连接问题。一般时隔 6 个月就对所有组件、电线、电气设备以及接地进行定期检查，借此有效保证组件的正常运行。

第三，逆变器运行维护工作要点，做好降温处理。在大型光伏电站电气设备的运行维护检修过程中，核心设备的检修工作同样是非常重要的。在实际的检修过程中，应该按照科学的标准和流程做好维护与检修，应该重点研判它的值域是否处在正常值域范围内。同时，应该研判它的连接线是否可靠。另一方面，在这类关键设备的检测过程中，应该对于通风降温等进行着重考量以及认真研判，分析它的通风性能，防止柜内温度过高导致出现直流空气开关频繁跳闸情况的发生。

4.2 太阳能热利用技术

太阳能热利用技术可应用于多个行业或领域。

在低温（<100℃）领域，太阳能热利用技术的开发和应用已趋于成熟，主要是为居民提供生活热水、供暖等。

在中高温（≥100℃）领域，太阳能热利用技术的开发和应用主要集中在工农业方面，如太阳能海水淡化、纺织、食品加工和木材烘干等方面，也可应用于多种新能源联合发电领域。

4.2.1 太阳能热水系统

太阳能热水系统是目前太阳能应用发展中最具经济价值、技术最成熟的一项应用产品。它像电热水器、燃气热水器一样可产生热能，电热水器是通过电加热元件将电能转变成热量，燃气热水器是利用燃烧器将燃气点燃供给热量，而太阳能热水系统则是将收集到的太阳辐射能转换成热量。

1. 基本构成

太阳能热水系统主要由集热器、冷热水循环管道、储热水箱（保温热水箱）、冷水入口、热水出口、支架等部件构成（见图 4-9）。储热水箱中的冷水通过循环系统进入集热器，在太阳辐射下，集热器将吸收的太阳能转化成热能传递给传热介质（水），水受热后通过循环系统进入储热水箱，如此往复，直至将储热水箱中的水加热。

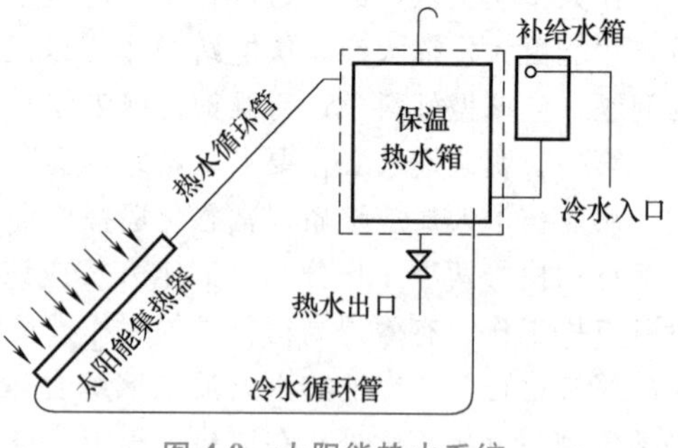

图 4-9 太阳能热水系统

2. 核心部件——集热器

集热器是太阳能热水系统中的核心，决定着太阳能热水系统性能。目前，集热器的类型越来越多样化，可以进行不同分类。

根据进入采光口的太阳辐射方向是否改变，分为聚光型和非聚光型集热器。聚光型集热器利用反射器、透镜或其他光学器件将进入采光口的太阳辐射改变方向并汇集到吸热体上；而对于非聚光型集热器，进入采光口的太阳辐射方向不会改变。

根据是否跟踪太阳，分为跟踪集热器和非跟踪集热器。跟踪集热器是以绕单轴或双轴旋转方式全天跟踪太阳视运动的太阳集热器；非跟踪集热器是全天都不跟踪太阳视运动的太阳集热器。

根据工作温度范围的不同，分为低温集热器、中温集热器和高温集热器。低温集热器工作温度在 100℃以下；中温集热器工作温度在 100~200℃；高温集热器工作温度在 200℃以上。

根据内部是否有真空空间，分为平板型集热器和真空管型集热器。平板型集热器吸热体表面基本为平板形状；真空管型集热器在管壁和吸热体之间有真空空间。

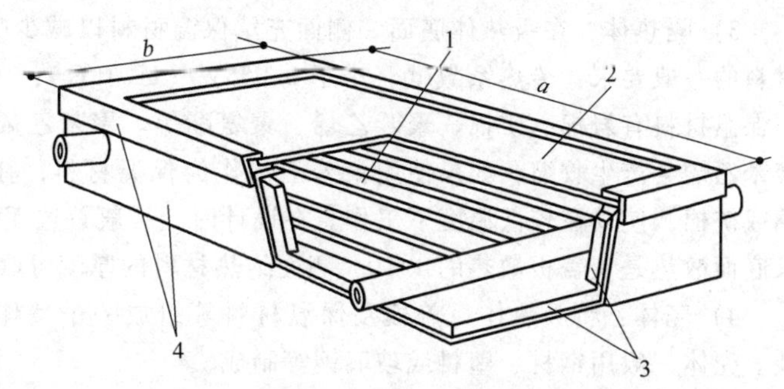

图 4-10 平板型太阳能集热器基本构造

1—吸热体 2—透明盖板 3—隔热体 4—壳体

a、b—外形平面尺寸的长和宽

（1）平板型太阳能集热器 普通平板型太阳能集热器由吸热体、透明盖板、隔热体和壳体等组成，如图 4-10 所示。它是太阳能利用技术发展初期的主要类型，被广泛应用于生活用水加热、工业用水加热、建筑供暖等多个领域。

1）吸热体：太阳辐射能被吸热体吸收后，以热传导或对流方式传递给里面的水，因此吸热体是吸收太阳辐射能并传递热量给工质的重要部件，它的热传递性能的好坏直接影响集热效率的高低。根据结构不同，吸热体结构有扁盒式、管翅式、管板式等，如图 4-11 所示。扁盒式吸热体与介质的接触面积大，传热效果好，肋片效率接近于 1。管翅式吸热体优点有水容量小、承压性能好和加工灵活等，常见的有铜铝复合管翅式吸热体。管板式吸热体除了水容量小、承压性好等优点外，结构简单，容易生产和广泛应用，但是与扁盒式吸热体相比，接触面积小，传热能力不太好。吸热面板可为金属或非金属材料，目前国内大多数选用铜或铝作为吸热材料。

针对普通平板型集热器在高温段表面热损失大、效率偏低、流动阻力分布不均、抗冻性能差、排管易结垢等缺点，研究人员提出了一种热管平板型集热器。热管是一种换热器件，它可以通过很小的表面积来传递大量热能。用带导热肋片的热管吸热体替代普通管板式吸热体，放入集热器壳体内就构成了热管平板型集热器，如图 4-12 所示。在太阳辐射作用下，热管内工质吸收热量后蒸发汽化，工质蒸汽流向冷凝端、液化放出热量，如此循环将水箱中的水加热。热管平板型集热器具有热容小、启动快、热量不易散失、管道不易结垢、防冻等特点。

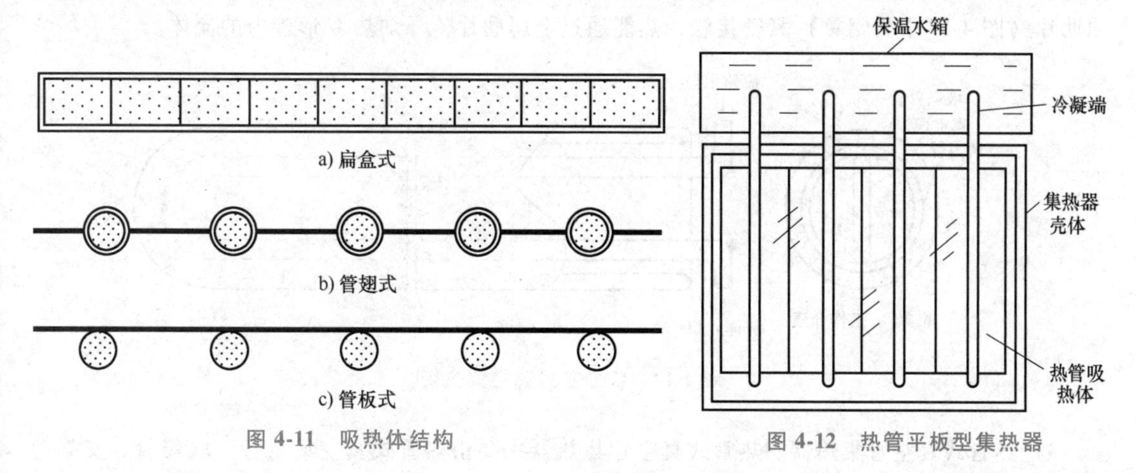

图 4-11 吸热体结构

图 4-12 热管平板型集热器

2）透明盖板：位于吸热体上方，其作用是让更多的太阳辐射能通过，抑制吸热体表面反射损失和对流损失，是形成温室效应的主要部件。此外，它还具有防止灰尘和保护吸热体的作用。

透明盖板的材料一般选用玻璃，试验结果表明，它与吸热体表面的安装距离一般为 20~30mm 最佳，集热效率最高。

3）隔热体：在吸热体底面和侧面充填保温材料以减少吸热体对周围环境的热损失。对保温材料的一般要求：传热系数低，小于 0.055W/(m^2·℃)；耐热性好；吸水性小；密度低等。常用保温材料有岩棉、矿棉、聚苯乙烯、聚氨酯等。聚苯乙烯使用温度不得高于 70℃，温度高时聚苯乙烯会产生收缩，如果使用聚苯乙烯作为保温材料，往往在它与吸热体之间先放一两层岩棉或矿棉，使其在较低温度下工作。在设计时，一般首选无氟聚氨酯作为吸热体保温材料，并要求底面散热是上盖板散热的 1/10，侧面绝热材料的厚度可取底面厚度的 1/2。

4）壳体：将吸热体、盖板及保温材料等组成一个整体并保持有一定刚度和强度，便于安装。壳体一般用钢材、塑料或玻璃钢等制成。

（2）真空管型太阳能集热器　主要有全玻璃真空管集热器、U 形管式真空管集热器和热管式真空管集热器。

1）全玻璃真空管集热器。全玻璃真空管集热器由全玻璃真空集热管、反射器、联集管、尾架等构成。全玻璃真空集热管像拉长的保温瓶，它主要由内外玻璃管、选择性吸收涂层、真空夹层、保护帽、消气剂等部件组成，如图 4-13 所示。

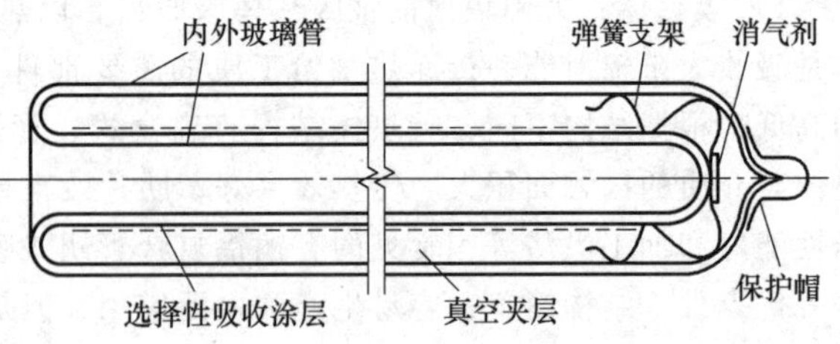

图 4-13　全玻璃真空集热管结构

太阳能透过外玻璃管照射到内玻璃管外表面上，从而加热内玻璃管内的传热流体，内玻璃外表面涂有太阳能选择性吸收涂层，用以更大程度地吸收太阳辐射能。将内外玻璃管之间的夹层抽成高真空，减少热损失，起到保温的作用。在外玻璃管尾端黏结一只金属保护帽，以保护抽真空后封闭的排气嘴。弹簧支架上装有消气剂，用于吸收真空集热管运行时释放出来的气体，以保持管内真空度的作用。

2）U 形管式真空管集热器。如图 4-14 所示，U 形管式真空集热管由真空集热管、U 形管等部件组成。流体通过 U 形管，在循环中不断被加热升温。运行时，太阳辐射穿过真空管玻璃外壳投射在内层玻璃管上，内管上的选择性涂层将吸收的辐射能转化为热能，由于内玻璃管与金属肋片（图 4-14 中为铝翼）紧密接触，热能通过金属肋片传导加热 U 形管内的流体。

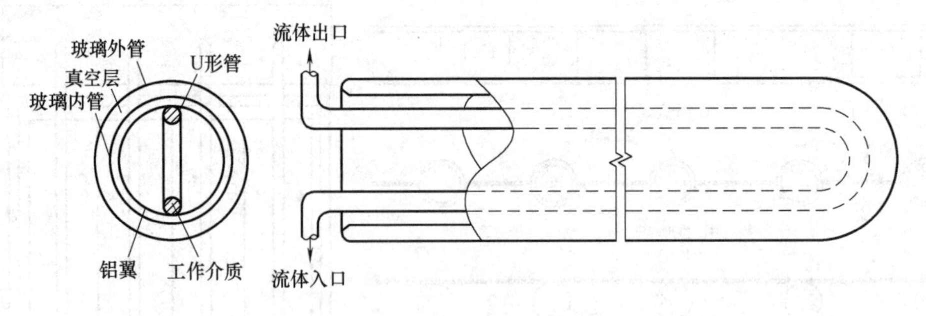

图 4-14　U 形管式真空集热管

3）热管式真空管集热器。热管式真空管集热器主要由热管式真空集热管、联集管、支架等构成。热管式真空集热管的结构如图 4-15 所示。

热管式真空集热管是利用太阳能照射在表面镀有选择性吸收涂层的金属吸热板上，将吸收的太阳辐射能转化为热能，传导给与它焊接在一起的热管，热管吸收热能并加热管内工质，使其迅速汽化，被汽化的工质上升到热管冷凝端，在冷凝端放热迅速凝结为液体，在重力的作用下液体流回蒸发端。热能产生的过程实际上就是热管内工质不断重复"液→气→液"的过程。

该类型集热器制成的热水系统在我国北方地区得到了应用。

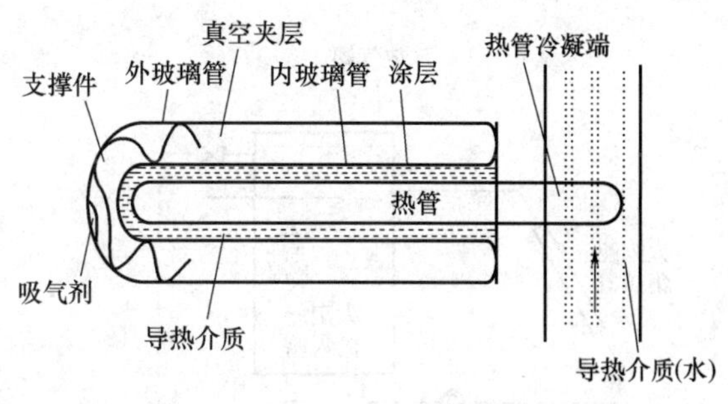

图 4-15　热管式真空集热管的结构

3. 太阳能热水系统分类

（1）按集热器内传热工质是否为用户消费的热水

1）直接系统：传热工质（水）最终被用户消费或循环流至用户的热水直接流经集热器的系统，也称为单循环系统或单回路系统。该系统效率高，初投资低，投资回收期短；但水质较差、易结水垢。

2）间接系统：传热工质最终不被用户消费，或循环流至用户的水不作为传热工质，而是其他传热工质流经集热器的系统，也称为双循环系统或双回路系统。这种系统水质有保障，抗冻性好；但系统热损失较大、效率较低、初投资大、经济性较差。

（2）按系统传热工质与大气接触的情况

1）敞开系统：传热工质与大气有大面积接触，接触面主要在蓄热装置的敞开面。这种系统初投资少，但水质得不到保障。

2）开口系统：传热工质与大气的接触仅限于补给箱和膨胀箱的自由表面或排气管开口。

3）封闭系统：传热工质与大气完全隔离。

（3）按系统运行方式

1）自然循环系统：利用温度差进行热循环的太阳能热水系统，如图 4-16 所示。其中，水箱必须置于集热器的上方，通过温度差形成虹吸效应，使热水由上循环管进入水箱的上部，同时水箱底部的冷水由下循环管进入集热器，形成循环流动。自然循环系统造价低，构造简单，不需要辅助动力，但对水箱的位置要求高，对建筑外观有较大影响。

2）强制循环系统：借助水泵使水箱内的水进行循环，也称为强迫循环系统或机械循环系统，如图 4-17 所示。利用温度传感器显示的数据，当水箱顶部水温与底部水温的温差达到某一限值时，强制循环开启；而当温差小于某一限值时，强制循环关闭。相对于自然循环系统，强制循环系统对水箱的位置没有要求，因此水箱布局更加灵活，便于与建筑外观进行一体化设计，但因需增加循环水泵，经济性较差。

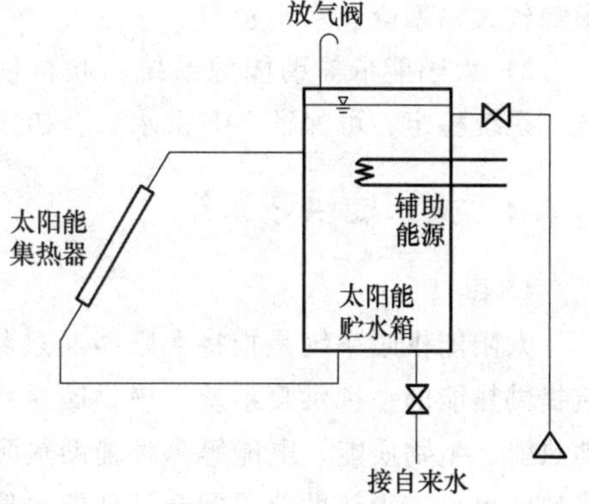

图 4-16　自然循环系统

3）直流式系统：如图 4-18 所示，它是一种非循环的太阳能热水系统，适用于有一定初始水温，且用水温度要求较低的场合。

（4）按系统中集热器与贮水箱的相对位置

1）分体式系统：贮水箱和集热器安装时之间存在一定距离（见图 4-19a）。

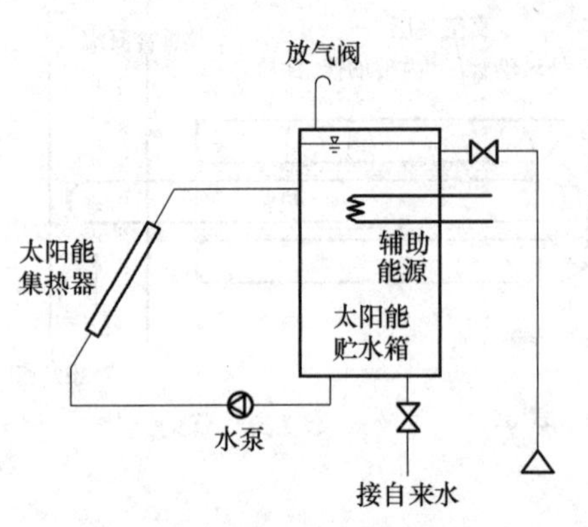

图 4-17　强制循环系统

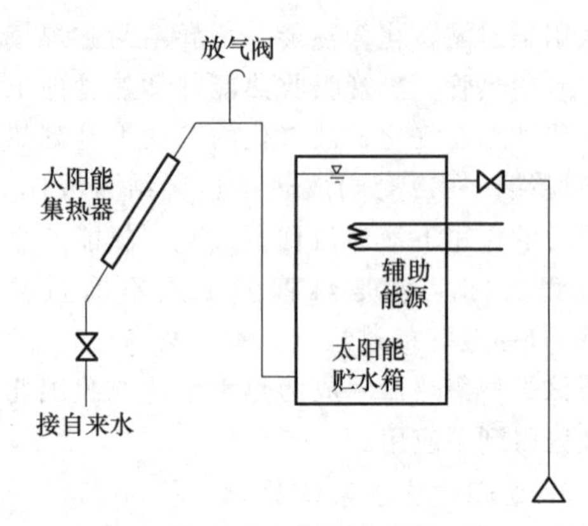

图 4-18　直流式系统

2）紧凑式系统：贮水箱直接安装在集热器相邻位置上（见图 4-19b）。

3）整体式系统：集热器可作为贮水箱的系统（见图 4-19c）。

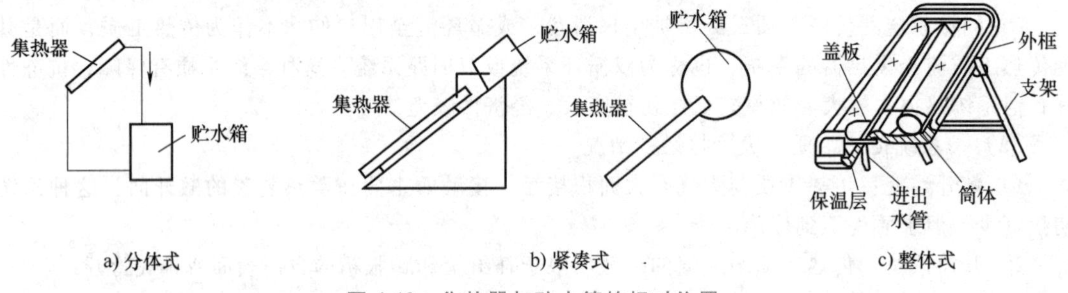

图 4-19　集热器与贮水箱的相对位置

（5）按系统中太阳能与其他能源的关系

1）太阳能单独系统：没有任何辅助能源的太阳能热水系统。系统初投资小，但受天气季节影响较大，系统供水不稳定。

2）太阳能带辅助能源系统：联合使用太阳能和辅助能源，提供所需热能的太阳能热水系统。系统稳定，可保证 24h 供水，但初投资较高。

4.2.2　太阳能供暖系统

1. 概述

太阳能供暖系统是指将太阳能通过集热器转换成热能，介质被加热后输送到散热末端为建筑提供热能的一种供暖系统。该供暖系统在太阳能资源丰富地区可作为主要供暖方式，通过与地热能、生物质能、电能等多种辅助热源的匹配实现“太阳能+”供暖模式，在太阳能资源次丰富地区也可作为辅助热源配合其他能源形式来供暖。

2. 分类

根据是否需要外部驱动力，太阳能供暖方式可分为主动式和被动式两大类。主动式系统是用特别的机械装置来实现太阳能资源高效利用的供暖方式。被动式系统是建筑物通过自身构造来利用太阳能资源的供暖方式。

（1）主动式太阳能供暖系统　主动式太阳能供暖系统主要设备包括：太阳能集热器、管道、风机或水泵、末端散热设备及储热装置等。

1）空气加热系统。如图 4-20 所示为以空气为介质的太阳能供暖系统。将集热器所吸收的太阳热量通过空气传送到储热器存放起来，或者直接送往建筑物。风机 4 的作用是驱动建筑物内空气的循环，建筑物内冷空气通过它输送到储热器中与储热介质进行热交换，加热空气并送往建筑物进行供暖。若空气温度太低，则须使用辅助加热装置。此外，也可以让建筑物中的冷空气不通过储热器，而直接通往集热器加热后送入建筑物内。

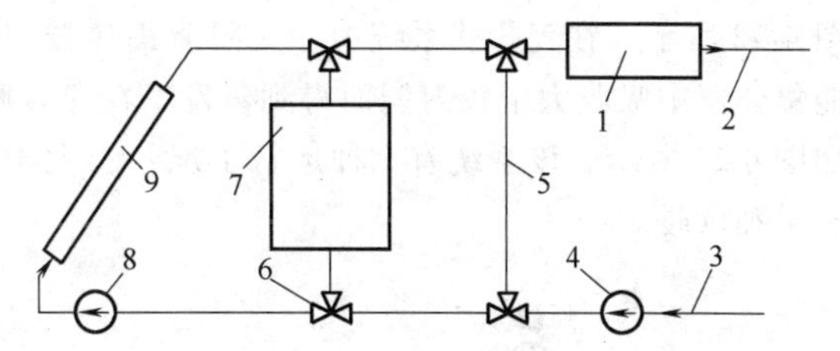

图 4-20　以空气为介质的太阳能供暖系统

1—辅助加热器　2、5—热空气管路及旁通管　3—冷空气返回　4、8—风机　6—三通阀　7—储热器　9—集热器

太阳能空气加热系统中重要的设备是集热器。根据吸热板板型的不同，平板型太阳能空气集热器可以分为渗透型和非渗透型两大类。渗透型空气集热器吸热板的主要构成是多孔板层或网层，空气通过吸热板上的孔隙渗透，这种形式的吸热板大幅度增强了吸热板和空气之间的换热性能。一般来说，它的换热效率高于非渗透型空气集热器，它的缺点在于空气流动横截面面积较大，相同流量条件下流速低，因此强化换热受到一定限制。此外，由于渗透型集热器的吸热板与玻璃盖板的辐射换热损失及玻璃盖板与空气间对流换热损失较大，因此需要价格比较高昂的低铁玻璃（超白玻璃）、多层玻璃作为透明盖板材料，使集热器成本升高。非渗透型空气集热器的吸热板上，没有多孔结构，空气不能渗透。太阳辐射照射到吸热板上，使吸热板温度升高，空气在吸热板上方或下方的空气夹层流过，在流动过程中被吸热板加热。非渗透型集热器的优点在于结构简单、易于制作与安装、成本较低，缺点是空气与吸热板间对流传热不够充分，热损失较大，热效率较低。

储热装置一般采用砾石固定床，砾石堆有巨大的表面积及曲折的缝隙。当热空气流通时，砾石堆储存了由热空气所放出的热量，通入冷空气就能把储存的热量带走。这种直接换热器具有换热面积大、空气流通阻力小及换热效率高的特点，而且对容器的密封要求不高，镀锌铁板制成的大桶、地下室等都适合于装砾石。砾石的粒径以 2~2.5cm 较为理想，用卵石更为合适，但装进储热器以前，必须仔细刷洗干净，否则灰尘会随着热空气进入建筑物内。

这种系统的优点是集热器不会出现冻坏和过热情况，可直接用于热风供暖，启动快、控制使用方便，缺点是所需集热器面积大。

2）水加热系统。如图 4-21 所示为以水为介质的太阳能供暖系统，此系统以储热水箱与辅助加热器为供暖热源。当有太阳能可采集时开启水泵 1，使水在集热器与水箱之间循环，吸收太阳能来提高水温。该系统的集热器、储热水箱、辅助加热器、负荷部分可以分别控制。水泵 2 是保证负荷侧供热水的循环，旁通管的作用是避免用辅助能源加热储热水箱。

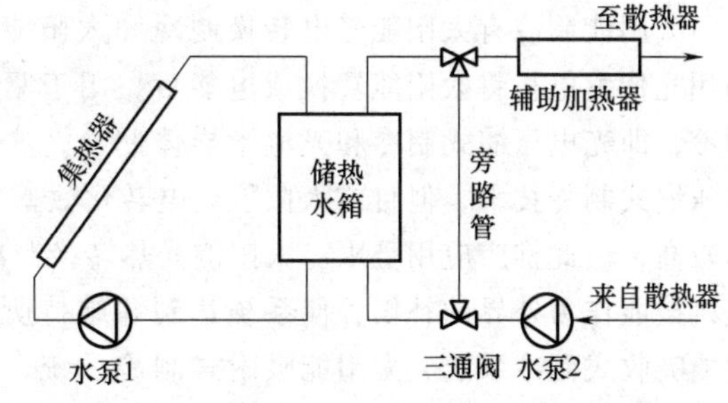

图 4-21　以水为介质的太阳能供暖系统

3）太阳能热泵供暖系统。在太阳能供暖过程中，阴雨天气会导致热水温度不足，一个很好的解决方式是使用热泵，只需要少量的输入功，就能将几倍的低位热源的热能转移到高位热源，能够很好地利用低温热媒中的热量，提高太阳能的利用率。

根据太阳能集热器与热泵蒸发器的组合形式，可分为直膨式和非直膨式两种结构形式。如

图 4-22 所示，在直膨式系统中，太阳能集热器与热泵蒸发器合二为一，即制冷工质直接在太阳能集热器中吸收太阳辐射能而得到蒸发。在非直膨式系统中，太阳能集热器与热泵蒸发器分离，如图 4-23 所示，该系统有 3 种运行工况：①太阳能直接供暖；②太阳能与热泵联合供暖；③热泵单独供暖。

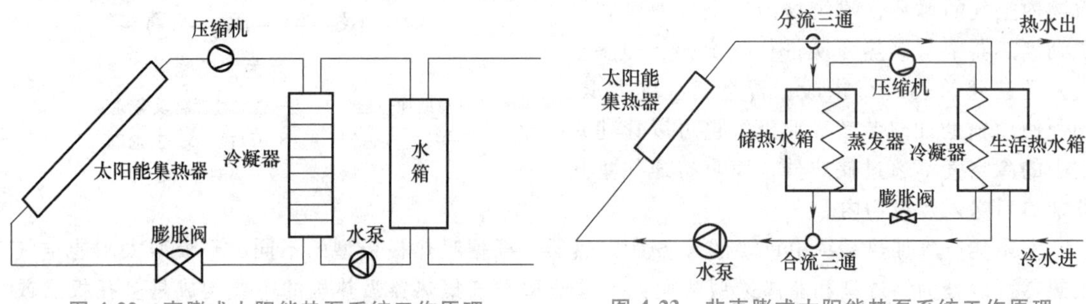

图 4-22　直膨式太阳能热泵系统工作原理　　图 4-23　非直膨式太阳能热泵系统工作原理

（2）被动式太阳能供暖系统　被动式太阳能供暖系统，又称为被动式太阳房，特点是不需要专门的集热器、换热器、水泵（或风机）等部件，只是依靠建筑方位的合理布置，通过窗、墙、屋顶等建筑物本身构造和材料的热工性能，以自然交换的方式（辐射、对流、传导）使建筑物在冬季尽可能多地吸收和储存热量，以达到供暖的目的。简而言之，被动式太阳能系统就是根据当地的气象条件，在基本上不添置附加设备的条件下，通过优化建筑构造和材料性能，使房屋达到一定供暖效果的方法。

3. 应用

目前国内较大的太阳能储热供暖及热水综合示范项目——河北经贸大学北校区跨季节蓄热太阳能供热采暖工程于 2013 年冬季投入使用。该项目用于解决北校区 20 多栋宿舍楼的冬季供暖及 3 万多名师生的全年热水需求。该项目安装横双排全玻璃真空管 69000 支，总集热面积为 1. 16 万 m^2；安装 228 个 89t 的圆柱水箱，总蓄热容积为 2 万余 t，其中 2 个用于洗浴热水，226 个用于冬季供暖；采暖末端为翅片式散热器。据测算，以系统运行寿命 15 年计，项目可减少 2. 7 万 t 二氧化碳排放量，节电 7000 万 kW · h，节约标准煤 9464t。

4. 2. 3　太阳能制冷系统

1. 概述

太阳能制冷有太阳能光电转换制冷和太阳能光热转换制冷两种途径。太阳能光电转换制冷利用光伏发电板将太阳能转换成电能后，用于驱动蒸汽压缩式制冷系统或半导体制冷系统实现制冷，即光电压缩式制冷和光电半导体制冷，这种方法的优点是可采用技术成熟且效率高的蒸汽压缩式制冷技术，但目前太阳能光电转化效率较低，而光伏发电板、蓄电池和逆变器等部件成本较高，因此推广应用受限。太阳能光热转换制冷是将太阳能转换成热能或机械能，再利用热能或机械能作为外界的补偿，使系统达到并维持所需的低温。建筑上常用的太阳能制冷系统有太阳能吸收式制冷系统、太阳能吸附式制冷系统、太阳能蒸汽喷射式制冷系统和太阳能溶液除湿空调系统。

2. 太阳能吸收式制冷系统

太阳能吸收式制冷系统利用太阳能集热器来收集太阳能以作为制冷机的驱动能源，如图 4-24 所示。当太阳能不足时，可采用燃油或燃煤锅炉进行辅助加热。其工作原理是利用太阳能集热器收集热量加热水，再用热水加热发生器中的溶液，产生制冷剂蒸汽，经过冷凝和节流降压在蒸发器中由液体汽化吸热实现制冷，之后制冷剂蒸汽被吸收器中的吸收溶液吸收，吸收完成后再由泵加压将含有制冷剂的溶液送入发生器进行加热蒸发，完成一个制冷循环。

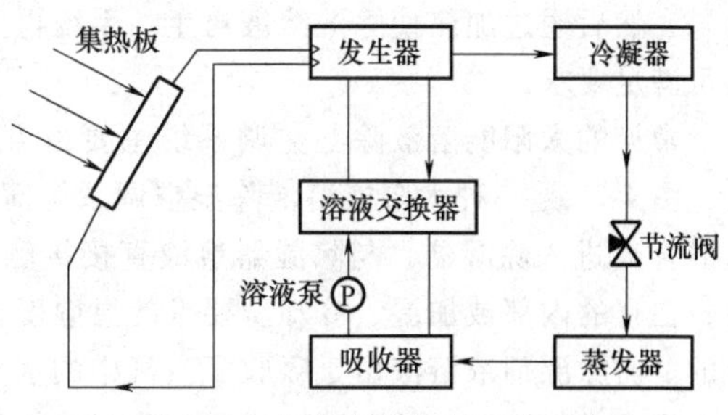

图 4-24　太阳能吸收式制冷系统

吸收式制冷是利用制冷剂与吸收剂组成的二元溶液为工质对完成制冷循环的，可供考虑使用的制冷剂与吸收剂溶液很多，但较为常用的只有氨-水溶液、溴化锂-水溶液两种。目前，应用最为广泛的是溴化锂吸收式机组。太阳能溴化锂吸收式制冷系统的特点是仅水泵是动力部件，小型吸收式制冷机甚至可采用无泵方式，但该系统结构复杂，制冷性能系数比常规蒸汽压缩制冷系统的低，溴化锂制冷最低温度不能低于零度等。

3. 太阳能吸附式制冷系统

太阳能吸附式制冷系统主要由集热器（吸附床）、冷凝器、蒸发器等组成，如图 4-25 所示。该系统的运行主要包括吸附制冷和受热解吸 2 个过程，常见的吸附剂-制冷剂工质对有硅胶-水、沸石-水、活性炭-甲醇等。

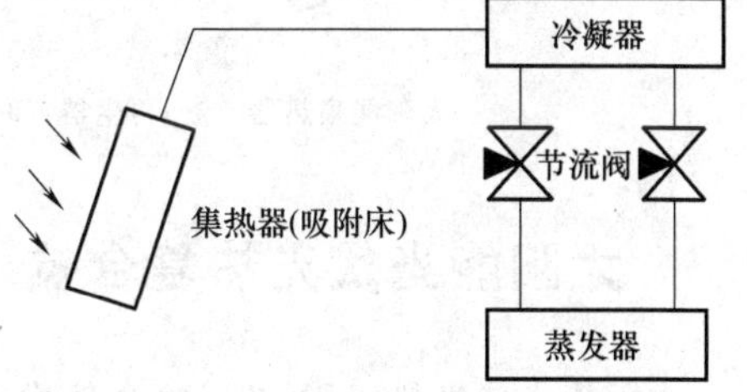

图 4-25　太阳能吸附式制冷系统

基本工作原理：利用太阳能或其他热源，使吸附剂和吸附质形成的混合物（或络合物）在吸附床中发生解吸，放出高温高压的制冷剂气体进入冷凝器，冷凝出来的制冷剂液体由节流阀进入蒸发器。制冷剂蒸发时吸收热量，产生制冷效果，蒸发出来的制冷剂气体进入吸附发生器，被吸附后形成新的混合物而完成一次吸附制冷循环过程。

太阳能吸附式制冷是一个间歇式的过程，循环周期长，COP 值低，一般可以用两个吸附床实现交替连续制冷，通过切换集热器的工作状态及相应的外部加热冷却状态来实现循环连续工作。

4. 太阳能蒸汽喷射式制冷系统

太阳能蒸汽喷射式制冷系统是在蒸汽喷射式制冷系统基础上开发的，主要由太阳能集热器和蒸汽喷射式制冷机两大部分组成。如图 4-26 所示，该系统主要部件有太阳能集热器、发生器、喷射器、冷凝器、蒸发器、节流阀和工质泵等，包括两个子循环，一个是制冷剂的制冷循环，另一个是为制冷循环提供能量的水循环。利用太阳能集热器收集的热量加热发生器的制冷剂蒸汽到喷嘴引射蒸发器的制冷剂，通过喷射器的扩压段到冷凝器，之后一部分制冷剂通过节流阀回到蒸发器完成制冷循环，另外一部分制冷剂通过工质泵回到发生器完成动力循环。

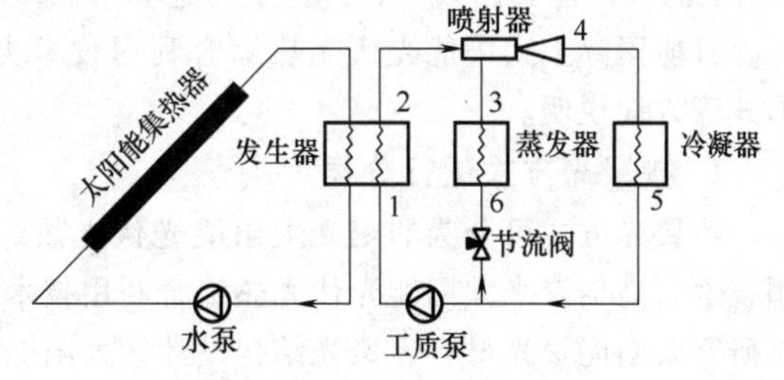

图 4-26　太阳能蒸汽喷射式制冷系统

5. 太阳能溶液除湿空调系统

太阳能溶液除湿空调系统利用液体除湿剂吸湿特性来吸收被处理空气中的水分，达到除湿效果，然后通过加热使除湿溶液再生。系统再生所需温度很低，利用平板或真空管式太阳能集热器可满足要求。

常见的太阳能溶液除湿空调系统主要由太阳能集热器、除湿器、再生器和绝热加湿器等组成，图 4-27 是一种太阳能溶液除湿空调系统简图。在该系统中，被处理空气（新风或与室内回风混合）进入除湿器，与除湿器溶液直接接触，其中的水分被吸收，干燥的空气进入绝热加湿器，在它的内部被加湿、冷却至要求的温湿度，然后送入空调房间，达到对室内空气降温调湿的目的。而除湿剂浓溶液由于吸收了空气中的水分变成稀溶液，稀溶液被送入再生器中，在太阳能的作用下进行再生，从而还原成具有除湿势能的浓溶液，完成除湿溶液的整个循环。

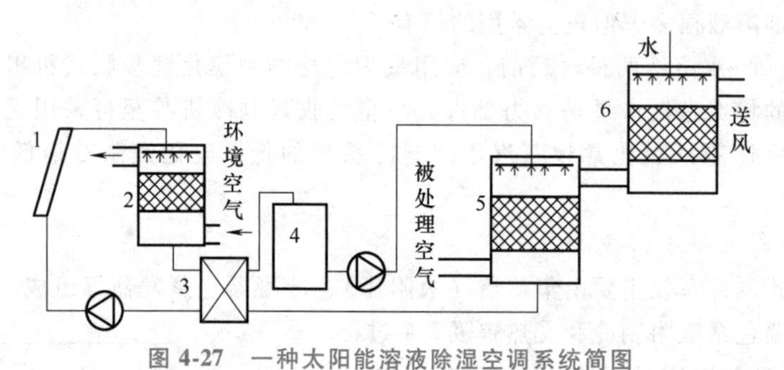

图 4-27　一种太阳能溶液除湿空调系统简图

1—太阳能集热器　2—再生器　3—换热器　4—储液罐　5—除湿器　6—绝热加湿器

4.3　太阳能光伏光热复合技术

太阳能光伏光热（PV/T）复合技术的概念最早由克恩（Kern）和罗素（Russell）于 20 世纪 70 年代提出。由于光伏组件光电转化效率较低，余下被吸收的太阳能转化成热能，导致组件温度升高，而光伏的发电性能受温度影响较大，因此有必要降低这部分余热的影响。太阳能光伏光热综合利用技术是将光伏电池与太阳能集热技术结合起来，在太阳能转化为电能的同时，由集热组件中的冷却介质（空气、水或者制冷剂）带走电池的热量加以利用，同时产生电、热两种能量收益，经进一步提升可为建筑提供生活热水或用于暖通空调系统；另外，光伏组件效率也因温度降低而得到提升，实现了发电、制热一体化。为了提升 PV/T 系统对太阳能的综合利用率，许多研究者先后从理论、试验、应用方面进行了大量的研究与分析，其中 Bergene 指出 PV/T 系统的太阳能利用效率，理论上可达 60%~80%。

目前国际上太阳能光伏光热综合利用技术类型非常多，下面从聚光方式、冷却介质及应用形式等方面说明。

1. 按聚光方式进行分类

按聚光方式可分为非聚光太阳能光伏光热综合利用技术、低倍聚光太阳能光伏光热综合利用技术、高倍聚光太阳能光伏光热综合利用技术。在此分类中，太阳能光伏光热综合利用技术重点研究太阳能聚光材料、聚光结构设计、太阳能跟踪技术、电池组件与集热组件的传热技术，以及冷却介质的选择、制备和输送等。

2. 按冷却介质进行分类

按冷却介质可分为太阳能光伏/热水综合利用技术、太阳能光伏/热空气综合利用技术、太阳能光伏/热泵综合利用技术、太阳能光伏/热发电综合利用技术及其他。在此分类中，根据应用目的，重点研究系统中光伏光热综合效率的提高与优化。

3. 按冷却换热结构进行分类

对于采用晶硅电池的太阳能光伏光热综合利用技术而言，根据太阳能集热器的结构，可分为管翅式、管板式、扁盒式、热管式等。在此分类中，重点研究不同冷却换热结构的传热性能以及对电池性能的影响。

由于PV/T技术兼顾发电和产热两方面功能，其单位安装面积的成本低于单位面积的光热系统和光伏系统之和，在实际工程应用中，相较于单一的光伏系统或光热系统，PV/T系统具有投资低、太阳能综合利用效率高、安装面积节省、电热输出配置灵活和易于建筑一体化等明显优势。其中除了电力-热水这方面应用之外，还有电力-空气采暖、电力-干燥、电力-热泵、电力-通风和电力-农业等方面的应用。因此，近年来PV/T技术在我国得到了快速的发展，但也存在电池组件温度分布不均匀性及“热斑效应”等问题。

思 考 题

1. 我国针对当前环境问题提出了什么目标？在当前目标下，除了太阳能还有哪些新能源和可再生能源可以利用？
2. 太阳能资源有哪些优势？它的缺陷与不足有哪些？
3. 目前太阳能在建筑上的应用有哪些方面？
4. 太阳电池材料有哪些分类？
5. 以晶体硅为例，简要概括太阳电池的发电原理。
6. 离网光伏发电和并网光伏发电有何异同？
7. 热斑效应是什么？如何避免？
8. 太阳能热水系统的基本构成和工作原理是什么？

二维码形式客观题

扫描二维码可在线做题，提交后可查看答案。

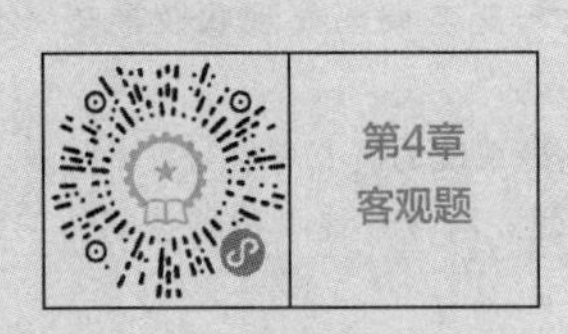

参 考 文 献

[1] 梁骁，陈伟娇. 主被动太阳能技术在超低能耗公共建筑的应用［J］. 山西建筑，2022，48（2）：156-158.
[2] 佚名. 国内外六大零碳建筑案例［J］. 住宅与房地产，2022（2）：67-70.
[3] 李春鹏，张廷元，周封. 太阳能光伏发电综述［J］. 电工材料，2006（3）：45-48.
[4] 杨洪兴. 太阳能建筑一体化技术与应用［M］. 2版. 北京：中国建筑工业出版社，2015.
[5] 李序成. 大型光伏电站并网技术综述［J］. 电工技术，2022（4）：61-64.
[6] 胡云岩，张瑞英，王军. 中国太阳能光伏发电的发展现状及前景［J］. 河北科技大学学报，2014，35（1）：69-72.
[7] 路绍琰，吴丹，马来波，等. 中国太阳能利用技术发展概况及趋势［J］. 科技导报，2021，39（19）：66-73.
[8] 华东电网有限公司，陈开庸. 现代电力工业词典［M］. 北京：中国电力出版社，2005.
[9] 罗尧治，饶力. 国内外太阳能空间结构的应用与技术探讨［J］. 建筑技术及设计，2008（3）：102-105.

[10] ONSENGSY POMMONE. 家用光伏发电在电动汽车充电中的应用［D］. 北京：华北电力大学，2018.
[11] 于静，车俊铁，张吉月. 太阳能发电技术综述［J］. 世界科技研究与发展，2008，30（1）：56-59.
[12] 吴建春. 光伏发电系统建设实用技术［M］. 重庆：重庆大学出版社，2015.
[13] 国家能源局. 村镇建筑离网型太阳能光伏发电系统：NB/T 10774—2021［S］. 北京：中国农业出版社，2021.
[14] 王俊乐. 西藏无电地区离网光伏电站应用现状及建议［J］. 西藏科技，2021（10）：26-28；39.
[15] 李钟实. 太阳能光伏发电系统设计施工与应用［M］. 北京：人民邮电出版社，2012.
[16] 李梦南. 基于三端口功率解耦的反激逆变器研究［D］. 南京：南京航空航天大学，2016.
[17] 王鸿儒. 漳州石油：首座光伏发电站并网发电［J］. 国企管理，2021（22）：104.
[18] 张国强，徐峰，周晋，等. 可持续建筑技术［M］. 北京：中国建筑工业出版社，2009.
[19] 周文波. 碳中和背景下的光伏建筑一体化发展趋势［J］. 现代雷达，2021，43（7）：98-99.
[20] 杨留锋. 光伏发电预测中人工智能算法的应用研究综述［J］. 太阳能，2020（8）：30-35.
[21] 马光华. 大型光伏电站电气设备的运行维护检修［J］. 智能城市，2019，5（19）：198-199.
[22] 孙峰，毕文剑，周楷，等. 太阳能热利用技术分析与前景展望［J］. 太阳能，2021（7）：23-26.
[23] 北京市建设委员会. 新能源与可再生能源利用技术［M］. 北京：冶金工业出版社，2006.
[24] 吕勇军，鞠振河. 太阳能应用检测与控制技术［M］. 北京：人民邮电出版社，2013.
[25] 季杰，裴刚，何伟，等. 太阳能光伏光热综合利用研究［M］. 北京：科学出版社，2017.
[26] 袁静珍. 太阳能集热器的分类及特点分析［J］. 硅谷，2013，6（7）：178-179.
[27] 张晓辰. 昆明高层住宅组合式太阳能热水系统的性能与经济性研究［D］. 昆明：昆明理工大学，2019.
[28] 刘鹏达. 东北地区太阳能热水器与住宅建筑的一体化设计［D］. 长春：吉林建筑大学，2019.
[29] 日本太阳能学会. 新能源技术：太阳能利用新技术［M］. 宋永臣，宁亚东，刘瑜，译. 北京：科学出版社，2009.
[30] 海涛，林波. 太阳能建筑一体化技术应用［M］. 北京：科学出版社，2012.
[31] 徐家欣. 储能型太阳能空气集热器的传热性能研究［D］. 南京：东南大学，2018.
[32] 阚德民，高留花，刘良旭. 主动式太阳能供暖技术发展现状与典型应用［J］. 应用能源技术，2016（7）：43-49.
[33] LI XIANLI, LI CHAO, LI BOJIA. Net heat gain assessment on a glazed transpired solar air collector with slit-like perforations［J］. Applied Thermal Engineering，2016，99：1-10.
[34] 制冷快报. 太阳能热泵［Z/OL］.（2016-06-21）［2023-01-10］. https：//bao. hvacr. cn/baike/2016 06_ 2065816. html.
[35] 汪争雨. 北方建筑节能与太阳能采暖的研究［D］. 南京：南京航空航天大学，2018.
[36] 诺顿. 太阳能热利用［M］. 饶政华，刘刚，廖胜明，等，译. 北京：机械工业出版社，2018.
[37] 蒲学胜，黄跃武. 非直膨式太阳能热泵热水系统运行能耗优化研究［J］. 建筑热能通风空调，2016，35（4）：19-23.
[38] 谭军毅，余国保，舒水明. 国内外太阳能空调研究现状及展望［J］. 制冷与空调（四川），2013，27（4）：393-399.
[39] 刘岩，马春元，张梦. 太阳能吸附式制冷系统的研究现状与发展前景［J］. 太阳能，2018（7）：5-9；26.
[40] 杨启容，刘娜，吴荣华，等. 太阳能喷射式制冷系统喷射器性能的三维数值模拟［J］. 热科学与技术，2015，14（4）：326-330.
[41] 王默晗，姚易先，郝红宇. 浅谈太阳能制冷技术的发展及应用［J］. 制冷与空调（四川），2007，21（1）：100-103.
[42] KERN E C, RUSSELL M C. Combined photovoltaic and thermal hybrid collector system［C］. Newark：Hans Publishers，1978.
[43] 国际清洁能源论坛（澳门）. 国际清洁能源产业发展报告（2019）［R］. 北京：中国言实出版社，2019.
[44] BERGENE T, LOVIK O. Model calculations on a flat plate solar heat collector with integrated solar cells［J］. Solar Energy，1995，55（6）：453-462.
[45] 安玉娇，高岩，李德英. U 型管式真空管集热器的仿真及集热瞬态效率的计算［J］. 能源技术，2010，31（6）：334-337.

5

第 5 章 地热能开发利用技术

能源与环境问题已成为当今世界面临的重大社会难题。随着全球能源消耗的增加，化石燃料被大规模地应用到人类的工业生产和日常生活中，造成了空气污染、温室效应、部分地区能源供应紧张等问题。因此，可再生能源的开发与高效利用越来越受到世界各国的重视，以可再生能源为基础加快全球能源转型，实现绿色低碳发展，已成为当今国际社会的共同目标。

暖通空调作为建筑不可或缺的机电设备，在改善人们居住环境的同时，也造成了很大的建筑能源浪费，因此技术进步也为发展清洁能源提供动力，清洁取暖是现代建筑的普遍追求目标。建筑能耗主要是指建筑的空调、供暖、通风、照明以及家用电器等产生的能耗，暖通空调能耗主要包括冷热源能耗、输送能耗和末端设备能耗。我国供暖和空调的能耗已占建筑总能耗的77%，炎夏季节多数电网高峰负荷约有1/3用于空调制冷，使许多地区用电高度紧张，拉闸限电频繁。其中建筑能耗中的绝大部分是暖通空调能耗，所占比例高达67%以上。

《中国建筑能耗研究报告（2020）》中指出，2018年，我国单位能源消耗总量指标中已有46.5%确定为综合建筑能耗，达到了21.47亿t标准煤，碳排放量占全国碳排放量的51.2%，达到了49.3亿t，可以看出，建筑节能减碳对于实现我国“双碳”目标发挥着重要影响。而建筑供暖（制冷）碳排放是建筑碳排放的重要组成部分。如何实现建筑减碳是一个值得思考的问题，国家能源局发布《关于因地制宜做好可再生能源供暖工作的通知》，积极推进使用新型地热能设备进行地热供暖、制冷，对于实现我国的“双碳”目标具有一定的促进作用。

地热能作为一种清洁低碳的优质可再生能源，开发潜力巨大，应用前景广阔。我国地热能资源划分为浅层、中深层和深层地热能。《中国地热能发展报告》指出，我国336个主要城市浅层地热能年可采资源量达7.0×10^8t标准煤；水热型地热能年可采资源量达18.65×10^8t标准煤；深度在3~10km范围内干热岩年可采资源量达856×10^{12}t标准煤，足够支撑我国能源消费和经济发展。根据地热能“十三五”规划，到2020年末，地热能年利用量达7000万t标准煤。

在国家层面，政府不断出台清洁取暖政策。2017年国家发展和改革委等部门发布《关于加快浅层地热能开发利用促进北方采暖地区燃煤减量替代的通知》；2018年生态环境部发布《2018—2019年蓝天保卫战重点区域强化督查方案》。这些政策的出台，充分体现了政府对地热能清洁取暖的重视，这将对于能源结构转型发挥促进作用。在社会个人层面，人们对清洁取暖的追求与日俱增，特别是在长江流域夏热冬冷地区，过去没有冬季供暖的福利，如今提出冬季供暖的需求。根据统计，预计2050年我国建筑面积将达到500亿m^2。目前的地热能发展远远不能满足我国市场需求，预计到2025年，地热能供暖（制冷）面积比2020年增加50%，到2035年，地热能供暖（制冷）面积力争比2025年翻一番。“十四五”期间，地热能继续助力北方地区冬季清洁取暖，将为实现碳达峰、碳中和提供保障。地热能供暖技术也开拓了地热资源在低碳建筑提升、改造中的应用领域，降低建筑的能源供应与CO_2排放量。对于加速北方供暖地区不同建筑类型的多种低碳能源互补供暖系统发展以及基于数字驱动的城市供暖系统低碳智慧管理平台建设步伐都具有重要意义。

5.1 浅层地热能供暖（制冷）系统

5.1.1 水源热泵供暖（制冷）系统

在浅层地热能利用中，热泵技术作为一种既可供暖又可制冷的高效节能技术在许多国家都被广泛使用，尤其是在节省能源、降低环境污染、控制碳排放上有着十分广阔的应用空间。水源热泵是一种利用地球表面或浅层水源（如地下水、河流和湖泊），或者是人工再生水源（工业废水、地热尾水等），既可供暖又可制冷的高效节能系统。水源热泵技术利用热泵机组实现低温位热能向高温位转移，将水体和地层蓄能分别在冬、夏季作为供暖的热源和空调的冷源，即在冬季，把水体和地层中的热量“取”出来，提高温度后，供给室内采暖；夏季，把室内的热量取出来，释放到水体和地层中去。水源热泵系统工程示意图如图5-1所示。

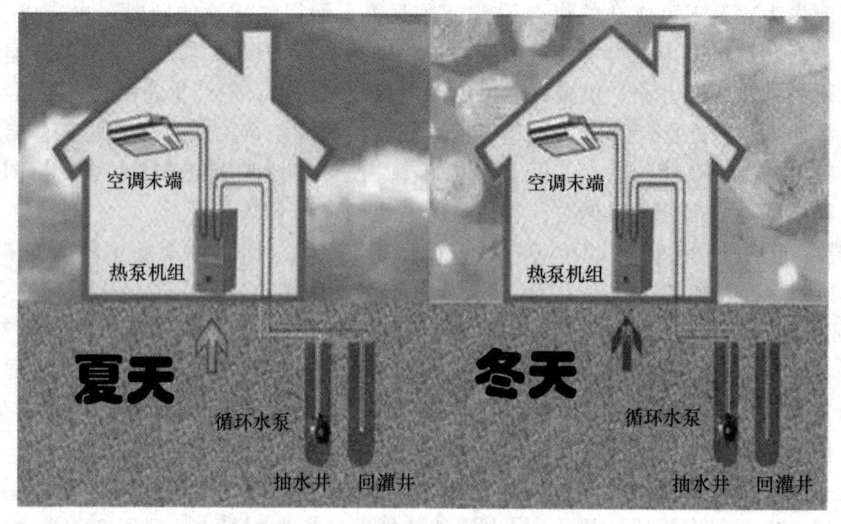

图5-1　水源热泵系统工程示意图

1. 水源热泵系统工作原理

水源热泵机组主要包括压缩机、蒸发器、冷凝器和膨胀节流阀。其中，压缩机起着压缩和输送工质的作用，把工质从低温低压处压缩并输送到高温高压处，是热泵系统的心脏；蒸发器是吸收热量或输出冷量的设备，作用是使经节流阀流入的工质蒸发，以吸收被冷却物体的热量，从而达到制冷的目的；冷凝器是输出热量的设备，从蒸发器中吸收的热量连同压缩机耗功所转化的热量在冷凝器中传给制热介质，达到制热的目的；膨胀节流阀对循环工质起到节流降压的作用，并调节进入蒸发器的循环工质的流量。通过从冷凝器提取高温位热量制热和通过蒸发器提取低温位冷量制冷，实现制热和制冷两种运行工况。在冬季热泵供暖时，它以水为热源，把水中的热量取出来，提高温度后，用作室内供暖；在夏季热泵制冷时，它以水为冷源把室内的热量取出来，释放到水中去。目前常用的水源热泵是从13~18℃的水源中提取热（冷）量，采用R22工质，制热工况时输出45~55℃的热水，制冷工况时输出7~12℃的冷水，用于空调系统。水源热泵系统工作原理示意图如图5-2所示。

2. 水源热泵系统设计步骤

地下水源热泵系统的热源（汇）是从水井或废弃的矿井中抽取的地下水。经过换热的地下水可以排入地表水系统，但对于较大的应用项目，通常要求通过回灌井把地下水回灌到原来的地下水层。最近几年，地下水源热泵系统在我国得到了迅速发展，但是，应用这种地下水热泵系统也受到许多限制。首先，这种系统需要有丰富和稳定的地下水资源作为先决条件。因此，在决定采用地下水热泵系统之前，一定要做详细的水文地质调查，并先打勘测井，以获取地下温度、地下水深度、水质和出水量等数据。地下水热泵系统的经济性与地下水层的深度有很大的关系。如果地下水位较低，不仅成井的费用增加，运行中水泵的耗电量将大大降低系统的效率。此外，虽然理论上抽取的地下水将回灌到地下水层，但目前国内地下水回灌技术还不成熟，在很多地质条件下回灌的速度大大低于抽水的速度，从地下抽出来的水经过换热器后很难再被全部回灌到含水层内，造成地下水资源的流失。此外，即使能够把抽取的地下水全部回灌，怎样保证地下水层不受污染也是一个棘手的课题。水资源是当前最紧缺、最宝贵的资源，任何对水资源的浪费或污染都是绝对不允许的。国外由于对环保和使用地下水的规定和立法越来越严格，地下水热泵的应用已逐渐减少。

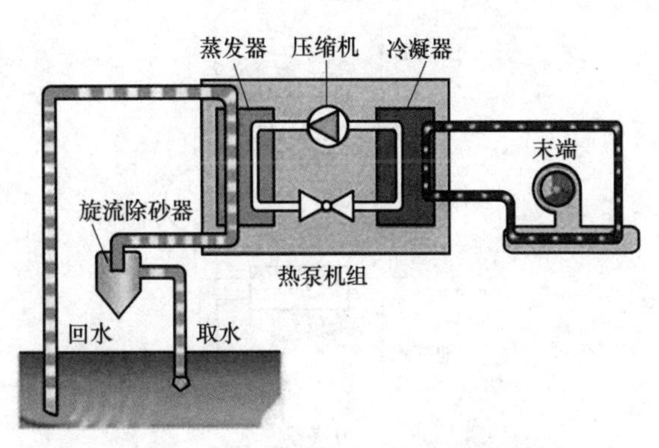

图 5-2　水源热泵系统工作原理示意图

目前的水源热泵空调系统一般由三个必需的环路组成，包括水源换热环路、制冷剂环路和室内环路，必要时可增加第四个环路——生活热水环路。

（1）水源换热环路　水源换热环路是由高强度塑料管组成的在地表或地下循环的封闭环路，循环介质为水或防冻液。它冬季从水源中吸收热量，夏季向水源释放热量，其循环由低功率的循环泵来实现循环。本书主要研究水源至机组循环部分。

（2）制冷剂环路　制冷剂环路是在热泵机组内部的制冷循环，与空气源热泵相比，它只是将空气-制冷剂换热器换成水-制冷剂换热器，其他结构基本相同。

（3）室内环路　室内环路在建筑物内和热泵机组之间传递热量，传递热量的介质有空气、水或制冷剂等，因而相应的热泵机组分别应为水-空气热泵机组、水-水热泵机组或水-制冷剂热泵机组。

（4）生活热水环路　生活热水环路是将水从生活热水箱送到冷凝器进行循环的封闭加热环路，是一个可供选择的环路。夏季，该循环利用冷凝器排放的热量，不消耗额外的能量而得到热水供应；在冬季或过渡季，其耗能也大大低于电热水器。

供热循环和制冷循环可通过热泵机组的四通换向阀，使制冷剂的流向改变，从而实现冷热工况的转换，即内部转换；也可通过互换冷却水和冷冻水的热泵进出口实现，即外部转换。制冷（制热）循环示意图如图 5-3 所示。

地下水源热泵空调系统设计包括建筑物内的空调系统设计和水井系统的设计两大部分。前者可参考常规空调系统的有关设计规范、设计标准和设计手册等资料进行，后者将是本章重点阐述的问题。主要包括：

1）在选择和设计地下水源热泵空调系统之前，如何充分了解和掌握地下水可采用的价值和质量等水文资料以作为科学决策的依据和设计的原始资料。

2）确定地下水换热系统的形式与组成。

3）地下水量的确定。

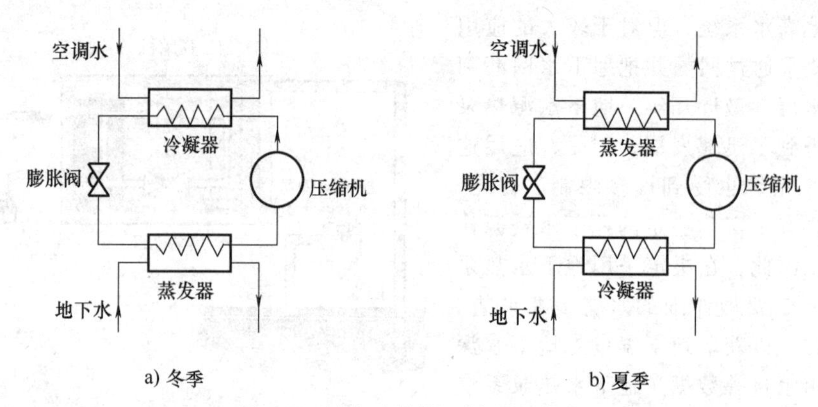

图 5-3　制冷（制热）循环示意图

4）热源井的设计与施工。

5）水源热泵机组的选择。

地下水源热泵空调系统一般采用集中式系统，典型系统示意图如图 5-4 所示。

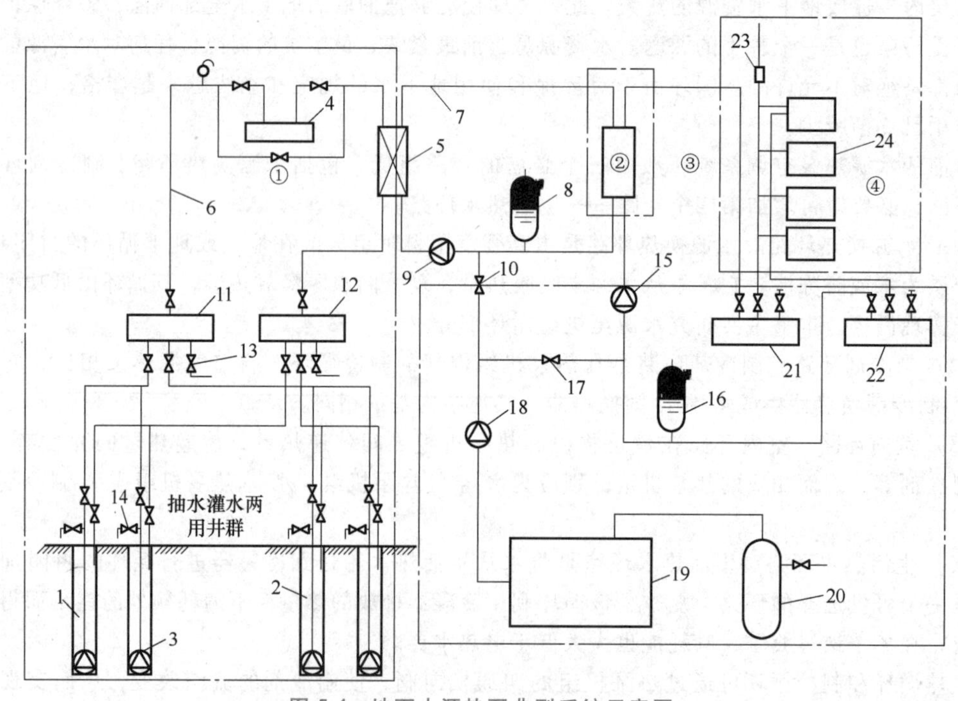

图 5-4　地下水源热泵典型系统示意图

①地下水换热系统　②水源热泵机组　③热媒或冷媒管路系统　④空调末端系统

1—生产井群　2—回灌井群　3—井泵或潜水泵　4—除砂设备　5—板式换热器　6—一次水或地下水环路系统　7—二次水环路系统　8—二次水管路定压系统　9—二次水循环泵　10—二次水环路补水阀　11—生产水转换阀门组　12—回水井转换阀门组　13—排污和泄水阀　14—排污和回扬阀门　15—热媒或冷媒循环泵　16—热媒或冷媒定压装置　17—热媒或冷媒管路补水阀门　18—补给水泵　19—补给水箱　20—水处理设备　21—分水缸　22—集水缸　23—放气装置　24—风机盘管

地下水换热设计的成功与否将直接影响地下水源热泵空调系统运行的成败，因此地下水换热设计要特别精细，设计步骤如下：

1）根据水文报告水质的情况，确认是否采用地下水中间换热器，也就是决定是采用开式系统还是闭式系统。当地下水质条件满足机组对水质的要求时，可以采用地下水直接进机组的开式系统。当水质不能满足直接进入机组的条件，为了避免出现设备的管子积垢和腐蚀，一般建议装中间板式换热器，将地下水与机组隔开，形成闭式循环。这样可以保护机组长期安全有效地运行，但会损失1～2℃的换热温差。

2）确定该工程项目所需的地下水总水量，一个项目所需的水量多少，由该工程负荷与水源热泵机组性能等确定：

在夏季，热泵机组按制冷工况运行时，地下水总水量为

$$m_{gw}=\frac{Q_e}{c_p(t_{gw2}-t_{gw1})}\times\frac{EER+1}{EER} \tag{5-1}$$

式中　m_{gw}——热泵机组按制冷工况运行时，所需的地下水总水量（kg/s）；

t_{gw1}——井水水温（℃），即进入换热器的地下水温；

t_{gw2}——回灌水水温（℃），即离开换热器的地下水温；

c_p——水的比定压热容［kJ/(kg·℃)］，通常取 c_p=4.19kJ/(kg·℃)；

Q_e——建筑物空调冷负荷（kW）；

EER——热泵机组的制冷能效比。

在冬季，热泵机组按制热工况运行时，地下水总水量为

$$m_{gw}=\frac{Q_c}{c_p(t_{gw1}-t_{gw2})}\times\frac{COP-1}{COP} \tag{5-2}$$

式中　m_{gw}——热泵机组按制热工况运行时，所需的地下水总水量（kg/s）；

Q_c——建筑物空调热负荷（kW）；

COP——热泵机组的制冷性能系数。

其余符号含义同式（5-1）。

3）水源热泵机组性能应符合国家现行标准《水（地）源热泵机组》（GB/T 19409）的相关规定，且应满足土壤源热泵系统运行参数的要求。根据对水源是直接利用还是间接利用，选择配有合适的制冷剂/水换热器的机组。

板式换热器换热效率高，但它对水质要求高，对水源水间接利用的系统中可以选择用制冷剂/水换热器的机型；壳管式换热器的防堵能力较强，对水源水直接利用的系统，可选择用壳管式制冷剂/水换热器的机型。要注意的是，如果水质不符合条件，但又必须进入热泵机组，则需要做防腐措施或者采用闭式循环环路。水源热泵机组及末端设备应按实际运行参数选型。

3. 水源热泵系统特点及技术优势

（1）水源热泵系统的特点

1）环保。水源热泵利用的是地能，省去了锅炉系统，没有燃烧过程，不排放废气等污染物，不会剩余废弃物质（如煤渣等），省去了冷却塔系统，避免了冷却塔的噪声及霉菌污染，使环境更加洁净优美。

2）省地。水源热泵系统一方面省去了锅炉房及与之配套的煤场和渣场，节约了大量的土地资源；另一方面水源热泵机组机身体积小，重量轻，结构紧凑，并且安装简单，可安装在地下室或闲置房内。

3）节能。作为低位能空调系统，它是以地能（地下水）为主要能源，通过先进的设备将地下取之不尽但不可直接利用的低位能量开发利用，成为可利用的高位能，完全符合节能要求。

4）节水。水源热泵系统以水为源体，吸收或释放热量，从而达到制冷或供暖的目的，地下水通过机组既不消耗水资源，也不会对其造成污染。

5）节资。水源热泵系统通过一套系统来实现制冷和供暖，并提供生活热水，大量节省前期投资，无论冬季还是夏季，运行费用只有传统供冷供暖方式的1/2~2/3。

（2）水源热泵系统的技术优势

1）属于可再生能源利用技术。水源热泵系统采用提取浅层地下水制冷制热，地下水作为循环用水进行热量交换，然后回灌，属于可再生能源利用技术。

2）高效节能。水源热泵系统利用浅层地下水，水温冬季为11~14℃，水温比环境温度高，所以热泵循环的蒸发温度提高，能效比也提高。夏季地下水温度为13~16℃，水体温度比环境温度低，所以制冷的冷凝温度降低，使得冷却效果好于冷却塔式和风冷式。通常水源热泵消耗1kW的能量，用户可以得到4kW以上的热量或冷量。性能系数COP值（供热量与输入功率的比值）可达4以上。

3）属低碳环保设备。随着节能环保意识的提高，人们逐渐认识到利用传统的锅炉房烧煤取暖，不仅污染环境而且后期运行维护费用相对较高。而水源热泵系统污染明显减少，运行良好的水源热泵的电力消耗，夏季与空调相比，可减少40%以上；冬季与大供暖相比，可减少25%以上。可见，水源热泵系统是低碳环保设备。

5.1.2 土壤源热泵供暖（制冷）系统

1. 土壤源热泵系统工作原理

土壤源热泵系统是从岩土体、地下水及地表水等低热源材料中获取能量，并通过水源热泵机组、地热能交换系统及建筑内部系统，转化为暖通空调系统所需能源的一种方式。土壤源热泵把地热作为热泵装置的热源和热汇对建筑物进行制冷和供暖。土壤源热泵是使用输入很少的高品位能源，便能够实现低温热源向高温热源的热量传输。在夏季和冬季，分别将地热能作为高温热源和低温热源，用于为冬季进行供暖和为夏季进行制冷，将室内的热量提取后释放至地层。土壤源热泵系统工作原理图如图5-5所示，土壤源热泵的形式如图5-6所示。

图5-5　土壤源热泵系统工作原理图

土壤源热泵技术一般是指利用普遍存在于地下岩土层中可再生的浅层地热能或地表热能（温度范围在7~21℃），即岩土体、地下水或地表水（包括江河湖海水）中蕴含的低品位热能，实现商业、公用以及住宅建筑冬季采暖、夏季空调以及全年热水供应的节能新技术。同期采、灌模式的地下水源热泵系统，由于技术限制，全部回灌不易做到，监督实施也比较困难，容易造成

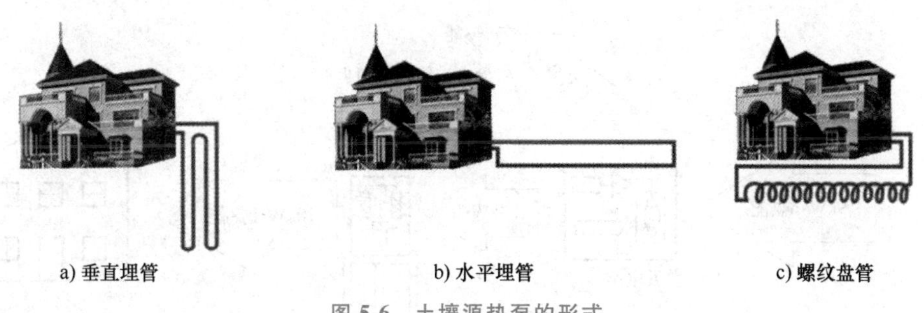

图 5-6　土壤源热泵的形式

地下水污染。在国外，目前大面积推广使用的是埋管式土壤源热泵技术，这是充分利用浅层地热的最佳技术途径。

图 5-7 所示为 4 种供暖方式的能流图，图中都以房屋采暖需要 10kW·h 的热量作为比较基准。通过对能量数量转换的对比，可以理解土壤源热泵的工作原理及它与其他方案比较的优劣。通常电动压缩式热泵消耗的是电能，得到的是热能。它的供热效率用性能系数 COP 表示，计算公式如下：

$$\mathrm{COP}=\frac{\text{热泵机组提供的热量(kW·h)}}{\text{机组耗电量(kW·h)}} \tag{5-3}$$

一般土壤源热泵系统 COP>3.0，即消耗 1kW·h 的电能，可以得到 3kW·h 以上的供暖用热能。但是，一般燃煤火力发电站效率只有 30%～38%，加上输配电损失，供电效率更低。考查不同供暖方案的能量利用效率可以采用一次能源利用率（PER）作为指标，即所得热能与消耗的一次能源之比，对于热泵方案，PER 等于 COP 与供电效率的乘积。

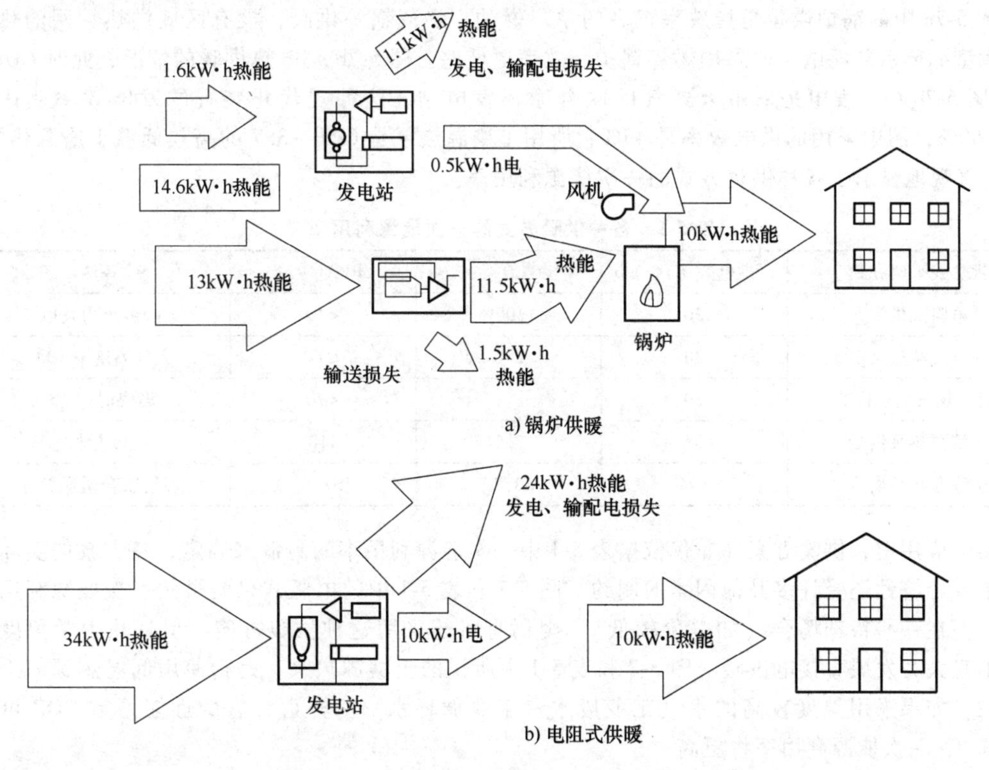

图 5-7　土壤源热泵与其他各种供暖方式的能流图

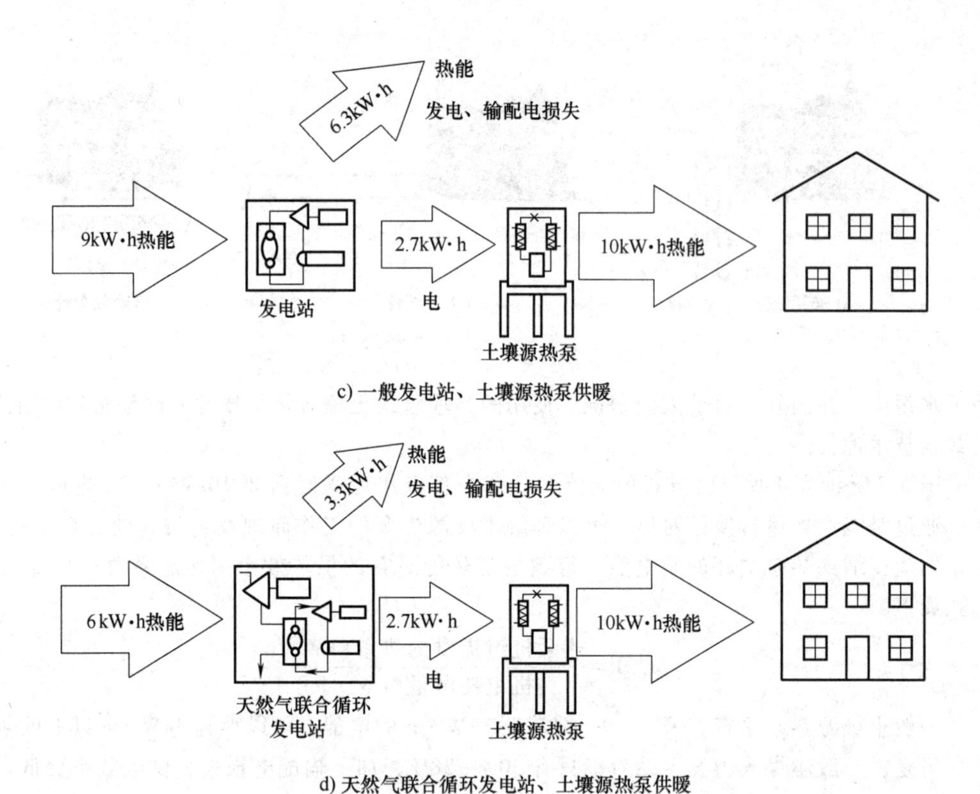

c) 一般发电站、土壤源热泵供暖

d) 天然气联合循环发电站、土壤源热泵供暖

图 5-7　土壤源热泵与其他各种供暖方式的能流图（续）

图 5-7a 中的锅炉供暖是指效率很高的单户燃油、燃气锅炉供暖，没有区域供热管网的热损失和大型循环水泵耗电。如果用燃煤锅炉，效率更低些。图 5-7b 是电热供暖的情况，此时 COP = 1.0。图 5-7d 中，发电是采用天然气的联合循环发电站，这种现代化装置的发电效率能达到 50%~60%，图中采用的供电效率是 45%；所用土壤源热泵是 COP = 3.7 的高效低温土壤源热泵。表 5-1 直观地显示了各种供暖方式的一次能源利用率。

表 5-1　各种供暖方式的一次能源利用率

供热或采暖方式	供电效率(%)	COP	PER(%)	备注
电阻式供暖	30	<100%	<30	一般火力发电
电动空气源热泵供暖	30	2.0	≤60	大气温度>-10℃
燃油、燃气锅炉供暖	30		<70	燃煤时<67%
土壤源热泵供暖	30	3.7	110	一般火力发电站
土壤源热泵供暖	>45	3.7	>160	燃气联合循环发电

实际应用中，供暖方案并非仅依据表 5-1 中一次能源利用率的高低来确定，各方案的实际使用效果或经济性还受许多其他因素的制约。图 5-7 和表 5-1 中的电阻式供暖虽然一次能源利用率最低，但在一些特殊场合（如电价较低），则仍有可能采用这种供暖方案。但从热力学角度来讲，不宜大力发展直接电供暖。图 5-7 和表 5-1 中所说的土壤源热泵，是指使用低温热源的土壤源热泵，如果采用温度较高的水（工业废水和工业循环水）为热源，它的性能系数 COP 可达 4.0~6.0，一次能源利用率将更高。

除了性能系数 COP、一次能源利用率 PER 之外，还可采用季节性能系数（Seasonal Performance Factor，SPF）来评价土壤源热泵系统的性能。SPF是整个供暖季节内性能系数COP的平均值。由于在热源和热分配系统中不可避免地存在着热损失和动力消耗，因此在进行计算、比较热泵效率指标时，要注意区分它指的是热泵机组本身，还是对整个系统而言。

热泵的COP和PER与它的温升（热源温度和热泵输出温度的差值）紧密相关。理想状况下热泵的COP，主要取决于冷凝温度和温升（冷凝温度-蒸发温度）。国外实践证明，当热源温度高于0℃时，土壤源热泵的性能系数COP一般大于3.0。热源温度越高，性能系数越大。

2. 土壤源热泵系统设计

（1）土壤源热泵地埋管换热器设计　工程场地状况及浅层地热能资源特点是能否应用土壤源热泵系统的先决条件，详尽可靠的勘察工作是土壤源热泵系统项目顺利实施的保障。地埋管换热器设计前应对建设场地进行勘察，明确当地条件是否适宜采用土壤源热泵系统以及采用何种具体形式。

由于不同地区气候条件和建筑类型会造成冷、热负荷的差异，从长期运行效果来看，在一个取热-排热周期中，保持从地下取热量和向地下排热量的平衡有利于地下温度的有效恢复，从而保证土壤源热泵长期稳定运行。因此，准确计算地埋管热负荷对确定系统形式、机组选型及埋管长度计算都很重要。

设计中应本着靠近机房或以机房为中心的原则来布置地埋管（简称埋管），以缩短供、回水集管的长度，减少管路的热损失和水泵功耗，并根据可利用地面面积、岩土的热物性及挖掘成本等因素确定具体埋管方式、埋管间距与深度。

总体来说，地埋管系统设计时应按工程勘察、埋管热负荷计算、埋管长度设计、水力平衡及承压能力计算等主要步骤进行。

（2）工程勘察　地埋管土壤源热泵系统在设计前进行场地勘察的目的：一是确定可利用面积、形状及坡度，弄清既有建筑和规划建筑的分布，并对施工场地中树木、水井、已有的或计划修建的架空线路、地下管路及地下构筑物的分布及埋深等进行详细调查，为将来施工做好准备；二是确定冻土层厚度、恒温层深度、地下水赋存状况、岩土体换热能力等对埋管设计有重要影响的因素，通过合理设计保证系统的节能效果。

勘察工作应由具备专业资质的单位来进行，涉及区域应大于埋管范围。对于垂直埋管，勘察深度在100~150m。对于工程现场岩土体热物性参数以及地埋管与周围土壤换热能力不清的情况，应通过现场热响应试验来确定岩土导热系数，获得地埋管与周围土壤之间的换热规律、单位井深换热量及周围土壤温度的变化情况等，为设计提供可靠的依据。现场热响应测试可按以下步骤进行：

1）打测试孔。可采用下列方法钻测试孔：

① 用岩芯1000m的钻机钻120m深换热孔1个，孔径不小于200mm。该钻机使用油压加压钻进，具有导热性好、稳定性强的特点。钻进时采用正循环回转式钻进，钻速调整空间较大。

② 用黄河钻机钻120m深换热孔1个，孔径不小于200mm。黄河钻机采用油压加压钻进，钻具在工作过程中扭矩大、钻进速度快，钻孔垂直度高。

③ 用汽车工程钻机钻120m深换热孔1个。汽车工程钻机适用于工程勘察，便于取芯样，可以详细了解地层结构，获得不同地层土壤样本，对地层原样进行热物性测试。

2）物探测井。测试井成孔后，下管前要先进行视电阻率测井，了解地层赋水情况。

3）下管。将直径为32mm的双U形高密度聚乙烯（PE）管放入测试孔内，并回填级配砂石填料。需注意的是，在下管前后都要对换热管进行打压试验，稳压压力为1.2MPa，稳压时间不小于1h。

4）测试方法。测试中模拟土壤源热泵空调系统夏季制冷的运行工况，具体方法是将仪器水路循环部分与测试孔内的埋管管路相连接，形成闭式环路，通过仪器内的微型循环水泵驱动环路内的液体不断循环，同时仪器内的加热器不断加热环路中的液体。该闭式环路内的液体不断循环，加热器所产生的热量就不断通过换热孔内的埋管释放到地下。在闭式环路内液体循环的过程中，对进出仪器的液体温度、流量和加热器的加热功率进行采集记录，用来进行分析计算土壤热物性参数。确定测试周期时，要保证在一定工况下系统能达到稳定状态。勘察结束后，应根据勘察数据预测浅层土壤的换热量，条件允许时，还应确定不同换热量对地温的影响，并出具详细的勘察报告。设计人员根据工程勘察报告，结合工程具体情况，通过一定的技术经济分析，来确定是否采用地埋管土壤源热泵系统。

（3）地埋管热负荷及系统形式　地埋管热负荷是指向建筑物供冷/供暖时，通过地埋管换热器，在单位时间内释放到地下或从地下吸收的热量。准确计算地埋管热负荷是合理设计埋管长度的前提。

埋管热负荷的计算原则是埋管实际换热量应满足土壤源热泵系统实际最大吸热量或排热量的要求。计算时首先要确定建筑物空调（供冷）/供暖所需的冷/热负荷，由冷/热负荷初选水源热泵机组的型号与容量，再依据实际的空调（供冷）/供暖负荷来计算地埋管换热器向土壤的最大排热量与最大吸热量，并综合考虑当地初始地温、建筑类型、机组工况以及系统长期运行可能引起的地温变化对地埋管实际换热性能的影响。

计算公式为：

最大排热量=空调冷负荷×(1+1/制冷系数)+输送过程得热量+水泵释热量

最大吸热量=供热热负荷×(1-1/制热系数)+输送过程失热量-水泵释热量

当最大吸热量和最大排热量相差不大时，取其大者作为地埋管换热器长度的设计依据；当两者相差较大时，根据建筑设计冷/热负荷的具体特点，并基于当地恒温层土壤温度条件，通过技术经济比较，将差额部分的空调/供暖需求采用辅助冷源（冷却塔）或辅助热源（如锅炉、太阳能集热器等）方式来解决。

选择单一的土壤源热泵供冷或供热系统，还是选择与其他供能方式相结合的组合式系统，遵循的主要原则是能够使土壤源热泵机组以最佳工况运行。

（4）埋管间距与布置方式

1）埋管间距。根据实际场地的大小，埋管可在建筑物周围布置成线形、方形、矩形、圆弧形等。但为了防止埋管间的热干扰，必须保证埋管之间的距离在它的热作用半径之外。间距的大小与土壤热物性、系统运行状况（如连续运行还是间歇运行，间歇运行的开、停机时间比等）、埋管的布置形式（如单行布置还是多排布置）等因素有关。

① 水平埋管。水平管道的埋设间距通常在0.3~0.8m范围，原则是要保证在各单根换热管周围形成的冻结半径不能相互搭接。敷设密度依据所采用的管径大小来确定，不能超过周围岩土体的换热能力。

串联连接，管径为31.75~50.8mm时，每沟1管；管径为31.75~38.1mm时，每沟2管。

并联连接，管径为25.4~31.75mm时，每沟2管；管径为19.05~25.4mm时，每沟4~6管。

场地有限时，可以将换热管埋设在单个管沟中（多层敷设），以避免大面积开挖。确定多个管沟的间距时，每沟1管的间距可取1.2m，每沟2管的间距为1.8m，每沟4管的间距为3.6m。

② 垂直埋管。土壤源热泵系统取热运行时（冬季）间距可取4m，放热时（夏季）间距可取5m，综合考虑冬夏工况，U形管埋地换热器管间距大于7m较好，相邻井孔的最小距离应大于4.5m。

工程规模较小，埋管单排布置，土壤源热泵间歇运行时，埋管间距可取 3m；规模较大，埋管多排布置，土壤源热泵间歇运行时，间距可取 4.5m；若连续运行（或开停比较大）应取 5～6m。

从换热角度分析，间距大，埋管的相互热干扰少，有利于换热，但占地面积增大，工程造价会有所增加。

2）布置方式。地埋管的管路布置方式主要有串联、并联或整体并联加局部串联。串联与并联埋管示意图如图 5-8 所示。

串联方式的优点是整个回路具有单一流通通路、单一的管路和管径，管内积存的空气容易排出；一般需采用较大直径的管子，因此单位长度的换热性能高；缺点是大管径所需成本较高；在寒冷地区，系统内需充注的防冻液多；安装劳动强度高、成本增大；由于压降大，总长度受到限制，管路不能太长，以避免产生过大的阻力损失。

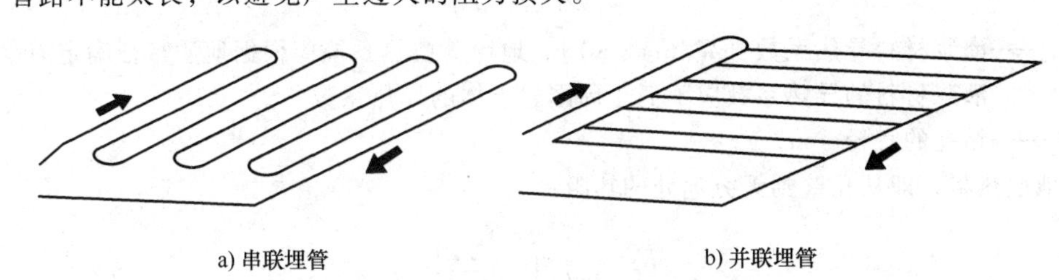

a) 串联埋管　　b) 并联埋管

图 5-8　串联与并联埋管示意图

并联方式的优点是可以采用较小管径的管子，成本较低，防冻液用量少，缺点是为排出空气，需要保持较高的管内流速；各并联管道的长度应尽量一致（偏差应<10%），以保证各管道中流量的平衡，建议不同管中流量相差不要超过±5%。

系统较大时，可采用整体并联与局部串联相结合的方式，既充分提高各管路的进出口温差，又可保证系统水力平衡。

根据分配管和总管的布置方式，地埋管系统分为同程式和异程式。同程式系统中，流体流过各埋管的流程相同，因此各埋管的流动阻力、流量和换热量比较均匀。异程式系统中流体通过各埋管的流程不同，因此各个埋管的阻力不相同，导致分配给每个埋管的流体流量也不均衡，各埋管的换热量不均匀，不利于充分发挥埋管系统的换热效果。

地下埋管环路多，不易设置调节阀或平衡阀保证各环路的水力平衡，因此在实际工程中采用同程式系统的较多，并使各环路集管连接的环路数相等，而供、回水环路集管的间距应大于 0.6m，以减少热作用半径内因供回水管之间传热而造成的损失。

（5）地埋管长度与埋深

1）埋管长度设计。地埋管换热器长度应通过计算确定。计算时应考虑埋设方式（水平或竖直）、管材、岩土体及回填材料热物性的影响，为确保计算结果的准确性，建议采用专用软件进行。

对于实际工程中应用较多的垂直地埋管换热器，土壤中的传热是三维非稳态传热，影响因素比较复杂，因此实际应用中一般以半经验公式进行设计计算，以下列出两种方法供计算时参考。以单个钻孔的传热分析为计算基础，对于多个钻孔，可在单孔的基础上运用叠加原理加以扩展，计算步骤如下：

① 流体至管道内壁的对流换热热阻：

$$R_f = \frac{1}{\pi d_i h} \tag{5-4}$$

式中　d_i——U形地埋管的内径（m）；

h——流体至管道内壁的表面传热系数［$W/(m^2 \cdot K)$］。

② U形地埋管的管壁热阻：

$$R_{pe}=\frac{1}{2\pi k_p}\ln\left[\frac{d_e}{d_e-(d_o-d_i)}\right] \tag{5-5}$$

式中　k_p——U形管导热系数［$W/(m \cdot K)$］；

d_e——U形地埋管的当量直径（m），$d=\sqrt{2}d_o$；

d_o——U形地埋管的外径（m）。

③ 钻孔封井材料的热阻：

$$R_b=\frac{1}{2\pi k_b}\ln\left(\frac{d_b}{d_e}\right) \tag{5-6}$$

式中　k_b——灌浆材料导热系数［$W/(m \cdot K)$］，地埋管换热系统应根据地质特征确定灌浆材料，灌浆材料的导热系数应不低于周围岩土体的导热系数；

d_b——钻孔的直径（m）。

④ 地层热阻，即从孔壁到无穷远处的热阻：

$$R_s=\frac{1}{2\pi k_s}I\left(\frac{r_b}{2\sqrt{\alpha\tau}}\right) \tag{5-7}$$

式中　k_s——地层的平均导热系数［$W/(m \cdot K)$］；

I——指数积分：$I(u)=\frac{1}{2}\int_u^{\infty}\frac{e^{-s}}{s}ds=-\frac{1}{2}Ei(-u)$；

r_b——钻孔的半径（m）；

α——热扩散率（m^2/s）；

τ——运行时间（s）。

⑤ 由N个平行钻孔（U形管）组成集群的地热换热器的地层热阻：

$$R_s=\frac{1}{2\pi k_s}\left[I\left(\frac{r_b}{2\sqrt{\alpha\tau}}\right)+\sum_{i=2}^{N}I\left(\frac{x_i}{2\sqrt{\alpha\tau}}\right)\right] \tag{5-8}$$

式中　x_i——第i个钻孔与所考虑的钻孔之间的距离（m）。

其余符号含义同前。

⑥ 对于时间很长的情况，考虑深度方向的传热为稳定状态下的地层热阻：

$$R^*=\frac{1}{2\pi k_s}\ln\left(\frac{H}{2r_b}\right)\quad(r_b\ll H) \tag{5-9}$$

式中　H——钻孔深度（m）。

其余符号含义同前。

⑦ 短期连续脉冲负荷引起的附加热阻：

$$R_{sp}=\frac{1}{2\pi k_s}I\left(\frac{r_b}{2\sqrt{\alpha\tau_p}}\right) \tag{5-10}$$

式中　τ_p——短期脉冲负荷连续运行的时间（s）。

其余符号含义同前。

考虑热泵间歇运行的影响，可得到用于垂直地埋管换热器长度计算的公式。

制冷工况：

$$L_c=\frac{1000Q_c[R_f+R_{pe}+R_b+R_s+R_c+R_{sp}(1-F_c)]}{(t_{min}-t_\infty)}\left(\frac{COP_c+1}{COP_c}\right) \tag{5-11}$$

供暖工况：

$$L_h=\frac{1000Q_h[R_f+R_{pe}+R_b+R_s+R_h+R_{sp}\times(1-F_h)]}{(t_\infty-t_{min})}\left(\frac{COP_h-1}{COP_h}\right) \tag{5-12}$$

式中　Q_c，Q_h——热泵的额定冷热负荷（kW）；

F_h——供暖运行份额，F_h＝一个供暖季中热泵的运行小时数/（一个供暖季天数×24），或当运行时间 τ 取作一个月时，供暖运行份额 F_h＝最冷月份运行小时数/（最冷月份天数×24）；

F_c——制冷运行份额，F_c＝一个制冷季中热泵的运行小时数/(一个制冷季天数×24)，或当运行时间 τ 取作一个月时，制冷运行份额 F_c＝最热月份运行小时数/(最热月份天数×24)；

COP_c，COP_h——制冷、制热工况下热泵的性能系数，由热泵生产厂家提供。

地埋管换热器中循环液的设计平均温度通常可选为 t_{max}＝37℃，t_{min}＝-2～5℃。这两个温度的选取将影响地埋管换热器的设计长度，也会影响土壤源热泵系统运行时的性能系数。

按现场测试获得的单位钻孔深度（管长）的换热量求取，公式如下：

$$N=\frac{1000Q}{qH} \tag{5-13}$$

$$L=4N \tag{5-14}$$

式中　N——所需钻孔数目（应进行圆整）（个）；

Q——地埋管热负荷（kW）；

q——通过现场测试得到的单位钻孔深度的换热量（W/m）；

L——钻孔中双 U 形埋管的总长度（m）。

需要注意，设计地埋管换热器时，环路集管不包括在地埋管换热器总长度内。

2）埋设深度。在地下 1m 处的地层，即使不提取热量，冬季也可达到结冻温度。地下 2m 处，最低温度可达 5℃。随着地层深度的增加，土壤温度增加，但地表流向深处地层的热量也减少，春季不能保证冻土层完全解冻，因此系统的埋置深度至少要达到 1.2m。

各地区冻土层厚度会有不同，最上层埋管覆土埋深应在当地冻土层以下，并以不受外界气温日变化的影响为宜，建议取地下 1.5m 以下。外界气温年变化对土壤温度的影响深度远大于日变化所及深度。我国低纬度地区土壤温度的年振幅消失于地下 5～10m 处，中纬度消失于 15～20m 处，高纬度消失于 20～25m 处。因此，垂直地埋管换热器埋管深度宜大于 20m，考虑到钻孔费用，建议取 60～120m；水平连接管的深度宜在地下 1.5m 以下。

（6）埋管压力损失计算　对以水为换热介质的地埋管换热器，管道压力损失计算与常规的管内阻力计算方法相同。在同程式系统中，取压力损失最大的热泵机组所在环路作为最不利环路进行阻力计算，可采用当量长度法。将局部阻力转换成当量长度，然后和管道实际长度相加，得到各不同管径管段的总当量长度，再与不同流量、不同管径管道每 100m 的压降相乘，将所有管段压降求和，得到总阻力，步骤如下：

1）首先确定换热介质流量 G，单位为 m^3/h，地埋管的直径及管子内径 d_j，单位为 m。

2）计算管子的断面面积 A，单位为 m^2：

$$A=\frac{\pi}{4}\times d_j^2 \tag{5-15}$$

3）计算流体流速 V，单位为 m/s：

$$V=\frac{G}{3600A} \tag{5-16}$$

需要注意，地埋管换热器内传热介质应为紊流，流速应大于 0.4m/s。

4）雷诺数（Re）计算：

$$Re=\frac{\rho V d_j}{\mu} \tag{5-17}$$

式中 Re——管内流体的雷诺数，Re 应该大于 2300 以确保紊流；

ρ——管内流体的密度（kg/m^3）；

μ——管内流体的动力黏度（Pa·s）。

5）计算单位管长的摩擦阻力损失 P_d，单位为 Pa/m：

$$P_d=0.158\times\rho^{0.75}\mu^{0.25}d_j^{-1.25}V^{1.75} \tag{5-18}$$

$$P_Y=P_d L \tag{5-19}$$

式中 P_Y——管段的沿程阻力损失（Pa）；

L——计算管段的长度（m）。

其余符号含义同前。

6）计算管段的局部阻力损失 P_j，单位为 Pa：

$$P_j=P_d L_j \tag{5-20}$$

式中 L_j——计算管段中局部阻力的当量长度（m）。

7）计算管段的总阻力损失 P_z，单位为 Pa：

$$P_z=P_Y+P_j \tag{5-21}$$

（7）管材承压能力计算　地埋管换热系统设计时应考虑地埋管换热器的承压能力，若系统压力超过地埋管换热器的承压能力，可设中间换热器将地埋管换热器与室内系统分开。管路最大压力应小于管材的承压能力。若不计竖井灌浆抵消的静压，管路所承受的最大压力等于大气压力、重力作用静压和水泵扬程一半的总和，即

$$p=p_0+\rho gh+0.5p_h \tag{5-22}$$

式中 p——管路最大压力（Pa）；

p_0——建筑物所在地大气压（Pa）；

ρ——地下埋管中流体密度（kg/m^3）；

g——当地自由落体加速度（m/s^2）；

h——地下埋管最低点与闭式循环系统最高点的高度差（m）；

p_h——水泵扬程（Pa）。

3. 地埋管换热系统设计实例

（1）项目简介　某开发区的一幢建筑是具有国际化标准的现代化综合办公楼。建筑面积为 105000m^2。分为 A、B 两座，其中 A 座为地下 2 层，地上 20 层，建筑高度为 100m，地上建筑面积为 70000m^2，地下建筑面积为 15000m^2，总建筑面积为 85000m^2；B 座为地下 1 层，地上 3 层，建筑高度为 20m，建筑面积为 20000m^2。

（2）总体规划与设计思路

1）在满足使用效果的前提下，应尽量减少初投资及运行费用。

2）考虑到管理及维护，A 座及 B 座共用一套冷热源系统。

3）充分利用施工场地，合理布置地埋管换热器系统，在 A 座、B 座基础下及建筑周围的部

分空地进行地埋管工程的施工。

（3）设计计算参数

1）室外空气设计参数。

冬季大气压力：95.31kPa　　　　夏季大气压力：93.61kPa

冬季空调室外计算干球温度：-6℃　　冬季空调室外计算相对湿度：63%

夏季空调室外计算干球温度：33.7℃　夏季空调室外计算湿球温度：24.8℃

冬季通风室外计算温度：-1℃　　　夏季通风室外计算温度：30℃

2）室内空气计算参数。根据《民用建筑供暖通风与空气调节设计规范》（GB 50736—2012），室内计算参数见表 5-2。

表 5-2　室内计算参数

主要房间名称	夏季		冬季		照明设备/(W/m²)	新风量/(m³/h)	噪声级/dB(A)
	温度/℃	相对湿度(%)	温度/℃	相对湿度(%)			
办公室	24~25	60	20~22	≥40	30	30	<45
餐厅	25~26	55~65	18~20	≥40	30	25	55
门厅	25~26	55~65	20~22	—	20	—	50
会议室	24~25	60	18~20	≥40	30	25	<45

3）工程勘察报告的相关参数。

① 该地区所在区域属于非自重湿陷性黄土场地，湿陷带下限为 2.10~7.80m，标高为 407.65~415.75m，湿陷起始压力平均值为 135kPa。

② 场地地下水属孔隙潜水类型，勘察期间测的稳定水位尝试约为 12.00m，水面标高为 402.90~408.35m；位于地下水潜水位多年持续下降区，地下水位年平均幅度大于 2.2m；抗浮设计水位可按 410.00m 考虑。

③ 现场热响应实验报告。根据提供的土壤换热的测试报告，通过从换热孔土层结构及测井曲线，具体分析了 5 个换热孔的换热能力。

根据提供的热响应试验报告，获取地下岩土的构造、热物性、岩土含水情况、初始温度等，并进一步计算得出设计地下换热器系统所需的岩土导热系数和综合换热系数等参数，并为进行地埋管换热器系统模拟提供输入数据。

经过测试与计算，得以下参数：

埋管周围土壤的初始温度为 15.5℃；

埋管深度范围内的综合比热容 p_c 为 2.3MJ/(m³·K)；

地下埋管深度内岩土平均导热系数 λ 为 2.25W/(m·K)；

地下埋管深度范围内综合换热系数为 2.75~3.75W/(m²·K)；

土壤综合热扩散率为 0.55×10^{-6}m²/s。

④ 建议回填料采用 5%膨润土+5%黄砂+90%原浆的混合物，用水作传热介质。根据《地源热泵系统工程技术规范（2009 版）》（GB 50366—2005）的附录 B 提供的数据，该类回填料的导热系数 2.08~2.42W/(m·K)。

（4）负荷计算　综合实际情况，项目全年动态负荷最终确定夏季空调负荷为 7800kW，冬季采暖负荷为 5700kW。

（5）软件计算结果及 25 年运行效果分析　计算所用的（GLD）3.0 版本 EED 软件已获得国

际土壤源热泵协会的认证，并在许多实际工程应用中得到验证。根据上述计算参数，利用专业模拟软件进行模拟计算，结果如下：

1）埋管热作用半径。按空调运行时间 90d 计及采暖运行时间 120d 计，当埋管孔间距大于 3m 时，各埋管之间的热干扰影响已很小，考虑一定的安全余量，实际取地埋管间距不小于 5m。

2）地埋管系统运行 25 年中系统极限水温情况。计算得出埋管总长度为 57890.6m；空调工况下机组地源侧进水温度为 29.4℃，出水温度为 35℃，供暖工况下进水温度为 7.5℃，出水温度为 3.5℃；25 年后土壤初始温度升高 1.8℃。土壤源热泵系数模拟结果见表 5-3。

表 5-3　土壤源热泵系统模拟结果

参数	制冷模式	加热模式
全长/m	57455.5	57890.6
井孔数	580	580
井孔长/m	99.1	99.8
地下温度变化/℃	+1.8	+1.7
单元进水温度/℃	29.4	7.5
单元出水温度/℃	35.0	3.5
峰值负荷/kW	3246.0	3492.0
单元总容量/kW	0.0	0.0
峰值需求/kW	1088.0	1147.6
热泵 COP	4.0	4.0
系统 COP	3.0	3.0
系统流量/(L/min)	10480.6	11274.9

3）地埋管数量。根据以上数据，该项目共需要埋管长度为 57890m。考虑系统平衡性，设计埋管长度调整为 58000m，共 580 个 100m 深孔，双 U 形埋管，孔径为 150mm，孔间距为 5m×5m。

（6）冷热源设计　考虑到初投资，该工程采用复合式土壤源热泵系统，选取冬季设计负荷的 60%作为土壤源热泵系统装机容量。冬季采暖高峰时段采用城市蒸汽管网调峰，调峰比例为 45%设计负荷。城市蒸汽管网压力为 0.4MPa，温度为 140℃，蒸汽总耗量为 4.6t/h。夏季采用两台溴化锂冷水机组进行调峰。标准工况下，每台机组制冷量为 2330kW，机组冷冻水供、回水温度为 7℃、12℃；冷却水进、出水温度为 32℃、38℃。

土壤源热泵系统采用两台制冷量为 1623kW，制热量为 1746kW 的水-水螺杆热泵机组，制冷输入功率为 350kW，制热输入功率为 420kW。夏季供给空调系统 7/12℃的冷冻水，冬季供给 45/40℃的供暖用水。土壤源热泵夏季制冷工况下机组地源侧进出水温 30/35℃；冬季供暖工况下机组地源侧进水温度为 7.5℃。通过循环水管路的阀门切换实现机组工况转换，保证机组常年稳定运行。

由上可知，无论是峰值负荷还是全年累计负荷，该项目土壤源热泵机组冬、夏季的吸、排热量存在着不平衡，但地埋管换热器最大能换热能力为 4120kW，夏季土壤源热泵机组最大排热量为 3970kW，因此地下换热器可以承担土壤源热泵机组的全部排热量。

（7）埋管分区及水力计算　为保证水力平衡，管路系统采用同程式设计，地埋管分为 12 个区域，共计 80 个环路。考虑到各区域距离机房的远近差异较大，因此在各区域回水管上加装平衡阀，以保证各区域水力平衡。每个区域的区域集分水器均需做检查井，以免因局部出现问题而影响其他区域的正常使用。

1）水平支管水力计算。根据换热孔内的排（取）热量以及供回水温差，计算出单孔流量，然后根据每段水平支管的流量，确定每管段的管径，进而可确定总干管的管径。初步确定管径后进行水力计算，校核管径，使每个水平支管的阻力不平衡度保持在10%以内。

2）最不利环路计算。该系统最不利环路为埋管区域中离集分水器检查井最远的一个环路；最有利环路为埋管区域中离集分水器检查井最近的一个环路。

由上述计算可知，该系统最不利环路和最有利环路的系统阻力分别为378.2kPa和273.0kPa，两者不平衡率超过40%，无法实现自然平衡，应在各埋管区域回水主管上加装平衡阀，以保证系统各区域间的水力平衡。

（8）埋管系统的承压分析　换热器为深埋布置，需进行管材承压计算，详细过程如下：

当地大气压力 $p_0=95310\text{Pa}$，水的密度 $\rho=1000\text{kg/m}^3$，当地重力加速度 $g=9.8\text{m/s}^2$，水系统高差 $h=100\text{m}$，水泵扬程 $39\text{mH}_2\text{O}$（$1\text{mH}_2\text{O}=9.8\text{kPa}$），PE管采用额定承压为1.6MPa的PE管材。

重力作用静压：

$$\rho gh=1000\text{kg/m}^3\times9.8\text{m/s}^2\times100\text{m}=980000\text{Pa} \tag{5-23}$$

水泵扬程的一半：

$$0.5p_\text{h}=0.5\times39\text{mH}_2\text{O}=19.5\text{mH}_2\text{O}=191100\text{Pa} \tag{5-24}$$

系统最大工作压力：

$$p=p_0+\rho gh+0.5p_\text{h}=(95310+980000+191100)\text{Pa}=1266410\text{Pa} \tag{5-25}$$

因此，管材公称压力（1.6MPa）满足系统最大工作压力，符合设计要求。

4. 土壤源热泵系统的技术特点

（1）经济高效　土壤源热泵技术并不需要燃烧燃料，因此对能源的消耗较低，同时相比传统的空调系统在工作效率上提升了40%多，节省了能源和运作成本，同时此技术的机组有很好的稳定性与可靠性，因此整体系统具备高效性和经济性。

（2）节能高效　在一定深度以下的土壤全年温度波动较小，一年四季相对稳定，夏季比环境空气温度低，冬季比环境空气温度高，是很好的空调冷热源。这种温度特性使土壤源热泵系统比传统空调运行效率高40%～60%，更加有利于节能。

（3）蓄能性强　土壤具有良好的蓄热性能，冬季利用夏季蓄存的热量制热，同时向地下蓄存冷量，夏季则利用冬季蓄存的冷量制冷，同时向地下蓄存热量，这样可以实现冬夏冷热联供。地埋管盘管不需除霜，减少了结霜和除霜带来的能耗损失。

（4）利用高效　土壤源热泵系统可实现夏季空调和冬季供暖，还可供生活热水，一机多用，一套系统可以替代原来的两套系统。在冬季供暖时，可不设锅炉，不会对周围大气和环境造成污染；夏季供冷时，可不设冷却塔，可以避免使用冷却塔带来的噪声、热污染以及霉菌污染；同时在污染物排放问题上，相比空气源热泵来说，减少40%以上，相比电供暖来说，减少70%以上。土壤源热泵技术在不断发展中已经形成较为完善的体系，在暖通空调系统中，可增大能源利用率。如在较为寒冷的冬季，通过土壤源热泵技术的应用，可将室内温度控制在12～22℃，较原有热量高出很多。且在供暖过程中，系统中能源的循环作用可有效提升系统能效，降低能源损耗。

（5）占地面积小　土壤源热泵的地埋管换热器置于室外侧的土壤中，热泵机组安装位置也比较灵活，在保证合理设计的前提下可以设置在建筑的各个位置，相比传统的空调，不占地，也不会给建筑外立面带来美学上的影响。

（6）稳定性　机组使用寿命长（可达 15 年以上），结构紧凑，节省空间，运行费用低，平均来说，可以为用户节省 30%～40%的供暖制冷的运行费用。土壤源热泵在暖通空调系统中的应用，能够降低外界不良环境对暖通空调系统运行所带来的影响，在提高室内环境舒适度的基础上降低能源损耗。据相关数据显示，土壤源热泵技术应用后，建筑内部空间温度可控制在 10～25℃，供暖及制冷系统也可保持在 3.5～4.5℃，较传统暖通空调系统的稳定性更高。

5.2　中深层地热能供暖技术

中深层地热能作为一种新兴的清洁能源，由地球深部经核裂变而演变形成的一种可再生的经济性能源。在我国，中深层地热能主要作为冬季供暖使用。由于它具有极高的清洁性、运行过程的稳定性和空间分布的广泛性，故中深层地热能的大力开发利用对我国北方存在的雾霾现象也可起到缓解作用。我国中深层地热能供暖技术虽然起步较晚，但发展迅速。1990 年时我国中深层地热能供暖建筑面积仅为 190 万 m^2，2000 年增至 1100 万 m^2，至 2015 年底我国中深层地热能供暖建筑面积已达 1.02 亿 m^2。近年来，我国中深层地热能利用以年均 10%的速度增长，已连续多年位居世界首位。目前利用中深层地热能对建筑物进行供暖的应用方式主要包括三类：一是对中深层地热能直接利用，即将地下的地热水提取上来直接用来供暖；二是对中深层地热能间接利用，即通过地埋管换热器间接提取中深层岩土体的热能实现对建筑物供暖的目的；三是将上述两种利用方式结合，共同承担建筑冬季的热负荷。

5.2.1　地热水供暖系统

1. 系统原理

对中深层地热能的直接利用适用于地热水储存比较丰富的地区，它的应用方式以梯级利用和粗略利用为主，直接粗略利用是通过抽水井将高温的地热水提取上来，经过一次换热后，直接向热用户供暖，利用过后的地热水采取同层回灌的方式通过回灌井回灌或者直接排放。该方式虽然成本较低，但是没有充分利用高温的地热水资源，造成了地热资源的浪费。而梯级换热方式（见图 5-9）将提取上来的地热水进行多次换热，可根据地热水的温度高低依次满足高温末端

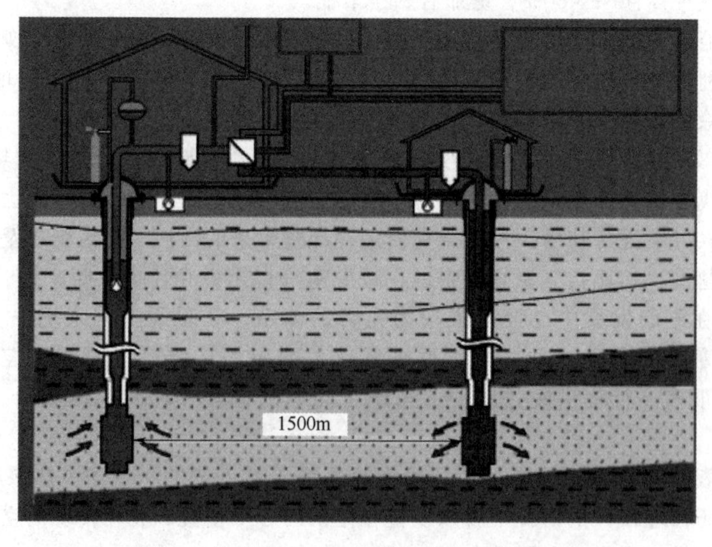

图 5-9　地热水供暖系统梯级换热方式示意图

（如散热器）供暖、低温末端（如地板辐射、风机盘管）供暖的需求，同时换完两次换热的地热回水可通过热泵技术取热后继续向其他末端供暖或者用来调峰，从而最大限度地利用了地热水所含的热量，大大提高了地热水的利用率。

2. 系统设计

地热井主要分为地质探井、探采结合井、开采井和回灌井四种类型。地质探井主要用于了解勘探区有关地层剖面结构、厚度、埋藏深度以及断裂构造等情况，多用于基本地质情况不明、勘探风险很大的地区。通常采用孔径较小的钻头钻进，能进行简单的抽水试验。探采结合井通过地球物理勘探、资料收集和综合分析，判断勘探区是否具有地下热储的形成条件。若还有某些重要资料有待查明，则布置探采结合井。探采结合井是目前采用较多的一种钻井类型。它对井径要求较大，表层套管部分应满足下放潜水泵所需空间。根据所处的地质环境，可分段取少量岩土。开采井是指当一个地区已发现了地热田，并且控制了其范围，在地热田范围内按照合理的井距，以开采地热资源为目的的钻井。由于热储层的位置等都比较明确，因此，对测井工作的要求低。随着地热田的开发，产水层的水位会逐渐下降，采用回灌井将水回灌到热储层中，以保持热储层的能量和水位，避免水位严重下降时对地热田开发带来的威胁，回灌井特别适用于热储层为封存水或开采量明显大于自然补给量的地热田。

地热资源分布面广，在深部有强渗透储层分布的条件下，按地热增温率计算，在一定深度内都有可能获得所期望的地热资源。随着钻井技术的进步，就使地热开发有了更广阔的前景。

深部地热井的井深规模按深度定义目前还没有标准参考，一般将 1000～4000m 的井称为深井，深度大于 4000m 的井称为超深井。大口径深孔地热钻探，由于其钻进口径大，回转扭矩大，地层坚硬、可钻性差、孔内温度高等特点，不同于小口径岩心钻探与石油行业发展迅速的石油钻井。石油钻井依靠先进理论，并结合诸多新工艺在石油钻探领域取得了较好的成果，但钻遇地层多为较软的沉积地层。

研究对比国内外深部钻井技术与经验，认为经济、高效的深部地热钻井有以下特点：

1）钻井装备配套、工艺技术和井下工具配套应该合理和高效。国外深井装备功率大，自动化程度高；国内深井使用的钻机陈旧，动力设备功率小，设备超负荷运转，泵功率小。国内外技术应互补结合，优化选配。加大先进工艺技术应用力度，包括顶部驱动钻进、垂直钻井系统、大功率长寿命电动机、高温钻井液技术、射流、压裂增产技术、深部井下测试技术以及固井技术等。

2）井身结构设计应层次合理，并留有余地。随着单井的热储层埋深、岩性、构造等的差异和石油钻井先进技术不断与地热钻井融合，井身结构也由单一变为因井而异、多样化并存。一般较深的地热井应设计成四开以上的井孔结构。

3）提高钻井效率，减少事故率。一方面，合理选用适应地层岩性的高效优质钻头，如深部地层选用聚晶复合片金刚石（PDC）钻头、金刚石钻头，美国在深井、超深井中大多使用高效能 PDC 钻头，单只钻头进尺高，单井钻头用量少。此外，在一定条件下，采用钻井参数强化技术，钻进参数一般比厂家推荐的大得多。地热井钻井参数具有“二大”“二高”，即钻压大、钻头比水功率大，转速高、泵压高。同时要提高上部大井眼和深部井段钻井速度，减少事故发生率，增加纯钻时间。美国深井、超深井中纯钻井时间一般为 60%，有的高达 70%，而我国只有 30%左右，其中事故及复杂时间占 20%以上。

钻井水力参数设计：

（1）钻井泵额定水功率

$$P_{pr}=p_rQ_r \tag{5-26}$$

式中 P_{pr}——钻井额定水功率（kW）；

p_r——钻井泵额定泵压（MPa）；

Q_r——钻井泵额定流量（L/s）。

（2）钻井泵实发水功率

$$P_p = p_s Q \tag{5-27}$$

式中 P_p——钻井泵实发水功率（kW）；

p_s——钻井泵工作泵压（MPa）；

Q——钻井泵工作流量（L/s）。

（3）钻井泵水功率分配关系

$$P_p = P_b + \Delta P_{cr} \tag{5-28}$$

式中 P_b——钻头（喷嘴）水功率（kW）；

ΔP_{cr}——循环系统损耗水功率（kW）。

（4）钻头（喷嘴）压力降

$$\Delta p_b = k_b + Q^2 \tag{5-29}$$

式中 Δp_b——钻头（喷嘴）压力降（MPa）；

Q——钻井泵工作流量（L/s）；

k_b——钻头（喷嘴）压降系数。

（5）钻头（喷嘴）水功率

$$P_b = \Delta p_b Q \tag{5-30}$$

式中 P_b——钻头（喷嘴）水功率（kW）；

Δp_b——钻头（喷嘴）压力降（MPa）；

Q——钻井泵工作流量（L/s）。

（6）射流喷射速度

$$V_J = \frac{1000Q}{A_J} \tag{5-31}$$

式中 V_J——射流喷射速度（m/s）；

A_J——喷嘴截面面积（mm^2）；

Q——钻井泵工作流量（L/s）。

（7）射流冲击力

$$F_J = \rho_d V_J Q \tag{5-32}$$

式中 F_J——射流冲击力（N）；

ρ_d——钻井液密度（g/cm^3）；

Q——钻井泵工作流量（L/s）；

V_J——射流喷射速度（m/s）。

（8）钻井液环空返速

$$v_a = \frac{1273Q}{d_h^2 - d_p^2} \tag{5-33}$$

式中 v_a——钻井液环空返速（m/s）；

Q——钻井泵工作流量（L/s）；

d_h——井眼直径（mm）；

d_p——钻杆外径（mm）。

（9）环空临界流速

$$v_r=\frac{30.864\mu_{pv}+[(30.864\mu_{pv})^2\times 123.5\tau_{yp}\rho_d(d_h-d_p)^2]^{0.5}}{24\rho_d(d_h-d_p)} \tag{5-34}$$

式中　v_r——环空临界流速（m/s）；

μ_{pv}——塑性黏度（mPa·s）；

τ_{yp}——屈服值（动切力）（Pa）；

ρ_d——钻井液密度（g/cm^3）；

d_h——井眼直径（mm）；

d_p——钻杆外径（mm）。

（10）岩屑滑落速度

$$v_s=\frac{0.071d_{rc}(\rho_{rc}-\rho_d)^{0.667}}{(\rho_d\mu_f)^{0.333}} \tag{5-35}$$

式中　v_s——岩屑滑落速度（m/s）；

d_{rc}——岩屑直径（mm）；

ρ_{rc}——岩屑密度（g/cm^3）；

ρ_d——钻井液密度（g/cm^3）；

μ_f——视黏度（mPa·s）。

（11）临界井深

$$D_c=\frac{0.357p_r-k_gQ^{1.8}-k_cL_cQ^{1.8}}{k_pQ^{1.8}}+L_c \tag{5-36}$$

式中　D_c——临界井深（m）；

p_r——钻井泵额定泵压（MPa）；

k_g——地面管汇循环压力损耗系数；

k_c——钻铤循环压力损耗系数；

k_p——钻杆循环压力损耗系数；

L_c——钻铤长度（m）；

Q——钻井泵工作流量（L/s）。

（12）最优流量

$$Q_{opt}=\left(\frac{0.357p_r}{k_g+k_pL_p+k_cL_c}\right)^{\frac{1}{1.8}} \tag{5-37}$$

式中　Q_{opt}——最优流量（L/s）；

p_r——钻井泵额定泵压（MPa）；

k_g——地面管汇循环压力损耗系数；

k_c——钻铤循环压力损耗系数；

k_p——钻杆循环压力损耗系数；

L_c——钻铤长度（m）。

3. 系统特性

地热水位于较深的地层中，因隔热和蓄热作用，其水温随季节气温的变化较小，特别是深层地热水的水温常年基本不变，对热泵机组运行十分有利。我国地下 2000m 左右的地热水温度一般能达到 70~80℃，且基本保持恒温。利用地热水对建筑物供暖十分有价值。根据国内外的运行实例证明，大量使用深层地热水导致地面下沉，会逐步造成水源枯竭。因此，如以深层地热水为热源时，要想保持长期稳定利用，必须采用深层回灌的方法，将地热水再回灌到同一含水层中。

尽管地热水储量巨大，但对于具体的地域不同的水文地质条件，还是要科学合理地开发利用。同时，地热水开采的规模不能过大，否则不仅影响经济性、安全性，还会造成地下水文地质条件的破坏。因此，保护地热水资源，合理地开发和利用地热水，是人类社会与自然环境协调发展的必然趋势。

5.2.2 深井地埋管换热器供暖系统

1. 系统原理

改进中深层地热供能技术，在“取热不取水”的指导原则下，进行传统供暖区域的清洁能源供暖替代，成为国内地热界探索的新方向。闭式深井换热器系统正是在此背景下提出的一种新型的中深层地热能利用技术。这种闭式循环系统是对中深层地热能的间接利用，该供暖技术的运行机理与浅层土壤源热泵供暖技术相似，循环介质通过在套管式地埋管换热器内循环的过程完成与周围岩土（石）层热量的交换，然后携带热量的循环介质进入热泵机组中进行热交换，被提取热量的循环介质再流回套管式地埋管换热器内循环与周围岩土（石）层换热，从而达到为建筑物供暖的目的，如图 5-10 所示。

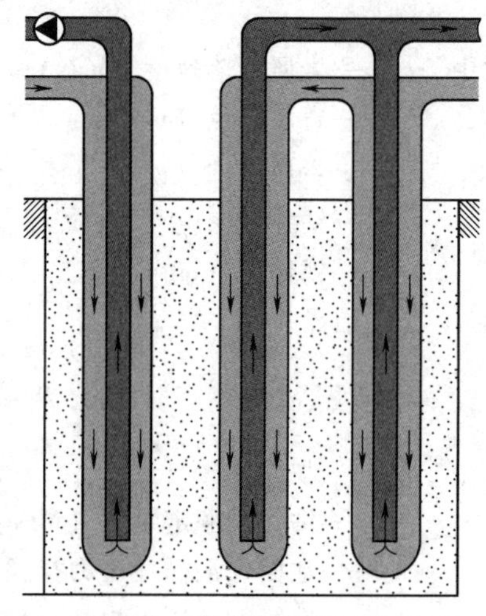
图 5-10 深井地埋管换热器结构示意图

相对于抽-灌式地热井系统，闭式系统对地质条件要求的限制比较少，可以灵活应用于多种地质条件，应用范围广泛，有较好的环境友好性，打破了直接利用方式对热储层高温地热水的要求。该系统采用闭式循环，避免了换热器内循环介质与地下水和岩土（石）层的直接接触或质传递，从而避免了由此可能带来的地球化学变化或是对于地下水的水化学和生物化学方面的影响，减少了对地下水的污染，从而保护了地下环境。另一方面，相较于浅层地埋管换热器，深层地埋管换热器单孔传热效率强，一般只由一个或者具有一定距离的几个深层地埋管换热器组成，能够有效地降低地埋管所占面积，削弱地埋管换热器之间的热干扰作用，从而增强深层地埋管换热器的换热能力。

2. 系统设计

深井地埋管换热器供暖系统中采用的深井地埋管换热器与工程中通常遇到的换热器不同，它不是两种流体之间的换热，而是埋管中的流体与固体（地层）的换热。这种换热过程涉及的物理模型很复杂，涉及的因素也很多。它是非稳态的，涉及的时间跨度很长，空间区域很大，条件也很复杂，包括水平及竖直埋管与土壤在短期和长期工况下的换热规律、多组管道之间的相影响、土壤冻融的影响、地下水渗流的影响等。换热器形式多种多样，地层结构及其热物性千差万别，换热器的负荷随时间变化，因此，工程设计常用半经验公式方法，即以线热源或圆柱模型为基础建立的计算公式进行简化。

（1）深井地埋管换热器管长

$$H=\frac{1000Q_{\text{吸}}}{q} \tag{5-38}$$

式中 H——深井地埋管换热器管长（m）；

$Q_{\text{吸}}$——从岩土层中吸收的热量（kW）；

q——单位管长换热量（W/m）。

（2）管内循环流量

$$G=\frac{Q_{吸}}{\rho c\Delta t} \tag{5-39}$$

式中 G——管内循环流量（L/s）；

$Q_{吸}$——从岩土层中吸收的热量（kW）；

ρ——循环流体密度（kg/m^3）；

c——循环流体比热容［kJ/(kg·℃)］；

Δt——循环流体进出口温差（℃）。

（3）管段的沿程阻力

$$p_d=0.158\rho^{0.75}\mu^{0.25}d^{1.25}v^{1.75} \tag{5-40}$$

$$p_y=p_dH \tag{5-41}$$

式中 p_d——管段单位长度的沿程阻力（Pa/m）；

ρ——循环流体密度（kg/m^3）；

μ——循环流体动力黏度（Pa·s）；

d——深井地埋管换热器管径（mm）；

v——循环流体速度（m/s）；

H——深井地埋管换热器管长（m）；

p_y——管段的沿程阻力（Pa）。

（4）管段的局部阻力

$$p_j=p_dH_j \tag{5-42}$$

式中 p_j——管段的局部阻力（Pa）；

p_d——管段单位长度的沿程阻力（Pa/m）；

H_j——管段管件的当量长度（m）。

3. 系统特性

深井地埋管换热器是深井地埋管换热器供暖系统与地下岩土进行能量交换的唯一装置，它的传热性能的优劣对于系统能否高效运行至关重要。深井地埋管换热器的结构参数和运行模式对于深井地埋管换热器的换热性能有显著影响，探究深井地埋管换热器的换热性能随结构参数和运行参数的变化规律对于此技术的推广应用具有重大意义。

（1）循环流体流动方式　传统的浅层地埋管换热器一般采用双U形或者单U形换热器，而深层地埋管换热器的钻孔深度通常在1000~3000m，因此在实际应用中一般推荐使用同轴套管式地埋管换热器。套管式地埋管换热器由不同材质的内管和外管两部分组成，一般选用水作为循环液，它的流动方式主要有两类，一类是循环液从套管地埋管换热器的外管流进，然后从套管地埋管换热器的内管流出（CXA）；另一类是循环液从套管地埋管换热器的内管流进，然后从套管地埋管换热器的外管流出（CXC）。针对这两类流动方式，一些研究学者已经做了大量的研究分析，结果表明：对于深层套管式地埋管换热器供暖系统来说，采用外进内出（CXA）的流动方式更佳。该种深层套管式地埋管换热器的外管与钻井孔之间需要用一定的回填材料进行回填。

（2）回填材料及管道材料　回填材料作为深井地埋管换热器和周围土壤的传热介质，将地下可利用的地热能传递到深井地埋管换热器中。同时，回填材料还可以将钻孔密封，保护地埋管不受地下水及其他污染物的影响，防止地面水通过钻孔向地下渗透，使地下水不受地表污染物的影响，并可以防止地下各个含水层之间水的移动引起交叉污染。有效的回填材料可以防止土壤因冻结、收缩、板结等因素对埋管换热器传热效果造成影响，提高埋管换热器的传热能力。提高回填材料导热系数可以增加埋管换热器的换热量。但回填材料导热作用是有限的，所以导热系数增大到一定的数值后再增加对改善钻井的换热能力的作用就极为有限了。因此，选择回填材料应根据当地的地质条件而定。深井地埋管换热器内外管管材的选用对深井地埋管换热器换热性能的提高非常重要。因深井地埋管换热器外管需要从土壤吸取热量，因此尽量选择导热性能较高的材料，而内管需要对吸收的热量进行保存，因此需要选择导热性能较低的材料。目前深井地埋管换热器内管管材通常采用高聚乙烯（HDPE），外管管材通常采用 J55 型无缝钢管。实际工程在进行选材时应结合管材的费用综合选取适合的材料。

(3) 进口流体温度　温差是热量传递的动力，存在温差就有热量的传递与交换，也就产生了热能。在相同传热条件下，温差越大，意味着传递能量越大。因此，在同等运行工况下，降低地埋管的进口水温，单位井深的换热量就会有明显的增加。这主要是由于进口水温较低时，水与周围土壤的可利用温差较大，换热得到加强所致。还应该看到的是，并不是进水温度越低越好，当埋管进口水温较低时，虽然可以使换热得到加强，减小换热器的设计容量，但同时相应的热泵机组换热条件却会变得恶劣，热泵机组的 COP 会变低，因此，在实际工程设计中，应根据热泵机组的出口水温设计合适的地埋管换热系统。

(4) 循环流量　管内流速对埋管换热器换热性能的影响主要是由管内流体的流态引起的。管内流体的运动状态可分为层流、过渡流和紊流。流体处于层流状态时，管内流体质点沿着与管轴平行的方向做平滑直线运动，各质点间惯性力占主要地位；处于紊流状态时，流体质点的运动极不规则，流场中各种流动参数的值具有脉动现象，且流体动量、能量、温度以及含有物的浓度的扩散速率都比层流状态大得多。当管内流速较小时，外管流体和土壤之间的换热时间长，取热能力增加，但流体在内管中的停留时间也变长，不利于热量的保存；当管内流速较大时，外管流体和土壤之间的换热时间短，取热能力降低，但流体在内管中的停留时间也变短，利于热量的保存。同时，流速增大也会增加循环水泵的功率，因此要综合考虑，取出合理的流速，优化深井地埋管换热器的换热能力。

(5) 管道尺寸　管径对于深井地埋管换热性能的影响主要分为外管径和内管径。当内管管径一定时，外管的管径越大，外管内的流体流速越低，同时流体与管壁的换热面积更大，因此更有利于提高深井地埋管换热器与其所在岩石（土）层之间的热交换。当外管管径一定时，内管的管径越小，循环流体在内管中的流速越快，循环流体在内管中的热量耗散越少，越有利于换热性能的提升。另一方面，外管管径增加，虽然会提升整体的换热性能，但会提升深井地埋管换热器的建造费用；内管管径减小，在提升深井地埋管换热器性能的同时，会增大循环水泵的耗功，造成运行费用的提升。因此，在选择管径时，要根据实际工程综合考虑各项因素，从而确定最优管径比。

(6) 埋管深度　随着深井地埋管换热器的钻孔深度的增加，对应深度的土壤初始温度也逐渐增加，深井地埋管换热器的换热性能明显提高。分析表明，随着深井地埋管换热器钻孔深度的增加，深井地埋管换热器在深部热储层中能够取得更多的热量，与周围岩石（土）层之间的换热更充足，从而提高了深井地埋管换热器的进水管中的温升梯度，增强了深井地埋管换热器的换热性能。然而位于浅层地质层的深井地埋管换热器的出水管温度高于其所在周围岩石（土）层的温度，因此，出水管中的循环水向周围岩石（土）层传热，从而深井地埋管换热器出水温度的降低幅度更大。随着钻孔深度的增加，在提高深井地埋管换热器的平均换热功率的同时，也增大了循环水泵耗功率。与此同时，随着钻孔深度的增大，深井地埋管换热器钻井的初投资费用也相应提高。从经济角度考虑，钻孔深度增大到一定程度，初投资过大，不符合实际建筑的工况设计，因此，在实际项目建设过程中，对钻孔深度的设计需要综合考虑，除了考虑要提高深井地埋管换热器换热功率之外，也要考虑系统运行过程中的耗功率以及初投资费用的增加，从而确定最优的钻井深度。

5.2.3　复合地热井式深井地埋管换热器供暖系统

1. 系统原理

地热井供暖系统存在地热水开采量受限问题，深井地埋管换热器存在单井换热能力较低，且长期运行性能衰减情况明显。针对两种系统在单独使用中存在的问题，将闭式深井地埋管换热器供暖系统和开式的地热井系统相结合，形成复合地热井式深井地埋管换热器供暖系统（以下简称复合式系统）。复合式系统运行时，由于深井地埋管换热器安置在临近抽水井的位置，故抽水井的抽水作用会引发热储层地热水的强制渗流效果，从而改变深井地埋管和热储层之间的传热机制，对深井地埋管换热器传热性能产生重要影响。一方面热储层地热水的强制渗流效果可以提升深井地埋管换热器的换热效果，改善其周围热储层出现冷堆积的情况；另一方面由深井地埋管换热器和地热井两个热源联合承担建筑冬季的热负荷，降低了对地热水的使用量。

如图 5-11 所示，深井地埋管换热器采用同轴套管、循环流从环形空间流入、内管流出的形式。循环流体在进水管从上到下的流动过程中，通过管壁和回填材料与热储层进行换热，到达底部后经出水管流出，然后通过热泵机组对深井地埋管出口流体进行温度提升，最后供向用户末端。地热井供暖系统通过抽水井直接抽取热储层中的高温地热水，对其进行梯级换热利用。高温

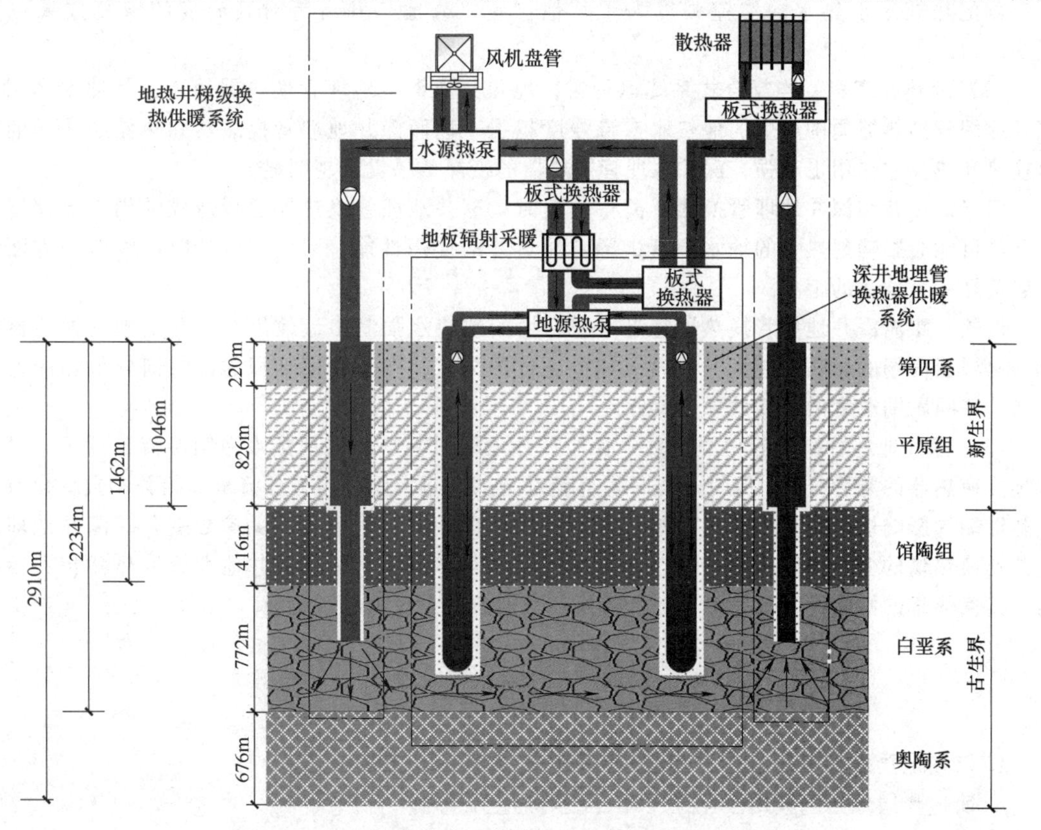

图 5-11　复合地热井式深井地埋管换热器供暖系统示意图

的地热水通过第一次换热为用户末端设备散热器提供热量，第二次换热用于提升土壤源热泵机组出口热水的温度，第三次换热直接为用户末端风机盘管提供热量，第四次换热进入到水源热泵机组，向用户末端风机盘管供暖。由此抽水井抽取的70~80℃的地下热水通过四次换热最终温度将降低至10℃，最后通过回灌井回灌到热储层中。回灌井距离深井地埋管基本都在1km以上，故一般不考虑它对深井地埋管换热性能的影响。

2. 系统特性

复合式系统运行时，地热井在运行时会引起热储层中的地热水强制渗流，从而改变深井地埋管换热器与热储层之间的传热效果以及热储层内部的温度场。地热井对于地热水的开采量和它距离深井地埋管换热器之间的距离又将直接影响深井地埋管换热器周围地热水的渗流强度，从而影响复合式系统的运行效果。深井地埋管换热器相关参数的变化对它的换热性能的影响也会因热储层地热水的强制渗流而发生改变。

（1）地热井开采量　当地热井开始运行时，深井地埋管换热器和热储层之间的传热过程由单一的导热作用变为了导热、对流换热、热弥散共同作用，深井地埋管换热器的换热效果会出现明显的提高。随着地热井开采量逐渐增大，地热井运行造成的热储层中地热水的渗流强度越强，进而导致深井地埋管换热器和热储层之间的对流换热和热弥散作用也越强，深井地埋管换热器的换热效果持续提升，但提升的幅度逐渐变缓。

地热水开采量变化引起的热储层地热水渗流强度变化同样会影响热储层内部的传热机制。随着地热井开采量的增大，深井地埋管换热器周围热储层在运行期堆积的冷量会更快速地向外传递，从而使其在间歇期的温度得到更好的恢复。同时深井地埋管换热器周围更靠近地热井一侧的热储层地热水的渗流强度大于其他位置，故地热井运行对其温度的恢复效果也更明显。

（2）地热井距离　当复合式系统运行时，地热井离深井地埋管换热器越近，其抽水作用在深井地埋管换热器周围产生的地热水渗流强度越强，进而深井地埋管换热器和热储层之间的对流换热和热弥散作用也越强，深井地埋管换热器的换热效果提升越明显。

但当地热井和深井地埋管换热器离得过近时，深井地埋管换热器运行造成的周围热储层温度下降可能会影响地热井的抽水温度，影响地热井的使用性能，因此在设计时应综合两方面考虑，选择一个合适的距离。

地热井距离深井地埋管换热器越近，它产生的地热水强制渗流效果对深井地埋管换热器周围热储层温度场的影响也越大。距离地热井越近的位置，在运行期堆积的冷量向外传递的速度越快，在间歇期温度的恢复效果也越好。

（3）深井地埋管换热器相关参数　在地热井运行引起热储层地热水强制渗流条件下，深井地埋管换热器的井管材料、尺寸、循环流体流动方式、进口温度、循环流量等相关参数变化对其换热性能的影响规律趋势上和没有地热井运行的情况相同，但随着相关参数变化，深井地埋管换热器换热量的变化幅度减弱。在热储层地热水强制渗流条件下，深井地埋管换热器相关参数对于其换热量的敏感性降低，深井地埋管换热器换热效果更加趋于稳定。

思　考　题

1. 简述地热能的主要分类，以及各种地热资源在我国的储备情况。
2. 简述浅层地热能应用于建筑供暖（冷）的主要形式。
3. 简述土壤源热泵系统的工作原理。

4. 简述土壤源热泵系统在零碳建筑设计与运行过程中的主要技术特点。

5. 简述中深层水热型地热能的主要建筑供暖方式。

6. 阐述深井地埋管换热器供暖系统的工作原理。

7. 与传统开式地热井以及浅层地面管换热器相比较，深井地埋管换热器供暖系统的技术特性是什么？

8. 简述复合地热井式深井地埋管换热器供暖系统工作原理与特性。

二维码形式客观题

扫描二维码可在线做题，提交后可查看答案。

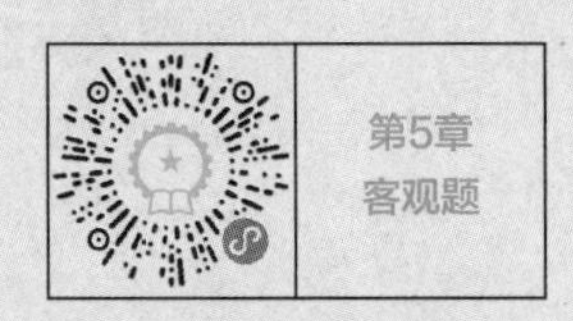

参考文献

[1] 汪集暘，庞忠和，孔彦龙，等. 我国地热清洁取暖产业现状与展望 [J]. 科技促进发展，2020，16（Z1）：294-298.

[2] 中国电子信息产业发展研究院. 碳中和愿景下储能产业发展白皮书 [R/OL].（2021-03-17）[2023-01-11]. https：//www. ccidgroup. com/info/1105/32718_1. htm.

[3] 自然资源部中国地质调查局，等. 中国地热能发展报告：2018 [M]. 北京：中国石化出版社，2018.

[4] 国家发展和改革委，国家能源局，国土资源部. 地热能开发利用"十三五"规划 [EB/OL].（2017-02-04）[2023-01-11]. http：//www. gov. cn/xinwen/2017-02/04/content_5165321. htm.

[5] 清华大学建筑节能研究中心. 中国建筑节能年度发展研究报告：2019 [M]. 北京：中国建筑工业出版社，2019.

[6] 汪集暘. 地热清洁取暖大有可为 [N]. 中国科学报，2020-09-02（3）.

[7] 国家发展和改革委，国家能源局，等. 关于促进地热能开发利用的若干意见 [EB/OL].（2021-09-10）[2023-01-11]. http：//zfxxgk. nea. gov. cn/2021-09/10/c_1310210548. htm.

[8] 黄嘉超，梁海军，谷雪曦. 中国地热能发展形势及"十四五"发展建议 [J]. 世界石油工业，2021，28（2）：41-46.

[9] 汪集暘. 地热学及其应用 [M]. 北京：科学出版社，2015.

[10] 水电水利规划设计总院. 中国可再生能源发展报告（2019）[M]. 北京：中国水利水电出版社，2020.

[11] 国家发展和改革委，国家能源局，等. 北方地区冬季清洁取暖规划（2017—2021 年）[EB/OL].（2017-12-20）[2023-01-11]. http：//www. gov. cn/xinwen/2017-12/20/conten_524 8855. htm.

[12] 清华大学建筑节能研究中心. 中国建筑节能年度发展研究报告：2020 [M]. 北京：中国建筑工业出版社，2020.

[13] 李扬，赵婉雨. 地热能领域产业技术分析报告 [J]. 高科技与产业化，2019（9）：46-51.

[14] 郑克棪，陈梓慧. 地热供暖世界现状及中国清洁供暖的地热选择 [J]. 河北工业大学学报，2018，47（2）：102-107.

[15] LI W X，LI X D，PENG Y L，et al. Experimental and numerical studies on the thermal performance of ground heat exchangers in a layered subsurface with groundwater [J]. Renewable Energy，2020，147（3）：620-629.

[16] MA Z D，JIA G S，CUI X，et al. Analysis on variations of ground temperature field and thermal radius caused by ground heat exchanger crossing an aquifer layer [J]. Applied Energy，2020，276（10）：1-11.

[17] PASQUIER P，MARCOTTE D. Joint use of quasi-3D response model and spectral method to simulate borehole heat exchanger [J]. Geothermics，2014，51（7）：281-299.

[18] LIU J，WANG F，CAI W，et al. Numerical study on the effects of design parameters on the heat transfer performance of co-

axial deep borehole heat exchanger [J]. International Journal of Energy Research, 2019, 43 (12) 6337-6352.
[19] ZHAO Y, MA Z, PANG Z. A fast simulation approach to the thermal recovery characteristics of deep borehole heat exchanger after heat extraction [J]. Sustainability, 2020, 12 (5): 1-27.
[20] PAN S, KONG Y, CHEN C, et al. Optimization of the utilization of deep borehole heat exchangers [J]. Geothermal Energy, 2020, 8 (1): 1-20.
[21] SHI Y, SONG X, LI G, et al. Numerical investigation on the reservoir heat production capacity of a downhole heat exchanger geothermal system [J]. Geothermics, 2018, 72 (3): 163-169.

第6章 海洋能利用技术

利用可再生能源是实现建筑节能减排及营造零碳建筑的重要举措，海洋能是可再生能源的重要组成部分。本章主要讲述海洋能利用方式及相关技术。

6.1 沿海零碳建筑营造概述

众所周知，沿海建筑具有紧邻海域的区位特点，因此具有充分利用海洋能源的自然条件与巨大潜力。沿海建筑可利用海洋波浪能、潮流能、温差能、海上风能、海面太阳能等能源转化的电能或采用海水为冷热源的海水源热泵系统供能。本节将介绍海洋能源形势以及沿海建筑的海洋能源利用技术。

6.1.1 海洋能源的应用潜力

海洋能源因其具有清洁与可再生的特性，成为全球在降碳减排过程中开发利用的焦点。据国际可再生能源机构统计，2011年—2021年全球包括波浪能、潮流能、温差能等海洋能装机容量约为500MW，我国的装机容量在4MW左右，在可再生能源应用中占比较小，随着潮流能和波浪能技术成熟，其发展的潜力巨大。对于海上风电项目，全球装机容量从2011年3776MW陡升至2021年55678MW，而我国的装机容量由全球占比5.6%上升至47.4%，我国在海上风电领域的投资与应用走在全球前列。海上风电项目中借助海上升压站等海上建筑完成对所产电能的升压、输配，需要对海上建筑环境进行调节控制来达到较好的运行效果，为以海水作为冷热源的海水源热泵的应用提供可观的应用前景。可再生海洋能源具有巨大的应用潜力，推广应用海洋能源对显著提高可再生能源在能源消费中的比重具有重要意义。

6.1.2 建筑中海洋能源的应用

海洋能是一种贮藏于海水之中的可再生能源，具有储量丰富、清洁稳定等优点，常以潮汐能、波浪能、海水温差能、海水盐差能、海流能等形式存在。地球表面积约为5.1亿km^2，海洋面积占比在70%以上；我国拥有1.8万多km的海岸线，海域面积470多万km^2，海域中分布着7600多个大小岛屿，为海水资源的开发利用提供了广阔的空间。我国开发利用海洋能的工作已近五十年，特别是从2010年财政部设立海洋可再生能源专项资金，海洋能开发利用的研究工作得到了全面推进。2016年，国家海洋局发布《海洋可再生能源发展“十三五”规划》，提出推进海洋能工程化应用，积极利用海岛可再生能源，开展评估发展适应海岛特定环境的技术及装备，建设海岛可再生能源多能互补示范工程，从而进一步提升海洋能开发利用水平。2021年，国务院发布《2030年前碳达峰行动方案》，着重提到探索深化海洋能源开发利用。

根据2005年国家能源局发布的《可再生能源产业发展指导目录》，目前海洋能的利用方式主要为将海水中的机械能、热能、电位差能等形式能量转换成电能，此外将海水热能的利用划分至地热能利用范畴，现处于技术研发和项目示范阶段。2020 年，国际可再生能源署统计了 2010 年—2020 年我国各类可再生能源装机容量，如图 6-1 所示。2010 年—2020 年，海洋能装机容量从 250MW 增加至 527MW，但相较装机容量百亿瓦级的海上风电，海洋能的利用处于较低水平，因此海洋能转化为电能或热能的利用存在巨大的技术提升空间与发展潜力。

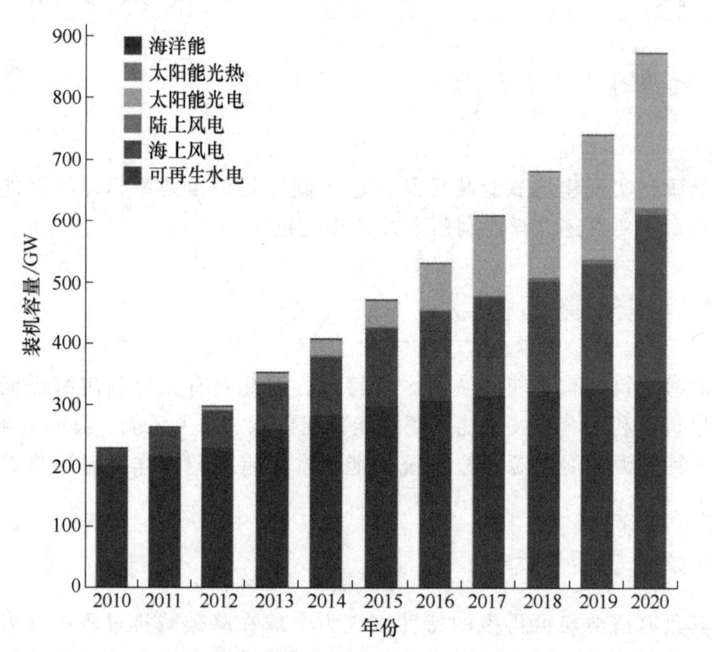

图 6-1　2010 年—2020 年我国各类可再生能源装机容量（扫描二维码可看彩图）

沿海零碳建筑相较常规建筑自身耗能较低，又因紧邻海域，可充分利用海洋能源转化的电能与热能，以保障建筑的持续良好运行。具体而言，海洋能源通常是指海洋中所蕴藏的可再生的自然能源，主要为潮汐能、波浪能、海流能（潮流能）、海水温差能和海水盐差能。按储存形式又可分为机械能、热能和化学能。其中，潮汐能、海流能和波浪能为机械能，海水温差能为热能，海水盐差能为化学能。沿海建筑采用各种可再生能源实现零碳建筑营造，供能系统如图 6-2 所示。建筑满足人员需求的设备为系统耗能部分，包括空调系统、家用热水系统、照明系统以及升降系统等，而供能系统部分主要包括海水冷却系统、生活热水系统、可再生海洋能源系统三部分，其中，海水冷却系统包括空气处理装置与集中供冷系统两种。生活热水系统主要由安装在屋顶的太阳能集热器集热，储存至储热罐中，可辅助加热器控制温度。可再生海洋能源电力系统包括漂浮式光伏系统和潮流发电系统，漂浮式光伏系统利用建造在海面上漂浮的光伏板来利用太阳能，潮流发电系统利用在海洋特定位置的流体动力涡轮机来收集潮汐能量。浮式光伏系统和潮流发电系统所获得的能量由转换器转化为电能，再由电池作为整个系统的能量存储设备。沿海零碳建筑用到太阳能、海洋机械能、海洋热能等可再生能源。

6.1.3　海洋机械能应用技术

本节将概述海洋机械能的应用技术。海洋机械能主要包括波浪能、潮汐能、海流能等形式，主要以电能的形式储存。

1. 波浪能

波浪能发电是通过波浪的运动使装置工作并带动发电机发电，将以水的动能和势能形式存

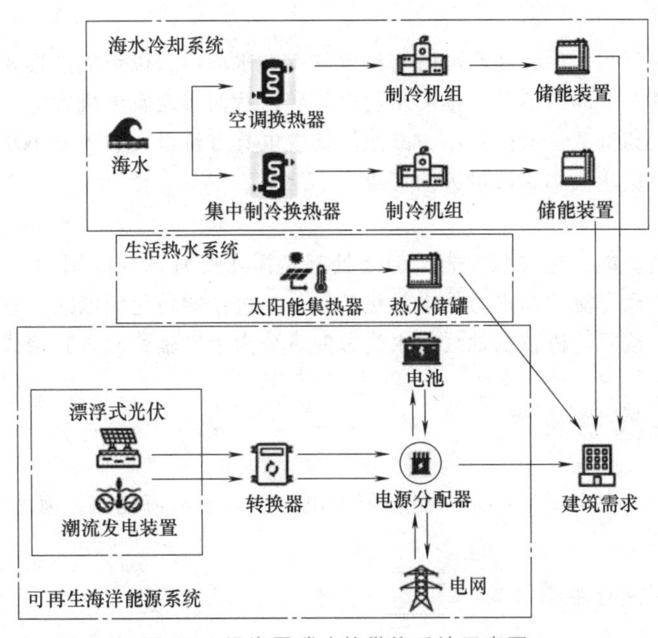

图 6-2 沿海零碳建筑供能系统示意图

在的机械能转化为电能。转换过程中一般有三级。第一级是波浪能收集，通常采用聚波和共振的方法把分散的波浪能聚集起来。第二级为中间转换，即能量的传递过程，使波浪能转换为有用的机械能。第三级为最终转换，即由机械能通过发电机转换为电能。按照中间转换分，波浪能发电形式主要分为机械式、气动式与液压式。值得注意的是，波浪能发电需要在海上建造浮体，并解决海底输电问题；在海岸处需要建造特殊的构筑物，以便海浪聚集与设备安装。此外，发电系统中各种装置均应考虑海水腐蚀、海生物附着和抗御海上风暴等工程问题。据国家能源局资料，2020 年我国 500kW 鹰式波浪能发电装置“舟山号”正式交付，如图 6-3 所示，成为我国首个、亚洲一流、国际先进的波浪能发电试验场，有力支撑了我国海洋强国战略实施。

图 6-3 鹰式波浪能发电装置“舟山号”

2. 潮汐能

潮汐能发电是通过出水库，在涨潮时将海水储存在水库内，以势能的形式保存，在落潮时放出海水，利用高低潮位之间的落差，推动水轮机旋转，从而带动发电机发电。潮汐能发电与水力发电原理相似，但因高低潮位的落差小，故潮汐能发电具有流量大、落差小及间歇性等特点，从而水轮机的结构应适应压头小、流量大的特点。

3. 海流能

海流能又称为潮流能，它与潮汐能相似之处都是海水受月球与太阳的引力作用而产生的动能。海流能发电是依靠海流的冲击力使水轮机转动，将机械能转化为电能，它的原理类似风力发电，叶轮转速较慢。按照轮机转轴轴线与水流方向可分为水平轴式和垂直轴式。

6.2 海洋热能应用技术

海洋热能应用技术中主要是指海洋温差能发电，而对于沿海建筑，海水源热泵系统也是海洋热能的一种利用形式。

6.2.1 海洋温差能应用

海洋温差能发电技术是指由表层海水作为高温热源，深层（>500m）海水作为低温热源，利用热机组成的热力循环系统进行发电。早在 19 世纪 80 年代，这一概念被提出，并在 19 世纪早期实验室得以证实。一般，它的发电系统由汽轮机、冷凝器、蒸发器、发电机组组成，按照工质与流程可分为开式循环、闭式循环和混合式循环。

6.2.2 海水源热泵技术

对于海洋热能的利用，除海洋温差能用于发电，存在以海水作为冷热能源为建筑供能的海水源热泵系统。因海水温度较空气温度呈现夏季较低、冬季较高的变化特征，海水源热泵系统充分利用低品位的海洋热能，通过利用蕴藏于海水中的热量或冷量为建筑物冬季供暖或夏季供冷。据国家海洋局统计，我国各海区月均海洋表层水温呈现冬低夏高的波动趋势，且平均温度高低顺序为：南海>东海>黄海>渤海，呈现纬度低温度高、纬度高温度低的特点，如图 6-4 所示。相较空气源热泵系统，该系统具有节能高效、清洁经济及运行稳定等特点，因此受到国内外研究学者关注。海水源热泵系统作为地表水源热泵系统的一个分支，按照取热方式区分，海水源热泵系统可分为开式与闭式两种形式，可广泛应用于沿海城市公共建筑和民用建筑，本节重点针对两种系统形式的系统设计、系统运行、系统性能等方面的研究现状进行归纳与总结。

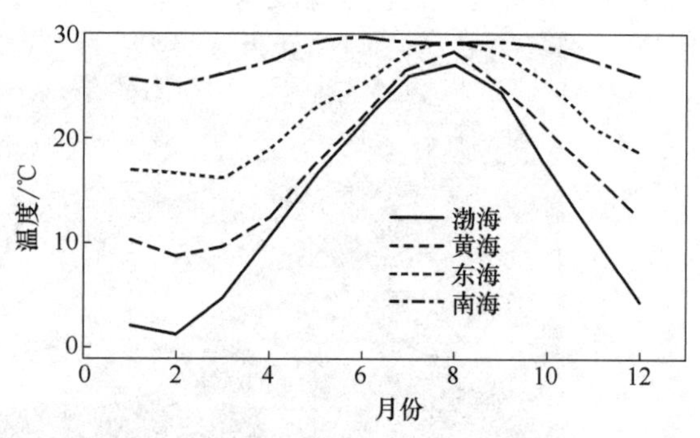

图 6-4　我国各海区月均海洋表层水温

1. 开式海水源热泵系统

开式海水源热泵系统（简称开式系统）是将海水抽取到热泵机组冷凝器或蒸发器中，完成与制冷剂换热，再排回至海域中，其系统形式如图 6-5 所示。其中，图 6-5a 所示为夏季工况，系统将热排至海水中为建筑供冷，反之，图 6-5b 为冬季工况，自海水中取热为建筑供热。在实际应用中，通过现场测试，日本九州岛商业建筑使用开式海水源热泵系统，该系统的 COP 值在夏季最低为 4.49，年均 COP 值约为 5.20。另有调研亚热带城市中国香港海水源热泵系统公共建筑与民用建筑的适用性，海水源热泵系统月平均 COP 高于 5。中国青岛商业建筑应用海水源热泵系统性能可有效节约电能且全年系统 COP 高于 3.2。同时，开式海水源热泵系统在冬季供暖模式下的性能相比较低，单台机组运行模式下 COP 在 2.35~3.64 变化，而多台串联运行模式下机组性能可提高 8%~14%。

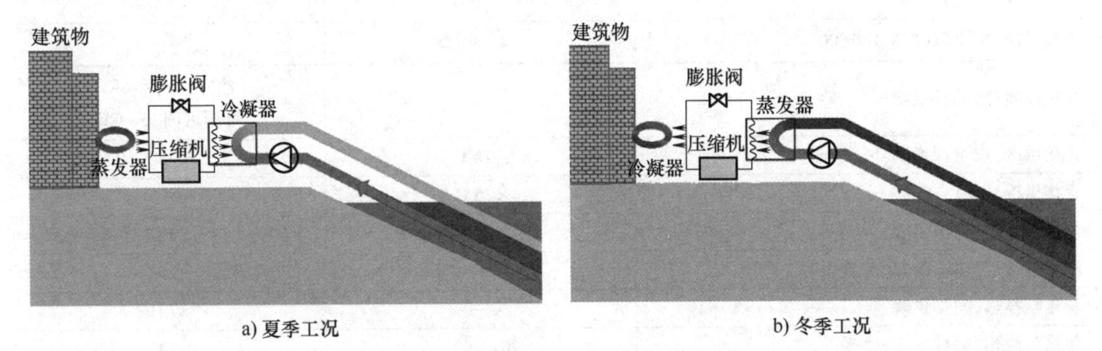

a) 夏季工况　　b) 冬季工况

图 6-5　开式海水源热泵系统示意图

相较空气源热泵系统，海水温度相较空气具有夏季温度更低冬季温度更高且温度波动小的特点，因此海水源热泵系统性能可得到提升；相较地源热泵系统，海水的流动及海洋的自平衡性能够有效解决长期不间断运行中热（冷）堆积问题。针对海水源热泵系统的可行性，现有文献对冬季供暖的可行性进行了分析，海水温度在 1~10℃ 系统是可行的，但在海水温度低于 1℃ 时提取海水热量是较困难的。实际运行案例中发现海水源热泵系统相较空气源热泵能够达到节能减排目的、降低维修需求并提高系统的可靠性。此外，海水源热泵系统临界 COP 可基于稳态与准动态两种方法分别得到，系统供暖工况下 COP 为 2.43，并可利用热力学完善度分析系统效率提升潜力，系统效率可提升 24.2%。此外，海水源热泵以渗滤方式取水的开式系统同样可适用于我国沿海城市。综上，相较传统的锅炉房供暖、空气源热泵系统，海水源热泵开式系统因海水温度波动性小及温度范围适宜而具有较好的系统性能，因此该系统可用于沿海城市为建筑供暖供冷。

目前开式海水源热泵系统可利用可再生能源，达到节能减排效果，但开式系统由于直接将海水引入热泵机组换热而存在海水腐蚀、海洋生物附着、初投资及运行费用高等问题。随着国内外材料技术的持续成熟，可通过合理选择防腐管材、防腐涂层及阴极保护等方法解决腐蚀阻碍海洋热能利用的问题。因海水进入换热器而造成海洋生物附着并淤积，会引起换热器内海水流速的降低，从而造成管内对流传热系数的降低，并引起换热效率的衰减。此外，开式海水源热泵系统实际运行过程中系统输配能耗受海水输配形式等因素影响，海水输配管路过长，提取海水高差增加，造成海水输配水泵能耗增加，进而影响系统的经济性。除了上述问题，开式海水源热泵系统性能受海水温度的制约，海水温度在供冷季越低及供暖季越高则越有利于提高系统性能，从而系统效率也越高。表 6-1 为不同形式的开式海水源热泵系统运行时海水温度适宜区间，其中，直接供冷系统表示海水直接与冷冻水换热，之后冷冻水输配到建筑物内为其供冷，因此在夏季工况直接供冷系统中适用的海水温度较低。由表 6-1 可知，海水源热泵提取海水的可用温度夏季工况在 33℃ 以下，而冬季工况在 1℃ 以上，系统运行的较适宜温度区间为夏季低于 26℃，冬季高于 6℃。同时，研究也表明，当冬季海水温度过低时，达到海水冰点将造成热泵机组因堵塞而无法运行。综上，海水腐蚀、海洋生物附着、运行维护费用过高以及寒冷地区海水温度过低都将限制开式海水源热泵系统的广泛应用。

表 6-1 不同形式的开式海水源热泵系统运行时海水温度适宜区间

系统描述	夏季工况	冬季工况
与冷却水换热,间接供冷	30~33℃	—
与载冷剂换热,间接供暖	—	1.5~7℃
与热泵换热,间接供冷、供暖	<26℃	>6℃
与热泵换热,间接供暖	—	>1℃
直接供冷,取水深度 700~1000m	4~8℃	—
与热泵换热,间接供暖	—	适宜区间:>6℃ 可用区间:3~6℃
直接供冷,取水深度 600~900m	4~6℃	—
直接供冷	<26℃	—
与热泵换热,间接供暖	—	>3℃
渗滤取水,与热泵换热,间接供暖	—	>2℃
与热泵换热,间接供暖	—	>7℃
与热泵换热,间接供冷、供暖	20~25℃	>2℃

2. 闭式海水源热泵系统

为解决开式系统运行中的问题，进一步提升海水源热泵系统的应用性，闭式海水源热泵系统被提出（简称闭式系统），其系统形式如图 6-6 所示，相较开式系统，闭式系统增加了一个额外的海水换热器，改变了取放热形式，将海水与热泵机组隔离，避免因海水腐蚀或供暖季海水温度过低造成蒸发器中结冰而无法运行等问题。根据国家海洋局《2017 年中国海洋生态环境状况公报》，渤海海域在供暖季 1 月及 2 月的海洋表层水温分别为 2℃和 1.2℃，此时海水进入热泵机组放热，会引起海水在机组内部的结冰损害，而闭式系统可解决此种不适用于开式系统的海域工况。开式系统在供冷季、供暖季换热过程包括海水与冷凝器、蒸发器内制冷剂换热，蒸发器、冷凝器内制冷剂与输配到建筑物的冷冻水、冷却水换热。闭式系统在供冷季、供暖季换热过程则包括海水与海水换热器内换热介质换热，换热介质与冷凝器、蒸发器内制冷剂换热及蒸发器、冷凝器内制冷剂与输配到建筑物的冷冻水、冷却水换热 3 个部分，相当于闭式海水源热泵系统因增加海水换热器而在系统中增加一次换热过程，因此海水换热器对海水源热泵系统的性能具有重要影响。

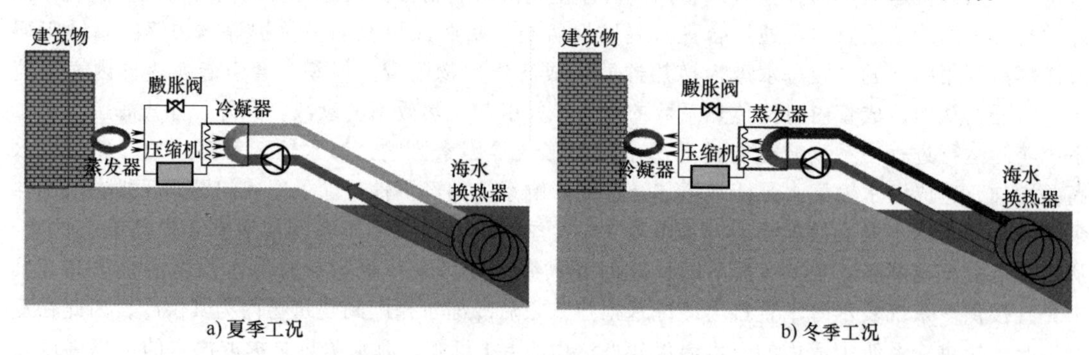

图 6-6 闭式海水源热泵系统示意图

6.2.3 海水换热器

为提高闭式海水源热泵系统的性能并拓展其应用范围，对海水换热器的研究主要集中于结构形式设计与数学传热模型建立等方面，其中，结构形式将直接影响海水源热泵系统的系统性能及后期运行维护，而海水换热器的数学传热模型作为其换热性能的重要分析方法，对系统的设计研究具有重要的理论指导意义。在建立数学模型过程中通常需要对模型进行一定的假设和简化，不同的假设与简化将对模型的计算结果与精度产生一定的影响。因此，本节重点针对海水换热器的结构形式、换热性能、数学传热模型的研究现状进行归纳与总结。

1. 形式与性能

海水源系统作为地源热泵系统的一个重要分支，海水换热器形式与现有地源热泵系统中所应用的换热器具有一定的相通之处，换热介质在冬季寒冷及严寒地区常采用乙二醇溶液等防冻液介质。换热器结构形式常分为水平布置与垂直布置两种形式，现有海水换热器的具体形式主要分为以下几种：

（1）抛管式换热器　抛管式换热器作为水平布置换热器的一种，将整盘高密度聚乙烯换热管伸开，配以配重块后放置于海水中，完成换热器内换热介质与海水的换热，其结构形式如图 6-7 所示。实际应用中，将抛管式换热器沉浸于海水中，可根据换热量选用管外径 32mm 的高密度聚乙烯管、聚乙烯等材料管材，并用尼龙绳将其捆扎后配以重物沉至海水中，并防止被水底淤泥淹没。

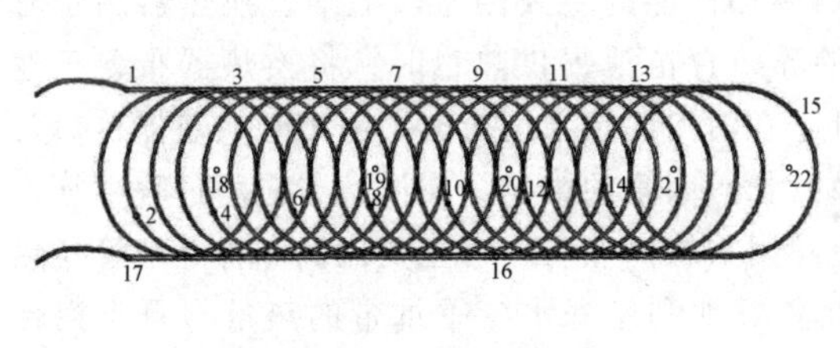

a) 示意图

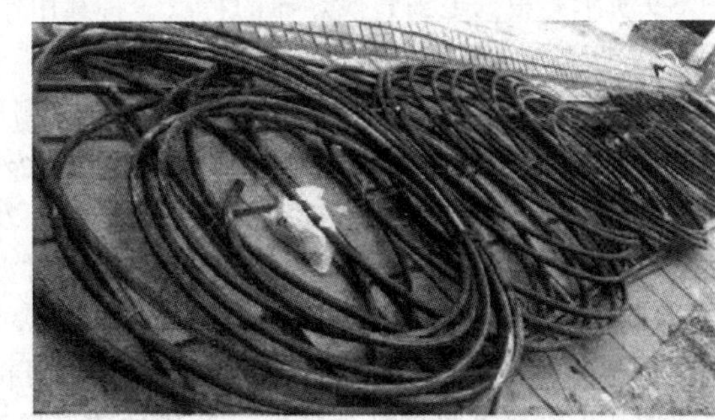

b) 实物图

图 6-7　抛管式换热器

（2）螺旋管换热器　螺旋管换热器在工程应用中常分为两种形式：松散式和缠绕式。松散式螺旋管换热器是将换热管成盘地放置于水体之中，不进行规范的捆扎处理，如图 6-8a 所示，这种形式的换热器由于塑料换热管缠绕或相互重叠而产生热流短路等问题，从而造成换热效率低且所需换热管长度长。相较于松散式螺旋管换热器，缠绕式螺旋管换热器按照一定的旋转半径与螺距将换热管规则地缠绕在固定架上，可提高换热效果。工程计算中采用数值计算方法，对现有的计算粗糙、不适宜工程应用的线算图进行了修正，同时进出口温差和水温流速是显著影响换热器换热性能的重要因素。另外，螺旋管换热器可存在双螺旋和多排螺旋管式海水换热器，实际运行中，换热器的换热性能受管长、管材、沉浸水况等因素影响。随着管长的增加，换热能力减弱，且换热器在浅水区的换热效率高于深水区。此外，换热器外海水流速对管外对流换热具有重要影响，而高密度聚乙烯管制成的换热器，管壁热阻是限制换热性能最大的影响因素。对于多排螺旋盘管换热器，迎水侧的水流速高于背水侧，迎水侧的换热能力高于背水侧；水流速的增加可明显提高管外表面传热系数；管壁热阻对换热器的传热能力具有限制作用，且管壁热阻降低 5.6%可增加约 30%的单位管长换热量。此外，针对螺旋管换热器的管内流动阻力也是换热器的一个重要的运行评价指标，非牛顿流体在螺旋管内流动，在离心力的作用下，流体在弯管的外侧和内侧产生压差，并在内外压差的作用下，流体沿管壁由外侧向内侧流动且管道内心的流体产生回流现象，这样就形成二次流动，而二次流动会造成螺旋管换热器的局部阻力增加，试验与数值模拟等研究结果均表明环形螺旋管内存在二次环流，对于乙二醇溶液等黏性较大的换热介质，螺旋管换热器的阻力将进一步增加。

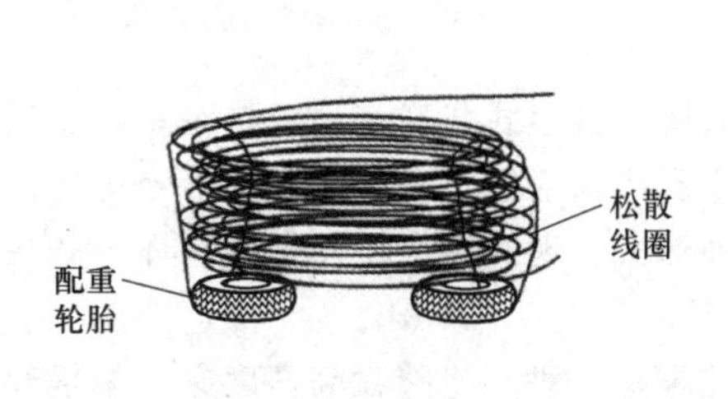

a) 松散式

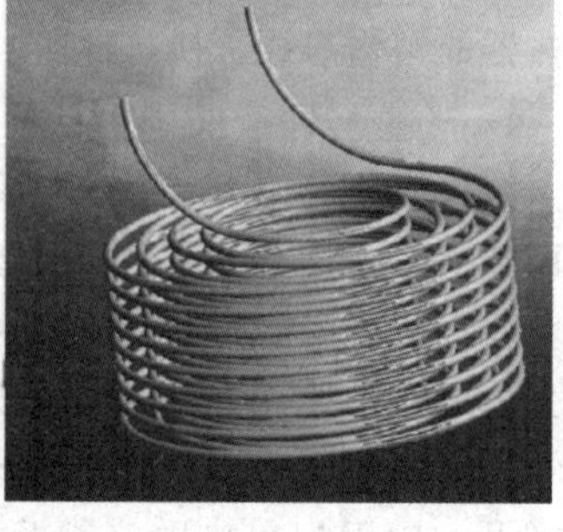

b) 缠绕式

图 6-8 螺旋管换热器

（3）毛细管换热器 毛细管换热器具有管径小、管壁薄、换热面积大及造价低等特点，如图 6-9 所示。根据毛细管换热器的特点，将其用作海水源热泵系统中的前端换热装置，实际运行中，毛细管内换热介质的流速与毛细管管长是影响换热性能的主要因素。毛细管换热器用于海水源热泵与污水源热泵联合系统中，且为用户侧的养殖育苗池提供热量时，将换热器布置于池壁时池水温度的均匀性优于将其布置于池底。此外，在海水源热泵运行时，毛细管换热器传热及阻力性能受管内换热介质流速、传热系数、温差及管长等因素的影响，在设计与应用过程中管长不宜设置过长，且在海水外掠毛细管时，管内对流热阻与管壁热阻占有主要比例。将毛细管换热器应用于近海岸浅滩，换热器埋深要尽量浅，从而更好地利用海水冬季携带的热量与夏季携带的冷量，此外，毛细管外与砂层土壤的导热热阻在总热阻中占主要部分。将毛细管换热器沉浸于海水中，毛细管换热器具有较优的换热性能，但存在安装运行中易被破坏从而造成乙二醇泄漏的问题。

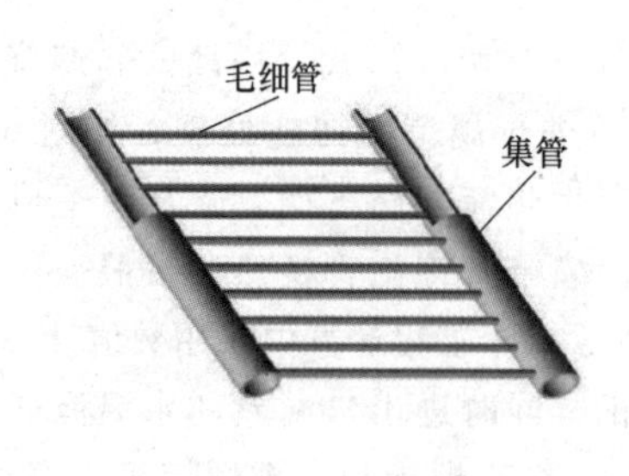

a) 示意图

b) 实物图

图 6-9 毛细管换热器

此外，因海水的腐蚀性，海水用换热器的材质常用抗腐蚀金属和高分子聚合物等非金属两大类。不同类型海水用换热器的材质及性能见表 6-2。

表 6-2 不同类型海水用换热器的材质及性能

换热器结构	管材	导热系数 /[W/(m·K)]	抗腐蚀性
壳管式	碳钢	47	弱

（续）

换热器结构	管材	导热系数 /[W/(m·K)]	抗腐蚀性
板式	不锈钢	52~57	中等
壳管式	铜镍合金	50	
	铜铝合金	—	
套管式	铜镍合金	29~50	
交叉流式	不锈钢	52~57	
壳管式	钛	17	强
	聚偏氟乙烯	0.18	
	聚乙烯	0.42~0.51	
	聚丙烯	0.11	
抛管式	高密度聚乙烯	0.49	
毛细管	聚丙烯	0.21	
管束式	碳钢/混凝土	52/0.29	
双螺旋式	高密度聚乙烯	0.49	
交叉流式	聚合物	1.8	

综上所述，海水换热器主要有抛管式换热器、螺旋管换热器、毛细管换热器等形式，抛管式换热器与松散式螺旋管换热器因换热管重叠可能造成热流短路，而规则缠绕式螺旋管换热器解决热流短路问题，但因二次环流会造成换热器阻力增加从而增加循环泵耗功。毛细管换热器具有较好的换热性，但由于波动海水的冲击会对换热器安装运行造成损坏。与此同时，海水换热器的主要材质为抗腐蚀金属或是高分子聚合物，抗腐蚀钛等昂贵金属因设备造价高较少被使用，工程中海水换热器多以高密度聚乙烯管等塑料换热管为主，但塑料材质会直接引起管壁导热热阻过大而限制换热介质与海水之间的换热。

2. 传热模型

为了研究与评价闭式海水源热泵系统用海水换热器的换热性能，国内外专家学者提出了多种海水换热器换热性能的数学模型。数学模型多是基于能量守恒方程建立的，按照模型建立方法的不同，海水换热器换热性能的数学模型可以分为集总参数模型和分布参数模型。其中，集总参数模型对换热器内换热介质及管壁整体建立热平衡方程，此种数学传热模型忽略了沿换热介质流动方向的温度变化；分布参数模型考虑海水换热器的 N 个部分（如换热介质、管内壁、管外壁），并将海水换热器各部分沿换热介质的流动方向划分成 M 个控制体，共生成 $N×M$ 个控制体，最后针对每个控制体建立各自的热平衡方程。对于集总参数法，可对海水换热器性能及阻力特性进行计算，计算过程中采用平均综合传热系数。对于分布参数法，建立海水换热器数学模型时，可将其分为换热介质、换热管内壁及换热管外壁三个部分，值得注意的是，如果换热器的管材为导热系数较大的材质时，管壁可处理为整体一个部分，并沿换热介质的流动方向将各部分划分为 N 个控制体，其中对管外壁建立热平衡方程的过程中，将管外壁与海水之间的换热考虑为自然对流换热。对于冬季工况，建立数学模型除换热介质、换热管内壁及换热管外壁三个部分外，还应对冰层划分控制体，建立热平衡方程。对于管外对流传热，可根据海水沉浸的海域条件处理，当海水流速较小时，可将管外对流换热简化成大空间自然对流换热。当浅层海域中海水流速较大时，可处理为强制对流，对它的量化描述的准则关联式应慎重选取。其中，管外表面传热系数有学者根据监测海水流速拟合得到的努塞尔数与雷诺数的关系式进行计算，并发现海浪波条件下的海水换热器的换热性能优于静止水域。建立数学模型时，可考虑沿换热介质流动方向的轴向换热以及换热介质随温度变化的热物性变化，也可根据实际计算工况进行相应的假设与条件简化。计算中发现采用高密度聚乙烯等非金属材质换热器的管壁热阻占总热阻的最大比例，采用全生命周期法比较不同系统经济性，由造价较低的金属管材制成的海水换热器全生命周期成本最小且系统最经济。综上，研究学者对海水换热器主要采用了分布参数法建立了数学模型，可分析换热介质沿其流动方向的温度变化以及换热器的换热性能，将换热器换热简化成轴向与径向两个方向换热，无法直观了解管外三维水体流动特性对换热器性能的影响。

此外，还可通过计算流体软件对海水换热器建立数学模型。例如，多排螺旋管换热器、抛管式换热器可利用计算流体软件（Fluent）建立三维稳态数学传热模型，地表水温度、流速及管材导热系数对换热性能的影响可被量化计算，且可得出换热器温度场、管外速度场与压力场分布情况。

结合以上有关换热器传热模型的研究可知，集总参数法的传热模型相对简单、计算量小、运行时间较短，但获取信息较少；相较集总参数法，分布参数法的数学模型需对各个控制体建立热平衡方程，计算量较大，运行时间较长，可获取换热器多点温度、压力信息；而三维传热模型相较上述两种传热模型，计算量最大、运行时间最长，常需要几小时甚至几天的时间，但可更直观地获得换热器内部三维温度场以及外部的温度场、速度场及压力场等全面信息。此外，因海水换热器放置于海底，学者对海水换热器管外对流换热的描述常使用大空间自然对流经验公式，或是根据海水流速拟合一定范围适用的经验公式，且以往的传热模型均未考虑海水换热器水下沉浸深度及海浪波参数对管外对流换热的影响。

6.2.4 海水源热泵系统应用实例

海水源热泵系统已应用于国内外沿海城市，为沿海或海上建筑供冷、供热以减少碳排放。本小节将介绍海水源热泵在中国沿海城市的应用情况。

我国早期海水源热泵系统应用在大连市，因系统初投资较高，其经济性不具有显著优势，但应用中可减少化石能源消耗，在环境收益和能源应用方面具有明显效果。为响应国家“双碳”目标，青岛市奥帆中心零碳社区采用海水源热泵系统服务面积为7900m^{2}的媒体中心，所耗电能全部由太阳能光伏提供，全年可减少碳排放406.13t，此外，青岛市因其得天独厚的海洋资源，在居住建筑和公共建筑中应用大量的海水源热泵系统，特别在没有集中市政热力管网的城市，具有较好的工程推广价值。福建省将开式海水源热泵系统应用于商业建筑，实际应用中机组能效比为3.5~5.9，系统能效比为2.8~4.3，运行与维护的问题导致未能充分发挥海水源热泵系统高效节能的特点，实际运行调节中应注重海水源热泵系统与建筑负荷的供需关系。

综上，在当今国家各行业探索降碳减排的进程中，海水源热泵作为一种利用可再生能源的供冷、供热系统，具有广阔的应用前景。但实际应用中，应根据当地的资源条件理性客观地评估，因地制宜地选用适合城市资源环境特点的系统形式。

思考题

1. 可再生能源利用过程中，海洋能源常有哪几种形式？
2. 海水源热泵系统按照取热方式可分为哪几种？各自的优缺点是什么？

3. 海水换热器的换热效果受哪些因素影响？
4. 简述海水换热器的类型。

二维码形式客观题

扫描二维码可在线做题，提交后可查看答案。

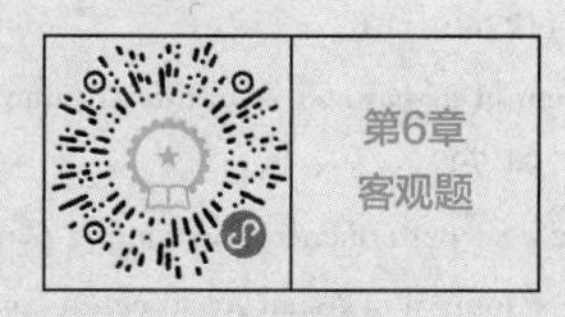

参考文献

[1] IRENA. Climate Change and Renewable Energy: National policies and the role of communities, cities and regions [R/OL]. (2019-06-01) [2023-01-12]. https://www.irena.org//media/Files/IRENA/Agency/Publication/2019/Jun/IRENA_G20_climate_sustainability_2019.pdf? rev=5866f1061c0f4ee4ba896c5b44899e75.

[2] 刘玉新，王海峰，王冀，等. 海洋强国建设背景下加快海洋能开发利用的思考 [J]. 科技导报，2018，36 (14)：22-25.

[3] QIU S Q, LIU K, WANGD J, et al. A comprehensive review of ocean wave energy research and development in China [J]. Renewable and Sustainable Energy Reviews, 2019, 113 (10): 1-19.

[4] 国家海洋技术中心. 中国海洋能技术进展 2014 [M]. 北京：海洋出版社，2014.

[5] 中华人民共和国国家海洋局. 海洋可再生能源发展“十三五”规划 [EB/OL]. (2016-12-30) [2023-01-12]. http://www.sz.gov.cn/cn/xxgk/zfxxgj/zcfg/gjflfg/content/post_6583816.html.

[6] 中华人民共和国国家发展和改革委员会. 可再生能源产业发展指导目录 [EB/OL]. (2005-11-29) [2023-01-12]. https://www.ndrc.gov.cn/xxgk/zcfb/tz/200602/t20060206_965900.html? code=&state=123.

[7] ZHOU S, CAO S, WANG S, et al. Realisation of a coastal zero-emission office building with the support of hybrid ocean thermal, floating photovoltaics, and tidal stream generators [J]. Energy Conversion and Management, 2022 (2): 253.

[8] 中国科学院广州能源研究所. 南海兆瓦级波浪能示范工程建设”项目首台 500kW 鹰式波浪能发电装置“舟山号”正式交付 [EB/OL]. (2020-07-01) [2023-01-12]. http://www.giec.cas.cn/ttxw2016/202007/t20200701_5614043.html.

[9] 国家海洋局. 2017 年中国海洋生态环境状况公报 [EB/OL]. (2018-06-25) [2023-01-12]. https://www.nmdis.org.cn/hygb/zghyhjzlgb/2017nzghysthjzkgb/.

[10] SONG Y, AKASHI Y, YEE J. Effects of utilizing seawater as a cooling source system in a commercial complex [J]. Energy and Buildings, 2007, 39 (10): 1080-1087.

[11] LI X, LIN D, SHU H, et al. Optimal design of district heating and cooling pipe network of seawater-source heat pump [J]. Energy and Buildings, 2010, 42 (1): 100-104.

[12] SHU H, LIN D, LI X, et al. Energy-saving judgment of electric-driven seawater source heat pump district heating system over boiler house district heating system [J]. Energy and Buildings, 2010, 42 (6): 889-895.

[13] WU J, LI H, WANG F. Experimental study of seawater seepage and heat transfer in a laboratory vertical beach well [J]. Applied Thermal Engineering: Design, processes, equipment, economics, 2018, 129: 403-409.

[14] SCHIBUOLA L, SCARPA M. Experimental analysis of the performances of a surface water source heat pump [J]. Energy and Buildings, 2016, 113 (2): 182-188.

[15] YU J, ZHANG H, YOU S. Heat transfer analysis and experimental verification of casted heat exchanger in non-icing and icing conditions in winter [J]. Renewable Energy, 2012, 41: 39-43.

[16] 姜坤. 海水源热泵运行特性实验研究 [D]. 青岛：青岛理工大学，2018.

[17] SPITLER J D, MITCHELL M S. Advances in ground-source heat pump systems [M]. Cambridge: Woodhead Publishing, 2016.
[18] SPITLER J D, Mitchell M S. Advances in ground-source heat pump systems surface water heat pump systems [M]. Cambridge: Woodhead Publishing, 2016.
[19] CHEN X, ZHANG G, PENG J, et al. The performance of an open-loop lake water heat pump system in south China [J]. Applied Thermal Engineering, 2006, 26 (17): 2255-2261.
[20] SU C, MADANI H, LIU H, et al. Seawater heat pumps in China, a spatial analysis [J]. Energy Conversion and Management, 2020, 203 (1): 112240. 1-112240. 15.
[21] SHI Z, LI Z. Thermoeconomic optimization of a seawater source heat pump system for residential buildings [J]. Advanced Materials Research, 2011, 355 (12): 794-797.
[22] AKASHI Y, WATANABE T. Energy and cost performance of a cooling plant system with indirect seawater utilization for air-conditioning in a commercial building [J]. Journal of Asian Architecture and Building Engineering, 2003, 2 (1): 67-73.
[23] CHOW T T, AU W H, YAU R, et al. Applying district-cooling technology in Hong Kong [J]. Applied Energy, 2004, 79: 275-289.
[24] CAO Z K, HAN H, GU B, et al. Application of seawater source heat pump [J]. Journal of the Energy Institute, 2009, 82 (2): 76-81.
[25] BAIK Y J, KIM M, CHANG K C, et al. Potential to enhance performance of seawater-source heat pump by series operation [J]. Renewable Energy, 2014, 65: 236-234.
[26] ESKAFI M, ÁSMUNDSSON R, JÓNSSON S. Feasibility of seawater heat extraction from sub-Arctic coastal water: a case study Onundarfjordur, northwest Iceland [J]. Renewable Energy, 2019, 134: 95-102.

[27] SHU H, LIN D, LI X, et al. Quasi-dynamic energy-saving judgment of electric-driven seawater source heat pump district heating system over boiler house district heating system [J]. Energy and Buildings, 2010, 42: 2424-2430.
[28] SHU H, LIN D, SHI J, et al. Field measurement and energy efficiency enhancement potential of seawater source heat pump district heating system [J]. Energy and Buildings, 2015, 105: 352-357.
[29] ZHENG X, YOU S, YANG J, et al. Seepage and heat transfer modeling on beach well infiltration intake system in seawater source heat pump [J]. Energy and Buildings, 2014, 68: 147-155.
[30] 苏立娟，陈东，师晋生，等. 海水制冷热泵系统的海水换热方案分析 [J]. 节能，2006 (10): 11-13.
[31] 张莉，胡松涛. 海水作为热泵系统冷热源的研究 [J]. 建筑热能通风空调，2006，25 (3): 34-38; 57.
[32] 乔木，陈东，许树学. 海水制冷热泵装置的节能分析与材料优选 [J]. 节能，2005 (9): 35-37.
[33] 舒海文，端木琳，李祥立，等. 海水源热泵区域供热系统的节能判据研究 [J]. 西安建筑科技大学学报（自然科学版），2009，41 (4): 561-565.
[34] 龚希武，张艳. 海水热泵系统设计及技术经济分析 [J]. 节能技术，2013，31 (1): 54-56.
[35] SRIYUTHA MURTHY P, VENKATESAN R, NAIR K V K, et al. Evaluation of sodium hypochlorite for fouling control in plate heat exchangers for seawater application [J]. International Biodeterioration and Biodegradation, 2005, 55: 161-170.
[36] RUBIO D, LÓPEZ-GALINDO C, CASANUEVA J F, et al. Monitoring and assessment of an industrial antifouling treatment: seasonal effects and influence of water velocity in an open once-through seawater cooling system [J]. Applied Thermal Engineering, 2014, 67: 378-387.
[37] LOONEY C M, ONEY S K. Seawater district cooling and lake source district cooling [J]. Energy Procedia, 2009, 104 (5): 34-45.
[38] WAR J C. Seawater air conditioning (SWAC) a renewable energy alternative [C]. [S. l.]: [s. n.], 2011.
[39] MITCHELL M S, SPITLER J D. Open-loop direct surface water cooling and surface water heat pump systems: a review [J]. HVAC&R Research, 2013, 19: 125-140.
[40] 刘宏昌，胡平放. 海水源热泵供热技术在我国沿海海域应用适宜性评价方法 [J]. 供热节能，2018 (10): 26-28.
[41] 陈高峰. 用于海水源热泵的海岸井渗滤取水系统渗流换热性能研究 [D]. 天津：天津大学，2012.
[42] ASHRAE. ASHRAE handbook-HVAC applications [M]. Atlanta: American Society of Heating, Refrigerating and Air-Conditioning Engineers, Inc., 2011.
[43] LI Z, LIN, SHU H, et al. District cooling and heating with seawater as heat source and sink in Dalian, China [J]. Re-

newable Energy, 2007, 32: 2603-2616.

[44] ZHENG W, ZHANG H, YOU S, et al. The thermal characteristics of a helical coil heat exchanger for seawater-source heat pump in cold winter [J]. Energy Procedia, 2016, 146: 549-558.

[45] 陈晓. 地表水源热泵系统的运行特性与运行优化研究 [D]. 长沙: 湖南大学, 2006.

[46] 杨生, 周蓓, 李跃. 南京工程学院抛管式地表水水源热泵工程技术 [J]. 供热制冷, 2010, (7): 58-60.

[47] 俞洁. 用于海水源热泵系统的海水: 乙二醇溶液抛管式换热器设计 [D]. 天津: 天津大学, 2009.

[48] 李凤丽. 海水源热泵在秦皇岛地区的应用研究 [D]. 天津: 天津大学, 2012.

[49] 押淑芳, 倪龙, 马最良. 地表水源热泵塑料螺旋管换热器面积设计 [J]. 建筑科学, 2011, 27 (4): 84-88; 94.

[50] 周超辉. 闭式地表水源热泵多排螺旋盘管换热性能研究 [D]. 哈尔滨: 哈尔滨工业大学, 2017.

[51] 宋应乾, 范蕊, 龙惟定. 闭式地表水换热器冬季换热效果分析 [J]. 建筑热能通风空调, 2011, 30 (6): 17-20; 8.

[52] 郑万冬. 海水源热泵用双螺旋管海水换热器传热特性的研究 [D]. 天津: 天津大学, 2015.

[53] 王克亮. 幂律流体在螺旋管道内的流动 [D]. 大庆: 东北石油大学, 2004.

[54] KALB C E, SEADER J D. Entrance region heat transfer in a uniform wall temperature helical coil with transition from turbulent to laminar flow [J]. International Journal of Heat and Mass Transfer, 1983, 26: 23-32.

[55] PRABHANJAN D G, RENNIE T J, RAAGHAVAN G. Natural convection heat transfer from helical coiled tubes [J]. International Journal of Thermal Science, 2004, 43: 359-365.

[56] LIU S, MASLIYAH J H. Developing convective heat transfer in helical pipes with finite pitch [J]. International Journal of Heat and Fluid Flow, 1994, 37: 336-340.

[57] NAPHON P, SUWAGRAI J. Effect of curvature ratios on the heat transfer and flow developments in the horizontal spirally coiled tubes [J]. International Journal of Heat and Mass Transfer, 2007, 50 (3-4): 444-451.

[58] 刘珂珂. 热泵系统在海水养殖中的应用研究 [D]. 青岛: 青岛理工大学, 2013.

[59] 施志钢, 张威, 胡松涛. 地表水地源热泵塑料毛细管换热器设计 [J]. 暖通空调, 2014, 44 (7): 32-35; 54.

[60] 张威. 毛细管前端换热器传热及阻力特性研究 [D]. 青岛: 青岛理工大学, 2013.

[61] 张洪涛. 近海岸浅滩毛细管前端换热器传热特性研究 [D]. 青岛: 青岛理工大学, 2015.

[62] 李振. 近海岸浅滩毛细管热泵系统运行特性研究 [D]. 青岛: 青岛理工大学, 2016.

[63] LIU L, WANG M, CHEN Y. A practical research on capillaries used as a front-end heat exchanger of seawater-source heat pump [J]. Energy, 2019, 171: 170-179.

[64] 吴云诗. 海水源热泵系统用毛细管前端换热器的应用研究 [D]. 青岛: 青岛理工大学, 2015.

[65] GÓMEZ ALÁEZ S L, BOMBARDA P, INVERNIZZI C M, et al. Evaluation of ORC modules performance adopting commercial plastic heat exchangers [J]. Applied Energy, 2015, 154: 882-890.

[66] EZGI C, ǑZBALTA N, GIRGIN I. Thermohydraulic and thermoeconomic performance of a marine heat exchanger on a naval surface ship [J]. Applied Thermal Engineering, 2014, 64 (1): 413-421.

[67] CHEN L, SU Y, REAY D, et al. Recent research developments in polymer heat exchangers: a review [J]. Renewable and Sustainable Energy Reviews, 2016, 60: 1367-1386.

[68] EGUÍA E, TRUEBA A, RÍOCALONGE B, et al. Biofilm control in tubular heat exchangers refrigerated by seawater using flow inversion physical treatment [J]. International Biodeterioration & Biodegradation, 2008, 62 (2): 79-87.

[69] QI C, HAN X, LV H, et al. Experimental study of heat transfer and scale formation of spiral grooved tube in the falling film distilled desalination [J]. International Journal of Heat and Mass Transfer, 2018, 119: 654-664.

[70] RANE M V, PADIYA Y S. Heat pump operated freeze concentration system with tubular heat exchanger for seawater desalination [J]. Energy for Sustainable Development, 2011, 15 (2): 184-191.

[71] LANZAFAME R, MAURO S, MESSINA M, et al. Heat exchange numerical modeling of a submarine pipeline for crude oil transport [J]. Energy Procedia, 2017, 126: 18-25.

[72] ZHENG W, YE T, YOU S, et al. Experimental investigation of the heat transfer characteristics of a helical coil heat exchanger [J]. Journal of Energy Engineering, 2016, 142 (1): 04015013.

[73] CEVALLOS J, BAR-COHEN A, DEISENROTH D C. Thermal performance of a polymer composite webbed-tube heat exchanger [J]. International Journal of Heat and Mass Transfer, 2016, 98: 845-856.

[74] 王林林．供热系统水-水板式换热器建模与热力特性研究［D］．哈尔滨：哈尔滨工业大学，2018.

[75] 冷伟，房德山，徐治皋，等．对单相换热器集总参数模型动态初始负偏移的机理分析［J］．热能动力工程，2001，16（3）：287-289.

[76] 罗琳，岳献芳，王立，等．水冷式换热器传热性能的稳态分布参数模拟与实验验证［J］．暖通空调，2015，45（1）：68-72.

[77] YU J，DONG L，ZHANG H，et al. Heat transfer analysis and experimental verification of cast heat exchanger［J］. Journal of Central South University，2012，6（19）：1610-1614.

[78] 俞洁．用于海水源热泵系统的抛管式换热器优化研究［D］．天津：天津大学，2012.

[79] ZHENG W，ZHANG H，YOU S，et al. Numerical and experimental investigation of a helical coil heat exchanger for seawater-source heat pump in cold region［J］. International Journal of Heat and Mass Transfer，2016，96：1-10.

[80] WU Z，YOU S，ZHANG H，et al. Mathematical modeling and performance analysis of seawater heat exchanger in closed-loop seawater-source heat pump system［J］. Journal of Energy Engineering，2019，145（4）：4019012. 1-4019012. 15.

[81] 吴君华，于丹，谢军，等．海水源热泵用盘管换热器的数值模拟研究［J］．建筑节能，2013，41（6）：13-14；20.

[82] 亓云鹏．污水源热泵中塑料换热器的研究［D］．哈尔滨：哈尔滨工程大学，2010.

[83] 赵春晴，黄锦，王静红，等．奥帆中心零碳社区海水源热泵改造及减碳效果［J］．煤气与热力，2022，42（5）：34-36.

[84] 陆观立．福建省海水源热泵系统节能运行策略研究［J］．福建建设科技，2022（2）：100-102.

[85] 安爱明．两种海水源热泵系统的性能测试及经济性分析［J］．制冷与空调，2022，22（1）：80-83.

第7章 蒸发冷却及溶液除湿空调技术

7

7.1 蒸发冷却及溶液除湿空调技术在零碳建筑中的应用概述

据统计，建筑能耗占据社会总能耗30%以上，其中暖通空调能耗（制冷、供暖、通风）在建筑能耗中占有约90%的比重，是建筑节能的重要对象。近年来，随着云计算、大数据、物联网等产业的快速发展，数据中心的数量和规模增长迅速。然而，数据中心面临着高能耗的挑战。据统计，制冷系统的能耗约占数据中心总体能耗的40%。因此，运用新技术、新产品，提高制冷系统节能水平，降低耗电量，提升能效水平已成为业界核心共识。各地已出台数据中心节能规范，对制冷系统的能耗指标做出了一系列强制性规定。根据京政办发〔2018〕35号文要求，北京市禁止新建或扩建能源效率指标（Power Usage Effectiveness，PUE）值在1.4以上的数据中心，可以看出社会对数据中心绿色节能低碳的要求日益突显。蒸发冷却和溶液除湿两种绿色低碳的空调技术是实现零碳建筑的有效解决方案，也是数据中心节能的有利途径。

本章将从蒸发冷却设备、蒸发冷却空调系统、溶液除湿器、溶液除湿辅助的空调系统，以及蒸发冷却及溶液除湿复合空调系统在建筑中的应用五个方面分别展开详细的介绍。

7.2 蒸发冷却设备

蒸发冷却是一种最古老的冷却方法，早在公元前2500年的埃及就开始了。后来，这项技术被引入中东，并传播到炎热和干旱的地区。随着越来越多的应用，这项技术被证明是简单有效的。许多具有蒸发冷却效应的结构，如多孔水池、水塘和细水槽渐渐出现，并被结合到建筑中以营造建筑物内的冷却效果。现代蒸发冷却设备（简称蒸发冷却设备）起源于美国。最初，蒸发冷却设备的发明主要是为了清洁和冷却纺织厂和工厂的空气。早在20世纪初，第一个空气清洗机就在新英格兰南部海岸线被发明出来，它为纺织厂提供适宜的空气温度和湿度。在此期间，直接蒸发冷却和间接蒸发冷却设备也在美国亚利桑那州和加利福尼亚州生产。蒸发冷却设备的大规模生产始于20世纪50年代初，在美国、加拿大和澳大利亚得到了广泛应用，在20世纪80年代引入我国，并在20世纪90年代末被我国空调专业人员所熟知。

近几十年来，随着全球能源短缺和环境污染的日益严重，蒸发冷却以其节能、环保的特点受到越来越多的关注。特别是间接蒸发冷却，与直接蒸发冷却相比，它不增加产出空气的湿度，保证了热舒适性，它的全球商业市场在过去几十年里持续扩大。一项调查报告称，1999年有近2000万户住宅蒸发冷却机投入运行，其中印度占800万~1000万户，其余的位于美国、澳大利亚、南非、巴基斯坦和沙特阿拉伯。

目前，蒸发冷却设备的应用主要集中在许多国家的炎热、干燥地区。蒸发冷却设备应用的最大份额是在澳大利亚。蒸发冷却设备占据了澳大利亚20%的空调市场，主要在气候炎热干旱的南澳大利亚安装和运行。蒸发冷却设备占美国商用空调市场的5%，并且这一比例每年都在增长。我国（主要是西部地区）的蒸发冷却机安装使用自1998年开始，数量迅速增长。

传统的蒸发冷却设备主要包括直接蒸发冷却设备和间接蒸发冷却设备。传统的间接蒸发冷却设备的冷却极限温度是二次空气的湿球温度。近年来，随着蒸发冷却这项低碳冷却技术的快速发展，研究人员开发出了一种新型的露点式间接蒸发冷却设备，并已推广到全球市场。露点蒸发冷却设备可将出口空气冷却到湿球温度以下，接近露点温度，大大提高了其冷却能力，是蒸发冷却领域一项重大的进步。下面从设备结构，空气处理过程和冷却效率方面分别介绍三种蒸发冷却设备。

7.2.1 直接蒸发冷却设备

直接蒸发冷却是一种最古老和最简单的蒸发冷却技术，它通过直接接触水来冷却空气，水被水泵输送到顶部的配水系统，并通过喷嘴喷湿填充材料，通过风机吸入的空气在填充材料内以近似等焓过程进行冷却和加湿，空气就好似被清洗过。理论上，出口的空气可以接近湿球温度并达到饱和状态。然而，由于空气和水之间的接触面积和接触时间是有限的，在实践中无法实现完全饱和。直接蒸发冷却的工作原理及空气处理焓湿图如图7-1所示。市场上大多数商用直接蒸发冷却的饱和效率可达70%~95%，具体取决于设备配置和运行条件。直接蒸发冷却具有结构简单、能耗低、效率高等优点。但这种装置的主要缺点是空气湿度会增加，因此，只能在没有湿度要求或需要同时加湿和冷却的地方使用。

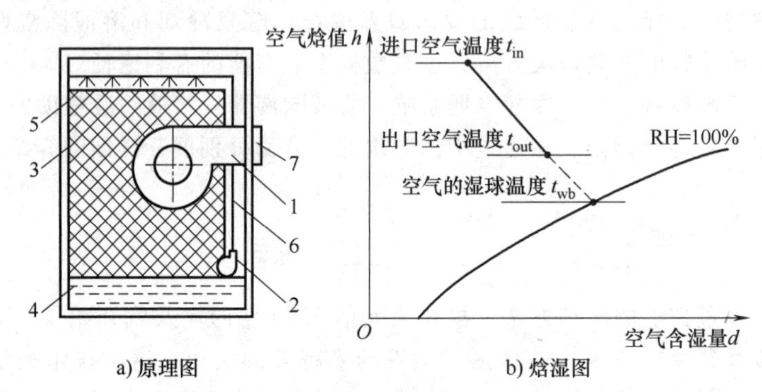

a) 原理图　　b) 焓湿图

图7-1　直接蒸发冷却设备的工作原理图及空气处理焓湿图

1—风机　2—水泵　3—填充材料　4—水槽　5—布水器　6—供水管　7—空气出口

7.2.2 间接蒸发冷却设备

间接蒸发冷却是由Wili Elfert博士在1903年提出的。与直接蒸发冷却相比，间接蒸发冷却在不加湿的情况下对空气进行冷却，因此它在商业和住宅上的应用更具吸引力。常见的间接蒸发冷却包括板式、管式和热管式。

板式、管式和热管式间接蒸发冷却设备如图7-2所示。典型的板式间接蒸发冷却设备是由一系列平行薄板组合而成的干湿交替的通道夹层。其中，干通道又被称为一次风道或产出风道，湿通道被称为二次风道或工作风道。水滴喷射到湿通道中，借助湿表面的水膜蒸发冷却板表面，干燥通道内的一次风被低温板面等湿冷却，而二次风则被加湿并排出。在空气-空气换热器中，一次风和二次风通常形成交叉流。

管式间接蒸发冷却设备的冷却原理与板式间接蒸发冷却设备相同，管内作为干通道，管外

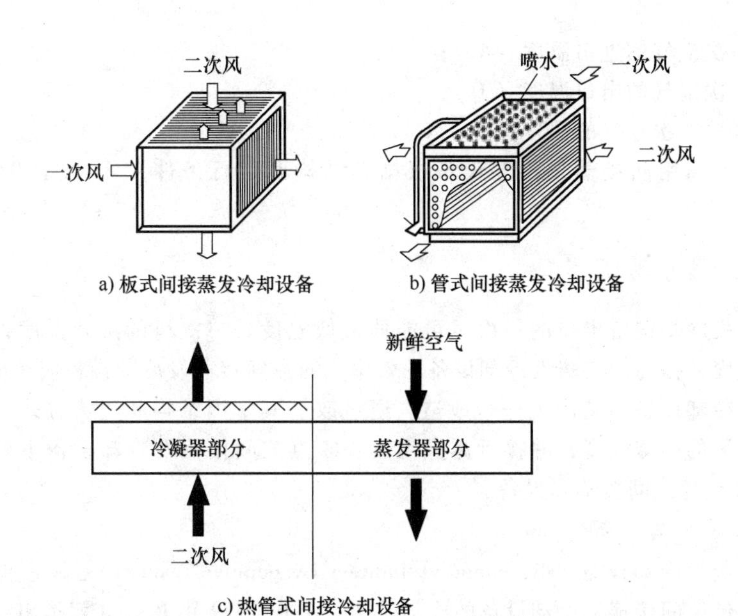

图 7-2　板式、管式和热管式间接蒸发冷却设备

作为湿通道，水膜覆盖在管外并持续蒸发到二次空气中。与板式间接蒸发冷却设备相比，管式间接蒸发冷却设备更易于清洗，适合用于水质状况不佳的地区。

热管由冷凝器段和蒸发器段组成。热管中的冷却介质吸收一次空气的热量并蒸发到冷凝器中。当二次空气（通过蒸发冷却）经过该截面时，就会在冷凝器中冷凝，最后，冷凝器内的冷却介质会回到蒸发设备并重复这个循环。热管作为一种输送装置，将显热从一次风输送到二次风。

传统间接蒸发冷却设备的工作原理及空气处理焓湿图如图 7-3 所示。由于一次风与水没有直接接触，温度从点 1 降至点 2 时，湿度保持不变。空气温度在进入二次风道时先下降，然后沿饱和线从 1 点到 2′点，再到 3 点升高。这是因为水分蒸发开始时吸收了二次空气的显热，成为潜热，随着水分的进一步增加，潜热传递变得不那么显著。为评价间接蒸发冷却设备的性能，通常使用湿球效率，定义式为

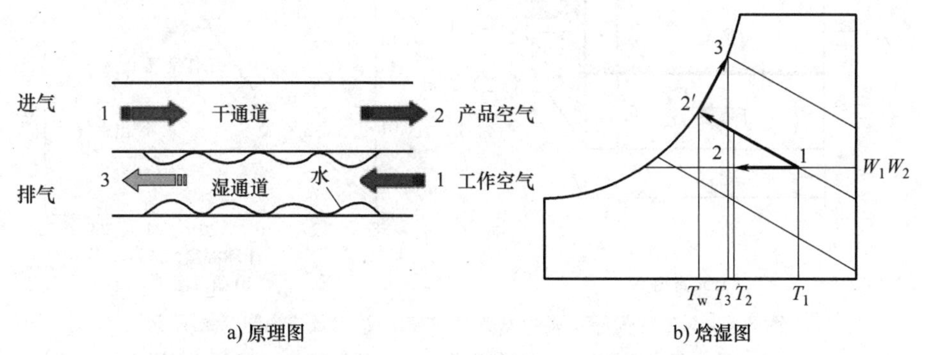

图 7-3　传统间接蒸发冷却设备的工作原理及空气处理焓湿图

T_1—进口空气温度　T_2—干通道的出口空气温度　T_3—湿通道的出口空气温度　T_w—平均壁面温度

$$\eta_{wb}=\frac{t_{p,in}-t_{p,out}}{t_{p,in}-t_{wb,s,in}} \tag{7-1}$$

式中　η_{wb}——湿球效率；

$t_{p,in}$——一次空气的进口温度（℃）；

$t_{p,out}$——一次空气的出口温度（℃）；

$t_{wb,s,in}$——进口二次空气的湿球温度（℃）。

市场上现有的商用间接蒸发冷却设备根据其结构和运行条件，可实现 50%～70% 的湿球效率。

7.2.3　露点式蒸发冷却设备

传统间接蒸发冷却设备出口的一次风可能的最低温度是二次风的湿球温度，为了进一步降低产出空气的温度，提高间接蒸发冷却设备的效率，露点间接蒸发冷却设备应运而生。它是在传统板式间接蒸发冷却设备的基础上进行改造，通过改变其室内结构和气流方式，能够将一次风冷却到低于二次风的湿球温度，并接近露点温度。露点式间接蒸发冷却设备主要包括再生式间接蒸发设备和 M 循环式间接蒸发设备。

1. 再生式间接蒸发冷却设备（RIEC）

再生式间接蒸发冷却设备（Regenerative Indirect Evaporative Cooler）是通过再生一部分产出的一次风来提高传统间接蒸发冷却设备的冷却效率。早在 1979 年 Pescod 就指出，通过将部分产出空气重新引流到湿通道，可以降低工作空气的极限湿球温度。这种类型的间接蒸发冷却设备随后被 Macline-cross 和 Banks 命名为再生式间接蒸发冷却设备。这种冷却设备采用与传统板式间接蒸发冷却设备相似的形式，由干通道和湿通道紧密排列而成。湿通道从干通道出口抽走一部分一次风，在湿通道中形成二次气流。它可以降低二次风湿球温度的极限值，但总制冷量会因为产生的一部分空气被用作工作空气而减小。再生式间接蒸发冷却设备的工作原理及空气处理焓湿图如图 7-4 所示。根据资料，当湿通道与干通道的气流比为 0.3 时，冷却能力最大。当传热单元数 NTU＝9 时，湿球效率可高达 150%。除湿球效率外，露点效率被用于评定露点间接蒸发冷却设备的指标，公式表示为

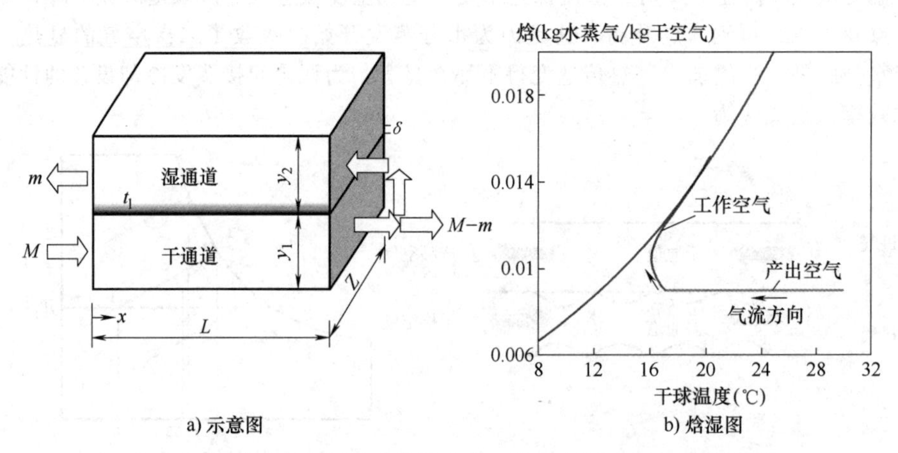

图 7-4　再生式间接蒸发冷却设备的工作原理及空气处理焓湿图

m—工作空气流量　M—一次空气流量　t_1—水膜温度　y_1—干通道间距

y_2—湿通道间距　δ—水膜厚度　L—通道长度　Z—通道宽度

$$\eta_{dew}=\frac{t_{p,in}-t_{p,out}}{t_{p,in}-t_{dew,s,in}} \tag{7-2}$$

式中　η_{dew}——露点效率；

$t_{p,in}$——一次空气的进口温度（℃）；

$t_{p,out}$——一次空气的出口温度（℃）；

$t_{dew,s,in}$——二次空气进口的露点温度（℃）。

2. M 循环间接蒸发冷却设备

Maisotsenko 等人首先提出了 M 循环间接蒸发冷却设备。它由一条用于一次风的干通道和两条用于工作风的湿通道组成，相邻板上有规律地分布着许多孔。当工作空气沿着工作风道的干侧流动时，它被冷却并通过孔部分转向湿侧。由于工作空气通过孔洞不断地从干通道向湿通道输送，导致湿通道内工作空气的状态发生变化，通道内工作空气的湿球温度极限值变化。最后，工作空气的极限值接近一次风的露点温度，M 循环间接蒸发冷却设备的工作原理及空气处理焓湿图如图 7-5 所示。与传统间接蒸发冷却设备相比，M 循环间接蒸发冷却设备可将湿球温度提高 10%~30%。Coolerado 实验室试验表明，M 循环间接蒸发冷却设备湿球效率可达 81%~91%，露点效率可达 50%~90%。

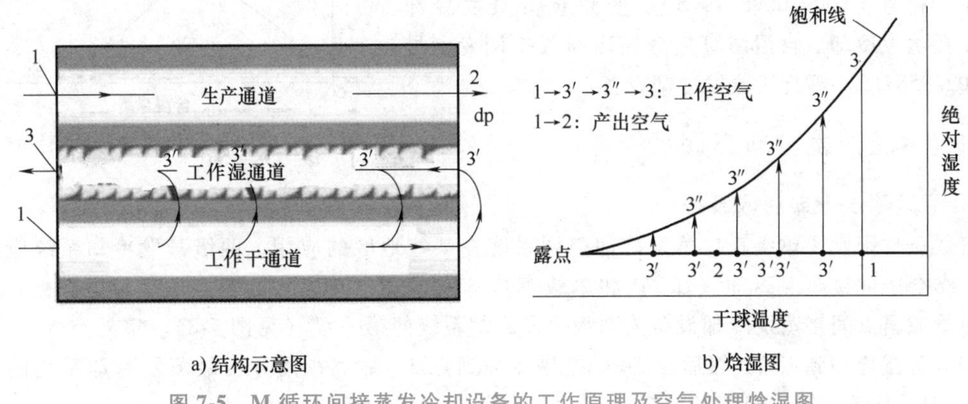

图 7-5 M 循环间接蒸发冷却设备的工作原理及空气处理焓湿图

逆流露点间接蒸发冷却设备的提出旨在进一步提高 M 循环间接蒸发冷却设备的冷却效率，它的结构示意图和空气处理焓湿图如图 7-6 所示。不同于 M 循环间接蒸发冷却设备的穿孔广泛分布在流动路径上，新的交换器将这些孔定位在流动通道的末端，以确保空气在转移到湿通道之前完全冷却，在运行过程中，一次风和二次风都被引入干通道，并与相邻的湿通道进行显热交换，在通道的末端，一次风应该接近入口二次风的露点温度。与 M 循环间接蒸发冷却设备相比，在相同的配置和操作条件下，逆流露点间接蒸发冷却设备的露点效率和湿球效率提高了 15%~23%。

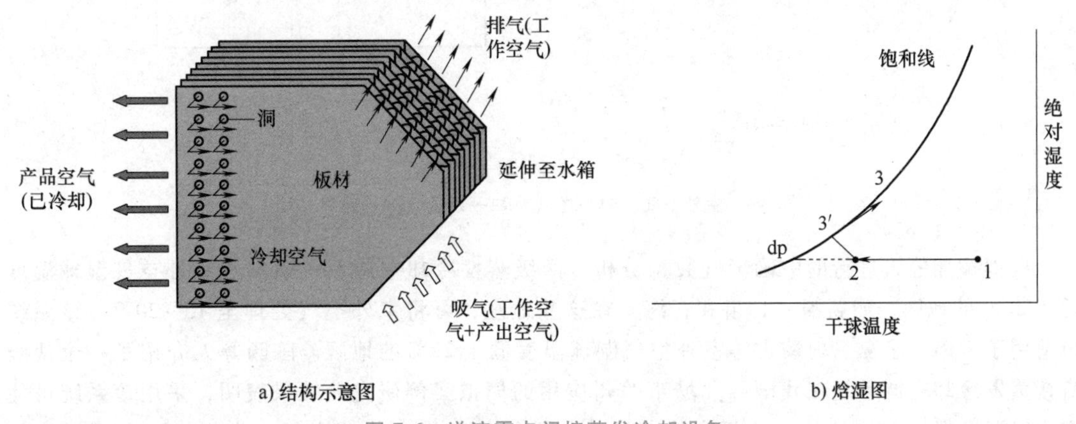

图 7-6 逆流露点间接蒸发冷却设备

7.3　蒸发冷却空调系统

7.3.1　单级直接蒸发冷却空调系统

单级直接蒸发冷却空调系统（DEC 系统）是我国最早采用的全空气蒸发冷却系统。空气在直接蒸发冷却设备中从室外空气状态（O）绝热冷却到供给空气状态（S）（见图 7-7）。ε 为热湿比，R 为房间空气状态。只有当湿负荷较低，且室外空气焓值和湿度低于室内空气焓值和湿度时，才能单独使用直接蒸发冷却，以满足维持室内空气参数的要求。国内已研制了多种单一型直接蒸发冷却设备并已商业化，包括旋转喷淋直接蒸发冷却、带调速电机的直接蒸发冷却（中国专利号：200920098179.5）、变频直接蒸发冷却、窗式直接蒸发冷却、自清洁直接蒸发冷却（中国专利号：200820229587.3）等直接蒸发冷却设备。

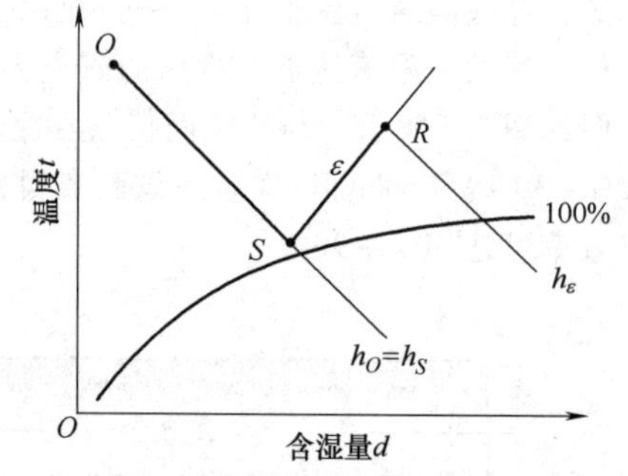

图 7-7　单级直接蒸发冷却系统焓湿图

7.3.2　多级蒸发冷却空调系统

1. 两级蒸发冷却空调系统

气候条件限制了单级直接蒸发冷却空调系统在某些地区的应用，两级蒸发冷却系统应运而生。它结合了间接蒸发冷却（IEC）和单级直接蒸发冷却（DEC）的特点。冷却塔、板式、管式、热管或露点间接蒸发冷却设备为两级蒸发冷却系统的第一级（见图 7-8）。室外空气（点 1）先由 IEC 等湿冷却到点 2，然后由 DEC 绝热冷却到点 3。显然，离开两级蒸发冷却系统的空气（点 3）温度低于一级直接蒸发冷却。

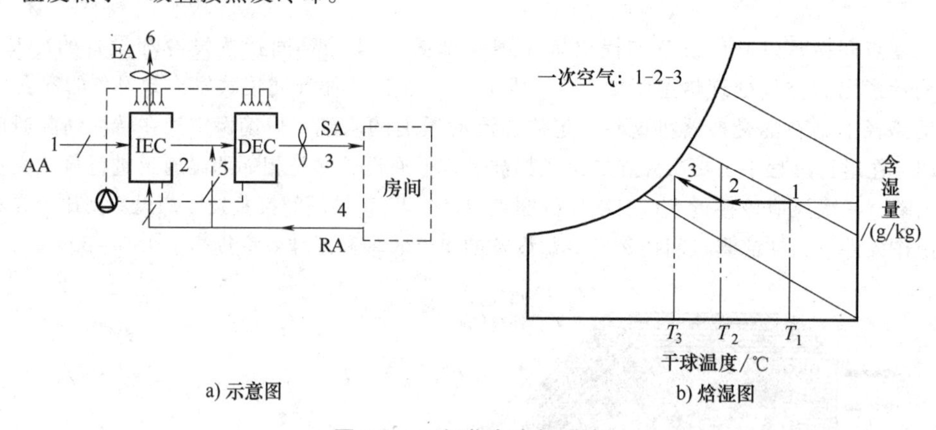

图 7-8　两级蒸发冷却系统

AA—室外空气　SA—送风　RA—回风　EA—排风

根据黄翔等人进行的中国天气数据分析，两级蒸发冷却空调系统适用于室外空气湿球温度低于 20℃ 的地区，如新疆、甘肃和青海，在这些地区，可将室外空气处理至 15～20℃。该系统也适用于云南、宁夏、内蒙古等室外空气湿球温度低于 22℃ 的地区。陈旸等人介绍了一个两级直接蒸发冷却空调系统在我国西北城市兰州应用的模拟案例研究。结果表明，采用该系统可使室内温湿度保持在设计值，两级直接蒸发冷却系统的电气安装功率仅为常规中央空调系统的

50.7%，夏季耗电量仅为常规系统的 71.7%。刘鸣等人分析了传统电气制冷系统、直燃式溴化锂吸收式制冷系统、地源热泵系统和两级直接蒸发冷却四种空调系统的电耗、水耗。根据天气条件、能源特性以及新疆维吾尔自治区乌鲁木齐市能源供应的市场价格，发现两级直接蒸发冷却系统的功耗最低。其用水量虽然高于地源热泵，但低于常规电气系统和吸收式制冷系统，表 7-1 列出了四个系统在夏季每小时的运行成本。

表 7-1　四个系统夏季每小时的运行成本

类型	总耗电/kW	天然气消费总量/(m^3/h)	总用水/(kg/h)	总成本/(元/h)	节约总成本(%)
电气制冷系统	439.0	0	4112	255.4	1.00（基本点）
直燃吸收式制冷系统	211.0	90.9	3959	248.1	0.97
地源热泵系统	488.0	0	2490	279.0	1.10
两级直接蒸发冷却系统	228.9	0	3480	139.1	0.53

2. 三级或多级蒸发冷却系统

20 世纪 90 年代，全空气蒸发冷却系统主要采用单级直接蒸发冷却和两级蒸发冷却（间接蒸发冷却+直接蒸发冷却）结构组成，但在室外空气湿球温度高于西北地区的地方，送风量大，导致风机能耗高。若送风温度不够低，节能率不明显。针对这一缺点，研究人员研发了多级蒸发冷却系统。

2001 年在新疆维吾尔自治区克拉玛依市某 2000m² 的建筑设计了国内首套三级全空气蒸发冷却系统（间接蒸发冷却+间接蒸发冷却+直接蒸发冷却）。该系统的原理图如图 7-9 所示。第一个阶段是在表面冷却段（4）的预冷阶段，冷却盘管中的冷水由冷却塔处理。第二阶段为板式间接蒸发冷却阶段（6），第三阶段为直接蒸发冷却阶段（7）。前两个阶段的效率分别为 50% 和 90%，与两级蒸发冷却系统相比，三级蒸发冷却系统的产出空气温度可以进一步降低。该系统空气处理过程的焓湿图如图 7-10 所示。可以看出，三级系统可以将出风温度降低到点 3′，这比两级系统（点 3）要低。

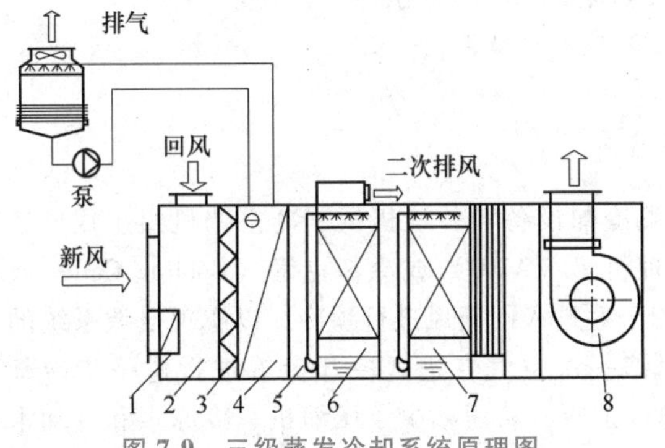

图 7-9　三级蒸发冷却系统原理图

1—空气加热器　2—混合部分　3—过滤部分
4—表面冷却部分　5—中间部分　6—IEC 部分
7—DEC 部分　8—风机

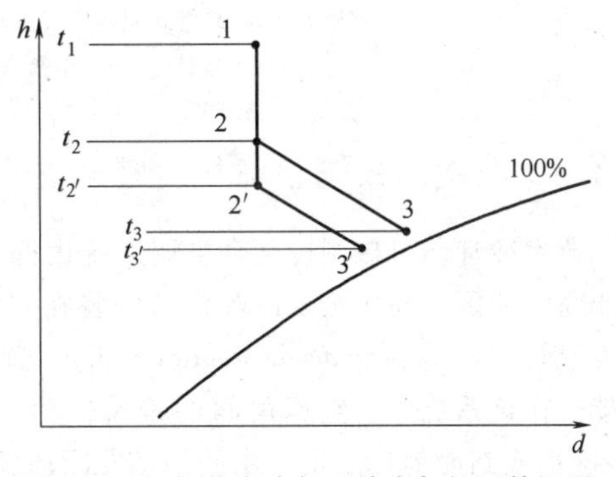

图 7-10　三级蒸发冷却系统空气处理焓湿图

黄翔等人也研究了三级蒸发冷却系统的性能，现场试验结果表明，室内空气温度约为 23℃，相对湿度比为 50%~90%，满足居住者热舒适要求。该研究中还报道了另一个在新疆维吾尔自治区使用的三级系统，该系统送风风量为40000m³/h，总功耗为29.1kW。测试数据表明，三级蒸发冷却系统的出口空气温度可低至14.5℃。祝大顺对乌鲁木齐市某医院安装的三段式蒸发冷却空调系统进行了研究。现场测量表明，在最热天气条件下，室内空气温度可保持在24℃，该系统的功耗仅为7.4W/m²，远低于同一地区使用的机械制冷空调系统（约40W/m²）。此外，全新风蒸发冷却空调系统使用无回风，从而避免交叉污染。自2003年以来，我国医院大楼的空调系统已禁止回风。三级蒸发冷却系统适用于室外空气湿球温度低于21℃的地区，如新疆、青海、甘肃和内蒙古，或低于23℃的地区，如云南、贵州、宁夏、黑龙江北部和山西北部，这两种湿球温度都高于单级系统所要求的温度，即单级系统无法满足制冷需求。在室外空气湿球温度低于18℃的地区，传统的机械制冷空调系统完全可以被三级蒸发冷却系统所取代。

理论上，在直接蒸发冷却之前可以将更多的间接蒸发冷却设备串联在一起，组成多级蒸发冷却系统。虽然多级系统可以进一步降低出口空气温度，但增加的流动阻力和设备尺寸限制了它的实际应用。黄翔等人设计并制造了如图7-11所示的四级蒸发冷却系统，该系统由一个热管式间接蒸发冷却设备、一个管式间接蒸发冷却设备、一个机械制冷盘管和一个单级直接蒸发冷却设备串联来处理送风。黄翔的试验结果表明，在2.5m/s的表面速度和5000m³/h的空气流量下，四级蒸发冷却系统的空气流动阻力约为421Pa，与传统的单元式空气处理机组（AHU）相似。

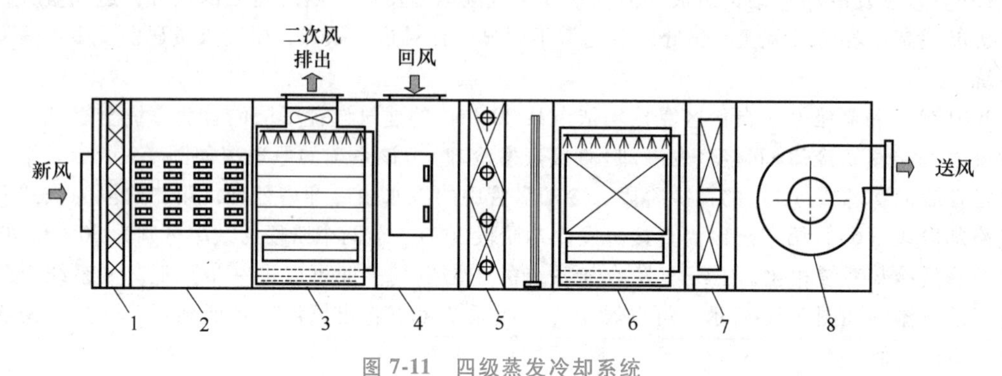

图7-11　四级蒸发冷却系统

1—过滤器　2—热管式间接蒸发冷却设备　3—管式间接蒸发冷却设备　4—回风
5—冷却盘管　6—单级直接蒸发冷却　7—加热器　8—风机

7.3.3　蒸发冷却与机械制冷复合空调系统

蒸发冷却与机械制冷复合空调系统由间接蒸发冷却设备和传统机械制冷空调机组组成，适用于高湿地区。间接蒸发冷却设备安装在空气处理机组（AHU）或冷却盘管（Cooling Coil）或蒸发盘管（Direct-expansion Cooling Coil）之前，用于对进入的新风进行预冷，以实现空调系统的节能。在该系统中，空调房间的排风作为二次风。一次空气在进入冷却盘管进行进一步冷却（冷冻水或制冷剂）之前，由间接蒸发冷却设备进行预冷，从而减少了压缩机、冷冻水和冷却水泵的能耗。复合空调系统可以满足大部分的应用需求和适用于大多数气候地区。据报道，一次风在经过间接蒸发冷却设备和盘管低温冷却后可降到15℃以下。二次风进风条件为18~20℃，出口温度为21~24℃，相对湿度为80%~90%。

研究人员对该复合空调系统的性能做了一系列研究。Delfani等人在气候变化较大的伊朗进行了一项试验研究，探讨间接蒸发冷却设备作为预冷机组与组装式空调机（PUA）组合的节能潜力。结果表明，与机械制冷空调系统相比，该系统在较差工况下节电25%，在最佳工况下节电 98%。Cianfrini 等人对间接蒸发冷却设备与冷却/再热单元结合的复合系统性能进行了数值分析。结果表明，该系统可减少 40%~90%的能耗，为工程计算提供了一个无量纲的冷却效率经验方程。Cui 等人建立了一个模型，从理论上研究了间接蒸发冷却设备中以空调排风作为二次风，一次风发生冷凝的传热传质过程。在潮湿地区，间接蒸发冷却设备预冷可减少约 35%~47%的冷负荷。Porumb 等人对罗马尼亚 Cluj-Napoca 办公楼的间接蒸发冷却设备降低空调系统能耗的潜力进行了复杂的评估。结果表明，蒸发系统可以减少近 80%的能源消耗。

7.4　溶液除湿器

溶液在除湿的过程中会释放热量。根据热排放方式的不同，溶液除湿器可以分为绝热型和内冷型。两种溶液除湿器的结构和工作原理介绍如下。

7.4.1　绝热型溶液除湿器

绝热型溶液除湿器主要由填料和溶液分配系统组成，它的结构如图 7-12 所示。除湿器内部没有溶液冷却系统，即机组与外界无热量交换，因此被称为绝热型溶液除湿器。它的工作原理如下：除湿稀溶液经过再生后变为浓溶液，经喷淋系统分布到填料塔内，与湿空气发生热湿交换。最后，被干燥的空气被送到房间或下一级空气处理系统。吸湿后的浓溶液变为稀溶液，需经过加热再生后再次循环喷淋。

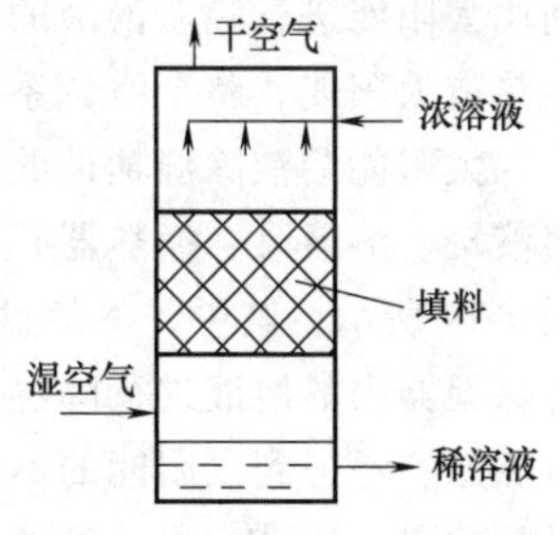

图 7-12　绝热型溶液除湿器的结构

在绝热除湿机中，空气和液体干燥剂直接相互接触。由于喷淋塔的结构简单且比表面积大，早期的研究主要集中在喷淋塔的结构上。但是，在喷雾塔中，干燥剂溶液一般会破碎成小液滴，因此有时会出现严重的雾化以及气流携带大量小液滴的问题。目前，填料塔被广泛使用。因为它的结构更紧凑，可以为除湿溶液提供更长的塔内停留时间，更小的液体压力流动损失，并可以减少溶液携带的问题。1980 年，Factor 和 Grossman 通过理论分析和试验验证了采用填料塔作为除湿器的可能性。最早开始应用的填料包括不规则排列的陶瓷、塑料和聚丙烯等。之后，规整的填料材料逐渐得以应用，用来优化流量并降低除湿器中的阻力，如不锈钢波纹孔板等。

在绝热除湿器中，由于潜热的释放使液体干燥剂的温度升高，大大影响了除湿性能。因此，绝热型的除湿器除湿效率相对较低。一个解决方案是增加干燥剂的流速以达到良好的除湿水平。然而，高的干燥剂流速和随之更高的再生干燥剂溶液的流速降低了液体干燥剂循环的性能系数。此外，干燥剂小液滴更容易被空气夹带，从而污染室内环境。

7.4.2　内冷型溶液除湿器

为了解决绝热型溶液除湿器溶液温度高、除湿效率低的问题，内冷型溶液除湿器应运而生。内冷型溶液除湿器除空气与溶液干燥剂接触外，还加入了能冷却空气或水的冷源，带走除湿过程中产生的潜热，一般可视为等温过程。内冷型溶液除湿器的结构如图 7-13 所示。由蒸发冷却机制备的冷却水或制冷机制备的冷冻水通过置于填料内部的换热器冷却除湿溶液。为了增加接触面积，翅片结构被广泛用于内冷型溶液除湿器或其他传热传质设备。

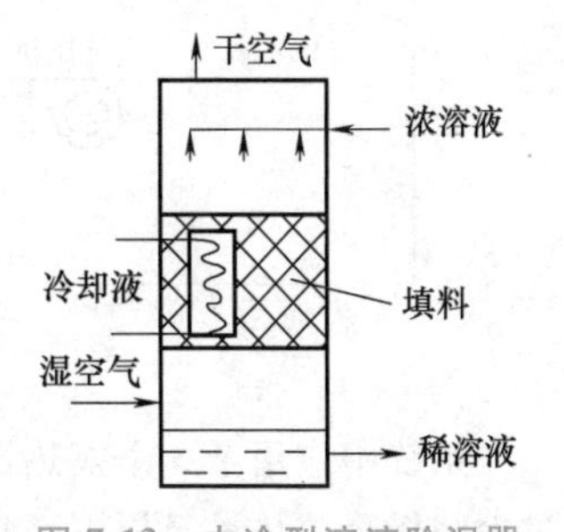

图 7-13　内冷型溶液除湿器的结构

自20世纪90年代以来，内冷型溶液除湿器大受欢迎。由于从该除湿器中带走了潜热，降低了溶液和空气的温升，从而提高了其工作效率。同时，内冷型溶液除湿器中的溶液流量较低，从而减少了污染问题。但内冷型溶液除湿器的结构比绝热型溶液除湿器的复杂，造价和维护成本大大增加。

7.5 溶液除湿辅助的空调系统

溶液除湿辅助的空调系统是一种温湿度独立控制的节能空调系统。与传统的降温除湿耦合的冷却盘管不同，溶液除湿辅助的空调系统利用溶液除湿器处理潜热负荷，用于冷却盘管（高温冷冻水）处理显热负荷，将降温和除湿两个空气处理过程解耦，避免了为了迁就除湿的需要，使用过低温度的冷冻水造成的能源浪费。同时，干盘管的运行避免了湿盘管中冷凝水聚集引起的霉菌滋生，以免影响室内空气品质。

溶液除湿辅助的空调系统包括余热回收的溶液除湿空调系统和太阳能溶液除湿空调系统。前者将工业余热用于除湿溶液的再生过程，适用于有工业余热或废热的场所，如热电厂等。后者利用太阳能进行除湿溶液的再生，广泛适用于太阳能易于获取的场合。由于再生热量为免费的余热或太阳能，整个空调系统的能效可大大提高，节能减排效益明显。

太阳能溶液除湿辅助的空调系统，主要由溶液除湿系统（包括内冷型溶液除湿器、再生器、溶液罐、溶液泵、换热器）、冷却盘管、冷却塔和太阳能加热系统（用于溶液再生）组成，如图7-14所示。其中，冷却盘管内部通高温冷冻水用于处理显热负荷。冷却塔用于制备冷却水，为除湿器内的溶液进行降温。太阳能集热系统用于收集和储存太阳能热能，为稀溶液的再生提供热源。考虑到太阳能的不稳定性，集热系统配以蓄热器和辅助加热器以平衡太阳能盈余和不足的情况。该系统通过溶液除湿器对新风进行处理，干燥后的新风将承担整个室内空间的潜热负荷。

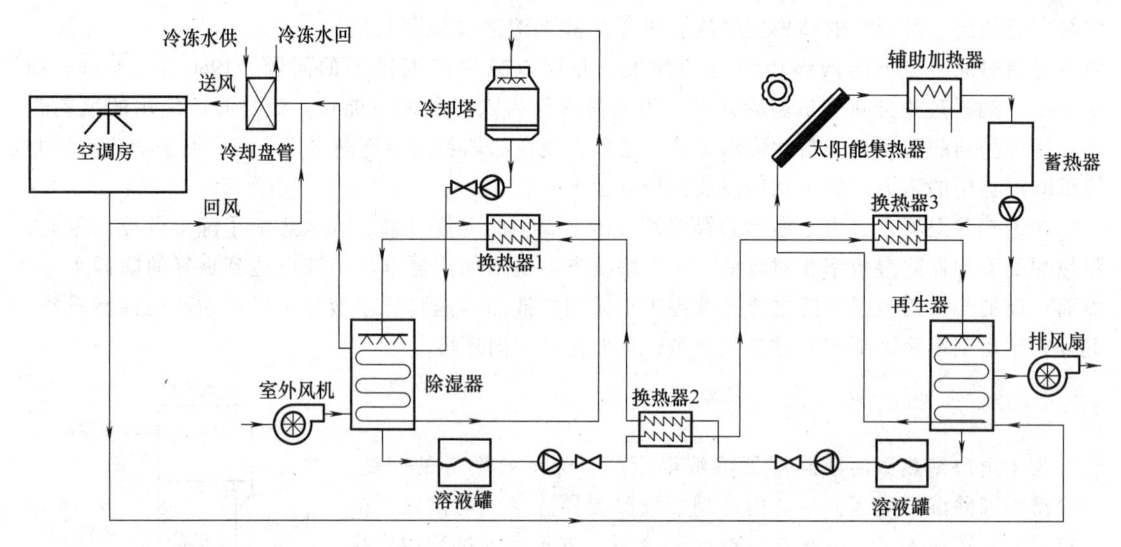

图7-14 太阳能溶液除湿辅助的空调系统

系统中应用了3个换热器以提高系统效率。换热器1将除湿溶液的热量传递给冷却水，再通过冷却塔释放热量至周围环境。除湿后，溶液首先通过溶液-溶液换热器2进行预热，一方面提高进入再生器的溶液温度，另一方面冷却进入除湿器的溶液温度。这样的热回收装置可以提高系统的整体效率。最后，通过换热器3将太阳能集热器制备的热水用于加热稀溶液，实现除湿溶液的再生。

值得注意的是，系统中涉及的各项流体，包括溶液、冷却水、加热水，在系统中形成了各自的闭环循环。例如，在运行过程中，干燥剂流经除湿机，然后流经换热器2和换热器3，然后流经蓄热器和换热器2、换热器1，最后回到除湿机。由于系统连续运行且为闭环，进入除湿机的干燥剂温度应与通过这些组件返回的溶液温度保持一致。加热水和冷却水的温度也具有相同的特性。在案例的模拟研究中，采用四次迭代循环来构建系统的运行模型，涉及的回路包括：

1）溶液再生器回路：保证再生能力与除湿要求相匹配。

2）溶液除湿器回路：保证除湿能力与除湿要求相匹配。

3）热水循环：热水通过蓄热器后，一部分用于溶液再生，另一部分经过换热器3。最后，再生器出口热水与换热器3出口热水混合，进入太阳能集热器被重新加热。

4）冷却水回路：冷却水一部分输送到换热器1，另一部分输送到除湿器，两者的出口再混合回到冷却塔将携带的热量释放到环境中。

7.6　蒸发冷却及溶液除湿空调系统在建筑中的应用

7.6.1　蒸发冷却空调系统在建筑中的应用

蒸发冷却空调系统的节能效益与使用地区的气候状况密切相关。一般而言，干燥炎热地区的节能效益比潮湿地区显著。本小节将分别对蒸发冷却空调系统在干燥地区和热湿地区的节能减排效益进行论述。

蒸发冷却空调系统在我国西北干燥地区已有很多应用实例，并取得了巨大的节能减排效益。西北地区空气含湿量小，湿球温度低，夏季温度一般在30℃以上，气候干燥。对于传统机械制冷空调系统来说，很难独立完成对空调房间的降温加湿，而蒸发冷却空调系统集冷却和加湿于一体，可采用直接蒸发冷却、一级间接+直接、两级间接+直接的两级和三级蒸发冷却系统而不必使用机械制冷就能达到舒适性空调处理效果。因此，蒸发冷却以集中式、半集中式及各种组合形式在我国干燥炎热的西部地区得到了广泛应用。在新疆等地的工程应用表明，蒸发冷却空调系统节能可达70%以上。

近年来，越来越多的研究表明间接蒸发冷却空调系统的应用不仅可在炎热和干燥地区，而且可以扩大到炎热和潮湿的地区。在炎热和潮湿的地区，间接蒸发冷却空调系统可用作中央空调系统中的热回收装置。用空调房间干燥和低温的排气作为间接蒸发冷却的二次空气，用于预冷一次空气/新风，以减少下一级空气处理机的负荷，降低能耗。与传统的转轮热回收装置相比，间接蒸发冷却具有更低的能耗，更低的维护成本和无交叉污染特性。为了评估间接蒸发冷却作为热回收装置的节能潜力，研究人员开展了广泛的理论模拟研究。模拟结果表明，在炎热潮湿的地区，间接蒸发冷却不仅可以进行显热回收，还可以进行潜热回收。因为新风的湿度较高，当新风的露点温度高于冷却壁面的温度时，新风将在干通道中发生冷凝，达到除湿的效果。一个模拟研究表明，在我国香港地区间接蒸发冷却用于空调系统热回收可以每年减少21%的耗电量。

7.6.2　溶液除湿空调系统在建筑中的应用

下面以一个实例说明溶液除湿空调系统（见图7-14）在典型热湿地区的节能减排效益。该实例的应用地区为我国香港地区，该地区全年的温度和相对湿度如图7-15所示。我国香港地区是典型的亚热带季风气候，属于夏热冬暖地区。空调系统年运行时间为 4 月—11 月。所研究的建筑为一个综合写字楼，包括 3 层商业区，每层楼为 1900m²，2 层停车场，24 层办公室（5~15 层每层 545m²，19~29 层每层 515m²）。为了获得更好的溶液再生性能，该系统采用了真空管太阳能集热器，可以制造更高的再生温度。除湿器采用内冷/内热型的逆流模式，并选择广泛使用的氯化锂溶液作为除湿工质。系统的运行参数设置见表 7-2。

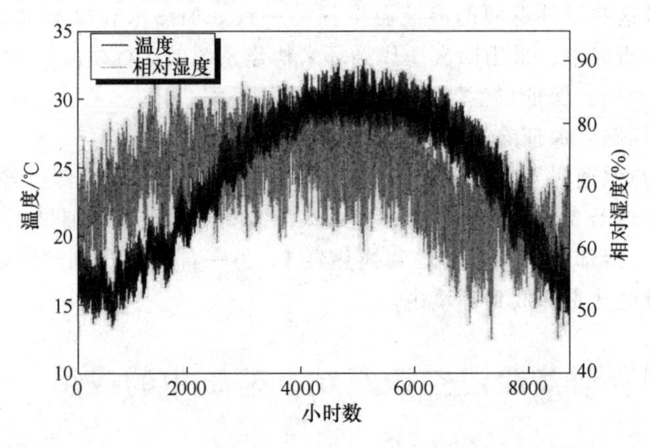

图 7-15　我国香港地区全年逐时温度和相对湿度（扫描二维码可看彩图）

表 7-2　系统的运行参数设置

组件	参数	取值
换热器	效率	1 号:0.93
		2 号:0.54
		3 号:0.93
冷水塔	效率	0.45
太阳能集热器	热效率	0.82
	倾斜角度	22.5(朝南)
电加热器	效率	0.9
除湿机/再生机	长×宽	1m×1m
	风道宽度	0.02m
质量流量/(kg/s)	干燥剂	0.25
	冷却水	0.5
	加热水	0.5
	空气	除湿机:由建筑通风量确定 再生器:由建筑排风量确定

该案例研究比较了不同溶液除湿空调系统配置下（ILDAC，ILDAC-1，ILDAC-2）全年的能耗，并与传统的定风量空调系统（CVC）进行了对比。ILDAC 为原始的溶液除湿空调系统，其中除湿器仅有冷却塔作为冷源。考虑到冷却塔的冷却能力受室外气象条件的限制，ILDAC-1 采用了一个冷却盘管置于除湿器溶液侧进口处，当溶液温度高于 15℃时，冷却盘管开启为溶液进一步降温。ILDAC-2 在 ILDAC-1 的基础上做了进一步的改进，在再生器溶液出口和入口之间设置了一个换热器，用于热量回收，提高再生器溶液入口的温度。

对以上 3 个溶液除湿空调系统和传统定风量空调系统进行了全年模拟，结果表明，空气处理机组（AHU）中冷却盘管的一次能源消耗量在所有系统中占有最大比例，但采用液体除湿机承担潜热负荷后，可以显著降低 AHU 的能耗比例，从传统系统的 98%降低到 85%。对于优化的溶液除湿空调系统 ILDAC-1 和 ILDAC-2，除湿机之前的冷却盘管虽然需要消耗额外的冷量，但它的耗能低于 AHU 的能耗。此外，相比传统空调系统，溶液除湿空调系统需要消耗再热量。对于优化的 ILDAC-1 系统，除湿机中的溶液温度较低，因此，再生时需要更多的再热量。对于优化的 ILDAC-2 系统，由于再生效率更高，所需的再生热量比 ILDAC-1 更小。除了空气处理机组和再生热量以外，空调系统中风机和泵也是能耗的一部分，但在总的能耗中占比很小，传统系统约为 2%，溶液除湿空调系统约为 3%~4%（有溶液泵）。

研究发现，太阳能溶液除湿辅助的空调系统的年能耗受太阳能集热器安装面积的影响很大。图 7-16 显示了我国香港地区不同太阳能集热器面积下 3 种溶液除湿空调系统的节能率。与传统系统相比，带太阳能集热器的系统至少可节省 11%的电力消耗，优化的系统（ILDAC-1 和 ILDAC-2）年节能率可以分别提高到 22%和 29%。随着太阳能集热器面积的增加，年节电率先是明显提高，然后在面积足够大时趋于稳定。因此，如果 95%以上的热能由太阳能提供，溶液除湿空调可节省高达 35%的总能耗。如果采用优化的系统（ILDAC-1 和 ILDAC-2）可以将节能率进一步提高到 47%~49%。但需要注意的是，如果该公共建筑预计可节省 40%的电力，ILDAC-1 系统需要 450m^2 的太阳能集热器，而 ILDAC-2 的面积仅需要 245m^2，可以大大节省所需的安装空间，还可以降低初始投资和维护成本，这是实际工程需要考虑的因素。

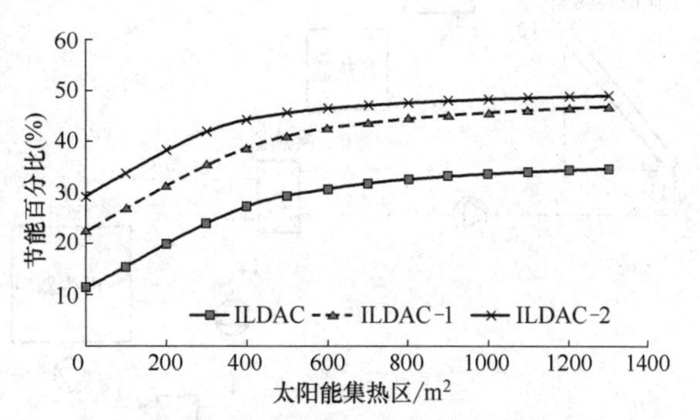

图 7-16　我国香港地区不同太阳能集热器面积下 3 种溶液除湿空调系统的节能率

7.6.3　蒸发冷却及溶液除湿复合空调系统在建筑中的应用

在炎热和潮湿的地区，室外空气的相对湿度高，降低了直接蒸发冷却和间接蒸发冷却的冷却效果，因此蒸发冷却空调系统不能有效地在这些地区独立使用。此外，这些地区的潜热高，蒸发冷却无法消除这些湿负荷。如果在蒸发冷却设备前对室外空气进行除湿处理，可以显著提高空调系统的效果。因此，提出蒸发冷却及溶液除湿组成的温湿度独立控制复合空调系统，其中蒸发冷却设备用于处理显热负荷，溶液除湿设备用于处理潜热负荷。

蒸发冷却及溶液除湿复合空调系统是传统蒸气压缩空调系统的一种替代方案，具有以下优点：①环保，复合空调系统的制冷工质是除湿溶液和水，而不是对臭氧和气候有负面影响的传统氟氯烃制冷剂；②在复合系统中，通过与除湿盐溶液直接接触，可将产出空气中的灰尘、细菌、可溶性气体等污染物冲刷掉，从而改善室内空气质量；③传统的空调系统以电力为动力，而新型复合系统以热驱动制冷循环，能够利用低品位的能量，如太阳能、地热能和废热，温度在 90~80℃。

图 7-17 所示为蒸发冷却及溶液除湿复合空调系统。它是一个半集中式空调系统，其中独立的新风系统是由太阳能辅助的溶液除湿+露点式间接蒸发冷却设备组成的复合空调系统，回风采用传统的制冷机组+风机盘管（FCU）系统。该系统中采用了露点式间接蒸发冷却器，与传统的间接蒸发冷却设备相比，虽然需要牺牲 30%的产出空气作为二次空气，但可以获得更高的冷却效率。该系统主要组成部件包括太阳能集热器、除湿器、再生器、蓄热器、间接蒸发冷却设备、

冷却塔和风机盘管等。太阳能集热器通过水/溶液换热器（HE1）对除湿溶液进行再生。当热能不足时，辅助加热器运行。储罐用于储存多余的热量。由于溶液进口温度高会导致除湿效率低，因此使用冷却塔通过溶液/水换热器（HE3）冷却溶液。经过除湿器干燥后的新风由空调排风先通过空气/空气换热器（HE4）预冷后，再由露点式间接蒸发冷却设备进行显热降温。室内回风由风机盘管处理。总体而言，该空调系统有四个回路，包括热水回路、溶液回路、冷却水回路和新风回路。前三个是闭环，最后一个是开环。下面以一个实例说明该系统在不同工况下相比传统空调系统的节能潜力。

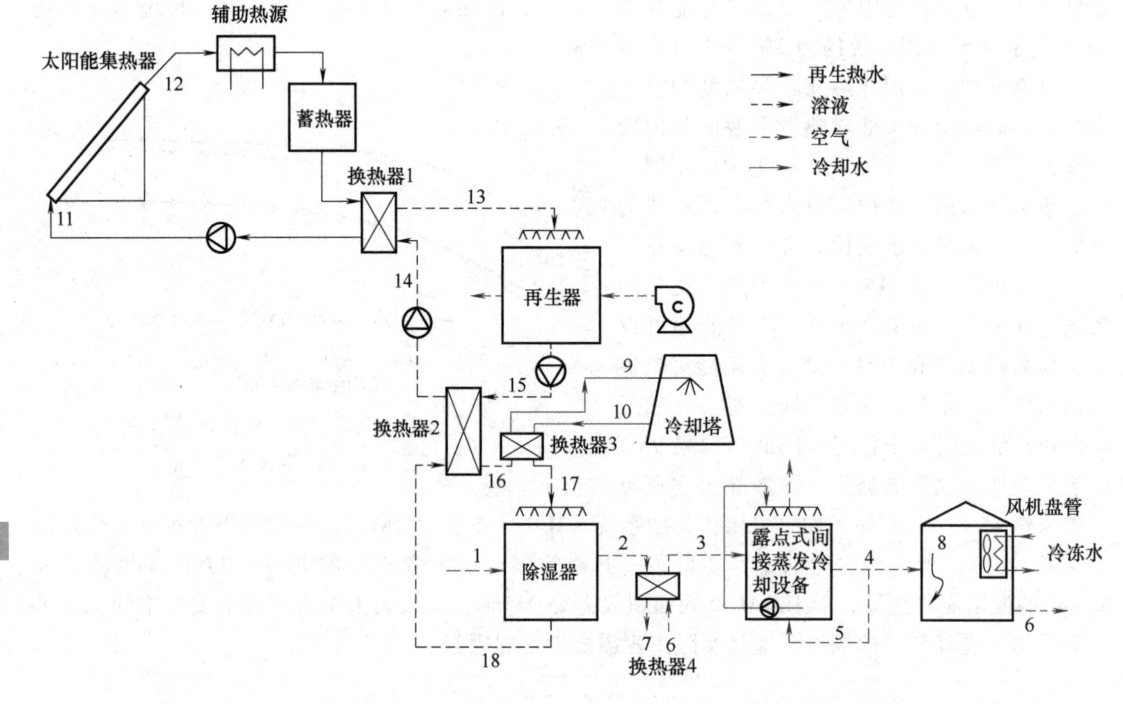

图 7-17　蒸发冷却及溶液除湿复合空调系统

1—除湿器进口空气　2—除湿器出口空气　3—露点式间接蒸发冷却器进口空气　4—露点间接蒸发冷却器出口空气　5—间接蒸发冷却器二次空气　6—换热器 4 进口空气（室内排风）　7—换热器 4 出口空气　8—风机盘管送风　9—冷却塔进水　10—冷却塔出口　11—太阳集热器进水　12—太阳集热器出水　13—再生器溶液进口　14—换热器 1 溶液进口　15—再生器溶液出口　16—换热器 3 溶液进口　17—除湿器溶液进口　18—除湿器溶液出口

案例信息如下。一个 $20m^2$ 的办公室共 4 人从事轻体力工作。每人配备一台带彩色显示器的计算机（230W/人）。照明的冷负荷密度为 $13W/m^2$。围护结构的总传热系数为 $2.4W/(m^2·℃)$，围护结构面积为 $27m^2$。新风质量流量为 0.07kg/s。系统其他运行参数见表 7-3。

表 7-3　系统运行参数

部件	参数	数值
太阳能集热器	太阳能板有效面积/m^2	35
	吸收器效率	0.7
	太阳辐射量/(W/m^2)	400
	总热损失系数/[$W/(m^2·℃)$]	1.2
	热水流量/(kg/s)	0.2

（续）

部件	参数	数值
辅助加热器	效率	0.9
除湿器/再生器	传热单元数 NTU（个）	2
	溶液流量/(kg/s)	0.2
	空气流量/(kg/s)	0.1
	进口空气温度和湿度/℃，(g/kg)	30，20
冷却塔	效率	0.49
露点式间接蒸发冷却设备	通道对数（对）	25
	高×宽/(m×m)	1.0×0.5
	通道间距/mm	4
	空气流量/(kg/s)	0.1
	二次风抽出比例 r_2	0.3
换热器	效率	HE1:0.9；HE4:0.95
	传热面积/m^2	HE2:2；HE3:1
	总传热系数[W/(m^2·℃)]	800
风机盘管	制冷机性能系数（COP）	4.92（干工况）　3.3（湿工况）

复合空调系统在不同工况下的节能率和 COP 的模拟结果如图 7-18 所示。可以看出，节能率达到 22.4%~53.2%，COP 为 4.3~7.1，节能减排效益显著，并且在进口空气湿度较低的情况下

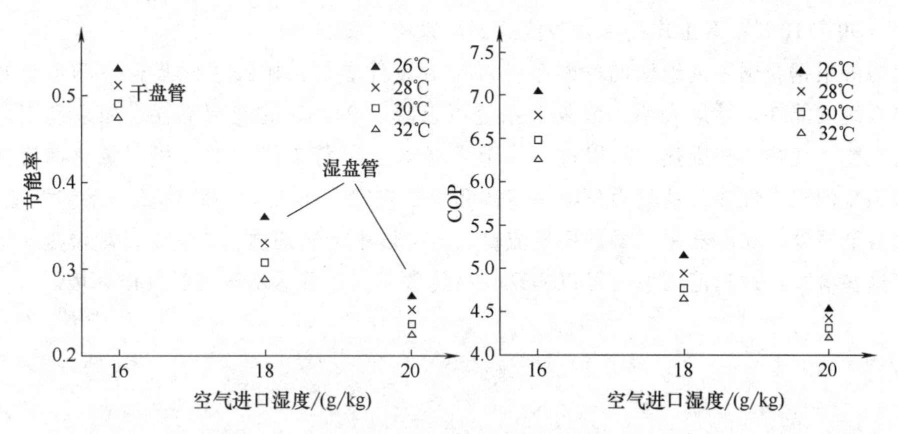

温度/℃	湿度/(g/kg)	新风负荷/W	室内负荷/W	总显热负荷/W	总潜热负荷/W
26	16	595	1780	1480	895
26	18	945	1780	1480	1245
26	20	1295	1780	1480	1595
28	16	736	1912	1753	895
28	18	1086	1912	1753	1245
28	20	1436	1912	1753	1595
30	16	876	2044	2025	895
30	18	1226	2044	2025	1245
30	20	1576	2044	2025	1595
32	16	1017	2176	2298	895
32	18	1367	2176	2298	1245
32	20	1717	2176	2298	1595

图 7-18　复合空调系统在不同工况下的节能率和 COP 的模拟结果

节能率较高。原因如下：新风湿度低时，总潜热负荷较小，处理后的新风能完全处理所有潜热负荷，所以风机盘管能够在干盘管条件下运行，通过产生高温冷冻水大大提高了冷水机组的效率。随着进口空气湿度的增加，处理后的新风无法处理所有潜热负荷，因此风机盘管需要在湿盘管条件下运行以处理剩余的显热和潜热。此外，在空气湿度固定的情况下，低气温的节能率略高于高温的节能率。这是因为经过处理的新风可以去除更多的显热负荷。

系统 COP 变化的趋势与节能率相同。系统的 COP 和节能率随着冷水机组 COP 和新风比的增加而增加。当新风比为 70%，冷水机组的 COP 为 4.92（FCU 在干盘管条件下运行），最大节能率为 59.5%，系统 COP 为 7.9。当新风比为 30%，冷水机组的 COP 为 3.3（FCU 在湿盘管条件下运行）时，仍然可以实现 30%的节能。

在有些情况下，溶液除湿和蒸发冷却复合系统仅用于消除全部的潜热负荷和部分显热负荷，并采用其他末端装置消除剩余的显热负荷，如干式风机盘管和辐射冷却板，形成了空气-水半集中系统的结构。显热末端中使用的高温冷冻水可以由普通冷水机或蒸发式冷水机提供。后者的工作原理是利用浓除湿溶液对室外空气进行除湿，然后将干燥的室外空气用于间接蒸发式冷却设备中，产生高温冷冻水，提供给末端风机盘管或辐射板。如前所述，间接蒸发式冷却设备的出口水温理论上接近进口空气的露点。在炎热和潮湿的气候，室外空气湿度相当高，因此，出口水温也高。因此，不能满足去除显热的要求。蒸发式冷却设备的 COP 也很低。在此过程中可采用排风余热回收，以提高水冷却设备的效率。北京市某型液体干燥剂冷水机组的总 COP 为 0.81。

张广丽等人在上海湿热地区研究了溶液除湿和蒸发冷却复合空调系统的性能。计算结果表明，与蒸汽压缩空调系统相比，该系统的电耗可降低 57%，热力学性能系数为 0.97，比在相同热源温度（90~110℃）下工作的单效吸收式制冷系统高 20%。

宣永梅等根据我国香港地区的气候条件和空调设计参数，比较了此复合空调系统和传统的一次回风系统的能耗。结果表明，该复合系统可以减少 21.3%的能源消耗，如果利用可再生能源，如太阳能、地热能和废热，可以进一步节省能源。Tu 等人模拟并分析了氯化锂溶液除湿和蒸发冷却系统的热力性能，从热力学第一定律和第二定律分析五个关键变量对系统性能的影响，包括进口溶液温度、除湿器中干燥剂质量流量、再生器中干燥剂质量流量、环境温度和湿度。研究发现，这些参数在适当范围取值可以实现较高的效率，并可适用于各类气候环境。

思 考 题

1. 蒸发冷却空调系统的工作原理是什么？蒸发冷却空调系统与传统的蒸汽压缩式制冷系统相比有何优势？对零碳建筑有何积极意义？

2. 蒸发冷却设备有哪些分类？各种类型的蒸发冷却设备有何特点？

3. 蒸发冷却空调系统有哪些系统形式？分别适用于哪些地区？

4. 溶液除湿器的工作原理是什么？为什么溶液除湿可以实现空调系统节能？

5. 溶液除湿器有哪些分类？各种类型的溶液除湿器有何特点？

6. 说明蒸发冷却与溶液除湿复合空调系统与零碳建筑的关系。

7. 作出两级蒸发冷却空调系统、溶液除湿空调系统和蒸发冷却与溶液除湿复合空调系统的系统图。

二维码形式客观题

扫描二维码可在线做题，提交后可查看答案。

参 考 文 献

[1] 赵晨. 占据公共建筑物能耗 60%，这个领域中国企业如何“碳中和”［EB/OL］.（2021-04-07）［2023-01-13］. https：//new. qq. com/omn/20210407/20210407A0BEV300. html.

[2] WATT J R，BROWN W K. Evaporative air conditioning handbook［M］. 3rd ed. Lilburn：Fairmont Press，1997.

[3] Duan Z，Zhan C，Zhang X，et al. Indirect evaporative cooling：Past，present and future potentials［J］. Renewable and Sustainable Energy Reviews，2012，19（9）：6823-6850.

[4] 陈沛霖. 论间接蒸发冷却技术在我国的应用前景［J］. 暖通空调，1988（2）：24-29.

[5] 陈沛霖. 蒸发冷却技术在常规空调中的应用［C］. 出版地不详：出版者不详，1991.

[6] BOM G，FOSTER R，DIJKSTRA E，TUMMERS M. Evaporative air-conditioning：applications for environmentally friendly cooling［M］. Washington D. C.：World Bank，1999.

[7] National Appliance and Equipment Energy Efficiency Committee. Status of Air Conditioners in Australia［R］.（2006-01-31）［2023-01-13］. https：//www. docin. com/p-683555585. html.

[8] 宋应乾，龙惟定，黄翔. 低碳经济下的蒸发冷却节能空调技术［J］. 暖通空调，2010，40（7）：55-57.

[9] XUAN Y M，XIAO F，NIU X F，et al. Research and application of evaporative cooling in China：A review（I）Research［J］. Renewable and Sustainable Energy Reviews，2012，19（5）：3535-3549.

[10] YU F W，CHAN K T. Application of direct evaporative coolers for improving the energy efficiency of air-cooled chillers［J］. Journal of Solar Energy Engineering，2005，127（3）：430-433.

[11] PESCOD D. A heat exchanger for energy saving in an air-conditioning plant［J］. ASHRAE Transactions，1979，85（2）：238-251.

[12] MACLAINE-CROSS I L，BANKS P J. A general theory of wet surface heat exchangers and its application to regenerative evaporative cooling［J］. Journal of heat transfer，1981，103（3）：579-585.

[13] LEE J，LEE D Y. Experimental study of a counter flow regenerative evaporative cooler with finned channels［J］. International Journal of Heat and Mass Transfer，2013，95：173-179.

[14] HASAN A. Going below the wet-bulb temperature by indirect evaporative cooling：analysis using a modified ε-NTU method［J］. Applied Energy，2012，89（1）：237-245.

[15] MAISOTSENKO V，GILLAN L E，HEATON T L，et al. U. S. Patent：9581402［P］. 2003.

[16] ELBERLING L. Laboratory evaluation of the coolerado cooler- indirect evaporative cooling unit［R］. San Ramon：Pacific Gas and Electric Company，2009.

[17] ZHAO X，LI J M，RIFFAT S B. Numerical study of a novel counter-flow heat and mass exchanger for dew point evaporative cooling［J］. Applied thermal engineering，2008，28（14）：1942-1951.

[18] ZHAN C，DUAN Z，ZHAO X，et al. Comparative study of the performance of the M-cycle counter-flow and cross-flow heat exchangers for indirect evaporative cooling-paving the path toward sustainable cooling of buildings［J］. Energy，2011，39（12）：9790-9805.

[19] 黄翔，屈元，狄育慧. 多级蒸发冷却空调系统在西北地区的应用［J］. 暖通空调，2004，34（6）：67-71.

[20] 陈旸，姚杨，陆亚俊，等. 对利用西北地区的自然条件，降低空调耗电量，减少 CFCs 污染问题的分析与研究

[J]. 暖通空调，1993 (4)：15-18.
[21] 刘鸣，张振东. 乌鲁木齐四种冷源空调系统的运行费用比较 [C]. 出版地不详：出版者不详，2004.
[22] 黄翔，周斌，于向阳，等. 新疆地区三级蒸发冷却空调系统工程应用分析 [J]. 暖通空调，2005，35 (7)：104-107.
[23] 祝大顺. 浅谈新疆某医院住院楼蒸发制冷空调系统 [J]. 制冷与空调，2004，18 (3)：50-53；59.
[24] 黄翔，尧德华，汪超，等. 四级蒸发冷却组合式空调机组阻力测试与分析 [J]. 建筑热能通风空调，2010，29 (3)：31-33；16.
[25] HIGGINS C, REICHMUTH H. Desert coolaire TM package unit technical assessment field performance of a prototype hybrid indirect evaporative airconditioner [R]. Portland: New Buildings Institute, 2007.
[26] DELFANI S, ESMAEELIAN J, PASDARSHAHRI H, et al. Energy saving potential of an indirect evaporative cooler as a pre-cooling unit for mechanical cooling systems in Iran [J]. Energy and Buildings, 2010, 42 (11): 2199-2179.
[27] CIANFRINI C, CORCIONE M, HABIB E, et al. Energy performance of air conditioning systems using an indirect evaporative cooling combined with a cooling/reheating treatment [J]. Energy and Buildings, 2014 (99): 490-497.
[28] CUI X, CHUA K J, ISLAM M R, et al. Performance evaluation of an indirect pre-cooling evaporative heat exchanger operating in hot and humid climate [J]. Energy Conversion and Management, 2015, 102: 140-150.
[29] PORUMB B, BÀLAN M, PORUMB R. Potential of Indirect evaporative cooling to reduce the energy consumption in fresh air conditioning applications [J]. Energy Procedia, 2019, 85: 433-441.
[30] 赵云，施明恒. 太阳能液体除湿空调系统中除湿剂的选择 [J]. 工程热物理学报，2001 (S1)：165-168.
[31] FACTOR H M, GROSSMAN GA. Packed bed dehumidifier/regenerator for solar air conditioning with liquid desiccants [J]. Sol Energy, 1980, 24 (9): 541-550.
[32] SADASIVAM M, BALAKRISHNAN A R. Experimental investigation on the thermal effects in packed-bed liquid desiccant dehumidifiers [J]. Industrial and Engineering Chemistry Research, 1994, 33 (9): 1939-1940.
[33] CHUNG T W, WU H. Mass transfer correlation for dehumidification of air in a packed absorber with an inverse u-shaped tunnel [J]. Separation Science and Technology, 2000, 35 (10): 1503-1515.
[34] LONGO G A, GASPARELLA A. Experimental analysis on chemical dehumidification of air by liquid desiccant and desiccant regeneration in a packed tower [J]. Journal of Solar Energy Engineering, 2004, 129 (1): 587-591.
[35] 杨英，李心刚，李惟毅，等. 液体除湿特性的实验研究 [J]. 太阳能学报，2000，21 (2)：155-159.
[36] CHUNG T W, GHOSH T K, HINES A L, et al. Dehumidification of moist air with simultaneous removal of selected indoor pollutants by triethylene glycol solutions in a packed-bed absorber [J]. Separation Science and Technology, 1995, 30 (7): 1807-1832.
[37] ELSARRAG E, MAGZOUB EEM, JAIN S. Mass-transfer correlations for dehumidification of air by triethylene glycol in a structured packed column [J]. Industrial and Engineering Chemistry Research, 2004 (43): 7979-7981.
[38] KHAN AY. Cooling and dehumidification performance analysis of internally cooled liquid desiccant absorbers [J]. Applied Thermal Engineering, 1998, 18 (5): 265-281.
[39] LIU X H, CHANG X M, XIA J J, et al. Performance analysis on the internally cooled dehumidifier using liquid desiccant [J]. Building and Environment, 2009 (44): 299-308.
[40] YIN Y G, ZHANG X S, PENG D G, et al. Model validation and case study on internally cooled/heated dehumidifier/regenerator of liquid desiccant systems [J]. International Journal of Thermal Sciences, 2009, 48 (8): 1664-1671.
[41] PARK M S, HOWELL J R, VLIET G C, PETERSON J. Numerical and experimental results for coupled heat and mass transfer between a desiccant film and air in crossflow [J]. International Journal of Heat and Mass Transfer, 1994, 37: 395-402.
[42] KHAN A Y, SULSONA F L. Modelling and parametric analysis of heat and mass transfer performance of refrigerant cooling liquid desiccant absorbers [J]. International Journal of Energy Research, 1998, 22 (9): 831-832.
[43] JAIN S, BANSAL P K. Performance analysis of liquid desiccant dehumidification systems [J]. International Journal of Refrigeration, 2007 (30): 891.
[44] BANSAL P, JAIN S, MOON C. Performance comparison of an adiabatic and an internally cooled structured packed-bed dehumidifier [J]. Applied Thermal Engineering, 2011 (31): 14-19.

[45] CHUNG T W, WU H. Comparison between spray towers with and without fin coils for air dehumidification using triethylene glycol solutions and development of the mass-transfer correlations [J]. Industrial and Engineering Chemistry Research, 2000 (39): 2079-2084.

[46] Yin Y G, Zhang X S, Wang G, et al. Experimental study on a new internally cooled/heated dehumidifier/regenerator of liquid desiccant systems [J]. International Journal of Refrigeration, 2008 (31): 857-899.

[47] QI R, LU L. Energy consumption and optimization of internally cooled/heated liquid desiccant air-conditioning system: a case study in Hong Kong [J]. Energy, 2014, 73 (8): 801-808.

[48] 胡钦华，李奎山，马高祥. 论蒸发冷却空调系统在节能中的应用 [J]. 东莞理工学院学报，2011，18 (3): 103-105.

[49] CUI X, et al. Performance evaluation of an indirect pre-cooling evaporative heat exchanger operating in hot and humid climate [J]. Energy Conversion and Management, 2015, 102: 140-150.

[50] Chen Y, et al. Indirect evaporative cooler considering condensation from primary air: Model development and parameter analysis [J]. Building and Environment, 2019, 95: 330-345.

[51] Chen Y, et al. A simplified analytical model for indirect evaporative cooling considering condensation from fresh air: Development and application [J]. Energy and Buildings, 2015, 108: 387-400.

[52] 张广丽，王瑾，柳建华，等. 蒸发冷却的液体除湿空调系统性能分析 [J]. 制冷与空调，2004 (6): 60-62.

[53] 宣永梅，肖赋. 香港地区溶液除湿与蒸发冷却复合系统的节能分析 [J]. 建筑科学，2009，25 (2): 84-87; 63.

[54] TU M, REN C Q, ZHANG L A, et al. Simulation and analysis of a novel liquid desiccant air-conditioning system [J]. Applied Thermal Engineering, 2009, 29 (11): 2417-2425.

第 8 章

可再生水源利用技术

水行业是能源密集型行业。在城市化背景下，城市的发展使城市用水量增加，排水量也随之增加，而且不透水下垫面也在增加，因此水体水质恶化、水资源短缺和洪涝灾害这些问题成为城市发展必须面临的问题。在这种形势下，地下水位下降，需要钻更深的井才能获取地下水资源；城市近远郊的水资源已经不能满足城市扩张的需求，百公里甚至上千公里的引水、调水工程成为城市发展必需的保障工程；沿海城市兴建海水淡化工程，以缓解水资源的不足；污水回用工程成为城市供水的重要组成部分；修建大型污水处理设施，达到更高的处理水平已成为趋势；为抵御城市内涝，需要不断扩大排水管网，修建大型调蓄池和排涝泵站。然而，无论是抽取深层地下水、远距离引调水、海水淡化、污水回用、提高污水处理水平，还是扩大排水管网，都意味着城市水系统的运行需要消耗更多的能源、产生更多的碳排放。

城市水系统的碳排放是一个复杂的过程。从城市水系统的运行来看，供水系统需要消耗化学药剂和能量来保证供水的水量、水压和水质要求；终端用水系统的加压、加热需要消耗能量；污水处理系统需要外加能量和化学药剂来维持微生物良好的生存环境和较高的处理效率，同时污染物在降解过程中也会释放 CO_2、N_2O 等温室气体；排水系统需要消耗材料与能量来保证城市的排水能力。

在我国碳达峰碳中和的背景下，水行业逐渐开始重视能耗和碳排放问题。城市水系统从以供水保障、洪涝灾害防治和水环境保护为目标，又增加了节能和碳减排的目标。

建筑水系统是城市水系统的主要组成部分，建筑物内部依靠用能设备实现水资源的供与排，面临着能源和资源双重的节能减排压力。水系统的碳排放与水量需求密切相关。在终端用水系统中，与用途、水温要求等有关；在中水处理系统中，与处理工艺、进水水质条件和出水水质要求等有关；在排水系统中，与排水设施类型、输送距离等相关。因此，节水、防涝与节能减排是相辅相成的关系，节水技术和防涝技术是零碳建筑技术的重要组成部分。

2006 年英国水系统碳排放量为 4000 万 t 左右，占英国碳排放总量的 5.9%。污水处理行业和供水行业的碳排放合计为 500 多万 t，分别占英国水系统碳排放量的 7% 和 4%。终端用水的碳排放占水系统碳排放量的 89%，这是由于部分终端用水在使用前需要加热，这些活动会消耗大量能量（英国环境署，2008）。

节水是一项长久的国策，是在满足使用者对水质、水量、水压和水温要求的前提下提高水资源的利用率。节水设计除合理选用用水定额、采用节水的给水系统、采用好的节水设备、设施、采用高效的增压设备和采取必要的节水措施外，还应在兼顾保证供水安全、卫生条件下，合理设计利用污废水和雨水，开源节流，完善节水节能设计。本章主要对节水减碳潜力最大的建筑中水利用技术和雨水收集利用技术进行介绍。

建筑内部水系统是由为满足建筑物内用户的用水需求，将生活饮用水从室外引入室内并配送到用水点而设置的供水系统，以及将用户使用过的污废水、屋面雨水等收集并排至室外的排水系统组成。为节约水资源，实现建筑内排水的资源化利用，保护环境，减少碳排放，可再生水源利用技术是切实可行的措施。将使用过的污废水或雨水处理后再次利用，既减少了污水的外排量和对水环境的污染，减轻了城市排水系统的负荷，又可以有效地利用和节约淡水资源，具有明显的社会效益、环境效益和经济效益，还可以达到减少碳排放的目的。除材料和机械设备在活动中消耗燃油产生的碳排放外，污水处理过程中的生化反应产生的 CH_4、N_2O、CO_2 等温室气体排放，会直接导致碳排放的增加。处理 $1m^3$ 的污水达标排放，碳排放约为 0.659kg，达到再生回用标准的三级处理需增加碳排放值 0.0172，比二级处理只增加了 2%。所以，可再生水源的利用在碳排放方面具有优势，还可以节约水资源。

8.1 建筑中水利用技术

建筑中水工程是分散的、小规模的污水回用工程，是城市污水再生利用的组成部分。建筑中水系统既不是污水处理厂的小型化，也不是给水排水工程和水处理设备的简单拼接，而是一个系统工程，是在建筑物或建筑群内运用给水工程、排水工程和管网工程等技术，实现其使用功能、节水功能及建筑环境功能的统一。建筑中水工程应按系统工程考虑，做到统一规划、合理布局、相互制约和协调配合。

8.1.1 建筑中水系统的分类和组成

中水是指各种排水经过物理处理、物理化学处理或生物处理，达到规定的水质标准，可在生活、市政、环境等范围内杂用的非饮用水。如用来冲洗便器、冲洗汽车、绿化和浇洒道路等。因其标准低于生活饮用水水质标准，所以称为中水。由中水水源选取而未经处理的水称为中水原水（简称原水）。由中水原水的收集、贮存、处理和中水供给等一系列工程设施组成的有机结合体称为建筑中水系统。

1. 建筑中水系统的分类

根据排水收集和中水供应的范围大小，建筑中水系统又分为建筑物中水系统和建筑小区中水系统。建筑物中水系统是指在建筑物内建立的中水系统，该系统组成如图 8-1 所示。建筑物中水系统具有投资少，见效快的特点。建筑小区中水系统是指在新（改、扩）建的校园、机关办公区、商住区、居住小区等集中建筑区内建立的中水系统，建筑小区中水系统组成如图 8-2 所示。因供水范围大，生活用水量和环境用水量都很大，可以设计成不同形式的中水系统，易于形成规模效益，实现污废水资源化和促进小区生态环境的建设。建筑中水系统是建筑物或建筑小区的功能配套设施之一。

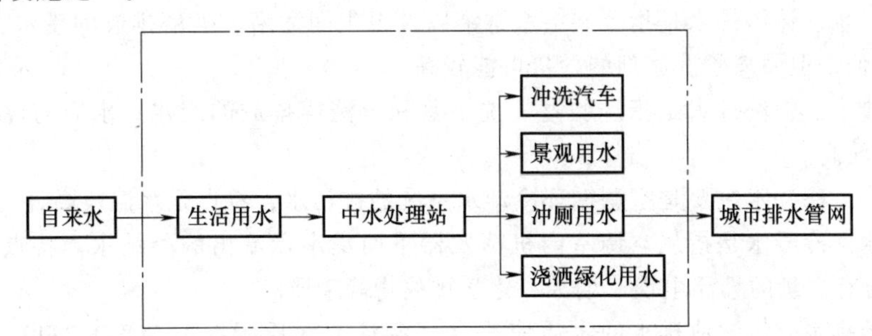

图 8-1 建筑物中水系统组成

2. 建筑中水系统的组成

建筑中水系统由中水原水收集系统、中水处理系统和中水供水系统三部分组成。

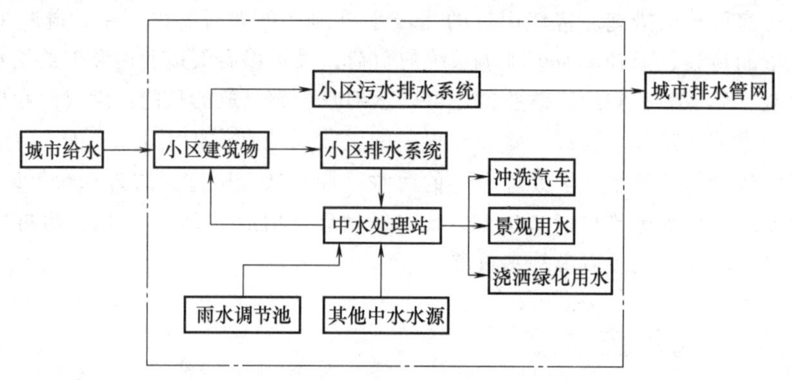

图 8-2 建筑小区中水系统组成

中水原水收集系统是指收集、输送中水原水到中水处理设施的管道系统和一些附属构筑物。根据中水原水的水质，中水原水集水系统有合流集水系统和分流集水系统两类。合流集水系统是指将生活污水和废水用一套管道排出的系统，即通常的排水系统。分流集水系统是指将生活污水和废水根据其水质情况的不同分别排出的系统，即污水、废水分流系统。

建筑中水处理系统由前处理、主要处理和后处理三部分组成。前处理除了截留大的漂浮物、悬浮物和杂物，主要是调节水量和水质，这是因为建筑物和小区的排水范围小，中水原水的集水不均匀，所以需要设置调节池。主要处理去除水中的有机物、无机物等。后处理是对中水供水水质要求很高时进行的深度处理。

建筑中水供水系统由中水配水管网（包括干管、立管、横管）、中水贮水池、中水高位水箱、控制和配水附件、计量设备等组成。它的任务是把经过处理的符合杂用水水质标准的中水输送至各个中水用水点。与生活给水供水方式相类似，中水的供水方式也有简单供水、单设屋顶水箱供水、水泵和水箱联合供水和分区供水等多种方式。

8.1.2 建筑中水系统的原水收集

建筑中水系统以建筑内的排水作为水源，一般取自建筑物内的生活废水、冷却水、生活污水和其他可利用的排水。建筑屋面雨水也可作为中水系统的补充水源。医疗废水、放射性废水、生物污染废水、重金属及其他有毒有害物质超标的排水，严禁作为中水系统的水源。原水的选取应根据排水的水质、水量、排水状况和中水回用的水质和水量在水源中确定。

可用作建筑中水原水的排水有 8 种，按污染程度的轻重，选取顺序如下：

1）沐浴排水。沐浴排水是指公共浴室淋浴以及卫生间沐浴、坐浴排放的废水，有机物和悬浮物浓度都较低，但阴离子洗涤剂的含量可能较高。

2）盥洗排水。盥洗排水是指洗脸盆、洗手盆和盥洗槽排放的废水，水质与沐浴排水相近，但悬浮物浓度较高。

3）冷却水。冷却水主要是空调循环冷却水系统的排污水，特点是水温较高，污染较轻。

4）冷凝水。冷凝水是指从空调室内机蒸发器下面集水盘流出的凝结水。特点是水温较低，pH 为中性，含有少量的悬浮尘埃、烟雾、化学排放物等杂质。

5）游泳池排水。游泳池排水的水质应符合《游泳池水质标准》（CJ/T 244），感官性状良好，水中不含危害人体健康的病原微生物和化学物质。

6）洗衣排水。洗衣排水是指宾馆洗衣房排水，水质与盥洗排水相近，但洗涤剂含量高。

7）厨房排水。厨房排水包括厨房、食堂和餐厅在进行炊事活动中排放的污水，污水中有机物浓度、浊度和油脂含量都较高。

8）冲厕排水。冲厕排水是指大便器和小便器排放的污水，有机物浓度、悬浮物浓度和细菌含量都很高。

上述 8 种常用的中水水源排水量少，排水不均匀，所以建筑中水水源一般不是单一水源，而是多水源组合。按混合后水源的水质，有优质杂排水、杂排水和生活排水三种组合方式。

1）优质杂排水包括沐浴排水、盥洗排水和冷却水，水中污染物浓度较低，其有机物浓度和悬浮物浓度都低，水质好，处理容易，处理费用低，应优先选用。

2）杂排水是不含冲厕排水的其他排水的组合，水中的有机物和悬浮物浓度都较高，水质较好，处理费用比优质杂排水高。

3）生活排水包含杂排水和厕所排水的所有生活排水的总称，其中有机物和悬浮物浓度都很高，水质差，处理工艺复杂，处理费用高。

建筑小区中水系统规模较大，可选作中水原水的种类较多。中水原水的选择应根据水量平衡和技术经济比较确定。首先选用水量充足、稳定、污染物浓度低、水质处理难度小，安全且居民易接受的中水水源。按污染程度的轻重，建筑小区中水水源选取顺序如下：

1）小区内建筑物杂排水。

2）小区或城市污水处理厂经生物处理后的出水。

3）小区附近工业企业排放的水质较清洁、水量较稳定、使用安全的生产废水。

4）小区生活污水。

5）小区内雨水，可作为补充水源。

中水原水集水系统根据原水选取种类的不同，可分为合流集水中水系统和分流集水中水系统。

（1）合流集水中水系统　合流集水中水系统是将生活污水和废水用一套管道排出的系统，如图 8-3 所示。这种方式具有管道布置设计简单、水量充足稳定等优点，但是原水水质差、中水处理工艺复杂、用户对中水接受程度低、处理站容易对周围环境造成污染。

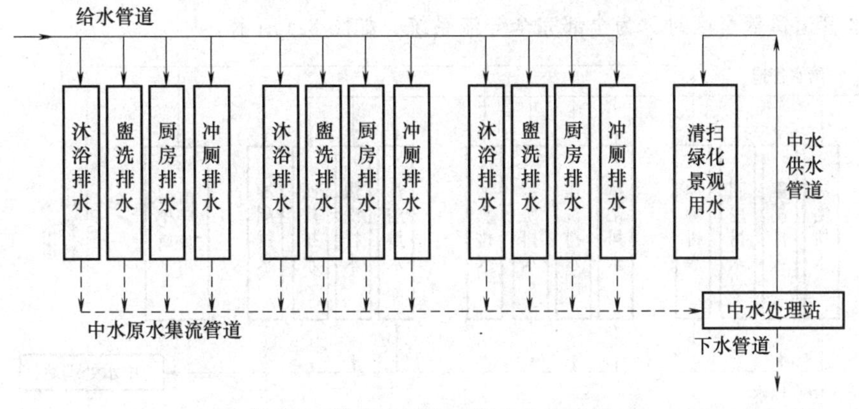

图 8-3　建筑小区合流集水中水系统

（2）分流集水中水系统　分流集水中水系统又分为建筑物完全分流中水系统、建筑小区完全分流中水系统、建筑小区半完全分流等形式。该系统是将生活污水和废水根据水质不同分别排出的系统。将水质较好的废水作为中水水源，水质较差的污水经城市排水管网进入城市污水处理厂处理后排放。该系统具有中水原水水质好，处理工艺简单，处理设施造价低，中水水质保障性好，符合人们的习惯和心理要求，用户容易接受，处理站对周围环境造成的影响较小的优点。缺点是原水水量受限制，需要增设一套分流管道，增加了管道系统的费用，给设计带来一定的麻烦。分流集水系统适用于设置在洗浴设备与厕所分开布置的住宅、公寓、有集中盥洗设备的办公楼、写字楼、旅馆、招待所、集体宿舍等。

1）建筑物完全分流中水系统。这种方式是建筑物内的排水采用污废水完全分流形式，如图 8-4 所示。城市给水系统通过引入管将生活饮用水送入室内，提供给建筑内部各用户沐浴、盥洗和厨房用水；用户使用后的沐浴排水、盥洗排水和厨房排水作为中水的水源，选取确定中水原水。中水原水进入中水处理站进行处理，中水处理站的处理出水通过中水供水管道输送至用水点，用于冲厕、清扫、市政绿化和景观环境，冲厕排水经排水管道排至室外，进入城市排水管网。

建筑物生活给水系统和中水供水系统完全分开，有生活给水和中水两套供水管。原水的收集系统和其他生活排水系统也是完全分开的，即采用污水和废水分流的排水方式，有生活污水和生活废水两套排水管。这就是所谓的“双上水”和“双下水”形式。

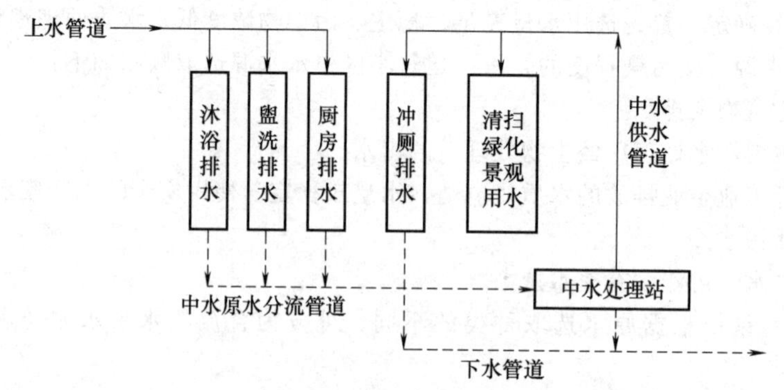

图 8-4　建筑物完全分流中水系统

2）建筑小区完全分流中水系统。根据原水集水管道和中水供水管道覆盖建筑小区的范围大小，完全分流中水系统又分为全部完全分流中水系统和部分完全分流中水系统。原水集水管道和中水供水管道覆盖全区时称为全部完全分流系统，如图 8-5 所示。

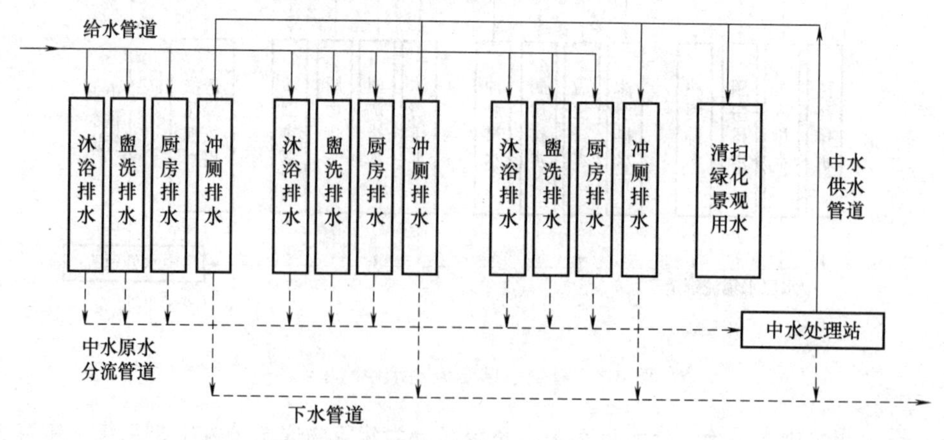

图 8-5　建筑小区全部完全分流中水系统

建筑小区的部分建筑物有原水集水管道和中水供水管道时称为建筑小区部分完全分流中水系统，如图 8-6 所示。

3）建筑小区半分流中水系统。建筑小区半完全分流中水系统常见有 3 种形式。由于可省去

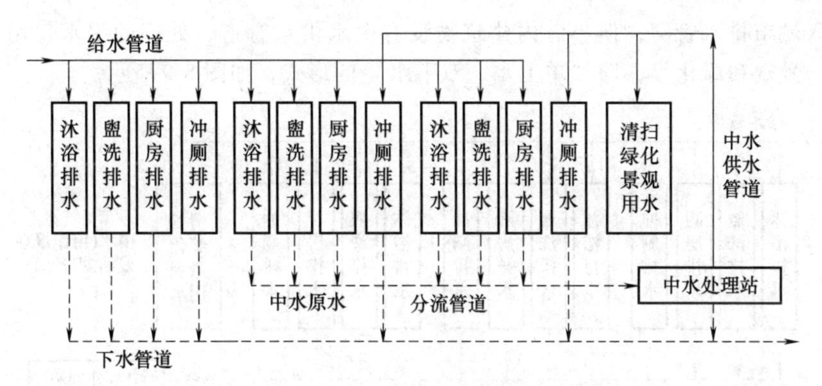

图 8-6　建筑小区部分完全分流中水系统

一套污水收集或中水供水系统，大大节省了系统投资，经济上可行，同时管网系统简化后技术上更容易实现，在已建中水工程中半完全分流系统应用普遍。

第一种，小区内建筑物排水采用污废合流制，只有一套排水管道，生活污水和生活废水集中进入中水处理站，建筑物给水系统包括生活给水和中水供水两套供水管，即采用“双上水、单下水”的形式，如图 8-7 所示。

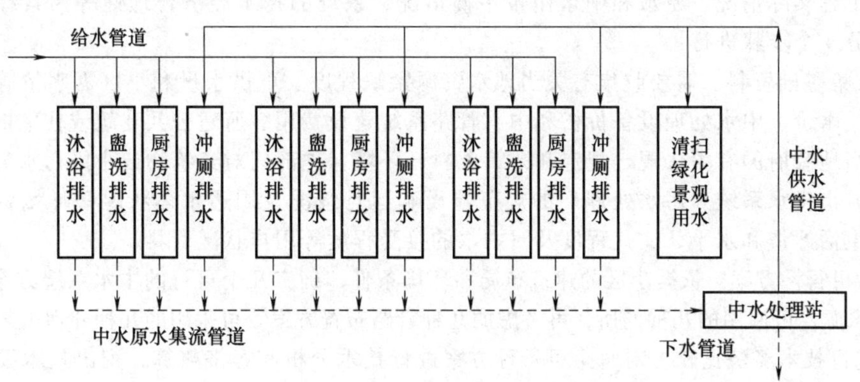

图 8-7　建筑小区半完全分流中水系统（1）

第二种，小区内没有原水分流管道，建筑物排水采用污废合流，排入城市排水管网；同时采用外接中水水源进入中水处理站，实现小区内中水供水，也属于“双上水、单下水”的形式，如图 8-8 所示。

第三种，小区内建筑物排水采用污废分流，生活废水经原水分流管道进入中水处理站，生活

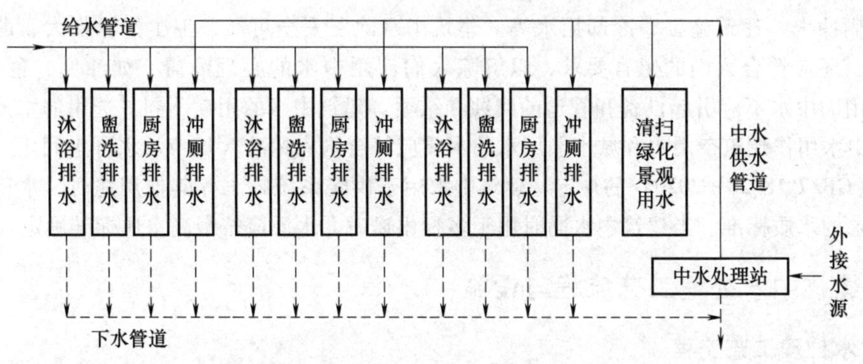

图 8-8　建筑小区半完全分流中水系统（2）

污水直接排入城市排水管网，但小区内建筑物没有中水供水管道，处理的中水仅用于室外杂用水，如清扫、景观和绿化等，即“单上水、双下水”的形式，如图 8-9 所示。

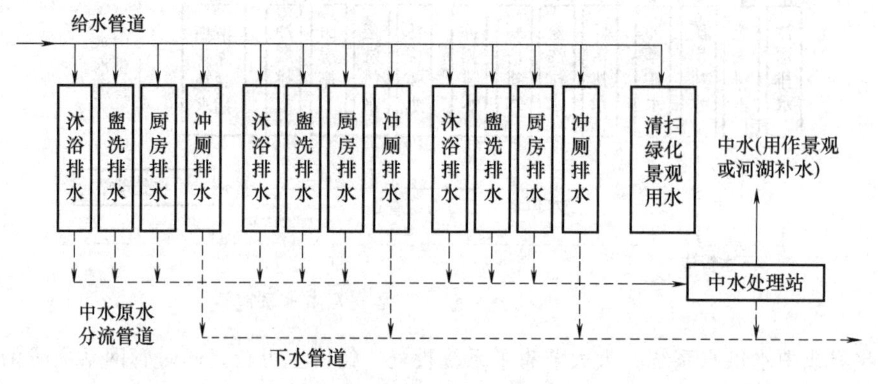

图 8-9 建筑小区半完全分流中水系统（3）

独立建筑和少数几栋大型公共建筑集水范围和中水供水范围较小，水系统形式的可选择性较小，往往只能是全覆盖的完全分流系统。而原水集水和中水供水范围较大的建筑小区中水系统应根据工程实际情况、原水和中水用量平衡情况、系统的技术经济合理性等因素综合考虑确定。一般分 4 个步骤进行：

1）收集基础资料。需要收集有关当地水资源紧缺程度、可供水量和小区需水量等水的供需资料；当地水价、中水处理设备价格和中水管路系统建设费用、所建公共建筑或住宅的价位等经济资料；当地政府的有关法规、规定和政策资料；环境保护部门对建筑物或小区污水处理和排放的要求，城市排水系统和污水处理厂的规范建设和运行情况及周边水体状况等环境资料；以及当地居民生活习惯和水平、文化程度及对中水的接受程度等用户状况资料。

2）做可行性方案。依据小区的建筑布局和环境条件，确定几个可行的中水系统方案，即可选择的几种水源，可回用的几种场所，可考虑的几种管路布置方案，可采用的几种处理工艺流程。

3）进行技术经济比较。对每个可行性方案进行技术分析和经济概算，列出技术要点和各项经济指标。

4）选择确定方案。分析技术经济比较的结果，权衡利弊，最后确定建筑中水系统。

8.1.3 建筑中水系统的供水水质

污水再生利用按用途分为农林牧渔用水、建筑杂用水、城市杂用水、工业用水、景观环境用水、补充水源水等。建筑中水主要是建筑杂用水和城市杂用水，如冲厕、浇洒道路、绿化用水、消防、车辆冲洗、建筑施工、冷却用水等。建筑中水除了安全可靠，卫生指标如大肠菌群数等必须达标外，还应符合人们的感官要求，以解除人们使用中水的心理障碍，如浊度、色度、嗅等，此外，回用的中水不应引起设备和管道的腐蚀和结垢。建筑中水的用途不同，选用的水质标准也不同；建筑中水用作建筑杂用水和城市杂用水的水质应符合国家标准《城市污水再生利用　城市杂用水水质》（GB/T 18920—2020）的规定。建筑中水用于供暖系统补水等其他用途时，水质应达到相应使用要求的水质标准。当建筑中水同时用于多种用途时，水质应按最高水质标准确定。

8.1.4 建筑中水处理工艺流程与设施

1. 中水处理工艺流程

中水处理工艺流程是根据中水原水的水量与水质，供应的中水水量与水质，以及当地的自然环境条件和对建筑环境的要求，如噪声、气味、美观、生态等，经过技术经济比较确定的。其中，中水原水的水质是主要依据。中水处理流程由各种水处理单元优化组合而成，通常包括预处理（格栅、调节池）、主处理（絮凝沉淀或气浮、生物处理、膜分离、土地处理等）和后处理（砂过滤、活性炭过滤、消毒等）三部分。其中，预处理和后处理在各种工艺流程基本相同。主处理工艺则需根据中水水源的类型和水质选择确定。

1）当以优质杂排水或杂排水为中水水源时，因水中有机物浓度很低，处理的目的主要是去除原水中的悬浮物和少量有机物，降低水的浊度和色度，可采用以物理化学处理为主的工艺流程或采用生物处理和物化处理相结合的处理工艺。物理化学处理工艺虽然对溶解性有机物去除能力较差，但后续消毒处理中消毒剂的化学氧化作用对水中耗氧物质的去除有一定的作用。

当原水中有机物浓度较低和阴离子表面活性剂（LAS）小于30mg/L时，可采用混凝沉淀（或气浮）加过滤的物理化学方法。该工艺具有可间歇运行的特点，适用于客房入住率不稳定、可集流原水水量变化较大或间歇性使用的建筑物。

采用膜处理工艺（膜分离、膜生物反应器等）时，应设计可靠的预处理工艺单元及膜的清洗设施，以保障膜系统的长期稳定运行。

以优质杂排水或杂排水为中水原水时常用的工艺流程如下：

① 物化处理工艺流程：

原水→格栅→调节池→絮凝沉淀→过滤→活性炭→消毒→中水。

原水→格栅→调节池→絮凝气浮→过滤→消毒→中水。

原水→格栅→调节池→絮凝过滤→活性炭→消毒→中水。

原水→格栅→调节池→过滤→臭氧氧化→消毒→中水。

② 生物处理和物化处理相结合的工艺流程：

原水→格栅→调节池→生物接触氧化→沉淀→过滤→消毒→中水。

原水→格栅→调节池→生物转盘→沉淀→过滤→消毒→中水。

③ 预处理和膜分离相结合的处理工艺流程：

原水→格栅→调节池→微絮凝过滤→精密过滤→膜分离→消毒→中水。

④ 膜生物反应器处理工艺流程：

原水→调节池→预处理→膜生物反应器→消毒→中水。

2）当利用生活排水（含有粪便污水）为中水原水时，因中水原水中有机物和悬浮物浓度都很高，中水处理的目的是同时去除水中的有机物和悬浮物，用简单的方法很难达到要求，宜采用两段生物处理与物化处理相结合的处理工艺流程。规模越小，则水质、水量的变化越大，因而，必须有比较大的调节池进行水质、水量的调节均衡，以保证后续处理工序有较稳定的处理效果。以生活排水为中水原水时常用的工艺流程如下：

① 生物处理和深度处理结合的工艺流程：

原水→格栅→调节池→两段生物接触氧化→沉淀→过滤→消毒→中水。

原水→格栅→厌氧调节池→两段生物接触氧化→沉淀→过滤→消毒→中水。

原水→格栅→调节池→预处理→曝气生物滤池→消毒→中水。

② 生物处理和土地处理工艺流程：

原水→厌氧调节池或化粪池→土地处理（土壤-微生物净化）→消毒→中水。

3）当利用城市污水处理厂二级生物处理出水作为中水原水时，处理目的主要是去除水中残留的悬浮物，降低水的浊度和色度，宜选用物化或与生化处理结合的深度处理工艺流程。以城市污水处理厂出水作为中水原水，目前采用的较少，但随着城市污水处理厂的建设和污水资源化的发展，它将成为今后污水再生利用的主要水源。常用的工艺流程如下：

① 物化法深度处理工艺流程：

两级处理出水→调节池→混凝沉淀（澄清）→过滤→消毒→中水。

② 物化与生化结合的深度处理流程：

两级处理出水→调节池→微絮凝过滤→生物活性炭→消毒→中水。

③ 微孔过滤处理工艺流程：

两级处理出水→调节池→微孔过滤→消毒→中水。

中水用于水景、供暖、空调冷却、建筑施工等其他用途时，如采用的处理工艺达不到相应的水质标准，应再增加深度处理设施，如活性炭、臭氧、超滤或离子交换处理等。

中水处理产生的沉淀污泥、活性污泥和化学污泥，应采取妥善处理措施，当污泥量较小时可排至化粪池处理，污泥量较大的中水处理站，可采用机械脱水装置或其他方法进行处理或处置。

2. 中水处理设施

（1）格栅、格网和毛发聚集器　格栅、格网和毛发聚集器用来截留去除原水中较大的漂浮物、悬浮物和毛发等。格栅宜选用机械格栅。当原水为杂排水时，可设置一道格栅，栅条空隙净宽 2.5~10mm；当原水为生活排水时，可设置二道格栅，第一道为中格栅，栅条空隙净宽为 10~20mm，第二道为细格栅，栅条空隙净宽取 2.5mm；当原水为沐浴排水时可选用 12~18 目的格网。水流通过格栅的流速宜取 0.6~1.0m/s。格栅设在格栅井内时，格栅倾角不宜小于 60°。格栅井须设工作台，它的高度应高出格栅前最高设计水位 0.5m。工作台宽度不宜小于 0.7m，格栅井应设置活动盖板。目前在小型中水系统中，格栅大多采用人工清理，少数采用水力筛或机械格栅。

当原水为沐浴排水时，污水泵的吸水管上应设毛发聚集器。毛发聚集器内过滤筒（网）的孔径 3mm，由耐腐蚀材料制造，它的有效过水面积应大于连接管面积的 2 倍。毛发聚集器具有反洗功能和便于清污的快开结构。近几年，国内设计的部分中水工程采用了自动清污的机械细格栅去除毛发等杂物，运行稳定，管理方便。

（2）原水调节池　原水调节池有曝气和不曝气两种形式。在调节池中曝气不但可以使池中颗粒状杂质保持悬浮状态，避免沉积在池底，还可以使原水保持有氧状态，防止原水腐败变质，产生臭味。此外，调节池预曝气可以去除部分有机物。所以，调节池内采用预曝气措施是有利的。

原水调节池内预曝气一般用多孔管曝气，曝气负荷为 $0.6\sim0.9m^3/(m^3\cdot h)$。调节池底应设有集水坑和泄水管，并应有不小于 0.02 的坡度，坡向集水坑，中小型中水系统的调节池可兼用作提升泵的集水井。

（3）中水调节池或中水高位水箱　中水调节池或中水高位水箱调节中水用水量，应设自来水的应急补水管。补水控制水位应设在缺水报警水位，使补水管只能在系统缺水时补水。同时，应有有效的措施确保自来水不会被中水污染。补水管上应设水表计量补水量，补水管管径按中水最大时供水量计算确定。

（4）沉淀（絮凝沉淀）处理设施　混凝工艺主要去除原水中悬浮状和胶体状杂质，对可溶性杂质去除能力较差，是物化处理的主体工艺单元。混凝剂的种类及投药量的多少应根据原水的类型和水质确定。城市污水处理厂二级出水为中水原水时，最佳混凝剂为聚合氯化铝，最佳投药量为 30mg/L；以沐浴排水为中水原水时，聚合铝和聚合铁的效果都较好，聚合铝最佳投药量为 5mg/L（以 Al_2O_3 计），一般可不超过 10mg/L（以 Al_2O_3 计）。

原水为优质杂排水或杂排水时，设置调节池后可不再设置初次沉淀池；原水为生活排水时，对于规模较大的中水处理站，可根据处理工艺要求设置初次沉淀池。

当处理水量较小时，絮凝沉淀池和生物处理后的沉淀池宜采用竖流式沉淀池或斜板（管）沉淀池，竖流式沉淀池的表面水力负荷宜为0.8~1.2$m^3/(m^2 \cdot h)$，沉淀时间宜为1.5~2.5h。池子直径或正方形的边与有效水深的比值不大于3，出水堰最大负荷不应大于1.70L/(s·m)。

斜板（管）沉淀池宜采用矩形，表面水力负荷宜为1~3$m^3/(m^2 \cdot h)$。停留时间宜为60min，进水采用穿孔板（墙）布水，出水采用锯齿形出水堰，出水最大负荷不应大于1.70L/(s·m)。

水量较大时，应参照《室外排水设计标准》（GB 50014—2021）中有关部分设计。

沉淀与气浮均是混凝反应后的有效固液分离手段，沉淀设备简单而体积稍大，气浮设备稍复杂而体积较小。目前，两者均有应用，但是，混凝沉淀对阴离子洗涤剂处理效果很差，而混凝气浮对阴离子洗涤剂有一定的处理效果。

（5）气浮处理设施　气浮处理设施由气浮池、溶气罐、释放器、回流水泵和空压机等组成，宜采用部分回流加压溶气气浮方式，回流比取处理水量的10%~30%，气水比按体积计算，空气量为回流水量的5%~10%。

矩形气浮池由反应室、接触室和分离室组成，接触室内设置释放器，数量由回流量和释放器性能确定。进入反应室的流速宜小于0.1m/s，反应时间为10~15min。接触室水流上升流速一般为10~20mm/s。分离室内水平流速不宜大于10mm/s，负荷取2~5$m^3/(m^2 \cdot h)$，水力停留时间不宜大于1.0h。气浮池有效水深为2~2.5m，超高不应小于0.4m。

在原水泵吸水管上设投药点，按处理水量定比投加混凝剂（必要时还可投加助凝剂），并充分混合。溶气罐罐高为2.5~3.0m，罐内装1~1.5m的填料，水力停留时间宜为1~4min，罐内工作压力采用0.3~0.5MPa，空压机压力一般选用0.5~0.6MPa（表压）。

（6）生物处理设施　生物处理主要用于去除水中可溶性有机物，过去多采用生物转盘，经过实践发现，生物转盘盘片与设备间空气直接接触，当污水浓度较高或转盘槽中溶解氧不足时，产生的气味会逸散到处理间及其周围环境中，而宾馆、饭店、机关、居民小区均是对环境条件要求较高的场所，气味可能带来不良影响，在处理场所通风不良时，影响比较显著。此外，生物转盘的易磨损机械部件较多，如减速机构、传动机构、盘片及其零部件，运行中维护保养工作量大。所以，目前生物转盘使用较少，多采用生物接触氧化法。生物接触氧化法操作比较简单，处理效果好，出水水质稳定、管理方便，产生的污泥量较少，运行费用较低，并可在短时间内停止运行，适用于中水水源为优质杂排水、BOD_5<60mg/L的沐浴排水和厨房设隔油装置除油的杂排水。在我国，日处理规模不大的宾馆饭店多采用生物接触氧化法。

生物接触氧化池由池体、填料、布水装置和曝气系统等部分组成。供气方式宜采用低噪声的鼓风机加布气装置，潜水曝气机或其他曝气设备布气装置的布置应使布气均匀，气水比为15∶1~20∶1，曝气量宜为40~80$m^3/kgBOD_5$，溶解氧含量应维持在2.5~3.5mg/L。

当原水为优质杂排水或杂排水时，水力停留时间不应小于2h；当原水为生活排水时，应根据原水水质情况和出水水质要求确定水力停留时间，但不宜小于3h。

接触氧化池宜采用易挂膜、耐用、比表面积较大、维护方便的固定填料或悬浮填料。填料的体积可按填料容积负荷与平均日污水量计算，容积负荷一般为1000~1800$gBOD_5/(m^3 \cdot d)$，优质杂排水和杂排水取上限值，生活污水取下限值，计算后按接触时间校核。当采用固定填料时，安装高度不应小于2.0m，每层高度不宜大于1.0m，当采用悬浮填料时，装填体积不应小于池容积的25%。

曝气生物滤池具有处理负荷高、装置紧凑、省略固液分离单元等优点，已经用于中水工程。土地处理也是一种值得重视的处理工艺，该处理方法利用土壤的自然净化作用，将生物降解、过滤、吸附等多种作用有机结合，对于绿化面积迅速扩大而水资源又十分紧缺的城市和地区，该处理工艺有广泛的应用前景。

（7）过滤设施　过滤是中水处理工艺中必不可少的后置工艺，是最常用的深度处理单元，它对保证中水的水质起决定性作用。滤池的滤料有许多种，如石英砂单层滤料、石英砂无烟煤双层滤料、纤维球滤料、陶粒滤料等。

过滤宜采用过滤池或过滤器，采用压力过滤器时，滤料可选用单层或双层滤料。单层滤料压力过滤器的滤料多为石英砂，粒径为0.5~1.0mm，滤料厚度为600~800mm，滤速取8~10m/h，反冲洗强度为12~15L/(m^2·s)，反洗时间为5~7min。双层滤料压力过滤器的上层滤料为厚500mm的无烟煤，下层滤料为厚250mm的石英砂，滤速取12m/h，反冲洗强度为10~12.5L/(m^2·s)，反洗时间为8~15min。

微絮凝过滤是将絮凝与过滤相结合，工艺紧凑，设备简单，过去采用较多。这种工艺对管理水平要求高，若反冲不彻底时，污物易残留在滤料上，积累到一定阶段就会影响处理效果。

（8）活性炭过滤　活性炭过滤置于处理流程的后部，是常用的深度处理单元，主要用于去除常规处理方法难以去除的嗅、色以及有机物合成洗涤剂等。但活性炭价格贵、易饱和，运行费用较高。对于以洗浴水为原水的中水系统，采用生物处理能够去除大部分可溶性有机物，一般后面不需要再加活性炭即可达标；而采用物化处理工艺时，由于混凝、过滤等工艺对可溶性有机物去除效果不佳，必要时可加活性炭作为水质保障工艺单元。采用生物活性炭可以将活性炭与生物作用有机结合，大幅度提高活性炭使用周期，可在微絮凝过滤后续接生物活性炭工艺单元，效果很好。

活性炭过滤通常采用固定床，过滤器数目不少于两个，以便换炭维修。过滤器应装有冲洗、排污、取样等管道及必要仪表。

过滤器中炭层高度和过滤器直径比一般为1:1或2:1，活性炭高度一般不宜小于3.0m，常用4.5~6.0m串联进行。设计负荷为0.3~0.8kgCOD/kg炭，接触时间一般采用30min。反冲洗时间为10~15min，冲洗水量为产水量的5%~10%。

（9）膜分离装置　膜分离法处理效果好、装置紧凑、占地面积小，是发展迅速的高效处理手段。膜分离工艺置于中水处理流程后部可起到保障作用。膜分离为物理作用，对COD、BOD_5等指标去除效果不显著。随着膜工业的发展，各种膜产品不断推出，膜技术在水处理中的应用越来越广泛。

在以往中水处理系统中，多采用超滤膜组件，由于超滤膜孔径较小，膜通量受到限制。近年来多采用膜通量大的微滤膜。膜生物反应器将膜分离与生物处理紧密结合，具有处理效率高、出水水质稳定、流程简化、装置紧凑、设备制造易产业化等诸多特点，在中水处理系统中已得到应用。

（10）消毒设施　中水处理必须设有消毒设施，消毒剂宜采用自动投加方式，并能与被消毒水充分混合接触。采用氯化消毒时，加氯量一般为5~8mg/L（有效氯），消毒接触时间应大于30min，当中水水源为生活污水时，应适当增加加氯量，余氯量应控制在0.5~1.0mg/L。消毒剂宜采用次氯酸钠、二氧化氯、二氯异氰尿酸钠或其他消毒剂。

3. 中水处理站

中水处理站位置应根据建筑的总体规划、产生中水原水的位置、中水用水点的位置、环境卫生要求和管理维护要求等因素确定。建筑物内的中水处理站宜设在建筑物的最底层，建筑群（组团）的中水处理站宜设在其中心建筑物的地下室或裙房内，应避开建筑的主立面、主要通道入口和重要场所，选择靠近辅助入口方向的边角，并与室外联系方便的地方，小区中水处理站应在靠近主要集水和用水地点的室外独立设置，处理构筑物宜为地下式或封闭式。处理站应与环境绿化结合，应尽量做到隐蔽、隔离和避免影响生活用房的环境要求，地上建筑宜与建筑小品相结合。以生活污水为原水的地面处理站与公共建筑和住宅的距离不宜小于 15m。

中水处理站应有单独的进出口和道路，便于进出设备、药品及排除污物。处理构筑物及设备布置应合理紧凑、管路顺畅，在满足处理工艺要求的前提下，高程设计中应充分利用重力水头，尽量减少提升次数，节省电能。各种操作部件和检测仪表应设在明显的位置，便于主要处理环节的运行观察、水量计量和水质取样化验监（检）测。处理构筑物及设备相互之间应留有操作管理和检修的合理距离，其净距一般不应小于 0.7m。处理间主要通道不应小于 1.0m。

根据处理站规模和条件，设置值班、化验、贮藏、厕所等附属房间，加药贮药间和消毒制备间宜与其他房间隔开，并有直接通向室外的门。处理站有满足处理工艺要求的供暖、通风、换气、照明、给水排水设施，处理间和化验间内应设有自来水水嘴，供管理人员使用。其他工艺用水应尽量使用中水。处理站内应设集水坑，当不能利用重力排放时，应设潜水泵排水。排水泵一般设两台，一用一备，排水能力不应小于最大小时来水量。

处理站应根据处理工艺及处理设备情况采取有效的除臭措施、隔声降噪和减振措施，具备污泥、渣等的存放和外运的条件。

4. 安全防护与监控

中水系统可节约水资源，减少环境污染，具有良好的综合效益，但也有不安全的一面。中水供水的水质低于生活饮用水水质，中水系统与生活给水系统的管道、附件和调蓄设备在建筑物内共存，生活饮用水又是中水系统日常补给和事故应急水源，且中水工程在我国推广应用时间不长，一般居民对中水了解不多，有误把中水当作生活饮用水使用的可能，为了供水安全可靠，在设计中应特别注意安全防护措施。

1）水处理设施应安全稳定运行，出水水质达到《城市污水再生利用　城市杂用水水质》（GB/T 18920—2020）中规定的要求。

2）避免中水管道系统与生活饮用水系统误接，污染生活饮用水水质。中水管道严禁与生活饮用水管道直接连接，中水池（箱）内的自来水补水管应采取自来水防污染措施，补水管出水口应高于中水贮水池（箱）内溢流水位，其间距不得小于 2.5 倍管径，严禁采用淹没式浮球阀补水。中水贮水池（箱）设置的溢流管、泄水管，均应采用间接排水方式排出。溢流管应设隔网。

3）中水管道与生活饮用水管道、排水管道平行埋设时，水平净距不小于 0.5m；交叉埋设时，中水管道在饮用水管道下面、排水管道上面，其净距不小于 0.15m。

4）为避免发生误饮，除卫生间外，中水管道不宜暗装于墙体内。明装的中水管道外壁应按有关标准的规定涂色和标志。中水水池、水箱、阀门、水表、给水栓、取水口均应有明显的“中水”标志。中水管道上不得装水嘴，便器冲洗宜采用密闭型设备和器具，绿化、浇洒、汽车冲洗宜采用壁式或地下式给水栓。公共场所及绿化的中水取水口应设带锁装置。

5）严格控制中水的消毒过程，均匀投配，保证消毒剂与中水的接触时间，确保管网末端的余氯量。

6）中水处理站管理人员需经过专门培训后再上岗，也是保证中水水质的一个重要因素。

为保障中水系统的正常运行和安全使用，做到中水水质稳定可靠，应对中水系统进行必要的监测控制和维护管理。当系统连续运行时，处理系统和供水系统均应采用自动控制，减少工人的夜间管理的工作量。当系统间歇运行时，中水供水系统应采用自动控制，处理系统也应部分采用自动控制，但都应同时设置手动控制。

中水处理站应根据处理工艺和管理要求设置水量计量、水位观察、水质观测、取样监（检）测、药品计量的仪器、仪表。处理系统检测数据的监测方式与处理站的处理规模有关。小型中水处理站可安装就地指示的检测仪表，由人工进行就地操作，以加强管理来保证出水水质。中型中水处理站可配置必要的自动记录仪表（如流量、pH、浊度等仪表），就地显示或在值班室集中显示。大型中水处理站设置水质自动连续检测系统，当自动连续检测水质不合格时，应发出报警。

8.2 雨水收集利用技术

雨水利用原本是一种古老的技术，但在现代建筑与居住小区中，雨水的收集与利用工程是水综合利用中的一种新的系统工程（见图 8-10）。在水资源短缺的地区，对雨水进行收集、利用具有很高的经济意义与社会意义。

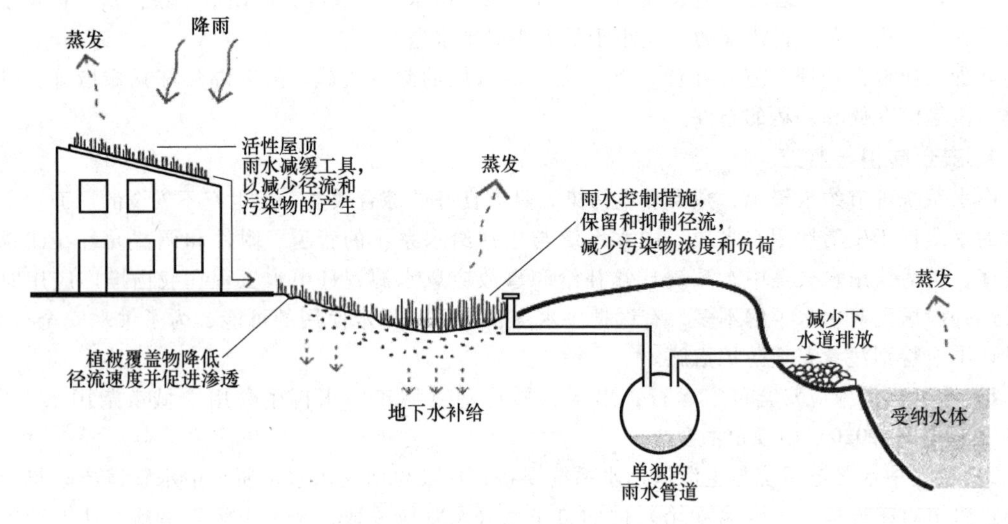

图 8-10 雨水的收集与利用

8.2.1 海绵城市建设理念与低影响开发雨水系统

海绵城市是指城市能够像海绵一样，在适应环境变化和应对自然灾害等方面具有良好的“弹性”，下雨时吸水、蓄水、渗水、净水，需要时将蓄存的水加以利用。海绵城市建设应遵循生态优先等原则，将自然途径与人工措施相结合，在确保城市排水防涝安全的前提下，最大限度地实现雨水在城市区域的积存、渗透和净化，促进雨水资源的利用和生态环境保护。在海绵城市建设过程中，应统筹自然降水、地表水和地下水的系统性，协调给水、排水等水循环利用各环节，并考虑其复杂性和长期性。

低影响开发也称为低影响设计，是指在场地开发过程中采用源头、分散式措施维持场地开发前的水文特征，它的核心是维持场地开发前后水文特征不变，包括径流总量、峰值流量、峰现时间等。低影响开发理念的提出，最初是强调从源头控制径流，但随着低影响开发理念及技术的不断发展，加之我国城市发展和基础设施建设过程中面临的城市内涝、径流污染、水资源短缺、用地紧张等突出问题，在我国，低影响开发的含义已延伸至源头、中途和末端不同尺度的控制措施。因此，广义来讲，低影响开发是指在城市开发建设过程中采用源头削减、中途转输、末端调蓄等多种手段，通过渗、滞、蓄、净、用、排等多种技术，实现城市良性水文循环，提高对径流雨水的渗透、调蓄、净化、利用和排放能力，维持或恢复城市的“海绵”功能。

进行低影响开发雨水系统设计时，建筑屋面和小区路面径流雨水应通过有组织地汇流与转输，经截污等预处理后引入绿地内的以雨水渗透、贮存、调节等为主要功能的低影响开发设施。因空间限制等原因不能满足控制目标的建筑与小区，径流雨水还可通过城市雨水管渠系统引入城市绿地与广场内的低影响开发设施。低影响开发设施的选择应因地制宜、经济有效、方便易行，如结合小区绿地和景观水体优先设计生物滞留设施、渗井、湿塘和雨水湿地等。

1. 场地设计

1）应充分结合现状地形地貌进行场地设计与建筑布局，保护并合理利用场地内原有的湿地、坑塘、沟渠等。

2）应优化不透水硬化面与绿地空间布局，建筑、广场、道路周边宜布置可消纳径流雨水的绿地。建筑、道路、绿地等竖向设计应有利于径流汇入低影响开发设施。

3）低影响开发设施的选择除生物滞留设施、雨水罐、渗井等小型、分散的低影响开发设施外，还可结合集中绿地设计渗透塘、湿塘、雨水湿地等相对集中的低影响开发设施，并衔接整体场地竖向与排水设计。

4）景观水体补水、循环冷却水补水及绿化灌溉、道路浇洒用水的非传统水源宜优先选择雨水。按绿色建筑标准设计的建筑与小区，非传统水源利用率应满足《绿色建筑评价标准》（GB/T 50378）的要求，其他建筑与小区宜参照该标准执行。

5）有景观水体的小区，景观水体宜具备雨水调蓄功能，景观水体的规模应根据降雨规律、水面蒸发量、雨水回用量等，通过全年水量平衡分析确定。

6）雨水进入景观水体之前应设置前置塘、植被缓冲带等预处理设施，同时可采用植草沟转输雨水，以降低径流污染负荷。景观水体宜采用非硬质池底及生态驳岸，为水生动植物提供栖息或生长条件，并通过水生动植物对水体进行净化，必要时可采取人工土壤渗滤等辅助手段对水体进行循环净化。

2. 建筑

1）屋顶坡度较小的建筑可采用绿色屋顶，绿色屋顶的设计应符合《屋面工程技术规范》（GB 50345）的规定。

2）宜采取雨水管断接或设置集水井等方式将屋面雨水断接并引入周边绿地内小型、分散的低影响开发设施，或通过植草沟、雨水管渠将雨水引入场地内的集中调蓄设施。

3）建筑材料也是径流雨水水质的重要影响因素，应优先选择对径流雨水水质没有影响或影响较小的建筑屋面及外装饰材料。

4）水资源紧缺地区可考虑优先将屋面雨水进行集蓄回用，净化工艺应根据回用水水质要求和径流雨水水质确定。雨水贮存设施可结合现场情况选用雨水罐、地上或地下蓄水池等设施。当建筑层高不同时，可将雨水集蓄设施设置在较低楼层的屋面上，收集较高楼层建筑屋面的径流雨水，从而借助重力供水而节省能量。

5）应限制地下空间的过度开发，为雨水回补地下水提供渗透路径。

3. 小区道路

1）道路横断面设计应优化道路横坡坡向、路面与道路绿化带及周边绿地的竖向关系等，便于径流雨水汇入绿地内低影响开发设施。

2）路面排水宜采用生态排水的方式。路面雨水首先汇入道路绿化带及周边绿地内的低影响开发设施，并通过设施内的溢流排放系统与其他低影响开发设施或城市雨水管渠系统、超标雨水径流排放系统相衔接。

3）路面宜采用透水铺装，透水铺装路面设计应满足路基路面强度和稳定性等要求。

4. 小区绿化

1）绿地在满足改善生态环境、美化公共空间、为居民提供游憩场地等基本功能的前提下，应结合绿地规模与竖向设计，在绿地内设计可消纳屋面、路面、广场及停车场径流雨水的低影响开发设施，并通过溢流排放系统与城市雨水管渠系统和超标雨水径流排放系统有效衔接。

2）道路径流雨水进入绿地内的低影响开发设施前，应利用沉淀池、前置塘等对进入绿地内的径流雨水进行预处理，防止径流雨水对绿地环境造成破坏。有降雪的城市还应采取措施对含融雪剂的融雪水进行弃流，弃流的融雪水宜经处理（如沉淀等）后排入市政污水管网。

3）低影响开发设施内植物宜根据需水要求、径流雨水水质等进行选择，宜选择耐盐、耐淹、耐污等能力较强的乡土植物。

8.2.2 建筑小区的雨水收集利用

无污染的雨水呈微酸性，其总溶解固体量很少，污染物含量较少，很值得收集利用。在小区雨水中，屋面雨水水质污染轻微，可以作为雨水收集利用的主要内容；路面、公共活动场地的雨水相对较脏，回收利用难度较大；绿地区域的雨水收集效率较低。建筑小区雨水利用的目的一般有以下三类：

1）直接利用。直接利用就是将雨水用作生活杂用水、市政杂用水、建筑工地用水，及冷却循环、消防等补充用水。在严重缺水的城市甚至可用于饮用。雨水的直接利用可设计为单体建筑的雨水回用，也可设计为小区雨水利用系统。

2）间接利用。间接利用是指雨水渗透，主要是为了增加土壤含水量，补充涵养地下水资源，改善生态环境。

3）削减高峰流量。削减高峰流量是指先将雨水贮存在设施中，待雨停后再进行有序排放，以削减雨水高峰流量，减轻区域水涝灾害。

对于建筑与居住小区而言，雨水利用的重点是直接利用。小区雨水利用系统一般包括雨水汇集区、输水管系、截污装置、贮存设施、净化设施、供水设施等几部分，此外还设有溢流设施或渗透设施，使超过贮存容量的部分溢流或渗透。

小区内雨水在汇流过程中很难不被各种自然或人为因素污染，采取有效的雨水截污措施（见表 8-1）可以大大提高雨水收集、处理、回用等设施的使用效率。

表 8-1 雨水截污措施一览表

分类	细分类		说明
屋面雨水截污措施	截污滤网		安装于雨水斗、排水立管、排水横管，适用于水质较好的屋面径流
	初期屋面雨水弃流装置	弃流池（在线或旁通方式）	一般为地上式，将初期雨水径流暂存于弃流池内，将后期洁净雨水径流经过旁路流入雨水排出系统，降雨结束后再将所存的初期雨水通过弃流口（放空管）排入小区污水管
		雨水管弃流装置	利用小雨会沿着管壁下流的特点，将屋面集水管在弃流段分为管壁、管中心两部分而实现弃流
		切换式弃流井	在雨水检查井中同时埋设连接下游雨水井和下游污水井的两根连通管，在两个连通管入口处设置简易手动闸阀或自动闸阀进行切换，缺点是对随机降雨操作控制困难
		小管弃流井	利用初期雨水流量小的特点，将初期雨水弃流管设为分支小管，超过小管排水能力的后期径流自动进入雨水收集系统，缺点是当降雨强度小而降雨量大时可能会使弃流量加大，适用于汇水面大的情况
	花坛渗滤净化装置		安装于雨水管出口处，散水内缘
	屋顶绿化		由屋顶防水层、保护层、排水层、过滤层、土壤层、植被层构成，屋顶绿化层可以截流、吸纳部分雨水，土壤可渗透净化雨水中的污染物，可防止屋顶沥青对雨水的污染

（续）

<table>
<tr><th>分类</th><th colspan="2">细分类</th><th>说明</th></tr>
<tr><td rowspan="6">路面雨水截污措施</td><td colspan="2">截污挂篮</td><td>挂于雨水箅子下方，篮子侧壁下半部与底部设置土工布或尼龙网，上半部分利用金属格网形成雨水溢流口</td></tr>
<tr><td colspan="2">初期路面雨水弃流装置</td><td>类似于“初期屋面雨水弃流装置”，但一般为地下式，承接水量较大，宜安装于径流集中处</td></tr>
<tr><td colspan="2">雨水沉淀积泥井、隔油井、悬浮物隔离井</td><td>可单独建设，或组合建设，或与雨水回收利用的取水口或集水池合建</td></tr>
<tr><td rowspan="3">自然处理构筑物</td><td>植物浅沟</td><td rowspan="3">可建于道路两侧或绿地中，利用水中微生物、藻类、挺水植物、浮叶根生植物、漂浮植物、沉水植物、土壤等自然介质截流净化雨水污染物</td></tr>
<tr><td>湿式滞留地</td></tr>
<tr><td>湿地</td></tr>
<tr><td rowspan="2">绿地雨水截污措施</td><td colspan="2">植物截污作用</td><td rowspan="2">当绿地植物本身的截污作用效果不明显时，可采取加强的工程材料拦截措施</td></tr>
<tr><td colspan="2">截污挂篮、滤网、格栅、溢流台坎</td></tr>
</table>

1. 雨水截污

雨水截污主要是针对雨水的源头污染环节。小区雨水污染主要来源于建筑物外表面（屋顶、墙体、建筑附属物）、小区场院（小广场、绿地、健身场地、停车场）、路面和其他附属场地。

在降雨初期，一方面，雨滴对从云层到地表这个空间段的空气具有洗涤过程，另一方面，初期雨水冲刷了地表的各种污染物，因此其受污染程度很高，这种被污染的雨水称为初降雨水，应做严格截流或净化处理。

从建筑物本身而言，可通过限制污染性屋面材料的使用，如避免使用油毡屋面，可以改善屋面水质。从小区管理而言，可加强车辆管理、材料堆放管理、加强垃圾管理，及时科学地清扫路面，避免将垃圾混入雨水口、对融雪剂处理过的积雪进行外运，这些措施都可以改善小区雨水水质。

在雨水收集的各种面源、线源位置，可按照其不同的物理特征、污染程度，建造不同的源头截污装置。除表 8-1 所示的措施之外，还有研究者开发了旋流分离式初雨弃流器、自动翻板式初雨分离器、新型高效率弃流装置等专利产品。

2. 雨水调蓄

雨水利用的前提是雨水的调节和贮存。雨水调蓄可以通过调蓄池调节、雨水管道调节、多功能生态综合调节等方式来实现。常见的雨水调蓄方式、特点、适用范围见表 8-2。

表 8-2　常见的雨水调蓄方式、特点、适用范围

<table>
<tr><th colspan="3">雨水调蓄方式</th><th>特　点</th><th>常见做法</th><th>适用范围</th></tr>
<tr><td rowspan="5">雨水调蓄池</td><td rowspan="3">按建造位置不同</td><td>地下封闭式</td><td>占地面积小，雨水管渠易接入，有时溢流困难</td><td>铜筋混凝土，或砖砌，或玻璃钢结构</td><td rowspan="2">小区或建筑群单体建筑</td></tr>
<tr><td>地上封闭式</td><td>占地面积略大，雨水管渠易接入，管理方便</td><td>玻璃钢，或金属，或塑料结构</td></tr>
<tr><td>地上开敞式（地表水体）</td><td>可充分利用自然条件，可与景观、净化相结合，生态效果好</td><td>天然低洼地、池塘、湿地、河湖等</td><td>公园、新建小区</td></tr>
<tr><td rowspan="2">按调蓄池与雨水管系的关系不同</td><td>在线式</td><td>布置简单，漂浮物在溢流口处易于清除，可重力排空，但池中水与后来水可发生混合，可在入口前设置旁通溢流</td><td rowspan="2">地下式、地上式或地表式</td><td rowspan="2">据现场条件和管道负荷等经过技术经济比较后确定</td></tr>
<tr><td>离线式</td><td>管道水头损失小，也可将溢流井和溢流管设置在入口上</td></tr>
</table>

（续）

雨水调蓄方式	特　点	常见做法	适用范围
雨水管道调节	简单实用，但调蓄空间一般较小，有时会在管道底部产生淤泥	在雨水管道上游或下游设置溢流口保证上游排水安全，在下游管道上设置流量控制闸阀	在管道调蓄空间较大时多用
多功能调蓄（灵活多样，一般为地表式）	可实现多种功能	主要利用地形地貌条件，常与公园、绿地、运动场等一起设计和建造	城乡接合部、卫星城镇、新开发区、生态住宅区或保护区、公园、城市绿化带、城市低洼地等

注：资料来自车伍，李俊奇《城市雨水利用技术与管理》，2006。

调蓄设施宜布置在汇水面的下游。通常雨水调蓄的主体构筑物是雨水调蓄池（罐）。配套设施主要包括：溢流设施、提升设施、水位报警设施等。雨水调蓄池可采用溢流堰式或底部流槽式。调蓄池的有效容积主要与满蓄次数、可收集雨水的量有关。水质等条件满足时，雨水调蓄池可以与消防水池合建。

3. 雨水净化

小区雨水利用之前，一般都需经过处理才能满足用水水质要求，它的净化方法与市政生活污水的处理方法基本类似，主要包括常规物理方法、常规化学方法、自然生物处理法等方法。常见的雨水净化方法见表 8-3。

表 8-3　常见的雨水净化方法

类别	处理工艺
常规物理方法	沉淀、过滤、物理消毒
常规化学方法	液氯消毒、臭氧消毒、二氧化氯消毒
自然生物处理法	植被浅沟、植物缓冲带、生物滞留区、土壤渗滤池、人工湿地、生态塘
深度处理工艺	活性炭技术、微滤技术

沉淀：通过沉淀可以去除雨水中的悬浮污染物。雨水沉淀工艺的机理主要是自由沉淀，不发生絮凝，沉淀速率与雨水中颗粒物的密度、粒径有关。雨水沉淀过程需分为降雨期间、停雨期间两个阶段来考虑。雨水沉淀池可以采用平流式、竖流式、辐流式、旋流式等形式。一般以沉淀时间作为控制参数和设计参数即可。可以 2h 为沉淀时间的参考设计基准。

过滤：通过过滤可以有效截留雨水中的细小悬浮物，以及部分有机物、病菌等微小污染物。雨水过滤常用的滤料为砂、碎石、无烟煤、纤维球，或采用土工布、网格布、多孔管等多孔介质。过滤机理主要是颗粒与滤层间的吸附作用以及筛滤作用。包括表面过滤、滤料过滤、生物过滤等多种类型。在过滤时，可辅助投加聚合氯化铝、硫酸铝、三氯化铁等混凝剂，增强出水效果。

消毒：当雨水需回用于对细菌指标要求严格的场合时，需对雨水进行消毒处理。雨水中的病原体主要包括细菌、病毒及原生动物胞囊、卵囊。消毒方法有物理法与化学法。一般常采用加氯消毒法，当雨水利用规模很小时，也可采用紫外线消毒。《建筑与小区雨水控制及利用工程技术规范》（GB 50400）建议，雨水处理规模不大于 $100m^3/d$ 时，可采用氯片作为消毒剂；雨水处理规模大于 $100m^3/d$ 时，可采用次氯酸钠或其他氯消毒剂。

小区雨水净化工艺流程可从如下流程中进行选择：

雨水→截污→贮存待用。

雨水→截污→湿地→景观水体。

雨水→截污→生态塘→景观水体。

雨水一截污→过滤池→雨水清水池。

雨水→截污弃流→景观水体。

雨水→截污→沉砂槽→消毒池→雨水清水池。

雨水→截污弃流→沉淀池→过滤池→雨水清水池。

雨水→截污弃流→沉淀池过滤池→消毒池→雨水清水池。

雨水→截污→沉砂槽→沉淀槽→慢滤装置→消毒池→雨水清水池。

雨水→截污弃流→沉淀池→活性炭技术（膜技术）→雨水清水池。

4. 雨水利用

对于居住小区而言，雨水利用主要是指雨水的直接利用，即雨水经过收集、截污、调蓄、净化后用于建筑物内的生活杂用（如冲厕）、作为中水的补充水、小区内的绿化浇灌用水、道路浇洒用水、洗车用水等，在条件允许的情况下，还可用于屋顶花园、太阳能、风能综合利用、水景利用等场合。

不同的用水目的要求不同的水质和水量标准。在雨水利用的设计中，不仅要考虑到雨水量的平衡，而且要考虑到雨水水质的控制。

雨水用于绿化、冲厕、道路清扫、消防、车辆冲洗、建筑施工等均应满足《城市污水再生利用　城镇杂用水水质》（GB/T 18920）中指标的要求。雨水用于景观环境用水应满足《城市污水再生利用　景观环境用水水质》（GB/T 18921）中指标的要求。

在小区雨水利用系统的设计中，设计规模是首要的关键因素，规模过小会导致雨水流失，浪费雨水资源；规模过大会导致系统利用率低、浪费投资。雨水利用系统的规模应保证建设用地外排雨水量不大于开发建设前的水平或规定的值。影响设计规模的主要问题是雨水调蓄池的容积设计。

当雨水用作屋顶绿化用水时，应注意在干旱地区，为了将稀少的降雨更好地保留于屋顶上，宜采用较小的屋面坡度，如小于2%，但要提高屋面防水级别。在多雨地区，宜设置较大的屋面坡度，以利于排水，但当坡度大于5%时，会对绿化层造成冲刷伤害。为防止屋顶因建造绿化层而漏水，可设置双层防水与排水系统，并且在靠近雨水收集管的种植区设计溢流口，以免积水。

当雨水用作水景时，可以考虑利用风能或太阳能作为喷水的辅助动力。如采用太阳电池板产生少量的电力，驱动雨水调蓄池中的水形成喷泉，或提升水位，形成人工溪流，促成小区游园的亲水人居环境。太阳电池在夜间与阴雨天自动停止运行，符合人与自然的完美动态协调。

雨水回用设施的供水管网应保证3d用水量不小于集水面日雨水径流量。应通过设计促使所收集的雨水尽量及时地供应出去，使得雨水调蓄池能够及时腾出容积以收集更多的后续雨水。雨水供水管道必须与生活饮用水管道分开设置，严禁回用雨水进入生活饮用水给水系统。若有必要维持雨水供水系统的正常运行，则应在雨水贮存容器上设置自动补水装置，补水可以采用生活饮用水或再生水。但补水水质应满足所设计的雨水利用要求。若采用生活饮用水作为补水时，必须采取必要措施防止生活饮用水被残余的雨水污染，补水管不宜进入雨水池（箱）内。补水流量不小于管网系统的最大时流量。

当用水要求不同时，应尽量考虑对应于不同用水要求的分质处理、分质供水。雨水供水系统的水泵、水箱设置、系统的选择、管网分区等，应按照相应的国家规范认真计算后进行设计。

8.2.3　绿色屋顶

降落在建筑物屋面的雨水和雪水，特别是暴雨，在短时间内会形成积水，需要设置屋面雨水排水系统，有组织、有系统地将屋面雨水及时排除到室外，否则会造成四处溢流或屋面漏水，影响人们的生活和生产活动。这是传统建筑屋面设计思维。但是随着绿色建筑、海绵城市建设理念的应用，以及低影响开发设计和源头减排、生态技术思维，绿色屋顶可以作为一项可行的选择来替代传统屋面技术在新建和改造项目中进行应用。绿色屋顶雨水系统工作原理如图 8-11 所示。

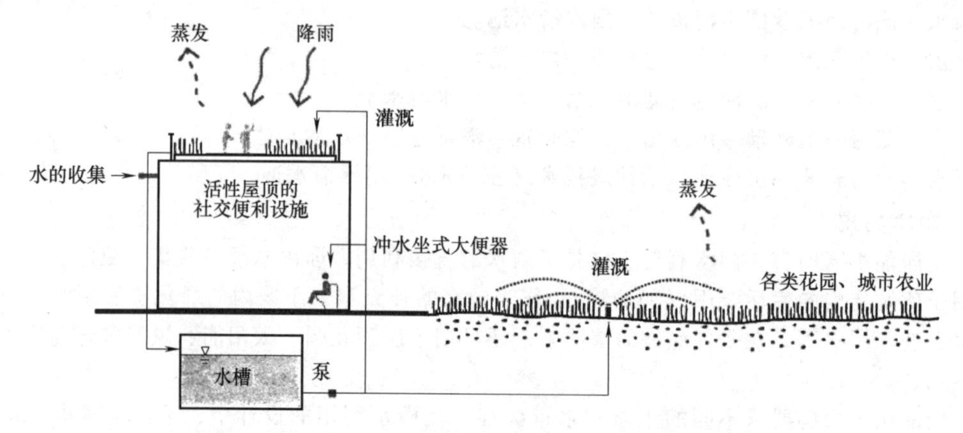

图 8-11　绿色屋顶雨水系统工作原理（密集型绿色屋顶）

绿色屋顶这一设计灵感来自于欧洲。设计师在屋顶上使用草、植物和苔藓等美化屋顶，也成了现在的潮流，不仅美观，更源于使用，给房子装一顶美丽的“帽子”。它是以建筑物、构筑物顶部为载体，以植物为主题进行配置，不与自然土壤接壤的绿化方式。屋顶绿化国际上的通俗定义是一切脱离了地气的种植技术，它的涵盖面不单单是屋顶种植，还包括露台、天台、阳台、墙体、地下车库顶部、立交桥等一切不与地面、自然、土壤相连接的各类建筑物和构筑物的特殊空间的绿化（见图 8-12）。它是人们根据建筑屋顶结构特点、荷载和屋顶上的生态环境条件，选择生长习性与之相适应的植物材料，通过一定技艺，在建筑物顶部及一切特殊空间建造绿色景观的一种形式。生态屋顶是质量较轻并在屋顶防水层和根系防护层上种有植被的屋顶。一般是在屋顶隔水层的上方铺一层土壤，然后部分或全部栽上植物。

绿色屋顶在起源于欧洲国家并广为应用。德国将绿色屋顶写入法案中，将屋顶绿化作为城市基础设施，进一步更新楼房造型及其结构，将楼房建成阶梯式或金字塔式的住宅群（见图 8-13）。当人们布置起各种形式的屋顶花园后，远看如半壁花山，近看又似斑斓峡谷，俯视则如同一条五彩缤纷的巨型地毯，令人心旷神怡。挪威每年都会颁布最佳绿色屋顶奖。欧洲以外的国家，如日本

图 8-12　绿色屋顶实景一

（图片引自《绿色屋顶：挪威的百年历史传统》

http：//www. ipa361. com/m/zixun. php？ f=show&catid=88&id=10397#p=7）

图 8-13　绿色屋顶实景二

（图片引自《日本福冈著名的绿屋顶欣赏》

http：//chla. com. cn/html/c61/2010-11/69059. html）

出台以屋顶绿化义务为主的各项政策法规。东京规定，凡是新建建筑物占地面积超过 1000m^2，屋顶必须有 20%为绿色植物覆盖，否则要被罚款。该市屋顶绿化率已经达到 14%。加拿大设立奖项鼓励新老建筑实施绿色屋顶节能技术。

绿色屋顶可有效减少屋面径流总量和径流污染负荷，具有节能减排的作用。但对屋顶荷载、防水、坡度、空间条件等有严格要求。不同类型屋顶雨水径流率比较见表 8-4。

表 8-4　不同类型屋顶雨水径流率比较

雨水径流率	精细型绿色屋顶	粗放型绿色屋顶	砾石屋顶	传统的非绿色屋顶
最小径流系数	15%	19%	68%	62%
最大径流系数	35%	73%	86%	91%
中间值	25%	55%	75%	85%
平均值	25%	50%	76%	81%

绿色屋顶是以绿色植物为主要覆盖物，配以植物生存所需要的种植土层以及屋面所需要的保护层（植物根阻拦层）、排水层、防水层等所共同组成的整个屋面系统，如图 8-14 所示。

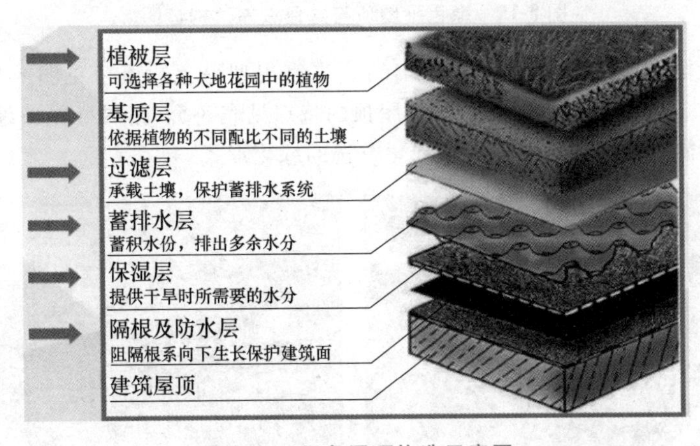

图 8-14　绿色屋顶构造示意图

绿色屋顶适用于平屋顶（采用水泥抹面）、平台或坡度较缓的屋顶。当坡度超过 15%时需要增加防滑、防冲蚀等设施。对于新建建筑应将屋顶绿化与荷载、防水等要求一起考虑；对于既有建筑，如果经过负荷核算，符合承载条件，可采取简单绿化的做法，将各层厚度和荷载相应减小。

根据种植基质深度和景观复杂程度，绿色屋顶分为简单式和花园式。基质深度根据植物需求及屋顶荷载确定。简单式绿色屋顶的基质深度一般不大于 150mm，花园式绿色屋顶在种植乔木时基质深度可超过 600mm。按功能结构划分，绿色屋顶从上到下依次是植被层、基质层、过滤层、蓄排水层、保湿层及隔根防水层等。在实际应用中，以上几个功能层缺一不可，每一层都关系着整个屋顶植物的生长状况及后期的维护管理。绿色平屋顶与绿色坡屋顶构造图如图 8-15 所示。

绿色屋顶应特别注重承载能力和防水能力评估。对新建绿色屋顶设计应包括种植荷载在内的全部构造荷载，以及施工中的临时堆放荷载，并应注意建筑屋顶防水及构造设计。将既有建筑屋面改造为绿色屋顶时，应重新核算既有建筑屋顶的承载能力，并重新评估既有建筑屋顶防水及构造，必要时应加固之后方可实施。

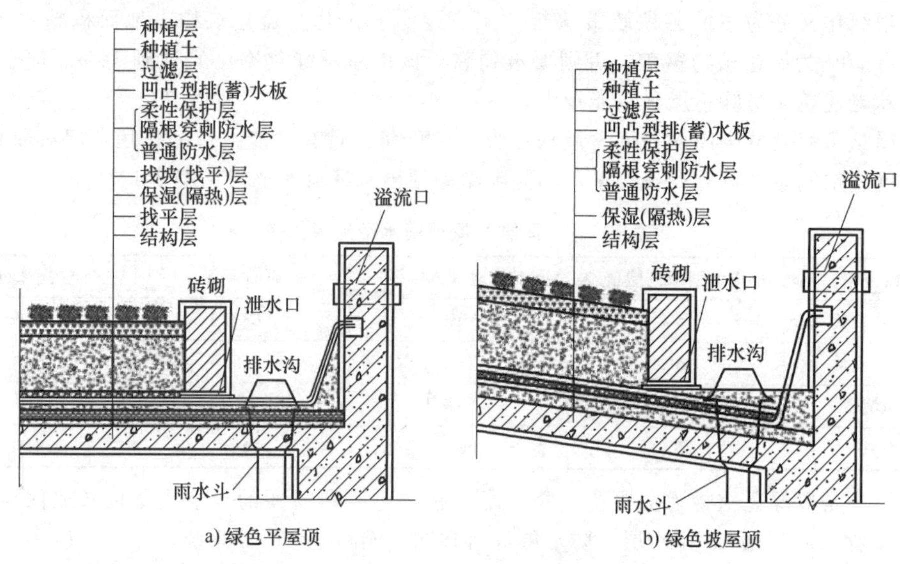

a) 绿色平屋顶　　b) 绿色坡屋顶

图 8-15　绿色平屋顶与绿色坡屋顶构造图

绿色屋顶分为拓展型绿色屋顶（见图 8-16）、半密集型绿色屋顶（见图 8-17）、密集型绿色屋顶（见图 8-11）三种类型，不同类型绿色屋顶的特点见表 8-5。拓展型屋顶绿化以其建筑受限少、投资少、建造简单等优势，成为屋顶绿化首选的绿化形式。

图 8-16　拓展型绿色屋顶
（图片引自《西咸新区沣西新城："空中花园"撑起新城绿色空间》
https：//www. sohu. com/a/408185977_162758？_f= index_pagefocus_6&_trans_ = 000014_bdss_dkmgyp）

图 8-17　半密集型绿色屋顶
（图片引自《西咸新区沣西新城："空中花园"撑起新城绿色空间》
https：//www. sohu. com/a/408185977_162758？_f= index_pagefocus_6&_trans_ = 000014_bdss_dkmgyp）

表 8-5　不同类型绿色屋顶的特点

屋顶类型	拓展型	半密集型	密集型
特点	低养护	定期养护	经常养护
	免灌溉	定期灌溉	经常灌溉
	从苔藓、景天到草坪绿化	景天、抗旱草种和灌木	草皮、灌木和树木
	整体高度为 7~20cm	整体高度为 12~25cm	整体高度为 15~100cm
	质量为 50~145kg/m^2	质量为 145~195kg/m^2 适用于设计要求更高的绿色屋顶	质量为 145~490kg/m^2 适用于良好养护的平屋顶绿色屋顶

绿色屋顶的设计原则是生态性、系统性、经济性、多样性、安全性、文化性。绿色屋顶设计的影响因素有种植基质、防水材料、生态与艺术、植物的养护与管理。在植物选择方面，宜耐寒、耐旱性、抗风、耐水湿、阳性、耐贫瘠，以乡土植物为主。种植形式设计可分为模块花盆式和自然布置式。对径流效果的影响因素有基质种类、基质厚度、屋顶坡度、建筑材料、植被种类、降雨强度等。

绿色屋顶除具有源头减排、减小径流系数的作用外，还具有降低能源消耗、利于雨洪管理、改善城市热岛效应、延长屋顶使用寿命、美化环境、维护城市生物多样性、提高城市空气质量等方面的环境效益。绿色屋顶和非绿色屋顶对室温的影响见表 8-6。

表 8-6　绿色屋顶和非绿色屋顶对室温的影响

对比项目	屋顶外表面温度/℃	屋顶内表面温度/℃	室内空气温度/℃
绿色屋顶	32.6	30.1	28
非绿色屋顶	40	36.2	32.5
温差	7.4	6.1	4.5

8.2.4　屋面雨水贮存设施

1. 雨水蓄水池

雨水蓄水池是指具有雨水储存功能的集蓄利用设施，同时也具有削减峰值流量的作用，如图 8-18 所示。雨水蓄水池按材质主要分为钢筋混凝土雨水蓄水池（见图 8-19），砖、石砌筑雨水蓄水池及塑料模块拼装式雨水蓄水池（见图 8-20）等。

图 8-18　雨水蓄水池

塑料模块拼装式雨水蓄水池和钢筋混凝土雨水蓄水池性能特点对比见表 8-7。

雨水蓄水池场地选择灵活，可以布置成不规则形状，空间利用率高，不易受场地限制。用地紧张的城市大多采用地下封闭式蓄水池。用于削减峰值流量和雨水综合利用的雨水蓄水池宜设置在源头，雨水综合利用系统中的雨水蓄水池宜设计为封闭式；用于削减峰值流量和控制径流污染的雨水蓄水池宜设置在管渠系统中，且宜设计为地下式。

调蓄排放系统的雨水蓄水池降雨设计重现期宜取 2 年，日雨量排空时间宜取 12h。雨水滞留时间不宜超过 72h，防止滋生蚊虫。

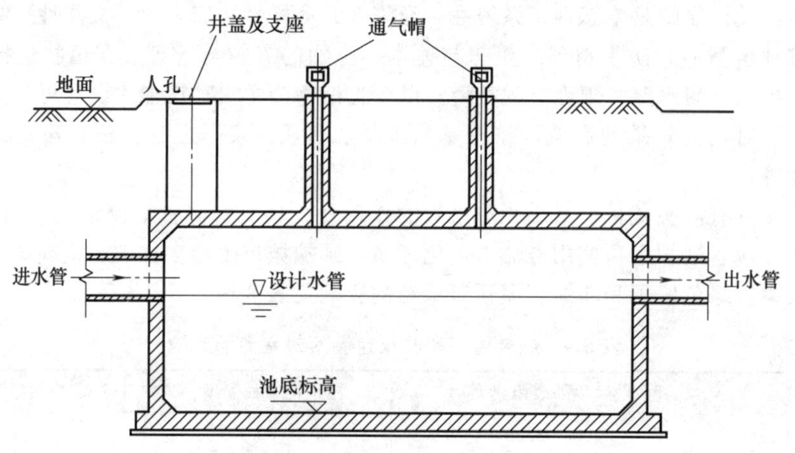

图 8-19 钢筋混凝土雨水蓄水池

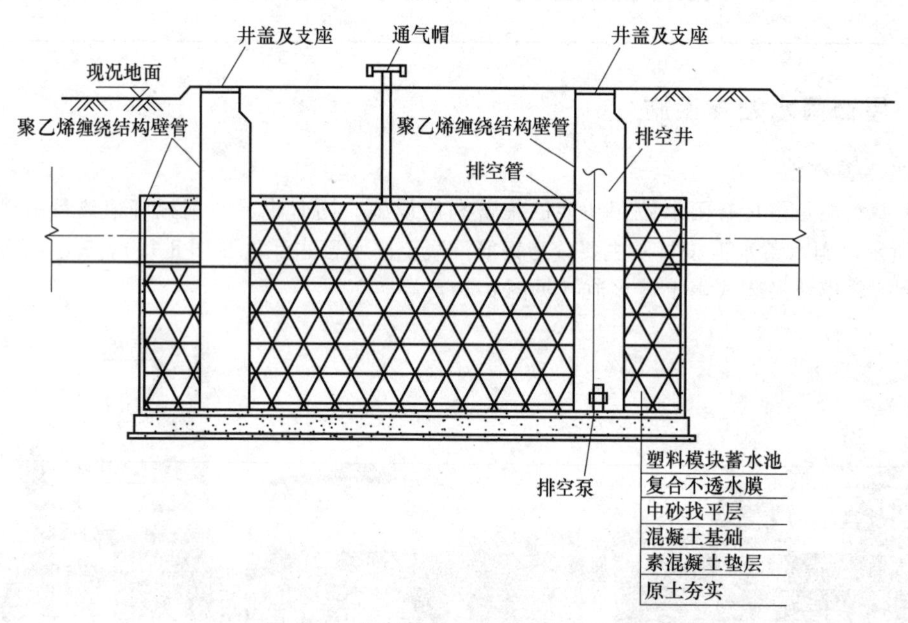

图 8-20 塑料模块拼装式雨水蓄水池

蓄水池兼具沉淀功能，进、出水不扰动底泥。进水宜采取淹没式进水，设降低流速措施。底部为沉泥区，沉泥区体积与雨水含沙量、清掏周期有关。蓄水池上部为清水区，包括景观水容积和有效储水容积，其容量决定了整个构筑物的大小，影响着整个系统的运行和投资。

表 8-7 塑料模块拼装式雨水蓄水池和钢筋混凝土雨水蓄水池特点对比

对比项目	模块拼装式雨水蓄水池	钢筋混凝土雨水蓄水池
施工周期	2~7d	15~30d
施工难易程度	难点、关键点是基础处理和外围防水膜施工、保护	基础处理，混凝土抗渗处理，混凝土裂缝、渗漏，需做抗压钢筋龙骨及支架，内外防水
应对沉降	防渗方式是柔性的，外围和内部有保护层，可以满足一定的沉降，不易破裂	沉降容易导致裂缝，极难修补
施工人员	人员少	人员较多

（续）

对比项目	模块拼装式雨水蓄水池	钢筋混凝土雨水蓄水池
施工机械	机械少	施工机械多
蓄水水质	水池全地埋，有内部结构，可以吸附水中悬浮物，不易形成沉淀，不易产生变质	混凝土结构中间是空的，易形成沉淀层，易变质，混凝土成分易导致雨水硬度大
水池维护	模块水池设置有冲洗喷头，启动冲洗装置，可以将模块上的垃圾清理掉，通过排污泵排除水池	混凝土水池底部的沉淀物采用人工下去冲洗，用排污泵排出
水质保持时间	7~15d	3~7d

2. 雨水罐

雨水罐也称雨水桶、水扑满等，为地上或地下封闭式的简易雨水集蓄利用设施，由塑料、玻璃钢或金属等材料制成，如图 8-21 所示。

雨水罐主要用来收集屋顶雨水，屋顶雨水通过建筑物的雨水管流入雨水罐，经过过滤设施净化后存于雨水桶中，存水可以用来冲洗路面，浇灌绿地等。适用于建筑小区、工业厂房、大型商超、医院等有雨下水管的建筑物以及有回用雨水需要的场所。

适用于单体建筑屋面雨水的收集利用。雨水罐形状、色彩等较为丰富，施工安装方便，便于维护，但其储存容积较小，雨水净化能力有限。

屋顶雨水通过建筑物的雨水管将屋顶雨水导入雨水罐过滤设备中；雨水经过过滤设备的初步过滤后，进入雨水罐；当雨水罐中的蓄水水位达到设计能力时，继续排入的超量雨水通过溢流口排出；顶部设计有种植盘，种植盘与存水区结合采用虹吸技术，提供植物生长用水；顶部种植的盘内植物通过虹吸作用从雨水罐中吸取植物生长所需的水分（见图 8-22）。

图 8-21　雨水罐

图 8-22　绿化雨水罐

1—配砂土（一级过滤）　2—穿孔过滤板

3—蓄水桶　4—溢流管　5—取水嘴

6—液位计　7—检修口

思 考 题

1. 建筑中水系统的任务是什么？它由哪些部分组成？

2. 建筑中水系统水源的选择顺序是什么？
3. 简述海绵城市建设理念。
4. 绿色屋顶具有哪些作用？

二维码形式客观题

扫描二维码可在线做题，提交后可查看答案。

参 考 文 献

[1] 秦华鹏，袁辉洲，等. 城市水系统与碳排放［M］. 北京：科学出版社，2014.
[2] 中华人民共和国住房和城乡建设部，国家市场监督管理总局. 建筑碳排放计算标准：GB/T 51366—2019［S］. 北京：中国建筑工业出版社，2019.
[3] 王增长，岳秀萍. 建筑给水排水工程［M］. 8版. 北京：中国建筑工业出版社，2021.
[4] 中华人民共和国住房和城乡建设部. 建筑中水设计标准：GB 50336—2018［S］. 北京：中国建筑工业出版社，2018.
[5] 北京市城市节约用水办公室. 节水新技术与示范工程实例［M］. 北京：中国建筑工业出版社，2004.
[6] VICKERS AMY. 城市用水与节水手册［M］. 陈韬，张雅君，译. 北京：中国建筑工业出版社，2015.
[7] 中华人民共和国住房和城乡建设部，中华人民共和国国家质量监督检验检疫总局. 建筑与小区雨水控制及利用工程技术规范：GB 50400—2016［S］. 北京：中国建筑工业出版社，2016.
[8] 王思思，杨珂，车伍，等. 海绵城市建设中的绿色雨水基础设施［M］. 北京：中国建筑工业出版社，2019.
[9] 罗尔，法斯曼-贝克. 整合城市水系统的活性屋顶［M］. 李翅，译. 北京：中国建筑工业出版社，2019.
[10] 刘德明. 海绵城市建设概论：让城市像海绵一样呼吸［M］. 北京：中国建筑工业出版社，2017.

第9章 建筑储能技术

储能又称蓄能，是指通过一定的介质或装置，把某种形式的能量直接或间接转化成另一种形式的能量储存起来，在需要的时候以最适宜于应用的形式将能量释放出来。储能的主要作用是克服能量供应和能量需求的时间上或空间上的差别。

零碳建筑形式的发展一方面要求降低建筑本身的能源需求量和提高能源利用效率，另一方面要求采用可再生能源作为建筑主要能源供应方式，储能技术在实现这两个目标过程中可发挥重要的作用。由于建筑能源需求的不稳定性和可再生能源的不连续性，会使得建筑用能过程出现能源供应与需求在时间和空间上不匹配的问题。在建筑中应用储能技术，通过冷、热、电等能源形式的转换、存储和释放，实现不同形式能源的实时储存和移时管理，可有效解决可再生能源的间歇性和波动性与建筑能源需求的匹配问题，实现能源的持续稳定输出，从而大幅度提高建筑能源的自主供给程度。

能量形式众多，包括热能、机械能、电能、化学能、光能、核能等，即使是同一种形式的能量，其能级也存在差异。因此，针对不同能量形式和能级的储能技术门类、储能装备类型也多种多样，涉及多学科、多领域的专业知识，应用领域涉及建筑、交通、工业、电力、电子电器、航空航天等多个领域，本章介绍储热与储电技术，以及储能技术在建筑领域中的应用。

9.1 储热技术

热能是人类生产生活中最重要的能源之一，它虽是一种低品位能源，但在全部能源中占比最高。储热技术可用于解决热能供需在时间、空间上不相匹配的矛盾，是提高能源利用率及保护环境的重要途径。储热技术主要分为显热储能、相变储能和热化学储能。

9.1.1 显热储能

1. 显热储能原理

物质在形态不变的情况下，随着温度的升高内能增大，温度下降内能减小。显热储能就是利用物质在温度变化过程由于内能产生变化而吸收或放出热量的性质来实现能量储存。显热储能量可由下式计算：

$$Q = \int_{t_1}^{t_2} c_p m \mathrm{d}t \tag{9-1}$$

式中 Q——储热容量（J）；

m——储热介质的质量（kg）；

c_p——储热介质的比定压热容［J/(kg·K)］；

t_1——储热过程初始温度（K）；

t_2——储热过程终止温度（K）。

c_p 是温度的函数，在温度变化不大的温度范围内可视为常数，此时公式可改写为

$$Q = mc_p(t_2 - t_1) \tag{9-2}$$

2. 显热储能材料

显热储能与储能材料的热物理性质密切相关。从理论上来说，所有物质均可以被应用于显热储能，但在实际应用过程中比热容大、密度大、导热性好、物理及化学性质稳定的物质会被作为显热储能材料。常用的显热储能材料的物理性质见表 9-1。液体显热储能材料如水，固体显热储能材料如碎石、土壤等，广泛应用在储能温度不高的领域。在中高温储能中，导热油、熔盐、液态金属和混凝土更为适用。

表 9-1 常用显热储能材料的物理性质

显热储能材料	比热容/[J/(kg·K)]	密度/(kg/m³)	导热系数/[W/(m·K)]
水	4163	998.3	0.609
熔盐(硝酸盐基)	1542.3	2240	0.5
导热油	1880	888	0.152
铁	465	7850	59.3
铝	945	2700	238.4
铜	419	8300	372
沙子	710	1631	1.8
混凝土	879	2400	1.28
石墨	609	2260	155
花岗石	892	2750	2.9
石灰石	741	2500	2.2
砖	840	1800	0.5
铅	131	11340	35.25
氯化钠	860	2165	6.5
黏土	880	1450	1.28

3. 显热储能特点

显热储能的优点是储能材料来源广泛，成本低廉且使用寿命长，系统集成相对简单且投资较低。显热储能最大缺点是储能密度低、设备体积较大，并且在释放热能时温度发生持续变化，不能维持在一定温度下释放所储存的热能。

显热储能技术成熟度高，目前在工业、建筑、太阳能热发电领域已有大规模商业应用。

9.1.2 相变储能

1. 相变储能原理

物质存在的相态有三种，即固态、液态和气态。不同相态进行转化时伴随着能量的吸收和释放，如水变为冰时会释放热量，而冰变为水时则吸收热量。相变储能是利用储能材料在相变过程中吸收和释放热量的特性来实现储能，因此又称为潜热储存，其中利用相变潜热进行储能的介质称为相变储能材料。

相变材料由 T_i 加热到 T_f 时，若中间经过相变温度点（熔点）T_m，则相变材料储热量将由低

温 T_i 到相变温度点 T_m、T_m 到高温 T_f 时的显热，以及达到 T_m 时所释放（或吸收）的潜热三部分热量之和组成（见图 9-1）。潜热储能系统的储热能力的计算公式为

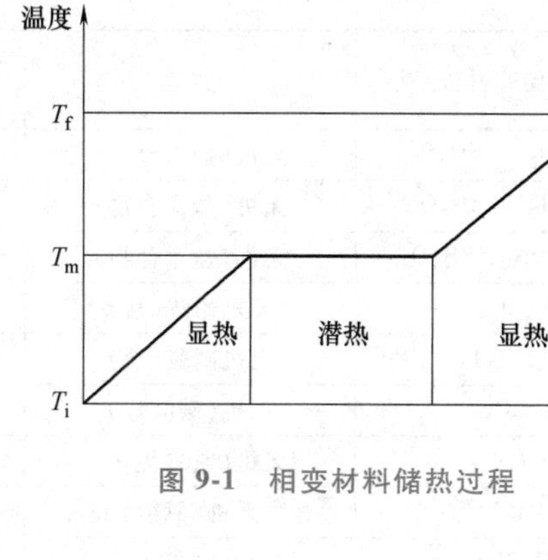

图 9-1　相变材料储热过程

$$Q=\int_{T_i}^{T_m} mc_p\mathrm{d}t+ma_m\Delta h+\int_{T_m}^{T_f} mc_p\mathrm{d}t \tag{9-3}$$

$$Q=m[c_{p,s}(T_m-T_i)+a_m\Delta h+c_{p,l}(T_f-T_m)] \tag{9-4}$$

式中　T_m——熔点（℃）；

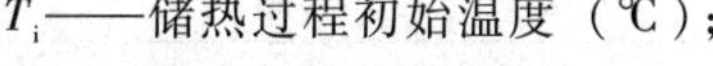

T_i——储热过程初始温度（℃）；

T_f——储热过程终止温度（℃）；

m——储热介质质量（kg）；

c_p——储热介质比定压热容［J/(kg · K)］；

$c_{p,s}$——$T_i \sim T_m$ 的平均比定压热容［J/(kg · K)］；

$c_{p,l}$——$T_m \sim T_f$ 的平均比定压热容［J/(kg · K)］；

a_m——熔融百分比；

Δh——单位熔融热（J/kg）。

2. 相变储能材料

相变储能材料种类，依照不同分类方法可以被分为很多种。按照相变方式不同分类，可以分为固-固相变储能材料、固-液相变储能材料和固-气相变储能材料。由于气体的比体积较大，固-气相变和液-气相变体系体积变化大，造成设备复杂和经济实用性差，所以目前大多用的是固-液相变材料，常用相变储能材料的物理性质见表 9-2。

表 9-2　常用相变储能材料的物理性质

相变储能材料	类型	相变温度/℃	导热系数［W/(m · K)］	相变潜热/(kJ/kg)	比热容/［J/(kg · K)］
石蜡	有机	32	0.2	176	2400
辛酸	有机	16	0.15	148	1950
癸酸	有机	32	0.15	152	—
棕榈酸	有机	57.8	0.22	185	1270
硬脂酸丁酯	有机	17	0.15	140	—
正十八烷	有机	28	0.28	244	2200
十二醇	有机	26	0.16	200	—
聚乙二醇	有机	22	0.18	127	—
硬脂酸乙烯	有机	29	0.25	122	1280
丙基棕榈酸酯	有机	10	0.16	186	—
$Na_2HPO_4 \cdot 12H_2O$	无机(盐水合物)	36	0.47	280	3450
$Na_2SO_4 \cdot 10H_2O$	无机(盐水合物)	32	0.5	251	1072
$Na_2CO_3 \cdot 10H_2O$	无机(盐水合物)	36	0.45	247	—
$Na_2S_2O_3 \cdot 5H_2O$	无机(盐水合物)	48	0.5	200	—
$CaCl_2.6H_2O$	无机(盐水合物)	29	0.54	190	—

（续）

相变储能材料	类型	相变温度 /℃	导热系数 [W/(m·K)]	相变潜热 /(kJ/kg)	比热容 /[J/(kg·K)]
$Mg(NO_3)\cdot 6H_2O$	无机(盐水合物)	89	0.41	162	—
$Ba(OH_2)\cdot 8H_2O$	无机(盐水合物)	78	0.65	265	—
$CH_3COONa\cdot 3H_2O$	无机(盐水合物)	58	0.61	264	3000
$Ca(NO_3)_2$	无机硝酸(盐)	560	0.49	145	1920
$Mg(NO_3)_2$	无机硝酸(盐)	426	0.49	154	—
K_2CO_3	无机(碳酸盐)	897	0.38	236	—
LiOH	无机(氢氧化盐)	462	1.69	873	2000
NaCl	无机(氯盐)	802	0.49	420	5000
$MgCl_2$	无机(氯盐)	714	0.45	452	—
Na_2SO_4	无机(硫酸盐)	884	0.6	165	—

相变储能材料按照化学成分通常分为无机类和有机类。无机类相变储能材料主要有结晶水合盐、熔融盐类、金属及合金类等。无机类相变储能材料具有价格相对便宜、导热系数较高、相变潜热较大等特点，但在使用过程中易发生过冷和相分离现象。有机类相变储能材料主要有高级脂肪烃类、醇类、芳香烃类、氟利昂类、多羟基碳酸类以及其他一些高分子等。有机类相变储能材料腐蚀性较低，无过冷和相分离现象，但它的密度小、导热系数低、易老化和变质分解。根据相变温度的高低，相变储能材料又可分为高温（500~2300℃）、中温（200~500℃）和低温（-20~200℃）几种类型。

虽然相变材料有很多种，但并不是所有相变材料都可被利用，目前公认的相变材料筛选原则如下：

1）相变温度合适，需满足应用要求。

2）高储能密度，相变材料应具有较高的相变潜热和比热容。

3）导热系数高，有利于提高热交换能力。

4）化学性能稳定，相变材料应无毒、无腐蚀性，对环境无害。

5）稳定的热力性能，相变材料经反复相变后储能性能衰减小。

6）相变过程应完全可逆并只与温度相关，相变过程中体积变化小，不发生过冷现象或过冷度很小。

7）成本低，易于获得。

3. 相变换热器

相变储能过程中，相变材料需要通过相变换热器与传热流体进行热量交换，相变换热器是相变蓄热装置中的重要组成部分，它的换热情况对系统效率有非常重要的影响，通过合理的相变换热器的设计能够有效弥补相变材料导热系数低的缺点。

根据相变材料和传热流体是否接触，可将相变换热器分为接触式和非接触式两种。接触式相变换热器中，相变材料和传热流体直接接触并在换热过程中发生对流掺混，有利于提高换热效率和减小相变材料的相分离，但要求相变材料不能溶于传热流体，相变储热材料和传热流体直接接触时易导致掺混损失和变质。

在工程中应用较多的是非接触式相变换热器，相变材料与传热流体进行隔离，相变材料包覆在换热器内部，可以在管内或在壳内。目前研究中比较常用的相变换热器主要有平板式、管壳式及填充床式三种基本形式（见图 9-2）。

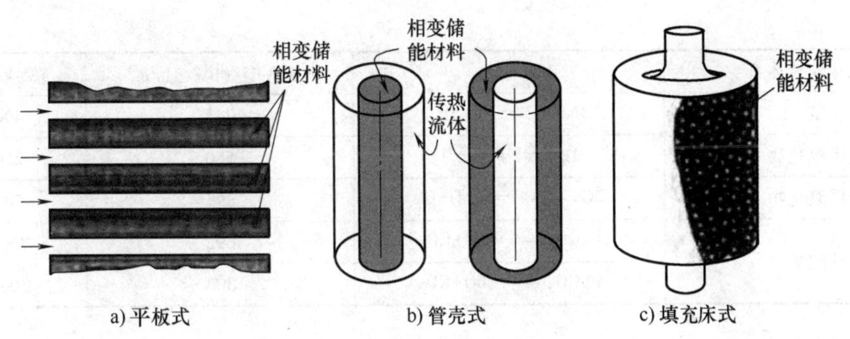

图 9-2　相变换热器主要形式

4. 相变储能特点

相变储能主要优势是：①相变潜热大，储能密度高，可减少储能设备尺寸；②热量输出稳定且温度近似恒定，可以使加热系统在一个稳定状态下运行。相变储能的主要缺点是：①换热流体一般不与相变材料直接接触，必须通过储热换热器来实现储能，相变材料与换热器的相容性通常较差，且对换热器的耐蚀性有要求；②相变材料较贵，系统初投资成本高。

相变储能技术正处于快速发展期，新型相变储能材料的开发，相变过程的传热强化，储/释热过程的优化控制是主要的研究方向，在一些领域中已实现商业运行示范。

9.1.3　热化学储能

1. 热化学储能原理

热化学储能的原理是利用储能材料相接触时发生可逆的化学反应来储存、释放热能。当给储能材料加热时，它会吸收热量进行正向化学反应，从而分解成两种或两种以上物质，将分解物质进行分离储存，在需要热量时将分离物充分混合，在一定条件下使其发生逆向反应，释放出反应热。

热化学储能的基本化学反应如下：

$$C+\Delta H \rightleftharpoons A+B \tag{9-5}$$

式中　C——反应物；

A，B——生成物；

ΔH——反应热。

储能过程如下：在储热阶段，化学物质 C 吸收热量 ΔH，分解为生成物 A 和 B，热量来源可以为工业余热、化石燃料燃烧或太阳能等可再生能源；分解完成后，在常温条件下单独储存 A 和 B 两种物质，在储存过程中只要两种物质没有变质，几乎没有热损失；在放热阶段，A 和 B 两种物质互相结合发生放热反应，释放热量并重新生成化学物质 C，完成一次循环。常见的热化学储能体系和反应温度见表 9-3。

表 9-3　常见的热化学储能体系和反应温度

热化学储能体系	反应式	能量密度/(kW·h/m^3)	反应温度/℃
氢氧化物	$Ca(OH)_2 \rightleftharpoons CaO+H_2O$	437	350~900
	$Mg(OH)_2 \rightleftharpoons MgO+H_2O$	388	250~450
甲烷重整	$CH_4+H_2O \rightleftharpoons CO+3H_2$	7.8	600~950
	$CH_4+CO_2 \rightleftharpoons 2CO+2H_2$	7.7	700~900

（续）

热化学储能体系	反应式	能量密度/(kW·h/m³)	反应温度/℃
氨	$2NH_3 \rightleftharpoons N_2+3H_2$	745	400~700
金属氢化物	$MgH_2 \rightleftharpoons Mg+H_2$	580	250~500
金属氧化物	$2Co_3O_4 \rightleftharpoons 6CoO+O_2$	295	700~850
碳酸盐	$CaCO_3 \rightleftharpoons CaO+CO_2$	692	700~1000
	$PbCO_3 \rightleftharpoons PbO+CO_2$	303	300~1450

2. 热化学储能特点

热化学储能的储能密度远高于显热储存和相变热储存，不仅可以对热能进行长期储存，几乎无热损失，而且可以实现冷、热的复合储存，因而在余热/废热回收及太阳能的利用等方面都具有广阔的应用前景。与显热储热和潜热储热系统相比，热化学储能系统复杂且反应过程有一定的危险性，储能材料价格也相对较高。

热化学储能技术的成熟度较低，还处于实验室开发阶段，新型储能介质的筛选、储/释热过程控制、技术经济性分析是主要的研究方向。

9.2 储电技术

建筑电气化是零碳建筑的内在要求，电能在建筑能耗占比越来越高。发展电力储存技术，是提高发电设备利用率、降低用能成本、保证供电质量、节约能源的有效途径。

9.2.1 电化学储能

电化学储能是最常见的电力储能技术，其原理是通过电化学反应实现化学能与电能的相互转化。电化学储能设备主要包括各类电池，主要分为3类：原电池、蓄电池和燃料电池。原电池和蓄电池内置化学反应物质，燃料电池则使用外部燃料（氢气、甲醇等）提供化学能。原电池又称为一次电池，经过电池化学反应放电完全后，无法进行充电，因此严格来说不算真正的储能。

一般电池的工作原理如图9-3所示，一般由正极、负极和电解质三部分组成，均置于特殊的容器中并连接至外部电源或负荷。正极、负极分别与电解质相接并与之交换离子，同时与外部电路交换电子。当电池的正、负极连接上负荷或者充电设备时，电池内部正负极上的活性物质会相应发生氧化还原反应，即发生相应的放电和充电过程。

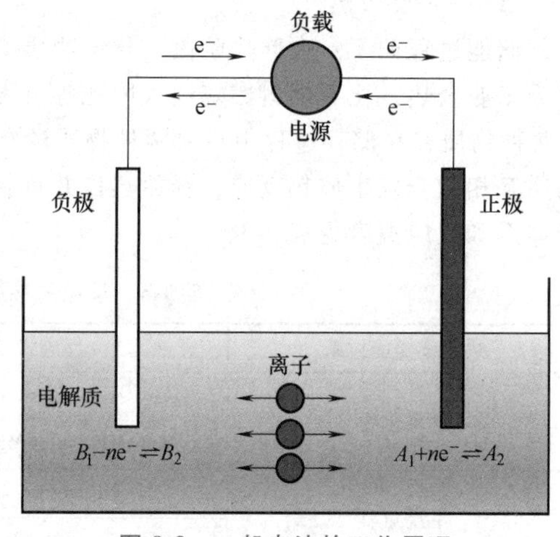

图9-3 一般电池的工作原理

当电池放电时，电池正极上的活性物质 A_1 得到电子转变为物质 A_2；电池负极上的活性物质 B_1 失去电子转变为物质 B_2。在电池的外电路上形成电流，实现将电池储存的化学能转化为电能。相反，在充电过程中，电池正极上的活性物质 A_2 失去电子转变为物质 A_1；在电池负极上的活性物质 B_2 得到电子转变为 B_1，将电池外部电能转化为存储于电池内部的化学能。由于化学反应过程无法产生电荷，电解质内的电荷输送以离子形式同时进行，电池的正、负极电极反应和电池总反应如下：

正极：
$$A_1+ne^- \rightleftharpoons A_2 \tag{9-6}$$

负极：
$$B_1-ne^- \rightleftharpoons B_2 \tag{9-7}$$

总反应：
$$A_1+B_1 \rightleftharpoons A_2+B_2 \tag{9-8}$$

电化学储能与其他电力储能技术相比，有如下特点：①能量转换效率高，电池可以将化学能直接转换为电能，且不受卡诺循环的限制；②使用方便，可制成各种形状和大小以及不同电压和容量的产品并应用于各种场合；③工作时环境友好，不产生环境污染物质且无噪声；④使用寿命较短，由于长时间运行的电极材料性能会下降，电池的使用寿命一般不超过 10 年；⑤单位储能成本高，如果应用于大规模储能，则初投资较高。

1. 蓄电池

蓄电池种类和规格繁多，但都是由以下四个组成部分：电极、电解液、隔膜和外壳。电极是蓄电池的核心部件，它由活性物质和导电骨组成，活性物质是指通过化学反应能产生电能的电极材料，目前广泛使用正极活性物质主要是金属氧化物，如二氧化铅、二氧化锰、氧化镍等，而负极活性物质主要是一些较活泼的金属，如锌、铅、镉、锂、钠等；电解液的作用是保证正、负极间离子导电作用，有的电解液参与成流反应，一般选用导电能力强的酸、碱、盐的水溶液，还有有机溶剂电解质、熔融盐电解质、固体电解质等；隔膜是置于电池电极之间的隔板，作用是防止电池正极与负极接触导致短路，同时使正负极形成分隔的空间；外壳是蓄电池的容器，同时兼有保护电池的作用，应具有良好的机械强度、耐振动和耐冲击特性。

蓄电池根据所使用的正极、负极和电解质不相同，有不同的类型，如铅酸电池、锂离子电池、液流电池、钠硫电池等。常见的蓄电池系列及部分特性见表 9-4。蓄电池的电性能包括电动势、开路电压、工作电压、内阻、充电电压、电容量、比功率和寿命等，不同的电池类型有不同的性能特征，详见参考文献。

表 9-4　常见蓄电池系列及部分特性

电池系列	负极	正极	反应机理	典型工作电压/V	质量比能量/(W·h/kg)	体积比能量/(W·h/dm³)
铅酸电池	Pb	PbO_2	$Pb+PbO_2+2H_2SO_4 \rightleftharpoons PbSO_4+2H_2O$	2	35	80
铁镍电池	Fe	NiOOH	$Fe+2NiOOH+2H_2O \rightleftharpoons 2Ni(OH)_2+Fe(OH)_2$	1.2	30	60
镉镍电池	Cd	NiOOH	$Cd+2NiOOH+2H_2O \rightleftharpoons 2Ni(OH)_2+Cd(OH)_2$	1.2	35	80
锌银电池	Zn	AgO	$Zn+AgO+H_2O \rightleftharpoons Zn(OH)_2+Ag$	1.5	90	180
锌镍电池	Zn	NiOOH	$Zn+2NiOOH+2H_2O \rightleftharpoons 2Ni(OH)_2+Zn(OH)_2$	1.6	60	120
氢镍电池	H_2	NiOOH	$H_2+2NiOOH \rightleftharpoons 2Ni(OH)_2$	1.2	55	60
锌氯电池	Zn	Cl_2	$Zn+Cl_2 \rightleftharpoons ZnCl_2$	1.9	100	130
镉银电池	Cd	AgO	$Cd+AgO+H_2O \rightleftharpoons Cd(OH)_2+Ag$	1.1	60	120
高温电池	Li(Al)	FeS	$2Li(Al)+FeS \rightleftharpoons Li_2S+Fe+2Al$	1.2	60	100
	Na	S	$2Na+3S \rightleftharpoons Na_2S_3$	1.7	100	150++

2. 燃料电池

燃料电池的组成与蓄电池相同，不同的是蓄电池的化学反应物质储存在电池内部，而燃料电池的正极和负极本身不包含反应物质，只是个催化转化元件。燃料电池工作时，燃料和氧化剂由外部持续供给，燃料氧化所释放的能量源源不断地转化为电能和热能。常用的燃料主要有氢气、甲醇和甲烷等，其中氢气来源广泛、燃烧过程无碳排放，且可以通过新能源电力电解水制备，是使用最广泛的燃料类型，氢燃料电池的工作原理如图 9-4 所示。

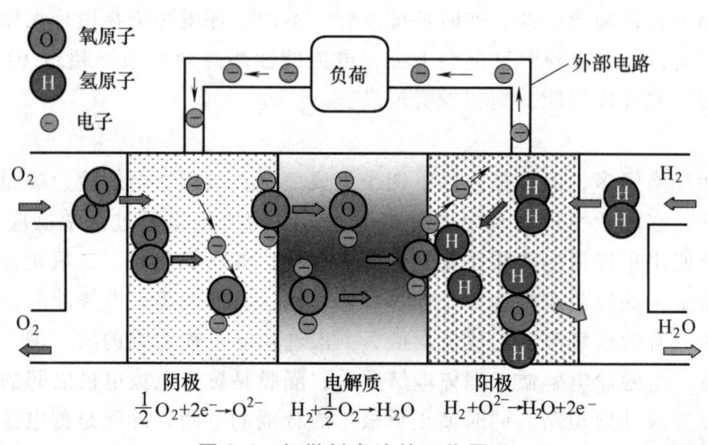

图 9-4　氢燃料电池的工作原理

根据电解质的种类不同，燃料电池又可以分为碱性燃料电池、质子交换膜燃料电池、直接甲醇燃料电池、磷酸燃料电池、熔融碳酸盐燃料电池以及固体氧化物燃料电池等。不同燃料电池的基本数据见表 9-5。

表 9-5　燃料电池的基本数据

类型	工作温度/℃	燃料	氧化剂	单电池发电效率		可能的应用领域
				理论(%)	实际(%)	
碱性燃料电池	50~200	纯 H_2	纯 O_2	83	40	航天、特殊地面应用
质子交换膜燃料电池	室温~100	H_2、重整氢	O_2、空气	83	40	空间、电动车、潜艇、移动电源
直接甲醇燃料电池	室温~100	甲醇	空气	97	40	微型设备电源
磷酸燃料电池	100~200	甲烷、天然气、H_2	O_2、空气	80	55	区域性供电
熔融碳酸盐燃料电池	650~700	甲烷、天然气、煤气、H_2	O_2、空气	DB	55~65	区域性供电
高温固体氧化物燃料电池	900~1000	甲烷、煤气、天然气、H_2	O_2、空气	73	60~65	空间、潜艇、区域性供电、联合发电
低温固体氧化物燃料电池	400~700	甲醇、H_2	O_2、空气	73	—	空间、潜艇、区域性供电、联合发电

9.2.2　物理储能

物理储能通过物理方法实现能量的储存和释放。常用的物理储能方法有飞轮储能、抽水储能和压缩空气储能。

1. 飞轮储能

飞轮储能是利用电动机带动飞轮高速旋转，将电能转化为机械能存储起来，需要时，由高速旋转的飞轮带动发电机发电，实现机械能转换为电能。典型的飞轮储能系统主要包括 5 个部分：储存能量用的飞轮转子系统，支撑转子的轴承系统，转换能量和功率的电动机/发电机系统，真空容器保护系统以及电力电子变换系统。飞轮储能系统结构示意图如图 9-5 所示。

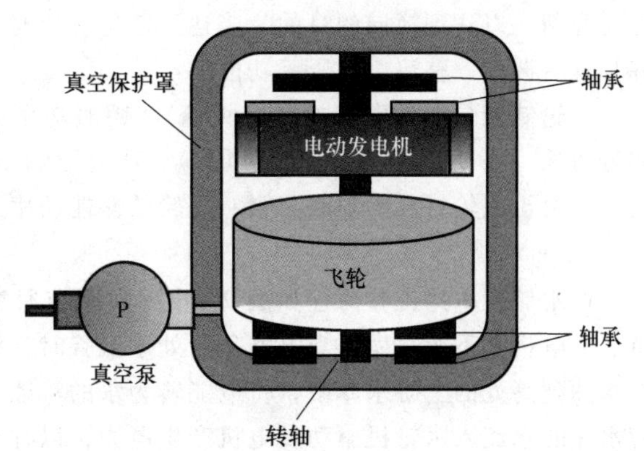

图 9-5　飞轮储能系统结构示意图

（1）飞轮转子系统　飞轮转子是飞轮储能系统最重要的部件，是具有一定转动惯量的轴对称的圆盘、圆柱体的固体结构，飞轮转子旋转时具有的动能 E 表示为

$$E=\frac{1}{2}mr^2\omega^2=\frac{1}{2}J\omega^2 \tag{9-9}$$

式中　m——飞轮质量（kg）；

r——飞轮回转半径（m）；

J——飞轮的转动惯量（$kg \cdot m^2$）；

ω——飞轮的转动角速度（rad/s）。

飞轮的储能量由其转动惯量和转速决定，但如果转速过高，超过飞轮材料的强度限值时，飞轮会因离心力而损坏。在设计飞轮要考虑选用密度小、强度高的材料，一般有合金或高强度复合材料。飞轮的储能密度由下式计算：

$$e=\frac{E}{m}=K_s\frac{\sigma_B}{\rho} \tag{9-10}$$

式中　e——飞轮的储能密度（W · h/kg）；

K_s——飞轮形状系数；

ρ——材料密度（kg/m^3）；

σ_B——材料的许用应力（MPa）。

（2）轴承系统　飞轮储能的轴承系统用于支撑飞轮转子，同时克服摩擦阻力，降低能量损耗。飞轮轴系使用的轴承包括滚动轴承、流体动压轴承、永磁轴承、电磁轴承和高温超导磁悬浮轴承等。为取长补短，可采用 2~3 种轴承实现混合支撑。轴承损耗在飞轮储能系统损耗中有较大比例，提高轴承的可靠性、降低损耗和延长使用寿命是轴承研究设计的目标。

（3）电动机/发电机系统　电动机/发电机是系统机械能和电能相互转化的核心部件，它既是电动机，也充当发电机。在充电时，它作为电动机给飞轮加速；当放电时，它作为发电机向外供电，此时飞轮的转速不断下降；而当飞轮空闲运转时，整个装置则以最小损耗运行。由于电机转速高，运转速度范围大，且工作在真空之中，散热条件差，所以电能要求非常高。目前国内外广泛采用永磁无刷直流电动机/发电机互逆式双向一体化电机，它既具备交流电动机的结构简单、运行可靠、维护方便等优点，又具备直流电动机的运行效率高、无励磁损耗以及调速性能好等诸多特点，在飞轮储能系统的应用越来越广泛。

（4）真空容器保护系统　在飞轮储能系统中安装真空容器保护系统的主要目的是为飞轮提供真空环境，降低其风力损耗、提高效率。飞轮高速旋转时，周围的空气会形成强烈的涡流，造成巨大的空气阻力，会损耗飞轮的能量，这对转子的运动非常不利，因此飞轮转子必须在真空中工作。同时真空容器保护系统可以屏蔽事故，飞轮在高离心力作用下存在发生爆裂的可能性，因此真空罩兼起安全保护的作用。

（5）电力电子变换系统　电力转换器是储能飞轮系统的控制元件，它控制电机，实现电能与机械能的相互转换。转子的位置由传感器来测量，并将位置信号反馈给控制器，控制器的开关分时开断，以达到换向的目的，当达到额定转速时，控制系统控制电机的速度和负载端的电压，并且具有调频、整流、恒压等功能。

飞轮储能具有效率高（可达 90%）、瞬时功率大（单台 MW 级）、响应速度快（数 ms）、使用寿命长（10 万次循环和 15 年以上）、环境影响小等诸多优点，是重要的短时大功率储能技术之一。由于飞轮材料的限制因素，飞轮的储能功率无法太高，无法应用于大规模储能。

2. 抽水储能

抽水储能电站工作原理如图 9-6 所示，系统通常包括上游水库、水道、水泵、水轮机、电动机、发电机和下游水库。当电网负荷处于低谷时，抽水储能电站通过电动机驱动水泵将下游水库的水抽到高处的上游水库中，将电能转为水的势能并储存起来；待电力系统负荷转为高峰时，上游水库的水流入水轮机驱动发电机产生电力，以补充电网尖峰容量和电量，满足系统调峰需求。

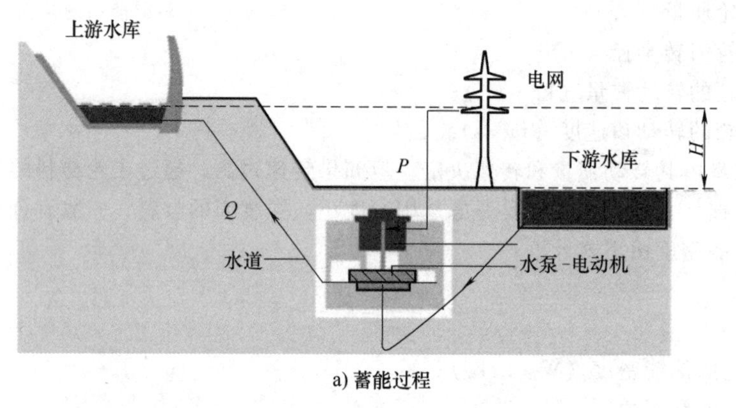

a) 蓄能过程

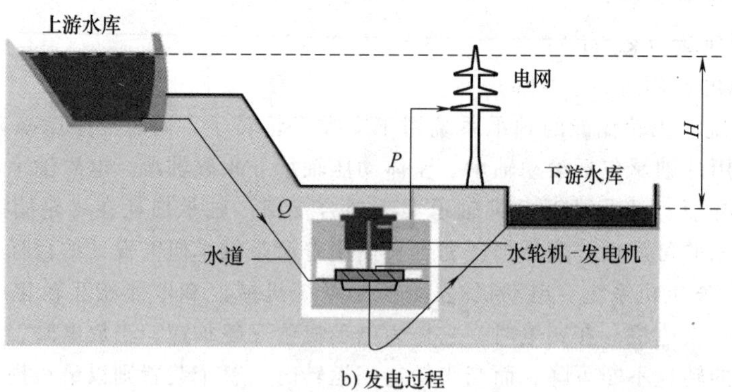

b) 发电过程

图 9-6　抽水储能电站工作原理

抽水储能电站有三种形式：①四机分置式：水泵、电动机、水轮机和发电机单独设置，其中水轮机-发电机和水泵-电动机分别安装在两根不同的轴上且相互独立；②三机串联式：电动机/发电机与水轮机、水泵连接在一个直轴上，这种系统形式的发电和泵送过程切换时间短；③二机可逆式：即水泵-水轮机和一台电动机/发电机连接，这种系统形式可减少水压机、主阀和水道分叉数量，节约发电站的基建成本。

抽水储能在整个运作过程中的能量损耗主要是水的摩擦损耗、湍流和黏性阻力、水泵-水轮机、电动机/发电机的损耗等，但与增建煤电发电设备（满足高峰用电而在低谷时压荷、停机）相比，使用抽水蓄能电站的经济效益更佳，综合效率达到75%。

抽水储能适合于大规模储能应用，与其他常规大规模储能技术相比，抽水储能具有能量转换稳定、单位储能成本较低（3000~5000元/kW）和使用寿命长（机组使用寿命25年）等优势，是目前成熟度最高、应用最广泛、最高效的大规模电力储能技术。根据中关村储能产业技术联盟的统计，截至2020年年底，全球储能装机已经达到191GW，其中抽水蓄能装机占储能总装机的90.3%。到2017年，我国抽水储能电站装机容量达到2773万kW，成为世界上抽水储能装机容量最大的国家。

3. 压缩空气储能

压缩空气储能是基于燃气轮机技术提出的一种储能系统。传统压缩空气储能系统原理如图9-7所示，系统主要由压缩机、储气室、燃烧室、透平膨胀机、发电机/电动机组成。在储能时，系统利用低谷电力或者新能源电力驱动压缩机将空气压缩并存于储气室中；在释能时，高压空气从储气室释放，进入燃烧室燃烧并产生高温高压气体，高温高压气体进入透平膨胀机驱动发电机产生电力。假定压缩和膨胀过程均为单级过程（见图9-8a），则压缩空气储能系统的工作过程主要包括如下4个：

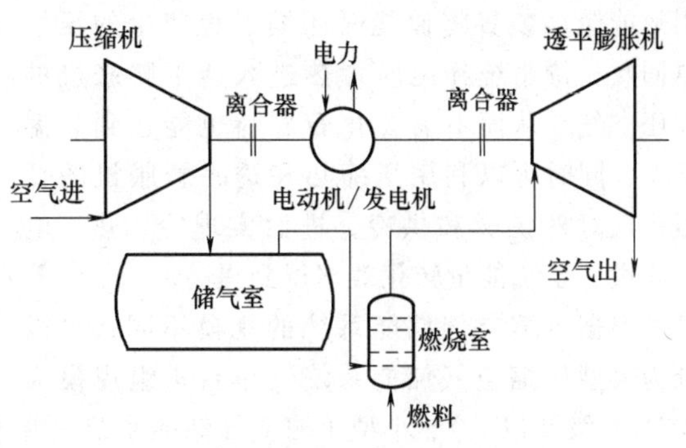

图9-7 传统压缩空气储能系统原理

1）压缩过程1—2：空气经压缩机压缩到一定的高压，并存于储气罐；理想状态下，空气压缩过程为绝热压缩过程1—2，实际过程由于不可逆损失为1—2′。

2）加热过程2—3：高压空气经储气室释放，同燃料燃烧加热后变为高温高压的空气；一般情况下，该过程为等压吸热过程。

3）膨胀过程3—4：高温高压的空气膨胀，驱动透平膨胀机发电；理想状态下，空气膨胀过程为绝热膨胀过程3—4，实际过程由于不可逆损失为3—4′。

4）冷却过程4—1：空气膨胀后排入大气，下次压缩时经大气吸入；这个过程为等压冷却过程。

压缩空气储能系统实际工作时，常采用多级压缩和级间/级后冷却、多级膨胀和级间/级后加

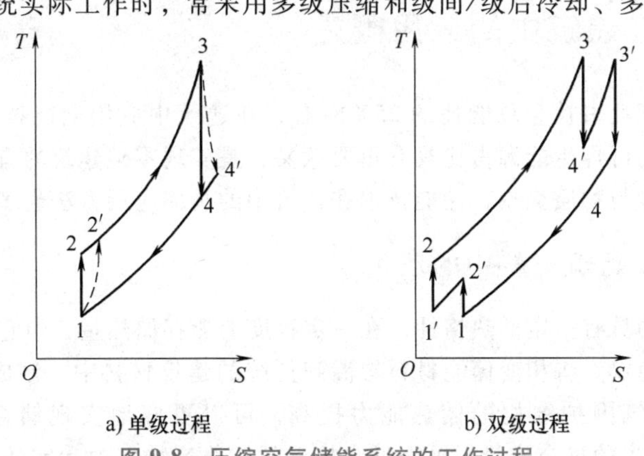

图9-8 压缩空气储能系统的工作过程

热的方式，其工作过程如图 9-8b 所示，过程 2′—1′和过程 4′—3′分别表示压缩的级间冷却和膨胀过程级间加热过程。

传统压缩空气储能系统具有容量较大、周期长、寿命长、投资相对小等优点，但由于其不是一项独立的技术，必须同燃气轮机电站配套使用，依赖燃烧化石燃料提供热源，且依赖大型储气室，如岩石洞穴、盐洞、废弃矿井等，因此应用受到地理条件的限制。

为了解决传统压缩空气储能需要化石燃料补燃，进一步提高系统能量利用效率并降低环境污染，先进绝热压缩空气储能技术（Advanced Adiabatic Compressed Air Energy Storage，AA-CAES）日益受到关注，它的原理图如图 9-9 所示。与传统压缩空气储能系统相比，AA-CAES 系统增加了换热和储热装置，去除了燃烧室。该系统采用热能储存装置将储能时压缩过程产生的压缩热回收，待系统释能时加热进入透平膨胀机的高压空气，从而不需要化石燃料也能达到高温状态，同时可以利用压缩热和透平膨胀机的低温排气对外供暖和供冷，进而实现冷、热、电三联供，系统能量转化效率得到提高。

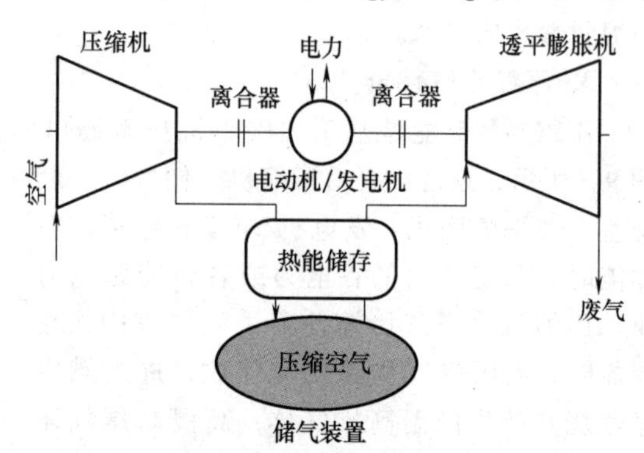

图 9-9　先进绝热压缩空气储能技术原理图

根据压缩空气储能系统的规模不同，可以分为大型压缩空气储能系统（单台机组规模为 100MW 级及以上）、小型压缩空气储能系统（单台机组规模为 10MW 级）和微型压缩空气储能系统（单台机组规模为 10kW 级）。根据压缩空气储能系统是否同其他热力循环系统耦合，可以分为传统压缩空气储能系统、压缩空气储能-燃气轮机耦合系统、压缩空气储能-燃气蒸汽联合循环耦合系统、压缩空气储能-内燃机耦合系统、压缩空气储能-制冷循环耦合系统和压缩空气储能-可再生能源耦合系统等。

关于压缩空气储能系统的研究和开发一直非常活跃，已经实现商业化运营的有两座：德国 Huntorf 压缩空气储能电站，设计储能功率为 290MW，利用地下 600m 的废弃矿洞储存压缩空气，储气容积为 $3.1\times10^5m^3$，实际运行效率为 44%~46%；美国 Alabama Mcintosh 电站，发电功率为 110MW，利用地下 450m 的矿洞储存压缩空气，总容积为 $5.6\times10^5m^3$，实际运行效率为 52%~54%。

在我国，中国科学院工程热物理研究所、清华大学、西安交通大学、华北电力大学、国家电网等多家机构对压缩空气储能系统进行研究，并成功进行了技术工程示范。

9.3　储能技术在建筑中的应用概述

建筑运行阶段的能耗占社会总能耗的 25%左右，在建筑中应用储能技术对于节约能源、提高能量利用效率、提高可再生能源占比具有重要意义，是实现零碳建筑的有效手段。建筑与外界环境之间有复杂的能量与物质交换，储能技术在建筑中的具体应用方法也多种多样。

9.3.1　相变储能在建筑材料中的应用

传统的围护结构均具有一定的热惰性，在一定程度上能存储热量，但它属于显热蓄热，储热能力较小且热流量不稳定。将相变储能材料掺混到传统的建筑材料中，制成相变储能建筑材料，用这些材料制作的建筑围护结构的储热能力提高，可以更好地实现储存自然能源能量（见图 9-10）、空调制冷产生的过余冷量、采暖过余热量等，建筑物室内和室外之间的热流波动幅度

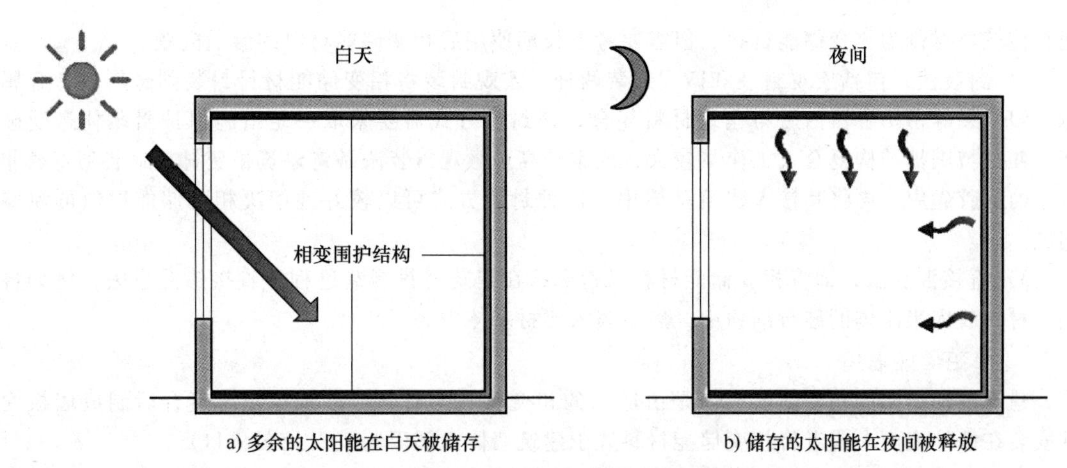

图 9-10　利用建筑本体蓄热的太阳能供暖系统

被减弱、作用时间被延迟，从而可以降低建筑物供暖、空调系统的设计负荷，达到节能的目的。此外，由于相变材料储能期间温度基本保持在一定的范围内，相变储能围护结构具有调温功能，可提高建筑室内的温度热舒适度。

应用于建筑围护结构储能的相变储能材料除了满足基本的筛选原则外，还需要重点考虑人的热舒适要求，只有相变温度接近人体的舒适温度的相变储能材料才适用，即相变温度正好是室内设计温度和供暖、空调系统要求控制的温度。在实际应用中，建筑材料中常用的相变储能材料的主要物性见表 9-6。

表 9-6　建筑材料中常用的相变储能材料的主要物性

材料名称	分子式或简称	相变温度/℃	相变焓/(kJ/kg)
十水硫酸钠	$NaSO_4 \cdot 10H_2O$	32.4	250.8
六水氯化钙	$CaCl_2 \cdot 6H_2O$	29.0	180.0
正十六烷	$C_{16}H_{34}$	16.7	236.6
正十八烷	$C_{18}H_{38}$	28.2	242.2
正二十烷	$C_{20}H_{42}$	36.6	246.6
癸酸	$C_{10}H_{20}O_2$	30.1	158.0
月桂酸	$C_{12}H_{24}O_2$	41.3	179.0
十四烷酸	$C_{14}H_{28}O_2$	52.1	190.0
软脂酸	$C_{16}H_{32}O_2$	54.1	183.0
硬脂酸	$C_{18}H_{36}O_2$	64.5	196.0
新戊二醇	NPG	43.0	130.0
50%季戊四醇+50%三羟甲基丙醇	50%PE+50%TMP	48.2	125.4

注：50%PE+50%TMP 为复合相变材料。

相变储能材料与传统建筑材料复合制成相变储能建筑材料的方法主要有三种：

1）浸泡法，即通过浸泡将相变储能材料渗入多孔的建材基体中，如石膏墙板、水泥混凝土砌块、砖等，然后将建材取出降温冷却，相变储能材料附着于建材基体的空隙中。浸泡法可方便地将传统建材制为相变储能材料，但需要考虑长期使用后相变储能材料的渗漏问题。

2）封装法，包括宏观封装和微观封装两种。宏观封装将相变储能材料封装到金属管、金属球、塑料袋等密闭容器内后与建筑材料复合，该封装方式需要采取一定措施保护封装体遭受破坏，并且与围护结构复合式工作量较大，成本较高。微观封装法是将建筑相变材料封装到直径非常小的微胶囊中，再将其掺入建筑基体中，这种封装方式可以较好地解决相变储能材料的泄漏问题。

3）直接混合法，即将相变储能材料以粉末状在建筑材料制造过程中直接掺混进去，例如将相变材料吸入半流体的硅石细粉中，然后掺入建材基体中。

1. 相变储能墙体

建筑围护结构的相变储能墙体是由适当的相变材料与石膏、砂浆等建材复合后制成墙板构件安装在墙体表面，或者将相变储能材料置于建筑墙体内部而制成（见图 9-11）。

相变储能墙体的应用可以实现以下三方面有益的效果：①可以充分吸收白天太阳的辐射能，且增大了墙体热惰性，降低室外传入室内的热流，延迟室外传入室内的最大热流时间，从而降低电力供给的负荷峰谷差，降低建筑物的制冷负荷；②有利于减少室内温度的波动，使室内温度长时间维持在用户需求的范围内，提高室内舒适度的同时有利于减少空调设备的启停次数和运行时间；③将相变材料应用于建筑墙体，可以结合可再生能源为建筑提供所需的热量或冷量。

用于建筑墙体的相变储能材料的相变温度范围基本为 20~30℃，工程上常用的主要有乙酸酯、乙酸酯棕榈酸、乙酸硬酸盐混合物、山羊酸、十二烷酸、短环酸及十水硫酸钠等。开展相变储能材料的开发与配制研究，制备出相变温度合适、高相变潜热和高导热系数等优点的复合相变储能材料，是该领域的研究热点。

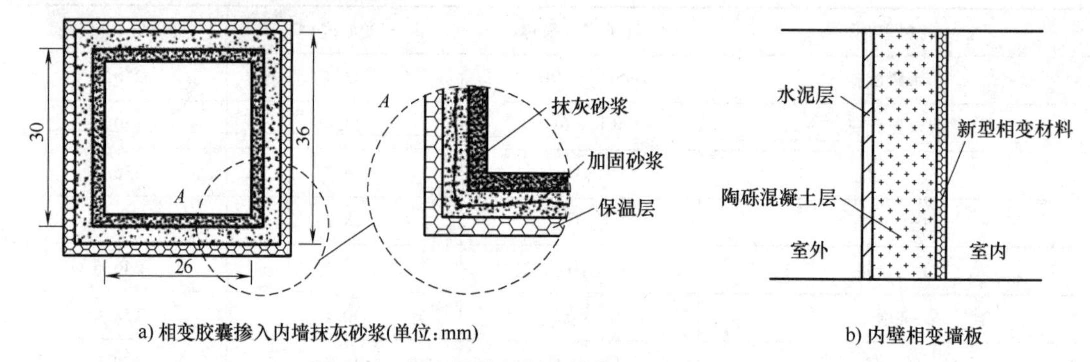

图 9-11　相变储能材料与墙体结合的两种方式

2. 相变储能材料地板辐射

地板辐射采暖的主要原理是通过太阳能与集中供暖、电能加热循环水来实现地板的加热，地板再以导热和辐射的方式向人体和空气散热。地板辐射采暖具有舒适、节能、环保等优点，目前已经大量应用于各类民用和公共建筑。将相变储能材料与地板辐射供暖系统相结合，构建相变储能材料地板辐射采暖系统（见图 9-12），有利于提高采暖的热惯性，降低室内温度波动，提高室内舒适度的同时减少房间热负荷，达到建筑节能的目的。此外，相变

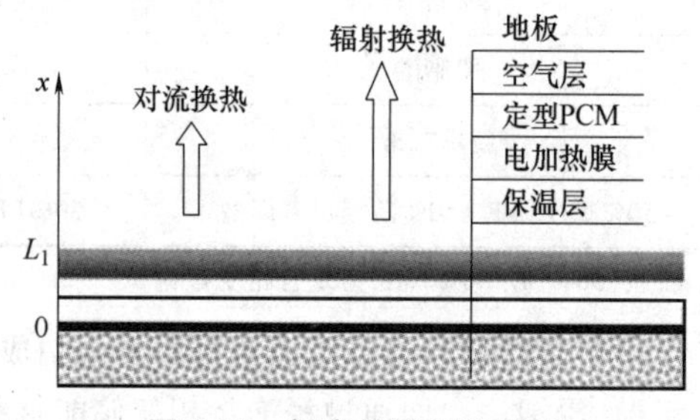

图 9-12　相变储能材料地板辐射采暖系统原理图

储能材料地板辐射采暖系统可以利用夜间低谷电进行储热，从而提高采暖的经济性。

对于相变储能材料地板辐射采暖系统，考虑到热舒适要求，相变储能材料的相变温度应该在 25~30℃。有相关研究表明，28℃左右的相变储能材料与混凝土结合做成采暖地板比较合理，当相变储能材料放热时，地板表面温度可以达到 24~26℃。相变储能材料的选择还应考虑到封装问题、化学稳定性、密度和硬度，以及材料来源的经济性。

3. 相变玻璃窗

窗户作为建筑围护结构的重要组成部分，是影响整个建筑围护结构保温隔热性能的薄弱环节。在中空玻璃之间填充相变储能材料制成相变玻璃窗，利用相变储能材料具有的储能密度大、吸放热近似恒温的特点，提高玻璃窗的热容量和热惰性，有利于改善玻璃窗的保温隔热性能。与相变墙类似，相变玻璃窗可减缓室内温度随室外温度变化的波动，提高室内环境的热舒适度的同时减少空调系统峰值负荷。

相变玻璃窗传热过程如图 9-13 所示，太阳辐射经过双层玻璃窗时分为三部分，一部分成为反射辐射离开玻璃表面，一部分被玻璃窗内部相变储能材料吸收并暂存，另一部分透过玻璃窗成为室内的得热量。双层玻璃窗内、外表面分别与内部、外部环境通过对流换热和热辐射作用进行复合传热。

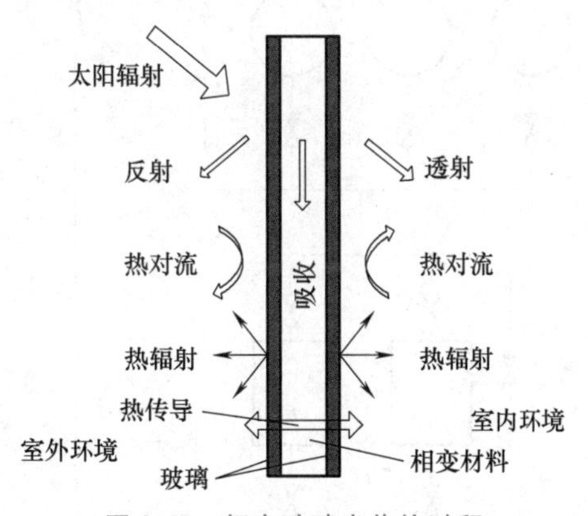

图 9-13　相变玻璃窗传热过程

在双层玻璃中间加入的相变材料可以为 $CaCl_2 \cdot 6H_2O$、石蜡、十四酸和十六醇等，玻璃的厚度和相变储能材料的厚度需要根据太阳辐射强度和室外环境及相变材料进行优化计算。目前相变玻璃窗未实现大规模应用，主要障碍在于相变储能材料在固态时窗体的透明度受到影响。

9.3.2　储热技术在供暖空调中的应用

随着我国经济的飞速发展，社会总用电量在不断增加的同时也导致我国电力负荷峰谷差加大，即白天用电高峰期电力负荷较大，远高于夜晚用电低谷期电力负荷。由于电力系统存在即发即用的特殊性，白天用电高峰期发电厂机组满负荷运行，但是到了夜晚用电低谷期就会造成电能的浪费或者发电厂机组在低负荷工况下运行，造成发电效率低下，甚至部分发电厂机组停运，导致发电系统综合效率降低。为了抑制高峰期用电和鼓励低谷期用电从而实现移峰填谷，一方面国家出台了峰谷电价措施，即实行用电高峰期时电价高于低谷期电价，利用经济手段推动电网的移峰填谷。另一方面，大力发展储能产业，将电力低谷期产生的冷、热、电储存起来，在用电高峰时释放给用户端，利用技术手段实现电网的移峰填谷。

在建筑供暖、空调过程中应用储热技术，当电力负荷处于低峰时利用储热材料的储热特性，把热能存储在专门设置的容器里，而当电力负荷处于高峰期时，又可以将热量释放出来满足建筑对热量的需求，可以实现调荷避峰。

1. 蓄热式电锅炉

电热锅炉是指将电能转化为热能，将水加热到满足使用要求的高温水或蒸汽，以供用户使用的一种锅炉设备。电锅炉在使用过程中不会产生污染物，可有效解决环境污染问题。但电能为较高品位的能源，用电直接加热，无论从一次能源效率还是从能源梯级利用角度分析，均属于能源的不合理利用。因此，国家鼓励的是蓄热式电锅炉装置，即在电热锅炉的基础上加装储能装置，利用低谷电产生热能并储存，在电力负荷较高的用电高峰期将热量释放，满足用户的用热需求。需要注意的是，蓄热式电锅炉本身不节能，但有利于在一次能源利用过程中提高综合利用效率，并且可以利用低谷电为用户带来经济效益。图 9-14 为蓄热式电锅炉供暖系统流程图，系统主要由电热锅炉、蓄热水箱、采暖换热器、循环水泵、电磁阀等部分组成。

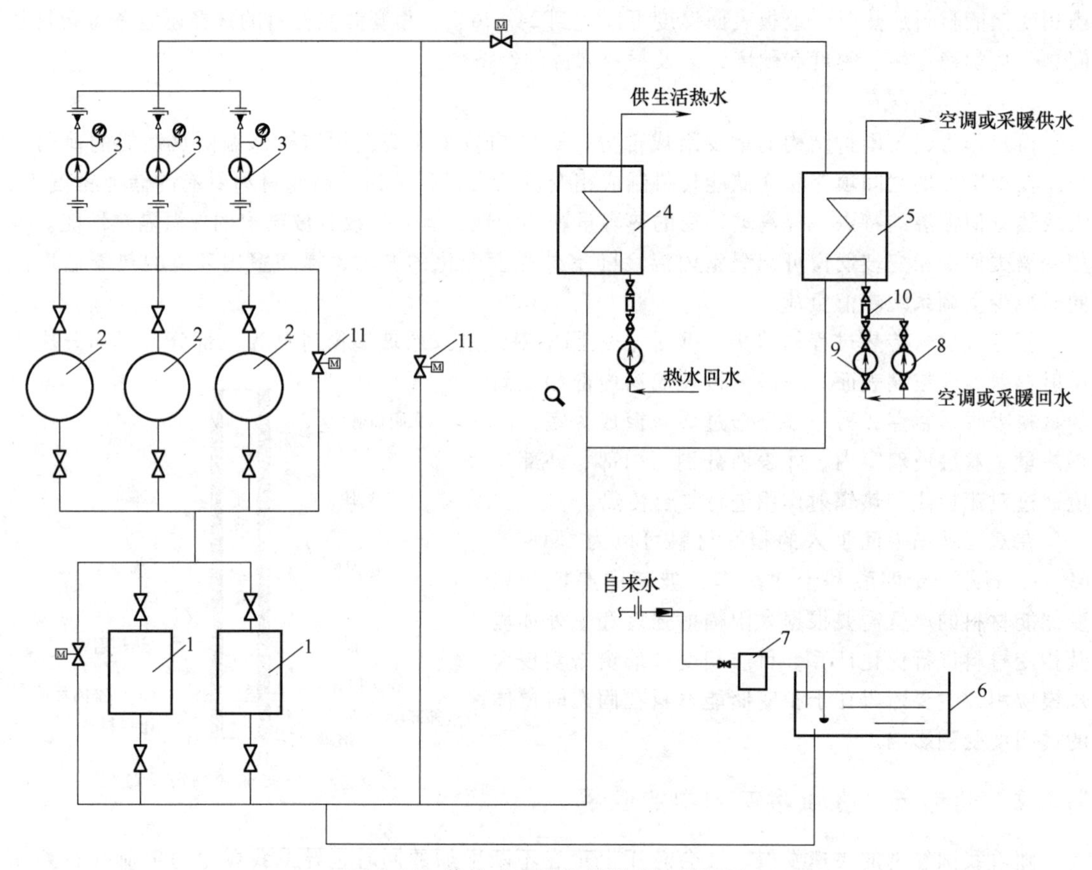

图 9-14　蓄热式电锅炉供暖系统流程图

1—电热锅炉　2—蓄热水箱　3—一次水循环泵　4—卫生水换热器　5—采暖换热器　6—补水箱
7—水处理设备　8—卫生水循环泵　9—空调或采暖水循环泵　10—电子防垢仪　11—电磁阀

蓄热式电锅炉的储热方式主要有以下几种方式：

(1) 固体高温蓄热　通常采用比热容较大且耐高温的固体进行显热储热，夜间的电能通过电热丝将其加热到 800℃左右，在次日用空气等中间热媒体作为加热介质，加热换热器管里的水，实现供热。固体高温蓄热式电锅炉工作原理如图 9-15 所示。此种方式的加热温度高、蓄热量较大，缺点是需要有中间热流体参与换热，换热较困难。

(2) 水蓄热　通过电加热产生常压水或高温高压水并储存，结构简单，尤其适合蓄冷、蓄热一体供热制冷系统。

(3) 导热油蓄热　导热油的储热温度高，单位容积蓄热量较大，但储热器和用户之间需要中间换热系统，系统较为复杂，且导热油易燃，系统安全性较差。

蓄热式电锅炉供暖有效克服电加热运行成本高的问题，具有清洁、安全、自动化程度高的优点，特别适用于宾馆、饭店、商场和写字楼等环保要求高、位于市中心等地区的建筑。推广应用它的一个重要因素是项目所在地存在峰谷电价差，且电价差越大，项目的经济性越好，越有利于降低用户的运行费用。

2. 蓄冷空调

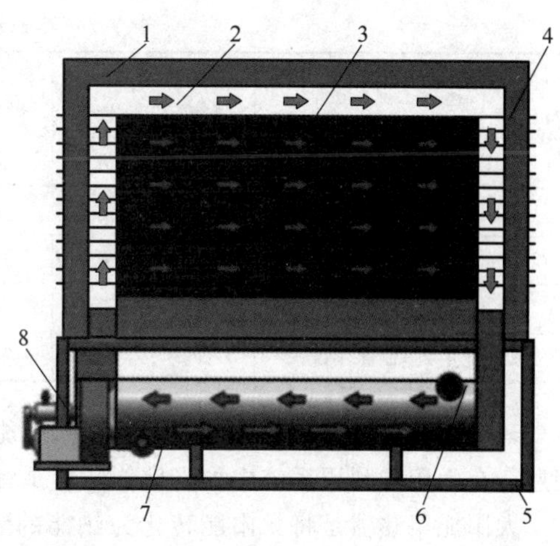

图 9-15　固体高温蓄热式电锅炉工作原理
1—绝热层　2—风道　3—蓄热砖　4—电热丝
5—机架　6—出水口　7—进水口　8—高温风机

蓄冷空调技术通过利用电力负荷低谷期的电能或可再生能源电力，驱动压缩式制冷系统制取冷量，并将这部分冷量通过蓄冷介质进行储存，在电力负荷高峰期再将储存的冷量进行释放，满足建筑物的温度调节需求。蓄冷空调技术可有效解决冷量供给与需求时间上的不匹配问题，是实现电网“削峰填谷”的重要途径。美国、日本和欧洲许多国家在 20 世纪 80 年代中期开始大规模推广使用蓄能空调技术，我国从 20 世纪 90 年代中期开始利用这项技术。蓄冷空调的冷量储存方式有显热储冷和相变储冷两种。

由于水的热学性能较好以及价格低廉，它被广泛应用在显热蓄冷系统中。水蓄冷空调系统的蓄冷温度在 4~9℃，使用常规的空调机组即可满足蓄冷温度要求，不需要特殊设备，系统简单且可靠性高，可适用于改造项目。蓄冷和释冷运行时冷水温度相近，空调机组在这两种运行工况下均能维持额定容量和效率。水蓄冷系另一个优势是系统不仅可以在夏天进行蓄冷，而且可以在冬天进行蓄热。这样可以在峰谷电价差大的地区，减少运营费用，能快速收回投资费用。水蓄冷的主要缺点是蓄冷密度低、蓄冷槽体积大，需要较大的占地面积和机房空间。

蓄能空调采用更多的是潜热储冷方式，普遍使用冰为相变蓄冷材料，也有使用相变温度在 5℃以上的蓄冷材料，如有机物和气体水合物等。冰的相变潜热大，因此蓄冷密度大，储存同样的冷量所需冰的体积小于水蓄冷。同时，由于冰水温度低，在冷量输送过程中可减少空调送风量，有利于减少风管尺寸、风机能耗和运行噪声。

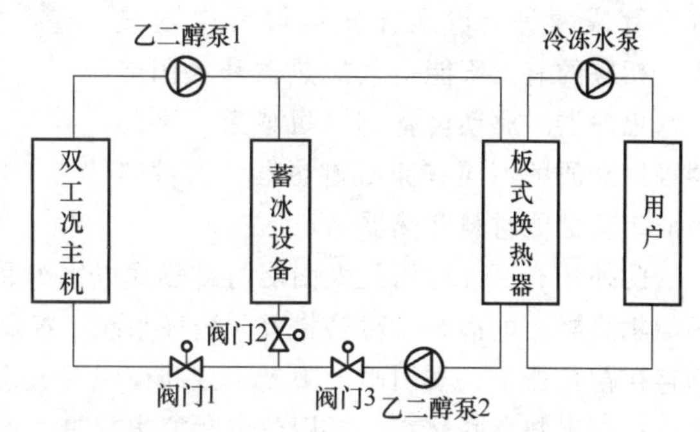

图 9-16　冰蓄冷空调系统组成

冰蓄冷空调系统组成如图 9-16 所示，系统一般由双工况主机、蓄冰设备、乙二醇泵、冷冻水泵和板式换热器等设备组成。根据系统的运行策略，冰蓄冷空调可以分为全蓄冰系统和部分蓄冰系统。在全蓄冰系统中，制冷机组的蓄冰量需要满足建筑全部冷负荷，制冷机组功率和蓄冰装置容量要求都比较大，设备初投资高，蓄冰装置的占地面积较大。实际应用较多的是部分蓄冰系统，建筑总冷负荷由蓄冰设备和制冷机共同承担，蓄冰装置的容量较小，投资相对较少，并且在合理的控制策略下系统的运行费用也会减少，能达到费用综合最低的效果。根据建筑负荷和系统运行时间的不同需求，部分冰蓄冷空调系统的运行工况见表 9-7。

9.3.3　储热技术在建筑太阳能利用中的应用

太阳能是地球上一切能源的主要来源，它是无穷无尽的清洁能源。进入 21 世纪后，人类对太阳能的开发规模迅速增大。太阳能在建筑中的应用，可以减少对化石能源的消耗，从而对减少建筑的碳排放有重要意义。太阳能在利用过程中有昼夜间歇性，在到达地球表面的过程中会受

表 9-7 冰蓄冷空调系统运行工况

运行工况	双工况主机	蓄冰装置	板式换热器	乙二醇泵 1	乙二醇泵 2	冷冻水泵	阀门 V1	阀门 V2	阀门 V3
双工况主机制冰工况	开	开	关	开	关	关	开	开	关
双工况主机供冷工况	开	关	开	开	关	开	开	关	开
双工况主机+融冰供冷工况	开	开	开	开	开	开	调节	调节	开
融冰供冷工况	关	开	开	关	开	开	关	开	开
双工况主机+制冰工况	开	开	开	开	关	开	开	调节	调节

天气环境影响而具有不稳定性。因此，太阳能利用过程中，需要解决太阳能的间歇性和不稳定性问题，在太阳能利用系统中加设储能装置是解决上述问题最有效的方法之一。

太阳能集热器是将太阳能转化为热能的装置，它的产热量与热能需求之间的不匹配体现在不同的时间尺度上。一方面，每天的产热高峰出现在中午左右，而早晨和晚上则最需要生活热水和空间供暖，需要太阳能短期储热来解决这一问题。另一方面，考虑全年的时间尺度，夏季的太阳能热水生产能力大，而此时空间供暖需求低或没有，需要太阳能长期储热来解决这一问题。

1. 太阳能短期储热

太阳能短期储热的充放热周期较短，最短为 24h，蓄热容积较小，例如现在广泛应用于居民家庭的太阳能热水采暖系统，一般包括太阳能集热器、输送介质与设备、蓄热器、采暖末端、控制系统等，如图 9-17 所示。太阳能集热器应用较多的有平板式和玻璃真空管式两种。输送介质可以是空气或水，相应的有太阳能空气集热器和太阳能热水集热器，驱动设备有风机或泵。蓄热器根据介质的不同有卵石蓄热器、水蓄热器或相变储能材料蓄热器等。

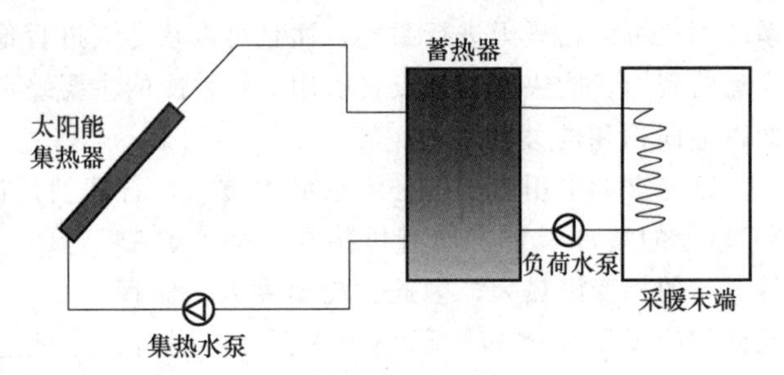

图 9-17 太阳能热水供暖系统示意图

此外还有一种应用是太阳能与蓄热式电锅炉联合供暖系统（见图 9-18），该系统主要包括太阳能集热器、电锅炉、蓄热装置、循环系统、控制系统。该系统利用太阳能产生热水，并将热能储存在蓄热器中，在阴雨天阳光不足和夜晚时放出热量；在持续阴雨天，蓄热式电锅炉在谷电时段运行产出热量并储存，需用热水时放出热量，可实现全天提供热水且节省运行费用。此系统可

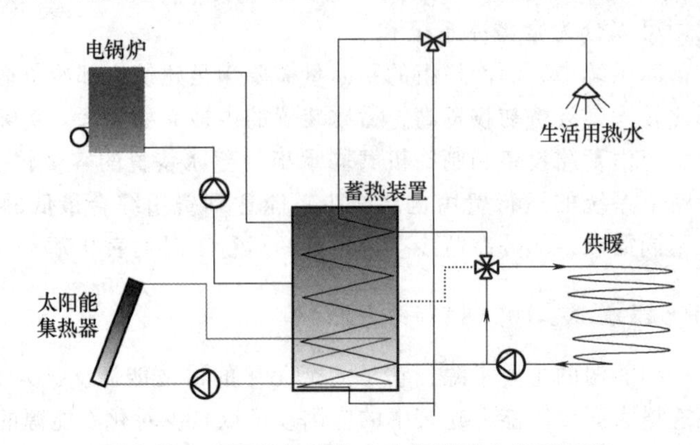

图 9-18 太阳能与蓄热式电锅炉联合供暖系统

以单独使用蓄热式电锅炉供暖，也可使用太阳能与蓄热式电锅炉联合供暖，通过灵活的系统设计和运行模式选择，可以满足各种场所对热水的需求，广泛应用于需要热水供应又对环保要求较高的场所，如工厂、学校、医院、宾馆等。

由于太阳能短期储热的热容量一般不大，它的储热形式一般采用显热储热的方式，最常用的是将蓄热水箱作为蓄热装置，水既是传热介质又是储热介质，无须再设置换热器，从而降低了投资费用。但由于热水箱体积和占地面积较大，对建筑结构的承压有一定要求。与此同时，选型不合理或未设置温度保护的水箱水体会因太阳能辐射强度增大而沸腾，从而给系统带来严重的汽蚀和气堵，给系统的安全运行造成隐患。因此，潜热储能越来越多地应用到太阳能供暖系统中，所采用的相变材料一般为无机盐或石蜡，由于相变储能材料的蓄热量远大于显热蓄热，蓄热装置的体积小且可减低散热损失。同时，相变储能材料在蓄放热过程中温度变化范围小，有利于供暖系统的稳定运行。

2. 太阳能长期储热

太阳能长期储热，也称为太阳能跨季节储热，与太阳能短期储热相比，它的蓄热容积大、充放热循环周期比较长（一般为一年）。由于夏天日照丰富，环境气温高，此时太阳能集热器不仅工作时间长，其热效率也高，但却无供暖需求。冬天的情况则正好相反。为此，将夏天得到的太阳能储存起来，到冬天供暖时再取用，就是太阳能长期储热要实现的目的。

跨季节储热技术根据太阳能储热方式的不同可分为：显热储热、潜热储热以及化学储热。其中，显热储热原理较为简单，成本较低，技术较为成熟，因而得到比较广泛的应用。显热储热根据储热介质的类型分为热水储热、地埋管储热、地下含水层储热和砾石-水储热四种方式：

（1）热水储热　太阳能长期热水储热的蓄热装置可位于地面以上，一般为大型蓄热水罐。为了减少蓄热水塔向周围环境的长期散热，对它的保温要求较高，故它的投资也相对较高。太阳能长期热水储热更多地是在地面以下挖掘一个容水空间，对侧壁和底部进行特殊处理后构成的储存容器，常采用漂浮顶盖，水池池壁一般由混凝土浇筑而成（见图 9-19）。由于水的比热容较大，且具有良好的储热和放热特性，因此该储热方式具有成本低、施工方便等特点。

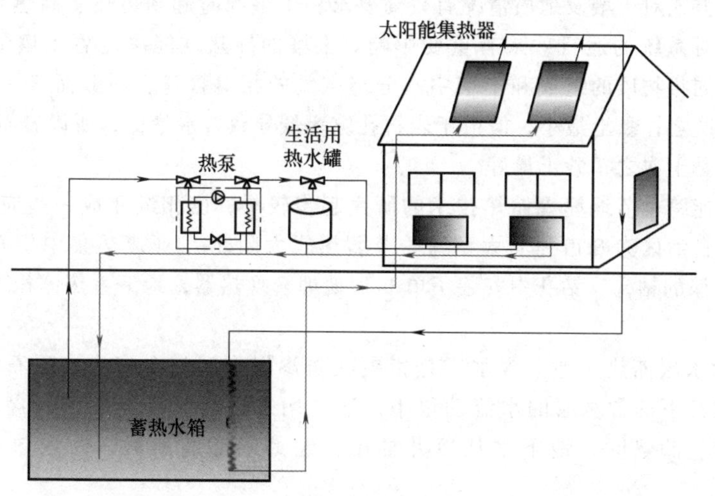

图 9-19　太阳能跨季节热水储热系统

热水储热是目前最可靠和应用最广泛的跨季节储热技术，在德国、丹麦等国家已经建成很多采用地下热水储热的跨季节储热系统。我国也有一些应用案例，如河北经贸大学太阳能季节性蓄热采暖及热水综合利用项目采用了 228 个 89t 碳钢板水箱，总计蓄热容量达到 2 万 t 以上。

（2）地埋管储热　地埋管储热系统是一种重要的跨季节储热方式，它的原理是：在地下埋设许多垂直放置的同心套管或U形管，在太阳能丰富的季节，将集热器产生的热流体通过循环泵打入这些地埋管换热器，加热土壤并储存热量；在供暖季节，冷流体通过地埋管换热器再将土壤热量回收，用于给建筑供暖。地埋管储热技术需要可以打孔的地质条件，循环水温一般较低，如果地埋管换热器出水温度不满足供热需求，可结合热泵技术组成土壤源热泵系统，以进一步提升供暖温度（见图9-20）。

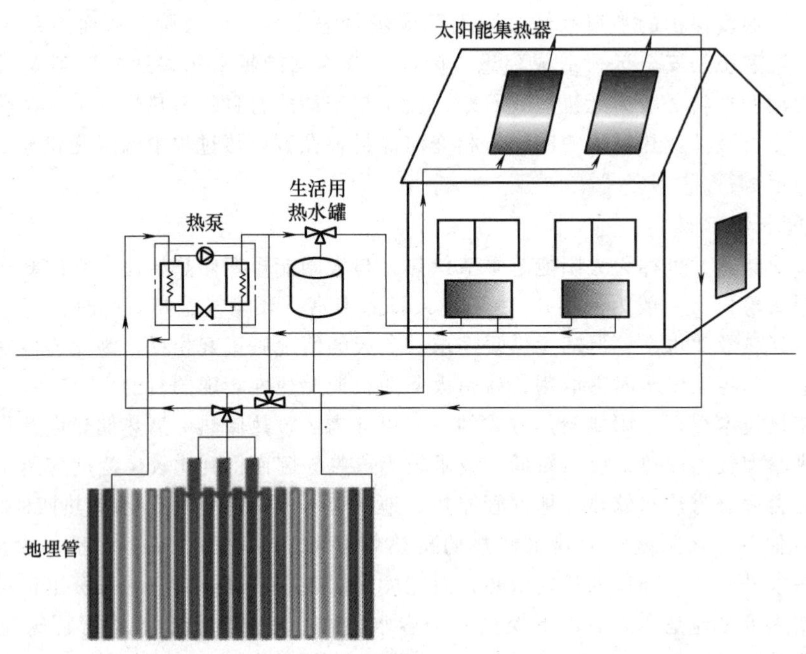

图9-20　太阳能跨季节地埋管储热系统

地埋管储热方式对土壤及地质情况有较高要求，土壤同时起到传热、储热和隔热三种作用。土壤的物性参数对系统的运行效果有重要影响。土壤的导热性能决定着土壤的传热量的大小，它取决于土壤中固相物质的组成和土壤中水分与空气的相对含量。一般而言，各类岩石的导热系数最大，砂土次之，黏土最小，但由于岩石孔隙率低导致含水量低，所以岩石用于土壤换热器的持久性最差，黏土次之，砂土最好。

国外对太阳能跨季节地埋管储热技术的研究起步较早，已相继建成一些应用项目。国内清华大学在内蒙古自治区赤峰市建立大型跨季节蓄热式太阳能-工业废热集中供暖系统示范项目，包含469处80m深的钻孔，钻孔中安装了单U形地埋管换热器，地下蓄热体积高达50万m^3，热存储效率为90%。

（3）地下含水层储热　地下含水层是指夹在防渗层中间的含有水、砾石、沙或砂石的多孔岩层，自然状态下的含水层的水流动很小，适合用来进行跨季节储热。含水层储热主要由热井和冷井构成。储热时，地下水从冷井抽出，经太阳能加热后，注入热井，放热与储热相反。

此外还有一种单井储热系统，回灌水泵和抽水泵在一个井内，它在冬季把冷水用回灌送水泵打入深井中，到夏季时再用抽水泵把冷水抽出，供空调降温系统使用；也可以在夏季灌入热水，储存到冬季再提出使用。

利用地下含水层的储能技术的最大优点是节能，采用天然的冷量或热量能显著地减少系统的电耗。与采用地下水直接冷却相比，采用这种系统使地下水资源得到了保护，控制了地面沉降。此外，它所占的地面空间较小，维护费用也较低。含水层储热对地质条件的要求较高，系统运行过程中要求含水层稳定，内部水不流动，从而确保蓄存热量不易流失。太阳能含水层储热温度根据集热器的形式有不同设计值，温度达不到供暖要求时需要利用热泵提升供暖品位（见图 9-21）。

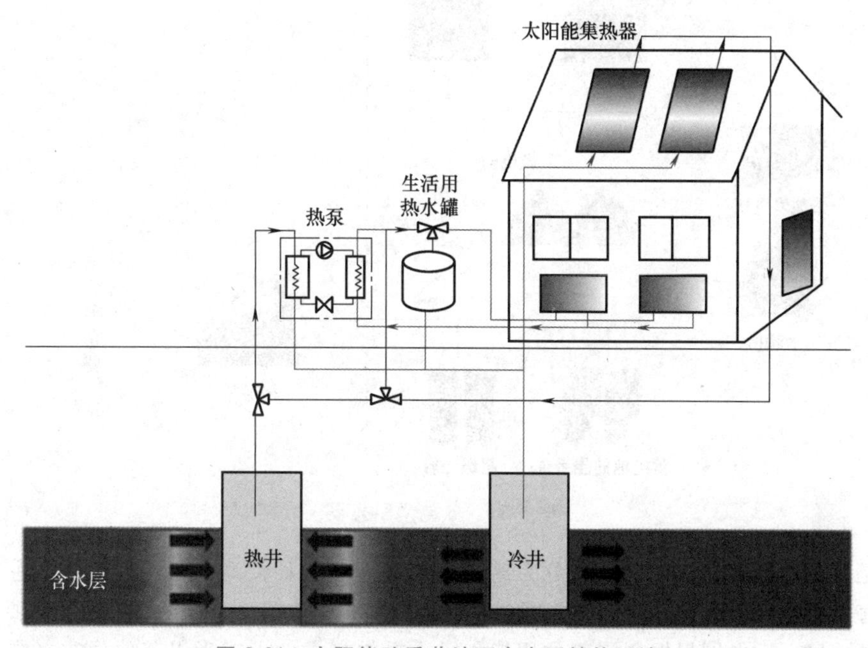

图 9-21　太阳能跨季节地下含水层储热系统

（4）砾石-水储热　砾石-水储热由人工建成的水池内部填充砾石和水的混合物构成，水池内部表面涂防水层，在水池外表面和顶部布置隔热层（见图 9-22）。砾石材料常用的有鹅卵石、砂石、砖石等，储热和放热通过向水体内部充放热水的方式实现，这与热水储热系统是类似的。由于岩石-水混合物的比热容较低，因此相同储热容积所需要的体积比热水储热方式高。

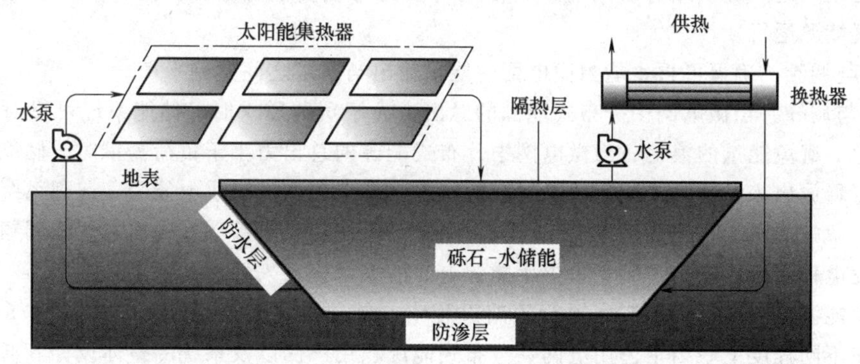

图 9-22　太阳能跨季节砾石-水储能系统图

9.3.4　储能技术在可再生能源微电网中的应用

可再生能源微电网是将分布式电源、储能系统、能量转换系统以及负荷集成在一个独立的小型配发电系统中，是具有自治能力的小型供能系统，它能够实现自我控制和管理，以能源的优化利用为导向，依据实际运行环境和经济要求对这些组成单元进行灵活调度、控制并使用。微电网中的分布式电源可以是风、光、水力、生物质、热电联产、燃料电池等发电系统，一般以可再生能源为主、多种能源协同互补，微电网示意图如图 9-23 所示。

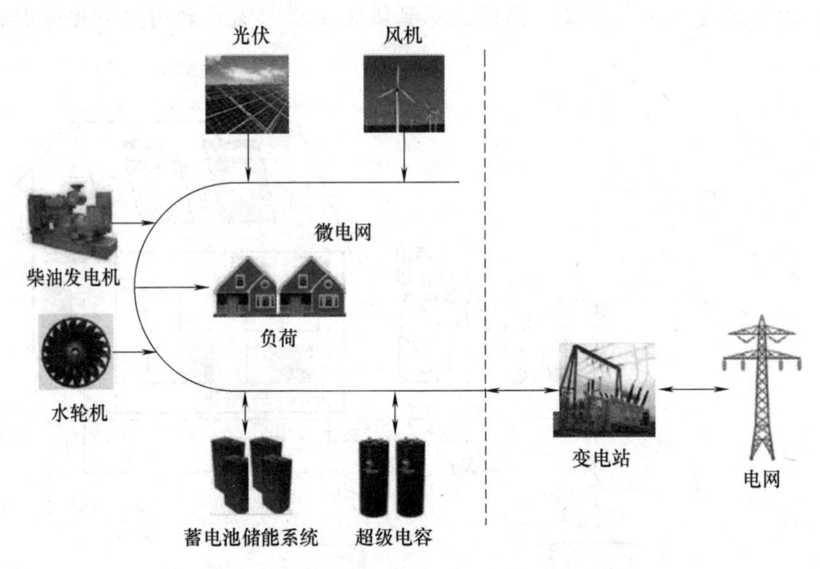

图 9-23　微电网示意图

按照是否与电网相连，微电网可分为离网型和并网型两种类型。离网型微电网主要用于偏远山区、海岛等电网无法到达地区，并网型微电网适用于工业园区、社区、楼宇等需要接纳更多可再生能源地区。微电网根据用户侧的用能需求，提供自主电力或者以其他形式（如冷、热和天然气等）供给能源，容量规模通常相对较小。应用于单体建筑或建筑群的微电网容量一般在 5MW 以下，电压等级为 0.4kV。

储能系统在可再生能源微电网的运行所具有的功能包括：

1）维持微电网运行稳定。当微电网中间歇性能源存在电能质量问题或检测到电网故障时，储能设备可以为用户提供短时备用能量，使机组出力与预测值相匹配，使具有间歇性的能源可作为可调度能源运行。

2）参与调频，确保可再生能源微电网的能量输出与需求之间达到平衡。

3）参与调峰。当微电网中分布式能源的总出力大于负荷需求时，储能系统可以对富余的能量进行储存，避免能量的浪费；当微电网中分布式能源的总出力小于负荷需求时，储能系统可将储存的能量释放出来，消除或改善能量短缺的状况，提高微电网的供电能力，起到系统调峰的作用。总之，微电网中利用储能可以实现可再生能源平滑波动、跟踪调度输出、调峰调频等，使可再生能源发电稳定可控输出，满足可再生能源电力的大规模接入并网的要求。

可再生能源微电网设计和制定运行策略过程中，储能技术的优化配置从中起到了核心纽带作用，它在不同程度上联结了公用电网、分布式能源、用户侧以及系统的整体设计。通过综合考虑各项设备以及储能技术的特性，选择存储类型、寿命、经济效益、环境效益以及容量相匹配的储能装置，并将其体现在微电网的运行优化目标和约束条件上，有助于实现系统的准确灵活控制，提高可再生能源的利用率和微电网的整体运行效率。

储能技术按照特性可以分为能量型储能和功率型储能（见图 9-24）。能量型储能（如蓄电池、压缩空气储能、抽水蓄能等）的优点是释能时间长、能量密度大、成本相对较低，缺点是功率响应速度相对较慢并且不适合频繁、快速地充电和放电；功率型储能如超级电容器、飞轮储能、超导电磁储能等具有响应速度快、功率密度大、循环寿命长等优势，但存在充电和放电时间短、能量密度小以及成本相对较高等缺点。在分布式可再生能源微电网中将不同类型的储能有机组合建立混合储能系统，发挥每种储能的优势以弥补单一储能在某些性能上的欠缺，是储能技术的研究方向之一。

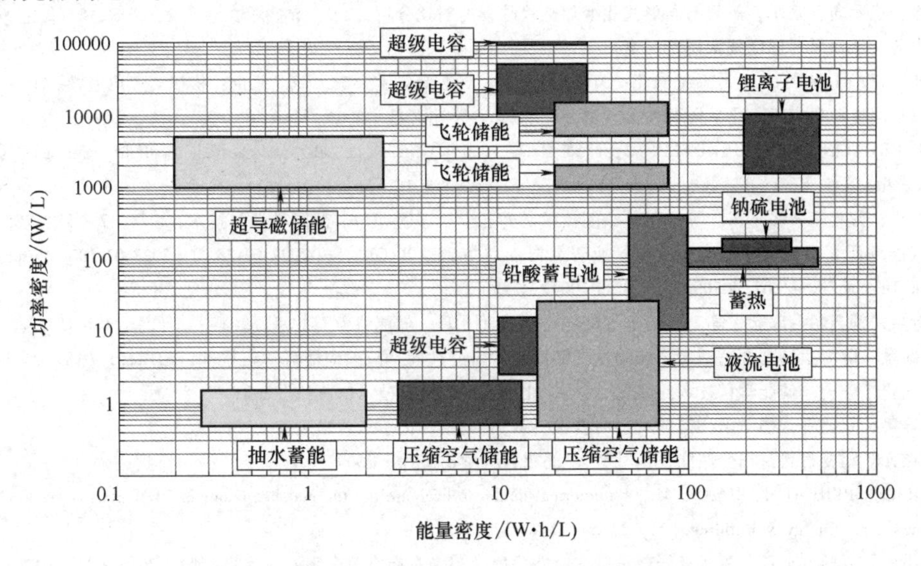

图 9-24　储能技术的功率密度与能量密度

思　考　题

1. 简述显热储能、相变储能和热化学储能的原理。
2. 简述相变储能材料的分类及筛选原则。
3. 蓄电池由哪些基本部件组成？简述各部件的功能。
4. 简述抽水储能和压缩空气储能的工作原理。
5. 在建筑围护结构中添加相变储能材料为什么能达到建筑节能的效果？
6. 电蓄热锅炉是否节能？它应用的主要意义是什么？
7. 简述水蓄冷空调和冰蓄冷空调的优点和缺点。
8. 能量型储能和功率型储能各有什么特点？

二维码形式客观题

扫描二维码可在线做题，提交后可查看答案。

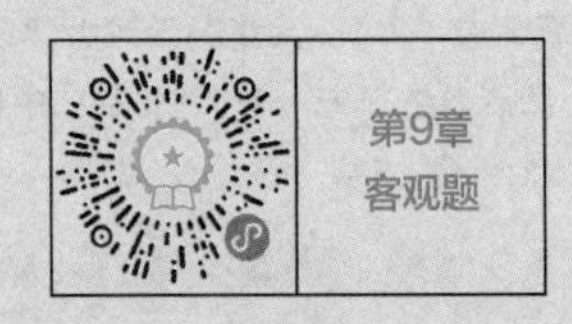

参考文献

[1] HEIER J, BALES C, MARTINV. Combining thermal energy storage with buildings: a review [J]. Renewable and Sustainable Energy Reviews. 2015, 42: 1305-1325.

[2] 李洋，王彩霞，宗军，等. 不同形式相变储热换热器的对比分析 [J]. 储能科学与技术，2019，8 (2)：347-356.

[3] 饶中浩，汪双凤. 储能技术概论 [M]. 徐州：中国矿业大学出版社. 2017.

[4] TER-GAZARIANA G. 电力系统储能 [M]. 周京华，陈亚爱，孟永庆，译. 北京：机械工业出版社，2015.

[5] 上海空间电源研究所. 化学电源技术 [M]. 北京：科学出版社. 2015.

[6] TIMURKUTLUK B, TIMURKUTLUK C, MAT M D, et al. A review on cell/stack designs for high performance solid oxide fuel cells [J]. Renewable and Sustainable Energy Reviews. 2016, 56: 1101-1121.

[7] 戴兴建，魏鲲鹏，张小章，等. 飞轮储能技术研究五十年评述 [J]. 储能科学与技术，2018，7 (5)：765-782.

[8] 中国能源研究会储能专委会. 储能产业研究白皮书 2022 [R/OL]. (2022-04-26) [2023-01-18]. https: //max.book118. com/html/2022/0509/5300212003004224. shtm.

[9] 陈海生，刘金超，郭欢，等. 压缩空气储能技术原理 [J]. 储能科学与技术，2013，2 (2)：146-151.

[10] 张新敬，陈海生，刘金超，等. 压缩空气储能技术研究进展 [J]. 储能科学与技术，2012，1 (1)：26-40.

[11] 中国化工学会. 储能学科技术路线图 [M]. 北京：中国科学技术出版社，2021.

[12] 樊栓狮，梁德青，杨向阳. 储能材料与技术 [M]. 北京：化学工业出版社，2004.

[13] 张仁元. 相变材料与相变储能技术 [M]. 北京：科学出版社，2009.

[14] GOIA F, PERINO M, HAASE M. A numerical model to evaluate the thermal behaviour of PCM glazing system configurations [J]. Energy & Buildings, 2012, 54: 141-153.

[15] 张小松，夏燚，金星. 相变蓄能建筑墙体研究进展 [J]. 东南大学学报：自然科学版，2015 (3)：612-618.

[16] 袁艳平，向波，曹晓玲，等. 建筑相变储能技术研究现状与发展 [J]. 西南交通大学学报，2016，51 (3)：585-598.

[17] 罗庆，刘庆开，夏煦，等. 双层相变玻璃窗动态热调节过程研究 [J]. 材料导报，2010，24 (16)：69-72.

[18] 张爱军，孙志高，李成浩，等. 相变窗传热特性实验研究 [J]. 制冷学报，2018，39 (3)：114-118.

[19] 钟克承. 相变窗动态传热过程的数值模拟与实验研究 [D]. 南京：东南大学，2015.

[20] 王凡. 蓄热电锅炉供热系统及其设计探讨 [J]. 建筑热能通风空调，2003，22 (3)：46-47.

[21] 罗勇，陈鹏，苏驰. 固体蓄热电锅炉设计要点及性能评价指标初探 [J]. 暖通空调，2019，49 (5)：55-59.

[22] 孙悦，韩明新，任洪波，等. 冰蓄冷空调系统优化运行控制策略研究综述 [J]. 制冷与空调，2020，20 (11)：69-73.

[23] 朱宁，王潇洋，温仁新. 跨季节蓄热太阳能集中供热系统论证分析：河北经贸大学跨季节蓄热太阳能集中供热系统示范项目设计 [J]. 建设科技，2014 (9)：108-111.

[24] 崔海亭，杨锋. 蓄热技术及其应用 [M]. 北京：化学工业出版社，2004.

[25] RAD, FARZIN M, FUNG, et al. Solar community heating and cooling system with borehole thermal energy storage: review of systems [J]. Renewable & Sustainable Energy Reviews, 2016, 60: 1550-1561.

[26] 赵新颖，万曼影，马捷. 地下含水层储能及其对环境影响的评估 [J]. 能源研究与利用. 2004 (1)：51-54.

[27] Arabkoohsar A, Ebrahimi-Moghadam A. Mechanical energy storage technologies [M]. New York: Academic Press, 2021.

[28] 刘畅，卓建坤，赵东明，等. 利用储能系统实现可再生能源微电网灵活安全运行的研究综述 [J]. 中国电机工程学报，2020，40 (1)：1-18.

[29] 陈健. 风/光/蓄 (/柴) 微电网优化配置研究 [D]. 天津：天津大学，2014.

[30] 李瑞民. 集成分布式可再生能源的混合储能系统研究 [D]. 北京：中国科学院大学，2019.

第 10 章 建筑物联网技术

10

物联网是指“物物相连的互联网”，它的技术实质是按约定的协议，把任何物品与互联网连接起来，进行信息交换和通信，以实现智能化识别、定位、跟踪、监控和管理的一种网络。物联网体系结构是由感知层、网络层和应用层组成的，它们之间相辅相成，共同承担资源获取、及时传输、信息处理。物联网利用遍布建筑物的各种先进的传感设备，实时监测建筑物的能耗、环境以及各种机电设备运行情况，通过采集到的实时数据，通过信息技术融合在一起，实现数据共享，利用大数据分析技术、人工智能技术等实现建筑能源系统的负荷预测、智能控制和优化调度等，使可再生能源利用率最大化，实现建筑低碳运行。本章主要介绍零碳建筑能源物联网系统的总体设计方案及组成物联网的感知层、网络层和应用层的具体实现过程。

10.1 能源物联网系统的总体设计方案

本章以供暖、供燃气通风及空调工程（HVAC）系统为研究对象，通过利用现场的直接数字控制器（DDC 控制器）实现对 HVAC 系统中的温度、湿度、压力、流量等参数的监控，同时利用 LoRa 或者 NB-IoT 等低功耗广域网无线传输技术对系统中不同机电设备的电能数据进行采集。DDC 控制器和 LoRa 等监测的数据经过 MSTP 传输网络发送至网络控制器（JACE-8000），利用 TCP/IP 等方式通过网关将网络控制器（JACE-8000）数据上传至云服务器（ECS），并存储到云服务器搭载的数据库中。通过手机和计算机中的浏览器登录访问云服务器的动态网页，实时查看 HVAC 系统物联网管理平台，并对各个子模块进行控制操作。HVAC 物联网系统体系架构如图 10-1 所示。

系统整体结构可简要归纳为“三层两桥”，“三层”是指感知层、网络层和应用层，“两桥”是指通过物联网和互联网建立各端之间通信的桥梁。感知层与网络层采用双向传输的多业务传送平台（MSTP）网络通信，以便 JACE-8000 与现场的 DDC 控制器（采集监控 HVAC 各系统的数据）进行信息传输。网络层和应用层使用 TCP/IP 传输协议完成可靠通信，并通过云服务器接收、存储计算平台上传的数据。

能源物联网系统方便拓展，对建筑中电、水、燃气等能耗数据进行监测时，仅需搭建一个网络控制器（JACE-8000）即可满足对多节点的控制和数据采集要求。能耗数据采集节点、数据集成系统与云服务器遵从统一的通信协议，实现数据透明化，数据从采集到上传再到储存和调用都按照统一标准，从基础上解决了协调联动可能出现的困难，同时单个物联网节点体积较小，不占用过多空间资源，更方便管理。

10.1.1 系统感知层

感知层是物联网系统体系架构的基础层，也是进行数据收集的重要一环。感知层所需要的关键技术包括检测技术（传感器技术）、短距离无线通信技术等。为全面进行物品数据信息的感

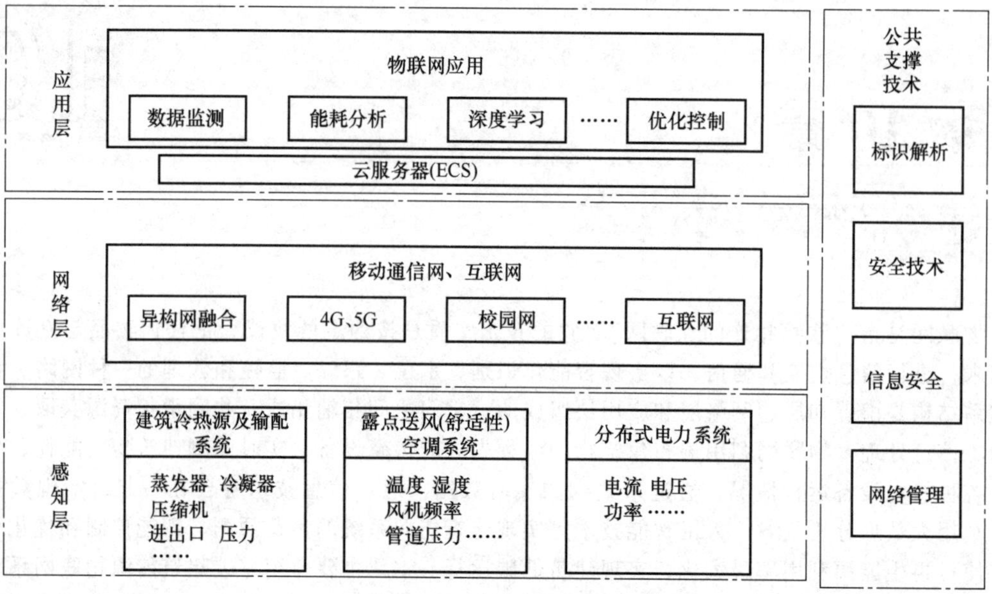

图 10-1　HVAC 物联网系统体系架构

知与采集，需采用传感器设备。为了确保传感器应用的过程中有效进行数据信息的采集处理，就要将传感器与网络相互连接。由于各类物品所需要采集的数据信息存在差异性，需要按照不同信息采集需求使用各类传感器，这些传感器就形成了物联网领域的感知层，它能够全面进行各种物品信息的感知和采集，是物联网架构中最基础的层次。

HVAC 系统的感知层设计主要包括：对建筑冷热源及输配系统、露点送风（舒适性）空调系统、分布式电力系统等实时监控各系统的运行状态参数和各设备的工作状态，并使用多功能电力仪表采集各系统主要机电设备的电能消耗。对 HVAC 系统的数据采集设计需要考虑以下三点：

1）HVAC 系统一般选择 DDC 控制器实现统一的数据采集和管理。

2）数据采集节点在设计时应注重选用低功耗元件，延长模块的使用寿命。同时模块的体积应当尽量轻便，并采用统一供电方式。

3）采用分布式电力系统对上述各系统及机电设备和建筑用电数据进行实时采集、数据统计和数据分析。电能表选用多功能电力仪表，分别监测常用电力参数，如三相电压、三相电流、有功功率、无功功率、功率因数等。

鉴于不同设备、房间，不同楼层之间的布线难度，在本系统中采用无线数据传输的方式，对电力数据进行统一获取。

10.1.2　系统网络层

利用感知层进行各类数据信息采集以后，需要以互联网作为基础进行物品之间的连接，通过可靠的网络传输系统传递各类数据信息。在此过程中，网络层就能起到物品之间信息传输的作用。它是物联网架构中的中间层次，具有承上启下的特点，可根据协议规定实现信息的解析处理，将完成解析的数据信息利用网络系统传输到应用层，使得数据信息能够规范存储、统一管理。在对网络层设计时，可结合具体的环境需求使用 3G 技术、4G 技术、5G 技术或是有线网络技术传递数据信息内容。

在 HVAC 系统中，网络传输层承担着三个子系统感知层数据的上传与下达，它相当于整个系统的神经中枢，是信息传输中的主要通信手段，最终实现整个系统的数据计算与传递。

HVAC 系统传输层中使用的通信协议主要包括建筑冷热源及输配系统、露点送风（舒适性）空调系统采用的数据采集控制协议（BACnet 协议），多功能电力仪表通信协议（Modbus 协议），采集多功能电力仪表的无线数据采集传输模块数据传输通信协议（LoRa 协议），本地与云端网络通信协议（TCP/IP 协议）。系统通信协议统计表见表 10-1。

表 10-1　系统通信协议统计表

协议种类	感知层设备
BACnet	建筑冷热源及输配系统、露点送风(舒适性)
Modbus	多功能电力仪表
LoRa	电力仪表的无线数据采集传输模块
TCP/IP	本地与云端网络通信

BACnet 协议的架构建立在包含四个层次的简化分层架构之上，是为计算机控制 HVAC 系统和其他建筑物设备系统定义的。Modbus 协议采用主从结构，提供连接到不同类型总线或者网络设备之间的客户机/服务器通信，是工业电子设备之间常用的连接方式。LoRa 协议是由 LoRa 联盟推出的一种低功耗广域网规范，常采用星形拓扑结构作为布局方式，适用于每小时进行几次少量长距离数据通信的传感器和设备。TCP/IP 传输协议是在互联网通信中最基本的通信协议，该协议对互联网中各部分进行通信的标准和方法进行了规定。

在本章所研究的三个子系统之中，众多异构设备的集成是需要重点解决的问题之一。这些异构设备不仅表现在通信协议的差异性，而且它们的物理接口和数据格式等皆不相同。因此，“异构”既指设备的异构，也有数据的异构。不同异构设备之间，通信协议的转换是比较复杂的。在本书中，使用基于 Niagara 协议 JACE-8000，作为一个主要的路由通信节点，将三个异构子系统进行连接，从而完成感知层所有设备数据的上传。网络连接结构图如图 10-2 所示。

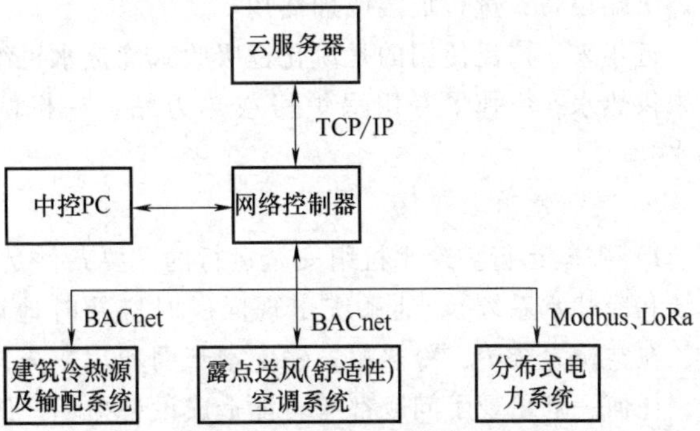

图 10-2　网络连接结构图

10.1.3　系统应用层

整体物联网架构在运行的过程中，利用感知层和网络层进行物品信息的感知采集和传输后，能够规范、统一地进行信息存储，而要想更好地应用此类信息，就要利用应用层提供相应的服务接口，结合具体的信息应用需求，分成各类操作功能，为人们提供多元化的信息服务。同时，物联网架构中的应用层还可以发送控制感知层物品或者设备的指令，达到对物品设备的良好控制的目的。

HVAC 系统的应用层是将感知层设备的运行数据通过传输层上传至云服务器，通过云服务器采集建筑冷热源及输配系统、露点送风（舒适性）空调系统等运行参数和系统的运行电耗；完成硬件设备和软件平台的数据互联、数据存储，搭建起完整的系统云端监控管理界面，通过浏览器的远程访问，进行实时数据的监测、控制与优化管理。

10.2 系统感知层设计

本节对 HVAC 系统感知层中的建筑冷热源及输配系统、露点送风（舒适性）空调系统和分布式电力系统进行数据采集和监控设计。

10.2.1 建筑冷热源及输配系统监控设计

空调系统的冷热源是空调系统的重要组成部分，担负着向空调房间提供冷量和热量的任务，这种冷量和热量的提供大多数是通过水循环系统完成的。空调的冷热负荷一天中是变化的，一年之中也是变化的。如何使空调冷热源的产冷、产热量，随着空调房间冷、热负荷的变化而变化，如何使水循环系统按照负荷的要求，把产冷、产热量传送到空调系统的末端设备是空调水输配系统控制的重要任务。一个完整的空调系统由冷热源、空调水输配系统、制冷机房监控系统和用户末端设备组成。

1. 冷源

目前绝大多数大、中型空调系统所使用的冷源是冷水机组，按压缩机形式分为活塞式冷水机组、螺杆式冷水机组和离心式冷水机组。按驱动方式分为电动冷水机组和热驱动的吸收式冷水机组。一般情况下，把冷水机组、冷冻水泵、冷却水泵等冷源和附属设备安装在一起组成的设备机房称为制冷机房，用来完成制造冷冻水的任务。

2. 热源

空调系统的热源有局部锅炉房、区域锅炉房、热电厂和热泵机组等。一般情况下都是把锅炉房、热电厂及城市供热管网来的蒸汽或高温热水等热源引入冷热机房（或换热站），通过冷热机房内的换热器转换成温度较低的热水，送给空调末端设备使用；也有的直接把蒸汽或热水供给空调末端设备，进行加湿或加热用。

近年来，广泛使用的是溴化锂吸收式冷热水机组和地源热泵机组，夏季用来供冷冻水，冬季用来供热水，省掉了专用锅炉房或热力站，一机两用，甚至一机三用（供冷、供热和供生活热水）。

3. 空调水输配系统

1）安全运行。冷水机组安全运行的重要条件是必须保证与冷水机组相连的水系统（冷冻水系统和冷却水系统）、油系统出现问题时应及时地切断冷水机组的供电，以保护冷水机组的安全。在空调系统中，冷热源、输配水管网和用户末端装置组成了一个有机的整体，在这个整体中，任何一环出现了问题都有可能造成设备损坏，例如冷却水泵的损坏会使冷却水断流，使得冷凝器的温度和压力升高，如果不采取措施，会使压缩机过载而损坏。冷冻水泵损坏会使冷冻水断流，使得蒸发器的温度和压力下降，当冷冻水温度低于0℃时，会使蒸发器冻裂损坏。若冷热源和水系统装设了控制装置，就可以让流过冷水机组的冷冻水和冷却水流量、压力保持在合适的范围内，为冷水机组提供适合的工作条件，而且冷冻水或冷却水一旦出现问题时，安全保护装置能够立即做出反应，采取相应的措施，如切断冷水机组的供电回路，从而避免冷水机组的损坏。

2）根据空调房间负荷的变化，及时准确地提供相应的冷量或热量。空调系统设备的选择包括冷热源机组和设备的选择都是按照设计工况，即最不利工况的条件下选定的，但在大多数情况下空调系统的负荷只有设计负荷的一部分，有时只是很少一部分，这就要求冷热源能够及时准确地调整产冷（热）量以适应空调负荷的变化。冷热水输配系统应根据负荷的要求，及时准确地把相应的冷热量传送到用户末端。

3）尽可能让冷热源设备和冷冻水泵、冷却水泵在高效率下工作，最大限度地节省输配动力能耗。无论是冷水机组还是冷冻水泵都存在一个工作效率问题，只有在一定参数下工作，这些设备才能达到高效运行，如果工作参数变化了，就会使设备的工作效率大大降低。图 10-3 为某型号水泵的工作曲线。可以清楚地看到，当工作点从 1 变到 2 后，水泵的效率有了很大的下降。这种情况下，水泵的流量减少了很多，但水泵的功率并没有减少多少，造成了很大的浪费。对冷水机组也是一样，当需要的制冷量减少时，冷水机组就会转入低负荷状态下运行，一般情况下，冷水机组在低负荷状态下运行比满负荷状态下运行效率都要有所下降，同样造成能量的浪费。

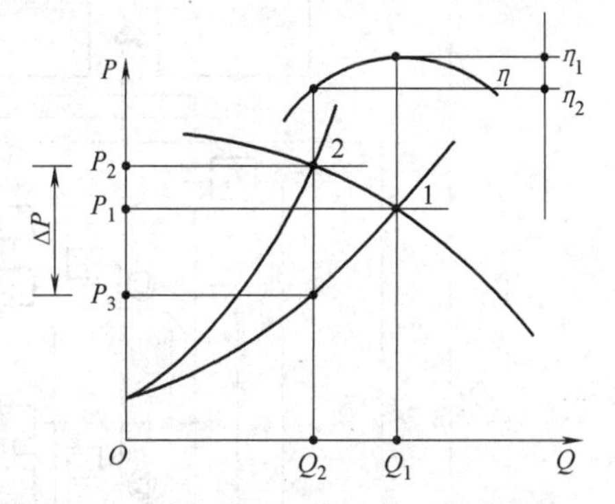

图 10-3　某型号水泵的工作曲线

对冷水机组和冷冻水泵、冷却水泵等进行控制，就是对它们采取一些必要的措施，如变频调速或容量的重新组合等，使这些设备始终在高效率下工作，从而节省宝贵的能源，提高运行的经济性。

4. 制冷机房监控系统

（1）冷冻水控制系统

1）保证冷冻水机组的蒸发器通过足够的水量，以使蒸发器正常工作，防止出现冻结现象。

2）向用户提供充足的冷冻水量，以满足用户的要求。

3）当用户负荷减少时，自动调整冷水机组的供冷量，适当减少供给用户的冷冻水量。

4）保证用户端一定的供水压力，在任何情况下保证用户正常工作。

5）在满足使用要求的前提下，尽可能地减少循环水泵的电耗。

（2）冷却水控制系统

1）保证冷水机组、冷却塔风机、冷却水泵安全运行。

2）确保冷水机组冷凝器侧有足够的冷却水通过。

3）根据室外气候及冷负荷变化情况调节冷却水运行工况，使冷却水温度在要求的温度范围内。

4）根据冷水机组的运行台数，自动调整冷却水泵和冷却塔的运行台数，控制相关管路阀门的关闭，使各设备之间匹配运行，并最大限度地节省输送能耗。

（3）制冷机房变水量（二级泵）系统　二级泵系统控制原理图如图 10-4 所示。

1）启停控制。

a. 联锁顺序：水泵—电动蝶阀—冷却塔控制环路—压差控制环路—冷水机组。停车时顺序相反。

b. 系统设有中央控制室键盘远距离启停及现场手动启停，如果控制设备有充分可靠的保证，也可以考虑自动启停。

c. 自动记录各机组的运行小时数，优先起动运行小时数少的机组及相关设备。

2）运行台数控制。

a. 系统初起动根据室内外空气的状态及运行管理的经验，由管理人员人工起动一套系统。

b. 冷量控制根据所测冷冻水供、回水温度 T_1、T_2，及流量 F，计算实际耗冷量，并根据单台机组制冷量情况，自动决定机组运行台数。

c. 设置时间延迟或冷量控制的上、下限范围，防止机组的频繁启停。

d. 根据冷却水回水温度 T_4，决定冷却塔风机的运行台数并自动启停冷却塔风机。

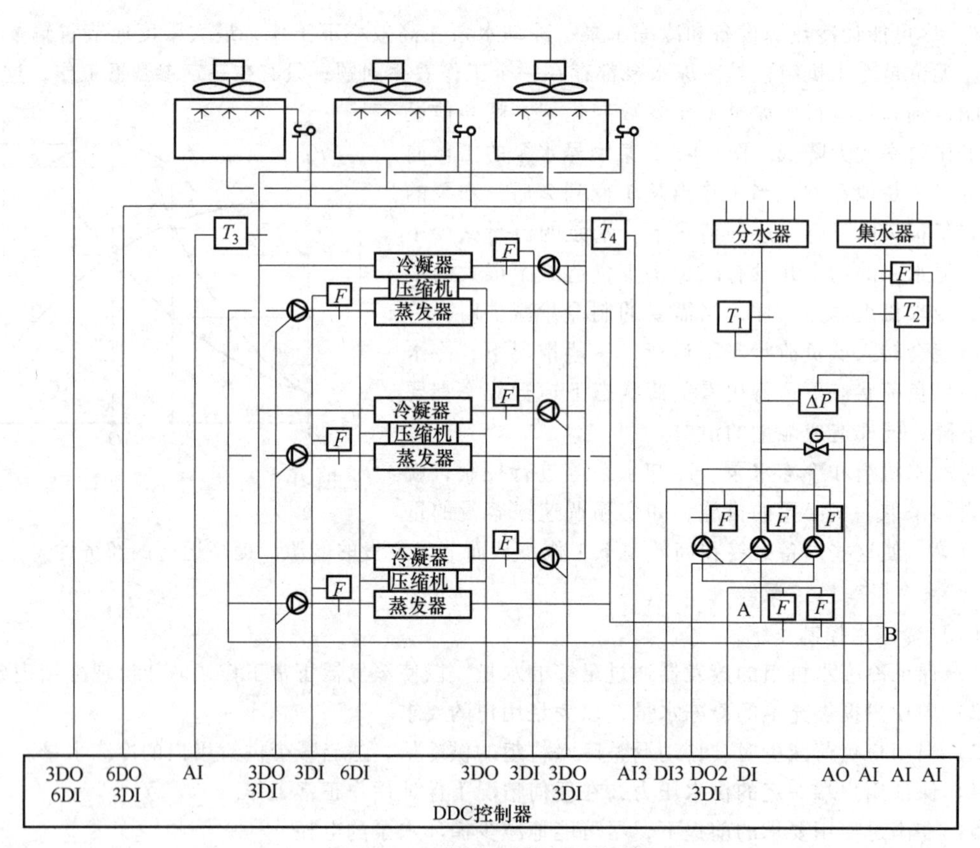

图 10-4　二级泵系统控制原理图

e. 压差控制。按设计及调试要求设定冷冻水系统供、回水压差，并根据压差传感器的测量值来决定旁通电动阀的开度。

f. 显示、报警。

①设备运行状态（起、停）显示，故障报警；②冷水机组主要运行参数显示及高、低限报警，此功能要求冷水机组自配的计算机控制器必须向 DDC 系统进行通信协议开放，同时应在图 10-4 的基础上，在 DDC 系统中增加相应的输入功能点。关于具体监测的参数，应由冷水机组生产厂商、DDC 系统供货厂商、使用单位以及设计人员根据具体工程的要求确定；③冷冻水及冷却水供、回水温度显示，冷却塔回水温度 T_4，高、低限报警；④冷冻水流量显示及记录；⑤瞬时冷量及累计冷量的显示及记录；⑥冷却塔电动蝶阀状态显示，故障报警；⑦冷冻水供、回水压差显示，高限时报警；⑧旁通电动阀阀位显示；⑨设备运行小时数显示及记录。

g. 再设定：冷却塔回水温度 T_4、冷冻水供、回水压差 ΔP 均可在中央计算机及现场进行再设定。

3）系统的监控点设置。表 10-2 为二级泵系统的监控点设置表，表中的各监控点位置可参见图 10-4。

表 10-2　二级泵系统的监控点设置表

AI	AO	DI	DO
冷冻水供水温度	压差旁通阀调节控制	冷机运行状态	冷机启停控制
冷冻水回水温度		冷机故障报警	冷冻水水泵启停控制

（续）

AI	AO	DI	DO
冷冻水回水流量		冷机手动/自动状态	冷却水水泵启停控制
分水器压力		水泵运行状态	冷却水供水水阀控制
集水器压力		水泵故障报警	冷冻水供水水阀控制
冷冻水水流状态		水泵手动/自动状态	冷却水回水水阀控制
冷却水水流状态		冷却塔运行状态	冷却塔启停控制
		冷却塔故障报警	冷却水蝶阀开关
		冷却塔手动/自动状态	

10.2.2　露点送风（舒适性）空调系统监控设计

露点送风空调系统是指将空气冷却处理到接近饱和的状态点（机器露点），不经再加热而直接送入室内的空调系统，这种系统只能保证室内的温湿度在一定的范围，但是有时存在送风温差过大的问题，造成吹冷风感，因此仅用于对温湿度要求不高的舒适性空调系统。

1. 系统的控制方案

图 10-5 为露点送风空调系统控制原理图，它的主要的控制目标如下：

1）保证空调房间的温度、湿度全年处于舒适区范围内。

2）保证空调房间的空气品质（满足人员健康要求及房间的新风需求）。

3）实现系统节能运行。

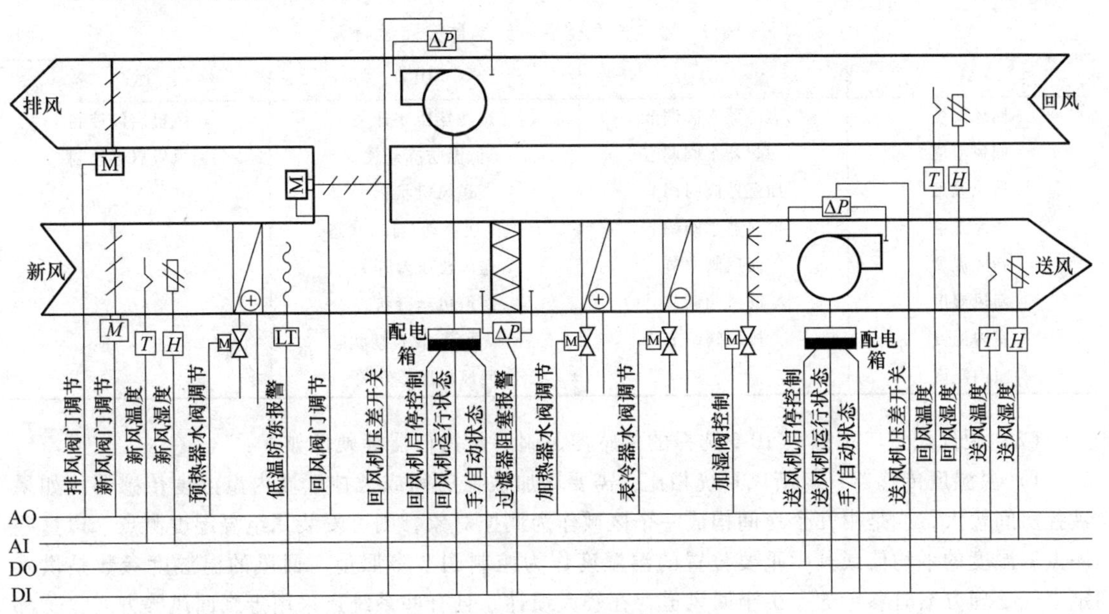

图 10-5　露点送风空调系统控制原理图

依据上述的控制调节目标，确定系统的控制方案如下：

（1）监测功能

1）检查风机电动机的工作状态，确定是处于“开”还是“关”。

2）测量新风温湿度，以了解室外气候状况，进行室外温度补偿。

3）测量送风温湿度参数，以了解机组处理空气的终（送风）状态。

4）测量过滤器两侧压差，以及时检测过滤器是否需要清洗或更换。

5）检测手/自动转换状态。

（2）控制功能

1）启/停风机。

2）依据温湿度偏差，调节预热器、表冷器、加热器水阀开度。

3）调节加湿阀，控制加湿量。

4）室外温度补偿控制。

5）季节自动切换。

（3）防冻保护功能　冬季运行时，检测预热器盘管出口空气温度，当温度过低时，能自动停止风机，关闭新风及排风阀门，同时发出声光报警。当故障排除后，重新启动风机，打开新风和排风阀，恢复机组的正常工作。

（4）设备启/停联锁　为保护机组，各设备启动顺序：开水阀→开送风机→开回风机→开风阀；各设备停止顺序：关回风机→关送风机→关风阀→开水阀（开度100%，有利于盘管内存水与水系统间的对流）。各设备启停的时间间隔以设备平稳运行或关闭完全为准。

（5）节能运行

1）控制新回风比例，充分利用新风调节室内温湿度，使系统节能运行。

2）假日设定或按时间表控制。

2. 系统的监控点设置表与硬件配置

（1）监控点设置表　表10-3为露点送风空调系统的监控点设置表。

表10-3　露点送风空调系统的监控点设置表

AI	AO	DI	DO
回风温度	表冷器水阀调节	过滤器压差开关	送风机启停控制
回风湿度	加热器水阀调节	低温防冻开关	回风机启停控制
送风温度	加湿器阀门调节	送风机状态	
送风湿度	预热器水阀调节	送风机手动/自动状态	
新风温度	新风阀调节	送风机压差开关	
新风湿度	回风阀调节	回风机运行状态	
室内温度	排风阀调节	回风机手动/自动状态	
室内湿度		回风机压差开关	

（2）硬件配置　根据表10-3选择的传感器、阀门及执行器等硬件如下：

1）温湿度传感器：与新风系统相比，需要增加被控房间或被控区域内温湿度传感器。如果被控房间较大，或是由几个房间构成一个区域作为调控对象，则可安装几组温湿度测点，以这些测点温湿度的平均值或其中重要位置的温湿度作为控制调节参照值。回风的温湿度参数是供确定空气处理方案时参考的。由于回风道存在较大惯性，且有些系统还采用走廊回风等方式，这都使得回风空气状态不完全等同于室内空气状态，因此不宜直接用回风参数作为被控房间的空气参数（除非系统直接从室内引回风至机组）。

2）调节风阀及角执行器：为了调节新回风比，对新风、排风、混风三个风阀都要进行单独的连续调节，因此要选择调节式风阀及风阀执行器（角执行器）。

3）水阀及执行器：水阀应为连续可调的电动调节阀。

4）加湿阀：根据加湿器选择适当的加湿阀。

5）压差开关：压差开关监视过滤器两侧压差和风机运行状态。

6）低温防冻报警：在紧靠预热盘管的下风向一侧安装低温防冻开关，并设定当检测风温度低于 5℃时，停止风机，关闭风阀，同时发出报警信号。

7）风机运行状态：信号采自风机配电箱中控制风机电动机启停的交流接触器的辅助触点。

8）风速开关：在风机出口风道上安装风速开关，可以确认风机是否工作正常。当风机电动机由于某种故障停止、风机开启的反馈信号仍指示风机开通时，如果风速开关指示出风速过低，则可以判断风机出现故障。

9）压差传感器：压差传感器可直接测出压差，并输出连续信号（AI），可用于测量风量，但价格昂贵。

10）CO/CO_2/VOC 传感器：监测室内 CO、CO_2 及挥发性有机化合物浓度，为新风量控制提供依据。

10.2.3 分布式电力系统监测设计

分布式电力监测系统是针对上述 HVAC 系统耗电设备和建筑用电数据的在线计量、实时采集以及数据统计、数据分析及节能诊断。为了监测和详细分析 HVAC 系统的电能消耗数据，电能表选用多功能电力仪表，分别监测空调机组、冷却塔、冷却水泵、冷冻水泵、制冷机组等的能耗数据，主要包括：三相电压、三相电流、有功功率、无功功率、视在功率、功率因数等。电能表配有专用的 RS-485 通信接口，在调试端口参数后，可以通过 Modbus 协议通信方式与 LoRa 无线传输模块进行能耗信息的传输。

多功能电力仪表接线图如图 10-6 所示。其中，多功能电力仪表的 1、2 接线端子，接入 220V 的供电电源，4~9 接线端子连接电流互感器，端子 17 和端子 18 分别和无线传感模块的端子 3 和端子 4 相连接，进行信息的通信传输。无线传输模块 1、2 接线端子接入 220V 的供电电源。

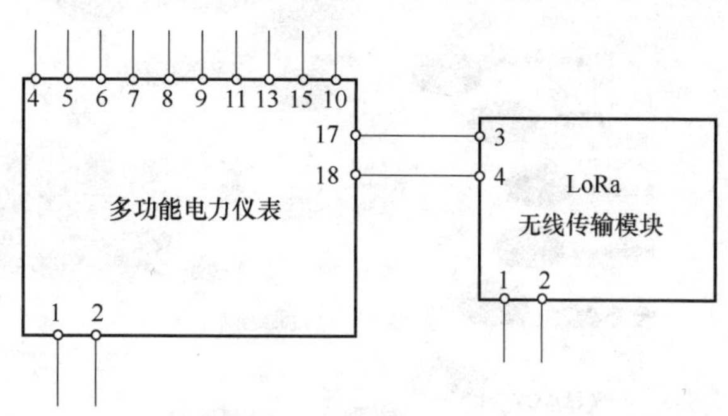

图 10-6 多功能电力仪表接线图

建筑能耗监测系统运行过程中，将会有大量的实时监测数据上传到数据服务器中。将海量的监测数据及时地转化为管理人员关心的分类分项能耗数据，是实现建筑能耗在线监测的关键，是实现正确的能源统计，能耗分析和节能诊断的基础，也是对建筑物的能源使用情况进行科学评价的依据。

10.3 基于 Niagara 的系统网络层设计

10.3.1 基于 Niagara 的系统网络总体框架

Niagara Framework（简称 Niagara）是美国 Tridium 公司基于 Java 编程语言开发的一种开放的软件架构，可以集成各种设备和系统形成统一的平台，通过 Internet 使用标准 Web 浏览器进行实时控制和管理。Niagara 是开放式物联网中间件框架平台，它的应用范围包括智能建筑、安防系统、能源管理、报警管理、物联网等。基于 Niagara 框架的应用如图 10-7 所示。

Niagara 创造了一个通用的环境，支持 BACnet、Modbus、LonWorks、OPCUA、MQTT 等多种

图 10-7　基于 Niagara 框架的应用

通信协议，几乎可以连接任何嵌入式设备，并将它们的数据和属性转换成为标准的软件组件，简化开发的过程。通过大量基于 IP 的协议，支持 XML 的数据处理和开放的 API，为企业提供统一的设备数据视图。Niagara 实现异构系统整合连接如图 10-8 所示。

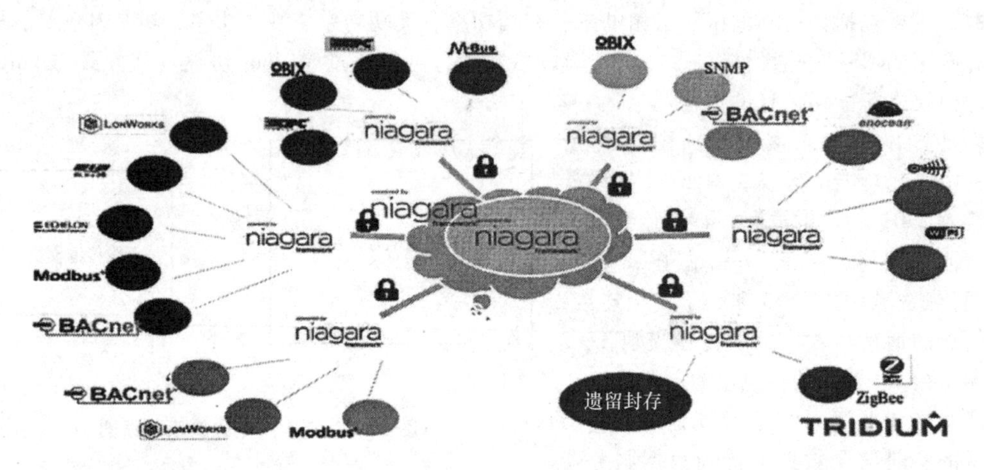

图 10-8　Niagara 实现异构系统整合连接

Niagara 实现了各个系统之间，以及系统与上层应用之间相互统一。Niagara 的特点如下：

1）组件平台化。在 Niagara 平台上可以快速搭建应用程序，无须关注底层实现细节，设备集成商可以利用一系列已有模块，例如驱动、安全、日志管理等，快速搭建设备信息系统。这种基于模块化的设计使应用程序很容易复用。

2）安全性。Niagara 平台提供加密传输、授权管理、证书管理、用户认证以及安全邮件等管理套件，能够从通信、认证、访问三个维度来保证设备集成的安全性。

3）接入开放性。Niagara 平台提供统一的接口标准，可以接入大部分异构设备，集成商只需要关注设备本身的行为和属性，具体的通信协议对接和数据转换工作由 Niagara 平台来负责，极大地减少了用户的工作量和建设成本。

10.3.2　Niagara 平台与 HVAC 系统感知层的通信

通过网络控制器（JACE-8000）数据采集功能，能够实现对建筑冷热源及输配系统及露点送风（舒适性）空调系统等的数据实时监测，并能及时将数据以及节点编号等信息进行上传，并通过网络控制器（JACE-8000）及 TCP/IP 协议将数据进一步上传至云服务器，以供 Web 端及手机 App 端对数据进行实时查看与监控。

建筑冷热源及输配系统、露点送风（舒适性）空调系统的数据上传主要采用 BACnet 协议；多功能电力仪表之间通信主要采用 Modbus 协议；多功能电力仪表的无线数据采集及上传采用 LoRa 通信协议；本地与云端网络通信采用 TCP/IP 协议。

1. Modbus 协议网络

Modbus 是应用于电子控制的一种通信协议。通过该协议，控制器之间、控制器经由网络（例如以太网）和其他设备之间就可以实现通信。该协议定义了一个控制器能够识别、使用的消息结构，描述了控制器请求访问其他设备的过程，回应来自其他设备的请求，以及怎样侦测错误并记录。Modbus 协议采用主从结构，提供连接到不同类型总线或者网络设备之间的通信。客户机使用不同的功能码请求服务器执行不同的操作；服务器执行功能码定义的操作，并向客户机发送响应，或者在运行时检测到差错时发送异常反馈。查询应答周期如图 10-9 所示。

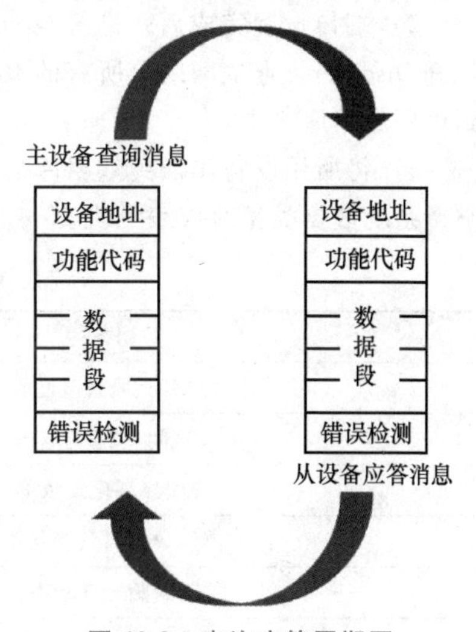

主设备查询消息
设备地址
功能代码
数据段
错误检测
设备地址
功能代码
数据段
错误检测
从设备应答消息
图 10-9　查询应答周期图

将多功能电力仪表的波特率设置为 9600，字节传送格式设置为 1 位起始位，8 位数据位，1 位校验位。电能表的物理地址分别设置 1，2，3…。

2. BACnet 协议

在 HVAC 系统中，网络控制器与 HVAC 系统之间的通信协议为 BACnet 协议。BACnet 协议是面向楼宇自动控制系统的数据通信协议，它由一系列与软件与硬件相关的通信协议组成，规定了计算机控制器之间所有对话方式。

BACnet 建立在包含四个层次的简化分层架构上，这四层相当于 OSI 模型中的物理层、数据链路层、网络层和应用层。BACnet 协议在应用层定义了通信实体、通信内容及其表示方式，通信规程则分别定义在其他三个层次中。BACnet 没有定义自己特有的物理层和数据链路层，而是借用已有的物理层和数据链路层标准。BACnet 协议架构如图 10-10 所示。

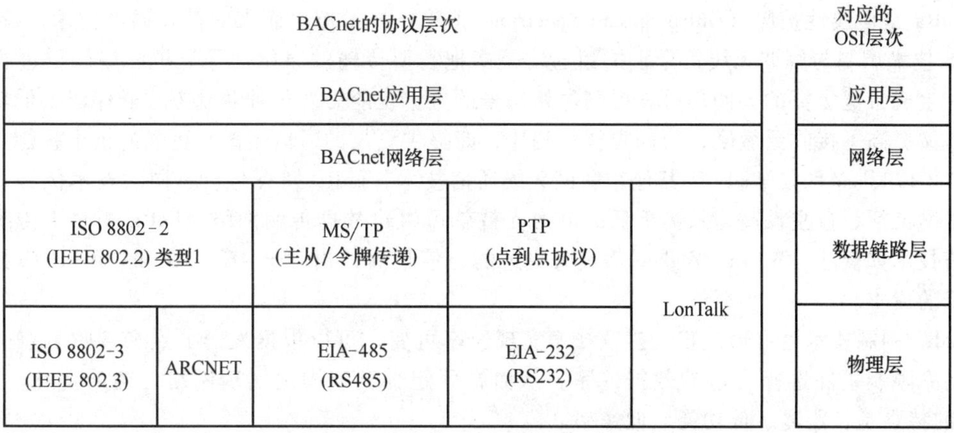

BACnet的协议层次
对应的OSI层次
BACnet应用层
应用层
BACnet网络层
网络层
ISO 8802-2 (IEEE 802.2) 类型1
MS/TP (主从/令牌传递)
PTP (点到点协议)
LonTalk
数据链路层
ISO 8802-3 (IEEE 802.3)
ARCNET
EIA-485 (RS485)
EIA-232 (RS232)
物理层
图 10-10　BACnet 协议架构

BACnet应用层主要有两个功能：确定BACnet对象模型和定义面向应用的通信服务。BACnet网络层提供网络拓扑管理以及路由决策功能。一个BACnet设备由一个网络号码和一个MAC地址唯一确定。BACnet协议从硬件/软件实现、数据传输速率、系统兼容和网络应用等几方面考虑，目前支持五种组合类型的数据链路/物理层规范。

HVAC系统DDC控制器的通信接口与BACnet网关相连接，BACnet网关与网络控制器的FRIST口使用网线连接。完成连接之后通过计算机对系统站点进行设置。

1）在Niagara软件平台中，将BACnetNetwork的名称设置为空调系统，打开其Local Device组件，将网络中设备标识符（Object Id）设置为01。打开BACnetComm组件，展开IpPort组件，将Network Number设置为01。展开Link组件，在Network Adapter选择Wireless-AC 7260。全部设置完成后，启用IP端口。

2）端口设置完成后，进行空调系统的集成。在BACnet Network的BACnet Device Manager中，打开Discover，查找网络上所有的BACnet设备。可以将查找到有关空调系统的BACnet设备添加到可用数据库之中。

3）将所用设备添加到数据库后，进行数据点位的设置，将添加的点位设置为合适的类型。空调系统数据类型对应表见表10-4。

表10-4　空调系统数据类型对应表

数据描述	数据类型
房间、风管温度	Number Point
房间、风管湿度	
房间二氧化碳浓度	
出风口阀门开度状态	Number Writable
新风阀开度状态	
冷冻水阀开度状态	
风机启停状态	Boolean Writable
加热器启停状态	
加湿器启停状态	

3. LoRa协议无线传输网络

LoRa是由线性扩频（Chirp Spread Spectrum，CSS）技术衍生而来的扩频调制技术。LoRa使用CSS技术调制与解调无线信号，扩频通信是指把需要传输的原始信号与扩展编码位进行异或运算，生成带宽更宽的调制信号，提高原始信号的抗干扰能力。这种调制方式既保留了低功耗的特性，又提高了接收灵敏度，与同类技术相比，能提供更长的通信距离和更强的抗干扰能力。相对于NB-IoT、eMTC、Wi-Fi等其他物联网无线通信技术，LoRa拥有与众不同的技术优势，LoRa设备组网灵活、自主性高，只需极低的电力支持就可组建数据传输网络。LoRa相对于传统短距离通信技术如蓝牙、Wi-Fi、Zigbee等具有更远的通信距离，相对于4G、5G和NB-IoT等技术具有更低的成本。

LoRa调制技术也可通过正交扩频技术实现速率可变，可以根据发送节点和接收节点间的距离和功率限制条件选择合适的数据速率，从而在固定带宽范围内实现网络性能的优化。综上，LoRa的特点是长距离、低功耗、低速率。

多功能电力仪表以Modbus协议通过LoRa无线传输方式与JACE-8000完成数据的通信传输。

多功能电力仪表的参数设置完成后，LoRa 网关通过 RS-485 接线方式连接到 JACE-8000 网络控制器的 COM1 端口，完成连接之后，通过计算机对系统站点进行设置。

在 Niagara 软件平台中，打开 COM1 口，添加 Modbus Async Device 组件，命名为分布式电力系统，设置多功能电力仪表 1 的地址为 01。右键单击 COM1，进入属性界面，在 Serial Port Config 命令中，将 Port Name 改为 COM1，Modbus 波特率设置为 9600；Modbus 设置 8 个数据位，1 个停止位；Modbus 检验位设为无检验（None），Modbus Data Mode 选择 Rtu。

分布式电力系统端口设置完成后，根据多功能电力仪表的 Modbus 寄存器地址表，添加相应的监测数据点位。以 A 相电压的地址设定为例，在 Database 的设置界面选择 New 命令，新建一个 Number Writable，代表模拟型可写组件。设置寄存器地址为 0050，数据类型为浮点型（Float），单位设为 V。

多功能电力仪表的 Modbus 寄存器地址表见表 10-5。

表 10-5　Modbus 寄存器地址表

地址 HEX	描述	数据格式	数据长度(byet)	单位
0050	A 相电压	Float	4	V
0052	B 相电压			
0054	C 相电压			
005B	A 相电流			A
005D	B 相电流			
005F	C 相电流			
0068	总有功功率			W · h
0070	总功率因数			*
0048	累计电能			W · h

10.3.3　云端服务器与本地客户端的通信

云端服务器与本地客户端通信网络连接如图 10-11 所示。JACE-8000 网络控制器与中控 PC 连接到网络路由器，通过互联网利用 MQTT 协议将系统采集到的 HVAC 系统的数据上传到云服务器，手机、计算机、智能终端等通过互联网访问平台网站查看系统采集的数据。

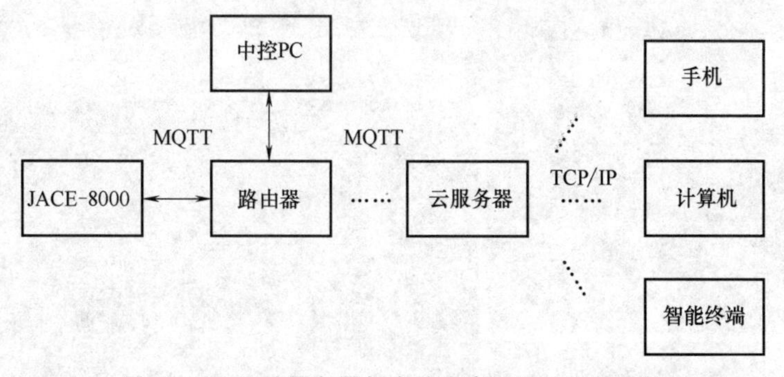

图 10-11　云端服务器与本地客户端通信网络连接

MQTT 协议是采用了消息发布/订阅（Publish/Subscribe）方式的轻量级通信协议。MQTT 协议以 TCP/IP 的应用层，适合宽带资源有限、高延迟、网络有波动，以及处理器和存储资源有限的嵌入式设备和移动端。MQTT协议的工作流程如图10-12所示。

MQTT协议的实现规定了客户端与服务器端进行通信。协议中规定了三种角色：发布者（Publish）、代理者（Broker，即服务器）、订阅者（Subscriber）。在通信过程中，消息的发布者和订阅者都是客户端，而负责消息代理的则是服务器。MQTT协议的客户端是一个利用MQTT协议进行数据通信的软件或装置。

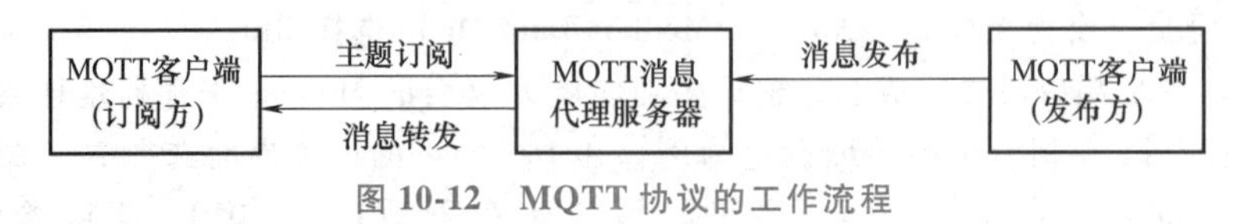

图10-12　MQTT协议的工作流程

10.4　基于Niagara的HVAC系统应用平台开发

10.4.1　平台监控界面的设计

系统平台基于Niagara Framework软件框架，完成硬件设备和软件平台的数据互联、数据存储，搭建起完整的系统监控管理界面，可以通过浏览器的远程访问进行数据监测、实时控制系统，最终可以实现数据的可视化展示与分析。平台的界面设计是在云服务器上进行的，运用Niagara Framework软件框架中的图形组件，将系统的设备与运行情况直观地显示出来，模块化编程功能将数据进行处理和分析，嵌入基于Internet的Web技术，将各个子系统的监控页面以HTML页面的形式统一组织起来，方便用户直观操作及远程访问。

本章以一个实验室物联网监控平台为例进行说明，该软件界面设计主要包括首页、变风量空调系统、空调房间试验系统、电力分析计量系统、制冷热泵系统、历史数据查看系统、报警数据管理系统等。这些界面可以清晰地显示出该试验系统的运行数据，并基于所采集到的数据对实验室能源物联网系统整体的用能策略进行反馈调节及优化。

1. 首页

可以通过计算机或手机浏览器远程访问实验室HVAC监控管理平台，在图10-13所示的智慧HVAC监控管理平台首页界面当中，可以直观地显示出当前室内外的温湿度，HVAC系统中压缩

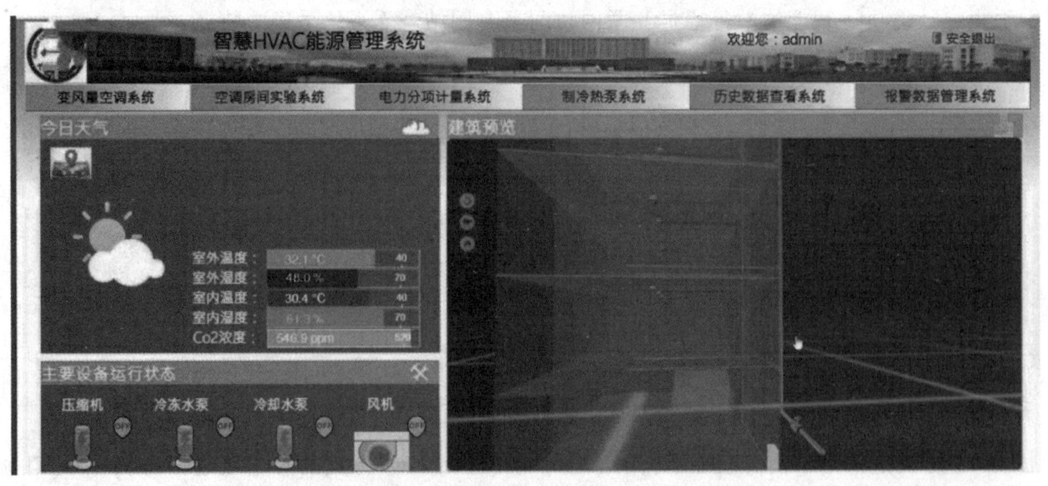

图10-13　智慧HVAC监控管理平台首页界面

机、冷冻水泵、冷却水泵和风机的启停状态等。此外，可以通过首页单击标题进入各子系统。

（1）用户登录　用户在监控平台登录界面登录，输入用户名和密码进行验证。若用户名不存在，则结束；若用户名存在，则对用户名和密码进行加密。

（2）数据库设计　数据库为监控平台提供所需的数据资源。在数据库设计过程中，需要预留部分字段，以便应用程序后期扩展。在对数据库进行设计时，需要考虑服务器整体的业务处理流程和数据之间的关系，还应该合理设计表结构，主要包括用户数据、历史数据、报警数据等表信息。

2. 变风量空调系统

如图 10-14 所示，变风量空调系统界面对空气处理机组运行数据进监测，从界面中可以看到空气处理机组的结构构成，采集运行数据相应传感器的安装位置，监测空气处理机组上连接的各个传感器的数据参数，以及空气处理机组的启停运行状态。或者利用 Niagara Framework 软件开发平台搭建的自适应运行策略来控制空调空气处理机组的运行。

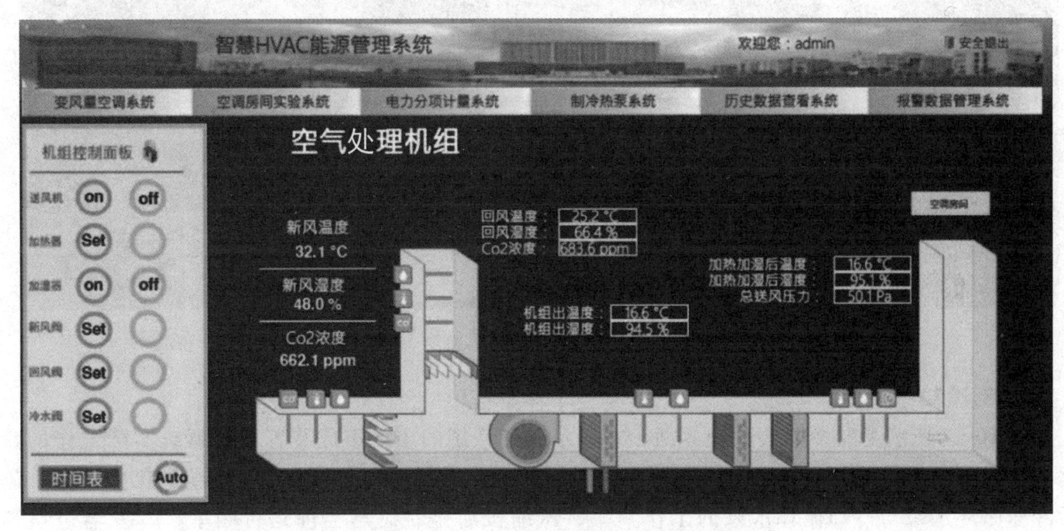

图 10-14　变风量空调系统界面

3. 环状（支状）管网试验系统

图 10-15 所示是环状管网试验系统界面，它展示了变风量空调系统管网的设计，风管管段的

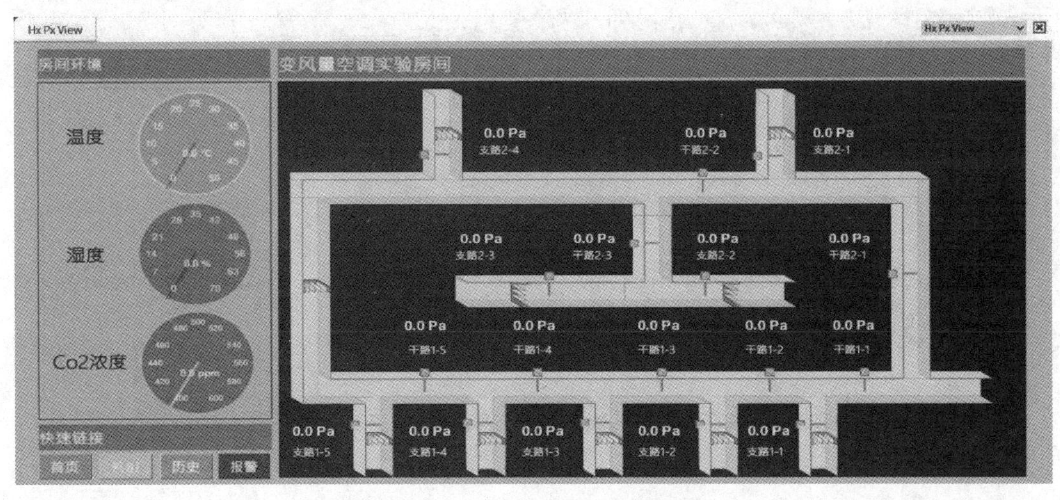

图 10-15　环状管网试验系统界面

静压的实时监测，末端压力无关型 VAVBOX 末端阀门调节控制，能够实现在变风量空调系统支状管网与环状管网之间进行切换，从而实现对不同管网的水力工况特性进行试验研究与分析。

4. 电力分析计量系统

电力分析计量系统可对设备、功能房间的电量进行监测，更好地提高用电效率。电力分析计量系统界面显示 5 个实验室常用功能房间的电力能耗数据，如图 10-16 所示，界面可以展示每个功能房间的实时电压、电流、功率和功率因数，以及累计耗电量等数据。

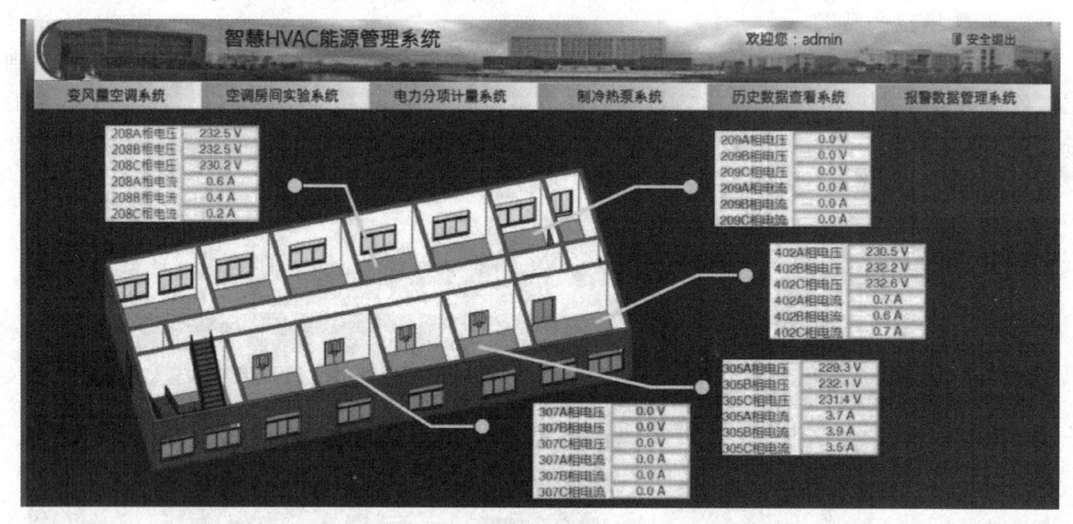

图 10-16　电力分析计量系统界面

5. 制冷热泵系统

图 10-17 所示是制冷热泵系统界面，它显示了该系统的主要组成装置以及系统实际工作的数据。在该页面上，能够直观地看出制冷热泵系统的工作运行原理和制冷热泵系统的工作状态，包括冷冻循环水泵与冷却循环水泵的工作频率、压缩机启停状态与当前运行频率、蒸发器进口和出口的温度与压力实时数据、冷凝器进口与出口的温度与压力的实时数据、压缩机吸气口与排气口的温度与压力的实时数据等。

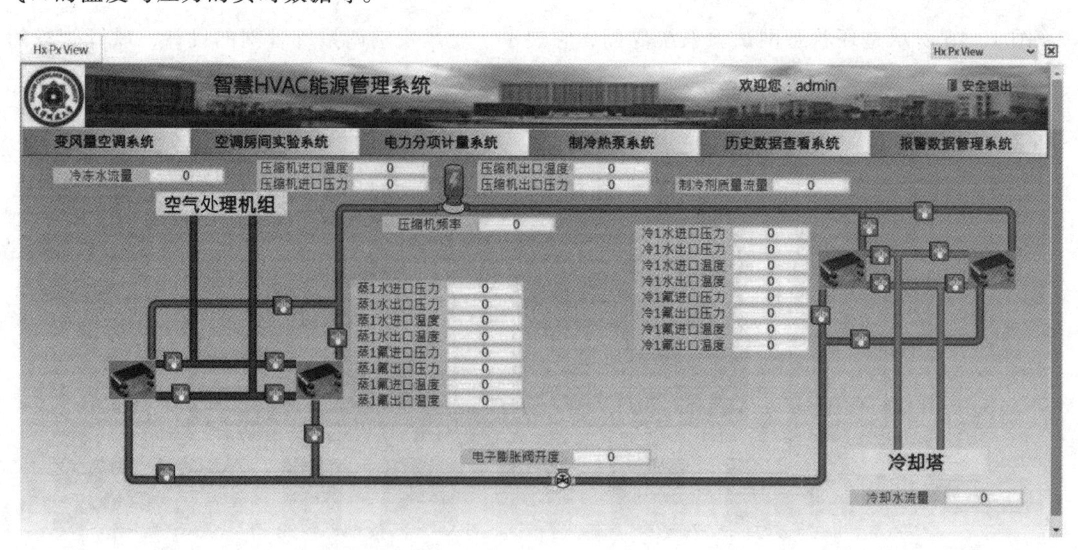

图 10-17　制冷热泵系统界面

10.4.2　历史数据查看系统

图 10-18 所示是历史数据查看系统界面，它展示了系统中所需要记录的关键历史数据，在界面中直观地展示了室内外空气温度和湿度、变风量管道压力、制冷热泵系统的供回水温度等，能够即时展现系统获取到的历史数据的动态变化和历史曲线，方便在工作中对系统的实际运行效果进行合理的数据分析。

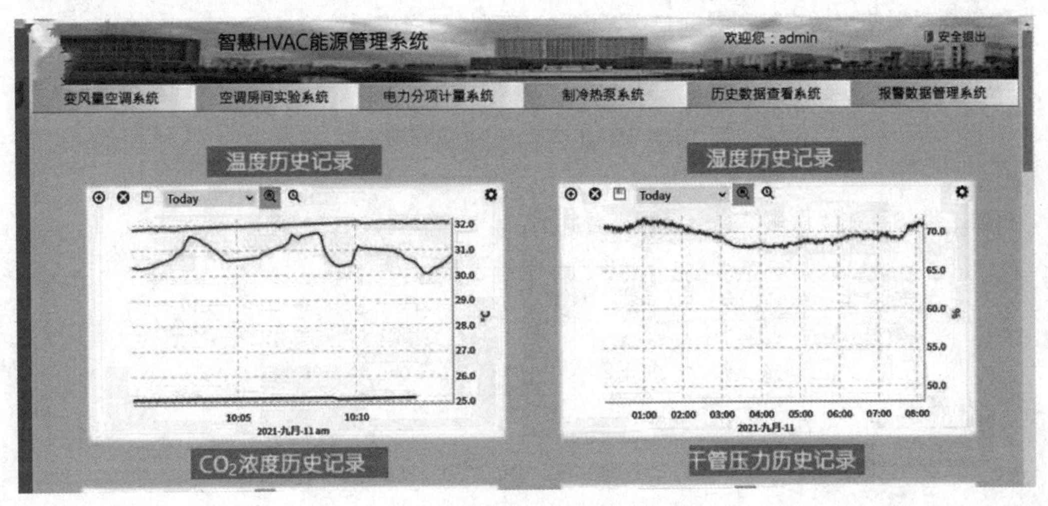

图 10-18　历史数据查看系统界面

10.4.3　报警数据管理系统

报警数据管理系统界面将智慧 HVAC 系统出现的非正常工况准确地表现在此界面之中，通过使用结构化的组态编程方法来构建报警程序，将采集到的系统运行状态数据进行比较，对于室内温度来说，夏季当室内温度高于 35℃ 或者室内温度低于 20℃ 时，系统就会显示报警信息。报警数据管理系统界面如图 10-19 所示，它对故障位置和故障时间进行记录，当系统恢复正常后，平台可记录下系统的恢复时间。

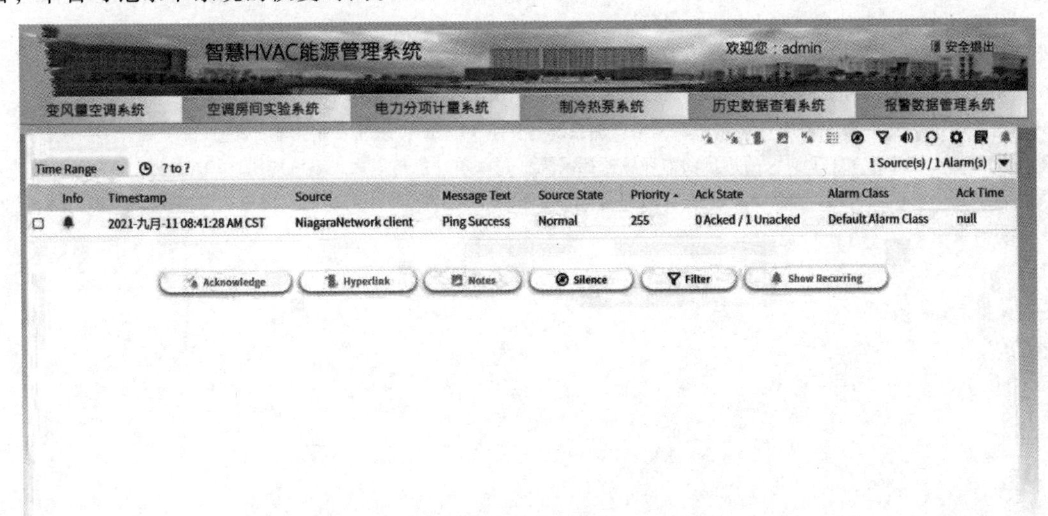

图 10-19　报警数据管理系统界面

思 考 题

1. 组成物联网的三层体系架构是什么？
2. 简要说明制冷机房的监控要点。
3. 试分析露点送风（舒适性）空调系统监控点表。
4. 简要说明使用网络控制器（JACE-8000）实现异构网络的连接过程。
5. 简要说明 HVAC 能源管理物联网系统设计过程中面临的关键问题。

二维码形式客观题

扫描二维码可在线做题，提交后可查看答案。

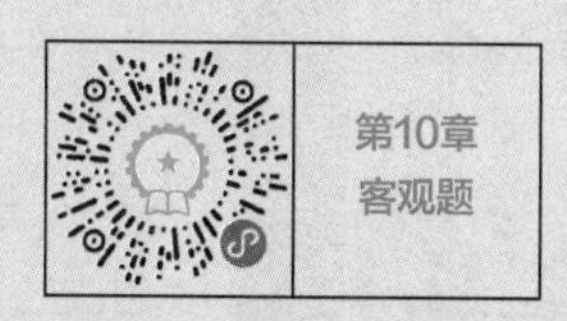

参 考 文 献

[1] 杨钦．物联网技术在智能建筑中的应用研究［J］．电子测试，2018（19）：60-61.
[2] 邹凌彦，刘长恒．物联网技术在智慧建筑领域的应用［J］．低温建筑技术，2018，40（4）：150-152.
[3] 魏妍．物联网的关键技术及计算机物联网的应用［J］．电声技术，2022，46（1）：18-21.
[4] 胡拥兵．物联网实训室设备综合应用平台设计［J］．物联网技术，2019，9（5）：118-120.
[5] 安大伟．暖通空调系统自动化［M］．北京：中国建筑工业出版社，2009.
[6] 邓庆绪，张金．物联网中间件技术与应用［M］．北京：机械工业出版社，2021.
[7] ZAGAN I. Experimental implementation and performance evaluation of an IoT access gateway for the modbus extension［J］. Sensors，2021，21（4）：75-92.
[8] LIAO G Y，CHEN Y J，LU W C，et al. Toward authenticating the master in the modbus protocol［J］. IEEE Transactions on Power Delivery，2008，23（4）：26-28.
[9] 陈治宇．基于 BACnet 的智能建筑系统的设计［J］．电子制作，2018（15）：56-57；76.
[10] BUTLER J. Introducing BACnet secure connect［J］. ASHRAE Journal，2021，63（11）：38-59.
[11] 董文斌．基于 LoRa 的线性无线传感器网络监测系统［D］．哈尔滨：东北农业大学，2021.
[12] 宋丽．一种基于 MQTT 协议的机房动力环境监控系统［J］．单片机与嵌入式系统应用，2020，20（8）：83-86.
[13] 陈文艺，高婧，杨辉．基于 MQTT 协议的物联网通信系统设计与实现［J］．西安邮电大学学报，2020，25（3）：26-32.

第11章 空气源热泵利用技术

11

热泵是指用人工的方法从低温热源吸收热量，通过消耗一定的能量（电能或热能），向高温热源放出热量并利用这个热量。热泵的实质是热量提升装置，它可以和“水泵”进行类比。热泵和制冷机的工作原理相同，但也有明显的不同之处。首先，两者的目的不同，制冷机的目的是制冷，热泵的目的是制热；其次，两者的工作温度范围不同，热泵的工作温度下限是环境温度，上限需要根据用户的要求来定；制冷机的上限是环境温度，下限根据用户的制冷需求来定。另外，热泵和制冷机对设备部件的材料、结构、工作压力以及工质的特性要求也不同，如由于工作温度范围不同，热泵和制冷机对润滑油的要求也存在差异。

20世纪50年代，天津大学热能研究所的吕灿仁在我国率先开展了热泵的研究，并于1965年成功研制出了第一台水冷式热泵空调机。20世纪60年代中期，哈尔滨建筑工程学院（现哈尔滨工业大学）的徐邦裕和吴元炜组成的研究小组也开展了热泵研究工作。1965年，徐邦裕和吴元炜提出了应用辅助冷凝器作为空调机组二次加热器的新流程，1966年由哈尔滨空调机厂生产出第一台样机。1986年，天津大学首次开展了燃气热泵的研究工作。1980年，哈尔滨建筑工程学院成功研制了国内首台标定型房间热平衡法试验装置，用于热泵试验和性能测试。改革开放以后，热泵技术的研究日趋活跃，并逐步与国际接轨。哈尔滨工业大学马最良作为学术带头人对水源热泵、土壤源热泵、空气源热泵和污水源热泵进行了数十年的持续研究，取得了大量创新性的成果。天津大学的马一太对二氧化碳热泵和空气源热泵进行了数十年的持续研究，也取得了大量创新性的成果。进入21世纪，随着我国城市建设的蓬勃发展，热泵技术得到推广应用，特别是地源热泵进入了一个大发展时期。近年来，空气源热泵在解决南方供暖和替代北方的燃煤供暖方面开始大展身手。

空气源热泵技术在碳中和背景下建筑领域的碳排放达标过程中具有重要的作用，空气源热泵装置在建筑供暖及热水供应、通风及空调工程中是实现节能减排的关键设备。本章将从碳中和背景下国内外空气源热泵技术在建筑能源供应方面的应用场景及影响评述出发，明确空气源热泵对于建筑碳达峰及碳中和目标的作用，进而对空气源热泵装置及系统形式、运行性能、供暖空调及热水供应方面进行介绍。

11.1 空气源热泵技术概述

建筑领域通过以下几方面实现碳减排目标：建筑进一步电气化，对于大规模可再生能源发电结构调整来实现有效地消纳；对于既有建筑，电驱动热泵技术，尤其是空气源热泵装置或系统的进一步推广，能够很好地配合解决供暖及生活热水的用能需求；在新建或既有建筑改造项目中，采用空气源热泵匹配高效空调及供暖末端装置，可以有效提高运行能效，降低能耗水平；在居住建筑中，空气源热泵主要用于房间供暖和热水供应，大大减轻城市的空气污染；对商用建筑来说，采用空气源热泵系统可以有效降低能耗成本，提高经济效益。不同的系统规划设计尺度都体现了在碳中和大背景下空气源热泵技术的应用场景及实现形式。

2018年，热量需求占全球最终能源消耗的一半，而化石燃料满足了90%的需求。虽然工业用热是最大的消费者，但建筑物中的供暖和热水供应占用能需求的46%。在许多温带国家，建筑物中的供暖和热水供应占总热量需求的三分之二以上（例如，在英国为71%），日渐成熟的热泵技术开始受到消费者的推崇。热泵供暖系统可采用地热、水、空气等自然界低品位能源和余热资源作为热源，从而有效地减少供暖所需的一次能源，其中空气源热泵因其具有高效节能、绿色环保、设备利用率高、节约空间资源和水资源等特点备受关注。

国际能源署（IEA）《能效2021》市场报告指出：热泵是提高能效和逐步淘汰化石燃料用于空间供暖和其他方面的关键技术。过去五年，全球热泵的安装数量以每年10%的速度增长，2020年达到了1.8亿台。在2050年实现净零排放的愿景下，到2030年热泵安装数量将达到6亿台。

英国政府发布《2050净零战略》，该战略支持英国企业和消费者向清洁能源和绿色技术过渡，降低对化石燃料的依赖，鼓励投资可持续清洁能源，减少价格波动风险，增强能源安全。战略的核心是努力实现住宅、工商业和公共部门建筑的脱碳，并认为大量使用热泵是建筑供暖脱碳的最佳路径。英国相关机构通过研究评估了一系列项目基于全生命周期的供暖场景的组合（见图11-1）。结果表明，到2050年，通过优先考虑电动空气源热泵以及减少需求组合对气候变化的影响下降95%。预计到2050年，在运行不同脱碳电力组合中，空气源热泵在五个类别中的影响最低。如果用碳氢化合物（丙烷）替代目前空气源热泵中使用的氢氟碳制冷剂，2050年电力混合系统对气候变化的影响接近于零，甚至是净负。

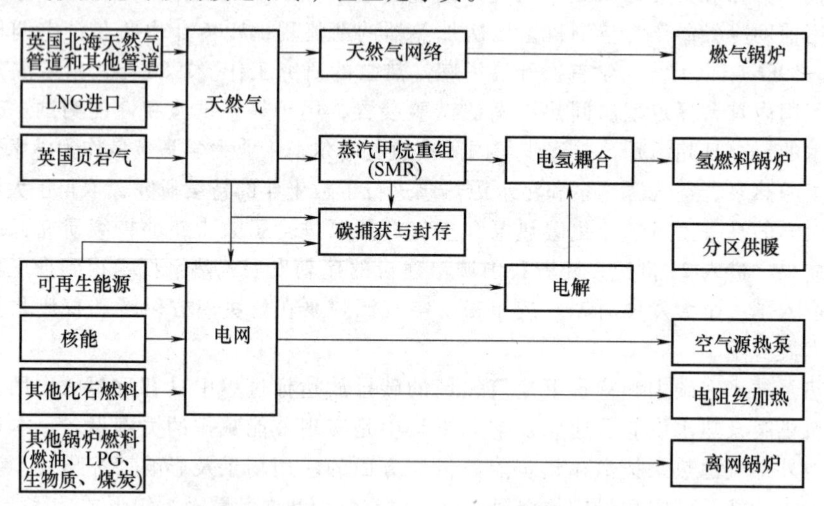

图11-1 英国既有建筑、新建建筑，居住建筑、商用建筑在当前情况和未来场景下，可用的主要空间和水加热技术的系统边界

美国住宅建筑中，供暖能耗占比最高，约为终端总能耗的42%，而在供暖能耗中，天然气、液化石油气等燃料占比高达90%以上。新建建筑的热泵销售份额在单户住宅中超过40%，在新建多户住宅中接近50%。纽约某研究机构开发了一个自底向上的能量转换优化框架，该框架关联了脱碳过程电力部门和建筑供暖部门的流程（能源系统能量流及碳排放图如图11-2所示），同时考虑能源系统的稳定性、气候目标和预定系统变化。研究结果表明，纽约州的脱碳目标适用于电力和建筑供暖能源系统。到2050年，海上风电将成为主要电力，该能源产生66%的电力（见图11-3），而空气源热泵和地热技术将提供热量需求分别为47%和41%（见图11-4），揭示了利用可再生发电、储能和热泵等相关技术实现碳中和的能源转型路径。

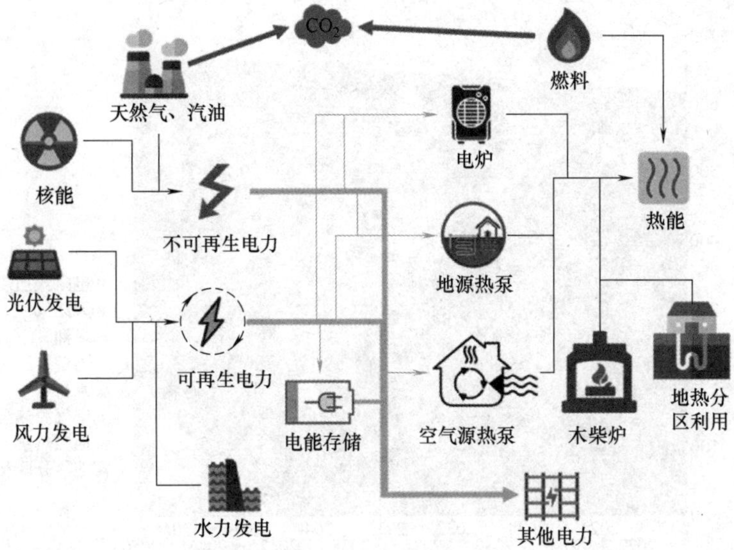

图 11-2　考虑可再生和不可再生技术的电力和建筑供暖能源系统能量流和碳排放图（扫描二维码可看彩图）

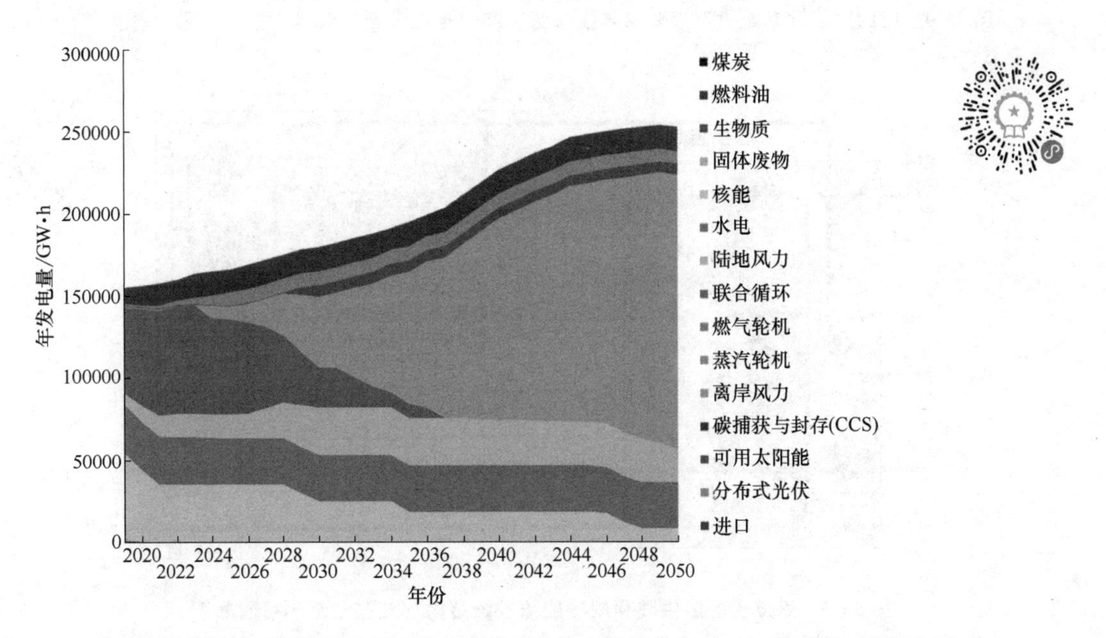

图 11-3　碳价格政策情景下纽约州能源系统转型期间的年度能源发电量（扫描二维码可看彩图）

在欧洲，50%的最终能源消耗来自供暖和制冷行业，为了实现《巴黎协定》的目标，供暖和制冷部门的快速有效脱碳至关重要。这一趋势的最新发展阶段是第五代区域供暖和制冷（5GDHC）网络，该网络将成为未来几十年冷却需求预期增长的理想技术。连接到网络的建筑物配备有热泵，热泵将网络用作热源，以提供空间供暖或家庭热水制备。图 11-5 所示为第五代区域供暖和制冷能源系统结构，包括能源中心（Energy Hub，EH）、控制系统和建筑能源系统。EH 包括一个空气源热泵和压缩制冷机，用于平衡 5GDHC 网络的剩余需求。对于发电，考虑了光伏组件，多余的功率可以馈入电网。图中右侧描绘了一个示例性建筑的建筑能源系统。在此类系统中，空气源热泵是低品位热能收集应用的重要一环。

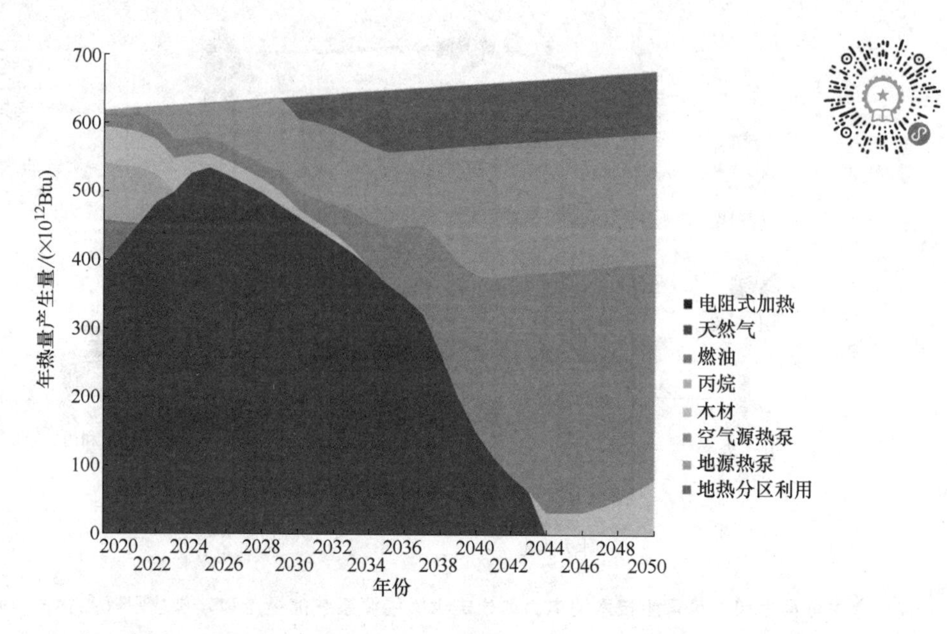

图 11-4 纽约州能源系统过渡期间每年按来源生产的建筑供暖热能（扫描二维码可看彩图）

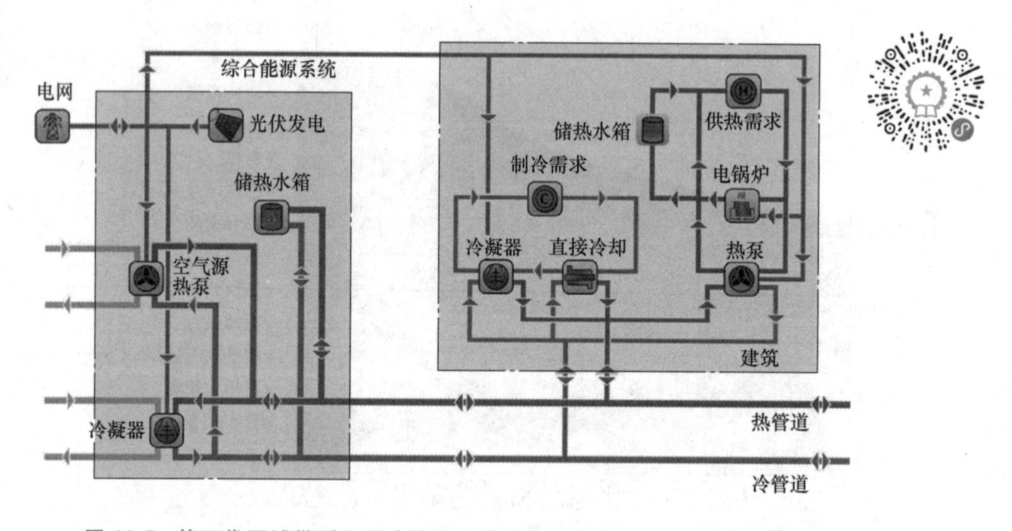

图 11-5 第五代区域供暖和制冷能源系统结构（扫描二维码可看彩图）

瑞典隆德市在评估能源系统设计问题中，社区的供暖需求由热泵解决（见图 11-6），供暖需求转换为电力进而被视为总电力需求的一部分。结果表明，当可再生能源渗透率超过 30%时，系统的灵活性显著降低。此外，较差的系统灵活性显著提高了负荷损失概率并使得运行成本变高的风险增加。

基于电力的供热系统作为一种潜在的柔性用能方式，有助于消纳过剩的可再生电力，能够体现良好的社会环境效益，正受到人们的关注。在各类用户多种用能需求的情况下，住宅建筑基于电力的供暖系统（见图 11-7）的用能柔性特征尚未从时间、能源和成本方面进行定量分析，在考虑供暖—消费需求多样性的同时进行用能柔性特征定量分析具有重要意义。为定量分析空气源热泵与储热装置的集成系统对过剩可再生电力的消纳潜力，相关研究工作提出了一种两步

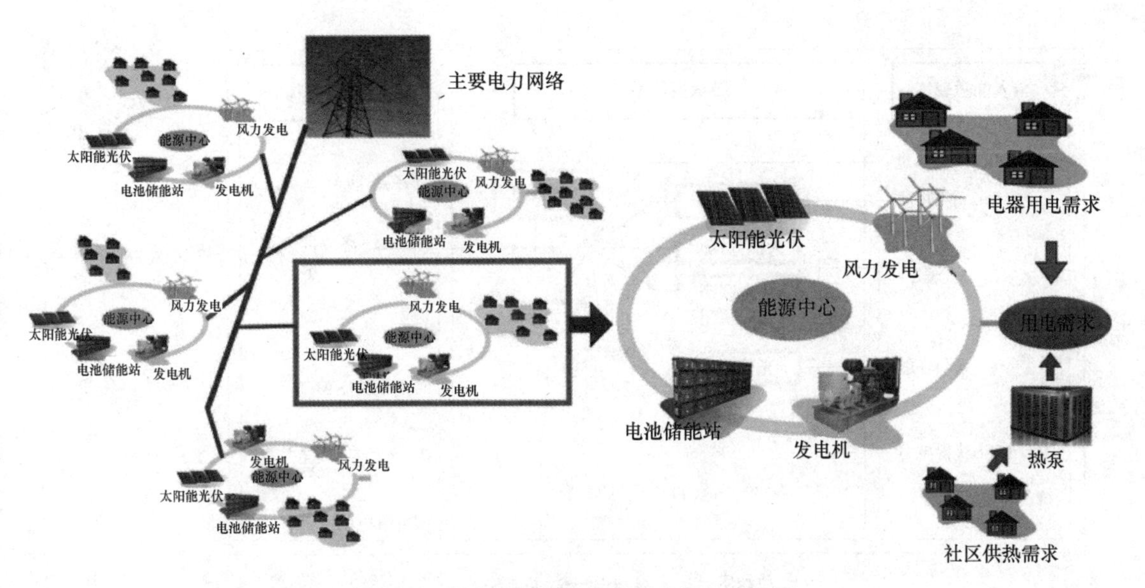

图 11-6　电力能源网络及社区能源站示意图

优化框架，第一步是根据一个多周期混合整数线性规划问题来确定最适合的能量系统；第二步是根据线性规划问题来确定消费者吸收剩余电力时将接受的价格，从而确定市场中活跃消费者的数量。该研究工作为基于空气源热泵的户用柔性供暖方式的可靠应用具有重要借鉴及参考。

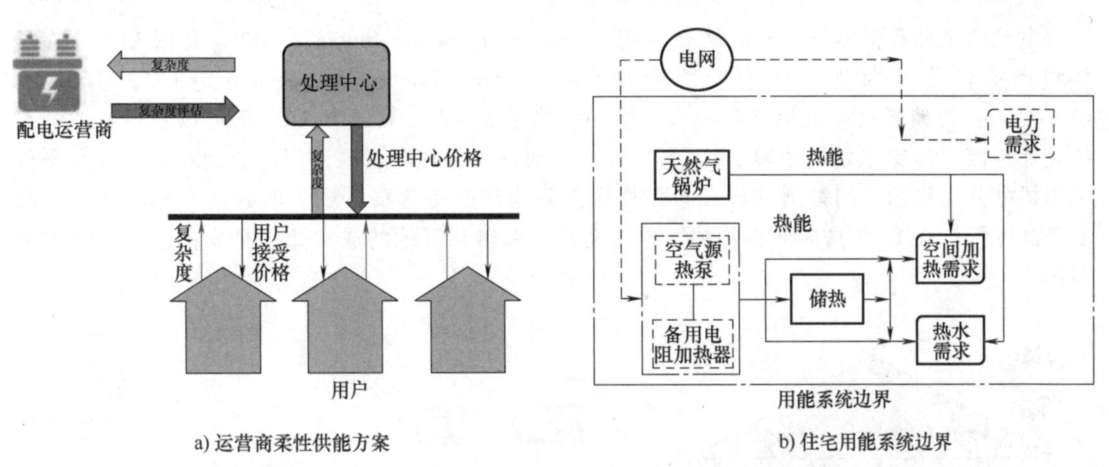

a) 运营商柔性供能方案　　b) 住宅用能系统边界

图 11-7　电力与供热耦合系统

多阶段能源优化（Multi-stage Energy Optimization），是一种新的优化模型，包括一种长期分散投资战略的多能源系统（D-MES）设计，通过考虑动态环境的不断演变，多阶段能源优化利用投资的灵活性，降低成本和改进相关技术。

瑞士苏黎世为 3 个地点组成的城区制订了一个为期 30 年的 6 阶段能源设计计划，每个地点考虑一个候选 D-MES（见图 11-8），并应用上述模型检查关于建筑改造和 D-MES 互连的不同场景。总体结果表明，系统改造导致排放水平降低，但成本显著提高，D-MES 互连提高了经济和环境系统性能，在长期分阶段规划的应用场景下，地源热泵和生物质锅炉的组合更环保。在多种技术配置中，空气源热泵和天然气锅炉的组合带来了更好的经济性能。

瑞士研究人员提出家庭蓄能应用方案和社区储能应用方案。研究结果表明，由于规模经济

输入能量载体
分散能源系统
输出能量载体
从D-MES获得热量
生物质
天然气
太阳辐射
从D-MES获得电力
生物质锅炉
天然气锅炉
热电联产
光伏板
热水箱
地源热泵
空气源热泵
电池
供热给D-MES
终端供热需求
供电给D-MES
终端用电需求
供电给电网
生物质
天然气
太阳辐射
供热系统
电力系统

图 11-8　候选的能量转换和存储技术 D-MES 的结构示意（扫描二维码可看彩图）

性和电池的最佳存储容量，社区储能系统（Community Energy Storage，CES，见图 11-9）在经济和环境性能方面优于住宅能源管理系统（Home Energy Management System，HES，见图 11-10）。当储能（即电池储能）尺寸减小且热量减少时，HES 和 CES 都可以获得有益的系统设计存储（即储水箱尺寸增加）。其中，空气源热泵发挥着重要作用。通过对北欧气候条件下单体办公建筑的应用案例分析可知，相比太阳能热驱动热泵系统，电驱动空气源热泵系统更经济可行。在 15 年的时间范围内，电驱动空气源热泵系统的成本几乎是太阳能热驱动热泵系统的一半。

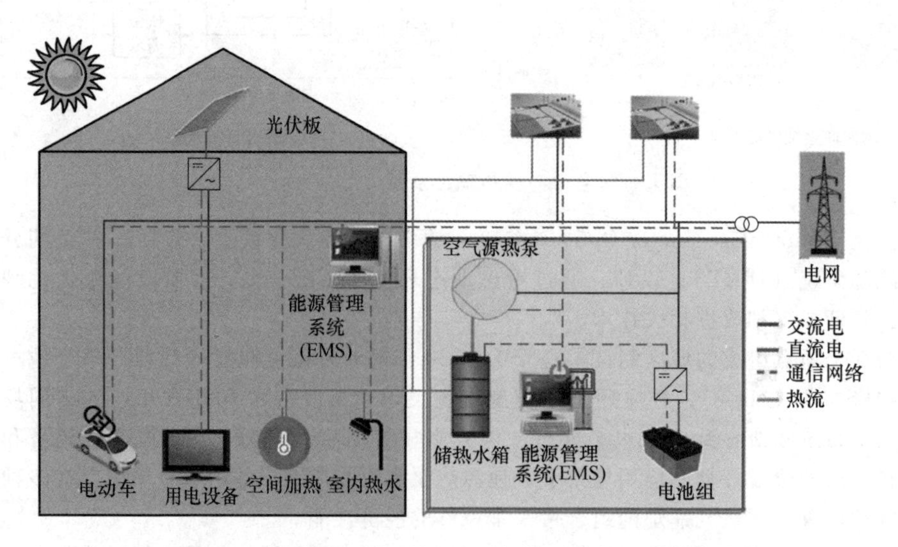

图 11-9　社区储能系统（CES）（扫描二维码可看彩图）

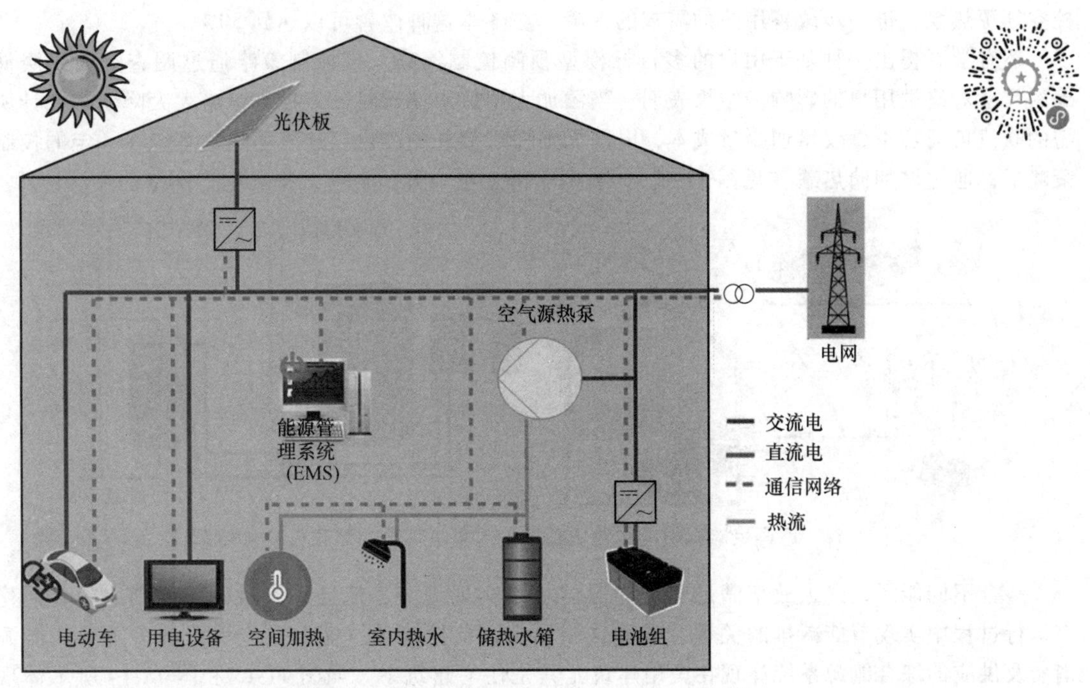

图 11-10　住宅能源管理系统（HES）（扫描二维码可看彩图）

电力驱动的空气源热泵可以作为家庭能源系统中供暖空调及生活热水的主要方式，这有利于对所在地域可再生能源发电系统的有效消纳。在法国开展了基于风光互补发电驱动空气源热泵的家庭能源系统应用（见图 11-11）研究，分析表明，在供热需求的关键时期，该方式在保障家庭用热需求的同时，体现了良好的可再生能源发电的有效消纳；且采用相关可变输入功率调

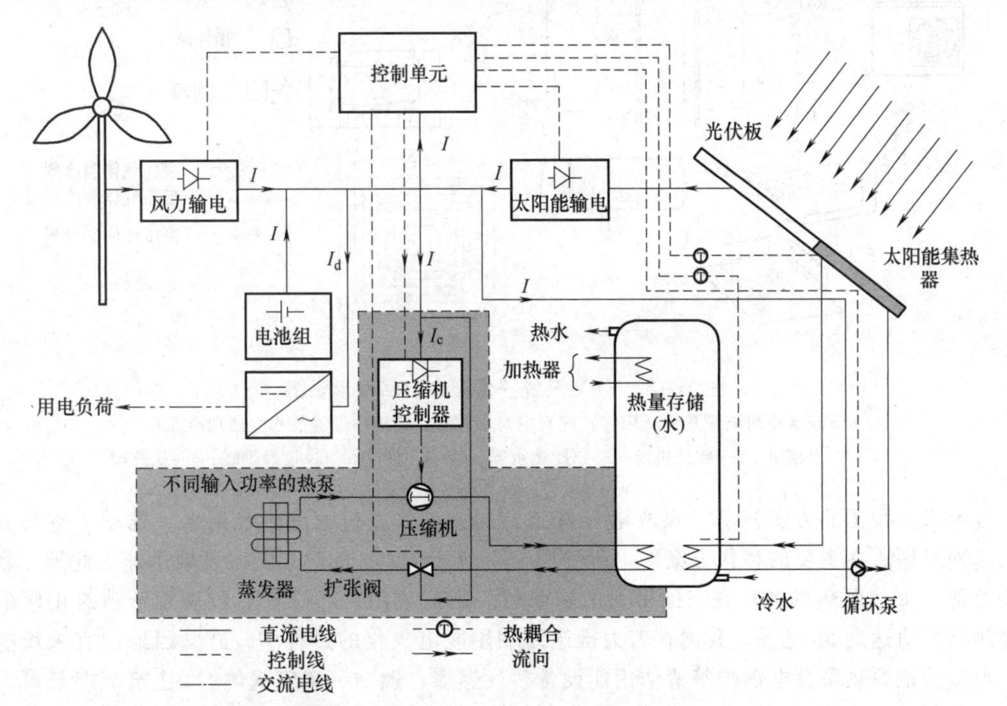

图 11-11　风光互补供电驱动空气源热泵的住宅供热系统

控空气源热泵，进一步改善用热的需求的保障，在冬季这种改善可以达到50%。

还有学者提出一种基于用户的多目标模型预测控制策略，该控制策略通过调查空间供暖储罐的尺寸对终端用户的影响。结果表明，当添加大型热水储罐时，该控制策略大大降低了预计所需的峰值负荷容量，仅增加少量成本，电网无须提供额外的容量。这表明热泵系统在一定的控制策略下，通过增加储热罐（见图11-12），有助于减少电力峰值负荷，提高电力网络的灵活性。

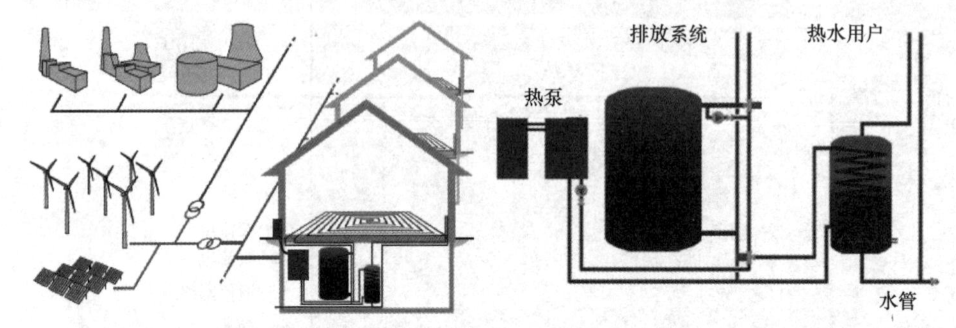

图11-12　可再生能源供电结构调整下引入蓄热环节的热泵分户供热系统

整合不同能源以最大效率满足建筑能源需求是实现近净零能耗建筑目标的原则之一，是建筑运行过程中实现节能减排的关键。遵循这一原则，从传统单一能源供应消费到多重形式能源消费及供应的综合能源系统体现在民用建筑尤其是住宅建筑中。如图11-13和图11-14所示体现了市场上目前的住宅零能耗建筑多能源系统。它为碳中和过渡期间综合暖通空调和生活热水（DHW）生产系统的设计和运行提供了重要的应用方案。从各种应用方案中可以看出，空气源热泵技术体现在建筑供暖、空调、热水供应、通风换气过程中的热回收利用等各个方面，在实现建筑运营阶段的节能减排中起到了重要作用。

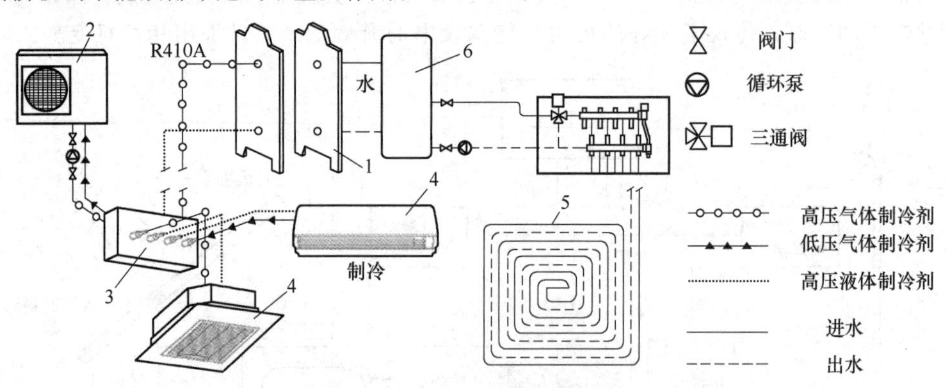

图11-13　VRV系统提供制冷剂回路示意图

（该变制冷剂流量系统（VRV）配有空对水装置，用于中低温热水生产和冷冻）

1—空气-水模组　2—室外机组　3—分/集水器　4—室内机组　5—辐射供暖　6—储热罐

近年来，我国北方实施了“煤改电”计划，加速淘汰农村家庭供暖用煤，推动了空气源热泵的蓬勃发展。在主要的替代方案中，研发用于不同气候地区的热泵技术发展迅速。此外，新型供暖设备（如热泵热风机）在我国得到了越来越广泛的应用。2017年，我国用于建筑供暖的空气源热泵产值达到56亿元。我国在着力推进终端用能电气化的过程中，鼓励因地制宜采用空气源、水源、地源热泵及电锅炉等清洁用能设备替代燃煤、燃油、燃气锅炉。《建筑节能与可再生能源利用通用规范》（GB 55015—2021）第5.1.1条明确规定，可再生能源建筑应用系统包括太

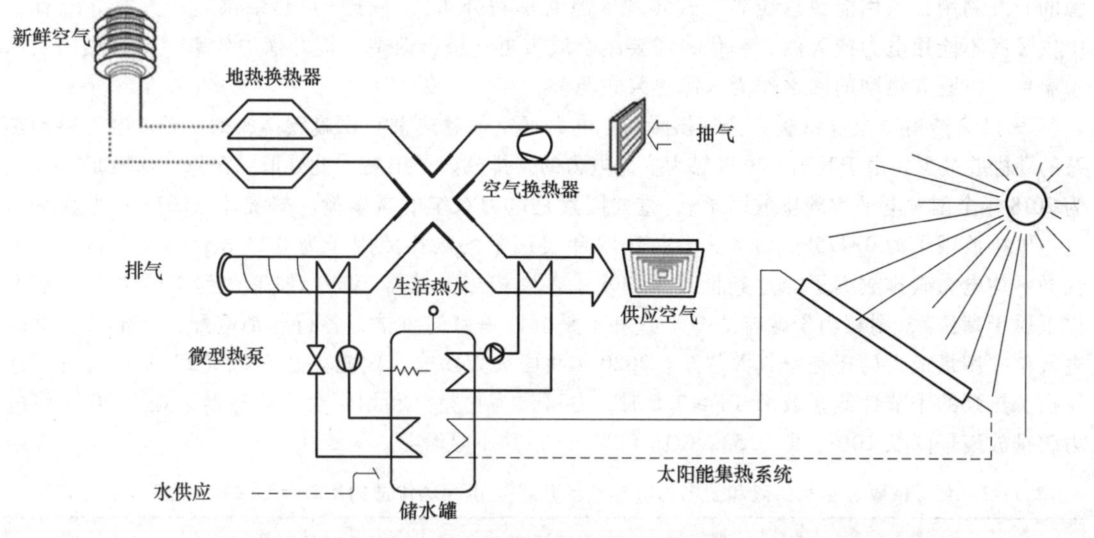

图 11-14　被动式住宅的紧凑型暖通空调原理图，配有双换热盘管

阳能系统、地源热泵系统和空气源热泵系统，其具体形式的选用，要充分依据当地资源条件和系统末端需求，进行适宜性分析，当技术可行性和经济合理性同时满足时，方可采用。在我国大部分地区，根据当地资源禀赋条件，将空气源热泵作为可再生能源，已出台了鼓励空气源热泵在居住建筑、公用建筑和农业用能领域发展和应用的政策。

设置城镇建筑节能减排的情景。按照 2030 年城市人均 $43m^2$ 居住建筑面积，考虑到 2010 年—2030 年间公共建筑面积增长快于居住建筑，因此公共建筑的面积按居住建筑面积的 50%计算，再加上改建建筑面积每年约 5 亿 m^2（公共建筑也按占居住建筑的 50%计算），2030 年城市民用建筑总面积约为 580 亿 m^2。而如果按 2019 年的建设速度，设每年新增城市民用建筑 25 亿 m^2，将比此情景增加 20%。据此，对城镇建筑运行碳达峰情景进行假设，见表 11-1。

表 11-1　城镇建筑运行碳达峰情景假设

建筑类型	新建居住建筑	既有居住建筑	新建公共建筑	既有公共建筑
假设	能耗限额性能化设计；供暖碳排放强度在 2019 年的基础上下降 80%；标准煤碳排放因子降低 10%；保持原来能耗水平，通过节能补偿新增用能需求	供暖碳排放强度在 2019 年的基础上下降 50%；标准煤碳排放因子降低 10%；保持原来能耗水平，通过节能补偿新增用能需求	能耗限额性能化设计；供暖碳排放强度在 2019 年的基础上下降 80%；通过性能化设计，建筑能耗比 2019 年降低 20%；标准煤碳排放因子降低 10%	供暖碳排放强度在 2019 年的基础上下降 50%；通过节能改造和调适等手段，建筑能耗比 2019 年降低 10%；标准煤碳排放因子降低 10%

表 11-1 中困难较大的措施是集中供暖的改进。民用建筑中能耗最高的是北方集中供暖。我国建筑节能工作从 1985 年开始便围绕提高集中供暖效率和减少污染排放而努力，但进步不大。分户计量和按计量收费政策没有得到很好的实施。北方城市集中供暖系统的改进和优化必须作为建筑碳达峰和碳中和的重点。这是一项重大挑战。

供暖碳达峰的主要路径为四个方面：新建建筑实现供暖分户计量；末端向低温辐射方式发展，配合分时分区域运行调控；寒冷地区新建建筑向电力驱动热泵供暖方式发展，要注意热泵热源的开发利用，采用能源总线等方式实现资源共享和分布式（分户）热泵供暖；大部分既有集中供暖尚不能用电力或天然气替代，需要结合城市更新进行改造，提升锅炉效率、提高热网供回水温差，将既有热网的回水作为水源热泵热源。

表 11-2 给出了全煤供暖、全气供暖和全电力（空气源热泵）供暖碳排放的比较。电力驱动热泵的碳排放最少。由于我国发电以煤为主，电力的碳排放因子很高［此处取 0.59kg CO_2/(kW·h)，为 2018 年全国发电平均碳排放因子］，重要因素是电力系统的减碳量。据统计，2018 年世界平均电力碳排放因子为 0.475kg/(kW·h)，2019 年美国平均碳排放因子为 0.392kg/(kW·h)。如果我国平均电力碳排放因子能达到世界平均水平，则相当于减排 20%；如果达到美国水平（在世界上属于高位），则相当于减排 33%。这并不是电力一家的事情，各行业都应配合。未来在供暖电气化中用量最大的还是空气源热泵。2020 年我国火力发电一次能耗是 320g/(kW·h)，可以计算出，热泵的季节性能系数 HSPF≥2.6 时，方可认为它充分利用了可再生热源。在 2030 年将电力碳排放因子降低 10%，即 0.53kgCO_2/(kW·h) 并不是奢望。

表 11-2　全煤供暖、全气供暖和全电力（空气源热泵）供暖碳排放的比较（以 2019 年供暖量计算）

供暖能源	系统效率	能耗量/(万 kW·h)	实物量	碳排放系数	排放量/亿 t
煤	60%	181732406	2.23 亿 t	2.8t/t	6.24
天然气	70%	155770634	1557 亿 m^3	2.16kg/m^3	3.36
电	250%	43615777	4362 亿 kW·h	0.59kg/(kW·h)	2.57

实现清洁供暖不仅顺应绿色低碳发展的潮流，更是利用好既有集中供暖系统在近中期降低建筑运行化石能源消耗和减少相应碳排放的必要路径。在近期，要以工业余热为主的低品位热源取代燃煤，实现近零碳供暖，不再建以天然气为热源的集中供暖基础设施。在中期，一是要尽快提高采暖终端的电气化比例，增加电驱动热泵（空气源、水源、地源热泵等）技术的市场占有率，特别是要以电热泵技术为主解决南方地区日益增加的采暖需求问题，避免南方地区使用天然气壁挂炉采暖方式。到 2035 年，采用热泵技术的电采暖比例要达到 30% 以上，到 2050 年以后比例要接近 60%。二是要尽快研发、示范和推广清洁供热新技术、新装备，如北方沿海地区核电余热利用、利用季节差和夜间谷电蓄热的供热源等。三是要在农村地区加快推广利用可再生能源的被动房技术，优先做好农宅外墙、门窗、屋顶保温改造，从根本上解决北方农村房屋热损失大、不节能的问题。到 2060 年，采暖热力供应中含清洁电在内的无碳能源比例要达到 80%以上。

同时，为实现建筑高电气化目标，有必要尽快组织实施建筑电气化工程。一是在有条件地区，在新建建筑中开展光储直柔新型供配电系统建筑的示范，并适时推广；二是结合城市更新在城镇既有建筑改造中推广电炊、电卫生热水、热泵技术补充供暖；三是不断提高农村居住建筑终端用能的电气化比例，推广电炊、电卫生热水、空气源热泵技术补充供暖；四是研究探索在城镇集中供热管网中采用电驱动热泵技术的可行性。

11.1.1　空气源热泵系统的形式与发展

以室外空气为热源（或热汇）的热泵机组称为空气源热泵机组。空气源热泵技术早在 20 世纪 20 年代就已在国外出现。空气源热泵机组同其他形式热泵相比，具有以下特点：

(1) 以室外空气为热源　空气是空气源热泵机组的理想热源，它的热量主要来源于太阳对地球表面的直接或间接辐射。空气起太阳能贮存的作用，又称环境热。它的表现有三点：在空间上，处处存在；在时间上，时时可得；在数量上，随需而取。正是由于以上良好的热源特性，使得空气源热泵机组的安装和使用都比较简单和方便，应用也最为普遍。

（2）适用于中小规模工程　众所周知，在大中型水源热泵机组中，无论是冬季还是夏季，热泵工质的流动方向、系统中的蒸发器和冷凝器不变，通过流体介质管路上阀门的开启与关闭来改变流入蒸发器和冷凝器的流体介质，以此实现机组的制冷工况和热泵工况的转换。而空气源热泵机组由于难以实现空气流动方向的改变，因此为实现空气源热泵机组的制冷工况和热泵工况转换，只能通过四通换向阀改变热泵工质的流动方向来实现。基于此，空气源热泵机组必须设置四通换向阀，同时，由于机组的供热能力又受四通换向阀大小的限制，所以很难生产大型机组。据不完全统计，大型空气源热泵机组供热能力在 1000～1400kW，而大型水源热泵机组供热能力通常在 1000～3000kW，超大型热泵站用的水源热泵机组供热能力可达到 15MW、20MW、25MW、30MW 不等。

（3）易于回收利用　空气源热泵机组报废时，作为废弃物处理要优于地埋管式地源热泵空调系统。地埋管报废（50 年）后如何处理，始终是个难题。因塑料管难以分解，若干年后，建筑物周围大量报废的地埋管埋在浅层岩土层中会引起什么样问题，目前难以给出答案。而空气源热泵系统报废后，可将废金属回收利用，变废为宝。因此，空气源热泵空调系统能更好地服务于建筑节能，更好实现“与自然和谐共生”的理想目标。

目前，空气源热泵机组的形式如图 11-15 所示。

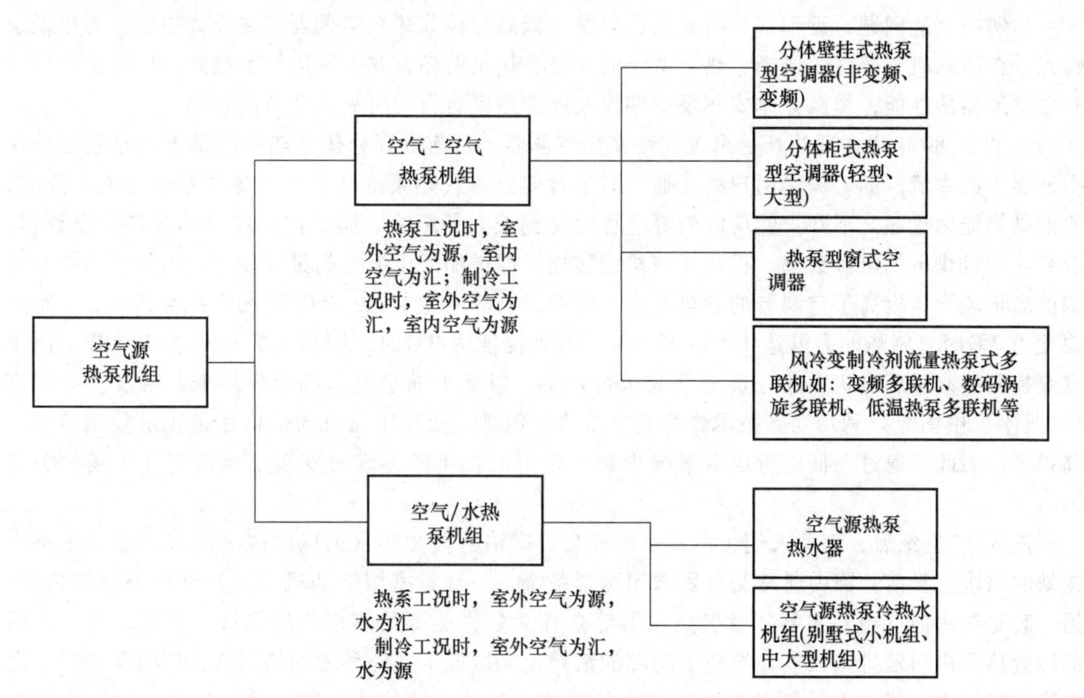

图 11-15　空气源热泵机组的形式

热泵型窗式空调器是一种可直接开墙洞装入或直接安装在窗台上的整体式家用空调器（供房间中能全年空气调节用的生活空调器）中的一种，它属于空气源热泵。自 20 世纪 60 年代起，我国窗式空调器得到了发展，如上海冰箱厂的 KFW-5B 型空调器，沈阳恒温器厂的 KW-5B 空调器，上海空调机厂的 CKT-3A、C3、5R。但品种和规格到 20 世纪 80 年代仍然不多，特别是热泵型窗式空调器的发展仍缓慢，直到 20 世纪 90 年代，才有了迅速的发展，热泵型空调器（窗式和分体式）开始步入百姓家庭。

我国已成为房间空调器的世界生产大国。据国家统计局统计，1990 年年产量仅为 20.07 万台，2000 年年产量达到 1826.67 万台，到 2010 年年产量高达 10887.47 万台。我国从 1982 年开始引进国外分体式空调热泵器样机和技术。由于它是由独立分开的室内机和室外机两部分组成，一般情况下，压缩机、冷凝器和轴流风机设置在室外机内，而室内机内又常设置贯流风机，因此，分体式热泵空调器的室内噪声小，同时分体机外形美观，易于同建筑室内装饰协调，深受用户欢迎。正是基于此，目前国内几乎所有空调器生产厂家都生产分体式热泵空调器，代替了热泵型窗式空调器。

家用分体式热泵空调器的功能十分完善，除了具有制冷和制热功能，还具有除湿、静电过滤、自动送风、睡眠运行、定时启动与停机的功能。它的结构形式繁多，如壁挂式、落地式、吊顶式与立柜式等形式的空调器。

低温分体式热泵空调器是一种适用于室外气温较低场合的全空气热泵空调器。从理论上分析，涡旋压缩机热泵系统可以在-15~10℃的温度环境中运行。但它在实际运行中存在以下问题：

1）系统的制热量随着环境温度的下降而逐步衰减。

2）在低温环境下，系统会出现回液、排气温度高、启动困难等问题，使运行的可靠性降低。

3）在低温环境下，空气源热泵的能效比（EER）会急速下降。

为解决上述问题，近年来，研究人员研发出低温分体式热泵空调器，在设计中充分考虑低温特点，在压缩机与部件的选择、热泵系统的配置、热泵循环方式上采用技术措施，以改善分体式热泵空调器的性能，提高分体式热泵空调器在寒冷地区运行的可靠性和节能性。

20 世纪 80 年代在国外开始出现变频家用空调器，目前变频分体式热泵空调器已是我国分体空调器中的主流产品，深受用户的欢迎。对于常规分体式热泵空调器，当冬季室外温度下降时，它的供热能力也随之下降，使房间的舒适程度受到很大的影响。而采用变频分体式热泵空调器，改变压缩机供电的电源频率，提高压缩机的转速，即增加了压缩机的排气能力，增加了系统制冷剂的质量流量，提高了空调器的制热能力。例如，制冷量为 1500~2600W 的变频空调器，当室外温度为 7℃时，制热能力可达 1250~4200W，室外温度为 0℃时，制热能力也可达 3600W。由于变频控制提高了压缩机在部分负荷下的运行效率，以此来满足更高的能效标准，所以一些国家（如日本、中国等）利用变频技术作为竞争策略。但是，变频压缩机的价格还是比定频压缩机要高得多。因此，通过降低运行成本来减少额外投资回收年限将成为变频空调器主导市场的关键因素。

进入 21 世纪后，随着人们生活水平的提高，家用空调和热水供应已成为现代人生活中不可或缺的需求。目前，国内通常是分别选用两套系统，一套是家用空调机组或户外中央空调机组；另一套是热水器（电热水器、燃气热水器等）作为独立热源的热水供应系统。这样，每天空调的冷凝热要白白地排入大气，导致了能源的浪费，又造成了室外环境的热污染，同时要消耗一定的高位能（电、燃气等）制备低品位的生活热水，导致了高位能源的贬值。显然，这种用能方式不符合可持续发展的要求。为此，研制了带热水供应的节能型分体式热泵空调器。它的工作原理十分简单，不同于空调冷凝热免费热水供应系统，该系统早已在实际工程中回收与利用空调冷凝废热。例如，1965 年，Healy 等人首先提出将冷凝热作为免费热源进行热水供应的可行性，试验表明，它每年可节约 70%的热水供应耗热量，在 5 月—10 月，可节约 93%的热水供应耗热量。

国内通常用“多联式空调系统”这个称谓。所谓多联式空调系统是指由一台或数台风冷

(或水冷）室外机连接数台不同或相同形式、容量的直接蒸发式室内机组所构成的单一制冷循环系统。根据功能不同，多联式空调系统可分为单冷型、热泵型和热回收型三类。

空气源热泵冷热水机组是我国空气/水热泵机组中最常见的一种机组形式。早在 20 世纪 80 年代，厦门国本空调冷冻工业有限公司开发出用全封往复压缩机（5~60RT，1RT=3.86kW）、半封往复压缩机（80~200RT）、双螺杆压缩机（>200RT），并以此组成空气源热泵冷热水机组的系列产品。20 世纪 90 年代，我国根据实际情况制定了空气源热泵冷热水机组的标准，如《复合热源热泵型螺杆式冷水机组标准》（JB/T 7227—1994）、《容积式冷水（热泵）机组》（JB/T 4324—1997），同时采用大容量的螺杆式压缩机和小容量的涡旋式压缩机，空气源热泵冷热水机组产品也日趋成熟。因此，用空气源热泵冷热水机组作为公共和民用建筑空调系统的冷热源开始被国内设计部门、业主等接受。经过多年的发展，空气源热泵的机组类型更加丰富、系统能效也得到了极大的提升。表 11-3 列出了空气源热泵冷热水机组类型及其特点。

表 11-3　空气源热泵冷热水机组类型及特点

分类方法	类型	特　点
1. 按采用的压缩机类型	往复式压缩机空气源热泵冷热水机组	1. 历史悠久,技术成熟,型号与规格齐全,造价低 2. 结构复杂,零部件较多,体积大,维修费用高 3. 在小冷量范围面临涡旋或回转式压缩机的冲击,在大冷量范围又面临螺杆机的冲击,有被代替的可能,但其工作压力和流量范围广,在恶劣工况下可靠性高
	涡旋式压缩机空气源热泵冷热水机组	1. 涡旋式压缩机可靠性高,转速变化范围大,动力平衡性好,振动和噪声小 2. 由于没有余隙容积损失,它的容积效率在给定的吸气条件下几乎与工况的压力比无关 3. 在热泵应用中,在低环境温度和高压力比下,具有较高的供热能力
	螺杆式压缩机空气源热系冷热水机组	1. 螺杆式压缩机普遍采用内容积比调节机构,在广泛的工况变化范围内运行时具有较高的效率 2. 为了保证压缩机在空气源热泵高压缩比下运行,可采用流体制冷剂喷射冷却进行降温 3. 装配零部件少,尺寸小、质量轻,便于维护保养
2. 按机组的结构形式	整体式空气源热泵冷热水机组	1. 由一台压缩机或多台压缩机为主机,共用一台水侧换热器 2. 大容量机组以壳管式为主,有单回路、双回路和多回路形式,小容量机组以板式和套管式为主
	模块式空气源热系冷热水机组	1. 由多个模块单元组合而成,每一模块单元又包含 1 个或 2 个独立的系统 2. 模块化机组的容量可根据用户的需求进行组合,并可单机运行
3. 按机组容量大小	小型别墅式空气源热泵冷热水机组	1. 制冷量为 10.6~52.8kW 2. 空气侧换热器采用铝翅片套铜管,其排列方式为直立式、L 形、V 形多种,采用侧吹或顶吹方式 3. 水侧换热器采用板式、套管式和壳管式
	中大型空气源热泵冷热水机组	1. 制冷量为 70.3~1406.8kW 2. 空气侧换热器采用铝翅片套铜管,其排列方式为 V 形和 W 形,基本上采用顶吹轴流风机 3. 水侧换热器基本上以壳管式换热器为主,有单回路、双回路和多回路形式

（续）

分类方法	类型	特点
4. 按水侧供水温度的高低	空气源热泵热水机组	1. 供热水温度为40~50℃ 2. 适用于大、中型空调系统的冷热源
	空气源高温热泵冷热水机组	1. 供热水温度为75~85℃ 2. 适用于工业用热，如纺织印染、屠宰、食品、洗涤等用热，原油加热等
	空气源恒温泳池热泵机组	1. 供热水温度为35~45℃ 2. 适用于室内游泳池加热
5. 按空气侧温度	常温空气源热泵冷热水机组	1. 环境温度为-7~43℃ 2. 适用于《建筑气候区划标准》（GB 50178—1993 区划标准的Ⅲ类地区（夏热冬冷地区）
	低温空气源热泵冷热水机组	1. 环境温度为-15~43℃，有的最低为-25℃ 2. 适用于北方寒冷地区 3. 采取特殊的技术措施，如：在低温工况下、增大压缩机容量、采用喷液旁通技术、加大室外换热器面积和风量、机组流程采用适用于寒冷气候的热泵循环

11.1.2 空气源热泵系统的特性

空气源热泵的特性是通过空气源热泵的制热能力、制冷能力、制热性能系数等特性参数来描述的。室外空气温度对空气源热泵系统制热性能系数影响极大，是制约它在北方地区冬季供暖应用的关键因素。下面以工程图解法简单分析空气源热泵的特性，了解室外空气温度的变化对空气源热泵系统的供热量与供冷量的影响。

工程图解法是从确定平衡点入手，用相同的变量在图上标绘出两个相关设备的工作特性曲线，对应曲线的交点能同时满足两个设备的工作特性的状态，只有在这个平衡点上，两个设备组成的系统才能工作。组成空气源热泵系统的各个设备（如：压缩机、冷凝器、节流机构、蒸发器等）不是单独工作，而是组成一个系统，因而每个设备的工作特性是相互影响的。

当室内工况一定时（冬季室内空气温度为16~20℃，夏季室内空气温度为26~28℃），空气源热泵机组在全年范围内的供热量、供冷量的变化基本上取决于室外空气温度。如果冬季用室外换热盘管蒸发温度 t_e，夏季用室外换热盘管的冷凝温度 t_c，来代表其工况条件，则空气源热泵机组全年运行特性曲线如图 11-16 所示。图中对于冬季热泵运行工况给出 3 个不同的冷凝温度 t_{c1}、t_{c2}、t_{c3}（$t_{c1}<t_{c2}<t_{c3}$），分别画出在固定冷凝温度下，不同蒸发温度时的机组供热量曲线（虚线），同时给出在 t_e 下，不同蒸发温度时机组从室外空气吸取的热量的曲线。对于夏季制冷运行工况，给出 3 个不同蒸发温度，分别画出在固定蒸发温度下，不同冷凝温度时的机组供冷量曲线（虚线），同时给出在 t_{e2} 下，不同冷凝温度时机组向室外空气释放的冷凝热量曲线（实线）。

由图 11-16 看出，在冬季热泵工况运行时，当 t_c 固定不变时，该机组的供热量随着 t_c 升高而增加。如在 t_{c2}=46℃时，t_e 由-12.2℃升至-6.6℃时，供热量由 24.65kW 增加至 29.0kW（由 1 点变到 2 点），t_e 由-6.6℃升至-1.1℃时，供热量由 29.0kW 增加至 34.8kW（由 2 点变到 3 点）；在夏季制冷工况运行时，当 t_e 固定不变时，该机组的供冷量随着 t_c 的降低而增加。如在 t_{e2} = 4.4℃时，t_c 由 48.8℃降至 43.3℃时，供冷量由 34.9kW 增加至 37.12kW（由 6 点变到 7 点），t_c 由 43.3℃降至 37.7℃时，供冷量由 37.12kW 增加至 39.44kW（由 7 点变到 8 点）。

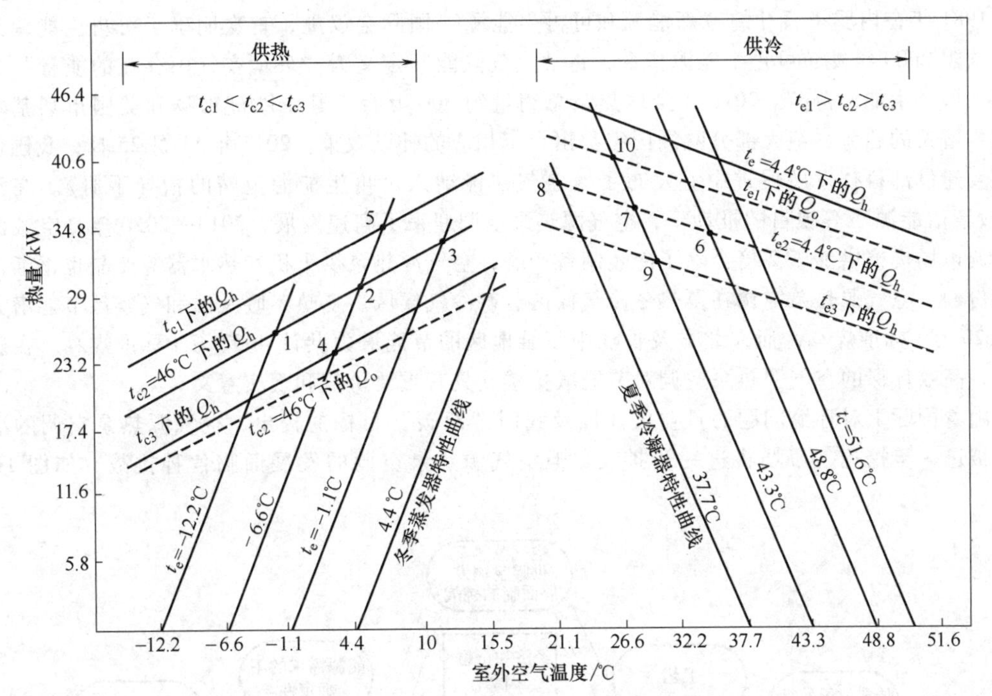

图 11-16　空气源热泵机组全年运行特性曲线

实际工程中，充分考虑上述特性，国外常用“采暖度日数”来反映该地区冬季采暖的需求。采暖度日数（HDD）是采暖期间室温与室外空气日平均温度之差的累计值。当采暖度日数（HDD）<3000 时，用空气源热泵是可行的。

空气源热泵的性能受室外空气温度的影响较大，特别是冬季室外气温较低（如室外采暖计算温度）时，此时热泵的蒸发温度较低，热泵的供热量下降，而此时建筑物的热损失又较大，按此工况选取空气源热泵容量时，必导致选用的机组的容量很大。这不但增加设备费用，而且由于低温的天气出现的概率很低，使机组又要长期在部分负荷下运行而影响运行效率。因此，在实际工程中应按平衡点温度确定空气源热泵的容量。

空气源热泵实际运行中，应充分注意上述特征，在相同的天气情况下，在冬季尽量采用低温热水，在夏季尽量采用高温冷冻水。建议：空气/水热泵在冬季热泵工况时，热水温度控制在 30℃（最小热负荷时）到 40℃（最大热负荷时）；在夏季供冷工况时，冷水供水温度控制在 10℃（最大冷负荷时）到 20℃（最小冷负荷时）。但应注意用户热分配系统应与供水温度的变化而变化。

11.2　空气源热泵供暖空调

在全球范围内，建筑消耗约 40%的一次能源，排放约 30%的温室气体。住宅和公共建筑供暖及制冷设备的覆盖率逐年提高，能耗不断提高。目前我国制冷、制热用电量占全社会用电总量的 15%以上，且年均增长速度接近 20%，主要产品节能空间达 30%~50%。2019 年，我国发布了《绿色高效制冷行动方案》，提出了绿色高效制冷产品市场占有率提高 40%且能效提升 30%以上的目标，对热泵空调设备提出了更高的要求。2020 年提出的“碳达峰、碳中和”目标，确定了国家绿色低碳的高质量发展方向，热泵空调行业迎来了新的机遇与挑战。

1981年在内罗毕召开的“新能源和可再生能源”国际会议上，首次明确了可再生能源的定义。欧盟2009年发布可再生能源指令，将“空气热能”定义为“环境空气中存在的能量”并将其纳入可再生能源范畴。2018年全球热泵总销量约300万台，其中欧洲市场和美国市场基本呈现稳步增长的趋势，绝大部分欧洲国家都出台了相应的补贴政策。2015年11月25日，我国住房和城乡建设部科技发展促进中心发布了《空气热能纳入可再生能源范畴的指导手册》。在我国“煤改清洁能源”等项目的推动下，空气源热泵空调迎来了高速发展，2013—2020年，空气源热泵空调市场规模增加了2倍。除了冷暖制备产品，空气源热泵烘干机和热水器等产品也逐渐占据市场份额。空气源热泵空调在夏热冬冷气候区、寒冷气候区、夏热冬暖及温和气候区节能潜力共计1620万t标准煤/a，而在北方及长江中下游地区的节能潜力共计4097万t标准煤/a。在新形势下，高效环保的空气源热泵空调对节能减排减碳具有重要价值和现实意义。

随着国际上对环境问题的日益关注以及我国“双碳”目标的提出，空气源热泵空调的潜力将会被进一步挖掘，市场将进一步扩大。但空气源热泵空调的发展面临各种挑战，如图11-17所示。

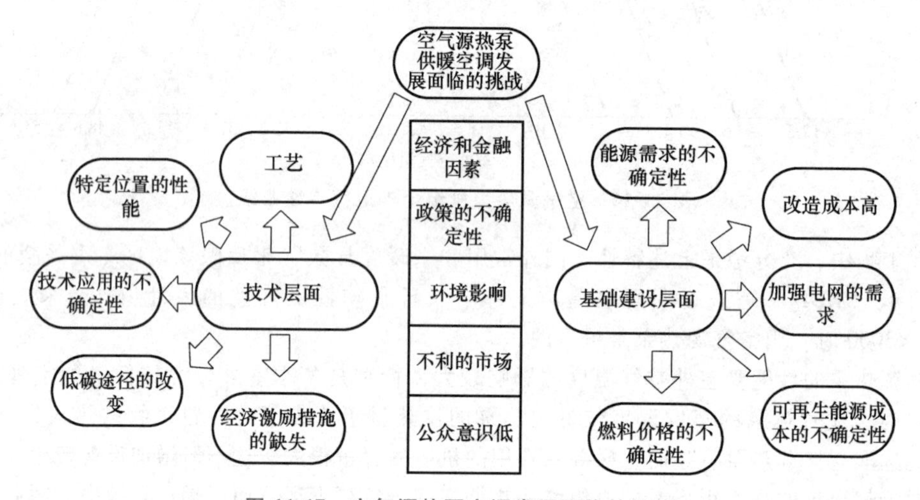

图11-17　空气源热泵空调发展面临的挑战

政策的制定在很大程度上依赖用户末端的用能形式和供热技术，普适性的政策对目标达成效果并不好。虽然各国出台了各种鼓励政策，如英国空气源热泵空调补贴为0.60~1.15英磅/(kW·h)，法国空气源热泵空调可获得25%的设备金额减免，日本和欧美各国都给予了购买价25%的政策性补贴，我国各省也陆续出台了相应的空气源热泵空调的补贴政策，但总体来说，补贴不足也是热泵技术不能广泛应用的一个障碍。公众对热泵不熟悉、不了解对环境的意义和成本效益、热泵存在噪声、运行费用高、初投资高、不推荐在保温不好的建筑物使用等，导致公众对热泵的接受度较低。缺乏标准和相关强制性政策也限制了热泵的发展，虽然有相关热泵设计和安装规范，但缺乏安装和维修的专业人员，不能满足一些行业的特殊需求。在英国，热泵的使用可能会导致峰值电力需求增加14%。因此，热泵的使用规模与峰值电力需求之间存在一定的匹配问题，有学者提出采用蓄热来解决该问题。总体来说，空气源热泵空调的发展面临各种挑战，但它在减少温室气体排放和对供暖和制冷行业可持续发展的贡献已毋庸置疑。

11.2.1　基于空气源热泵的高效供暖空调系统

低温供暖/高温供冷系统，即表面辐射系统，由于具有较大的辐射面积，其供水温度非常接近于室内温度（或其他表面温度），辐射㶲起着非常重要的作用。低温辐射供暖装置与热泵相结合的系统，其㶲评估具有最好的性能（见图 11-18）。

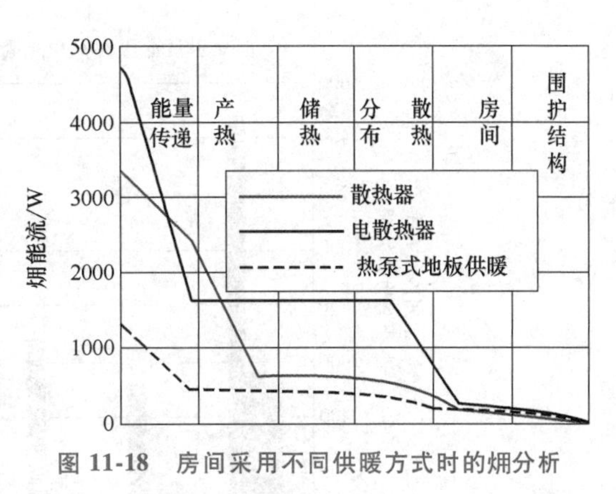

图 11-18　房间采用不同供暖方式时的㶲分析

基于某单体住宅建筑的空调制冷方案如图 11-19 和图 11-20 所示，对比分析可知，在能源利用方面，水基地板辐射冷却系统比空气冷却和通风方式表现更好。当使用空气-水热泵作为冷源且独立引入新风处理方案时，地板冷却系统所需的㶲输入比空气冷却系统低 28%。由于使用水作为主要热载体介质，与空气系统相比，水基系统的辅助㶲输入显著较小。

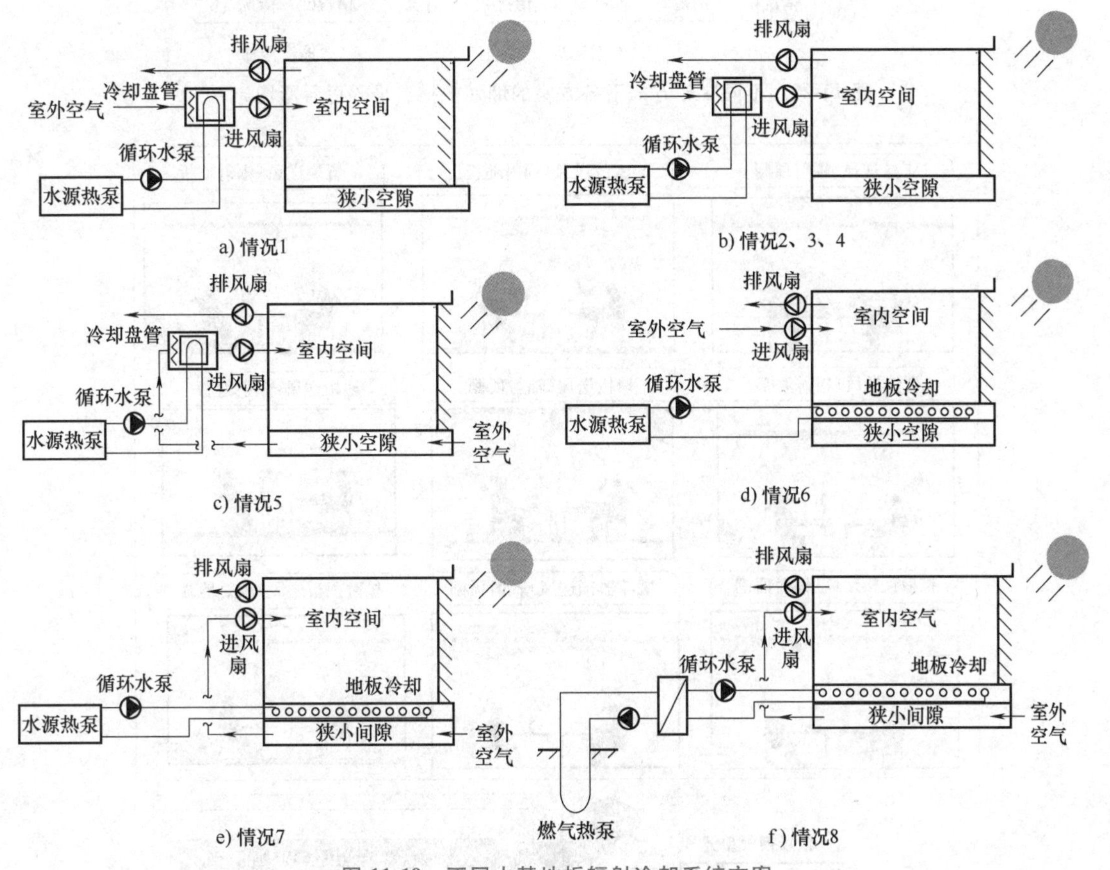

图 11-19　不同水基地板辐射冷却系统方案

辐射末端与不同通风方式耦合可以营造舒适健康的建筑环境，如图 11-21 所示，相比传统空调形式，在达到同样热舒适感受的条件下，可以适当提高制冷空调的环境温度或降低供暖的空间环境温度，有利于匹配中低品位冷热源装置，对于空气源热泵而言，很大程度上有利于提高制冷工况或供热工况的能效系数，整体上提高系统的运行节能效果。其中，采用地板辐射末端形式一方面有利于发挥供暖效果，提高全年设备利用率；另一方面，夏季有利于抵偿太阳辐射得热形成的冷负荷。后续两小节内容主要介绍基于空气源热泵的地板辐射供暖及空调系统的应用。

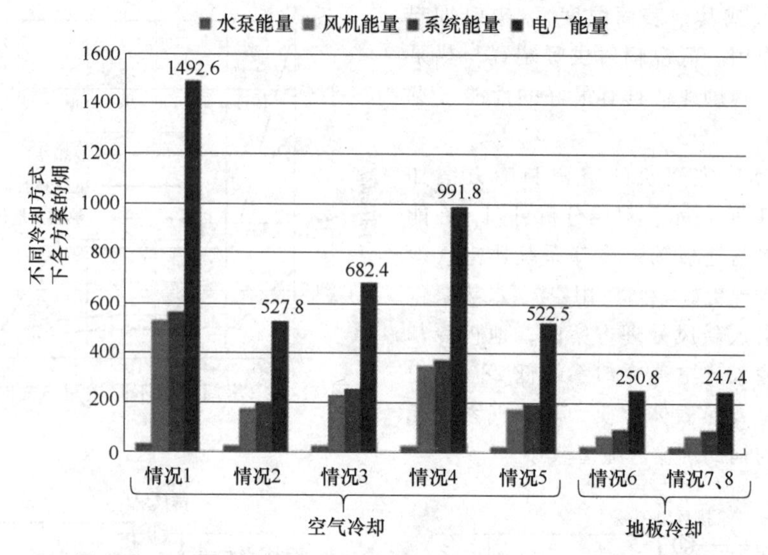

图 11-20　不同冷却方式下各方案的㶲（扫描二维码可看彩图）

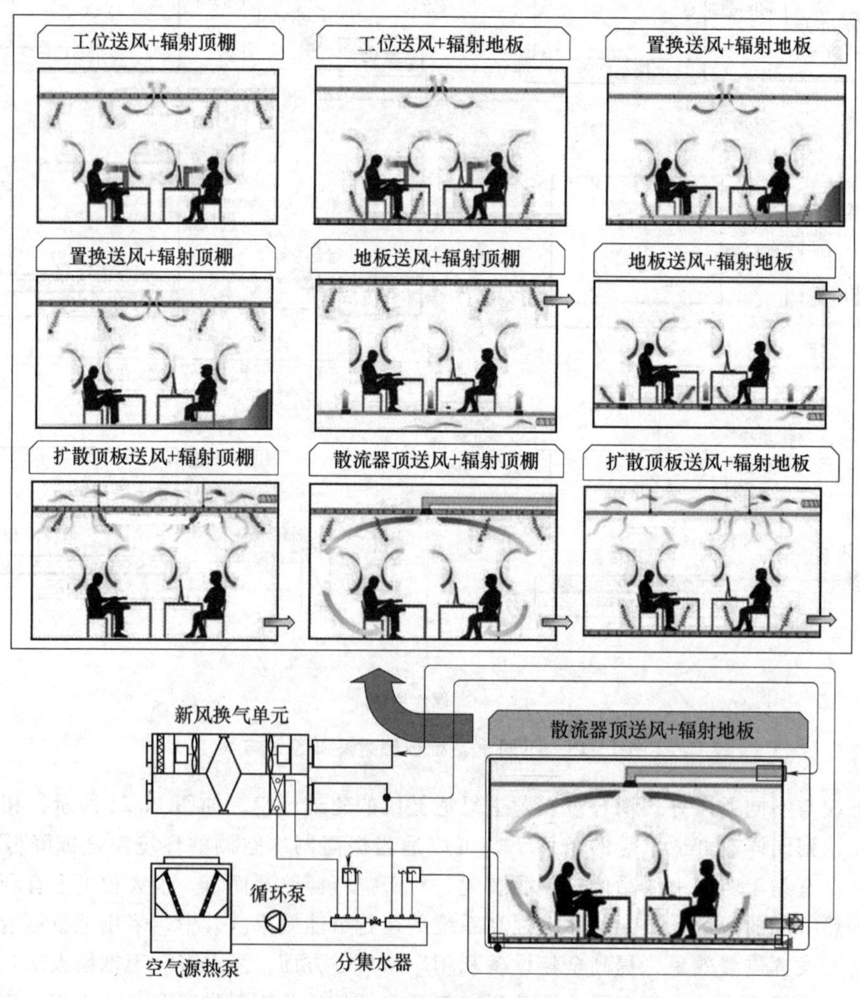

图 11-21　辐射空调主要集成方案及系统流程

11.2.2　空气源热泵地板辐射供暖

空气源热泵在开发低品位可再生能源方面起着重要作用。“十三五”期间，随着京津冀一体化和压缩燃煤治理雾霾的推动作用，空气源热泵在替代分散燃煤方面发挥了关键作用，从现有技术设备性能看，基本上具备了寒冷地区推广应用的条件。对于住宅热水供暖系统，可以采用35℃/28℃热水的小温差换热末端达到室内舒适性要求，由此可以大大拓宽寒冷地区的适应性及节能性。

在广大的北方严寒地区和寒冷地区，地板辐射供暖已经应用到各类建筑中，成为目前我国常用的供暖形式之一。低温地板辐射供暖将辐射热量直接投射到人体，在建立同样舒适条件的前提下，室内设计温度可以比对流供暖时降低2~3℃，由此可降低室内外空气对流热损失，从而供暖热负荷可减少10%~15%，供暖季耗热量降低13%~22%。低温辐射供暖的换热温差小，热媒水温度低，可以合理利用太阳能、空气能等低品位热源。

地板辐射供暖末端装置有两大类：低温热水地板辐射供暖末端形式和电热地板辐射供暖形式。目前常见的地板辐射供暖末端装置形式如图 11-22 所示。

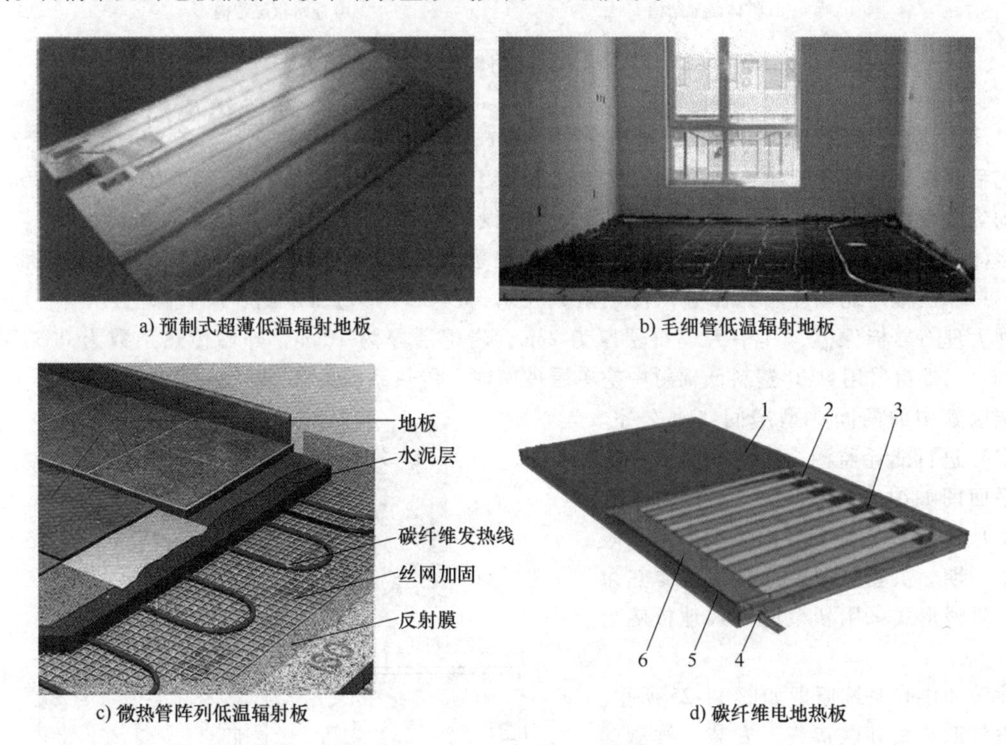

a) 预制式超薄低温辐射地板　b) 毛细管低温辐射地板

c) 微热管阵列低温辐射板　d) 碳纤维电地热板

图 11-22　几种不同末端形式

1—水泥砂浆填充层　2—微热管阵列　3、5—木块或其他垫块　4—卡套　6—细小通道扁水管

新型通水式辐射地板基本结构形式如图 11-23 所示，上部是卡扣式可换面层，中间是通水基板，下部分为挤塑保温板，并由连接管、异型螺母、水连接件等连接起来。每条通水地板中，有 12 个通道，多孔通水道小于 9mm，保证内压与外压的承重力。循环水与地表面垂直距离只有 3.5mm，地板热阻很小，开始供暖后房间温度上升比较快。在通水基板下铺设厚度 3cm 挤塑聚苯板（XPS）保温层，具有绝热性、隔声性。经试验测试，在不同供水温度工况下，供水温度分别为 30℃、35℃、40℃时，单位面积散热量分别在 30~35W/m²、49~55W/m²、70~76W/m²

范围内变化，均能满足现行标准《辐射供暖供冷技术规程》（JGJ 142—2012）中的相关规定。

空气源热泵是作为辐射供暖系统的有效热源设备之一，而新型通水基板作为辐射供暖末端，其敷设方式相比传统地板辐射形式具有更均匀的加热表面，因而它与供暖空间的换热效果会进一步提升，可以进一步降低热媒水温度，进而提高空气源热泵运行能效。

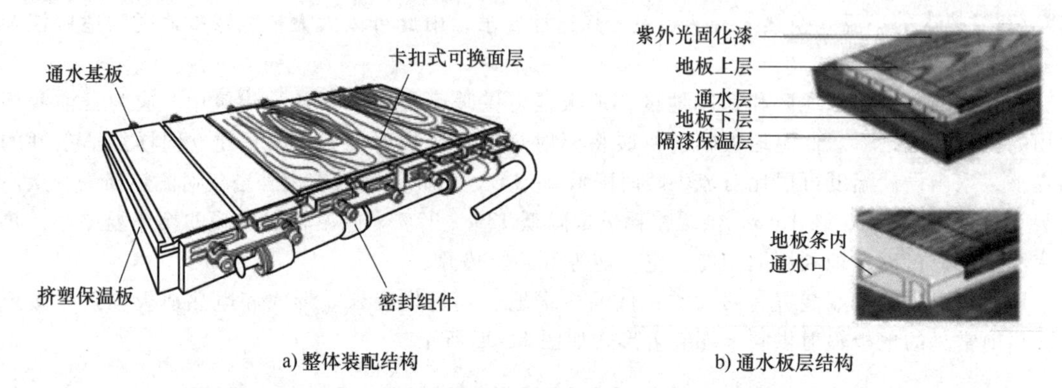

图 11-23　新型通水式辐射地板基本结构形式

1. 基于新型末端的空气源热泵辐射供暖工程测试

工程测试项目位于天津市某单位研发中心办公楼。该办公楼共有四层，建筑面积为 1208m²，地面均匀敷设新型通水式辐射地板。该办公建筑为既有厂房改造建筑，主体建筑材料为 24 空心砖，楼体西侧 1、2 层的外墙是生产车间内墙，传热系数为 2.0W/(m²·K)；3、4 层西侧外墙无保温，1~4 层楼体北侧外墙无保温，传热系数为 1.3W/(m²·K)；东侧、南侧除门厅以外 1~4 层外挂大理石岩棉保温，其中大理石层厚为 2cm，岩棉层厚为 10cm，外墙传热系数为 0.34W/(m²·K)，外窗采用 PVC 塑料低辐射中空单层玻璃窗，传热系数为 2.0W/(m²·K)。

选取其中的两间典型房间（办公室、会议室）进行能耗监测。建筑模型及测试房间平面图如图 11-24 所示。测试时间为某年 1 月 29 日—3 月 5 日，为天津市采暖季的中后期。供暖热源由两台空气源热泵组成，供暖形式采用新型通水式地板辐射供暖。

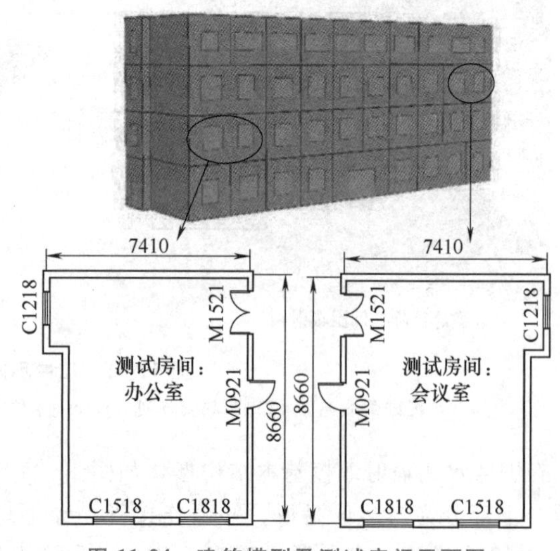

图 11-24　建筑模型及测试房间平面图

建筑的供暖系统原理如图 11-25 所示。两台空气源热泵并联运行，安装于被测建筑楼顶，热媒水由热泵接至各楼层分水器，通过新型通水地板对室内进行供暖。供暖季系统全天运行，仅在室内活动人员较少的节假日期间手动调节热媒水的流量和供水温度。

通过测量热泵机组的流量、供回水温度以及电功率来确定系统制热量、耗电量以及能效比。空气源热泵机组制热参数见表 11-4。通过在典型房间布置测点，设立测杆，测量室内温湿度分布情况来分析室内的供暖效果。

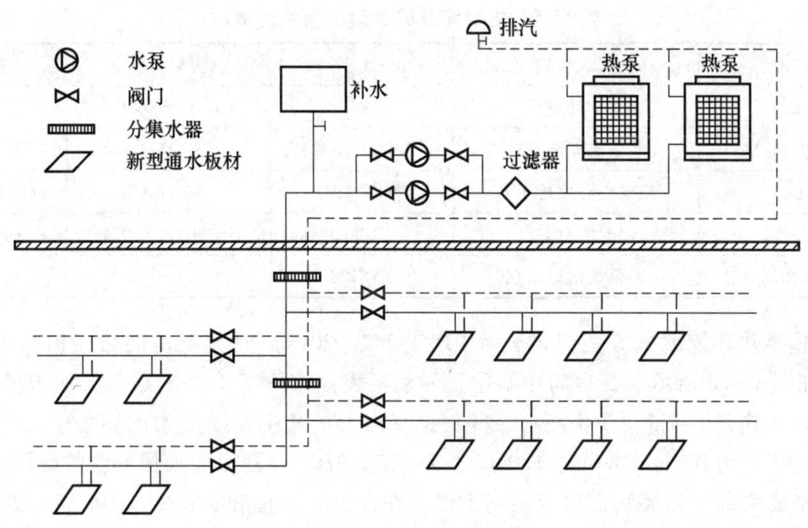

图 11-25　供暖系统原理图

表 11-4　空气源热泵机组制热参数

参数	LSQ20RD
额定电压/V	380
7℃制热量/kW	60
-7℃制热量/kW	43.8
-15℃制热量/kW	36
额定输入功率/kW	18.6
环境温度/℃	-25~50
制冷剂	R404A

运行能耗测点布置示意图如图 11-26 所示。在空气源热泵机组供回水干管上安装了热电阻温度传感器用来测量地板供回水温度，在回水干管上安装液体涡轮流量计用来测量地板供回水流量，采用功率计量仪确定每台机组的电功率。所测参数设置为每隔一分钟记录一次数据，最终连接至彩色无纸记录仪读取数据。

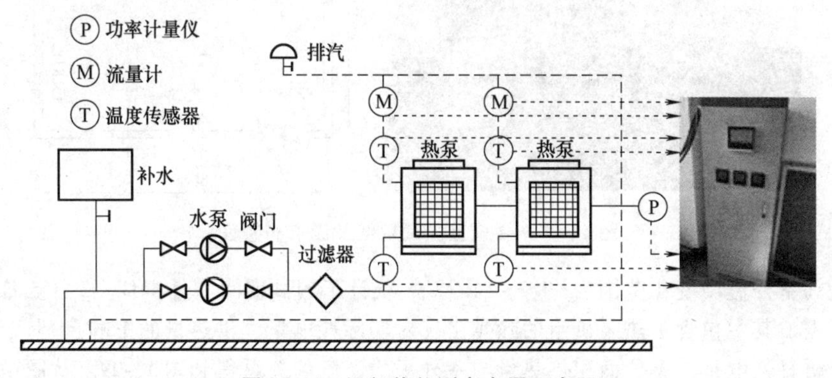

图 11-26　运行能耗测点布置示意图

主要涉及的测量仪器性能参数见表 11-5。

表 11-5 主要涉及的测量仪器性能参数

待测物理量	仪表名称	型号	测量范围	测量精度
瞬时功率 P/kW	功率计量仪	TPJ1	0.5~9999W	±2%
循环水流量 Q/(m^3/h)	液体涡轮流量计	LWGY-A-32	1.5~15m^3/h	±0.5%
供回水温度 T/℃	热电阻温度传感器	WZP-191	-20~120℃	±(0.15+0.002|t|)
室内温湿度	温湿度自记仪	TR002	10~50℃、0~95%	±0.5℃、±3%
数据汇总读取	彩色无纸记录仪	ZX8100	—	0.2%FS±1d

依据《建筑热环境测试方法标准》（JGJ/T 347—2014）对典型房间做了温湿度测点布置，如图 11-27 和图 11-28 所示。在房间中心位置的地板表面布置了 1 个测点测量地板温度；在办公室、会议室分别放置了 4 个、3 个测杆，并根据室内人员的主要活动情况在每个支架上布置了 5 个测点，高度依次为 0.1m、0.6m、1.0m、1.7m 和 2.2m，分别对应人体部位的脚踝、坐姿腹部、站姿腹部、坐姿头部和站姿头部以及房间上部；在办公室工位和会议室 1.0m 高度处分别布置了 6 个测点、1 个测点测量室内平均温湿度。温湿度自记仪每隔 5min 自动记录 1 次数据。

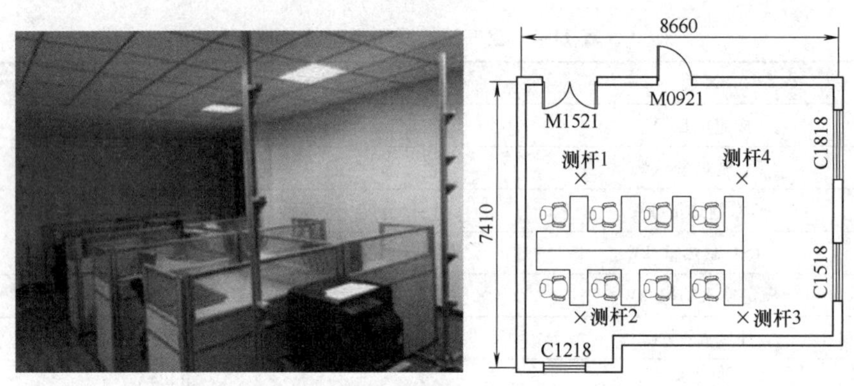

图 11-27 办公室测试现场及测点布置图

图 11-28 会议室测试现场及测点布置图

测试期间室外温度变化范围为-9.7~14.2℃，统计了测试期间 2 月 4 日—3 月 5 日共 30 天的全部有效数据，其中包含了热泵机组的除霜工况对实际耗电量、供热量的影响。

通过分析日耗电量、单位面积供热量与室外平均温度的关系得到图 11-29。从图中可以看出，测试期间日耗电量变化范围为 506~941kW·h，平均值为 707.7kW·h；单位面积供热量范围为 50~65W/m^2，平均值为 54.6W/m^2；室外日平均温度范围为-2.7~10.0℃，平均值为 2.5℃。

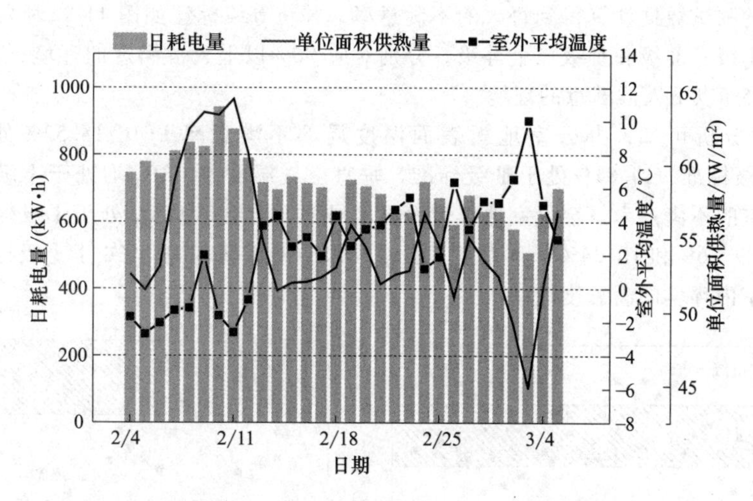

图 11-29　日耗电量、单位面积供热量与室外平均温度的关系

研究辐射供暖系统及热泵机组的能效得到图 11-30（其中，COP_{sys} 为供暖系统能效，COP 为不含水泵能耗的热泵机组能效）。可以看出，COP_{sys} 在 1.8～2.5，平均值为 2.20。

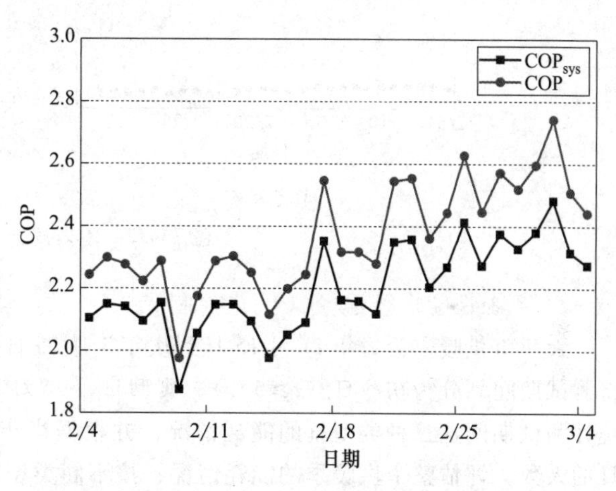

图 11-30　热泵机组 COP 变化情况

以办公室室内工位温度、会议室 1.0m 处温度表征室内平均温度，研究测试期间室内平均温度变化趋势得到图 11-31。可以看出，办公室平均温度变化范围为 21～28℃，平均温度为 25.0℃；会议室平均温度变化范围为 18～26℃，平均温度为 22.9℃，远高于供暖设计规定温度（18～20℃）。

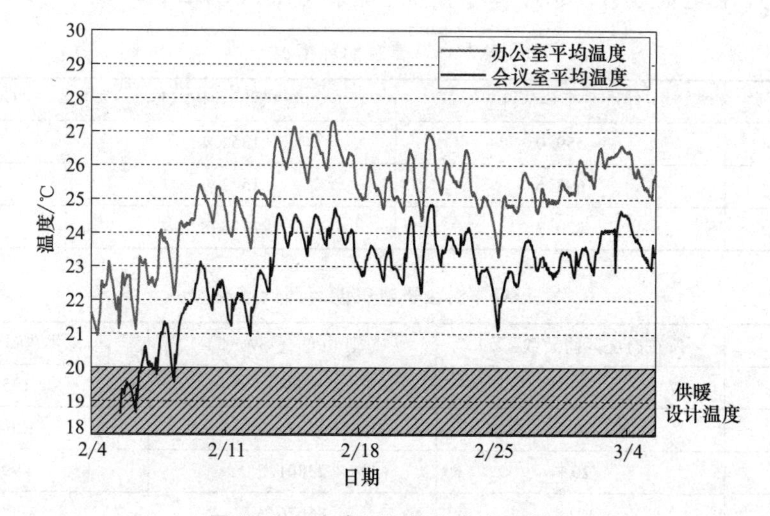

图 11-31　室内平均温度分布示意图

选取室内的测试数据计算得到每天的不满意率，并将等级标注如图 11-32 所示。将建筑室内热环境细分为Ⅰ级、Ⅱ级和Ⅲ级三个等级，分别对应 90%以上人群满意的环境，75%~90%人群满意的环境，75%以下人群满意的环境。

由图 11-32 分析可知，办公室地板表面温度局部不满意率 LPD_1 18.52%处于Ⅰ级标准，66.67%处于Ⅱ级标准，14.81%处于Ⅲ级标准，垂直空气温度差 LPD_2 均处于Ⅰ级标准。同样的方法计算会议室的不满意率，会议室地板表面温度局部不满意率 LPD_1 处于Ⅰ级标准和Ⅱ级标准的比例分别为 89.66%和 10.34%，垂直空气温差局部不满意率 LPD_2 均处于Ⅰ级标准范围。可认为室内人员对室内环境的满意度较高。

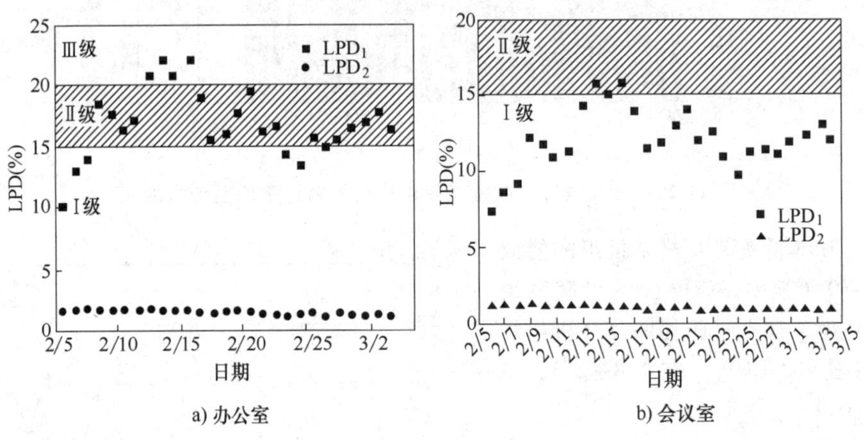

图 11-32　室内局部不满意率

2. 系统性能提升途径（优化控制）

天津市供暖季为每年 11 月 15 日到次年 3 月 15 日，共计 121 天，按照每日室外天气平均温度将测试期间划分为初冷日（$t \geqslant 5℃$）、典型日（$-2℃ \leqslant t < 5℃$）、深冷日（$t < -2℃$）三种类型日，统计测试期间这三种类型日的能耗情况，并根据当年室外气象参数得出整个供暖季中三种表征日的天数，评估整个供暖季的能耗情况；按不同类型日累计情况估算季节能效系数 HSPF，得到表 11-6 和表 11-7。将单位 kW · h 换算成 GJ（1GJ = 277.8kW · h），可得出整个供暖季系统总供热量为 684.1GJ，耗电量为 312.0GJ，季节供热性能系数 HSPF 为 2.19。

表 11-6　建筑能耗情况

类型日	耗电量平均值/kW	供热量平均值/kW	COP_{sys} 平均值
初冷日	559.0	1354.4	2.42
典型日	698.6	1542.6	2.21
深冷日	820.7	1723.8	2.10

表 11-7　供暖季建筑能耗预计情况

类型日	所在温度区间天数(天)	总耗电量/(kW · h)	总供热量/(kW · h)
初冷日	10	5589.6	13544.8
典型日	82	57285.2	126494.8
深冷日	29	23801.5	49991.9
总计	121	86676.3	190031.5

研究不同室外天气条件下机组供水温度与耗电量的关系，将初冷日、典型日、深冷日三个阶段不同室外条件下机组供水温度与耗电量的变化趋势绘制成图 11-33，发现耗电量与供水温度线性相关。由最冷日系统分析可知，测试期间最冷日平均供水温度为 34.0℃，此时室内温度仍在 21℃以上，符合供热规范要求。依据拟合曲线可计算，当供水温度从 40℃降到 34℃时，初冷日可节约耗电 10.2%，典型日节约 6.4%，深冷日节约 9.8%，有一定节能提升潜力。

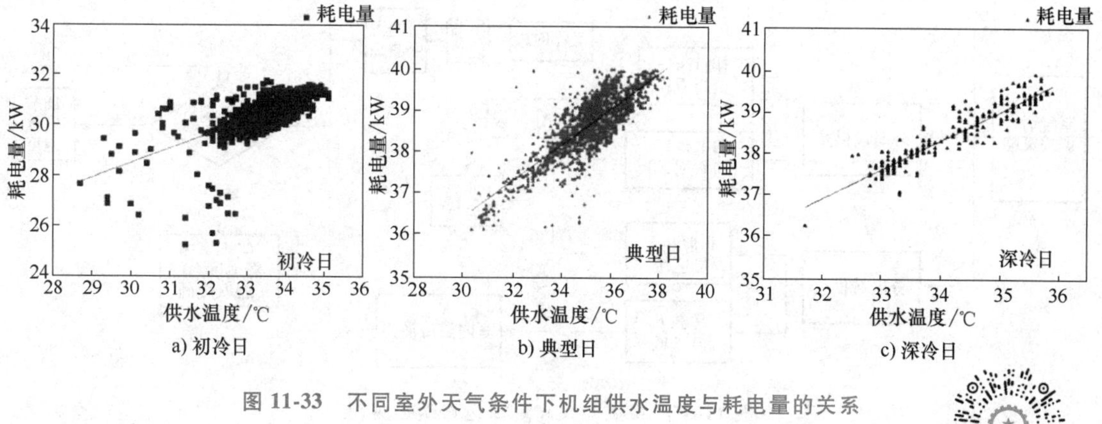

图 11-33　不同室外天气条件下机组供水温度与耗电量的关系
（扫描二维码可看彩图）

根据办公室和会议室室内温度计算建筑平均室内温度，得出建筑室内外温差，从而拟合出建筑室内外温差与单位面积供热量之间的线性关系，如图 11-34 所示，由图中可以看出，建筑室内外温差与单位面积供热量呈线性正相关，即室内外温差越大，单位面积供热量越大。

由室内温度的监测结果可知：项目测试期间室内的平均温度为 23.9℃，远高于设计温度（18～20℃），系统未进行节能运行设计。

通过研究单位面积供热量与室内外温差的线性关系可知，如果供暖季室内温度降低至规定温度 20℃，初冷日、典型日、深冷日单位面积供热量可以分别降低至 42.2W/m²、50.1W/m²、58.2W/m²，根据不同典型日系统运行 COP_{sys} 的平均值，日平均耗电量分别降低至 505.8kW · h、657.5kW · h、803.5kW · h，不同典型日节能率分别为 9.5%、5.9%、2.1%。由此可得室内温度降低至 20℃时的运行能耗，整个供暖季可节电约 4402.1kW · h，节能率为 5.1%。

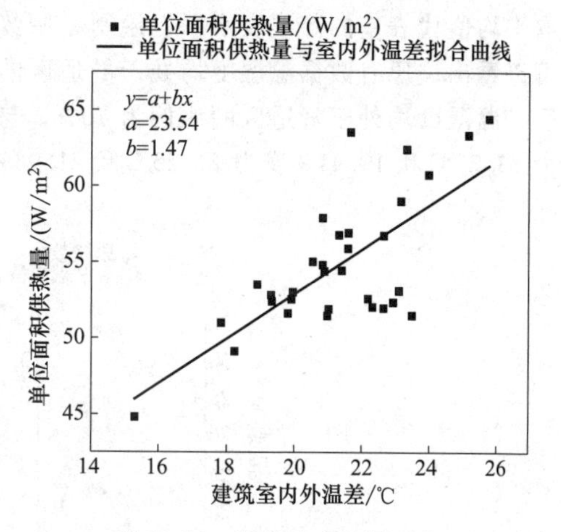

图 11-34　建筑室内外温差与单位面积供热量的关系

系统的运行调控策略除了质调节之外，还可以进行分时调控，例如该办公建筑在工作日（周一至周五）和非工作日（周六周日），工作时段（每日 9：00—18：00）和非工作时段（每天 18：00—次日 9：00）均可以分时控制。按照实际测量数据，该系统在测试期间并没有进行分时控制。

按照上述情况分析，可针对运行性能提升方面采取三种不同的运行调控策略：①按热需求供热；②分时段供热；③分区域供热。按需供热就是按照室外天气变化调节室内温度，分时供热则按照建筑办公工作时间和非工作时间设置不同供水温度，另外根据不同房间的功能，可以设置不同的区域来分区供热，可以通过调节供水温度和流量来改变室内温度。图 11-35 所示为系统冬季和夏季运行调控策略。

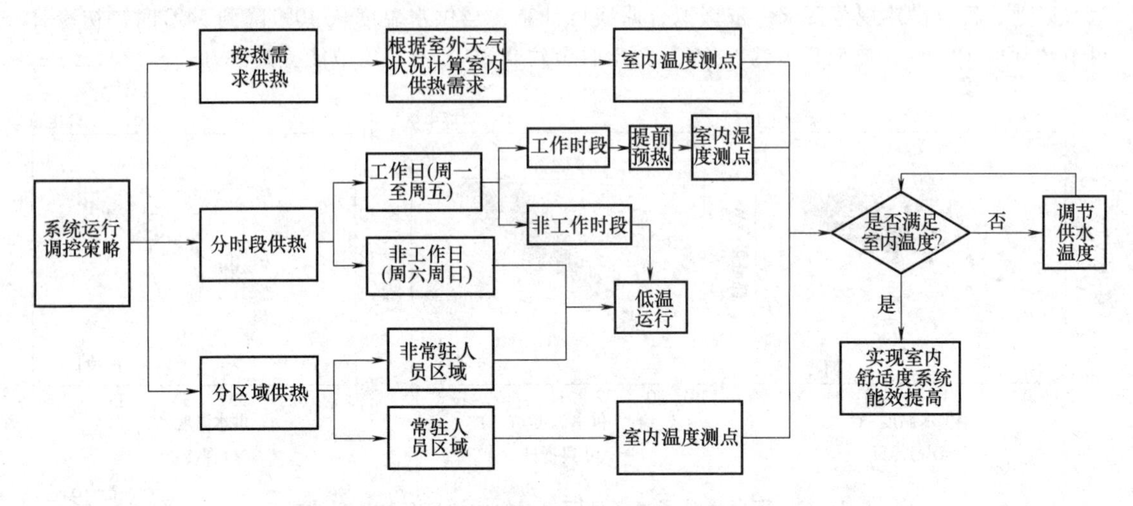

图 11-35　系统冬季和夏季运行调控策略

3. 工程应用规范化设计流程

根据美国采暖、制冷与空调工程师学会关于人类居住的热环境条件的标准（ASHRAE55—2010 标准）：舒适区温度为 20~24.5℃，相对湿度为 20%~70%。将会议室 0.6m 与 1.1m 温湿度取平均值代表室内温湿度水平，绘制原始数据与等含湿量降温后数据对比图，如图 11-36 所示。可以看出，原有数据温湿度均处于舒适区的比例为 40.74%；将室内温度沿等含湿量线降低 2℃后，温湿度均处于舒适区的比例为 70%，与原始数据相比舒适度明显提高。整体温湿度平均值由 23.25℃和 19.41%变为 21.25℃及 21.98%，降温后温湿度平均值处于舒适区。

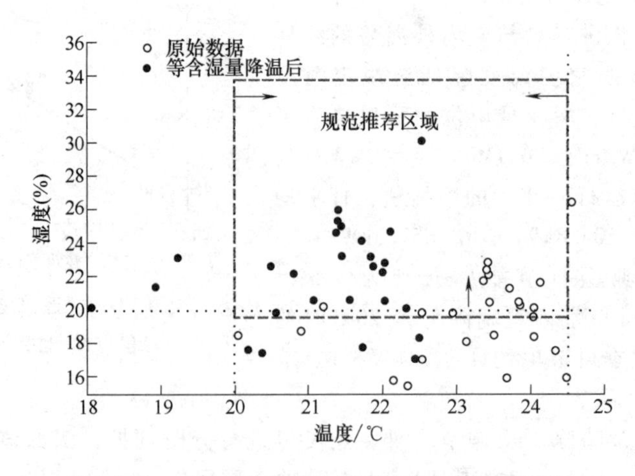

图 11-36　原始数据与等含湿量降温后数据对比图

改善热舒适性需从系统设计流程方面入手，规范它的系统流程设计，从通道类型、铺设面层、铺设面积三个方面来降低室内温度和提高室内湿度，以提高室内的热舒适性。图 11-37 为供暖季系统设计流程图和供冷季系统设计流程图。

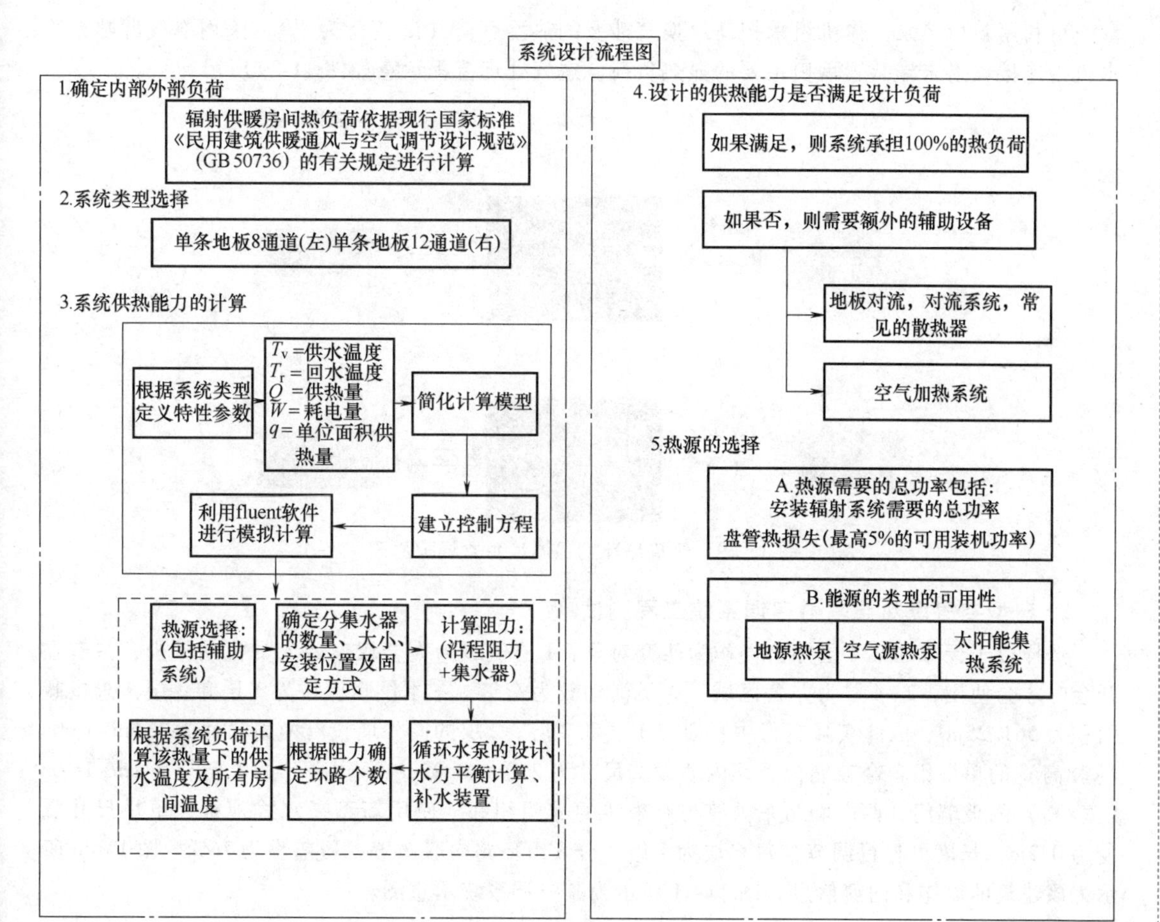

图 11-37　系统设计流程图

11. 2. 3　空气源热泵辐射空调系统

1. 系统形式及工作流程

空气源热泵辐射空调系统采用温度、湿度相对独立控制的方式。理想的排热和排湿过程（见图 11-38）中的显热和潜热负荷分别经由两套不同的系统处理。该过程避免了采用统一冷源处理显热、潜热带来的能源利用的损失。

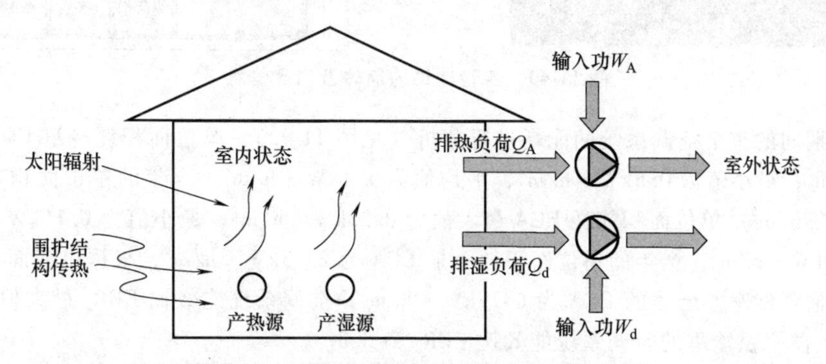

图 11-38　建筑中理想的排热和排湿过程分析

可利用新风热泵一体机组承担新风换气涉及的热湿负荷（湿负荷为主），采用空气源热泵冷水机组连接辐射末端装置承担主要的显热负荷。空气处理流程示意如图 11-39 所示。

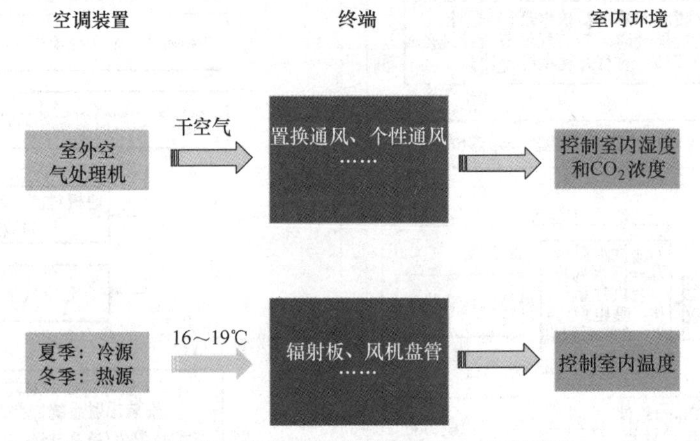

图 11-39 建筑热环境温湿度独立调控原理

2. 典型空气源热泵辐射空调系统工程测试

选择位于天津的某 4 层办公楼作为研究对象，1 层供暖为大会议室，人员流动较少，只有在开会时才会使用；2~4 层为办公区域，人员活动较为密集。冬季供暖区域为 1 层和 2 层，总供暖面积为 561.25m^2，因此实际运行中只研究 1 层和 2 层。2 层的南外墙设有两扇尺寸为 1.6m×1.4m（宽×高）的单层铝合金玻璃窗，北内墙设有尺寸为 2.0m×0.85m（宽×高）的木门与 2.1m×1.7m（宽×高）的玻璃门，西内墙与东内墙与有采暖的房间相邻。使用新型通水式地板，单块尺寸宽度为 0.2m，长度可自行调节，每 6 块为 1 组，分 8 组环路串联布置，覆盖率为 76%。图 11-40 所示为该建筑的墙体和门窗信息，图 11-41 所示为其空调系统示意图。

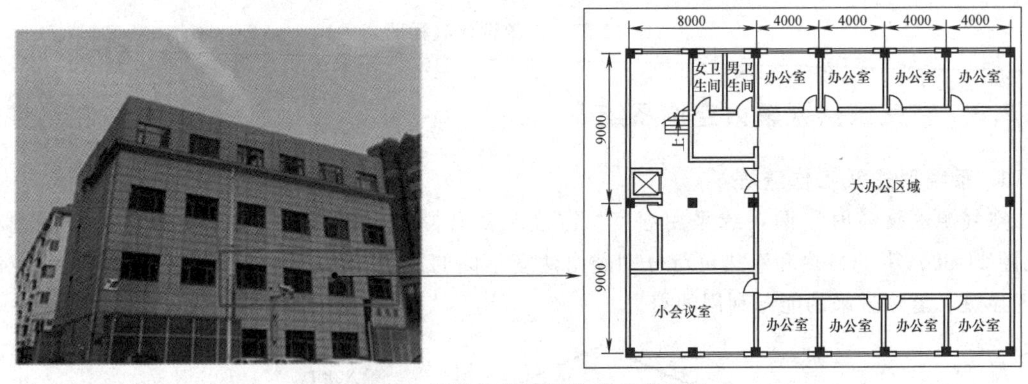

图 11-40 实验建筑的墙体及门窗信息

对测试期间的整个空调系统的能耗进行分析（见图 11-42），单位面积耗冷量 CCA 最大值为 1.7kW · h/m^2，最小值为 0.5kW · h/m^2，平均值为 1.1kW · h/m^2，全年的单位面积耗冷量 CCA 为 135.8kW · h/m^2；单位面积能耗 ECA 最大值为 0.22kW · h/m^2，最小值为 0.16kW · h/m^2，平均值为 0.19kW · h/m^2，全年的单位面积耗电量 ECA 为 23.3kW · h/m^2，根据供冷面积占空调面积的比例，估算整座办公楼的 ECA 为 64.7kW · h/m^2；空调系统能效比 EER_s 最大值为 7.9，最小值为 3.2，整个供冷季的空调系统能效比 EER_s 为 5.8。

各项性能参数的实测值与参考值的对比见表 11-8。

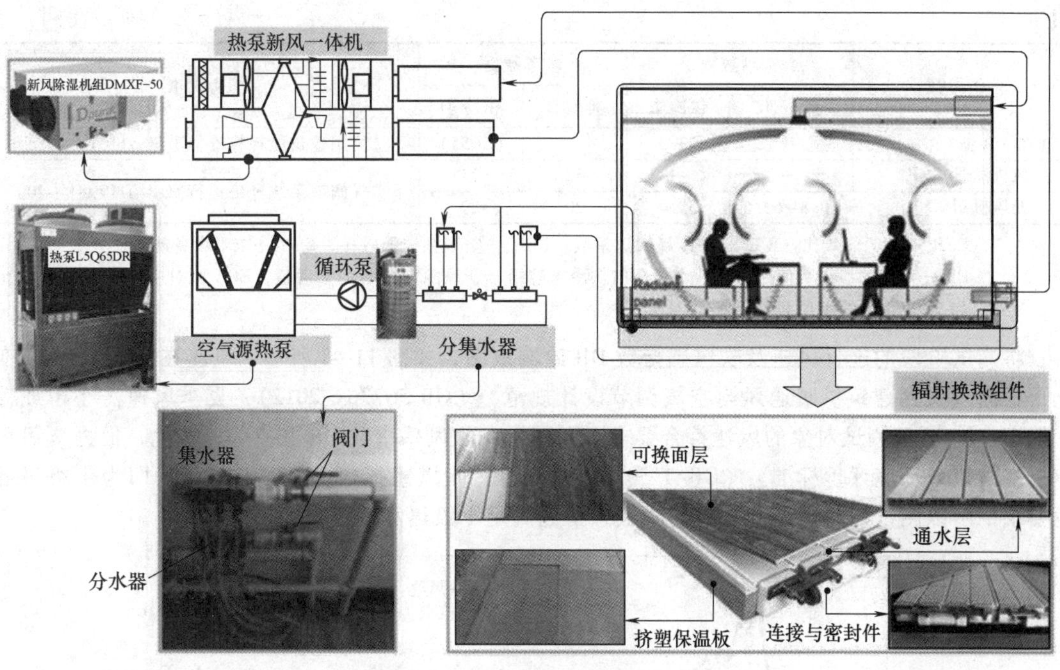

图 11-41　空调系统示意图

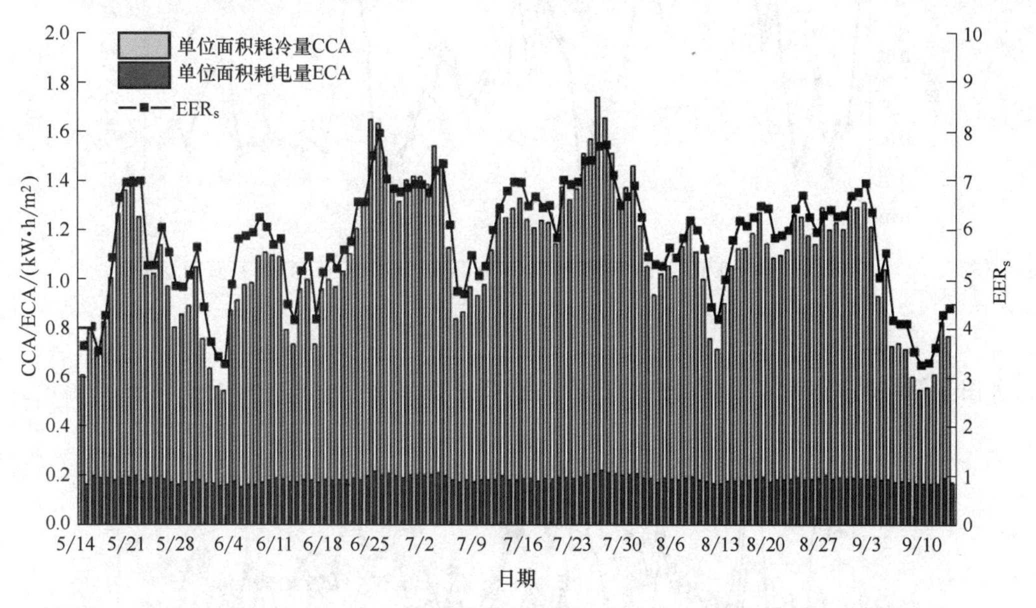

图 11-42　单位面积耗冷量 CCA、单位面积能耗 ECA 及空调系统能效比 EER_s 的变化情况

表 11-8　性能系数的实测值与参考值对比

性能参数	实测数据		参考数据		参考标准
	典型日	供冷季	典型日	供冷季	
EER_r	2.8~4.2	3.3	2.6	2.4	《空气调节系统经济运行》（GB/T 17981—2007）
WTF_{chw}	3.3~12.8	7.7	35	30	
EER_s	3.2~7.9	5.5	2.2~2.25	2	

（续）

性能参数	实测数据		参考数据		参考标准
	典型日	供冷季	典型日	供冷季	
ECA/[kW·h/m²]	—	23.3	—	65(55)	《民用建筑能耗标准》GB/T 51161—2016
风机盘管 EER_t	—	—	32	24	《空气调节系统经济运行》GB/T 17981—2007
新风机组 EER_t	10.8～62.6	32.4	20	20	

注：1. EER_r—冷源能效比，WTF_{chw}—冷媒输送系数，EER_s—空调系统能效比，EER_t—末端设备能效比。

2. EER_s 对应的参考数值是对于通水板辐射供冷末端结合新风除湿设备的参考值，ECA 所对应的参考数值中 65 和 55 分别为约束值和引导值。

将测试阶段的逐日风速及吹风感指数 DR 绘制成图，如图 11-43 所示，风速在 0～0.15m/s 变化，根据《民用建筑供暖通风与空气调节设计规范》（GB 50736—2012），夏季风速需小于或等于 0.3m/s，可见测试对象的风速符合要求。测试期间吹风感指数 DR 在 0～7%变化，根据《民用建筑室内热湿环境评价标准》（GB/T 50785—2012），吹风感指数 DR 小于 30%时即为Ⅰ级热舒适要求，所以测试期间该办公区域的吹风感指数满足Ⅰ级热舒适要求。

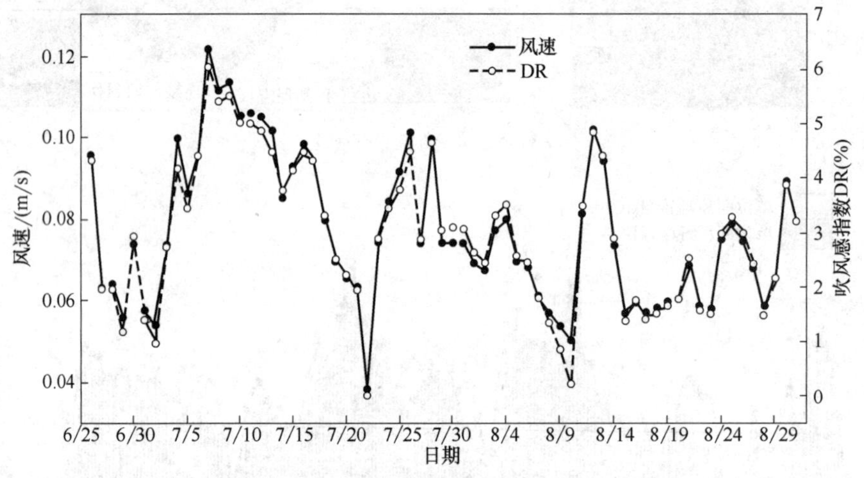

图 11-43　风速及吹风感指数 DR

如图 11-44 所示，大部分温度点均在舒适度要求温度 24～26℃，部分工位测点温度处于

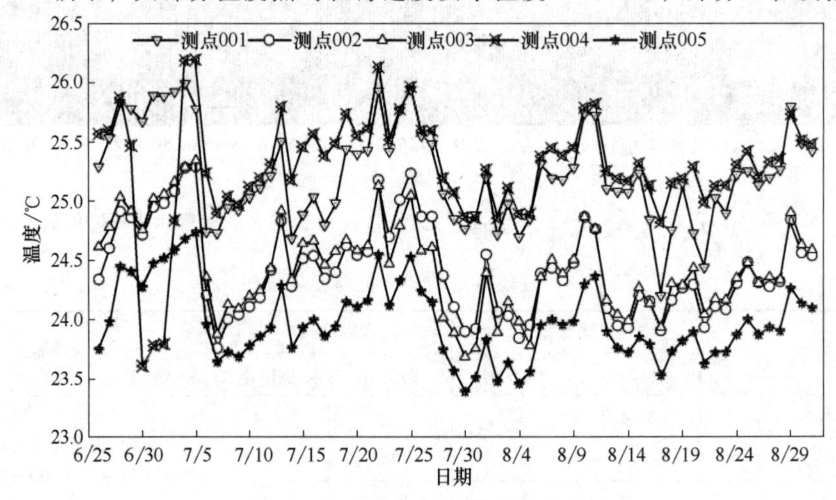

图 11-44　不同测点室内温度变化

22.5~24℃范围。如图 11-45 所示，所有测点的湿度值较为接近，舒适性空调的湿度的Ⅰ级舒适要求为 30%~60%，二级舒适要求为≤70%，所有湿度点均符合舒适性要求，且绝大部分处于湿度的Ⅰ级舒适要求。

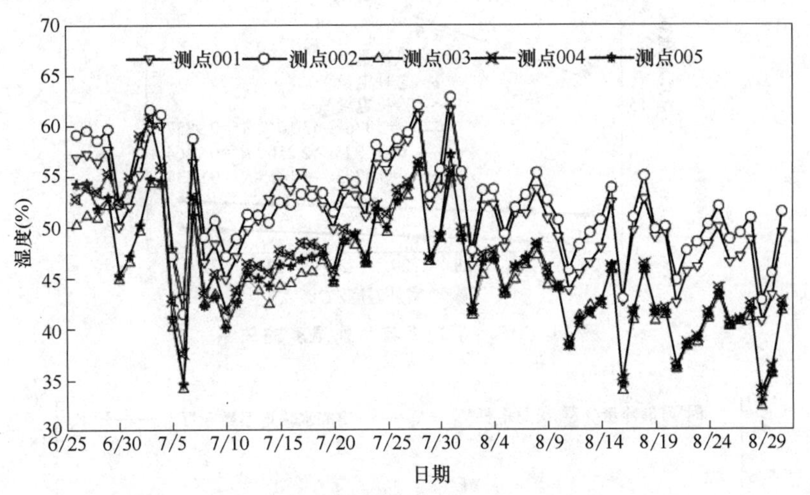

图 11-45　不同测点室内湿度变化

测试了静坐状态下（1.0met，met 为能量代谢当量）以及轻度活动状态下（1.2met）时的预计适应性平均热感觉指标（APMV），并利用 APMV 指标所涉及的公式对其进行适应性调整。不同活动强度下的 APMV 分布如图 11-46 所示。可以看出，在 APMV 的变化范围内，绝大部分的 APMV 处于Ⅰ级舒适度（-0.5≤APMV≤+0.5）要求，极少部分 APMV 处于Ⅱ级舒适度（-1≤APMV<-0.5 或 0.5≤APMV≤1）要求。

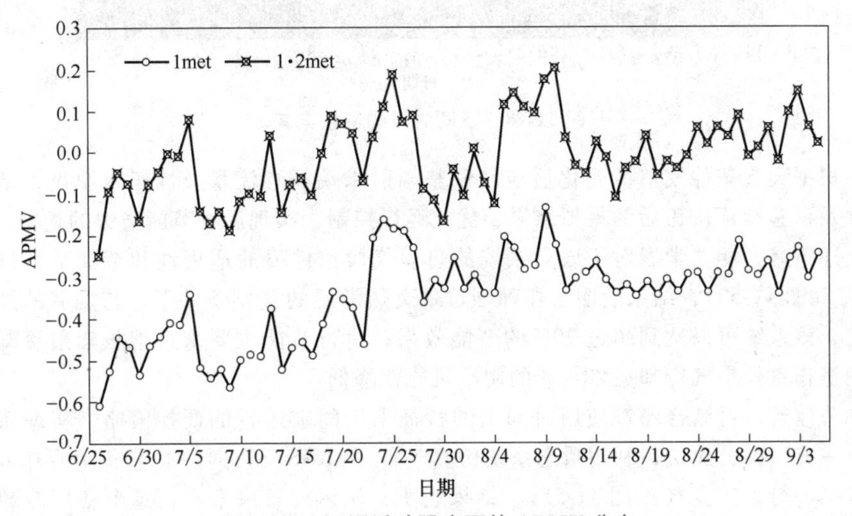

图 11-46　不同活动强度下的 APMV 分布

空调效果不能完全满足Ⅰ级热舒适要求（过冷），以热舒适为基准进行优化；相对于优化前的系统，总耗电量可降低 4.4%，总制冷量可降低 14.4%。

图 11-47 所示为冷量功率与室外温度的关系，图 11-48 所示为不同时间的冷量电耗。

3. 运行控制优化

基于空气源热泵的辐射空调系统需要结合建筑功能、所处地域条件，合理地设置通风除湿

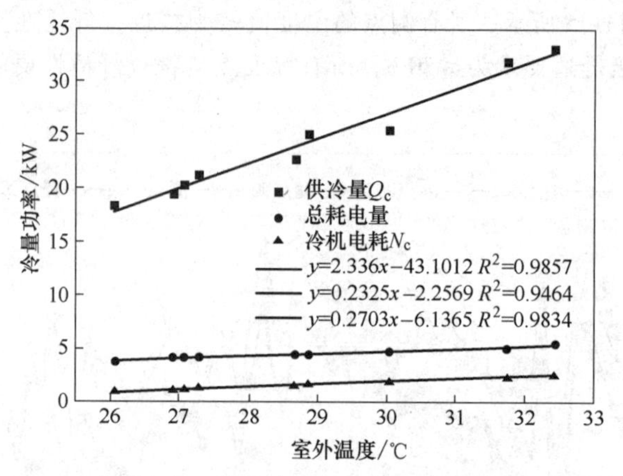

图 11-47 冷量功率与室外温度的关系

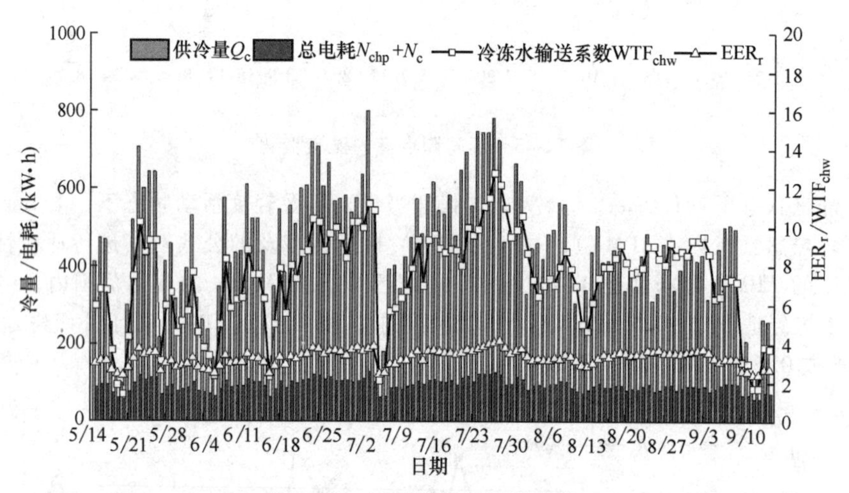

图 11-48 不同时间的冷量电耗

运行策略，根据天气条件及负荷变化适应性调整辐射末端循环流量及冷媒水温度，结合仿真分析模型建立及试验验证修正后的模拟结果，优化运行控制，实现运行节能潜力的挖掘。

按照上述策略，相关学者对于该类系统的热湿气候条件下的适用性和节能潜力进行了研究（见图 11-49 和图 11-50），结果表明，在韩国首尔炎热潮湿的气候条件下，与现有的地板辐射供冷系统相比，该系统可以达到超过 20%的节能效果；运行节能主要来自地板辐射冷却回路，以及通过正确操作室外空气冷却策略实现的制冷机能耗降低。

对于办公建筑，可结合建筑使用时间上的特征采用间歇运行的调控策略，实现系统的高效运行。针对一典型办公建筑，利用瞬态系统仿真工具（TRNSYS）对一种非备用冷却方案和四种备用冷却方案进行了仿真（见图 11-51），结果表明，从运行效果来看，每个备用冷却该方案能很好地控制室内热湿参数，限制室内蓄热，确保通风顺畅辐射系统的运行。从舒适的角度来看，即使在恶劣天气下，室内舒适度也能得到很好地满足。基于 PMV/PPD（预计平均热感觉指数/预计不满意者的百分数）的舒适度评价指标在不同备用冷却条件下没有显著差异，集成式辐射冷却系统间歇运行后操作采用备用冷却，室内舒适辐射系统的占用时间和平稳运行可以保证合理的启动前时间。在相同的辐射系统设置下，总的额外能量方案的消耗量和总额外冷却能量持续的新鲜空气供应比这些方案需要更多。其中，总额外能耗增加 67. 71%~157. 42%，总额外冷

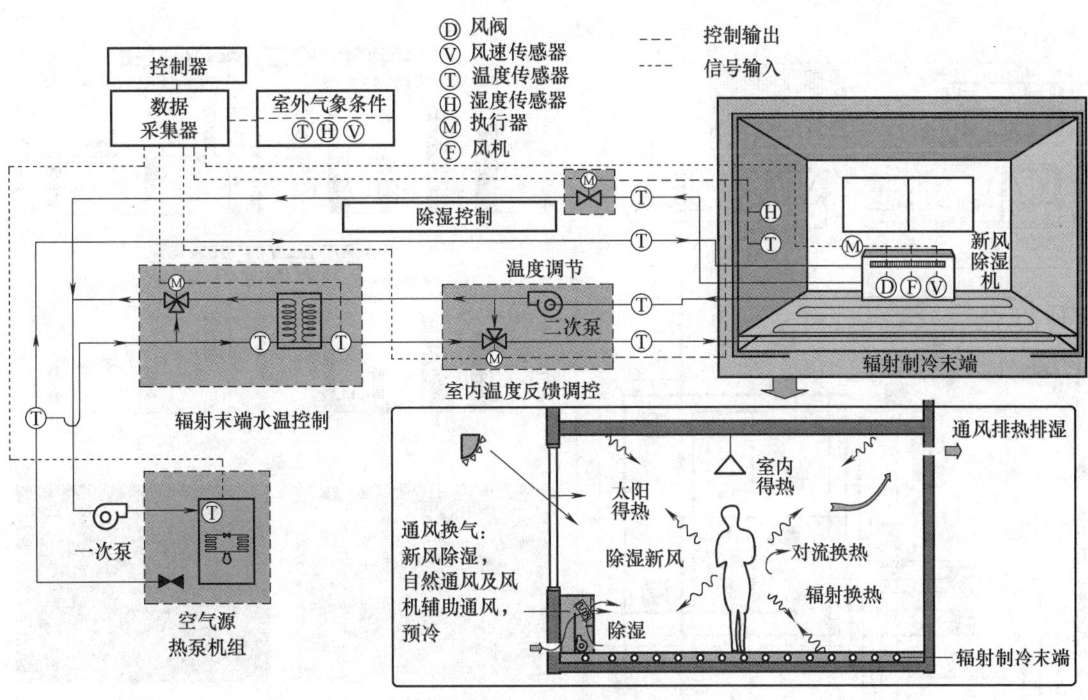

图 11-49　控制系统示意图

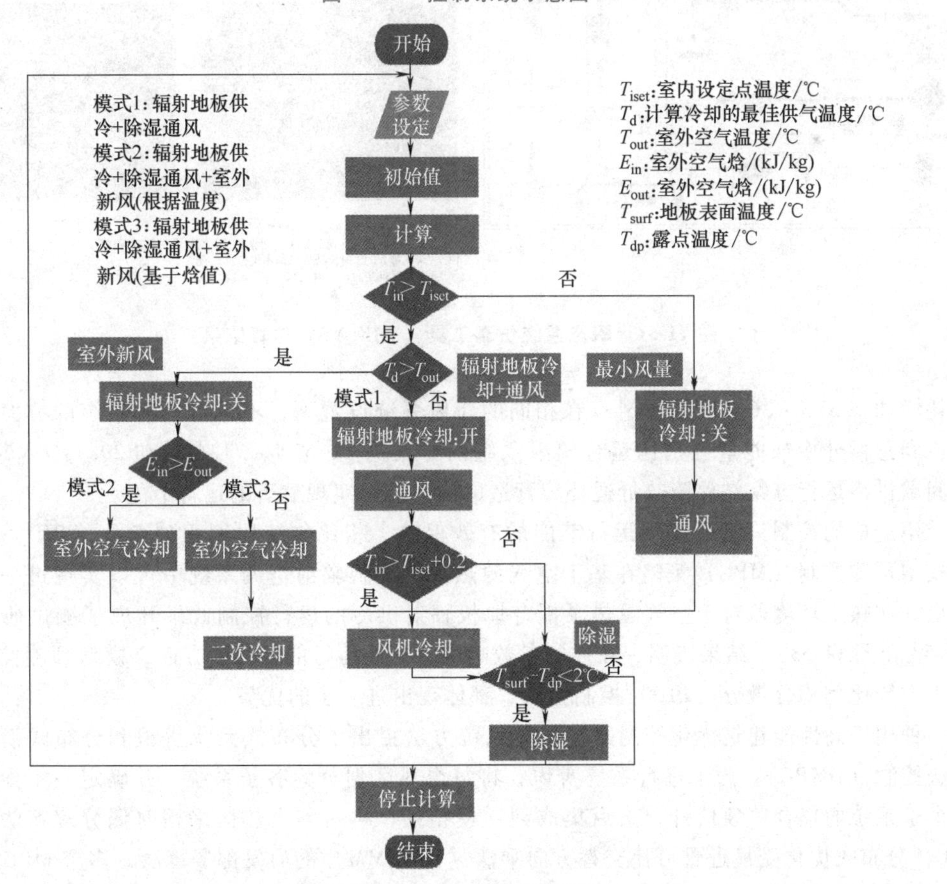

图 11-50　控制逻辑示意图

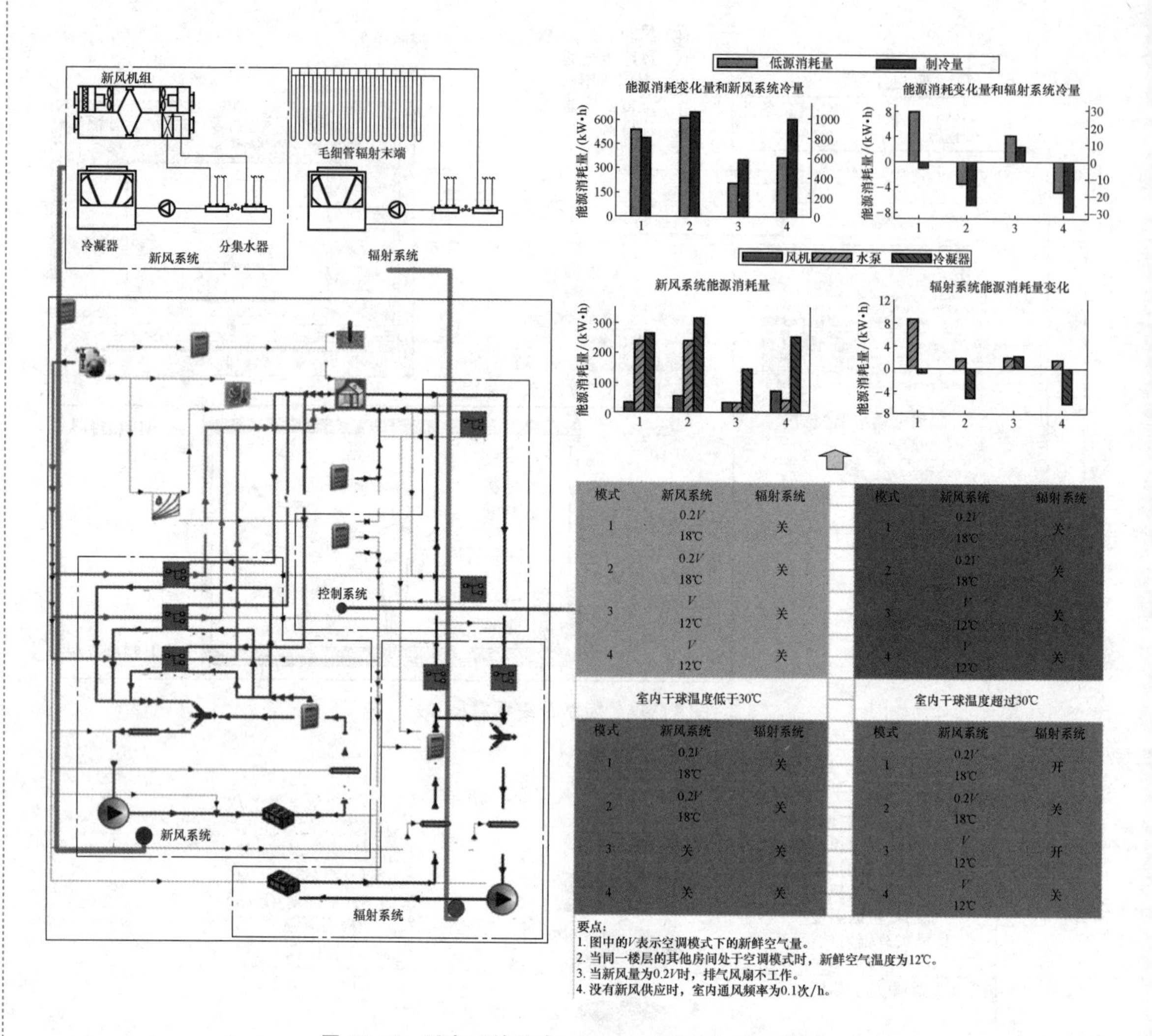

图 11-51　瞬态系统仿真工具（TRNSYS）仿真结果

却能耗增加 7.37%~36.29%。此外，在相同的新风系统设置下，不运行辐射系统的方案的总额外能耗和总额外冷却能量分别比运行辐射系统的方案高 11.67%~71.41%和 29.79%~64.75%，说明间歇供冷运行方案在保障热舒适环境营造的同时能够实现显著的运行节能。

采用适应的控制策略是实现运行节能的有效保障，相比传统比例积分微分（PID）控制策略，模型预测控制（MPC）策略在基于空气源热泵的地板辐射空调系统中可以实现进一步的节能效果。在热工环境舱对于空气源热泵耦合地板辐射供冷的运行控制效果开展了测试研究（见图 11-52 和图 11-53），结果表明，在控制参数响应特征及运行能耗控制方面，模型预测控制方式相对于传统比例积分微分（PID）控制方式，都体现出进一步的优势。

一种用于高性能建筑优化控制的智能体系统方法提出了分布式系统辨识和分布式模型预测的算法控制（DMPC）。为了进行系统辨识，将每个热区划分为各子系统，并确定一个参数，且对每个子系统的集合单独估计，然后集成到逆模型中，再对整个热区采用对偶分解算法。对于DMPC，分布式优化受最近雅可比交替方向乘法（PJADMM）的启发部署算法，多个 MPC 在交换控制输入信息的同时迭代运行，直到它们会聚在一起。开发的算法使用一个有人居住的开放式

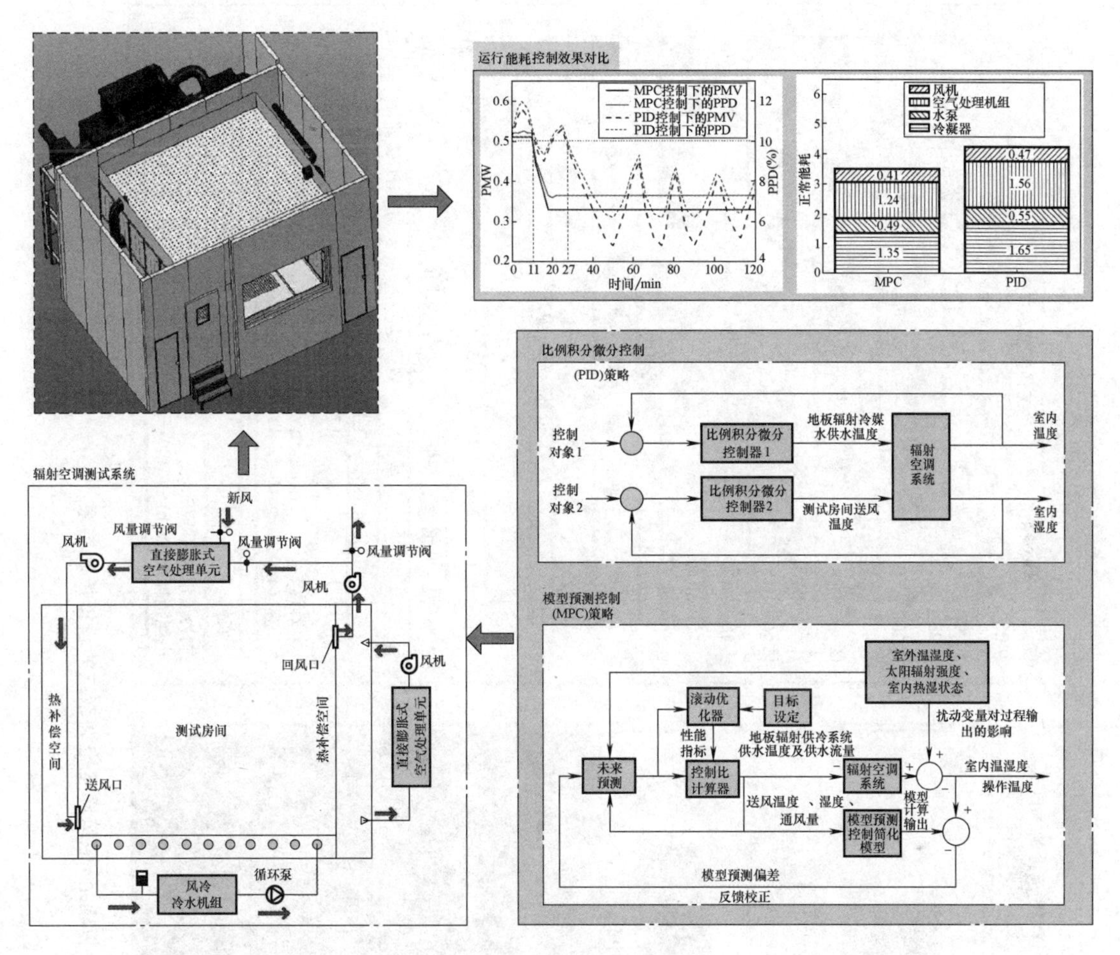

图 11-52　热工环境舱对于空气源热泵耦合地板辐射供冷的运行控制效果

办公室的现场数据进行测试，具有分布式传感、控制和数据通信能力的辐射地板系统的空间提供本地化的舒适服务。通过这种易于处理的方法，智能体控制器可以解决单个优化问题。同时，通过信息交换和广播，以较小的输入和输出规模约束，促进优化解决方案，提高效率，可扩展到不同的建筑应用。使用数据驱动模型和天气预报，DMPC 控制器实现优化风冷式冷水机组的运行，同时对于每个辐射地板回路，提供不同的运行温度范围。具有预测控制的辐射舒适性传递系统，能够提供局部热环境，同时实现显著节能。该系统在应用建筑所在地域气象条件下，制冷季运行结果显示降低了电力消耗，与基线反馈控制方式相比节能 27%。

4. 工程应用流程化分析及评价

上述的研究现状反映出，对于空气源热泵结合辐射末端的空调系统的适用性及运行性能研究方面，研究的方式涉及两方面，包括工程应用测试及试验平台测试，研究内容也包括两方面，营造环境的舒适性评价及运行能效分析。在实际系统运行测试分析的基础上，形成相关的分析模型，如建筑能耗动态分析模型、建筑热环境舒适性描述模型，在此基础上形成系统设计的方案分析方法、优化运行可控制策略、根据效益评价为既有系统的性能提升及类似系统的设计实施提供支持。

图 11-54 所示为工程应用试验平台示意图。

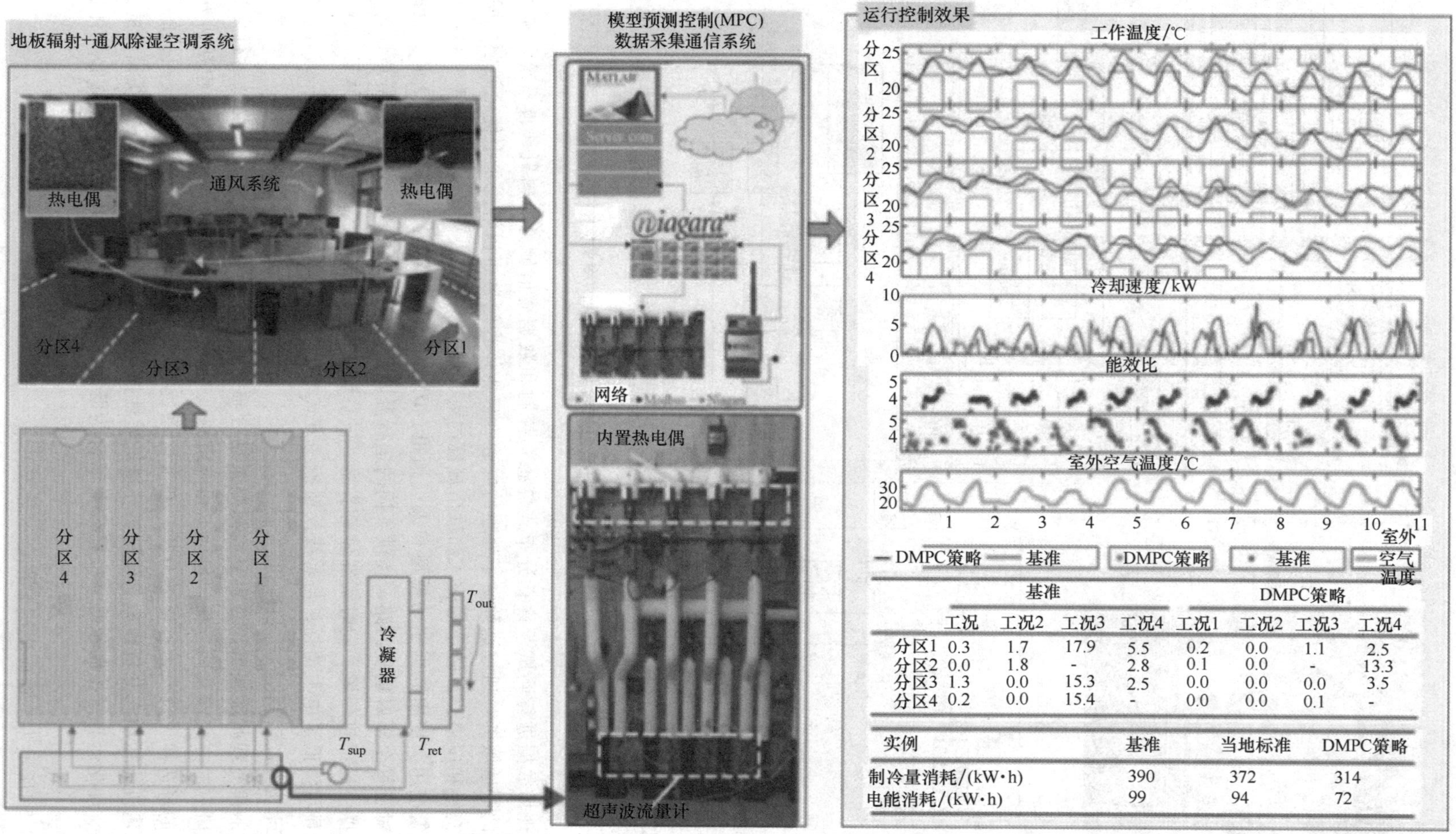
地板辐射+通风除湿空调系统
热电偶
通风系统
热电偶
分区4
分区3
分区2
分区1
分区4
分区3
分区2
分区1
冷凝器
T_{out}
T_{sup}
T_{ret}
模型预测控制(MPC)
数据采集通信系统
网络
内置热电偶
超声波流量计
运行控制效果
工作温度/℃
冷却速度/kW
能效比
室外空气温度/℃
DMPC策略
基准
DMPC策略
基准
室外空气温度
基准
DMPC策略
工况 工况2 工况3 工况4 工况1 工况2 工况3 工况4
分区1 0.3 1.7 17.9 5.5 0.2 0.0 1.1 2.5
分区2 0.0 1.8 - 2.8 0.1 0.0 - 13.3
分区3 1.3 0.0 15.3 2.5 0.0 0.0 0.0 3.5
分区4 0.2 0.0 15.4 - 0.0 0.0 0.1 -
实例 基准 当地标准 DMPC策略
制冷量消耗/(kW·h) 390 372 314
电能消耗/(kW·h) 99 94 72

图 11-53　基于地板辐射+通风除湿空调系统的模拟控制结果

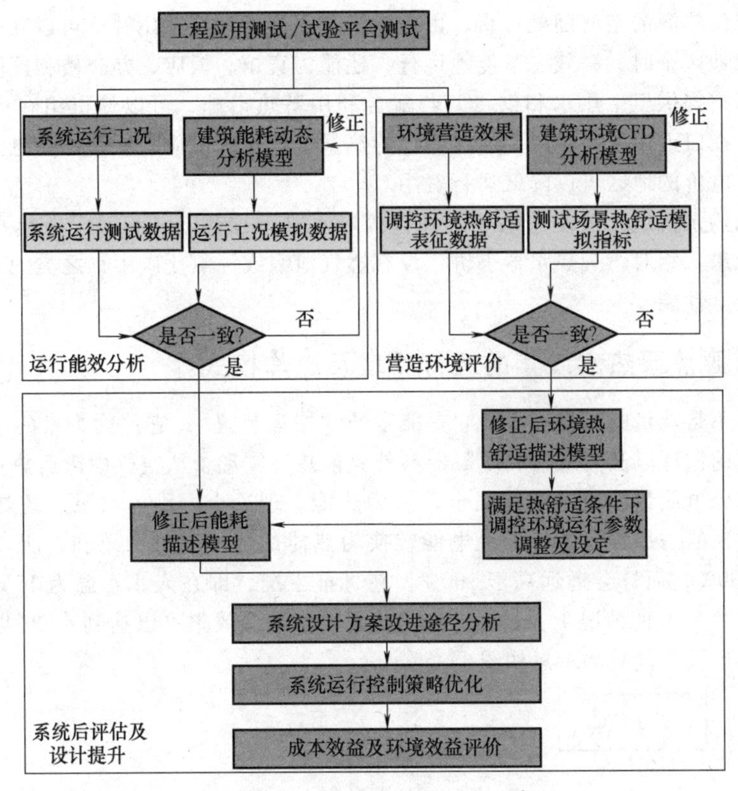

图 11-54　工程应用试验平台示意图

11.3　空气源热泵热水装置

空气源热泵热水器在国外早在 20 世纪 50 年代起开始在一些家庭中使用，21 世纪后，空气源热泵热水器在我国开始起步，2004 年以后空气源热泵热水器市场出现了较大的增长，初步形成产业雏形，经过多年的发展，现已成为仅次于日本的全球第二大热泵热水器生产国。国家标准和行业规范也不断地完善。如《商业或工业用及类似用途的热泵热水机》（GB/T 21362—2008）和《家用和类似用途热泵热水器》（GB/T 23137—2020）等国家标准的起草与发布。一系列相关的产品设备及工程应用技术标准与规范的完善，将进一步推动我国热泵热水器的发展。从长远来看，空气源热泵热水器（国内称第 4 代热水器产品）产业是一个朝阳产业和环保节能产业，存在着巨大的发展空间，必然走向产业化发展道路。《日本空调供热和制冷信息》（JRAN）预测，在不久的未来，我国的供热及热泵热水器市场将增至欧洲市场的 2 倍，成为世界最大的热泵热水机市场。

空气源热泵热水机组是一种可以替代锅炉的节能环保热水供应装置，它具有很多与空气源热泵空调机组相同的特点，同时作为热水机组，它与其他水加热器相比也具有很多独特之处。它采用绿色无污染的冷媒，吸取空气中的热量，通过压缩机的做功，生产出 50℃ 以上的生活热水。机组利用热泵原理，系统的 COP 在 3.0 以上，相对于电热水器和电锅炉可节省 70% 的电能。即使电力来源于火力发电，它的一次能源利用系数也在 1.0 以上，比燃油（气）锅炉高 15% 以上，充分显示出热水供应的用能合理性。另外，系统运行时本身没有污染物的排放，具有很好的环保特性。

由于作为低位热源的空气随处可得，因此它具有很强的地域适用性。可以在夏热冬冷、夏热冬暖和黄河流域地区全时、高效、节能地运行，还能为宾馆、饭店、办公楼和医院等大型公共建筑和大型热水用户提供卫生热水和供冷。若配合利用蓄热措施，可以使机组在夜间低谷电时运行，蓄存热量，在白天用电高峰时，通过蓄存的热量进行热水供应，从而达到电力移峰填谷的目的，在实现峰谷电价的地区可以降低运行费用。

由于空气源热泵机组无须使用电热元件直接对水进行加热，故相对于电热水器而言，杜绝了漏电的安全隐患。相对燃气热水器来讲，没有燃气泄漏或一氧化碳中毒之类的安全隐患，因而具有更卓越的安全性能。

11.3.1 空气源热泵热水装置的运行原理及工作模式

热泵热水器不是能量的转换装置，它是能量的“搬运装置”：它消耗少量的电能驱动压缩机运转，通过工质的循环以及蒸发器和冷凝器与外界换热，实现了从空气中搬运热量的目的，同时它消耗的那一部分电能最终通过摩擦完全转换为热能。理论上，因为热泵系统热端获得的热量等于由外界搬运来的一部分热能，加上电能转换为热能的那一部分的总和，所以热泵热水器的效率必然大于100%，而且会远远高于100%。在标准工况，即在入水水温为15℃，环境温度为20℃，出水温度为55℃的情况下，设计合理的热泵热水器，效率可以达到450%以上。典型热泵热水装置工作原理及能量流动示意如图11-55所示。

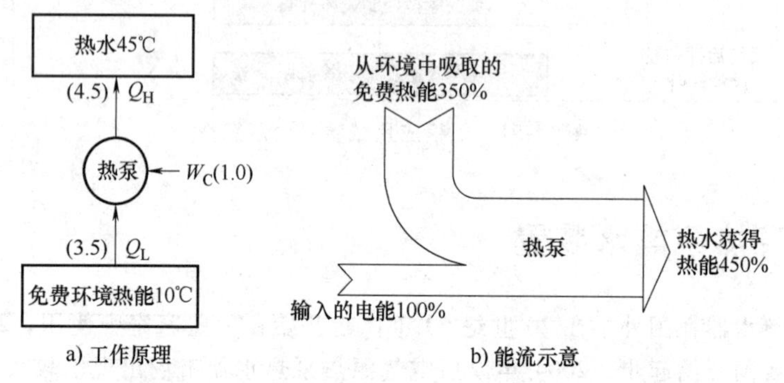

图11-55 典型热泵热水装置工作原理及能量流动示意

Q_H—热水获得的热能 W_C—输入的电能 Q_L—从环境中吸取的免费热能

封闭系统中一定压力下的热泵工质在其一温度下会达到饱和气与饱和液的相平衡状态，此时的压力称为饱和压力，温度称为饱和温度。当外界温度低于饱和温度时，热泵工质会发生由饱和气变为饱和液的冷凝相变，并放热；当外界温度高于饱和温度时，热泵工质会发生由饱和液变为饱和气的蒸发相变，并吸热。热泵工质的饱和压力与饱和温度是一一对应的，即饱和压力一定时，它的饱和温度随之确定，且通常饱和压力上升时，饱和温度随之单调升高；饱和压力下降时，饱和温度随之单调降低。

图11-56以工质R22为例，当压力较低（如约为0.5MPa）时，它在较低的温度（0℃）下即处于饱和状态并可发生相变；当压力升高（如约为1.7MPa）时，它在较高的温度（45℃）下达到饱和状态并可发生相变。蒸气压缩式热泵热水装置就是通过压缩机和节流部件控制系统中热泵工质的压力，从而使其在低压低温下蒸发相变由环境空气中吸热，在高压高温下冷凝放热给热水。它的具体工作过程为：热泵工质在蒸发器进口处为低压低温状态（主要为饱和液，为图11-56中4点处），吸收低温热源（设为10℃的环境空气）的热能。发生由饱和液变为饱和气的蒸发相变（相变过程中压力、温度基本不变），变为低压低温蒸气（图11-56中1点处）进入

压缩机并被压缩机升压后进入冷凝器，高压高温的热泵工质过热蒸气（图 11-56 中 2 点处）在冷凝器中先由过热蒸气变为高压中温的饱和气（图 11-56 中 2′点处），再由饱和气变为饱和液（为图 11-56 中 3 点处，冷凝相变过程中压力、温度也基本不变），并放热将冷水加热为热水，高压中温的热泵工质饱和液进入节流阀，经节流阀降压后变为低压低温的饱和气与饱和液的混合物（图 11-56 中 4 点处）进入蒸发器，开始下一个循环。

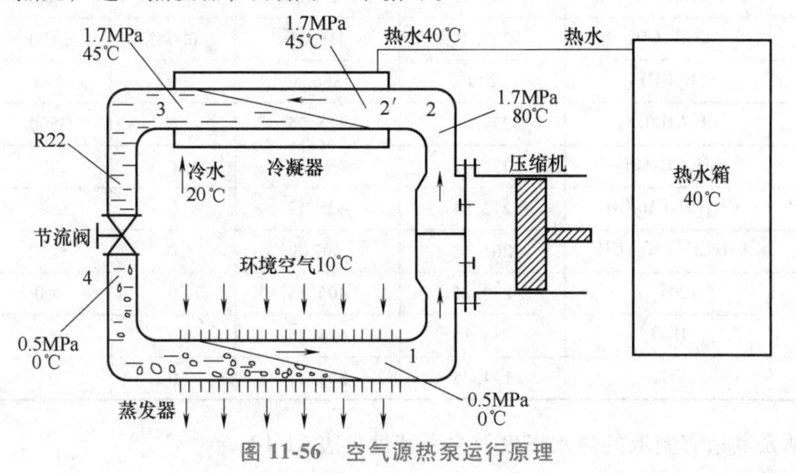

图 11-56 空气源热泵运行原理

上述蒸气压缩式热泵工质的状态与能量变化，其每一循环由四个基本过程组成：一是压缩过程，工质在压缩机中消耗电能或功，由低温低压气态被压缩为高温高压气态；二是放热过程，工质在冷凝器中由高温高压气态冷凝变为中温高压液态，同时放出热量用于加热热水；三是节流膨胀过程，工质在节流膨胀部件中由高压中温液态变为低温低压饱和液与饱和气的混合物（温度低于低温热源的温度）；四是蒸发过程，工质在蒸发器中从低温热源处吸热，由低温低压饱和液蒸发为低温低压气态。

良好的热泵工质通常满足以下要求：良好的热力学特性，工质的标准沸点（101325kPa 下的饱和温度）和临界温度、临界压力适宜，在工作温度（蒸发温度和冷凝温度）下相变潜热大，比体积适宜，在 T（温度）-S（熵）图上饱和气线、饱和液线有合理的倾斜度；良好的传热和流动性能，工质应有较高的导热系数、较低的表面张力和黏度；良好的物理化学性质，工质的化学稳定性和热稳定性好，工质与接触到的机组内金属和非金属材料不发生反应，对密封材料的溶解、膨胀作用小，对水有一定的溶解性；与润滑油有较好的互溶性，工质与润滑油不起化学反应，与润滑油互溶性好；安全性好，工质的毒性和刺激性小，不可燃，不爆炸，泄漏时易被检测；环境友好，工质的臭氧层破坏潜能 ODP 值、温室效应潜能 GWP 值应较小，应为非 VOC 物质（不在地面附近产生光化学烟雾），可在较短时间内在大气中降解，且降解物无毒无害；电气绝缘性好，封闭式压缩机的电动机绕组及电气元件浸泡在气态或液态工质中，工质应不腐蚀这些材料，且工质本身的绝缘性好；经济性好，来源广，价格低，易获得。

实际应用中，应综合考虑上述各因素，再根据热水温度、热水加热模式和低温热源的特性，确定适宜的热泵工质。常用热泵工质的参数见表 11-9。

表 11-9 常用热泵工质的参数

热泵工质	分子结构简式	标准沸点/K	临界温度/K	ODP	GWP	安全分类
R22	$CHClF_2$	232.39	369.38	0.034	1700	A_1
R123	$CHCl_2CF_2$	301.02	456.92	0.012	120	B_1

（续）

热泵工质	分子结构简式	标准沸点/K	临界温度/K	ODP	GWP	安全分类
R124	$CHClFCF_3$	259.96	395.65	0.026	620	A_1
R134a	CH_2FCF_3	246.99	374.08	0	1300	A_1
R141b	CCl_2FCH_3	305.15	477.3	0.086	700	—
R142b	$CClF_2CH_3$	263.35	410.29	0.043	2400	A_2
R152m	CH_3CHF_2	249	386.4	0	120	A_2
R227ea	CF_3CHFCF_3	254.85	375.95	0	3500	—
R290	$CH_3CH_2CH_3$	231.07	369.83	0	3	A_3
R600	$CH_3CH_2CH_2CH_3$	272.64	425.12	0	≤20	A_3
R600n	$CH_3CH(CH_3)CH_3$	261.42	407.8	0	≤20	A_3
R717	NH_3	239.85	406.15	0	≤0	B_2
R718	H_2O	373.15	674.25	0	<1	A_1
R744	CO_2	194.75	304.25	0	1	A_1

典型工质及其适宜制取的热水温度及主要特性见表 11-10。

表 11-10 典型工质及其适宜制取的热水温度及主要特性

工质名称	热水温度/℃	工质简要特性
R22	<45	应用广泛，配套部件及材料齐全，价格较低，对臭氧层和温室效应有一定影响
R123	<95	采用离心式压缩机，蒸发器内可能为负压，配套部件及材料齐全，价格中等，有一定毒性，对臭氧层和温室效应有一定影响，适于大中型机组
R124	<85	配套部件和材料需在试验基础上选用或改造，价格中等，对臭氧层和温室效应有一定影响
R134a	<60	应用广泛，配套部件及材料齐全，价格中等，对温室效应有一定影响
R227ea	<75	配套部件和材料需在试验基础上选用或改造，价格中等，对温室效应有一定影响
R717	<45	应用广泛，配套部件及材料齐全，价格较低，环境友好，但可燃，有一定毒性，适于大中型机组
R744	<95	工作压力较高，需采用跨临界循环，价格较低，环境友好
R22/R152a	<60	为近共沸混合工质，适于热水在冷凝器进出口温差不大的场合，价格较低，其中的 R152a 可燃，但 R22 大于一定浓度时混合工质不可燃
R22/R142b	<70	为非共沸混合工质，适于热水在冷凝器进出口温差为 10℃左右的场合，价格较低，其中的 R142b 可燃，但 R22 大于一定浓度时混合工质不可燃
R22/R600	<75	为非共沸混合工质，适于热水在冷凝器进出口温差为 20℃左右的场合，价格较低，其中的 R600 可燃，但 R22 大于一定浓度时混合工质不可燃

热泵热水装置可有两种加热模式（见图 11-57），一是采用一次加热模式，即冷水在流经热泵冷凝器过程中一次被加热至所需温度，进入热水箱的是满足温度要求的热水，这种加热模式中，水在热泵冷凝器中的进出口温差较大；二是循环加热模式，即先将冷水注入热水箱，然后由泵使热水箱内的水不断循环，流过热泵冷凝器，吸收热泵工质的热量，热水箱内的水温随加热时间逐渐升高，到达设定温度为止，这种加热模式中，水在热泵冷凝器中的进出口温差较小。

对两种加热模式的能源效率分析，例如，低温热源温度为 10℃，热泵工质的平均蒸发温度

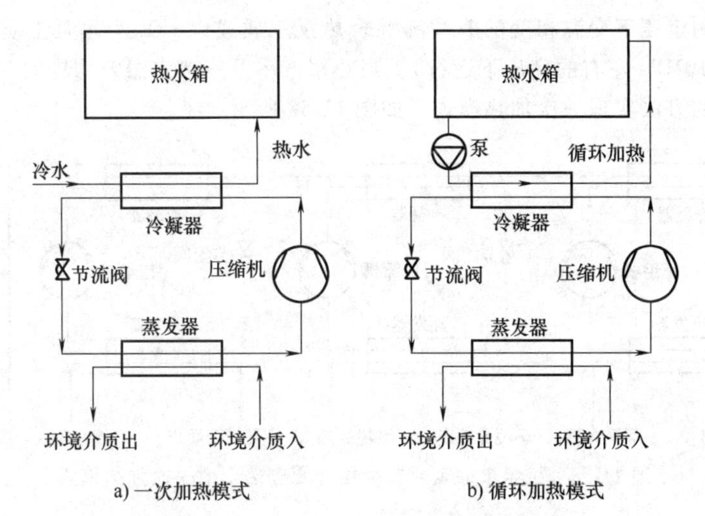

a) 一次加热模式　　b) 循环加热模式

图 11-57　热泵热水装置工作模式

为 0℃，冷水温度为 15℃，所需的热水温度为 45℃，冷凝器中热泵工质与水的平均传热温差为 5℃，两种加热方式获得 1t 热水所需的能耗计算如下。

一次加热模式是将冷水在冷凝器中由 15℃一次加热至 45℃，它的相应参数及能耗量如下：

水在冷凝器中的平均温度：$t_{Aw}=(15+45)℃/2=30℃$

热泵工质的平均冷凝温度：$t_n=t_{Aw}+t_0=(30+5)℃=35℃$

热泵工质的平均蒸发温度：$t_{AE}=0$

装置的性能系数：$COP\approx0.5\times(t_n+273)/(t_{AC}-t_{AE})=0.5\times308℃/(35-0)℃=4.40$

每加热 1t 水需耗热量：$Q_H=1\times4.2\times(45-15)MJ=126MJ$

每加热 1t 水需耗电量：$W=Q_u/COP-126MJ/4.40=28.64MJ$

循环加热是注入热水箱的冷水在循环流过冷凝器而逐步吸热升温，设由 15℃升到 45℃近似分为 6 个管段（实际是连续的，此处为计算方便分为 6 个管段），每段的相应参数及能耗见表 11-11。由计算数据可见，将冷水由 15℃循环加热逐步升温至 45℃时，耗电可略低于一次加热模式。

表 11-11　各管段的相应参数及能耗

各段参数及能耗	升温段 1	升温段 2	升温段 3	升温段 4	升温段 5	升温段 6
各段初水温和终水温 t_2/℃	15→20	20→25	25→30	30→35	35→40	40→45
各段水侧平均温度 t_{Aw}/℃	17.5	22.5	27.5	32.5	37.5	42.5
各段中热泵工质冷凝温度 t_{Ac}/℃	22.5	27.5	32.5	37.5	42.5	47.5
各升温段平均性能系数 COP	6.567	5.464	4.7	4.14	3.712	3.374
各升温段耗电量 W_{ci}/MJ	3.198	3.843	4.468	5.072	5.657	6.224

两种加热模式的应用特性分析，循环加热模式时热水在冷凝器进出口的温差不大，可采用热泵工质近似为定温相变的蒸气压缩式热泵热水装置，但由于加热过程中热泵工质的冷凝温度变化范围较大，故加热开始和加热结束阶段装置的工况参数可能偏离其最佳工况，使其性能下降。因此，实际应用时，加热热水的耗电量可能略高于计算值。一次加热模式由于要求在冷水进入冷凝器后，在流经冷凝器过程中一次即被加热至所需温度，因此它在冷凝器中的温升一般较

大，这就要求采用定压下变温相变的非共沸混合热泵工质或以 CO_2 为热泵工质（装置需采用跨临界循环，且在 10MPa 左右的高压下运行）。当热水产率及冷热水温差均较大时，可采用多个中小机组串联组合的方法实现一次加热模式，如图 11-58 所示。

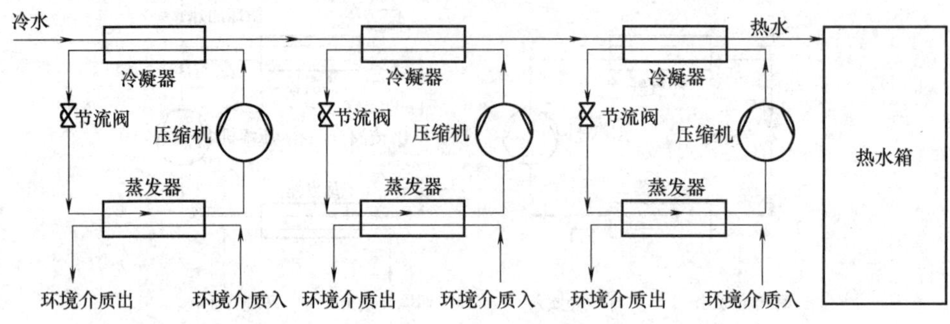

图 11-58　机组串联组合实现由冷水到热水的一次加热模式

图 11-58 中冷水经三台机组串联加热，至热水箱处即为满足温度要求的热水，三台机组可采用不同的定温相变或变温相变热泵工质（水在每台机组中的温升也可不同），可使每台机热水供给模式通常有两种，一种是制取的热水温度恰好等于用户所需的热水温度；另一种是制取的热水温度高于用户所需的热水温度，用户在用水时，将高温热水与冷水（自来水）混合，得到所需温度的热水，相关用水设计需符合《建筑给水排水设计标准》（GB 50015—2019）的要求。对热泵热水装置，这两种热水供给方式的能源效率明显不同。仍然设冷水（自来水）温度为 15℃，用户所需热水温度为 45℃。按第一种方式供给热水时，热泵热水装置制取（用一次加热模式制取）的热水温度也为 45℃，则用户获得 1t 45℃的热水所需的耗电量为 28.64MJ。

设按第二种方式供给热水时，热泵热水装置制取的热水温度为 65℃，并由 65℃的热水与 15℃的自来水混合得到 45℃的热水，则获得 1t 45℃获的热水所需的高温（65℃）热水量 m_H 的计算式如下：

$$(65-45)m_H=(45-15)\times(1-m_H)$$

解得：$m_H=0.6\text{t}$。将 0.6t 15℃的冷水加热到 65℃的耗热量仍为 $Q_H=126\text{MJ}$，水在冷凝器中的平均温度为 40℃，热泵工质的平均冷凝温度为 45℃，仍取热泵工质的蒸发温度为 0℃，则装置的性能系数约为 $0.5\times(273+45)℃\div(45-0)℃=3.53$，加热得到 0.6t 65℃热水的耗电量为 $126\text{MJ}\div3.53=35.69\text{MJ}$，比第一种热水供给模式多耗电：$(35.69-28.64)\div28\times100\%=24.6\%$。

热泵制取热水的温度超出用户所需的热水温度越多，则耗电增加越多，因此，在工程实际应用中，热泵制取的热水温度应尽量接近用户所需的热水温度。

11.3.2　空气源热泵热水装置的类型及特点

随着生活水平的提高，热水机（器）已成为人们生活中一项必需的基本设施，城镇中家用、商用及工业用的热水机（器）的数量逐年增加。

1. 空气源热泵热水机

国家标准《商业或工业用及类似用途的热泵热水机》（GB/T 21362—2008）中将热泵热水机定义为“一种采用电动机驱动，采用蒸气压缩制冷循环，将低品位热源（空气或水）的热量转移到被加热的水中以制取热水的设备”。空气源热泵热水机正是以空气为热源的热泵热水机。空气源热泵热水机主要用于商业及工业，用以制取热水。空气源热泵热水机按结构形式分为自带水箱和不带水箱两种。图 11-59 所示为常用的自带水箱的空气源热泵热水机系统原理图，它主要

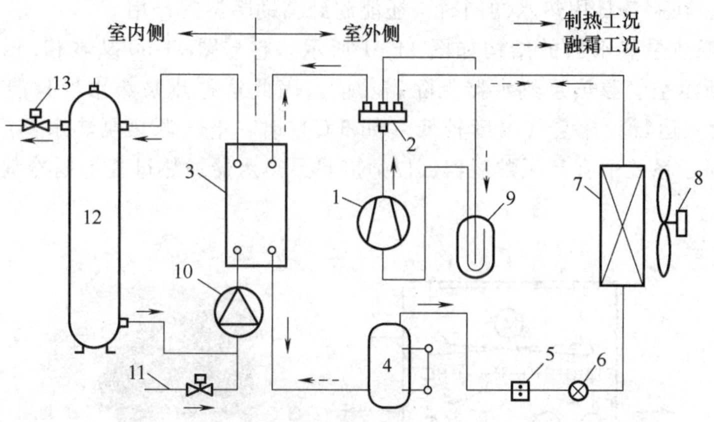

图 11-59　常用的自带水箱的空气源热泵热水机系统原理图

1—压缩机　2—四通换向阀　3—水/制冷剂换热器　4—高压贮液器　5—过滤器
6—电子膨胀阀　7—空气/制冷剂换热器　8—轴流风机　9—气液分离器
10—热水循环泵　11— 补水加压系统　12—热水箱　13—热水出口

由蒸气压缩式热泵循环系统和蓄热水箱两部分组成。目前，商用空气源热泵热水机一般配置涡旋式压缩机或螺杆式压缩机，家用空气源热泵热水机一般配置转子式压缩机或涡旋式压缩机，少部分企业采用热泵热水机专用压缩机。水/制冷剂换热器通常采用套管式冷凝器、板式冷凝器、壳管式冷凝器、沉浸式冷凝器（蓄热水箱+盘管）。空气/制冷剂换热器采用铜管铝片翅片管换热器。空气源热泵热水机通常为分体式结构，它的热水箱有立式和卧式之分。为了融霜，系统设四通换向阀 2 和气液分离器 9，或在排气管上设置电磁阀，融霜时通往室内换热器的电磁阀关闭，通往室外换热器的电磁阀打开。

2. 空气源热泵热水器

国家标准《家用和类似用途热泵热水器》（GB/T 23137—2020）中，将热泵热水器定义为“一种利用电动机驱动的蒸汽压缩循环，将空气或水中的热量转移到被加热的水中来制取生活热水的设备”。空气源热泵热水器是以环境空气为热源的热泵热水器。空气源热泵热水器主要用于家用，用来制取生活热水（55℃或 60℃）。目前市场上的热水器产品主要有燃气热水器、电热水器、太阳能热水器三种类型。被称为第四代热水器的空气源热泵热水器因环保、节能、运行安全等优点，正在引起重视。空气源热泵热水器按结构形式分为整体式和分体式。

整体式空气源热泵热水器结构如图 11-60 所示。压缩机、蒸发器（空气/制冷剂换热器），风机、空气进、出口等设置在热水箱上部，而冷凝器（水/制冷剂换热器）直接设置在热水箱内。空气温差 Δ_1 = 5～10℃，冷凝温度 t_0 = 60～65℃，日用热水温度为 50～55℃，将 300L 的水由 10℃加热至 50℃，所需时间 5～8h，通常可利用廉价的夜间电来加热日用热水。为了解决热水供应，高峰用水（节日前夕）的紧张问题，设置电加热设备 10 的电功率至少为 18kW。这种空气源热泵热水器经常设置在温度较高的采暖地下室中，应该说，此设备布置在采暖房间内是错误的做法，违背了利用热泵热水器科学用能的原则，原因是，一般来说采暖热源属于高位能，有加热日用热水的能力而不用，却让采暖系统先加热室内空气，然后由热泵热水器吸取室内空气热量来制备日用热水，这个过程又要重新消耗一定的电能（高位能）。这是一种极不科学的用能方式。因此，这种热水器应该放在室外，做好热水箱的保温，或用在我国夏热冬暖地区（如海南、台湾、广东、广西大部、云南西南部等）建筑物内（不采暖情况下室温较高）。在炎热天气时，将设备设置在室内，在制备日用热水的同时，还能起到辅助降温的作用。

分体式空气源热泵热水器的结构如图 11-61 所示。它与图 11-60 基本相同，它们的差异为：第一，图 11-61 所示空气源热泵热水器无除霜功能。因此这种热泵热水器只能在环境温度约为 7℃以上时才能投入运行。在空气温度较低（如 3℃）时，空气源热泵热水器应设有除霜系统。第二，图 11-61 所示系统中有高压贮液器，以适应热泵热水器加热过程中制冷剂质量流量的动态变化特性。

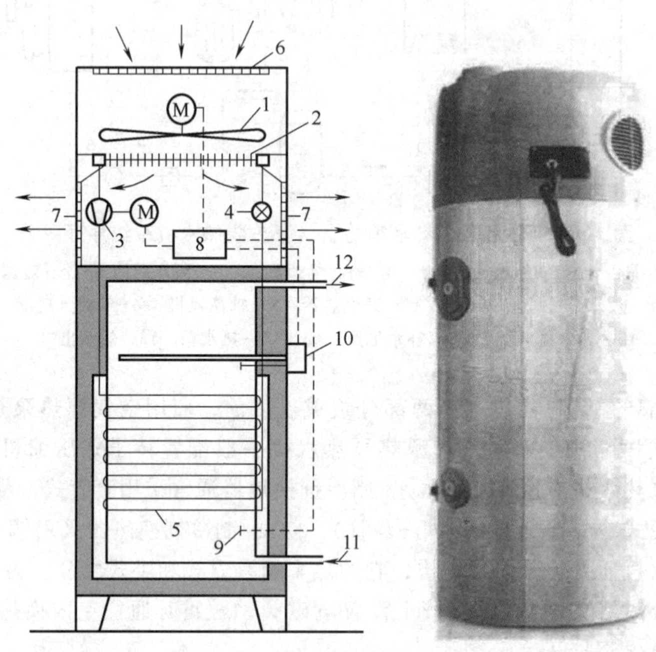

图 11-60 整体式空气源热泵热水器结构示意图

1—风机 2—蒸发器 3—压缩机 4—膨胀元件 5—冷凝器 6—空气进口 7—空气出口 8—调节器 9—热泵恒温控制器 10—电加热设备 11—冷水进口 12—热水出口

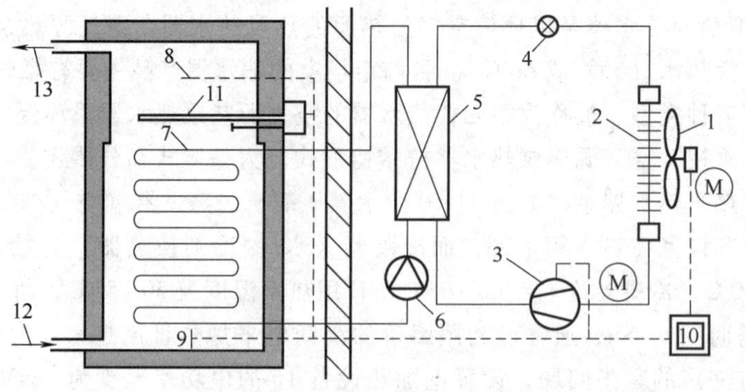

图 11-61 分体式空气源热泵热水器

1—风机 2—蒸发器 3—压缩机 4—膨胀元件 5—冷凝器 6—循环泵 7—泵加热盘管 8—热水加热器温度传感器 9—热水贮存加热器 10—控制调节设备 11—节电加热设备 12—冷水进口 13—热水进口

在我国，空气源热泵热水机与空气源热泵热水器划分并没有明确界限，两者原理相同，运行特性也相同，在讨论它们的特性时不作明确划分。空气源热泵热水机（器）同热泵冷热水机组虽同属于空气/水热泵机组，但由于用途不同，运行特性差异很大，主要有：

1）供热量不仅同空气/水热泵机组一样随环境空气温度变化而变化，还随制备热水过程变化。也就是说，空气源热泵热水机（器）在环境空气温度高和开始加热（冷水进口温度约为10℃）时供热量特别大，而随着接近热水设定温度（如 50℃），即使环境空气温度不变，供热量也会下降。因此，在空气源热泵热水机的设计中应充分注意这一特性。例如，在春秋或夏季，由于热水负荷减小，而供热量又显著增大，这往往会使空气源热泵热水机（器）的启动过于频繁，为了避免此问题，热水贮罐内的盘管面积应按夏季最大供热量进行设计，或对其供热量进行调节。又如，由于热泵加热的热水温度尽可能不超过 50℃。如需要 60℃热水时，可由电加热器由50℃再加热至 60℃。典型空气源热泵热水器基本技术参数见表 11-12。

表 11-12　典型空气源热泵热水器技术参数

热水产率/(kg/h)	65	130	180	330	1500	3500
额定出水温度/℃	55	55	55	55	55	28
最高出水温度/℃	65	65	65	65	65	35
电源相数	1	1	1	3	3	3
电压(50Hz)/V	220	220	220	380	380	380
制热量/kW	3	6	8	15	70	70
额定输入功率/kW	0.8	1.6	2	4	18	13
最大输入功率/kW	1.2	2.2	2.8	5.3	22	17
质量/kg	75	90	135	180	700	500
水路接管规格	DN25	DN25	DN25	DN25	DN60	DN60
外形尺寸(长×宽×高)/mm	600×600×1000	600×600×1000	600×600×1000	800×800×1000	2000×1000×2000	1000×1000×2000
其他	适用环境温度为-10~40℃，噪声<60dB(A)					

2）空气源热泵热水器性能（COP）不仅随环境空气温度降低而降低，而且随着加热过程中热水温度的升高而减小。研究人员设计了一个简单的空气源热泵热水器，并采用了集总参数法建立了空气源热泵热水器的数学模型，模拟结果如图 11-62 和图 11-63 所示，反映了空气源热泵热水装置的一般运行性能。

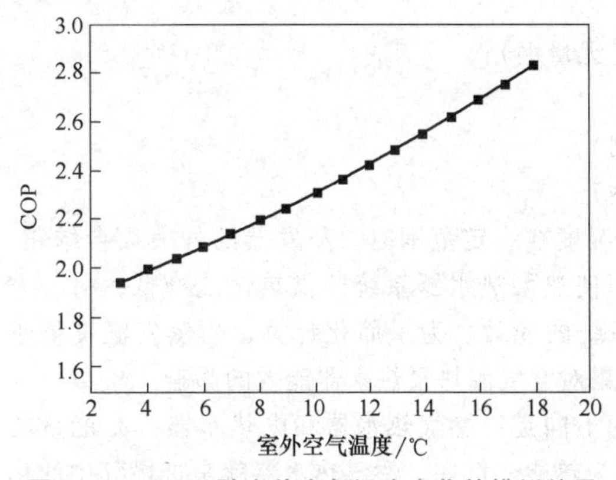

图 11-62　COP 随室外空气温度变化的模拟结果

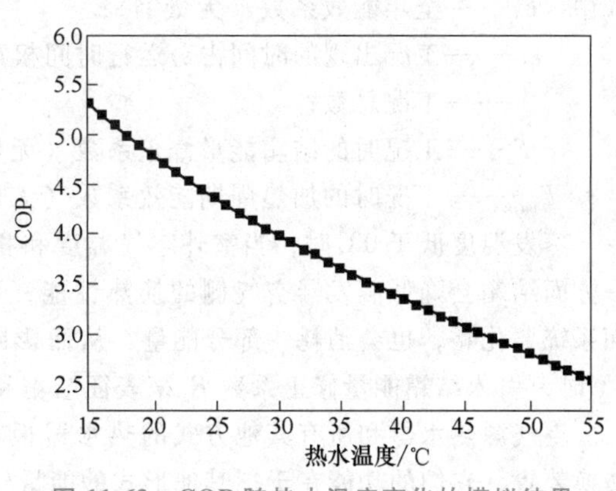

图 11-63　COP 随热水温度变化的模拟结果

图 11-62 给出热水温度为 45℃，空气源热泵热水器随室外空气干球温度的变化。由图可知，当室外干球温度从 3℃增至 18℃时，热泵热水器的 COP 值从 1.94 增加至 2.83，增加了 46%。图 11-63 给出了该空气源热泵热水器 COP 值与热水加热过程中水温升高的变化关系（室外空气

干球温度为15℃，湿球温度为12℃）。由图11-63可见，COP值随着热水加热温度的升高而快速下降，当热水温度从15℃升高至55℃时，空气源热泵热水器的COP值从5.33降到2.47，降幅达54%。

3）以加热周期能效系数与全年能效系数为能效评价指标。由图11-62和图11-63可知，空气源热泵热水器采用COP为它的能效评价指标有很大的局限性，究其原因，COP是一个瞬时量，只能反映某个特定工况的能耗情况。并不能反映热水温度变化对热泵热水器能耗的影响和热泵热水器在某一地区应用的全年能效情况。为了定量反映热水温度变化对热泵热水器能量消耗的影响，提出加热周期能效系数概念，它的定义为：在某特定气象条件下，将某一固定容积的水从15℃加热到50℃过程中，所得到的热量与消耗的功量的比值。定义式如式（11-1）所示：

$$E_{ph} = \frac{\int_{15}^{50} Q \mathrm{d}T}{\int_{15}^{50} W \mathrm{d}T} \tag{11-1}$$

式中 E_{ph}——加热周期能效系数（无量纲）；

Q，W——不同热水温度时的加热量和功率（kW）；

T——热水温度（℃），这里的耗功包括压缩机、室外风机、水泵等所有耗功部件的耗功。

加热周期能效系数是一个过程量，它反应热泵热水器将水从15℃加热至50℃过程中的总体耗功情况，其数值直观说明了不同热泵热水器在一定室外条件下的能效，可以体现出热泵热水器运行的能耗情况和相对优劣。

除了热水温度的变化对热泵热水器的能耗的影响外，空气源热泵热水器所处的外界环境条件的变化对热水器的能耗也有重要的影响。室外气象条件的变化在所难免，为了更好地评价热泵热水器的能效，在加热周期能效系数的基础上，提出了全年能效系数。全年能效系数是指空气源热泵热水器在某一特定地区全年运行时，总的加热量和总的功耗的比值。它可由不同室外空气参数的加热周期能效系数对该室外空气参数出现的频率加权平均求得，如式（11-2）所示：

$$E_{fy} = \sum_{i=1}^{n} r_{T,i} F_i E_{ph,i} \tag{11-2}$$

式中 E_{fy}——全年能效系数（无量纲）；

$r_{T,i}$——工况出现的时间占总运行时间权重（无量纲）；

n——工况总数；

F_i——工况时的结霜能量修正系数（无量纲）；

$E_{ph,i}$——工况时的加热周期能效系数（无量纲）。

蒸发温度低于0℃时，当室外空气温度和相对湿度在一定范围时，蒸发器的外表面会结霜，一方面结霜会降低蒸发器空气侧的换热性能，从而使热泵热水器系统的供热性能降低；另一方面系统要化霜，也会消耗一部分能量，从而影响系统的能效。为了简化计算，当蒸发温度低于0℃时，引入结霜能量修正系数 F_i 来表征结霜和融霜对空气源热泵热水器能效的影响。

空气源热水器和所有其他方式的热水器根本的不同是：燃气热水器和电热水器都是能量的转换装置，它们的功能在于把其他形式的能量转换为热能。例如，燃气热水器就是把燃气中的化学能通过燃烧转换为热能；电热水器则是将电能通过电热丝转换为热能。根据能量守恒定律，这种转换装置的效率，由于转换过程中不可避免的热损失，只能是低于100%的。例如，容积式电热水器的热效率为85% ~95%，燃气热水器的效率一般也在85%~95%。

以每天将300L水从15℃加热到55℃的小型热水装置为基准，不同类型小型热水器典型数据见表 11-13（表中能源单价参考 2008 年 10 月 15 日天津市民用能源价格）。

表 11-13　不同类型小型热水器典型数据

项目	煤气热水器	天然气热水器	电热水器	太阳能热水器	热泵热水器
所用能源	煤气	天然气	电	电（辅助加热）	电
能源热值/MJ	16	37	3.6	3.6	3.6
热效率(%)	80~95 （取 87）	80~95 （取 87）	90~98 （取 94）	200~300 （取 250）	250~450 （取 350）
年能源消耗量	$1322m^3$	$571m^3$	5436kW·h	2044kW·h	1460kW·h
能源单价(元)	1	2.2	0.49	0.49	0.49
年能源费用(元)	1322	1256	2664	1002	71
使用寿命/a	6~10	6~10	6~10	10~12	5~15
安装	室内挂壁式	室内挂壁式	室内落地式	室内落地式， 室外 $5m^2$ 集热器	室内落地式， 室外挂壁式
安全性	有中毒和 爆炸危险	有中毒和 爆炸危险	有漏电触 电危险	有漏电触 电危险	无漏电触 电危险
其他	强排风时效 率约下降 5%	强排风时效率 约下降 5%	能享受分 时电价	不能完全享 受分时电价	能享受分 时电价

以每天将 10t 水由 15℃加热到 55℃的热水装置为基准，燃煤锅炉、燃油锅炉、燃气锅炉、电热锅炉、空气源电动式热泵热水装置的典型数据比较见表 11-14。

表 11-14　日产 10t 热水装置的典型数据比较

项目	燃煤锅炉	燃油锅炉	燃气锅炉	电热锅炉	热泵热水装置
所用能源	煤	柴油	天然气	电	电
能源单位	kg	kg	m^3	kW·h	kW·h
热源热值/MJ	22	42	37	3.6	3.6
热效率(%)	55~75 （取 65）	80~95 （取 873）	80~95 （取 87）	90~98 （取 94）	250~450 （取 350）
年能源消耗量	42998	16828	19101	181787	48823
能源单价(元)	0.9	6.5	2.8	0.76	0.76
年能源费用(元)	38698	109382	53483	138158	37105
年人工费(元)	20000	20000	20000	0	0
年总运行费(元)	58698	129382	73483	138158	37105
装置寿命/a	5~8	5~8	5~8	5~8	约 15
其他	污染严重， 应用受限制	污染较严重， 需储油设施	对安全管理 的要求高	能享受分时 电价（配热水箱）	能享受分时 电价（配热水箱）

综上，与常规的热水制取方法相比，空气源热泵热水装置具有能源效率高、运行费用低、对气候及安装场地的适应性强、安全性好、维护简单、使用寿命长等特点，尽管其初投资略高，但通常能在较短的时间内通过节省运行费用收回多出的投资，因而具有很强的综合竞争优势。

11.3.3 空气源热泵热水器性能测试及评价

在空气源热泵替代中小燃煤锅炉供热的实施过程中，空气源热泵行业将以较高速度增长，成为我国稳增长调结构促改革的重要组成部分。推广空气源热泵技术将在提高人民生活水平同时在改善大气环境质量方面起到关键的作用。空气源热泵热水器作为相对于电热水器、燃气热水器、太阳能热水器的第四代热水器，因自身的节能、环保潜力受到广泛关注。与它的运行性能关联因素主要为空气侧换热工况和冷凝换热工况，前者与设备在运行周期内用户所处地区气候特征相关，后者与蓄热水箱状态相关，主要涉及热水温度设定、用水负荷大小。对于设备运行的能效评价，应该关注设备的具体运行工况变化，并需要考虑不同气象条件下加热过程、用水过程的运行性能，结合不同气候区域特征的典型用水情况进行综合能效评价。

1. 性能测试方法

热泵热水器性能测试的试验通常按照《家用和类似用途热泵热水器》（GB/T 23137—2020）中规定的试验方法、参数规定、仪表精度要求在焓差实验室内进行。热水器测试装置基本结构如图 11-64 所示。

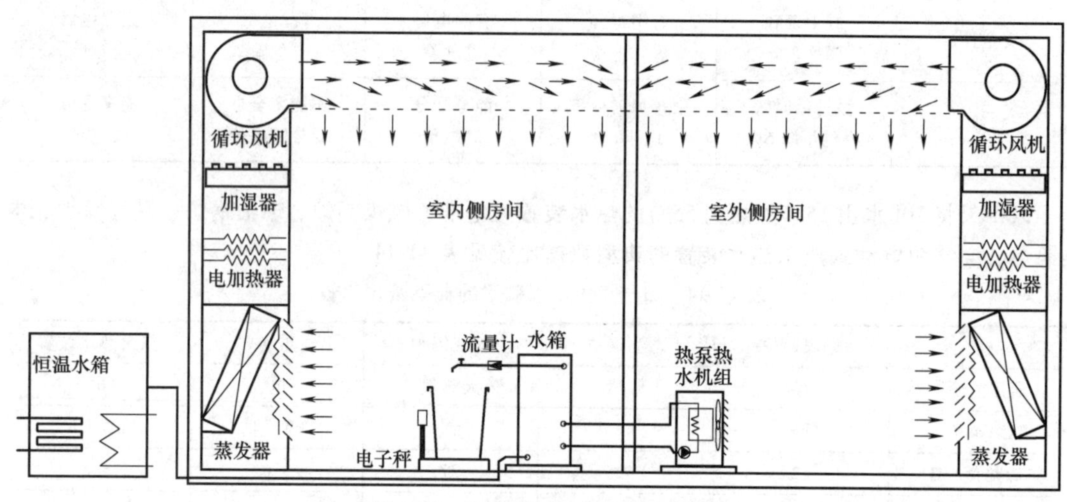

图 11-64 热水器测试装置基本结构

试验样机采用额定制热量为 5200W 的循环加热式空气源热泵热水器，配备 300L 水箱。室外环境房间设置被测热泵热水机组，配备的水箱设置在室内环境房间。空气源热泵热水器性能测试试验对热水侧和热源侧的工况都有要求。室外环境房间环境工况通过采用制冷机组除湿、降温，加湿及电加热补偿来调控维持环境参数；通过冷水机组及电加热补偿调整并维持水箱的进水温度。

热泵热水器的性能主要体现在热水制备过程中的制热量与耗电量相比的能效系数，该指标在不同运行工况下会出现差异，不同标准对于性能测试方法的主要差异也体现在运行工况的要求上。

国家标准 GB/T 23137—2020 中规定，热泵热水器整机处于 20℃ 的环境温度下进行能效测试，能效测评为在热水机组将水箱蓄水温度由从 15℃ 加热到 55℃ 的过程中水箱水温升获取的热量与整机输入电量的比值。显然，水温在 15℃ 时热泵热水器的能效将远高于高水温（如 50℃ 时）的能效，而用户使用的区间大部分处于 35~55℃ 的高水温阶段，此时按照国标的测试方法计算出的能效不能体现热泵热水器的客户在使用过程中的真正能效。欧盟标准《家用热水机组标志和试验要求》（EN 16147—2011）中，热泵热水器性能测试的试验阶段如图 11-65 所示，其中 A 阶段是加热温升期，将一箱温度为 10℃的水加热至自动停机（一般大于 55℃），记录该阶段所用时间与耗电量；B 阶段为待机耗电测试；C 是用水阶段性能测试；D 是最大可用热水量阶段；E_1 和 E_2 是使用温度范围阶段；F 阶段是安全试验阶段。C 阶段正是欧盟考察的用水过程中热水器性能的试验阶段，测试方式为根据常规家庭一天 24h 的热水使用目的和习惯（包括放水时刻、放水量、放水温度、流速等）制定最能模拟用户使用习惯的放水模式，测试用水周期内获取的有效热量、耗电量，并通过二者之比确定使用中的性能系数。

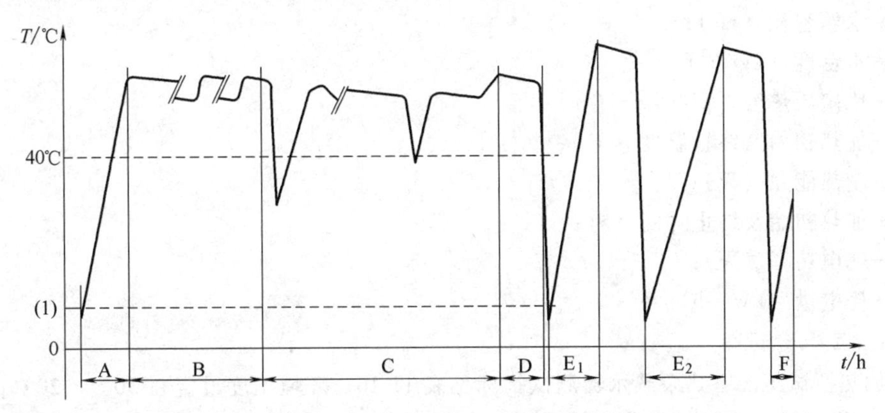

图 11-65　欧盟标准对于热泵热水器性能测试的试验阶段

相对于我国标准，欧盟标准侧重于实际使用过程中机组的性能体现，但测试周期长，放水过程流量控制精度要求高，测试成本较高。我国能源行业标准 NB/T 34027—2015 对于空气源热泵热水器的测试方法考虑到用水的工况，并结合现有热水使用情况进行了简化，按照水箱容量大小确定用水的最大流量，测试水箱温度在加热至 55℃时开始放水，温度降低至 45℃时停止放水，等待机组再次将水箱温度加热至 55℃时再放水至 45℃，记录一个用水周期内的制热量、耗电量并决定改用水周期的能效系数，评价该测试环境下机组的性能。空气源热泵热水器性能测试工况及测试分析项目见表 11-15。

表 11-15　空气源热泵热水器性能测试工况及测试分析项目

测试工况	热源侧（空气干/湿球）温度/℃	用户侧测试条件	测试内容
初步加热	−7/−8	水箱初始/终止温度/℃ 9/55	1. 热水器制热量 2. 消耗功率 3. 性能系数 4. 制热时间 5. 不同温升区间的能效变化
	2/1		
	7/6		
	20/15	水箱初始/终止温度/℃ 15/55	
	30/22		
用水加热	−7/−8	水箱出水初始/终止温度/℃ 55/45	1. 热水器制热量 2. 消耗功率 3. 性能系数
	2/1		
	7/6		
	20/15		
	30/22		

测试工况相关的性能指标主要包括：制热量 H、制热能力 Q、耗电量 E、耗电功率 P、能效

系数 COP。

$$H = V\rho c_p(\theta_E - \theta_I) \tag{11-3}$$

$$Q = H/(t_E - t_I) \tag{11-4}$$

$$P = E/(t_E - t_I) \tag{11-5}$$

$$COP = H/(3600E) = Q/P \tag{11-6}$$

以上各式中：

H——加热过程中水箱温度升高至停止加热所制备的热量（kJ）；

V——水箱容积（m^3）；

ρ——水密度（kg/m^3）；

c_p——比定压热容［kJ/(kg·℃)］；

θ_E、θ_I——加热初始及终止温度（℃）；

Q——制热能力（W）；

t_E、t_I——加热初始及终止时间（s）；

P——耗电功率（W）；

E——耗电量（kW·h）。

2. 测试工况分析

初步加热测试工况下热泵热水器测试指标见表 11-16。环境温度设定在 30℃、20℃，对应水箱进水温度控制在 15℃，代表非寒冷季节的运行工况环境条件和给水条件；环境温度设定在 7℃、2℃、-7℃时，对应水箱进水温度控制在 9℃，代表寒冷季节的运行工况环境条件和给水条件。制热量选定容积的水箱在初始水温加热至设定水温（55℃）热泵机组提供的热量，对于两个季节的代表测试条件，制热量是基本一致的，而热泵机组耗电量和制热能力根据环境条件及水箱温度的变化有不同的体现，随着环境温度降低，加热过程所需时间有大幅度上升，反映在制热能力上是依次降低，加热过程的能效系数也依次降低。

表 11-16　初步加热测试工况下热泵热水器测试指标

环境干球温度/℃	初始水温/℃	终止水温/℃	制热时间	制热量 kJ	耗电量/(kW·h)	耗电功率/W	制热能力/W	COP
30	15.30	54.20	02:10:49	47601.0	2.75	1261	6065	4.81
20	15.00	54.20	02:35:36	47968.1	3.28	1263	5138	4.07
7	9.00	54.20	03:51:40	55310.2	4.52	1171	3979	3.40
2	9.10	54.30	06:05:39	55310.2	6.49	1066	2521	2.37
-7	9.00	54.40	06:47:43	55554.9	7.10	1044	2271	2.17

不同环境条件下，用水加热测试工况 2 个用水周期内制热时间及机组能效系数变化如图 11-66 所示。用水加热测试工况主要记录了连续 2 个用水周期后水箱加热至 55℃的周期内的加热时间、耗电量、制热量，进而确定能效系数。其中，制热量根据放水后热泵机组启动加热至停机时水箱平均温度升高程度确定。对于循环加热式热泵热水器，放水过程水箱温度分层明显，机组置于水箱的温度传感器感测到低于启动设定温度时，开启水泵，而后启动压缩机制热，因而在出水温度降至停止放水之后，由于循环水泵的启动，水箱内部混合后的水温低于停止放水时出水口温度，根据这个过程中水箱平均温度的最低值和机组停止加热时水箱平均温度的差确定制热量。图 11-66 中 COP_1、COP_2 分别代表第一个和第二个用水周期内的制热能效系数，就数值而

言，相比表 11-15 中的测试结果均有一定程度的降低，非寒冷季节用水过程中机组能效系数可维持在 3 以上，寒冷季节用水过程的能效系数可维持在 2 左右。

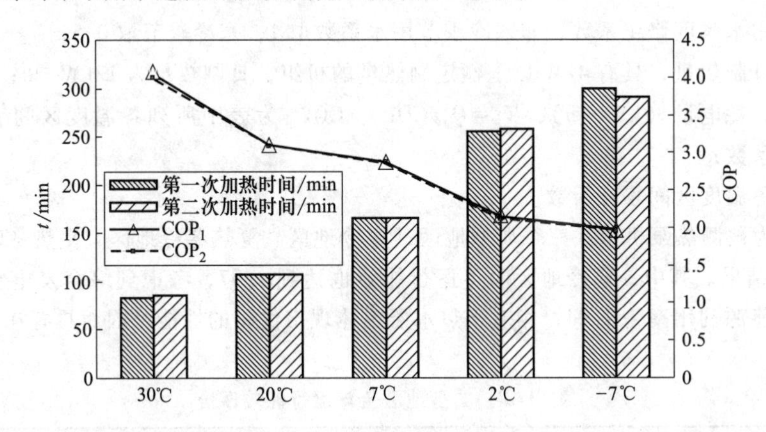

图 11-66　用水加热测试工况 2 个用水周期的制热时间及机组能效系数变化

3. 全年运行能效综合分析

影响空气源热泵热水器全年运行综合能效的因素有许多，除了热泵运行的环境温度条件、用水量、启停温度测点位置及温差设置，地理区域的差别也有很关键的作用。在分析全年运行综合能效时，需要对一些影响条件做出规定或假设，便于建立在规一化条件下的评价分析方法。

本书采用的评价分析方法考虑以下方面：

用户每天的热水使用量相同，最多使用加热至 55℃ 的一箱热水，且用热负荷需求按照热泵机组额定制热量进行规定。

按照表 11-16 用水加热测试工况确定的技术指标作为全年运行能效评价的依据。

根据我国建筑环境分析专用气象数据集汇总数据，采用标准年日平均气温统计，划分五个温区（$t\leqslant-7$℃，-7℃$<t\leqslant5$℃，5℃$<t\leqslant10$℃，10℃$<t\leqslant25$℃，$t>25$℃），分别以表 11-17 测试工况的环境干球温度表征某个温区的运行情况。

标准年日平均气温在 5℃ 及以下为寒冷季节，标准年日平均气温在 5℃ 以上为非寒冷季节，采用不同的用水频度系数。

根据日额定热水使用量确定的日热水制热量及当日标准年平均温度所在温区运行能效的表征值确定日耗电量，进而根据所在地区不同温度区间的对应天数确定机组全年运行耗电量，根据所在地区寒冷季节及非寒冷季节的天数分布确定全年运行制热量，最终确定全年运行综合能效。

所划分温度区间内表征温度工况下机组的制热量、耗电功率选取图 11-66 所示连续两次用水周期测试过程中的平均值，机组能效系数为二者之比，结果见表 11-18。

表 11-17　全年日平均气温区间划分及表征温度下机组运行技术指标

温度区间/℃	$t\leqslant-7$	$-7<t\leqslant5$	$5<t\leqslant10$	$10<t\leqslant25$	$t>25$
干球温度/℃	−7	2	7	20	30
制热量/kW	2.19	2.47	3.65	4.29	5.66
耗电功率/kW	1.12	1.15	1.27	1.39	1.4
COP_d	1.96	2.14	2.87	3.09	4.04

全年运行综合能效系数为

$$APF=\sum(k_v Q_d t_V)/\sum(k_v W_d t_V) \tag{11-7}$$

式中 k_v——用水频度修正系数，非寒冷季节用水系数取1，寒冷季节取0.5；

Q_d——日制热量，具有4kW以上额定制热量的机组，日制热量为12kW·h；

W_d——日耗电量（kW·h），$W_d=Q_d/COP_d$，COP_d为表中所列各温度区间表征工况能效系数；

t_V——各温度区间累计天数。

表11-18为被测热泵机组在三个典型地区（寒冷地区、夏热冬冷地区、夏热冬暖地区）全年运行能效评价结果。其中，寒冷地区的年运行能效也达到2.97，考虑到综合发电输电效率接近35%，其一次能源利用率为1.04，相对于热水器也体现出优越的性能。因而具有在寒冷地区推广使用的潜力。

表11-18 典型地区全年运行能效评价

温度区间/℃		$t\leqslant -7$	$-7<t\leqslant 5$	$5<t\leqslant 10$	$10<t\leqslant 25$	$t>25$	年制热量/(kW·h)	年耗电量/(kW·h)	APF
干球温度/℃		-7	2	7	20	30			
寒冷地区	寒冷季节温区对应天数	7	101	46	0	0	3456.00	1163.13	2.97
	日耗电量/(kW·h)	6.12	5.61	4.18	3.88	2.97			
	区间运行耗电量/(kW·h)	21.42	283.31	96.14	0.00	0.00			
	非寒冷季节温区对应天数/d	0	0	0	149	62			
	日耗电量/(kW·h)	6.12	5.61	4.18	3.88	2.97			
	区间运行耗电量/(kW·h)	0.00	0.00	0.00	578.12	184.14			
夏热冬冷地区	寒冷季节温区对应天数/d	0	70	47	0	0	3678.00	1192.21	3.09
	日耗电量/(kW·h)	6.12	5.61	4.18	3.88	2.97			
	区间运行耗电量/(kW·h)	0.00	196.35	98.23	0.00	0.00			
	非寒冷季节温区对应天数/d	0	0	0	177	71			
	日耗电量/(kW·h)	6.12	5.61	4.18	3.88	2.97			
	区间运行耗电量/(kW·h)	0.00	0.00	0.00	686.76	210.87			

（续）

温度区间/℃		$t\leq -7$	$-7<t\leq 5$	$5<t\leq 10$	$10<t\leq 25$	$t>25$	年制热量/(kW·h)	年耗电量/(kW·h)	APF
干球温度/℃		-7	2	7	20	30			
夏热冬暖地区	寒冷季节温区对应天数/d	0	0	0	5	0	4350.00	1264.54	3.44
	日耗电量/(kW·h)	6.12	5.61	4.18	3.88	2.97			
	区间运行耗电量/(kW·h)	0.00	0.00	0.00	9.70	0.00			
	非寒冷季节温区对应天数/d	0	0	0	204	156			
	日耗电量/(kW·h)	6.12	5.61	4.18	3.88	2.97			
	区间运行耗电量/(kW·h)	0.00	0.00	0.00	791.52	463.32			

上述分析可知，环境条件及水箱温度是影响空气源热泵热水器运行性能的重要因素。通过不同环境条件下热泵加热过程的测试分析可以确定该类热水设备的制热能力及运行过程中相关性能指标变化特征：高温环境下，空气源热泵热水器制热能力、耗电功率、能效系数均高于低温环境下的运行情况；低环境温度下，空气源热泵热水器能效系数随水箱温度变化的趋势接近；空气源热泵热水器在用水加热过程相对于初步加热过程的运行能效偏低，由于用水加热过程水箱温度高于初步加热过程，能够体现设备使用过程中的运行情况，故应当作为运行工况性能评价的依据；按照标准年日平均温度分布划分相应区间，根据相应温度区间内热泵热水器运行能效确定它的耗电量，结合日用水制热量确定全年运行能效能够反映地域差异对设备全年运行能效的影响；对比寒冷地区、夏热冬冷及夏热冬暖地区分析的结果可以看出，夏热冬暖地区最具适用性，而前两个地区也相对电热水器有很好的推广潜力。

关于全年运行的综合能效评价，若要更贴近实际，需要考虑日用热规律以及进水温度在不同温度区间的分布对于日制热量造成的影响，同时需要考虑温度区间划分的个数及表征环境工况点的选取，还需要考虑机组额定制热量与水箱容积的匹配情况，进一步为热水供应系统的设备合理选型及优化设计提供指导。

11.3.4　太阳能辅助空气源热泵热水系统运行性能评价

作为新能源热水器的两大主力，太阳能与空气源热泵行业有着各自的优势。两个行业在未来一段时间将以竞争与合作的关系并存。作为家庭用热水解决方案，空气源热泵与太阳能复合热水系统将大大地拓展应用空间。夏热冬暖地区具备较好的太阳辐照条件，但阴雨天气相对太阳能资源较丰富的华北、西北地区较多，对于太阳能集热装置的全年运行效果具有显著影响；该地区全年气温多分布于空气源热泵热水器的名义工况及高温工况，因而具有较高的运行能效系数。分析国人生活热水用水习惯，使用时段多集中在晚上。太阳能集热器供热能力受到日辐照强度影响明显，且供热峰值出现在中午时段，而空气源热泵可以全天持续提供稳定的热量。两者组合可以高效、稳定地提供满足需求的热水量，在满足热水负荷下可以达到可观的节能环保效果。

由于环境温度的变化或供热负荷的变化，热泵的瞬时特性可能变化，对季节性能系数的分析有重要的理论意义和实用价值。本节通过分析太阳能-空气源热泵热水系统在不同地区运行性能，得出系统的全年综合能效系数和太阳能贡献率。为不同气候区下太阳能-空气源热泵热水系统优化设计和区域适用性评价提供依据。

1. 热水系统布局及生活热水分析

太阳能-空气源热泵热水系统在不同地区搭建需结合当地的建筑形式，灵活安装。太阳能集热器一般安装在南向屋顶或者阳台外侧，根据当地太阳高度角确定安装倾角；空气源热泵外机选取室外通风较好的地方安装；储水箱安装在空间较大的房间角落即可。图 11-67 所示为太阳能-空气源热泵热水系统简图。

在我国，生活热水主要用于洗浴，对于典型家庭来说，洗浴用水的温度（热水与冷水混合后的水的温度）一般为 40℃，用水情况比较稳定。早上洗漱会有部分热水消耗，人们的洗浴习惯主要集中在晚上（洗澡和洗脚），其他时间段使用热水较少。

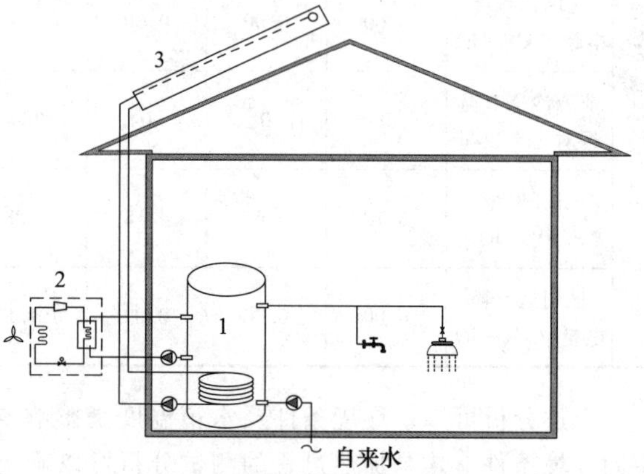

图 11-67　太阳能-空气源热泵热水系统简图

供热系统中生活热水热负荷取决于冷水温度、热水温度和热水用量。日均热水负荷可按式（11-8）计算：

$$Q_d = mq_r\rho c_p(t_r - t_L) \tag{11-8}$$

式中　Q_d——日耗热量（kJ）；

m——用水计算单位数；

q_r——热水用水定额，取为 75L；

t_r——小区集中生活热水供应设计规程中选取的热水计算温度，取为 60℃；

t_L——建筑给水排水设计规范中选取的冷水计算温度（℃）。

结合国人的热水使用习惯，参考日用水负荷分布中用水时间表及热量消耗比例，生活热水逐时用热水量按式（11-9）计算：

$$Q_{w1} = Q_d K_h \tag{11-9}$$

式中　Q_{w1}——生活热水逐时用热水量（kJ）；

K_h——本小时内用热量占总热量的比例（%），见表 11-19。

表 11-19　生活热水日用热量时间表

时刻	本小时内用热量占总供热量的比例 K_h	时刻	本小时内用热量占总供热量的比例 K_h
7:00	5%	15:00	15%
8:00	5%	16:00	15%
11:00	5%	17:00	25%
13:00	5%	18:00	25%

2. 测试系统及方法

系统按照 3~5 人日用水量进行主要单元设备的选配，太阳能集热单元选用了 2 块面积为 1.79m^2 的平板型集热器，热泵机组额定制热量为 5.2kW，蓄热水箱容量为 300L。试验系统原理图如图 11-68 所示。该系统有 3 个循环回路：一是太阳能集热器系统，工质在集热板吸收太阳能，温度升高，经管路流入水箱下部盘管与水箱中的水进行换热，后流回太阳能集热器再次加热；二是空气源热泵系统，系统运行时，冷水在循环水泵的作用下从水箱流入热泵系统的冷凝器中加热，而后热水流回水箱；三是热水供应系统，自来水从水箱底部进入，热水从上部流出供用户使用，如此循环。

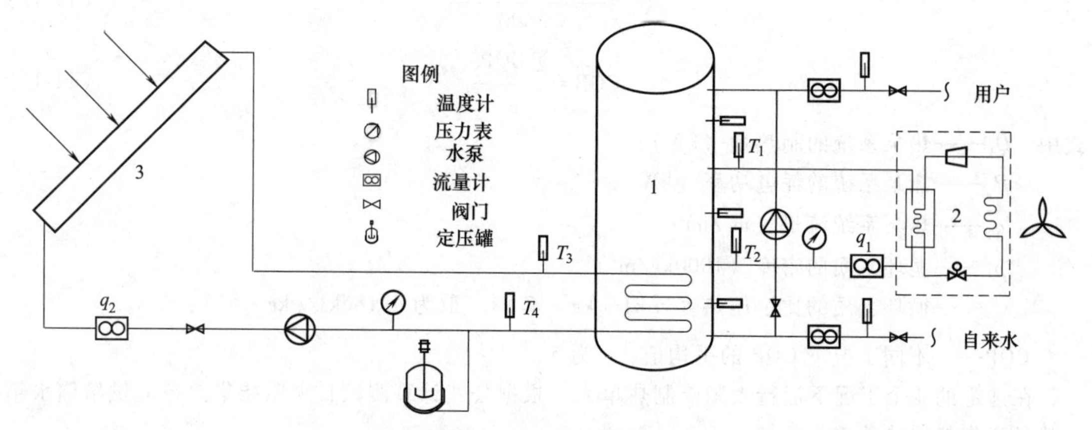

图 11-68　试验系统原理图

依据用户侧热水需求温度为 40℃左右，考虑空气源热泵的 COP 随热水进口侧温度升高而降低，设定储水箱水温达到 45℃，空气源热泵停止工作，当水温低于 40℃，机组运行。在满足用户热水温度需求的情况下，使空气源热泵机组在较高的机组性能下运行。

参考表 11-19，全天最大用热量占总热量的 25%。当自来水温度为 10℃，水箱温度为 45℃，单次取热量为总热量的 25%时，水箱水温下降 8.75℃。在热泵机组工作情况下，水箱温度可维持在 40℃左右。

综上可得，当系统在稳定运行的情况下，储水箱水温不会发生陡降或陡升式波动，热水系统全年运行的大部分时间储水箱温度在 40℃左右。由此确定空气源热泵机组试验工况的进水侧温度为 40~45℃。

参考文献［25］中空气源热泵热水器的试验工况空气侧温度为-7℃、2℃、7℃、20℃、43℃，结合我国大部分地区气温分布区间，工况点的选择应该在室外干球温度区间中均匀分布，则确定试验工况空气侧温度为-7℃、2℃、7℃、20℃、30℃。

3. 太阳能集热器试验工况

太阳能集热器热效率 η 定义为在测试日内集热器供给储水箱的热量与太阳能日辐照量的比值。

$$集热器热效率=\frac{集热器供给储水箱的热量}{太阳能日辐照量} \tag{11-10}$$

考虑热水系统全天运行时，储水箱水温大部分时间在 40~45℃，即太阳能集热器蓄热初始水温为 40℃左右，设定试验工况储水箱水温为 40℃。太阳能集热器热效率 η 受太阳能辐照强度影响明显，则将太阳能日辐照量按照 $\varphi<8\text{MJ/(m}^2\cdot\text{d)}$、$8\text{MJ/(m}^2\cdot\text{d)}\leqslant\varphi<13\text{MJ/(m}^2\cdot\text{d)}$、$13\text{MJ/(m}^2\cdot\text{d)}\leqslant\varphi<18\text{MJ/(m}^2\cdot\text{d)}$、$\varphi\geqslant18\text{MJ/(m}^2\cdot\text{d)}$ 4 个分区进行热效率测试，试验确定不同辐照强度下的热效率 η。

运用非稳态制热试验方法在选定的 5 个工况下运行空气源热泵机组，待热泵机组运行平稳后，记录一定时间段耗电功率 P_e，计算对应时间段制热量 Q_h，进而得出热泵机组在不同工况下的性能系数 COP。

$$\mathrm{COP}=\frac{Q_{\mathrm{h}}}{P_{\mathrm{e}}} \tag{11-11}$$

$$Q_{\mathrm{h}}=\frac{(T_1-T_2)q_1\rho_1 c_{p1}}{3600} \tag{11-12}$$

$$\overline{\mathrm{COP}}=\frac{\sum \mathrm{COP}_j}{n} \tag{11-13}$$

式中　Q_{h}——热泵系统的制热量（kW）；

P_{e}——热泵系统的耗电功率（kW）；

q_1——热泵系统流量（$\mathrm{m^3/h}$）；

ρ_1——循环工质的密度（$1000\mathrm{kg/m^3}$）；

c_{p1}——循环工质的比定压热容［kJ/(kg·℃)］，取为4.186kJ/(kg·℃)；

$\overline{\mathrm{COP}}$——不同工况下COP的平均值，n为5。

在选定的4个工况下运行太阳能制热单元，根据公式计算测试日太阳能集热单元供给储水箱的热量和集热器热效率η。

$$Q_{si}=\frac{(T_3-T_4)q_2\rho_2 c_{p2}\Delta\tau}{3600} \tag{11-14}$$

$$Q_{\mathrm{s}}=\sum Q_{si} \tag{11-15}$$

式中　Q_{s}——集热器为储水箱提供的热量（kJ）；

Q_{si}——$\Delta\tau$时间内集热器提供的热量（kJ）；

q_2——太阳能集热器系统流量（$\mathrm{m^3/h}$）；

ρ_2——循环工质的密度（$\mathrm{kg/m^3}$）；

c_{p2}——循环工质的比定压热容［kJ/(kg·℃)］，取为3.7kJ/(kg·℃)；

$\Delta\tau$——读数时间间隔，取为15s。

$$\eta=\frac{Q_i}{1000\Phi S}\times 100\% \tag{11-16}$$

式中　Q_i——工况时间内集热器提供的热量（kJ）；

S——集热器的采光面积，取为$3.58\mathrm{m^2}$；

Φ——日辐照量（$\mathrm{MJ/m^2}$）。

测试关键设备性能，当水侧温度在40~45℃时，计算5个测试工况下热泵机组的COP，它与空气侧干球温度的对应关系如图11-69所示，为下文评价热泵热水器在不同气候区运行性能提供计算依据。

按日辐照量选取日辐照量分区中对应单位日进行测试，计算太阳能集热器热效率，结果如图11-70所示。

4. 不同气候区系统运行性能分析

分别分析太阳能-空气源热泵热水系统在寒冷、夏热冬冷、夏热冬暖和温和地区的运行性能，选取不同气候区代表城市依次是天津、上海、广州和昆明。对比系统在不同气候区的综合能效系数，评价该系统在不同气候下的适用性及优越性。

根据4个城市典型年气象数据，统计日平均气温天数（见图11-71~图11-74）和太阳能日辐照量。结合上文试验得到的拟合式，以日平均温度为热泵空气侧温度，确定热泵日COP，计算热泵单元和太阳能集热器单元的日制热量，将系统日运行能效作为权重，加权计算得到系统年综合能效系数（APF）。

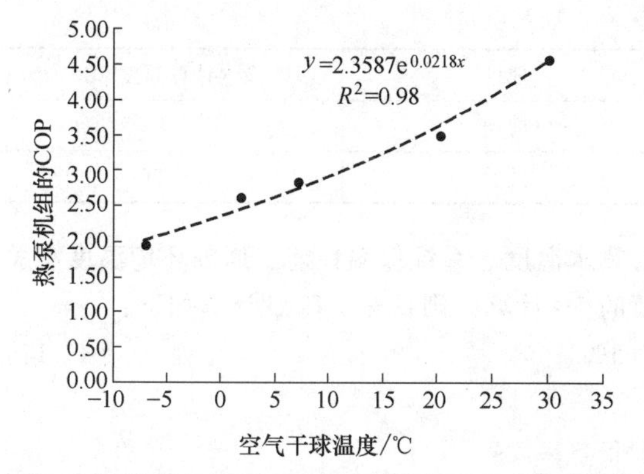

图 11-69　热泵机组的 COP 与空气侧干球温度的关系

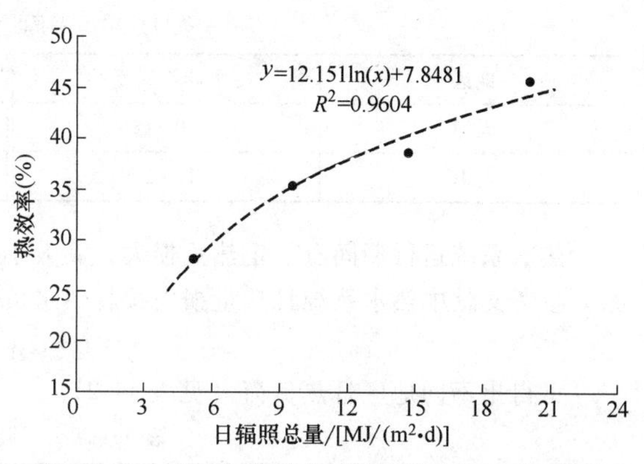

图 11-70　太阳能集热器热效率与日照强度关系

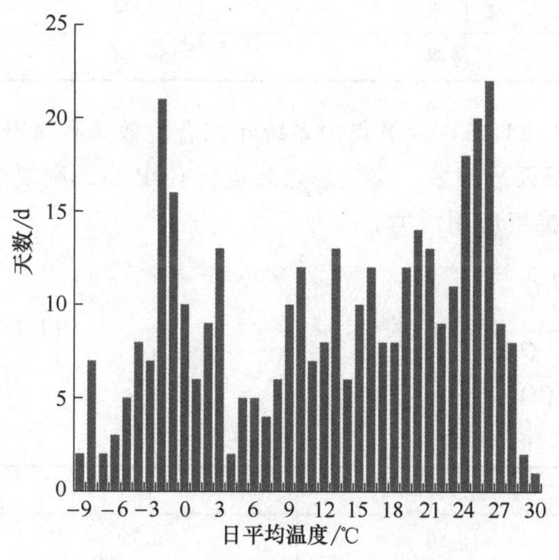

图 11-71　天津日平均气温天数统计

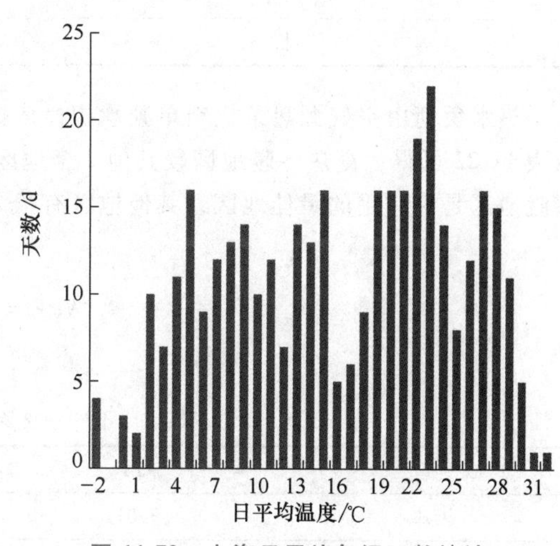

图 11-72　上海日平均气温天数统计

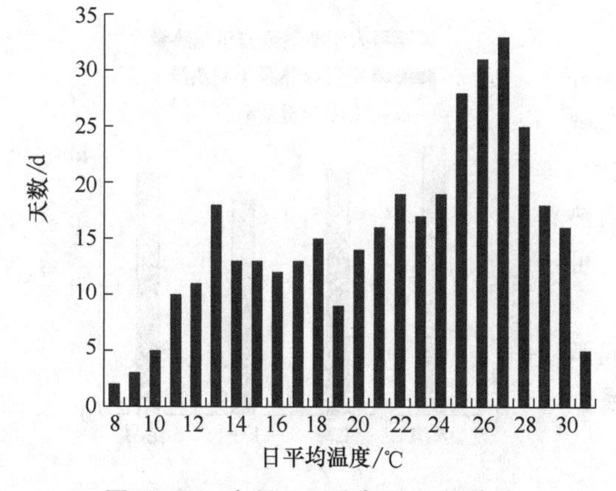

图 11-73　广州日平均气温天数统计

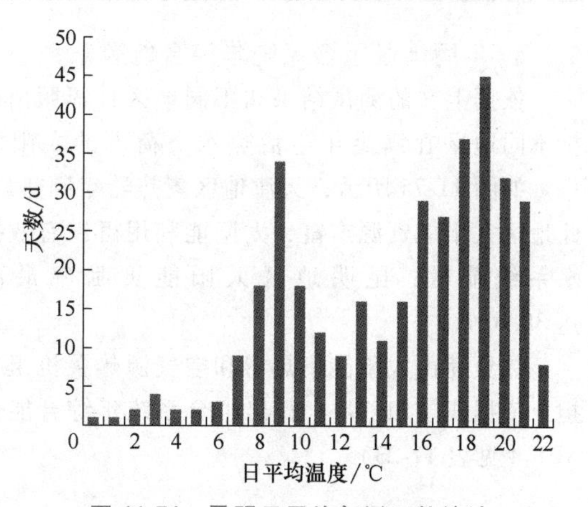

图 11-74　昆明日平均气温天数统计

热水系统中设备容量拟承担 3~5 人生活热水需求，用水单位数 m 取 4，参考规范中不同地区冷水计算温度（见表 11-20）。按照冷水计算温度的最低值取值，计算不同地区日均热水负荷 Q_d。

表 11-20　不同地区冷水计算温度

地区	冷水计算温度/℃	地区	冷水计算温度/℃
天津	10~15	广州	20
上海	15~20	昆明	15~20

热水系统运行期间有一定热量损失，其大小与热水温度、系统保温性能、周围环境温度有关系。参考文献中热水系统日热量损失按日热水负荷的5%计算，则日热负荷 Q 计算如下：

$$Q=Q_{\mathrm{d}}(1+5\%) \tag{11-17}$$

可得出不同地区日热负荷（见表 11-21）。

表 11-21　不同地区日热负荷

地区	日热负荷 Q/MJ	地区	日热负荷 Q/MJ
天津	65.93	广州	52.74
上海	59.34	昆明	59.34

热水负荷由空气源热泵机组单独承担，依据式（11-18）计算得出系统年综合能效系数 APF。由表 11-22 可得，夏热冬暖地区较其他 3 个地区高温天数偏多，空气源热泵运行 COP 高，则夏热冬暖地区是它应用的最佳地区，其他地区有很大的推广应用潜力。

$$\mathrm{APF}=\frac{\sum_{j=1}^{n}Q_j}{\sum_{j=1}^{n}\frac{Q_j}{\mathrm{COP}_j}} \tag{11-18}$$

表 11-22　不同地区系统年综合能效系数 APF

地区	APF	地区	APF
天津	3.03	广州	3.79
上海	3.34	昆明	3.28

5. 不同地区组合系统年综合能效系数

依据上文的测试结果和不同地区日辐照情况，分析不同地区在满足年生活热水负荷下的太阳能贡献率。如图 11-75 所示，天津地区集热器年制热量较大，此地区太阳能资源丰富，太阳能利用可以有效提高热水系统能效；昆明地区太阳能贡献率最高，可达 38.62%。

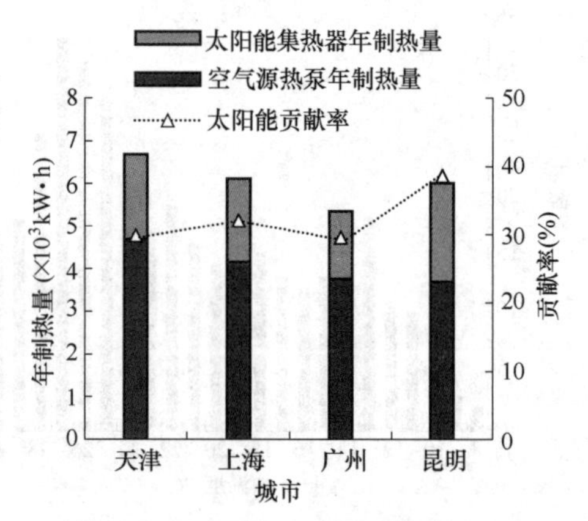

图 11-75　不同地区在满足年生活热水负荷下的太阳能年贡献率

热负荷由太阳能集热器和空气源热泵机组共同承担，依据式（11-19），得出组合系统年综合能效系数 APF（见表 11-23）。

$$\mathrm{APF}=\frac{\sum_{j=1}^{n}Q_j}{\sum_{j=1}^{n}\frac{Q_j-Q_{sj}}{\mathrm{COP}_j}+\sum_{j=1}^{n}W_{sj}} \tag{11-19}$$

式中　W_{sj}——太阳能集热器日耗电量（kW·h）。

表 11-23　不同地区系统年综合能效系数 APF

地区	APF	地区	APF
天津	3.67	广州	4.39
上海	4.06	昆明	4.45

单热泵热水器承担热水负荷时，夏热冬暖地区 APF 最高，可达 3.79，寒冷地区最低；组合系统共同承担热水负荷时，组合系统 APF 较单空气源热泵运行都有较高的提升，其中温和地区太阳能使系统能效提高 35.67%。

环境温度和水箱温度是影响热泵机组性能的重要因素，由试验测试得：在空气源热泵进水温度一定时，随着室外环境温度升高，热泵 COP 有较好的正相关性；当室外环境温度一定时，热泵耗电量随进水温度升高而变大。建议热泵机组以储水箱水温低于 40℃启动，高于 45℃停止，在满足热水水温要求的情况下提升热泵机组性能，达到节能效果。

当太阳能-空气源热泵热水系统中空气源热泵作为独立热源时，室外环境温度是影响系统能效的主要因素，寒冷、夏热冬冷、夏热冬暖和温和地区的系统年综合能效系数 APF 分别是 3.03、3.34、3.79、3.28。其中，夏热冬暖地区 APF 最高，系统优势突出；寒冷地区 APF 虽然偏低，但相比于电热水器系统有明显的节能优势，具有推广意义。

当太阳能-空气源热泵组合热水系统组合供热水时，系统在热泵的运行优势上通过充分利用太阳能进一步提高系统能效。太阳能在寒冷、夏热冬冷、夏热冬暖和温和地区的热水系统年贡献率分别是 29.82%、32.07%、29.58%和 38.62%，系统年综合能效系数 APF 分别是 3.67、4.06、4.39 和 4.45，它较热泵单独运行都有明显的提升。

图 11-76 所示为不同地区组合系统与单空气源热泵 APF 对比分析结果。

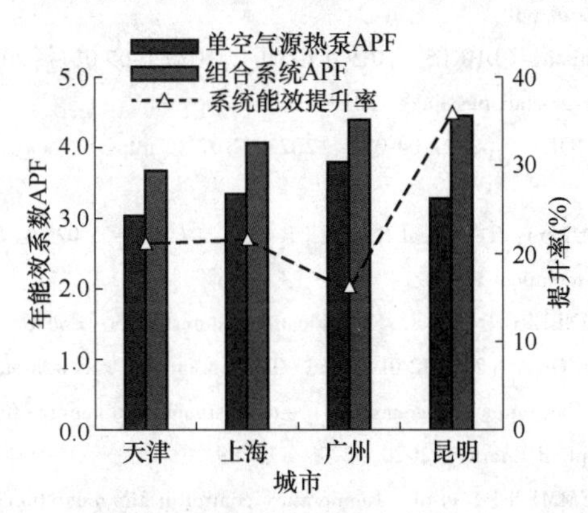

图 11-76　不同地区组合系统与单空气源热泵 APF 对比分析

思　考　题

1. “双碳”目标下建筑领域技术实现途径中空气源热泵的具体贡献体现在哪些方面？
2. 简述空气源热泵的主要形式及分类。
3. 简述空气源热泵的工作特性及性能评价方法。
4. 空气源热泵空调发展中面临哪些挑战？
5. 基于辐射换热末端的高温供冷低温供暖系统与空气源热泵系统的应用形式有哪些？

6. 简述基于空气源热泵的高效空调供暖系统在不同应用场景的设计流程。

7. 试讨论基于空气源热泵的高效空调供暖系统提升运行能效所在用的优化控制方法及控制效果。

8. 简述基于空气源热泵的热水集中供应系统设计步骤及要点。

9. 简述热泵热水装置的关键技术参数及相对于其他热水装置的特点。

10. 简述热泵热水器的性能测试方法并评价它的地域适用性。

二维码形式客观题

扫描二维码可在线做题，提交后可查看答案。

参考文献

[1] 吴延鹏. 制冷与热泵技术［M］. 北京：科学出版社，2016.

[2] SLORACH P C，STAMFORD L. Net zero in the heating sector：technological options and environmental sustainability from now to 2050［J］. Energy Conversion and Management，2021，230：113838.

[3] IEA. Renewables 2019［R/OL］.（2020-02-01）［2023-02-07］. https：//iea. blob. core. windows. net/ assets/a846e5cf-ca7d-4a1f-a81b-ba1499f2cc07/Renewables_2019. pdf.

[4] BEIS. Digest of UK Energy Statistics（DUKES）2019［R/OL］.（2020-05-01）［2023-02-07］. www. gov. uk/government/ statistics/digest-of-uk-energy-statistics-dukes-2019.

[5] IEA. 全球能源回顾 2021［R/OL］.（2021-04-01）［2023-02-07］. https：//www. iea. org/reports/ global-energy-review-2021？ language＝zh.

[6] Climate Change Committee. Net Zero：Technical Report［R/OL］.（2019-05-02）［2023-02-07］. https：//www. theccc. org. uk/publication/net-zero-technical-report/.

[7] JADUN P，MCMILLAN C，STEINBERG D，et al. Electrification Futures Study：End-Use Electric Technology Cost and Performance Projections through 2050［R/OL］.（2017-12-01）［2023-02-07］. https：//www. nrel. gov/docs/fy18osti/70485. pdf.

[8] ZHAO NING，YOU FENGQI. Can renewable generation，energy storage and energy efficient technologies enable carbon neutral energy transition？［J］. Applied Energy，2020，279：115889.

[9] WIRTZ M，NEUMAIER L，REMMEN P，et al. Temperature control in 5th generation district heating and cooling networks：an MILP-based operation optimization［J］. Applied Energy，2021，288：116608.

[10] PERERA A T D，NIK VAHID M，WICKRAMASINGHE P U，et al. Redefining energy system flexibility for distributed energy system design［J］. Applied Energy，2019，253：113572.

[11] OLULEYEA GBEMI，ALLISONB JOHN，HAWKERC GRAEME，et al. A two-step optimization model for quantifying the flexibility potential of power-to-heat systems in dwellings［J］. Applied Energy，2018，228：215-228.

[12] MAVROMATIDIS GEORGIOS，PETKOV IVALIN. MANGO：A novel optimization model for the long-term，multi-stage planning of decentralized multi-energy systems［J］. Applied Energy，2021，288：116585.

[13] TERLOUW TOM，ALSKAIF TAREK，BAUER CHRISTIAN，et al. Optimal energy management in all-electric residential energy systems with heat and electricity storage［J］. Applied Energy，2019，254：113580.

[14] REDA F，PAIHO S，PASONEN R，et al. Comparison of solar assisted heat pump solutions for office building applications in Northern climate［J］. Renewable Energy，2020，147：1392-1417.

[15] POULET P, OUTBIB R. Energy production for dwellings by using hybrid systems based on heat pump variable input power [J]. Applied Energy, 2015, 147: 413-429.

[16] BAETEN B, ROGIERS F, HELSEN L. Reduction of heat pump induced peak electricity use and required generation capacity through thermal energy storage and demand response [J]. Applied Energy, 2017, 195: 184-195.

[17] FABRIZIO ENRICO, SEGURO FEDERICO, FILIPPI MARCO. Integrated HVAC and DHW production systems for Zero Energy Buildings [J]. Renewable and Sustainable Energy Reviews, 2014, 40: 515-541.

[18] 国务院. 关于印发“十三五”节能减排综合工作方案的通知 [EO/OL]. (2017-01-05) [2023-02-07]. http://www.gov.cn/zhengce/content/2017-01/05/content_5156789.htm.

[19] 工业和信息化部. 低环境温度空气源热泵热风机: JB/T 13573—2018 [S]. 北京: 机械工业出版社, 2018.

[20] YANG LINGYAN. Heat pump market development in China [R/OL]. (2020-11-24) [2023-03-15]. https://heatpumpingtechnologies.org/publications/heat-pump-market-development-in-China/.

[21] 全国人大财政经济委员会, 国家发展和改革委员会.《中华人民共和国国民经济和社会发展第十四个五年规划和2035年远景目标纲要》释义 [M]. 北京: 中国计划出版社, 2021.

[22] 刘俊伶, 项启昕, 王克, 等. 中国建筑部门中长期低碳发展路径 [J]. 资源科学, 2019, 41 (3): 509-520.

[23] 龙惟定, 梁浩. 我国城市建筑碳达峰与碳中和路径探讨 [J]. 暖通空调, 2021, 51 (4): 1-17.

[24] 郁聪. 建筑运行能耗实现碳达峰碳中和的挑战与对策 [J]. 中国能源, 2021, 43 (9): 25-31.

[25] 王伟, 倪龙, 马最良. 空气源热泵技术与应用 [M]. 北京: 中国建筑工业出版社, 2017.

[26] 陈健勇, 李浩, 陈颖, 等. 空气源热泵空调技术应用现状及发展前景 [J]. 华电技术, 2021, 43 (11): 25-39.

[27] International Energy Agency. IEA energy conservation in buildings and community systems technical presentations [C]. [S. l.]: VTT, 2000.

[28] ONGUN B, KAZANCI A, MASANORI SHUKUYA B, et al. Theoretical analysis of the performance of different cooling strategies with the concept of cool exergy [J]. Building and Environment, 2016, 100: 102-113.

[29] POMIANOWSKI, HEISELBERG P K, YU TAO. A review of integrated radiant heating/cooling with ventilation systems-Thermal comfort and indoor air quality [J]. Energy and Building, 2020, 223: 1-19.

[30] HU YUSHUO, XIA XUEYING, WANG JIAMIN. Research on operation strategy of radiant cooling system based on intermittent operation characteristics [J]. Journal of Building Engineering, 2022, 45: 103483.

[31] 马一太. 空气源热泵的标准和关键技术: 一 [J]. 供热制冷, 2016 (9): 58-62.

[32] 马一太. 空气源热泵的标准和关键技术: 二 [J]. 供热制冷, 2016 (10): 61-64.

[33] 王如竹, 张川, 翟晓强. 关于住宅用空气源热泵空调、供暖与热水设计要素的思考 [J]. 制冷技术, 2014, 34 (1): 32-41.

[34] 撖文辉. 基于热管技术的地板辐射采暖特性研究 [D]. 太原: 太原理工大学, 2010.

[35] 龚光彩, 徐春雯, 曹珍荣, 等. 预制式超薄低温地暖板供暖温度特性实验研究 [J]. 建筑科学, 2010, 26 (10): 35-37.

[36] 董瑞雪, 全贞花, 赵耀华, 等. 基于微热管阵列的地板辐射采暖系统性能实验研究 [J]. 建筑科学, 2018, 34 (8): 32-36.

[37] 朱德举, 马拓, 刘赛, 等. 碳纤维带电热地暖性能的足尺试验研究 [J]. 湖南大学学报: 自然科学版, 2016, 43 (9): 144-150.

[38] 中华人民共和国住房和城乡建设部. 辐射供暖供冷技术规程: JGJ 142—2012 [S]. 北京: 中国建筑工业出版社, 2012.

[39] 中华人民共和国住房和城乡建设部. 建筑热环境测试方法标准: JGJ/T 347—2014 [S]. 北京: 中国建筑工业出版社, 2015.

[40] 刘晓华, 江亿, 张涛. 温湿度独立控制空调系统 [M]. 2 版. 北京: 中国建筑工业出版社, 2013.

[41] LIU X H, JIANG Y, ZHANG T. Temperature and humidity independent control of air-conditioning systems [M]. 2nd ed. Beijing: China Architecture & Building Press, 2013.

[42] SONG DOOSAM, KIM TAEYEON, SONG SUWON, et al. Performance evaluation of a radiant floor cooling system integrated with dehumidified ventilation [J]. Applied Thermal Engineering, 2008, 28: 1299-1311.

[43] SEOA J M, SONG DOOSAM, LEE K H. Possibility of coupling outdoor air cooling and radiant floor cooling under hot and

humid climate conditions [J]. Energy and Buildings, 2014, 81: 219-226.

[44] ZHANG D L, CAI N, CUI X B, et al. Experimental investigation on model predictive control of radiant floor cooling combined with under floor ventilation system [J]. Energy, 2019, 176: 23-33.

[45] JOE J, KARAVA P, HOU X D, et al. A distributed approach to model-predictive control of radiant comfort delivery systems in office spaces with localized thermal environments [J]. Energy and Buildings, 2018, 175: 173-188.

[46] 石文星，王宝龙，邵双全. 小型空调热泵装置设计 [M]. 北京：中国建筑工业出版社，2013.

[47] 中华人民共和国住房和城乡建设部. 建筑给水排水设计标准：GB 50015—2019 [S]. 北京：中国建筑工业出版社，2019.

[48] 马一太，代宝民. 空气源热泵热水机（器）的出水温度及能效标准讨论 [J]. 制冷与空调，2014，14（8）：123-127.

[49] 曹琳，倪龙，吕永鹏，等. 室外工况对蓄能型空气源热泵热水机组性能的影响 [J]. 太阳能学报，2012，33（7）：1186-1192.

[50] 李翔，张旭，倪龙，等. 热泵热水器运行中常见问题分析及改进措施 [J]. 建筑科学，2010，26（4）：106-109.

[51] 刘金平，张治涛，刘雪峰. 空气源热泵热水器储水箱动态性能试验研究 [J]. 太阳能学报，2008，28（5）：472-476.

[52] 刘笑笑，丁强. 空气源热泵热水器性能测试系统实验台的研制 [J]. 工业控制计算机，2015，28（11）：58-59.

[53] 王柯，刘颖，张雷，等. R417a 替代 R22 工质的静态加热式热泵热水器性能试验研究 [J]. 流体机械，2013，41（5）：60-65.

[54] 陈骏骥，杨昌仪，蔡佰明. 低温强热型空气源热泵热水器试验研究 [J]. 流体机械，2010，38（1）：72-74.

[55] 董振宇，陆春林，金苏. 空气源热泵热水器的实验研究 [J]. 流体机械，2008，36（8）：54-57.

[56] 郝吉波，王志华，姜宇光，等. 空气源热泵热水器系统性能分析 [J]. 制冷与空调，2013，13（1）：59-62.

[57] 舒宏，何林，杨加政. 欧盟家用空气源热泵热水器能效标准测试方法的研究 [J]. 日用电器，2015（8）：18-21.

[58] 袁明征. 空气源热泵热水器性能测试方法与国家标准分析 [J]. 制冷与空调，2015，15（3）：82-85.

[59] 国家能源局. 家用和类似用途空气源热泵热水器全年综合能效比测试方法：NB/T 34027—2015 [S]. 北京：新华出版社，2016.

[60] 姜昆，刘颖，王芳，等. 空气源热泵热水器全年综合能效（ACE）分析与实验 [J]. 制冷技术，2012（1）：24-27.

[61] 饶荣水. 空气源热泵热水器全年综合性能系数评估 [J]. 制冷与空调，2012，12（4）：13-21.

[62] 吴静怡，江明旒，王如竹，等. 空气源热泵热水机组全年综合能效评定 [J]. 制冷学报，2009，30（5）：14-18.

[63] 李翔，倪龙，江辉民，等. 空气源热泵热水器能效评价指标研究 [J]. 流体机械，2009，37（11）：69-73.

[64] 刘金平，张治涛，陈志勤. 基于动态仿真的空气源热泵热水器全年综合性能分析 [J]. 给水排水，2007，33（11）：188-192.

[65] 王运启. 互补式能源发展趋势：空气源热泵热水器与太阳能热水器 [J]. 供热制冷，2013（3）：52-53.

[66] 马一太，代宝民. 热泵季节性能系数的研究 [J]. 制冷学报，2016，37（3）：107-112.

[67] 林爱革，张龙. 空气源热泵热水器全年运行能效评价初探 [J]. 制冷，2015，34（3）：32-39.

[68] 中国建设工程标准化协会. 小区集中生活热水供应设计规程：CECS 222—2007 [S]. 北京：中国计划出版社，2007.

[69] 国家质量监督检验检疫总局，国家标准化管理委员会. 带辅助能源的家用太阳能热水系统热性能试验方法：GB/T 25967—2010 [S]. 北京：中国标准出版社，2011.

[70] 国家市场监督管理总局，国家标准化管理委员会. 家用和类似用途热泵热水器：GB/T 23137—2020 [S]. 北京：中国标准出版社，2020.

[71] 徐伟，孙峙峰，何涛，等.《可再生能源建筑应用示范项目测评导则》解读：检测程序 · 测评标准 · 测试方法 [J]. 建设科技，2009（16）：40-45.

[72] 中国气象局气象信息中心气象资料室，清华大学建筑技术科学系. 中国建筑环境分析专用气象数据集 [M]. 北京：中国建筑工业出版社，2005.

[73] 中华人民共和国住房和城乡建设部. 太阳能供热采暖工程技术标准：GB 50495—2019 [S]. 北京：中国建筑工业出版社，2019.

12

第12章 零碳建筑设计方法

零碳建筑的设计，首先考虑建筑能效的提升，最大限度地减少能源的消耗。在建筑能效最大化利用之后，即对建筑能源消耗量压缩到最少，考虑可再生能源替代，积极利用太阳能、风能、地热能和生物质能等可再生能源替代化石能源，减少由于化石能源的使用造成的碳排放。所以，在设计零碳建筑时，建筑能耗问题是必须首先考虑的问题，并且需要结合能源效率、舒适宜居、安全耐久、碳排放和经济性，进行全面系统地分析。本章将对建筑能耗设计与数值模拟分析方法进行详细的介绍。

12.1 基于计算机动态能耗模拟的零碳建筑设计方法

建造零碳建筑必须从建筑的规划和方案设计阶段开始着手。建筑形式、建筑朝向、建筑的围护结构、建筑设备系统以及能源系统等，可以组合成多种设计方案。设计零碳建筑要从众多方案中选择出最优的方案，需要对每个方案的能耗进行评估，因此对零碳建筑的设计应该采用性能化设计方法。所谓性能化设计方法（Performance Oriented Design）就是指以建筑室内环境参数和能耗指标为性能目标，利用能耗模拟计算软件，对设计方案进行逐步优化，最终达到预定性能目标要求的设计过程。

零碳建筑是达到极高能效的建筑，对它的能耗研究可以采用数值模拟技术。数值模拟技术就是通过建立物理模型和数学模型，通过数值模拟的方式来类比、模仿现实建筑和系统并对其设计优化以寻求过程规律的一种方法。

建筑能耗的研究方法主要有两种，一种方法是通过实测和试验，即对实际建筑在正常运行工况下直接测量，这种方法最直接，但通常只有部分建筑、部分系统具备直接测量的条件，其他部分的测量需要在实验室完成。试验研究是对实际建筑用功能相似的实物（这个实物通常是按实际建筑缩小比例建成的模型）在实验室进行测试。无论现场实测还是实验室的测试，通常测试成本较高，周期较长，且在实际建筑和试验模型上改变建筑结构、材料、系统都比较困难，往往很少进行。另一种方法是模拟计算的方法，即采用数学模型对实际建筑和系统的物理特性进行描述，运用数学运算进行模拟和分析。模拟的方法无须进入实际建筑就能远程完成，既可以模拟尚在设计阶段的虚拟建筑，也可以计算和分析相同工况下的变量，而且费用低，人力和时间大大减少，为了实现建筑零碳排放，可以用它来进行反复推演、不断优化。

建筑能耗模拟计算方法主要有简化的准稳态计算法和动态计算法。简化的准稳态计算法的计算时间尺度相对较长，比如 1 个月或者 1 个季度，而动态计算方法时间尺度较短，一般为 1h 或更短，需要逐时求解，1 年就是 8760h。

由于外扰（室外气候参数，如室外气温、太阳辐射等）全年逐时在变化，因此经建筑物的围护结构的传热是个不稳定过程。另外，围护结构具有蓄热作用，所以经围护结构得热量与外扰之间存在衰减和延迟的关系。同时，在得热量形成冷负荷过程中，由于各围护结构的内表面和家具的蓄热作用，冷负荷和得热量并不相等，之间也存在相位差和幅度差，即时间上有延迟，幅度上有衰减。因此，准确计算建筑负荷，必须采用动态方法，以小时为计算单位或更短。而建筑负荷计算是能耗计算的基础。此外，建筑的能耗不仅包括围护结构的能耗，还包括建筑设备系统、照明系统等的能耗，建筑与环境、设备系统之间也存在动态作用。这些都需要建立动态模型，进行动态模拟和分析计算。

总而言之，建筑能耗模拟的准稳态计算方法以稳态传热分析为基础，计算简单、直观，计算速度快，便于建筑师进行人工计算或估算。它所需输入的参数较少，一方面便于对多个算例在同样的边界条件下比较，另一方面也减少了计算的主观性或经验对精算结果的影响。因此，准稳态计算方法非常适用于对能耗趋势的研究、系统比较与替代及对建筑能效标识的认证。但它的计算结果比较粗糙，不能满足大型建筑全年能耗准确计算的需求。动态能耗计算方法则提高了能耗计算精准度，但它要根据建筑所在地的全年气象数据进行模拟计算，比较耗时，过程也相对复杂。零碳建筑要想实现碳排放为零，首先要做的是节流，降低能耗，尽可能减少化石能源的使用，能耗指标是它的最关键技术指标之一，因此零碳建筑的能效计算对精度要求高。动态的能耗计算方法相对准确性最高，是最适合零碳建筑设计的能耗计算方法。

当然，动态的能耗模拟计算必须以计算机技术为基础，由于建筑的热湿过程及建筑热工构件机理的复杂性，相应的热工计算过程复杂，它需要建立复杂的传热方程，采用复杂的方程求解方法，不同的求解方法甚至会导致计算结果的差别。因此，模拟分析的计算量巨大，只有通过计算机这个能够在短时间内大量重复计算的工具才能完成这样复杂的运算。现代的数学模拟都是在计算机上进行的，称为计算机模拟。使用计算机模拟软件进行辅助设计或对整个建筑物的全生命周期能耗模拟，已经成为零碳建筑建设过程中必不可少的工具。

12.2 建筑能耗模拟计算机软件对比与分析

20 世纪 70 年代爆发了石油危机，能源供应开始短缺，随之而来的是使用者的用能观念发生了巨大的改变，建筑领域也不例外，人们迫切想知道建筑在建造和使用过程中消耗了多少能源，通过节能和提高能效，建筑可以少用多少能源，建筑能耗的计算开始出现，并越来越受到重视。同时伴随着计算机技术的飞速发展和普及，大量复杂的计算变为可行，产生了各种各样的用于建筑全年能耗模拟的软件。美国是开展建筑能耗研究最早的国家之一，在 20 世纪 70 年代中期，在美国产生了两个著名的建筑模拟程序：美国能源部和劳伦斯伯克利美国国家实验室（LBNL）研发的 DOE-2、伊利诺伊大学研发的 BLAST。后来，美国能源部又组织了多个部门共同开发了 EnergyPlus 全面替代了 DOE-2，威斯康星-麦迪逊大学的太阳能实验室开发了 TRNSYS 等。欧洲国家也逐渐认识到建筑模拟技术的重要性，先后投入大量的力量进行研究开发，各国都形成了各自的建筑能耗模拟软件，最具代表性的是英国的 ESP-r。我国为了实现构建人类命运共同体的庄严承诺，做好碳中和、碳达峰工作，坚持节能优先的能源发展战略，严格控制能耗和二氧化碳排放强度，这些新的发展观也给我国的建筑能耗模拟软件的研发带来了机遇，继清华大学研发了 DeST 软件之后，我国又出现了天正、斯维尔、PKPM 等众多国产能耗模拟软件。

如前所述，建筑全能耗分析软件的计算方法一般都是基于动态的环境，为保证计算结果的准确度，软件都需要室外逐时的气象数据或典型气象年数据，而且需要尽可能详细的建筑体型描述数据及相应的热工性能数据。下面介绍一些在设计、研究过程中常用的，适合零碳建筑设计优化的能耗模拟软件。

12.2.1　TRNSYS

瞬态模拟系统（Transient System Simulation，TRNSYS）最早是由美国的威斯康星-麦迪逊大学太阳能实验室研发的，后来在法国的建筑技术与科学研究中心（CSTB）、德国的太阳能技术研究中心（TRANSSOLAR）还有美国热能研究中心（TESS）的共同努力下逐步完善的。

TRNSYS 软件最大的特色在于它具有模块化结构。所谓模块化就是认为所有系统均由若干个小的系统（即模块）组成。其中，Types 就是模块，每一个 Type 代表一个特定的组件，实现某一种特定的功能。例如，Type 19 是单区建筑模块，Type 15 是气象数据读取和处理模块，Type 25 是打印机模块等。TRNSYS 中的动态模拟模型就是由这些模块创建的。用户模拟时，只需调用实现这些特定功能的模块，给定输入条件，然后将这些模块用线连接起来组成系统即可。例如，在分析建筑能耗时，可能用到 Type 19 单区建筑模块或 Type 56 多区建筑模块，前者假定室内各处的空气温度是相等的，主要用于对室内热环境以及建筑的能耗做相对简单的分析；后者则考虑到房间温度分布的不均匀性，因此分析的结果更为精确。除此之外，要对某建筑进行能耗分析，还需要气象数据处理模块、各朝向太阳辐射计算模块、数据处理模块以及输出模块等。在模拟时，TRNSYS 按照连线图中的指令运行模型，读取输入的天气数据，并生成输出的结果。某些模块在对其他系统进行模拟分析时同样用到，此时，无须再单独编制程序来实现这些功能，只需调用这些模块，给予它特定的输入条件就可以了。

TRNSYS 模块包含标准 TRNSYS 软件模块（见图 12-1）和 TESS 软件模块。标准 TRNSYS 软件中有 14 个大组件库，每个组库中有若干模块，用户可以根据需要任意调用。TESS 软件中包含 14 个大组件库，为 TESS 公司后期开发加入到软件中。

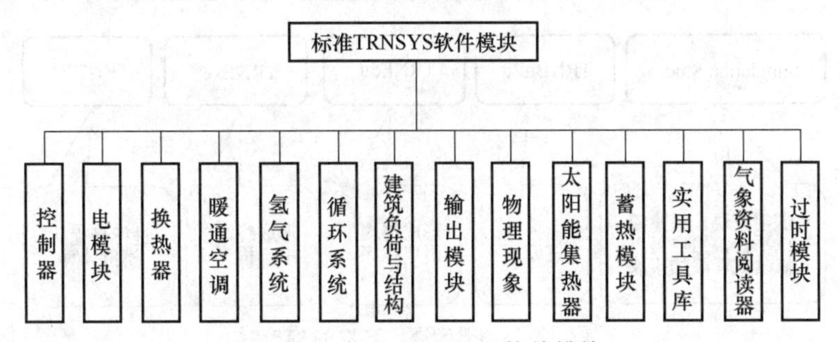

图 12-1　标准 TRNSYS 软件模块

TRNSYS 软件另一个主要特色是它立足于系统而不是建筑。它在模拟系统、设备和控制方式的最优化问题以及系统中参数监测等问题时，相对于 DOE-2 和 EnergyPlus 有优势。

1. TRNSYS 软件的特点

1）模块的源代码开放。用户可根据自己的需要编写新的模块添加到软件中。

2）与 FLUENT、MATLAB 等众多软件都有接口，可以很方便地完成调用，进行计算。

3）能进行 3D 建模。TRNSYS17 与 Google SketchUp 有接口，能在 SketchUp 软件中进行三维建模，并导入 TRNSYS17 中。

4）TRNSYS 可以调用其他的能耗模拟软件的负荷计算结果，完成系统能耗的计算与优化。

5）TRNSYS 软件可以识别任何格式的气象数据，甚至是最底层的 TXT 格式的气象数据也可以识别。

6）全面性。TRNSYS 软件功能强大，涵盖发电、可再生能源、HVAC 等众多领域。

① 建筑物全年的逐时负荷计算。

② 建筑物全年的逐时能耗。

③ 优化空调系统方案，预测系统运行费用。

④ 太阳能（光热和光伏系统）模拟计算。

⑤ 地源热泵空调系统模拟计算。

⑥ 地板辐射供暖、供冷系统模拟计算。

⑦ 蓄冷、蓄热系统模拟计算。

⑧ 冷热电联产系统模拟计算。

⑨ 燃料电池系统模拟计算。

7）能形成终端用户程序，为非 TRNSYS 用户提供方便。

8）输出结果可在线输出 100 多个系统变量，可形成 Excel 计算文件。

9）TRNSYS 软件有专门的控制模块库，合理地选用模块并进行组合可以得到任意的控制方案。

10）软件模块化设计，很方便进行系统搭接，对于复合式系统，当系统配置较为复杂时，软件优势可以得到充分体现。

2. TRNSYS 软件的构成

TRNSYS 软件由一系列的软件包组成（见图 12-2），主要有：Simulation Studio、TRNBuild、TRNEdit、TRNExe 和 TRNOPT。

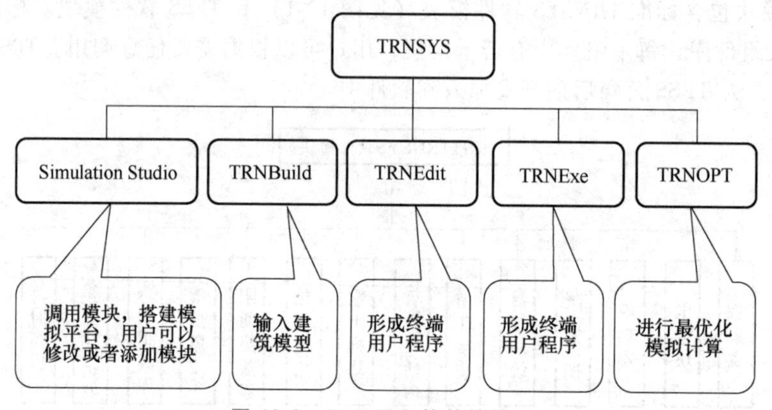

图 12-2　TRNSYS 软件的构成

Simulation Studio（见图 12-3）是 TRNSYS 的模拟工坊。过去的 TRNSYS 是用 FORTRAN 源代码编写的。为了运行它，用户首先将连线图编写成文本文件，然后获取所需模块的源代码，并通过运行 FORTRAN 编译器将其转换为可执行代码，最后使用文本文件作为指令集输入来运行可执行文件。连线图文本文件也称为甲板文件，必须使用简单的文本编辑器创建，并且接线图的图形表示（可以帮助用户更容易理解模型）也必须由人在纸上手绘。模拟模型用命令行或批处理文件运行，该文件按顺序执行多个命令行。建筑的全年模拟至少需花费几个小时，从批处理文件中进行多次模拟，有时需要整夜甚至好几天的时间。

如今，TRNSYS 模拟工坊大大简化了这一过程，它使用户能够将组件拖放到窗口中，并使用连线将它们连接起来。这种连接只是在参数需要连接的模块间进行。这些连接是在单独的窗口中创建的（见图 12-4），通过双击模拟工坊中的每个单独链接打开窗口。

某些模块（如 Type 56 多区建筑模块）非常全面详尽，需要特殊的编辑器来创建它们。Type 56 多区建筑模块的编辑器是 TRNBuild（见图 12-5）。用户用 TRNBuild 可以导入 Google SketchUp

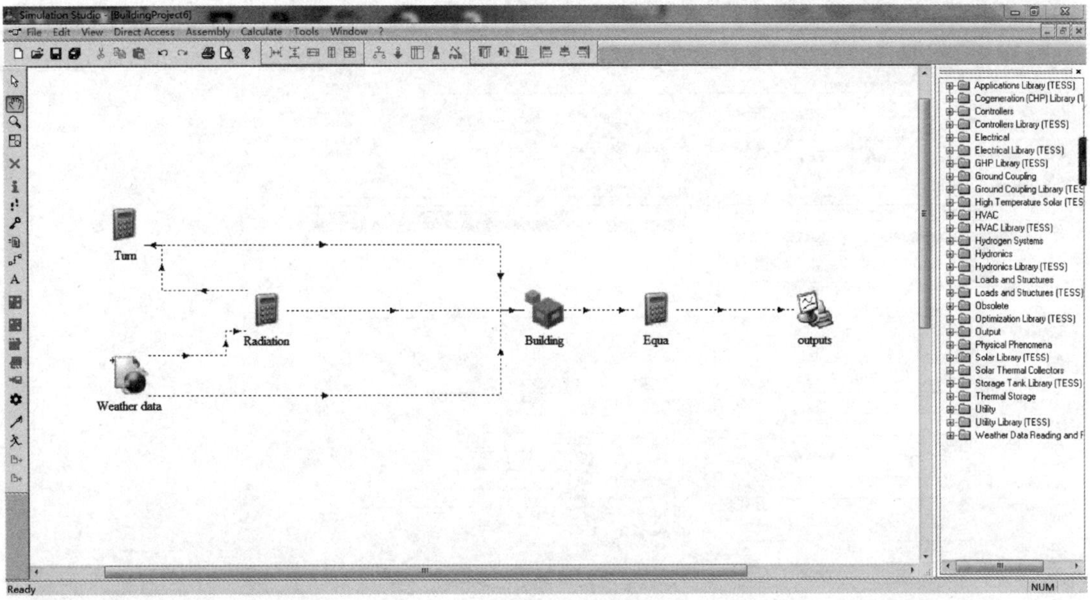

图 12-3　TRNSYS 模拟工坊

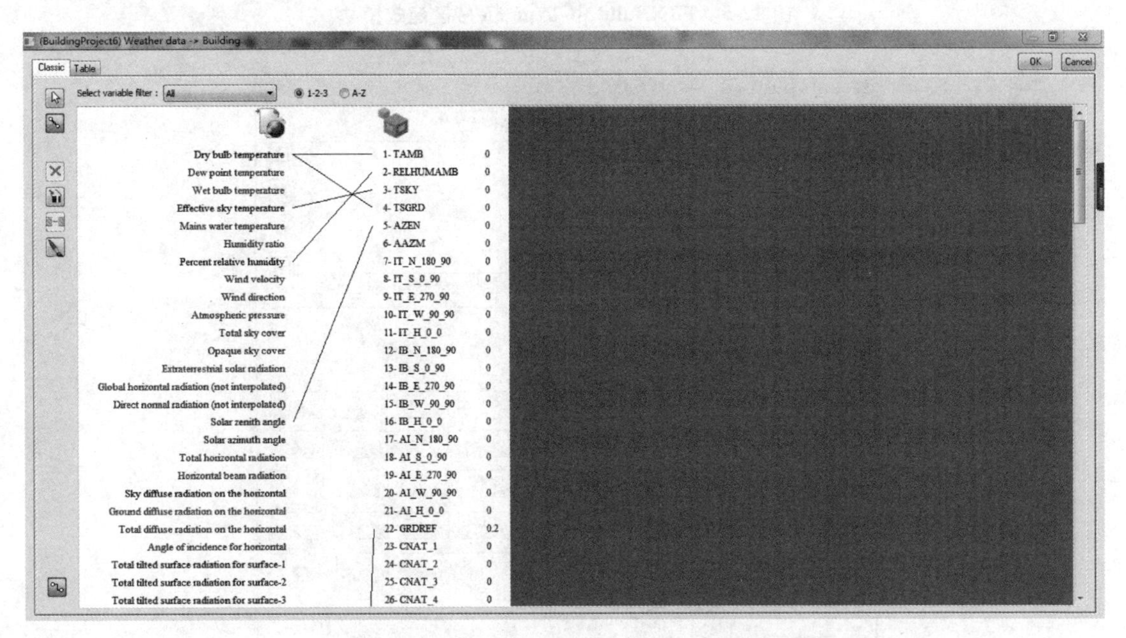

图 12-4　在不同 TRNSYS 模块中建立连接

创建的 Trnsys3d 建筑模型，输入墙和窗户结构，定义输入和输出，定义渗透、通风、加热、冷却、舒适的类型和工作时间表。

用 TRNBuild 创建建筑，然后在模拟工坊运行程序时使用这个建筑。

TRNSYS 有一个特别有用的功能（本书中其他模拟软件没有的）是如图 12-6 中所示的公式编辑器，在图 12-3 的模拟工坊中的例子中的“计算器”就是公式编辑器。用户能够用公式编辑器来修改任何模块的输出，并将它作为输入提供给任何其他模块。TRNSYS 中另一个非常有用的功能是在线输出，它可以动态生成模拟输出。用户能够在程序运行过程中追踪模拟，在模型需要

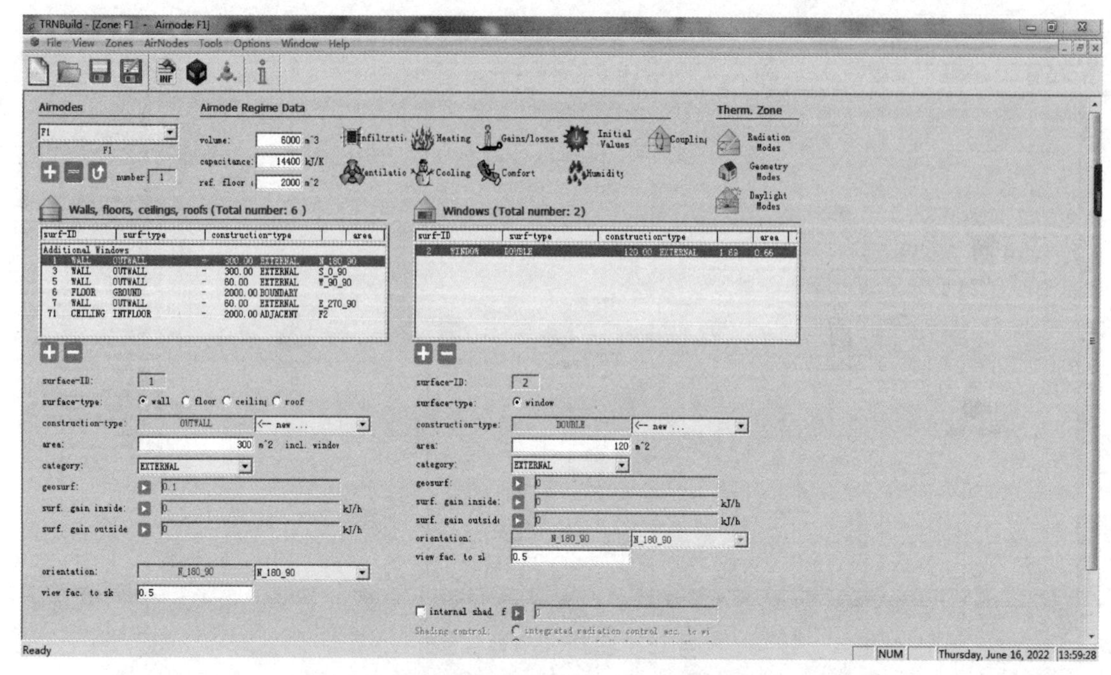

图 12-5 TRNBuild 中 Type 56 多区建筑模块

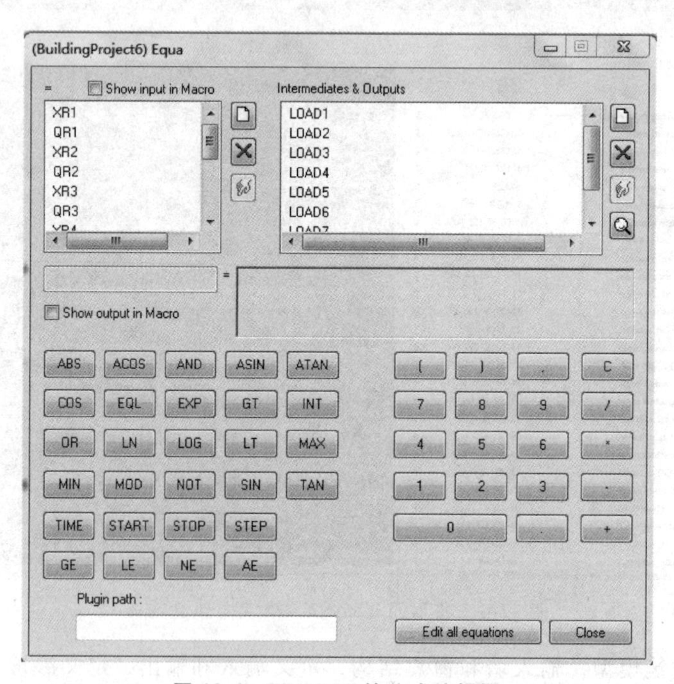

图 12-6 TRNSYS 的公式编辑器

进行修改时能及时中断程序并进行修改。

3. TRNSYS 软件的优势

TRNSYS 已经发展了 40 多年，它已经拥有很多模块，从太阳能系统开始，扩展到模拟建筑物及它的供暖、制冷和可再生能源系统中任意一项。每个 TRNSYS 模块都是用代码编写的独立的对象，与整个 TRNSYS 系统框架兼容，因此模块可以由个人独立开发，而开发者无须完全了解整个软件。这使得 TRNSYS 成为一个可扩展的模拟框架，类似于 EnergyPlus。它的发展壮大是研发人员智慧的结晶，这种智慧通过 TRNSYS 的各种库得以体现。

TRNSYS 具有十分强大的模拟控制器的功能，可以十分精确地模拟各种控制方式，在部分负荷的模拟中相对 EnergyPlus 等软件有优势。

TRNSYS 在新能源系统尤其是太阳能系统的模拟上具有其他软件无法比拟的优势。

TRNSYS 具有许多以用户为中心的功能，使它成为最灵活的模拟系统之一。在很多情况下，在其他模拟系统中的建筑物进行建模时需要像公式编辑器这样的模块，这只有 TRNSYS 中有。TRNSYS 具有广泛灵活性的另一个功能是可以手动对输入和输出进行硬连接。

4. TRNSYS 软件的劣势

TRNSYS 不是创建模拟的模型最简便的软件，它的错误报告的结论有时也不是那么清楚。它是一款商业产品，并不是免费的，虽然它提供免费演示版本，但免费版只能调用少量模型，不能使用全部模型库，最终用户可能在正式购买之前没有办法体会到它的全部强大功能。

TRNSYS 在建筑负荷以及建筑热性能的模拟上偏弱。它所设定的建筑模型比较简单，很难完成比较复杂建筑的描述，如果不能按照实际建筑外形建立模型、没有建筑阴影的计算、处理自然通风和渗透通风等问题时，通常需要借助其他软件。尽管有缺点，TRNSYS 软件的优势使它成为当今最好的模拟软件之一。

5. 用 TRNSYS 软件进行建筑能耗的动态模拟

如前所述，TRNSYS 软件功能强大，涉及的范围很广，能够对建筑物全年的逐时能耗进行模拟计算。

用 TRNSYS 软件进行零碳建筑能耗的动态模拟的过程包括建筑建模（气象参数设定）、参数设定、建筑负荷计算、建筑能耗模拟与节能分析。建筑建模方式包括直接输入方式和通过 CAD 图识别导入。TRNSYS17 最大的特点就是可以根据建筑的实际造型，在 Google SketchUp 中进行三维建模。建模完毕后，开始参数设置包括建筑所在地气象资料、气候条件（如太阳辐射、有效天空温度等）、建筑朝向、墙体材料、窗户材料、遮阳、渗透、通风换气、工作时间表、室内发热源等。

TRNSYS 软件能进行建筑物全年逐时负荷计算。在负荷计算的基础上，TRNSYS 能进行建筑能耗的模拟计算以及建筑本体、设备系统、能源系统等的优化。系统建模的关键是选择合适的模块，建立连接，搭建系统。由于该软件具有模块化的特点，系统的建模能在软件很全面、精确地展现。软件中提供众多系统模块，用户可以很方便地像搭积木一样完成系统的搭接，修改系统的参数与配置进行系统的优化。负荷计算和能耗模拟计算的结果可以很方便地以图或表的形式展现出来。

TRNSYS 软件支持多热区的复杂计算，对建筑进行热力分区的原则如下：

1）根据建筑负荷差异性和温度，将建筑分为外区和内区。所谓外区一般是指有外围护结构，区内热湿环境主要受外扰的影响。它的建筑冷负荷主要是外扰（室外气候参数，如室外空气温度、太阳辐射、室外风速等）通过围护结构传入室内的热量形成的。内区一般没有外围护结构，只有内围护结构，它的热湿环境主要受到内扰影响。内区建筑冷负荷主要是室内的热源（人员、设备、照明等）形成的。

2）根据工作时间进行分区。不同工作时间，建筑设备系统开启时间不一样，可以分在不同区。

3）根据房间功能进行分区，如办公区、娱乐区、商业区等。房间功能不一样，室内热湿环境要求不一样，宜分成不同区。

利用 TRNOPT 对 HVAC 系统进行最优化计算，得出目标函数下的最优化系统配置。

TRNSYS 软件中的 TRNOPT 程序的主要功能是进行最优化模拟计算。

1）最优化的概念。所谓最优化问题就是目标函数求极值问题。建筑能耗模拟计算中，由于影响建筑能耗的因素众多，所以它的目标函数是多维函数，有 n 个变量，而且函数关系未知。对于有 n 个变量的函数，目前普遍做法就是让其中一个变量变化，其他值固定，模拟计算得到一组值，再让另外一个变量变化，其他值不变，再得到一组值。如此，往复。例如，对于 10 个变量函数，让每个变量变 10 次，仅需 100 次模拟计算。

这种做法简化了计算，也便于分析，但一个很严重的问题就是忽视了建筑或者系统，它是一个整体，影响目标函数的各个变量之间是互相制约、互相耦合的。一个因素变化往往导致其他的因素也是变化的。假定一个变量变化，其他值不变是不合理的。近似地认为 n 个变量之间彼此没有关系而单独进行优化计算，得到的结果必然不是最佳值。应该让每一个变量都一起变化，这样才最接近实际的情况。但这会导致计算量过大，实际上操作不可行。假设一个目标函数有 10 个变量，每一个都变化 10 次，就有 10^{10} 次计算。即使用计算机模拟，这个计算量也相当庞大。但在数学领域有很多优化的方法，例如：遗传算法、遗传退火算法、蚂蚁算法等。这些算法可以大大简化优化的过程。但是这些算法对于普通的设计人员过于晦涩，不经过专业培训很难熟练地操作。

2）Genopt 软件。美国劳伦斯伯克利国家实验室在 2004 年开发了 Genopt 软件。当对模拟问题进行优化时，由于系统变量交互作用的复杂性，普通用户很难对使得系统达到最优的输入变量值进行正确设置，单纯的模拟程序很难同时达到优化目的，由此开发出专门进行最优化计算的 Genopt 程序。Genopt 是与 DOE-2、EnergyPlus、TRNSYS 等外部模拟软件相耦合，使得目标函数达到最优的优化程序。

3）TRNOPT 操作。TRNSY 开发了一款 TRNOPT（见图 12-7）的程序自动完成 TRNSYS 与 Genopt 链接。

TRNSYS 通过 TRNOPT 来调用 Genopt，简化了优化程序。

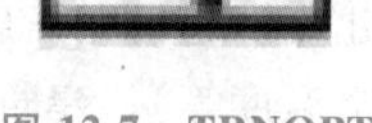

图 12-7 TRNOPT

12.2.2 DOE-2

DOE-2 在 1979 年首次发布，是开发最早、应用最广泛的模拟软件之一，并作为计算核心衍生了一系列模拟软件，如 eQuest、VisualDOE 等。DOE-2 对建筑冷热负荷的模拟计算是逐时的，采用了反应系数法，能准确地模拟较复杂的围护结构的负荷。建筑负荷的准确计算、模拟是 HVAC 系统优化配置与运行分析的基础。DOE-2 可以用来计算整幢建筑物的逐时能耗，也可以用来分析围护结构、空调系统、电气设备和照明等对建筑总能耗的影响，还可以进行运行费用计算和经济性分析。

DOE-2 采用顺序模拟法的负荷-系统-机房-经济分析（Load-System-Plant-Economic，LSPE）结构，即包括负荷模拟模块、系统模拟模块、机房模拟模块、经济分析模块（见图 12-8）。在顺序模拟法中每一步输出结果是下一步的输入参数。顺序模拟法节约计算机内存和计算时间。

负荷模块利用建筑体形描述信息以及气象数据计算建筑全年逐时冷热负荷，包括显热和潜热负荷，考虑了室外空气的温度、湿度、风速、太阳辐射等气候参数，还有人员班次、灯光、设备、渗透、围护结构的传热延迟以及遮阳等因素的影响。

系统分析模块利用负荷模块的结果以及用户输入的系统的描述信息。该模块考虑了新风引入的影响、系统设备控制策略以及系统运行特性等的影响。

机房模块利用系统模块结果以及用户输入的设备信息计算机房设备的能耗，该模块考虑了

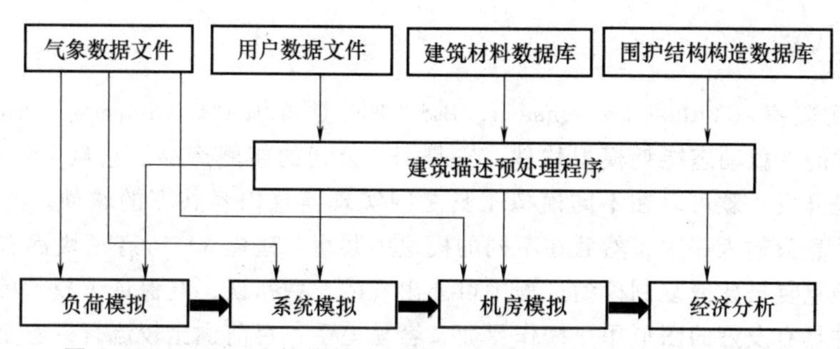

图 12-8　DOE-2 建筑能耗分析流程（图片来自知乎@软服之家）

部分负荷性能。

经济模块进行寿命期经济性分析。输入数据包括建筑及设备初投资、运行维护费用、利率等。

由于 LSPE 方式无法独立运行环境控制方案的模拟，需要和建筑负荷计算、冷热站模块一起进行模拟。然而设计人员在初期一般无法获知冷热源、风机、水泵等设备的具体性能参数，缺乏这些输入数据，DOE-2 无法完成环境控制方案的辅助设计，因此该软件适用于施工图设计完成之后的建筑能耗分析和评估。

DOE-2 输入方法为手写编程的形式，要求用户手动输入文件，而且是在 DOS 操作页面下，输入较为麻烦，提高了用户使用门槛，影响了一般设计者的使用。输入、输出文件格式均为英文，且格式要求比较严格，对于我国用户来说不易上手。但 DOE-2 有大量的数据库和研究文献，为后续很多商业能耗模拟软件的开发提供了借鉴。

12.2.3　ESP-r

ESP-r 是由英国 Strathcly 大学能量系统研究组于 20 世纪 70 年代开发的，它是研究版建筑能耗模拟软件，源代码开放，可以免费使用，既可用于建筑，也可用于设备系统能耗的动态模拟。对建筑侧可以进行很详细的模拟，包括建筑传热、建筑遮阳、室内空气的 CFD 模拟、室内空气品质评价等，对设备侧可以进行 HVAC、太阳能设备、光伏板等性能模拟。各个模块可以独立模拟，也可以整体模拟，可得到非常详细的模拟计算结果。

ESP-r 负荷计算采用有限差分法，采用的时间步长以分钟为单位，计算数据多、速度慢，对计算机的速度和内存要求比较高。求解的稳定性和误差随时间步长增加而变差。ESP-r 负荷求解不需要对基本传热方程进行线性化，因此可模拟具有非线性部件的建筑的热过程，如有特隆步墙（Trombe Wall）或相变材料等变物性材料的建筑。

ESP-r 在欧洲应用非常广泛，已经发展成为一个集成的模拟分析工具，除了可以模拟建筑中的声、光、热性能以及流体流动等，还可以对建筑能耗以及温室气体排放进行评估，可模拟的领域几乎涵盖建筑物理及环境控制的各个方面。ESP-r 可以对影响建筑能源特性和环境特性的因素做深入的评估，利用计算流体力学（Computing Fluid Dynamic，CFD）方法，可以对建筑内外空间的温度场、空气流场以及水蒸气的分布进行模拟。除此之外，ESP-r 可模拟和分析当前比较前沿或创新的技术，该软件还集成了对可再生能源技术（如风力系统、地源热泵、光伏系统等）的分析模块。

ESP-r 软件的劣势在于它的功能过于强大，对使用者专业性要求非常高，需要用户对各个系统都有一定程度的了解，才能正确完成输入参数的设置，影响了软件使用推广。

12.2.4 IES VE

虚拟环境实验室（Virtual Environment，IES VE）是英国 IES（Integrated Environment Solutions）公司研发的一款动态能耗模拟软件，它是 IES 公司的旗舰产品。它以 ESP-r 为计算内核，最初研发目的是开发一款可以在不同模拟工具之间实现信息内容共享的软件。共享的数据库可以使建筑基本信息只输入一次，然后在不同的模块中共享。这样 VE 所有模块都有相同的物理模型，避免了模型重复搭建或复制模型过程中可能出现的各种错误，既保证了模型的统一，又节省了时间。该软件具有友好的图形用户操作界面，容易上手，目前也比较流行，它是一款收费的商业软件。

IES VE 是一套集成化建筑性能分析软件包，拥有众多的模拟分析模块（见图 12-9），功能齐全，涵盖热、光、风环境模拟。拥有强大的三维建模能力，可建立复杂的 3D 物理模型。除了对建筑、能源系统、HVAC 系统等进行能耗模拟外，IES VE 也可以做室内室外空气流动的 CFD 模拟、光照模拟等，而且数据互通，例如能耗模拟的结果可以直接导入 CFD 模拟里作为边界条件，同时添加疏散模拟、电梯模拟、机械系统设计、生命周期及价值工程分析、优化模拟等模块。

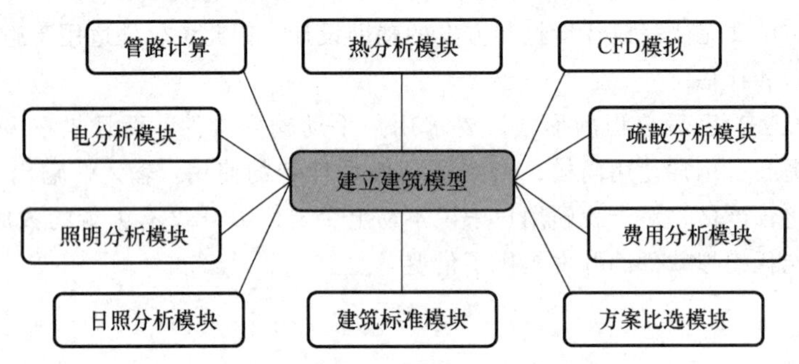

图 12-9　IES VE 的模拟分析模块

IES VE 的优点：它提供了许多可独立使用的模块，这些模块共享信息，提高了模拟的效率，节省了设计人员的时间。例如，辐射模块（Radiance）的设置能够将日照的信息导入热模拟中，并允许热模拟中利用日光照度控制电灯的开启，使设计人员能够在同一系列模拟工具中对建筑物进行优化，从而提高设计效率。

IES VE 的劣势：主要是该软件在建模上较弱，模型的导入也不方便、快捷。IES VE 功能过于强大，拥有经验的使用者才能熟练操作。与 EnergyPlus 或 TRNSYS 不同，这款软件是一个封闭的系统，加入第三方模块很困难，而且它不支持透明的保温材料、相变材料、蒸发冷却和其他一些以前不常见但现在应用越来越多的材料和系统，这些材料和系统有可能对零碳建筑设计有非常重要的作用。

总体而言，IES VE 在建模和图形化用户界面方面做到了完美结合，使其成为行业内公认的主流建筑能耗模拟软件之一。

12.2.5 DeST

DeST（Designer's Simulation Toolkit）是清华大学研制开发的以 AutoCAD 为图形界面的建筑能耗模拟软件。它的前身是建筑热过程分析软件（Building Thermal Processes，BTP），最早用于建筑环境的模拟，后来逐步加入空调系统模拟模块，并开发出空调系统模拟软件 Ⅱ SABRE。为了更好地将模拟技术投入到实际工程应用中，在 Ⅱ SABRE 的基础上开发出针对设计的模拟分析工具 DeST。DeST是我国第一款中文界面的能耗模拟软件，填补了国产模拟软件的空白，为国内建筑设计、科研、教学工作提供了极大的方便。2019年，DeST通过ASHRAE140标准认证。DeST已经成为和Energyplus、DOE-2、TRNSYS等一样的获得国际认可的世界主流的建筑能耗模拟软件，处于世界领先地位。

针对不同类型的建筑物和不同的模拟分析目的，目前DeST拥有用于住宅的DeST-h和用于商业建筑的DeST-c两个版本。如今DeST已在我国、欧洲国家、日本等地得到广泛应用。

DeST负荷计算方法是状态空间法，以房间为基本单元进行求解，计算速度快。与在时间和空间上均进行离散的有限差分法不同的是，状态空间法的求解方法是在空间上进行离散，但在时间上保持连续。解的稳定性和误差与时间步长无关，因此求解过程所取时间步长可大至1 h，小至数秒，而有限差分法只能取较小的时间步长以保证解的精度和稳定性。状态空间法要求系统线性化，不能处理变物性材料变表面换热系数、变物性等非线性问题，但它在处理厚重墙体与地下空间壁面传热方面有优势。

1. DeST软件的功能

1）建筑物全年的逐时能耗模拟计算。

2）冷热电联产系统模拟计算。

3）太阳能（光热和光伏）模拟计算。

4）地板辐射供暖、供冷系统模拟计算。

5）蓄冷、蓄热系统模拟计算。

6）优化空调系统方案，预测系统运行费用。

7）燃料电池系统模拟计算。

2. DeST软件的技术特色

1）精确模拟建筑中各房间的室温状况。

2）精确模拟夜间通风对室内热环境的影响。

3）精确模拟邻室传热对各房间热环境的影响。

4）精确模拟间歇空调启停对于装机容量和运行能耗的影响。

5）精确模拟内外保温对于空调供暖负荷的影响。

3. DeST软件的优势

DeST与国际上其他建筑全能耗模拟软件的最大区别是，它不需要在整个建筑和设备系统全部完成后才开始模拟，而能够在不同的设计阶段完成不同的模拟任务，实现“分阶段设计”“分阶段模拟”（见图12-10）。所谓“分阶段模拟”指的是将空调系统的设计过程分为：建筑设计阶段、系统方案设计阶段、设备选择阶段、输配方案设计阶段，在每个阶段，设计者都可以通过对

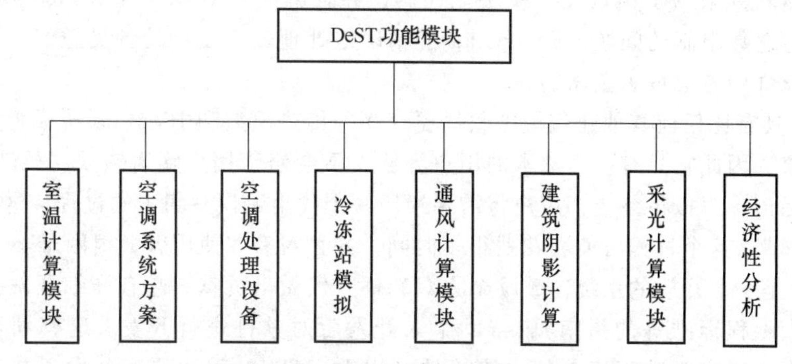

图12-10　DeST软件模块的组成

不同方案的模拟计算，选择出最佳的方案。

在众多能耗模拟软件中，有的软件立足于系统而非建筑，最典型代表是TRNSYS，它的建筑功能相对薄弱；有的软件立足于建筑而非系统，如DOE-2、ESP-r等，这类软件可以很好地对建筑进行模拟，但是由于它是基于建筑物而不是基于系统，就很难像TRNSYS那样灵活地构成各种系统。DeST“分阶段模拟”的理念实现了建筑物与系统的连接，使之既可用于详细地分析建筑物的热特性，又可以模拟系统性能，较好地解决了建筑物和系统设计耦合的问题。

DeST实现“分阶段模拟”的设计理念的方法如下：

（1）以自然室温为桥梁，联系建筑物和系统　自然室温是指当建筑物没有供暖空调系统时，在内、外扰联合作用下导致的室内空气温度。它全面反映了建筑本身的性能和各种内、外扰对建筑物的影响。当模拟分析建筑热性能时，可以立足于建筑，通过精确的建筑模型，模拟计算各室的自然室温，从而具备像DOE-2与ESP-r在建筑描述与模拟分析上的各种优越性。而在研究空调系统时，可以以各室的自然室温为对象，把自然室温与建筑特性参数合在一起构成建筑物模块，这样从系统的角度来看，建筑就可以成为若干个模块，与其他部件模块一起，灵活组成各种形式的系统，从而具有TRNSYS类软件的各种优越性。这是DeST对建筑与系统解耦的基本方法。

（2）理想控制的理念　分阶段模拟对计算模型提出了一定的要求，对于每一个设计阶段而言，上一阶段的设计属于已知的计算条件，而下一阶段的设计尚未进行，相关部件和控制方式未知，因此必须明确后续阶段的计算方法。因此，DeST没有采用DOE-2和TRNSYS的“缺省模式”，而采用“理想化”方法来处理后续阶段的部件特性和控制效果，即假定后续阶段的部件特性和控制效果完全理想，相关部件和控制能满足任何要求（冷热量、水量等），这样处理可排除后续设计阶段的“缺省模式”对本设计阶段设计效果的干扰，突出本设计阶段的模拟分析目的。

（3）通用性平台　DeST融合了模块化的思想，继承了TRNSYS类软件模块灵活的优点，它的计算模块具有较好的开放性和可扩展性。DeST可以作为建筑环境及控制系统模拟的通用性平台，实现相关模块的不断完善和软件的功能扩展。

4. DeST软件的劣势

DeST软件的劣势在于所包含的设备和系统数目没有有些软件（如TRNSYS等）丰富。

12.2.6　EnergyPlus

EnergyPlus是在美国能源部支持下，由美国劳伦斯伯克利国家实验室、伊利诺伊大学、美国军事建筑工程研究实验室、俄克拉荷马大学等单位在DOE-2和BLAST的基础上，共同开发的一款建筑能耗逐时模拟引擎，被认为是用来替代DOE-2的新一代的建筑全能耗分析软件。EnergyPlus负荷计算原本采用的是传递函数法（反应系数法），后又改用状态空间法。为了易于维护、更新和扩展，该软件采用了结构化、模块化代码，并且解决了DOE-2和BLAST模拟中受房间、时间表、系统等总数限制的问题。EnergyPlus能精确地处理较为复杂的各类建筑，处理建筑热湿过程也是同类软件中考虑最为全面的。

EnergyPlus具有比任何其他建筑模拟软件更全面的传热模型和HVAC系统模型。但是，它只是一个模拟引擎，因此它只有一个基本的用户界面，不会修正用户输入错误，虽然会报告错误。如果出现严重错误，模拟将终止，用户将需要经历一个找出错误并纠正的过程，这在软件工程中通常称为“调试”，这个过程可能会花费很多时间，并且对有些使用者会很困难。

EnergyPlus是一个开放的系统，鼓励个人对软件开发做出贡献。它有详细开发指南（如模块的、用户界面、编程标准等的指南），帮助个人开发者对软件进行开发。这有利于建立模拟社区，并扩展了个人用户驱动程序功能。该软件采用FORTRAN编程语言开发，并采用模块化方法。新模块可以独立于整个系统进行开发，使个人开发者能够专注于自己模块的研发，而无须详细了解整个软件。这个开放的框架可以免费下载，确保了软件功能日益强大，占据领先优势。

1. EnergyPlus 软件的主要特点

1）代码开放。用户可根据自己的需要编写新的功能模块并添加到软件中。

2）采用集成同步的负荷/系统/设备的模拟方法。EnergyPlus 吸收了 DOE-2 的 LSPE 顺序结构并在此基础上进行了改进，它采用集成同步的负荷、系统、设备的结构，有统一的上层管理模块对各模块进行管理，模块之间彼此有反馈，而不是单纯地按顺序模拟结构，计算结果更为精确（见图 12-11）。

3）用热传导传递函数法（Conduction Transfer Functions，CTF）来计算墙体、屋顶、地板等围护结构的瞬态传热。CTF 本质上还是一种反应系数法，但它的计算更为精确，因为它是基于墙体的内表面温度，而不同于一般的基于室内空气温度的反应系数法。

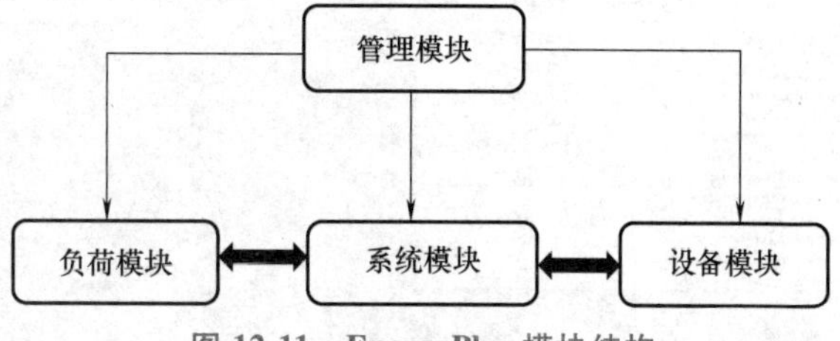

图 12-11 EnergyPlus 模块结构

4）采用热平衡法计算负荷。负荷计算时，用户可以定义小于 1h 的时间步长，一般为 10~15min。在系统模拟中，软件会自动设定更小的步长（小至数秒，大至 1h）。

5）先进的窗户传热的计算，可模拟可控遮阳装置、可调光的电铬玻璃等。

6）对土壤传热的模拟采用三维有限差分土壤模型和简化的解析方法。

7）采用各向异性的天空模型对 DOE-2 的天然采光模型进行了改进，能更精确地模拟倾斜表面的天空散射强度。

8）天然采光的模拟包括室内照度的计算、眩光的模拟和控制、人工照明的减少对负荷的影响等。

9）采用基于人体活动量、室内温湿度等参数的热舒适模型模拟热舒适度。

10）采用环路可调整结构模拟空调系统，用户可以模拟典型的系统，而无须修改源程序。

11）可与一些常用的模拟软件如 TRNSYS、COMIS 等进行链接。

2. EnergyPlus 界面工具

建立 EnergyPlus 模型首先要创建一个输入文件。输入文件的格式为 IDF。它可以通过一个简单的 IDF Editor 输入文件编辑器（见图 12-12）生成。利用这个编辑器，用户能够设置模拟参数，建筑物相关信息（房屋围护结构、HVAC 系统、人员、设备组成等），选择相关的输出报告形式，并对可输出参量进行选择。每个新定义都可以用一个对象（Object）来处理，这些对象补充完善了所需的输入参数，并且在大多数情况下链接到其他对象，共同完整地定义了动态模拟的模型输入。

输入参数设置完成之后，需要运行建立的模型，启动一个名为 EP-Launch 的运行器（见图 12-13），在 EP-Launch 中载入之前定义的 IDF 输入文件和气象数据文件，开始模拟。

模拟过程中可以生成一系列输出文件。输出的数值文件是 CSV 格式的，可以在 Excel 中打开。如果 IDF 输入文件中有关输出的参数只定义了两个，输出文件就只显示这两个参数。图形输出文件的格式是 DXF。如果模拟因错误而终止，还可以显示错误日志，用户可以根据错误日志提供的线索去解决错误。

3. EnergyPlus 的优点

EnergyPlus 有着全面的建筑材料库和系统。它在运行时会显示详细的警告和错误报告，可以

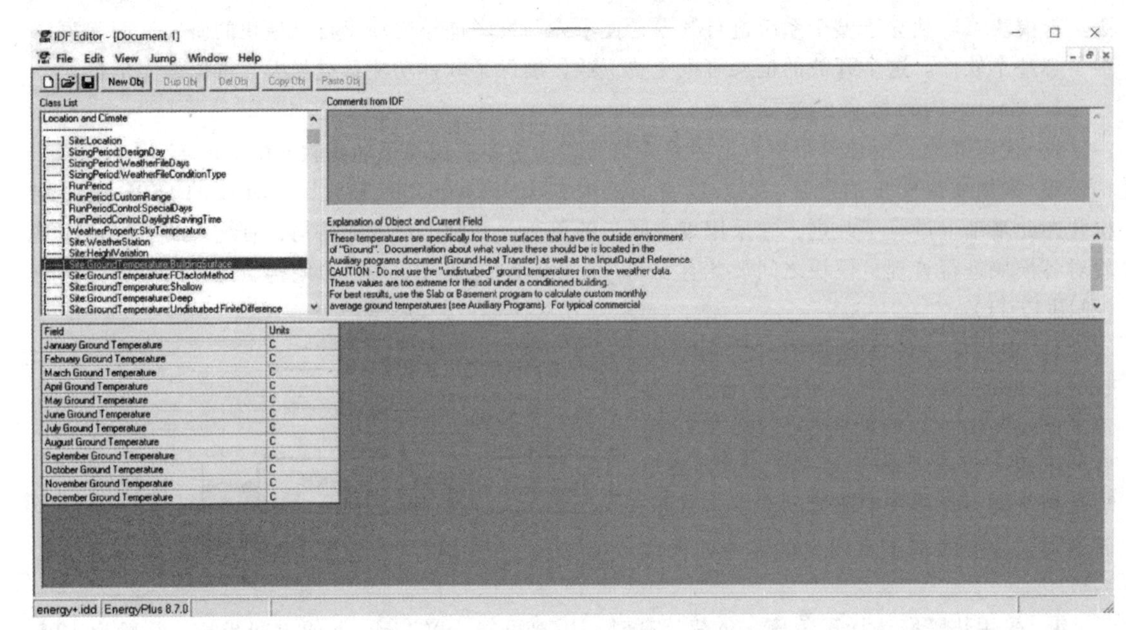

图 12-12 IDF Editor 输入文件编辑器

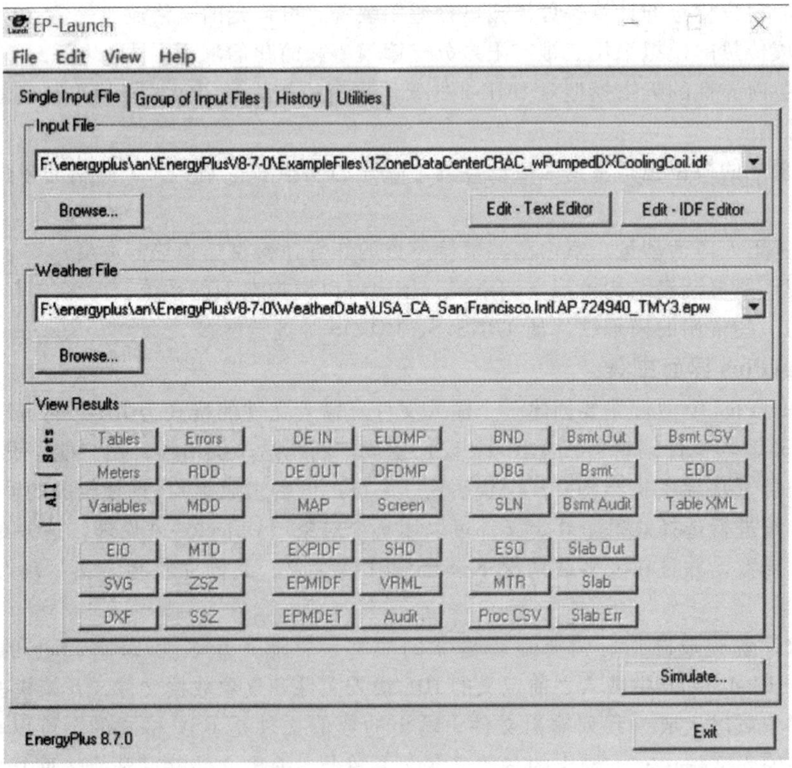

图 12-13 EP-Launch 运行器

帮助弥补用户界面比较简单的缺陷。EnergyPlus 模拟的运行速度非常快，以秒为单位。软件在研发时就考虑了扩展的可能，这样第三方可以轻松开发自己的模块，从而帮助 EnergyPlus 不断强化自己的优势。EnergyPlus 的气象文件格式（＊.EPW）已成为行业标准，和大多数主流模拟软件兼容。在用户同意有关协议以后，可以免费试用。

4. EnergyPlus 的缺点

EnergyPlus 缺乏一个图形化的友好的用户界面，导致建模过程过于烦琐和枯燥。建筑几何模型需要以数字方式输入，需要逐个顶点逐一输入。在建模过程中容易出现人为错误，这些错误只在运行时才会显现出来。EnergyPlus 对暖通空调系统控制方式的模拟能力较弱，它通常假定设备的调节为理想化的连续调节，这对于设备部分负荷运行时的模拟是不太准确的。此外，EnergyPlus 不稳定，不太容易收敛并且经济性分析较为简单。EnergyPlus 运算时间相对于 DOE-2 来说要长得多。

总体来说，EnergyPlus 的优势远远超过了劣势，使该软件通过不断地发展逐渐成为一款真正优秀的建筑全年能耗模拟工具。

12.2.7 eQuest

快速耗能模拟软件 eQuest 是一款适合于工程师使用的能耗模拟软件，它最大的强项在于对空调、控制等机电系统的模拟，因此特别适合机电或者设备工程师分析各种设备的节能潜力和全年运行状况，以确定合适的节能策略和最佳的节能方案。

eQuest 是在美国能源部和电力研究院的资助下，由美国劳伦斯伯克利国家实验室和 J. J. Hirsch 及其联盟共同开发的一款免费能耗模拟软件。研发该软件的目的就是让逐时能耗模拟能够被更多的普通设计人员更方便地使用。eQuest 是在 DOE-2 基础上开发的，是基于 DOE-2 的软件中优秀的一款。它允许设计者进行多种类型的建筑能耗模拟，并且向设计者提供了建筑物能耗经济分析、日照和照明系统的控制以及通过从列表中选择合适的测定方法自动完成能源利用效率模拟的功能。

eQuest 为 DOE-2 输入文件的写入提供了向导。用户可以根据向导的指引写入建筑描述的输入文件。同时，软件还提供了图形结果显示的功能，用户可以非常直观地看到输入文件生成的二维或三维的建筑模型，并且可以查看图形的输出结果。目前该软件为全英文版，没有比较成熟的汉化版本。

eQuest 软件根据室外气象条件和围护结构情况，采用一种正向思维计算出室内温度以及室内得热量，进而计算出负荷。它的计算过程是一个动态平衡的过程，后一时刻室内温度、冷热负荷以及供暖空调设备的耗电量要受前一时刻的影响。可根据输入的建筑情况、建筑结构、围护结构材料、供暖空调方式与系统布置形式、室内人员活动规律、照明设备情况和室内设计温度值，计算出建筑的全年动态能耗。

1. eQuest 软件的特点

1） eQuest 简化了 DOE-2 建模的过程。

2） 全年 8760h 的能耗模拟。

3） 特定的工作日类型：每一个“season”里可设置 3 种工作日（周一到周五、周末、节假日），可最多设置 52 个“season”。

4） 可定义多种的能源价格方式，如分时定价、按容量定价、统一定价等。

5） 支持多种类型的气象参数：TMY、TMY2、TRY、WYEC 等。

6） eQuest 能够模拟的一些特殊的空调系统，例如地源热泵系统、水侧变流量系统、双风机双风管变风量系统（Dual-Fan Dual-Duct VAV Systems）、自然通风、自定义设备的性能曲线、热电联产、蓄能系统（TES model 可模拟水蓄能和冰蓄能）、光电转换（仅限高级用户，因为要修改 input 文档）、热回收通风（仅限高级用户，因为要修改 input 文档）。

2. eQuest 软件的优势

1）它是一款免费的软件，能在极短的时间内，做出一份非常专业的建筑能源分析报告。

2）适用建筑设计的各个阶段，包括概念设计阶段，对任何设计团队（建筑师或者设备工程师）都适用。

3）eQuest 采用 DOE-2.2+Wizards（向导）+Graphics（图形）模式。eQuest 的计算核心是 DOE-2 的高级版本 DOE-2.2。它有 3 种模拟模式：系统设计精灵（Schematic Design Wizard）、细节设计精灵（Design Development Wizard）、细节数据编辑（Detailed Data Edit），并拥有图形化的模拟报表系统。

3. eQuest 软件的劣势

eQuest 始终假设系统的控制处于最佳状态，因而与实际有较大的差别，例如它无法判断阀门是否堵塞、制动装置是否失效和系统维护状况等。

12.2.8 Tas

EDSL（Enviroment Design Solution Ltd.）公司成立于 1989 年，总部位于英国伦敦。它开发的热分析模拟软件 Tas（Thermal Analysis Simulation）是一个综合三维建模、采光分析、通风优化、空调设备布置与优化、能耗计算、CFD 模拟、碳排放与经济性分析为一体的建筑能耗模拟软件。

Tas 是一款商业软件，有着图形化的用户界面，并且能实现小时时间步长的动态模拟。用户可通过 Tas 管理器（见图 12-14）访问该软件的核心组件：3D 建模、建筑模拟器、日历数据库、围护结构数据库（见图 12-15）、内部条件数据库、结果查看器和气象资料数据库（见图 12-16）等。

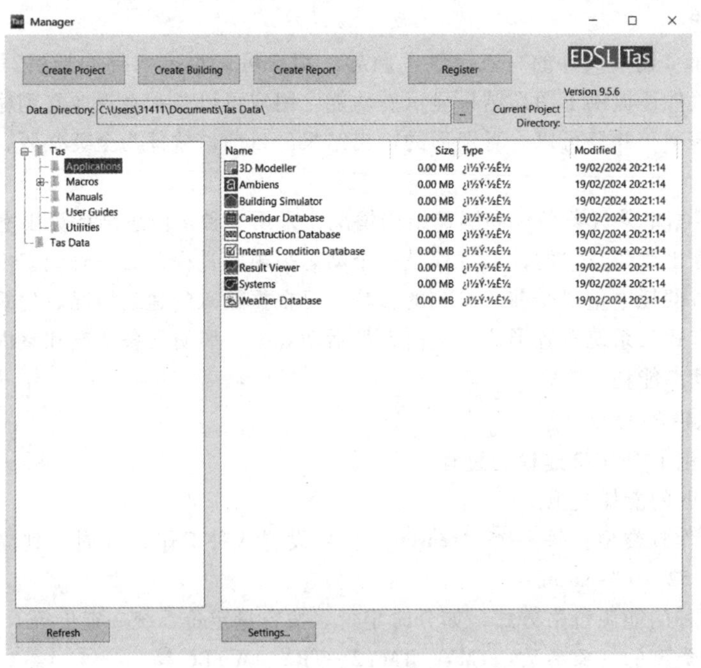

图 12-14　Tas 管理器

Tas 软件也是应用模块化的开发模式。Tas 管理器主要包括以下 4 个模块（见图 12-17）：3D 建模（3D Modeller）、建筑模拟（Building Simulator）、结果查看器（Result Viewer）、系统编辑（Systems）。

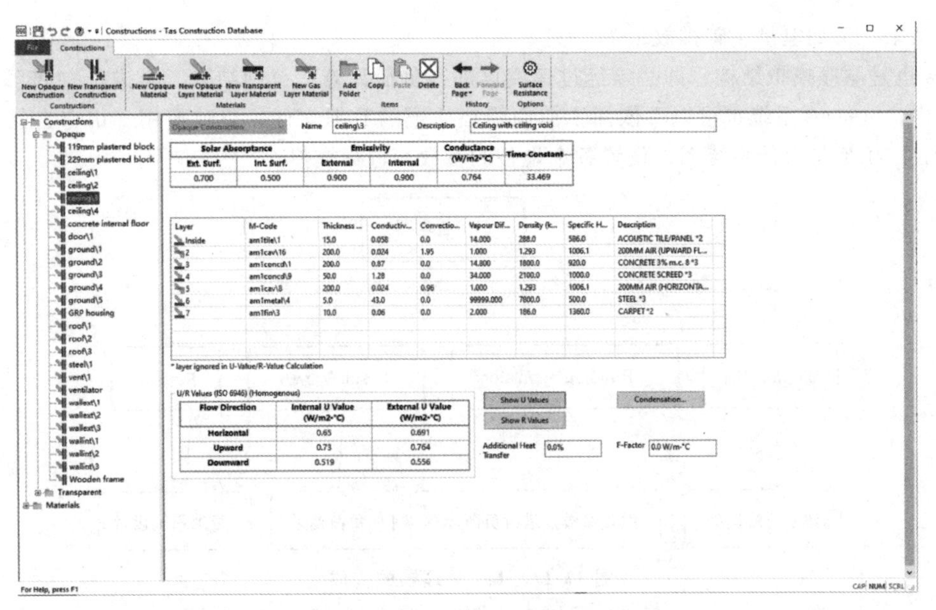

图 12-15　Tas 围护结构数据库

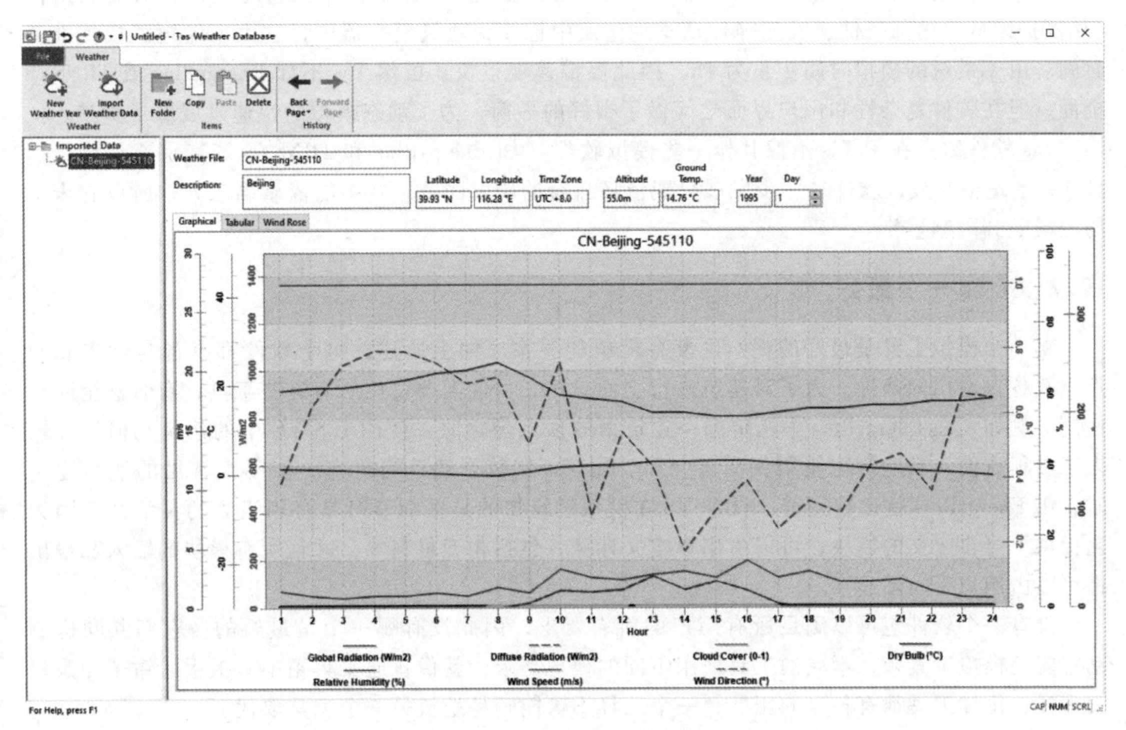

图 12-16　Tas 气象资料数据库

3D Modeller 模块主要是建模，生成建筑的三维模型。

Building Simulator 建筑模拟模块设置相关参数，如室内外的参数、围护结构材料等来计算负荷。

Result Viewer 结果查看器模块可以显示所有的计算结果的数据。

Systems 模块用于选择暖通空调系统，设置各个设备的参数，最后进行模拟分析，得到相应的表格结果，例如电量、碳排放量等。

Tas 也是顺序模拟结构，即必须经过建模再进行负荷计算，得到结果，再进行空调系统的设计。其中，Systems 系统也可以不依托于前面模块生成的数据文件，单独使用。用户自己将设备进行组合，生成想要的系统图，设置各个设备的参数，进行模拟。

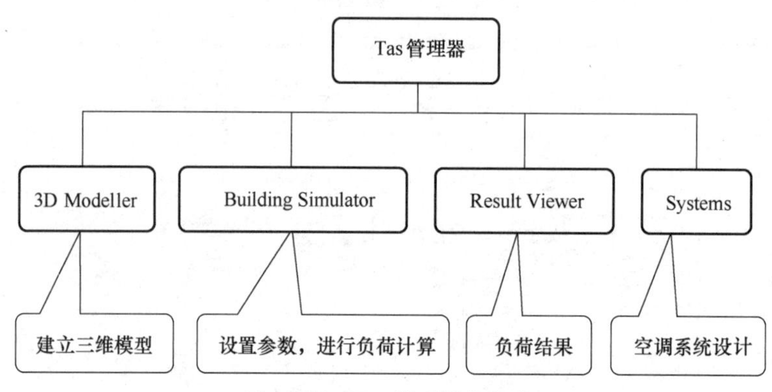

图 12-17　Tas 管理器的构成

Tas 软件优点是具有交互式图形用户界面，可以建立 3D 建筑模型。它还允许将所需的组件（如围护结构、内部条件、天气等）从本地应用中拖放到建筑模拟器中，这大大缩短了模拟准备时间。由于最短的模拟时间步长为 1h，因此模拟速度很快。虽然 Tas 不如 EnergyPlus 或 TRNSYS 全面，但在软件复杂性和用户界面之间做了很好的平衡，为了动态模拟的快速发展做了贡献。

Tas 软件缺点在于 Tas 不像其他一些模拟软件（如 EnergyPlus 和 TRNSYS 等）那么详细，而且 Tas 不是很开放，软件进一步发展只能依靠自身的研发团队，并不能依靠第三方，所以它未来的发展受到限制。

12.2.9　哪一个最好

哪一个模拟工具是最好的呢？这没有简单的答案。如上所述，每个软件都有各自优点和缺点，有各自适用的条件。为了对建筑进行全面分析，可能需要使用所有这些工具，有时甚至同时使用。例如，在 EnergyPlus 中指定同一建筑物的顶点坐标时，使用 IES VE 中的建筑几何尺寸输入工具很方便；当建筑物使用相变材料时，用 Tas 比较合适；当研究一些不太常见的实验建筑时，用 EnergyPlus 就比较完美；TRNSYS 在模拟建筑物的某些细节时具有相当大的灵活性，因为它提供了可自定义的模块，可以由用户定义计算，包括相变材料等，并且所有模块的输入和输出都可以由用户手动硬连接。

没有一个软件包可以满足所有用户的所有要求，因此没有哪一个是最好的。它们共同构成动态能耗模拟工具箱，不同的工具适用不同的模拟需求，就像普通工具箱中有扳手、钳子和螺丝刀一样，每样工具都有各自的用处，一个工具不可能轻易地被另一个工具取代。

针对我国的情况，目前国际上很多能耗模拟软件是英文的操作界面，对普通的设计人员或者说普通的用户来讲，非母语界面非常不友好，也不方便。而对于有些软件（如 TRNSYS），虽然它的窗户库、墙体库等非常庞大，但它的产品库里很多是国外的产品（如窗户库里有德国、日本的窗户等），和我国实际经常使用的窗户还不太一样。DeST 是我国拥有完全知识产权的能耗模拟软件，它的优点在于软件的研发依据我国的国情，功能模块的开发上充分考虑到了我国常用的建筑形式、系统设备、拥有我国常用的建材库，非常适合我国的建筑师和设备工程师使用，同时避免了非母语操作界面的不便，并且它是一款免费的、开放式的软件。

DeST 汇聚了我国暖通界在建筑能耗模拟分析领域的多年研究成果。2017 年 7 月起，清华大学在原有软件基础上继续研发完善，开发了具有我国完全自主知识产权的建筑采光、人行为、热过程、空气流动、室内空气品质、热湿动态耦合传递、新型围护结构、机电系统、可再生能源系统和建筑能耗联合仿真高性能开源平台内核 DeST，从根本上解决了我国建筑能耗模拟的卡脖子问题，在国际上掌握了话语权和核心技术。DeST 是一款满足新型零碳建筑设计理念的需求，并且拥有广阔前景的全工况分析的能耗模拟软件。

12.3　建筑能耗动态模拟

建造零碳建筑，需要以建筑所在地的气候特征为引导进行建筑方案设计，通过被动式+主动式技术手段，最大幅度地降低建筑能耗，并充分利用所在地自然资源，为使用者提供舒适、健康的室内环境。

零碳建筑的设计需要考虑以下因素：

1）气候条件：建筑所在地的气候条件，同时需要考虑到建筑所在地未来气候变化。

2）建筑场所条件：太阳辐射、建筑朝向、主导方向、场地配置、建筑物遮挡等。

3）建筑几何尺寸。

4）建筑保温。

5）建筑气密性。

6）被动太阳得热。

7）自然通风。

8）天然采光。

9）人工照明。

10）可再生能源系统。

11）内部得热。

12）额外的供热或者制冷。

室内环境、能效指标和碳排放量是零碳建筑最基本的三个技术要求。零碳建筑的能耗指标中能耗范围为供暖、通风、空调、照明、生活热水、电梯系统等的能耗和可再生能源利用量。能耗指标包括建筑能耗综合值、可再生能源利用率和建筑本体性能指标三部分，三者需要同时满足要求。建筑能耗综合值是表征建筑总体能效的指标，其中包括了可再生能源的贡献；建筑本体性能指标是指建筑围护结构、能源系统等对建筑能效提升。

建筑能耗模拟覆盖建筑的全生命周期：规划、设计、建造、运行、维护直到拆除与处理（废弃、再循环和再利用等）。建筑能耗与建筑功能、使用模式、气候条件和用户行为紧密关联，又涉及大惯性的建筑热过程，是一个非常复杂、不确定的系统。现代建筑的空间体量越来越大，结构也越来越复杂，设备越来越密集，建筑能耗的计算变得越来越复杂，对于计算精度的要求也在不断提高，简化计算方法已经不能满足研究的需求。随着计算机技术与能耗计算方法的结合，动态的建筑能耗模拟方法逐渐成为建筑能耗模拟技术的主流，该方法依据逐时变化的室外气象数据、室内人员活动状况、室内热源等信息，计算满足室内环境要求的逐时建筑能耗。动态能耗模拟的核心是能耗动态计算方法，它使得能耗模拟更准确、计算能力更强大。

动态能耗模拟方法有顺序模拟法和同步模拟法两种。

1. 顺序模拟法

顺序模拟法（Load System Plant Economic Sequence）的程序框图如图 12-18 所示。计算步骤

是顺序分层的，首先计算建筑的全年逐时负荷，负荷计算方法采用动态算法，然后进行暖通空调系统模拟计算，包括空气处理机组、风机盘管、新风机组、通风等设备所耗能量，接着计算冷热源机房设备所需的总能耗，最后进行能耗费用及全生命周期经济性分析（Life Cycle Cost Analysis）。顺序模拟法是按顺序层层递进，各层之间没有反馈，故不能确保空调系统的状态可以满足负荷要求。当建筑负荷发生变化，空调系统或者机房设备（如冷水机组等）不能满足负荷要求时，仅给出负荷不足的提示，却不能去修正。

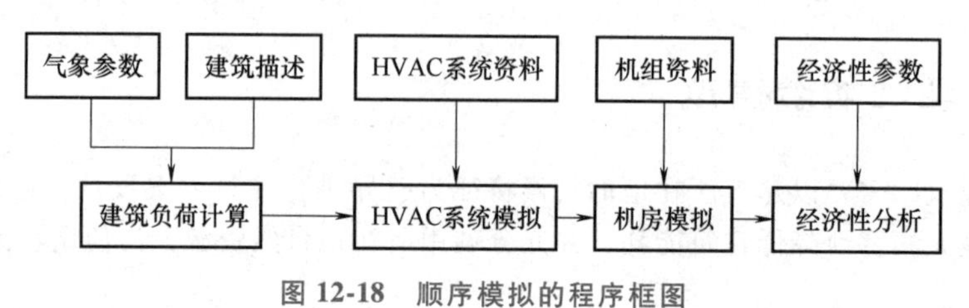

图 12-18　顺序模拟的程序框图

2. 同步模拟法

同步模拟法的程序框图如图 12-19 所示。同步模拟法考虑负荷、系统、机组间的耦合关系，在每个小时的计算中，负荷、系统、机组的计算同时进行，可确保空调系统是满足负荷要求的。这种方法虽然提高了模拟的精确度，但要花费大量的计算机内存和机时。

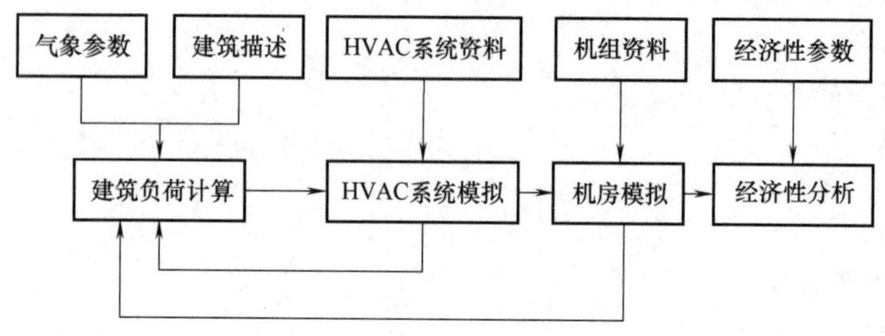

图 12-19　同步模拟的程序框图

12.3.1　建立建筑能耗动态模拟模型

建筑能耗有两种定义方法。广义建筑能耗是指从建筑材料制造、建筑施工，一直到建筑使用的全过程能耗。狭义的建筑能耗，即建筑的运行能耗，就是人们日常用能，如供暖、空调、照明、炊事、洗衣等的能耗。

在进行零碳建筑的能耗模拟时，第一步应该是建模，建模的目的是利用模型模仿实际建筑和系统，它代表了建筑的建材的属性和其中的物理过程。模拟一词的意思是当建筑物内部条件和外部条件发生改变时，利用模型进行数值模拟。零碳建筑设计主要采取动态能耗模拟模型。动态能耗模拟模型（Dynamic Simulation Models，DSM）是建立在热力学第一定律——能量守恒定律的基础上的模型，它能够复制建筑物中动态传热，以响应外部和内部在 1h 或更短时间尺度上变化的影响。

模型是对实际建筑和系统的物理特性的描述。建模过程中包含对建筑物合理的抽象和简化。计算机仿真模拟中的数学模型不是建筑物所有的物理信息的完全描述和表达，而是对其中主要的特别是将对模拟分析结果产生重要影响的建筑物的几何尺寸和物理过程的展示。忽略大量的对模拟结果没影响或者影响很小，甚至是一些随机的细节，既可以大大减少工作量，又可以进一步提高模拟的精度和准确性，便于对零碳建筑的设计做出正确的判断。计算机科学的先驱和巨人约翰·霍兰德曾经说过“构建模型的艺术在于选择细节水平”。在创建动态模拟模型时，对细节的简化和筛选与做一个缩小比例的建筑模型一样重要。约翰·霍兰德还主张删去或者忽略一些不必要的组件或细节，因为这些组件或细节对于正在设计的建筑的理解没有任何帮助。

计算机仿真模拟的数学模型与按实际建筑制成的缩小比例的物理模型是不太一样的。一般来讲，模型分为实体模型和数学模型。实体模型是根据系统之间的相似性建立起来的物理模型。实体模型最常见的是比例模型，例如建筑比例模型就是按实际建筑比例缩小制成的模型。数学模型包括原始系统数学模型和仿真系统数学模型。仿真系统数学模型是一种适合在计算机上演算的模型，主要是指根据计算机的运算特点、仿真方式、计算方法、精度要求将原始系统数学模型转换为计算机程序。只要建筑确定了，按实际建筑缩小比例建成的物理模型就是稳定的，不会变化的，但是计算机模型会随着时间变化，它是动态的。通常，通过对人们所研究的建筑在时间 t 时刻在真实世界中样子进行观察和测量，对它进行简化和抽象，并将简化后的模型应用到模型域中，然后在一个时间步长内运行，时间从 t 时刻直到 $t+1$ 时刻，并将模拟结果返回到现实世界域中，并利用结果对建筑在 $t+1$ 时刻进行解释。因此，简化和解释是动态模拟模型的两个关键方面。

1. 动态模拟模型的优势

按实际建筑物比例缩小建成的物理比例模型适用于研究建筑性能的某些方面。由于和实际建筑之间的尺寸差异，物理比例模型不太适合研究热舒适性。此外，它需要使用真实材料构建，需要仪器系统来监测和测试，人员不能进入并表述他们真实的感受。动态仿真模型克服了这些缺点，并且比物理比例模型具有更广泛的应用范围，可用于同时研究建筑行为的多个方面。

2. 创建一个动态模拟模型

动态模拟模型的创建是一个复杂的过程，可通过将它分解为几个主要的子任务来简化。第一步，建立 2D 或 3D 建筑模型。第二步设置建筑所在地和当地气象资料。第三步，定义建筑的围护结构，如建筑的墙、地板、天花板、窗户和门等。第四步，定义建筑使用模式，包括房间条件、内部得热以及渗透和通风等。第五步，设置供暖和制冷系统，并将其与建筑物的相应部分相关联。最后，需要具体说明可再生能源系统。

动态模拟软件为了方便普通用户使用，简化模拟的过程和步骤，一般包含现成的建筑物通用模型。用户在建模过程中需要填充通用模型中的“空白”，从而使它适用于自己所分析的建筑物。如果在模拟过程中使用默认参数填充剩余的“空白”，会大大影响模拟精度和准确性。

尽管创建动态模拟模型的过程中进行了简化和抽象，并且在模型中某些参数设置中使用了默认的参数设置，实际建模的过程仍旧很复杂。要想高质量、迅速、准确完成动态模拟，必须不断地练习，并且学会一些技巧，然后能熟练使用这些技巧，才能够成功正确建模。

12.3.2　模型的运行与结果分析

1. 模型的运行

在完成建模之后，开始运行模拟。在创建零碳建筑能耗模拟项目的最初肯定需要设定设计目标，然后根据设计目标创建设计选项，这些选项都是为了实现设计目标而设置的。模拟的目的是探寻当设计参数发生改变时，建筑性能会发生怎样的改变。因此，运行模拟时要在不同设计参数下运行模型，观察模拟结果，从而找到运行参数发生变化以后，建筑性能发生变化的规律。

设计模拟比较有效的一种方法是使用模拟矩阵，该矩阵列出了模拟过程中需要更改的所有设计参数。这些参数有效地代表了假设的场景，一次变化一个参数将使人们能够找出该参数对建筑性能的影响。表 12-1 是一个模拟矩阵的示例。

表 12-1 一个模拟矩阵的示例

建筑围护结构类型	增加南向玻璃	窗户类型	通风量/(m^3/d)
标准型 砌块、空腔墙、保温层	50%	70 系列内平开 隔热铝合金窗	10000
重型墙体 全砌块，超级保温	100%	90 系列内平开 隔热铝合金窗	20000
轻型墙体 木框架、砌块核、超级保温	150%	100 系列内平 开隔热铝合金窗	25000

模拟矩阵的每个组合代表一个单独的模拟运行。为了比较相应的设计选项，根据模拟矩阵多个模拟需要运行。模拟程序可以在批处理模式下运行，在批处理模式下，不同的模拟组合被放置在队列中并按顺序依次执行。

表 12-1 模拟矩阵中每列的每项都与其他列的某项构成一个组合，该矩阵模拟总数为 3 × 3 × 3 × 3 = 81（次）。

2. 模型的检验与校验

对建筑能耗模拟模型的检验与校验有助于保证模拟的质量。其中，模型的检验就是模型的理论验证，确定模型是否对零碳建筑的设计人员要模拟的建筑和系统进行了正确的描述，模型的模拟计算过程能否实现模拟的设计目标。更通俗地说，模型检验的目的是确保模型实际上完成了零碳建筑的设计人员希望执行的操作。

模型的校验是指在模型的计算过程中调整物理参数，使它与试验或实测数据尽可能接近的过程。通过校验过程，可获得较优的参数值，使模型与试验观测结果更好地吻合。在建筑能耗模拟领域，模型的校验分两类：一类是对可观测模型参数（例如建筑的几何尺寸、控制参数与系统配置等）的校验，也称为运行调整；另一类是对不可观测模型参数（例如传热系数）的校验，也称为参数估计。

常用的模型校验方法有三种：①人工迭代校验，这种方法依赖于用户经验，通过试错过程进行模型调整，也称为启发式校验；②利用图形与统计学的校验方法，这种方法通常更结构化；③自动校验方法，使用机器学习技术（如遗传算法）来获得预测和测量数据之间的最佳吻合。

3. 模拟结果有效性分析

（1）用于设计决策中模拟结果有效性　在模拟模型经过试验验证之前，建筑模拟无法给出绝对的答案。结果可能是100%错误的，因为零碳建筑的设计人员可能尚未对模拟模型中的默认参数进行设置或者正确设置。那为什么要模拟呢？因为模拟作为比较分析工具具有很大的价值。与来自同一模拟矩阵的其他设计选项相比，从模拟分析中很容易看出哪个设计选项更好。不容易分辨的是，这些单独的选项在绝对值上有多好。通过这种方式，设计团队可以就设计参数的相对重要性获得建议，并将模拟结果用作决策工具，以便在各种设计选项之间进行权衡取舍。

（2）计算的准确性　在能耗模拟领域，一般来说，对模拟计算的准确性和有效性，有三种验证方法：①试验验证：将模拟结果与试验测试数据进行比较。试验数据可能来自对实际建筑运行数据的监控，也可能来自于一些专门用作测试的设施，在某些情况下，也可使用两者的合成数据扩充测试数据；②分析验证：将模拟结果与已知的分析结果进行比较；③比较验证：将一系列模拟工具的模拟结果进行交叉比较，最好使用广泛认可并且公认较先进的模拟软件。为了得到更可信结果，三种方法可并行使用。

12.4　建筑性能化设计步骤

零碳建筑以最大限度地降低建筑能源消耗为目标，其节能技术路径主要包括以下三点：

1）建筑用能需求降低。通过使用被动式技术手段，减少使用主动能源系统，来降低建筑能耗。

2）能源系统和设备效率提升。建筑物使用能源系统和设备的能效持续提升是建筑能耗降低的重要环节，应优先使用能效等级更高的系统和设备。

3）通过可再生能源系统使用对建筑能源消耗进行平衡和替代。

为了达到上述节能目标，零碳建筑在设计阶段，就需要不断进行优化。对零碳建筑的优化主要包括三个方面：①对建筑本体的优化，如对建筑围护结构如墙体、窗户的优化，还有对建筑布局、朝向，体形系数和窗户的朝向等进行科学合理的设计，可降低房间与外部环境的能量交换，降低损耗系数，提升建筑的能效；②建筑设备，如空调系统、供暖通风设备的优化和能源系统的优化；③可再生能源使用量的增加。

12.4.1　零碳建筑设计的流程

零碳建筑设计流程如图 12-20 所示。

12.4.2　降低建筑物本体能源需求的优化

为了降低建筑能耗，在以供暖为主的建筑中，可使用保温隔热性能更好的非透明围护结构、保温隔热性能更佳的外窗、无热桥的设计与施工等技术，提高建筑整体气密性，降低供暖需求。在以供冷为主的建筑中，通过使用遮阳技术、自然通风技术、夜间免费制冷等技术，降低建筑物在过渡季和供冷季的供冷需求。

下面就以对建筑物本体的优化来说明零碳建筑优化的方法。

1. 规划与建筑方案设计

建筑群的规划设计与建筑节能关系密切。零碳建筑设计首先要从规划阶段开始，考虑如何利用当地自然资源和气候条件。研究表明，建筑群总体规划可以优化建筑的局部微气候环境，从而影响室内外环境，降低建筑供热供冷需求，降低建筑能耗和碳排放，达到节能的目的。建造零碳建筑时，应该注意冬天充分利用太阳能，多获得热量，同时注意减少热损失，例如在冬季要控制建筑遮挡以加强日射得热，并通过建筑群空间布局，营造适宜的风环境，降低冬季冷风渗透。夏季要注意隔热，少获得热量，并利用建筑的通风系统，例如夏季可以利用夜间自然通风带走白天蓄积的热量，通过景观设计减少热岛效应，降低夏季新风负荷，提高空调设备效率。对我国来说，建筑主朝向应为南北向，有利于冬季得热及夏季隔热，有利于自然通风。主入口设置应尽量避开冬季主导风向，可有效降低冷风渗透或侵入对建筑的影响。

2. 围护结构的优化

如前所述，在零碳建筑设计阶段，比较有效的一种方法是使用模拟矩阵，该矩阵（见表 12-1）列出了模拟过程中需要更改的所有设计参数。

（1）墙体的优化　模拟矩阵列出了三种墙体：标准型、重型墙体和轻型墙体。在设计阶段对采用这三种类型结构的墙体的能耗分别进行模拟计算，目的是选择最佳建筑墙体类型和相关参数，然后将模拟结论提供给设计团队。零碳建筑的设计和建造将根据这个结论进行。

（2）窗户的优化　透光围护结构是建筑保温中最薄弱的一环。窗户损耗在整个房间夏冬两

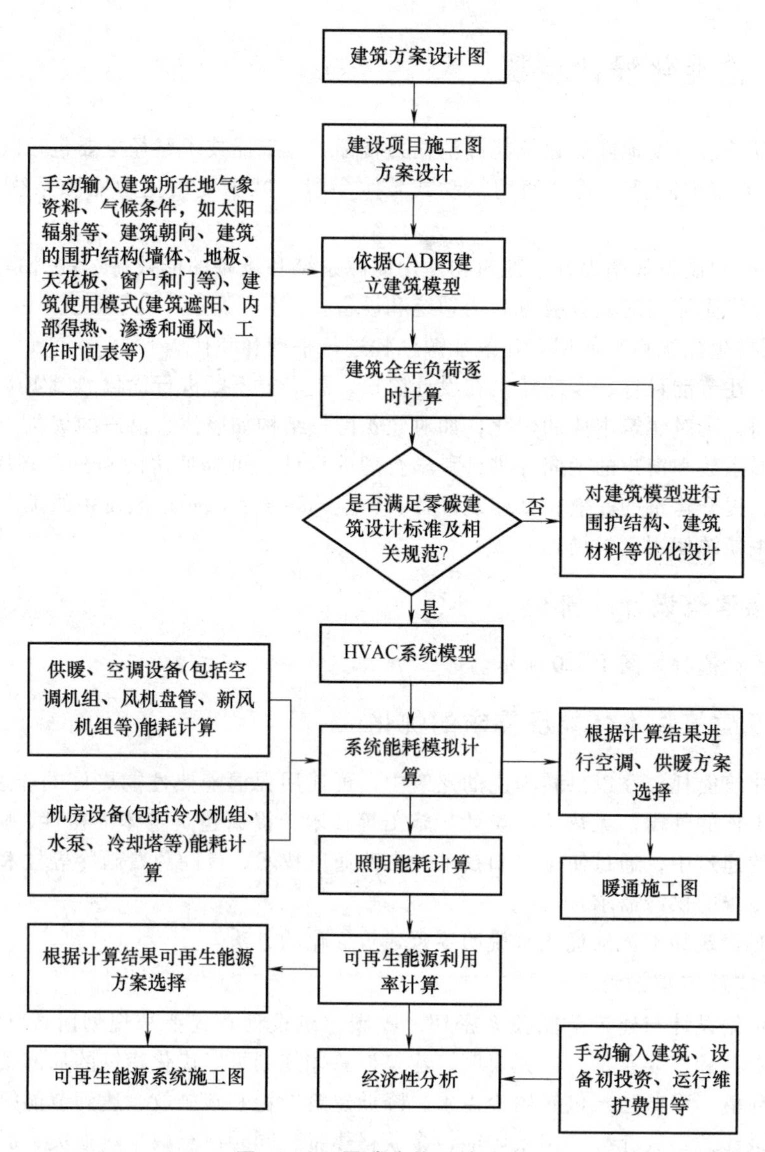

图 12-20　零碳建筑设计流程

季损耗中占有相当大的比重，因此要将窗户作为能效提升的重点进行设计。首先，零碳建筑应选择保温隔热性能较好的外窗系统。外窗是影响零碳建筑节能效果的关键部件，其影响能耗的性能参数主要包括传热系数、太阳得热系数（SHGC 值）以及气密性能。影响外窗节能性能的主要因素有 Low-e 膜层、玻璃层数、填充气体、边部密封、截面设计、型材材质及开启方式等。应结合建筑功能和使用特点，通过性能化设计方法进行外窗系统优化设计和选择。其次，要合理地设计门窗的朝向。再次，要确定合适的开窗面积。表 12-1 的模拟矩阵中获取的另一个模拟分析的目标是确定朝南窗户的最佳尺寸。当窗户的尺寸太小时，建筑得不到足够的太阳能，因此每年的供暖能耗高于最佳水平。如果稍微增加窗户尺寸，建筑将接收到比通过窗户损失的热量更多的太阳能，采用常规的供暖方式，供暖的能耗将减少。在达到最佳窗口尺寸后，再增加窗户的尺寸将使通过窗户的热量损失大于得到太阳辐射热量，采用常规的供暖方式，供暖的能耗将增加。在设计阶段对增加南向窗户面积 50%、100%、150%三个选项分别进行模拟计算，确定南向窗户最佳开窗面积，然后将模拟结论提供给设计团队，可以据此向零碳建筑设计团队提供相应的建议。

12.4.3　高能效冷热源设备的选择

零碳建筑采用了高性能围护结构，高气密性设计建造工艺及新风热回收等大大降低了建筑的冷热负荷需求。对于暖通空调系统，冷热源设备选取直接关系到系统初投资和运行费用。为了进一步实现超低能耗，零碳建筑应该选用高能效的冷热源设备。零碳建筑冷热源系统设计应符合下列规定：

1）应优先选用高能效等级的产品，并注重系统能效的提高。高能效等级设备产品有很好的节能效果，所以在零碳建筑中应采用高能效等级冷热源设备。此外，在关注设备能效的同时，注意提高冷热源系统能效，实现真正的节能。当用锅炉做热源时，锅炉的选型应考虑燃料种类，并且选择热效率高的锅炉。当用电驱动制冷机组做冷源时，应该选用性能系数 COP 低的冷水机组。

冷热源系统优化是一个多变量的非线性规划问题，具有多目标、多准则的特性，需要对冷热源类型和与其搭配的末端组合进行综合评判。具体比选时可用计算机模拟为手段，获取全工况、变负荷下的预期能耗指标。计算机模拟软件可选用 TRNSYS，通过 TRNOPT 链接到专门优化计算程序 Genopt，调用相应的优化算法对目标函数进行优化，反复迭代，直到得到最优解。

2）系统设计时应考虑利用自然冷热源，进一步降低零碳建筑的供冷、供热量。如在合适条件下，可利用室外冷空气或地下冷水满足室内供冷需求。

3）应考虑多能互补集成优化。为了加强能源梯级利用，更好地利用能源品位，零碳建筑可以按照不同资源条件和用能对象建设太阳能、常规能源等复合能源系统。

12.4.4　高能效照明设备的选择

光环境的设计是零碳建筑设计中一个重要组成部分。照明能耗减少也是降低建筑能耗的途径之一。零碳建筑设计应遵循“被动优先”的原则，所以在设计零碳建筑时，应该结合当地气候条件充分利用天然采光，如地下空间可采用天窗、下沉式广场（庭院）、光导管等措施改善空间的采光，降低照明能耗。在充分利用天然采光之后，光环境的设计再采用主动节能技术进行优化补充。照明系统节能是有量化标准的，一般采用照明功率密度（LPD）作为照明节能设计的评价指标。零碳建筑为降低照明功率密度，应采用 LED 灯等高能效节能灯具和节能型镇流器。为进一步提升照明能效，降低能耗，零碳建筑可以采用智能照明控制系统，实现低能耗运行。智能照明控制系统设有移动传感器，通过对人体红外线检测达到对灯光的控制，如人来灯亮，人走灯灭（暗）。智能照明控制系统还设有光亮照度传感器，对某些场合可根据室外光线的强弱调整室内灯具的亮度。对门厅、走廊、电梯厅、楼梯间、卫生间、停车库等公共区域场所的照明，应优先选择就地感应控制，其次为集中开关控制，以保证安全需求。对体育馆、大房间、开放式办公空间、报告厅、多功能、多场景场所的照明，应根据在室人员状态自动调整灯具开关及灯具亮度值，节约能源。

对建筑光环境利用计算机模拟分析，能够有效地降低照明能耗，改善区域环境。应用计算机模拟软件可以优化建筑位置和采光口位置，得到更加充分的天然采光；通过采光分析，可以使室内照度在满足要求前提下，减少白天的照明能耗。利用模拟分析软件进行优化和评价，将模拟结论提供给设计团队，零碳建筑设计团队可以据此做出相应的选择和决策。

12.4.5　高能效动力设备的选择

零碳建筑应优先使用能效等级更高的动力设备，如水泵、风机、电梯等。零碳建筑采用的水泵、风机等用能设备应采用变频调速等变负荷调节方式。由于室外气温全年是在逐时变化的，建筑的暖通空调系统的负荷变化幅度很大，满负荷运行占比不高，需要进行变负荷调节。此外，风机、水泵等为流体机械，变频调速的节能效果最佳，技术最成熟且成本不高。变频调速还具有启动方便、延长设备寿命、运行噪声低等附加收益。

电梯能耗也是建筑能耗的重要组成部分。零碳建筑不宜选用电梯能效等级低于3级的电梯，同时注意提高电梯的运行效率，以节约能源。当两台及以上电梯集中设置时，应具备群控功能，优化减少轿厢行程。当电梯无外部召唤时，且电梯轿厢内一段时间无预设指令时，应自动关闭轿厢照明及通风风扇，降低轿厢待机能耗。采用变频调速拖动以及能耗回馈装置，可进一步降低电梯能耗。

12.4.6 可再生能源的综合利用

建造零碳建筑应该充分利用当地的气候条件和自然资源，通过可再生能源系统使用对建筑能源消耗进行平衡和替代。可再生能源主要包括太阳能光伏、光热、生物质能、地源热泵及空气源热泵、余热利用等。可再生能源利用的形式多种多样，要因地制宜。太阳能系统应优先采用太阳能热水系统，满足供暖或生活热水需求。零碳建筑设计时，宜结合建筑立面造型效果，设置单晶硅、多晶硅、薄膜等多种光伏组件，采用建筑光伏一体化系统，直接进一步降低建筑能源消耗。

零碳建筑可再生能源的利用是有量化标准的，一般用可再生能源贡献率（Percentage of Renewable Energy）作为节能的评价指标。在计算可再生能源贡献率时一般以一次能源的形式来计量。可再生能源贡献率就是计算的可再生能源系统年一次能源产能量占建筑供暖、空调、照明等系统的年一次能源消耗量的比例。

思 考 题

1. 什么是性能化设计方法，零碳建筑为什么要采用性能化设计方法？
2. 准确计算建筑负荷，为什么必须采用动态计算方法？
3. 针对我国的情况，哪一款动态能耗模拟软件最合适？
4. 设计零碳建筑需要考虑哪些因素？
5. 怎样通过设计手段降低零碳建筑的照明能耗？

二维码形式客观题

扫描二维码可在线做题，提交后可查看答案。

参考文献

[1] 中华人民共和国住房和城乡建设部．中国建筑科学研究院．绿色建筑评价标准：GB/T 50378—2019［S］．北京：中国建筑工业出版社，2019.

[2] 中华人民共和国住房和城乡建设部．近零能耗建筑技术标准：GB/T 51350—2019［S］．北京：中国标准出版社，2019.

[3] 潘毅群，黄森，刘羽岱，等．建筑能耗模拟前沿技术与高级应用［M］．北京：中国建筑工业出版社，2019.

[4] 朱颖心，张寅平，李先庭，等．建筑环境学［M］．4 版．北京：中国建筑工业出版社，2016.

[5] 徐伟．近零能耗建筑技术［M］．北京：中国建筑工业出版社，2021.

[6] LJUBOMIR JANKOVIC．Designing zero carbon buildings using dynamic simulation methods［M］．London：Taylor and Francis，2017.

[7] 陈华，涂光备，陈红兵．建筑能耗模拟的研究和进展［J］．洁净与空调技术，2003（3）：5-9.

[8] 苏华，王靖．建筑能耗的计算机模拟技术［J］．计算机应用，2003，23：411-413.

[9] 潘毅群，吴刚，HARTKOPF VOLKER．建筑全能耗分析软件 EnergyPlus 及其应用［J］．暖通空调，2004，34（9）：2-7.

[10] 中国建筑科学研究院，建筑环境与节能研究院．TRNSYS 软件介绍［R/OL］．（2022-04-14）［2023-02-07］．https：//wenku. baidu. com/view/35453b3f17791711cc7931b765ce0508763275 d1. html? _wkts_ = 1675739588808&bdQuery = TRNSYS17% E5% 9F%B9%E8%AE% AD% E6% 95% 99% E6% 9D% 90% 09% E5% 86% AF% E6% 99% 93% E6% A2% 85% 2C% E6% 9D% 8E% E9% AA%A5.

[11] 夏兰兰．Tas 操作手册［EB/OL］．https：//www. docin. com/p-2088761220. html.

[12] 刘大龙，刘加平，杨柳．建筑能耗计算方法综述［J］．暖通空调，2013，43（1）：95-99.

[13] 李骥，邹瑜，魏峥．建筑能耗模拟软件的特点及应用中存在的问题［J］．建筑科学，2010，26（2）：24-28.

[14] 冯晶琛，丁云飞，吴会军．EnergyPlus 能耗模拟软件及其应用工具［J］．建筑节能，2012，40（1）：64-67.

[15] 来嘉骏，庄智，周易凡．基于准稳态模型的建筑节能评估适应性研究［J］．建筑节能，2019，47（6）：74-76.

[16] 燕达，谢晓娜．建筑环境设计模拟分析软件 DeST：第一讲 建筑模拟技术与 DeST 发展简介［J］．暖通空调，2004，34（7）：48-56.

[17] 周欣，燕达，洪天真，等．建筑能耗模拟软件空调系统模拟对比研究［J］．暖通空调，2014（4）：113-122.

[18] 朱丹丹，燕达，王闯，等．建筑能耗模拟软件对比：DeST，EnergyPlus and DOE-2［J］．建筑科学，2012（s2）：213-222.

[19] 马艳芳，陈菲菲，张庆彬．建筑能耗模拟技术及其发展趋势研究［J］．石家庄铁路职业技术学院学报，2020，19（3）：105-110.

[20] 李准．基于 EnergyPlus 的建筑能耗模拟软件设计开发与应用研究［D］．长沙：湖南大学，2009.

[21] 西迪阿特信息科技（上海）有限公司．IES Virtual Environment 设计、模拟+创新［EB/OL］．（2018-10-18）［2023-02-07］．https：//max. book118. com/html/2018/1018/81411340720011 27. shtm.

[22] 佚名．建筑能耗模拟方法简介［EB/OL］．（2018-10-18）［2023-02-07］．https：//wenku. baidu. com/view/de4d7b46ac1ffc4ffe4733687e21af45b307fef3. html? _wkts_ = 1675744593264&bdQuery = % E5% BB% BA% E7% AD% 91% E8%83%BD%E8%80%97%E6%A8%A1%E6%8B%9F%E6%96%B9%E6%B3%95%E7%AE%80%E4%BB%8BPPT.

[23] 中国建筑科学研究院．建筑能耗模拟软件 eQUEST 应用［EB/OL］．（2020-03-26）［2023-03-15］．http：//www. doc88. com/p-80299016816116. html.

[24] 天津大学．eQUEST：the quick energy simulation tool［EB/OL］．（2020-02-01）［2023-03-15］．https：//wenku. baidu. com/view/bcf032d06f1aff00bed51ee8. html? fr=income4-doc-search&%3B_wkts_=167735316632&_wkts_=1677353205627.

[25] 清华大学建筑技术科学系 DeST 开发小组．DeST-h 用户使用手册［EB/OL］．（2004-09-01）［2023-03-15］．https：//wenku. baidu. com/view/7c8e1947b90d6c85ed3ac613. html? fr=hp_Data base&_wkts_=1677353500973.

[26] 朱丹丹，王闯，燕达，等．DeST 和 EnergyPlus 对比研究［EB/OL］．（2019-04-10）［2023-03-15］．https：//max. book118. com/html/2019/0408/8103016010002016. shtm.

第13章 典型零碳建筑案例

13

本章内容是为了将前12章的理论与实际相结合，将理论场景化，使得理论学习更加直观，并通过实际案例的介绍帮助本书的使用者更加快速地将所学应用到实践中。

本章列举了两个零碳建筑案例，分别位于北京市和天津市，这两个案例中大量应用了被动式技术并辅助主动式措施实现了建筑对能源的超低需求，从而实现了运行阶段的零碳。两个建筑均采用了高保温隔热性能和高气密性的外围护结构、无热桥设计、自然通风、外遮阳等被动式技术；高效新风热回收系统、高效空调系统、节能照明系统等主动式措施；太阳能光伏、太阳能光热和空气源热泵等可再生能源技术；天友零舍中还通过光伏瓦和薄膜光伏的应用很好地实现了太阳能光伏建筑一体化。

13.1 天友零舍

13.1.1 建筑概况

天友零舍项目为“北京市科技支撑计划项目——绿色智慧乡村关键技术与集成应用研究——子课题：绿色乡居建筑技术集成研究与示范”。它位于北京市大兴区半壁店村，原建筑为二进院落，北侧院落为20世纪80年代砖木建筑，保存较不完整，不具备居住条件，拆除重建为主；南侧院落为20世纪90年代建筑，保存较为完整，具备居住条件，保存结构主体，局部进行改造。

项目总用地面积为888.69m^2，改造后建筑面积为402.34m^2，容积率为0.45，建筑密度为42%。因该项目为示范项目，所以在建筑功能方面包括居住模块展示及接待、图书室、会议室等，并结合京津冀地区气候特点，合理设置阳光间及温室花房。项目改造平面图如图13-1所示。建筑风格沿袭北方地区农村传统红砖农宅形象，新建部分采用木质表皮系统，改造后效果图如图13-2所示。该项目保留原建筑前后院的二进院落形式，通过设置入口门厅及楼梯间将前院与后院连接，形成连通的室内空间。

改造前北侧农宅采用砖木结构，外墙为370mm厚黏土砖墙，外墙面直接外露砖面，屋顶为平屋顶，南侧农宅采用砖混结构建造，外墙为370mm厚黏土烧结砖墙，外墙面直接外露砖面，屋顶为坡屋顶，二者墙体均无隔热保温措施。外窗均为单玻，南侧住宅为铝框，北侧为木框。外窗气密性较差，冬季冷风渗透现象严重，且南向外窗开启面积较大（部分采用门联窗形式）。

围护结构保温隔热性能太差造成该项目建筑本体的冬季需热量较大，能耗较高。

项目改造的目标是建成近零能耗建筑，核心要素是单位建筑面积耗热量≤15kW·h/m^2；要达到这个目标，就需要建筑具有高保温隔热性能和高气密性的外围护结构、高效新风热回收系统、无热桥设计，并且采用被动优先、主动优化、使用可再生能源等建筑近零能耗的基本路线，进行全过程的性能化设计，避免做成技术堆砌，通过科学规划设计和精细施工，实现近零能耗。

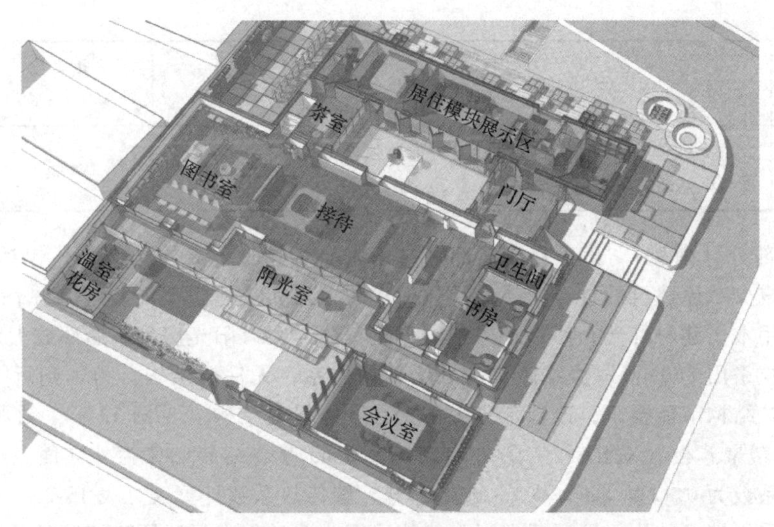

图 13-1　项目改造后平面图

图 13-2　改造后效果图

13.1.2　围护结构性能提升

1. 非透明围护结构性能提升

该项目建造过程中围护结构保温材料主要采用挤塑聚苯板（XPS 板）及半硬质岩棉板。保温材料性能比较见表 13-1。

表 13-1　保温材料性能比较

保温材料	优点	缺点	导热系数/[W/(m·K)]	材料密度/(kg/m³)
XPS 板	导热系数小、保温效果较 EPS 好、强度高、系统刚度高、厚度较小	透气性差、氧指数低、价格较 EPS 贵、易于翘曲变形、对基面要求高、施工不易控制	0.029	≥40

（续）

保温材料	优点	缺点	导热系数 /[W/(m·K)]	材料密度 /(kg/m³)
半硬质岩棉板	防火性能优、导热系数较低、可与聚氨酯类一起配合使用	抗拉强度低、变形大、耐久性差、施工不易	0.045	≥100

（1）改造部分（南院） 该项目改造部分（南院）保留原建筑主体结构，包括屋面、外墙、外窗洞口等，减少对原建筑的拆改，尽量通过加建的方式完成建筑节能改造（见图 13-3），建筑立面完成面采用本土建材红砖，尽量还原地方建筑特色，入口阳光房采用局部放大入口的方式。

南院原建筑采用 360mm 厚烧结砖作为外墙结构体系，无保温结构。为达到近零能耗建筑非透明部分外围护结构节能要求，改造部分采用夹心墙体保温结构（见图 13-4），在原结构墙体外贴 240mm 厚挤塑聚苯板（XPS 板），最外层砌筑 240mm 厚烧结砖墙作为外立面，经计算，改造部分外墙传热系数为 0.12W/(m²·K)。改造部分外墙传热系数计算表见表 13-2。

南院屋面采用檩条结构，屋顶无保温。建筑屋面改造过程中保留原建筑檩条及屋面板，在建筑原屋面板上增设 15mm 厚欧松板，分层铺设 350mm 厚挤塑聚苯板作为屋面保温层，设置两道防水层及混凝土防护层，经计算，改造部分屋面传热系数为 0.091W/(m²·K)。改造部分屋面传热系数计算表见表 13-3。

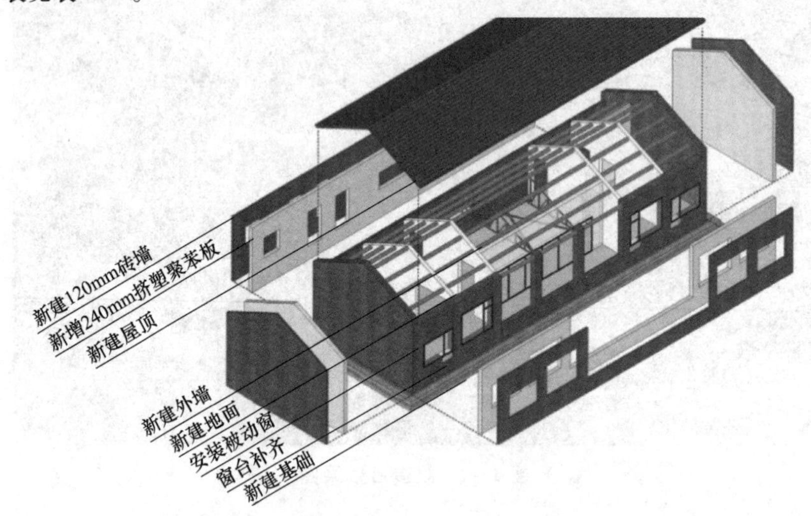

图 13-3 南院拆改示意图

表 13-2 改造部分外墙传热系数计算表

逐层建筑材料名称	厚度 /mm	导热系数 /[W/(m·K)]	修正系数 α	传热系数 K /[W/(m²·K)]	热阻值 /(m²·K/W)
水泥砂浆	20.000	0.930	1.000	46.500	0.022
烧结砖 1	360.000	0.760	1.000	2.111	0.474
挤塑聚苯板	240.000	0.030	1.100	0.138	7.273
砂浆	20.000	0.180	1.000	9.000	0.111
烧结砖 2	240.000	0.760	1.000	3.167	0.316
外墙各层之和	880.000	—	—	—	8.195
外墙热阻 $R_o = R_i + \sum R + R_e = 8.345\text{m}^2\cdot\text{K/W}$；$R_i = 0.110(\text{m}^2\cdot\text{K/W})$；$R_e = 0.040\text{m}^2\cdot\text{K/W}$					
外墙传热系数 $K = 1/R_o$					0.120

表 13-3　改造部分屋面传热系数计算表

逐层建筑材料名称	厚度/mm	导热系数/[W/(m·K)]	修正系数 α	传热系数 K/[W/(m²·K)]	热阻值/(m²·K/W)
欧松板 1	20.000	0.170	1.000	8.500	0.118
水泥砂浆	40.000	0.930	1.000	23.250	0.043
挤塑聚苯板	350.000	0.030	1.100	0.094	10.606
欧松板 2	20.000	0.170	1.000	8.500	0.118
屋面各层之和	430.000	—	—	—	10.884
屋面热阻 $R_o=R_i+\sum R+R_e=11.034\text{m}^2\cdot\text{K/W}$；$R_i=0.110\text{m}^2\cdot\text{K/W}$；$R_e=0.040\text{m}^2\cdot\text{K/W}$					
屋面传热系数 $K=1/R_o$					0.091

项目地面采用 250mm 厚挤塑聚苯板作为保温层，地面传热系数为 0.135W/(m²·K)，远小于近零能耗建筑技术标准的要求。改造部分地面传热系数计算表见表 13-4。

表 13-4　改造部分地面传热系数计算表

逐层建筑材料名称	厚度/mm	导热系数/[W/(m·K)]	修正系数 α	传热系数 K/[W/(m²·K)]	热阻值/(m²·K/W)
水泥砂浆 1	20.000	0.930	1.000	46.500	0.022
细石混凝土 1	40.000	1.380	1.000	34.500	0.029
挤塑聚苯板	250.000	0.032	1.100	0.141	7.102
水泥砂浆 2	20.000	0.930	1.000	46.500	0.022
细石混凝土 2	80.000	1.380	1.000	17.250	0.058
地面各层之和	410.000	—	—	—	7.232
地面热阻 $R_o=R_i+\sum R+R_e=7.382\text{m}^2\cdot\text{K/W}$；$R_i=0.110\text{m}^2\cdot\text{K/W}$；$R_e=0.040\text{m}^2\cdot\text{K/W}$					
地面传热系数 $K=1/R_o$					0.135

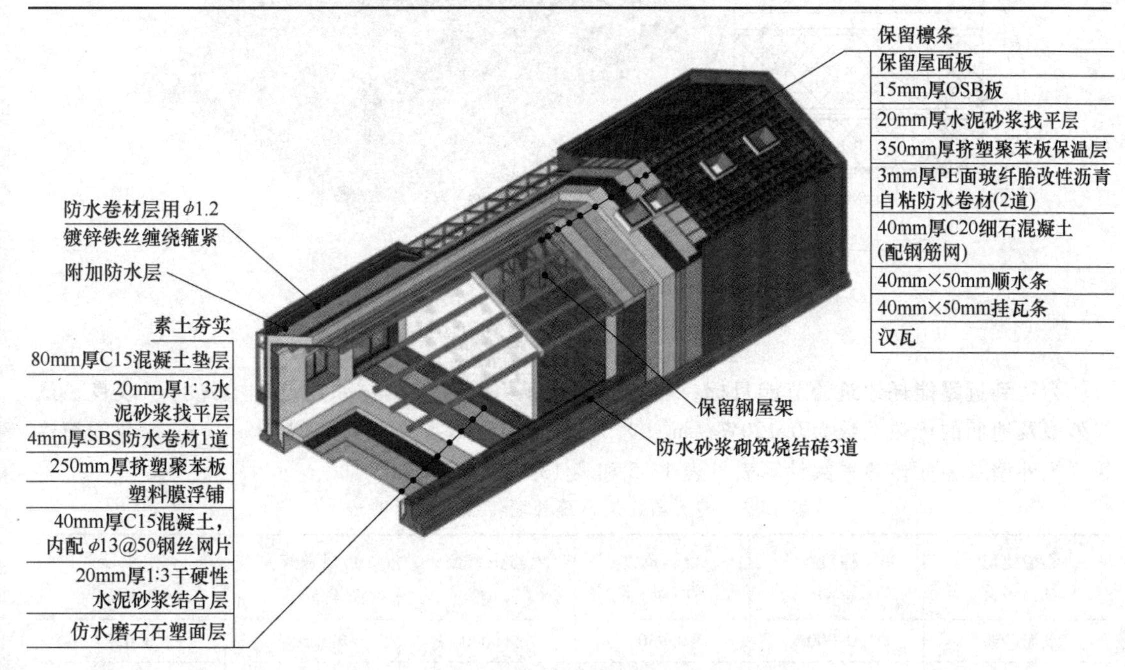

图 13-4　南院外围护结构非透明部分改造构造图

（2）装配箱建筑系统（北院） 项目原场地北院因建筑年久失修且不具备使用条件，所以采取拆除重建的方式进行改造，新建建筑采用装配箱建筑系统，与传统结构体系相比，装配箱建筑系统具有全装配、不焊接（全锚栓连接，见图 13-5）的特点，全工厂预制现场吊装，有效缩短现场施工时间，更加绿色环保。装配箱建筑系统做法构造图如图 13-6 所示。

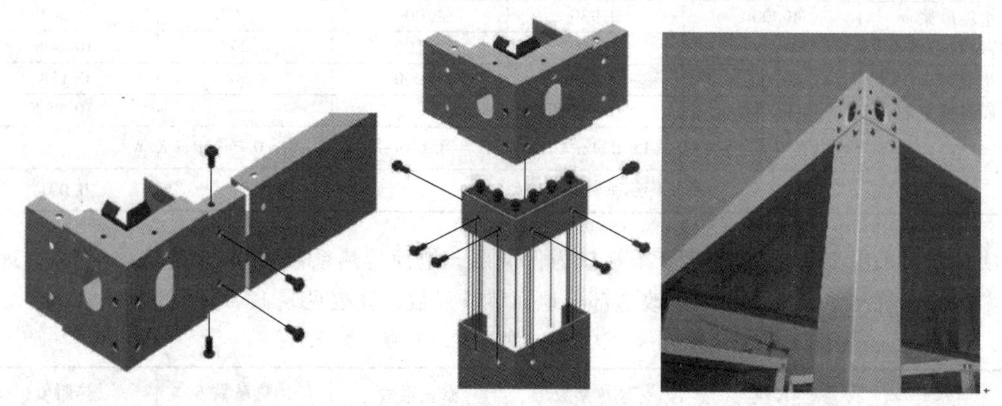

图 13-5 装配箱建筑系统连接图

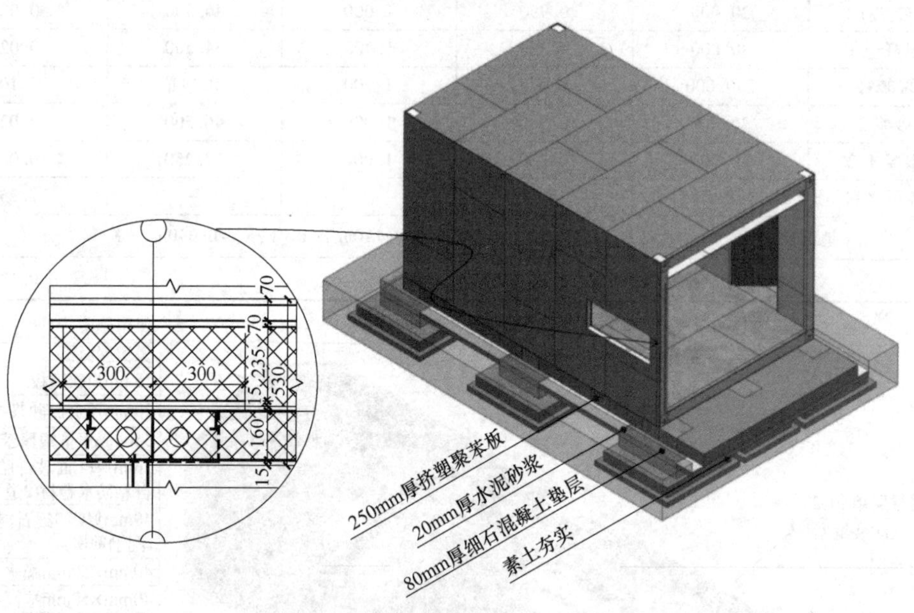

图 13-6 装配箱建筑系统做法构造图

为达到近零能耗建筑的节能目标，在装配箱建筑系统原结构体系的基础上进行了改良，最终外墙及地面的传热系数为 0.120W/(m² · K)。屋面的传热系数为 0.091W/(m² · K)。装配箱建筑系统外墙及屋面传热系数计算表见表 13-5 和表 13-6。

表 13-5 装配箱建筑系统外墙传热系数计算表

逐层建筑材料名称	厚度/mm	导热系数/[W/(m · K)]	修正系数α	传热系数 K/[W/(m² · K)]	热阻值/(m² · K/W)
水泥砂浆	20.000	0.930	1.000	46.500	0.022
烧结砖 1	360.000	0.760	1.000	2.111	0.474

（续）

逐层建筑 材料名称	厚度 /mm	导热系数 /[W/(m·K)]	修正系数 α	传热系数 K /[W/(m²·K)]	热阻值 /(m²·K/W)
挤塑聚苯板	240.000	0.030	1.100	0.138	7.273
砂浆	20.000	0.180	1.000	9.000	0.111
烧结砖 2	240.000	0.760	1.000	3.167	0.316
外墙各层之和	880.000	—	—	—	8.195
外墙热阻 $R_o=R_i+\sum R+R_e=8.345m^2\cdot K/W$；$R_i=0.110m^2\cdot K/W$；$R_e=0.040m^2\cdot K/W$					
外墙传热系数 $K=1/R_o$					0.120

表 13-6　装配箱建筑系统屋面传热系数计算表

逐层建筑 材料名称	厚度 /mm	导热系数 /[W/(m·K)]	修正系数 α	传热系数 K /[W/(m²·K)]	热阻值 /(m²·K/W)
欧松板 1	20.000	0.170	1.000	8.500	0.118
水泥砂浆	40.000	0.930	1.000	23.250	0.043
挤塑聚苯板	350.000	0.030	1.100	0.094	10.606
欧松板 2	20.000	0.170	1.000	8.500	0.118
屋面各层之和	430.000	—	—	—	10.884
屋面热阻 $R_o=R_i+\sum R+R_e=11.034m^2\cdot K/W$；$R_i=0.110m^2\cdot K/W$；$R_e=0.040m^2\cdot K/W$					
屋面传热系数 $K=1/R_o$					0.091

装配箱建筑系统非透明部分围护结构做法构造图如图 13-7 所示。

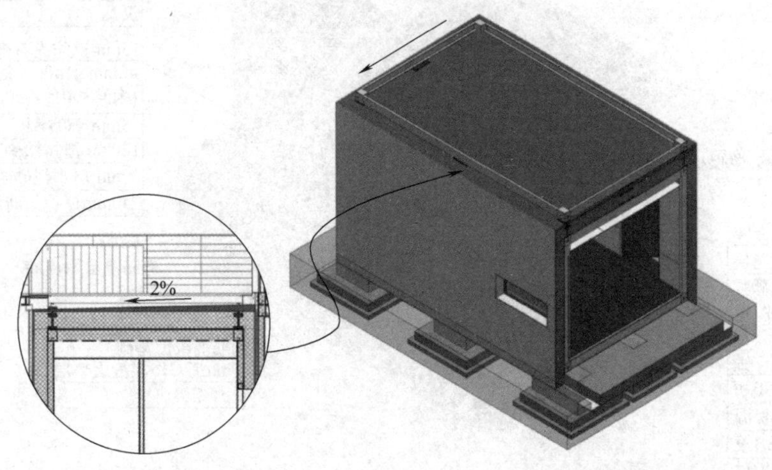

图 13-7　装配箱建筑系统非透明部分围护结构做法构造图

（3）轻木体系（会议室）　项目南院新建会议室采用轻木结构体系，轻型木结构是指主要由木构架墙，木楼盖和木屋盖系统构成的结构体系，适用于三层及三层以下的民用建筑。会议室结构主体外墙及屋面采用 40mm×140mmSPF 规格木，底板采用 40mm×200mmSPF 规格木。会议室轻木结构体系示意图如图 13-8 所示。会议室轻木结构体系做法构造图如图 13-9 所示。

为达到近零能耗建筑的节能目标，在原轻木结构体系上增加了隔热设计，原轻木结构框架

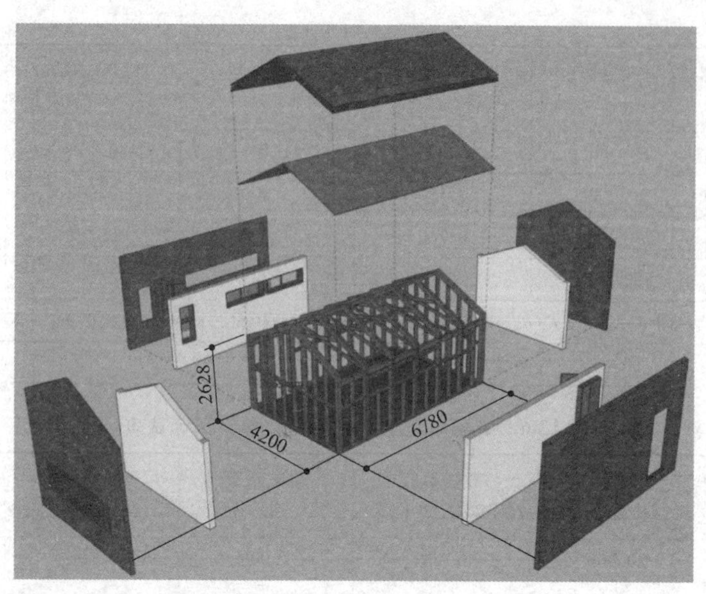

图 13-8　会议室轻木结构体系示意图

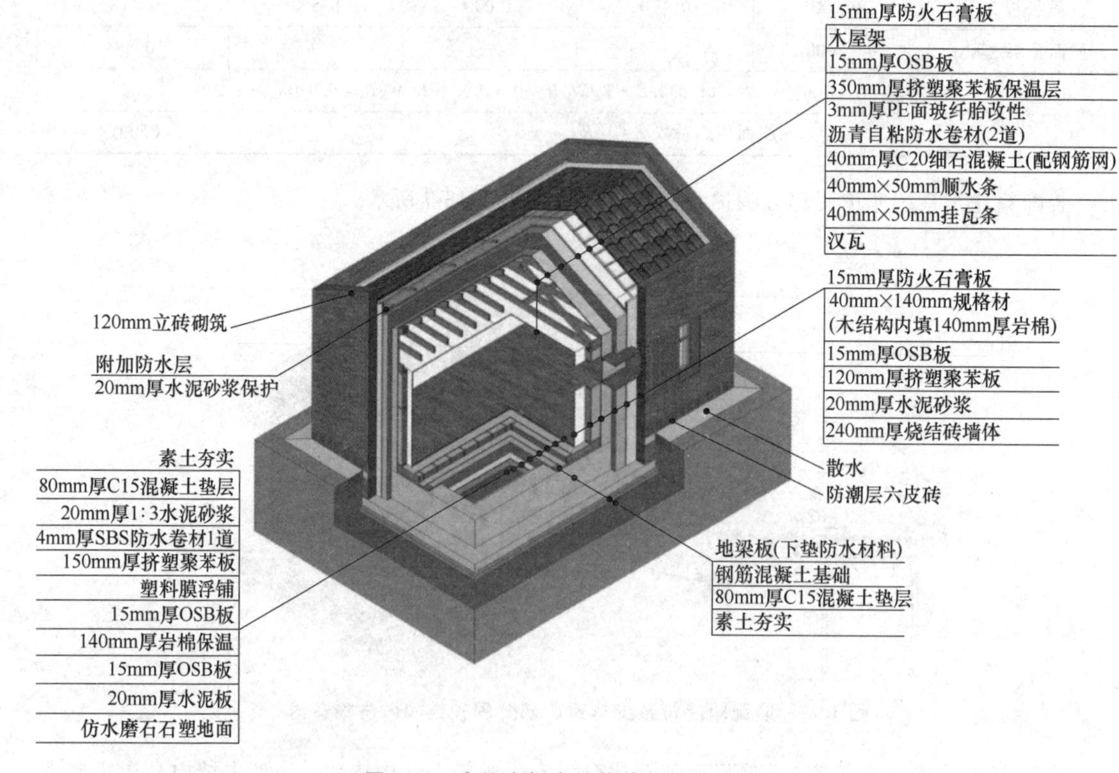

图 13-9　会议室轻木结构体系做法构造图

中填充 140mm 厚岩棉保温，同时对墙龙骨线性热桥部分粘贴橡胶隔热条，结构封板外侧采用 15mm 厚欧松板（OSB 板），内侧采用 15mm 厚防火石膏板，外墙外保温采用 120mm 厚挤塑聚苯板，经计算会议室轻木结构的外墙传热系数为 0.142W/(m^2·K)，屋面的传热系数为 0.091W/

($m^2 \cdot K$)，同改造部分屋面结构，轻木结构体系外墙传热系数表见表 13-7。

表 13-7 轻木结构体系外墙传热系数计算表

逐层建筑材料名称	厚度/mm	导热系数 /[W/(m·K)]	修正系数 α	传热系数 K /[W/(m^2·K)]	热阻值 /(m^2·K/W)
石膏板	15.000	0.330	1.000	22.000	0.045
岩棉板	140.000	0.045	1.100	0.354	2.828
木板	15.000	0.170	1.000	11.333	0.088
挤塑聚苯板	120.000	0.030	1.100	0.275	3.636
烧结砖	240.000	0.760	1.000	3.167	0.316
外墙各层之和	530.000	—	—	—	6.914
外墙热阻 $R_o=R_i+\sum R+R_e=7.064m^2\cdot K/W$；$R_i=0.110m^2\cdot K/W$；$R_e=0.040m^2\cdot K/W$					
外墙传热系数 $K=1/R_o$					0.142

2. 透明围护结构性能提升

(1) 外窗　在寒冷地区的供暖房屋中，门窗的保温性能对于建筑能耗起到关键作用，这是因为与墙体和屋面相比，门窗的保温、隔热性能要差很多，且门窗的缝隙会渗入空气，渗入空气的多少对供暖空调能耗影响也很大。

国外对外窗气密性的研究表明，良好的密封可以节约供暖能耗 15%以上，而且密封对节能改造而言，是一种最简便、廉价的方法，同时外窗的良好密封可以改善室内的居住舒适度。

减少门窗的散热损失，包括改善门窗的保温性能，防止室内外温差的存在而引起的热量传递，提高气密性减小加热、冷却渗入空气的冷热量。故需要解决门窗的密闭性和保温性能两大问题。依据《近零能耗建筑技术标准》(GB/T 51350—2019) 规定，寒冷地区外窗（包括透光幕墙）传热系数≤1.2W/(m^2·K)，冬季太阳得热系数≥0.45，夏季得热系数≤0.30，外窗气密性能不宜低于 8 级。

项目中外窗采用节能保温隔音平开窗，使用 PVC 包裹玻璃纤维型材，配装 Low-E 低辐射玻璃，玻璃间层填充惰性气体，采用暖边条，外窗传热系数为 0.80W/(m^2·K)，被动式外窗构造示意图如图 13-10 所示。

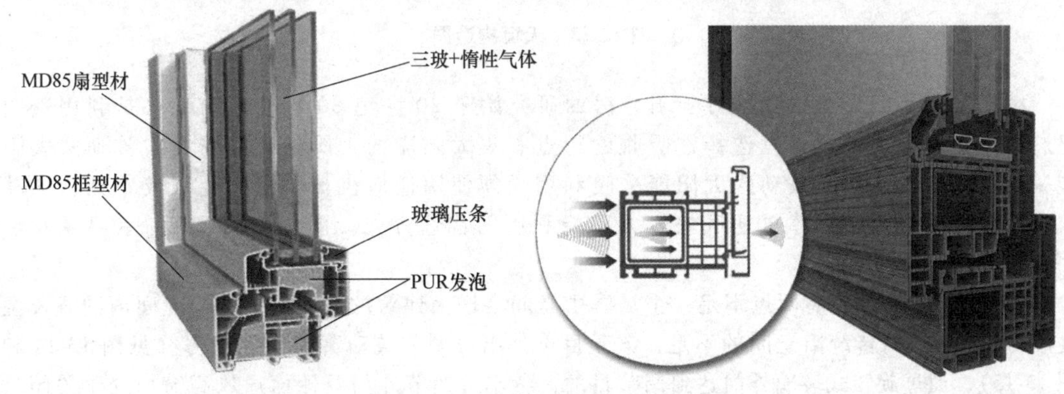

图 13-10 被动式外窗构造示意图

为了外窗夏季得热，项目合理设置可调节遮阳系统，并在不降低采光质量的前提下将外窗艺术化设置。项目东侧外窗结合落叶乔木，夏季形成自然遮阳效果，降低建筑冷负荷，冬季太阳光可穿过落叶后的乔木进入室内，以获得足够的太阳能。

（2）天窗　项目共设置7樘天窗，南院图书室、展厅及办公区域分别设置2樘天窗，北院起居厅设置北向倾斜天窗1樘，大部分天窗设置在北坡避免夏季过多的太阳辐射热进入室内的同时，能增加天然采光的使用率，并能看到室外的自然风光。入口门厅天然采光效果图如图13-11所示。天窗传热系数为1.0W/(m^2·K)。天窗构造图如图13-12所示。

图13-11　入口门厅天然采光效果图

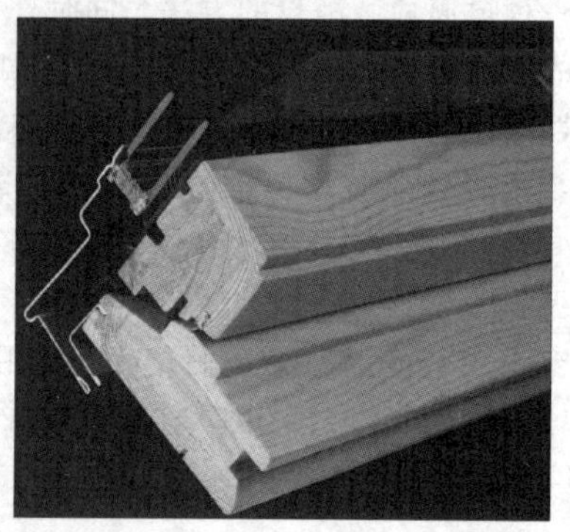

图13-12　天窗构造图

（3）可调节阳光房　我国对于阳光房的研究始于20世纪80年代。阳光房是利用透明材料对发射辐射的波段具有选择性吸收的特点收集太阳能的，属于直接受益式被动式太阳能采暖利用方式。由于被动式太阳能采暖利用无须使用任何机械手段，利用成本低，被动式太阳能采暖利用是京津冀地区农宅太阳能利用的首选方式。图13-13所示为京津冀农宅平面布局的历史变化。

传统阳光间使用中有两点不足：①夏季阳光间会增大建筑的冷负荷；②阳光间内的昼夜温度波动较大。针对传统阳光间的不足，该项目设计出可调节被动蓄能式太阳房（见图13-14和图13-15），通过旋转式玻璃外门达到调节目的，冬季可调节外门及侧面通风高窗均处于关闭状态，太阳光直射进入阳光房加热室内空气，降低室内热负荷；夏季可调节外门及侧面通风窗均处于开启状态，同时阳光房顶部竹帘开启，阳光房的屋顶起到外遮阳的作用，有效阻止高太阳高度角下的太阳得热量，降低室内冷负荷。其运行策略如图13-16所示。

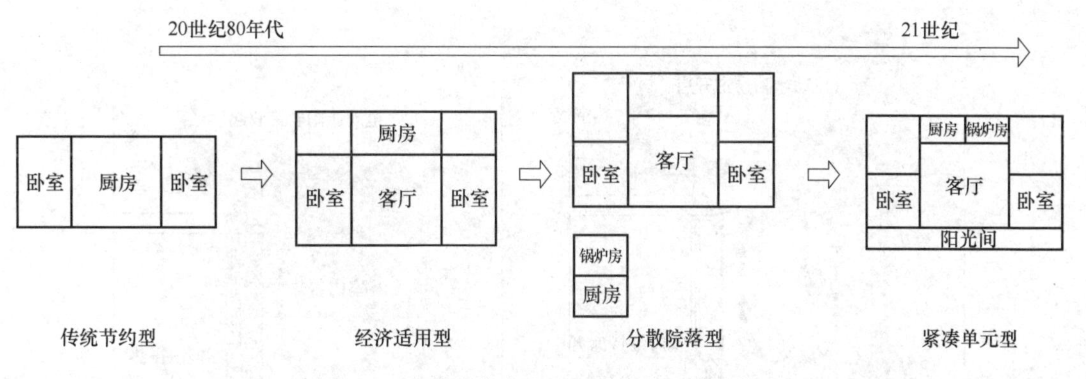

图 13-13　京津冀农宅平面布局的历史变化

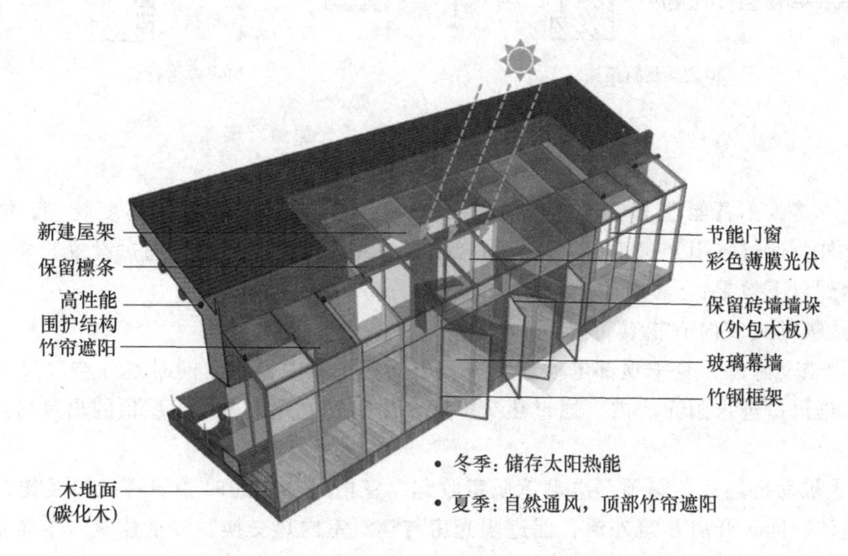

图 13-14　可调节被动蓄能式阳光房构造示意图 1

图 13-15　可调节被动蓄能式阳光房构造示意图 2

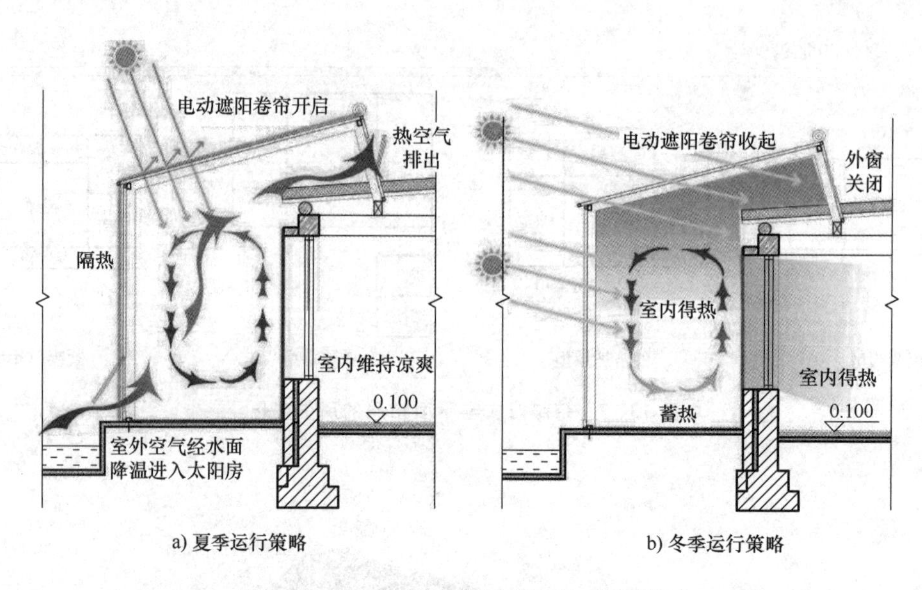

a) 夏季运行策略　　　b) 冬季运行策略

图 13-16　可调节被动蓄能式阳光房运行策略

该项技术将太阳蓄能理念与建筑空间相结合，实现了建筑与技术的高度统一，同时设计更加灵活；此外，通过将阳光房顶面架高，结合阳光房北面设置出风口。通过设置智能化被动蓄能式阳光房达到以下效果：

1）形成被动式室内节能空间。

2）夏季被动降温：夏季顶部电动遮阳帘开启，阻止室内得热，同时室外空气经水池冷却降温后由底部进风口进入阳光房内，通过热交换后，热空气上升，最终由屋顶的出风口排出，室内空间凉爽。

3）冬季被动得热：冬季顶部电动遮阳帘收起，室内得热，同时关闭进风口及出风口，形成密闭得热墙体，同时开启建筑外窗，促进阳光房与建筑室内热交换，降低建筑室内热负荷，达到被动式加热室内空间的目的。

3. 围护结构气密性提升

建筑气密性是指建筑在密闭状态下阻止空气渗透的能力。它用于表征建筑或房间在正常密闭情况下的无组织空气渗透量。通常采用压差试验检测建筑气密性，以换气次数 V_{50}（即室内外50Pa 压差下换气次数）来表征建筑气密性。

在风压和热压的作用下，气密性是保证建筑外窗及外墙屋面保温性能稳定的重要控制性指标。在近零能耗建筑中的气密层是指无缝隙的可阻止气体渗漏的围护层，由具有气密性的围护结构自然构成的，包括但不限于浇筑良好的混凝土、砌体墙体内表面的抹灰层（厚度≥15mm）、防水隔气膜、硬质木板如密度板、三合板等。可抹灰外围护结构门窗洞口密封材料的性能指标见表 13-8。近零能耗建筑的气密层应符合下列规定：

1）近零能耗建筑应具备包绕整个建筑采暖体积的、连续完整的气密层，或每个居住单元具有各自的包绕整个采暖体积的、连续完整的气密层。

2）由不同材料构成的气密层的连接处，必须进行妥善处理，以保证气密层的完整性。

根据项目布局特点，该建筑共划分为三个气密区（见图 13-17 和图 13-18），气密区 1 为装配箱居住单元，气密区 2 为改造房屋展示单元，气密区 3 为会议单元，气密区 1 与气密区 2 之间由入口门厅及楼梯间连接，气密区 2 及气密区 3 之间由阳光房连接，对于装配箱及轻木结构内侧采用粘贴密封胶带加强气密层的方式。该项目气密区的主要难点有门窗安装、管线穿透，结构固定等，所以需要针对不同的结构体系制定不同的解决方案。

表 13-8　可抹灰外围护结构门窗洞口密封材料的性能指标

项　　目		室外一侧防水透气膜	室内一侧防水隔气膜
厚度/mm		≤0.7	≤0.7
单位面积质量/(g/m^2)		≤200	≤250
拉伸断裂强度/(N/50mm)	纵向	≥450	≥500
	横向	≥60	≥80
断裂伸长率(%)	纵向	≥10	≥10
	横向	≥60	≥50
透湿率/[g/(m^2·s·Pa)]		≥4.0×10^7	≤9.0×10^9
湿阻因子		≤9.0×10^2	≥5.0×10^4
水蒸气扩散阻力值 S_d 值/m		≤0.5	≥30

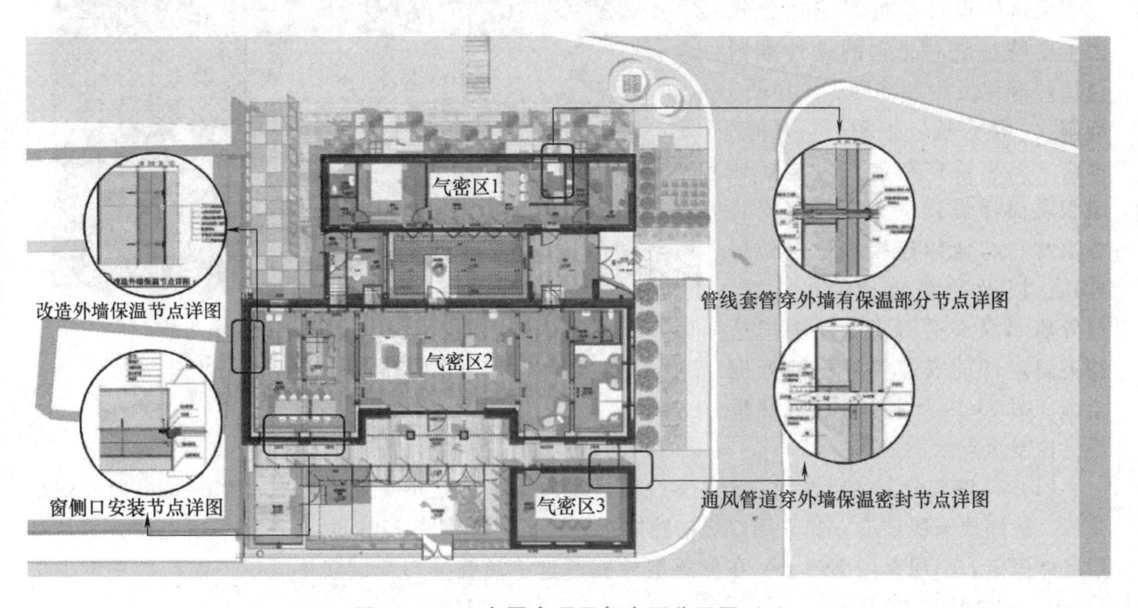

图 13-17　天友零舍项目气密区分区图（1）

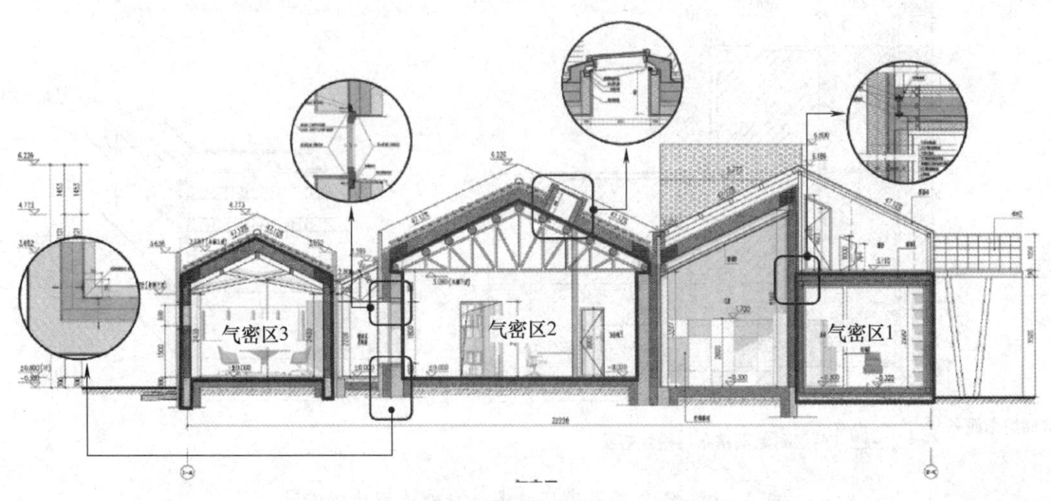

图 13-18　天友零舍项目气密区分区图（2）

该项目气密层均位于外墙外侧，由周圈密闭的20mm厚水泥砂浆组成（见图13-18）。在轻型木结构中（气密区3）规格板材的对接处也应保证处于密封状态，采用专业胶带覆盖接缝；在改造建筑部分，将夹心墙体中的抹灰层作为气密层，外层砌块作为气密层保护层；装配箱居住单元保温层外侧由整体20mm厚水泥砂浆层包裹，建筑立面及屋面部分均有饰面保护层，保证气密层的连续性及完整性。窗户的气密性节点用硅胶检修缝（宽度和深度<5mm）来制作，窗户固定粘贴的薄膜围裙可以显著减轻现场安装的工作量。薄膜围裙的另一边被埋在抹灰层内。

管线穿透总是一个薄弱环节，并且有可能成为缺陷的源头，所以在设计阶段需要严格限制这种穿透口的数量，线缆尽可能捆绑在一起，尽量避免在外墙上安装插座。在不可避免的地方，在轻型木结构中采用明装气密性插座盒的方式，改造建筑部分必须采用暗装线盒的部分，将线盒完全埋入水泥砂浆中并用胶带封堵。

4. 无热桥设计

无热桥设计是近零能耗建筑的主要特征之一，它的设计准则包括“避免发生”准则、“穿凸”准则、“接合处”准则、“几何”准则。无热桥控制重点应包括外墙和屋面保温做法、外门窗安装方法及其与墙体连接部位的处理方法，以及外挑结构、女儿墙、穿外墙和屋面的管道、外围护结构上固定件的安装等部位的处理措施。图13-19所示为项目无热桥设计控制重点示意图。

图13-19 项目无热桥设计控制重点示意图

1—外墙 2—带窗台的窗户 3—基底、底板保温
4—底部墙基外保温系统 5—女儿墙/屋顶
6—屋机平台/阳台 7—房门入口与露台（无高差）

（1）外墙部分无热桥设计 天友零舍项目改造建筑部分外墙夹心保温采用240mm厚挤塑聚苯板，挤塑聚苯板铺设方式采用双层错缝搭接单层板（厚度为120mm），首层采用点粘方式与基层墙体固定，二层采用满粘法，在保温层外侧通过绝热锚栓与基层墙体固定，锚栓数量不少于6个/m^2，如图13-20所示。

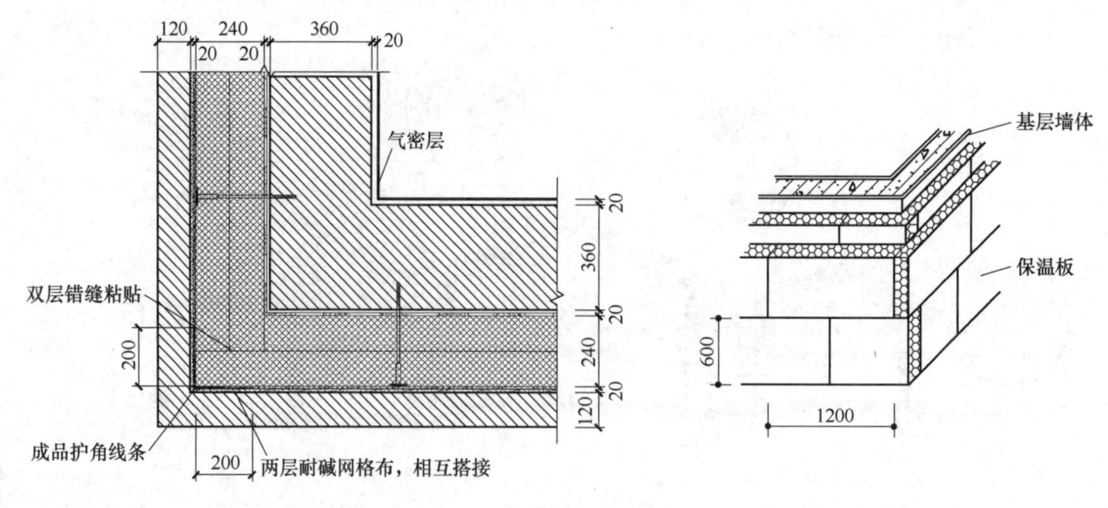

图13-20 天友零舍项目改造部分外墙无热桥设计

外墙墙角是热桥的薄弱环节，极易产生结露，在设计时建筑外墙阴阳角处保温系统均采用错缝搭接方式并设置金属护角线条。

当外墙有穿墙管道时，穿墙管道采用套管方式，预留孔洞大于管径 100mm 以上，周边做 50mm 厚岩棉保温，墙体结构或套管与管道之间的缝隙用聚氨酯发泡胶密封，外贴气密胶带。聚氨酯发泡胶的性能指标见表 13-9。

表 13-9 聚氨酯发泡胶的性能指标

项 目	室外一侧防水透气膜	
密度/(kg/m^3)	30±5	
燃烧性能等级	B2 级	
黏结强度/kPa	铝板	≥板性
	PVC 塑料板	≥料板
	水泥砂浆板	≥泥砂
发泡倍数	≥指标值 10	

(2) 外门窗无热桥设计 天友零舍项目外门窗采用铝木复合保温窗，内置暖边间隔条，且尽量采用大面积透光玻璃减少分隔框的数量。

所有气密区内外门窗均采用外挂式安装方式，窗/门框紧贴结构墙体安装，外门窗框与结构墙体之间的缝隙采用耐久性良好的防水隔气膜、防水透气膜及专用黏结剂组成门窗洞口的密封系统。防水隔气膜用于室内一侧，防水透气膜用于室外一侧，防水隔气膜、防水透气膜均应一侧有效地粘贴在门窗框或附框的侧面（墙体垂直面），另一侧与结构墙体粘贴，并应松弛地（非紧绷状态）覆盖在结构墙体和门窗框或附框上。防水隔气膜或防水透气膜的搭接宽度均应不小于 100mm。金属窗台板应固定在通长铺设于窗框下部的隔热垫块上（见图 13-21）。

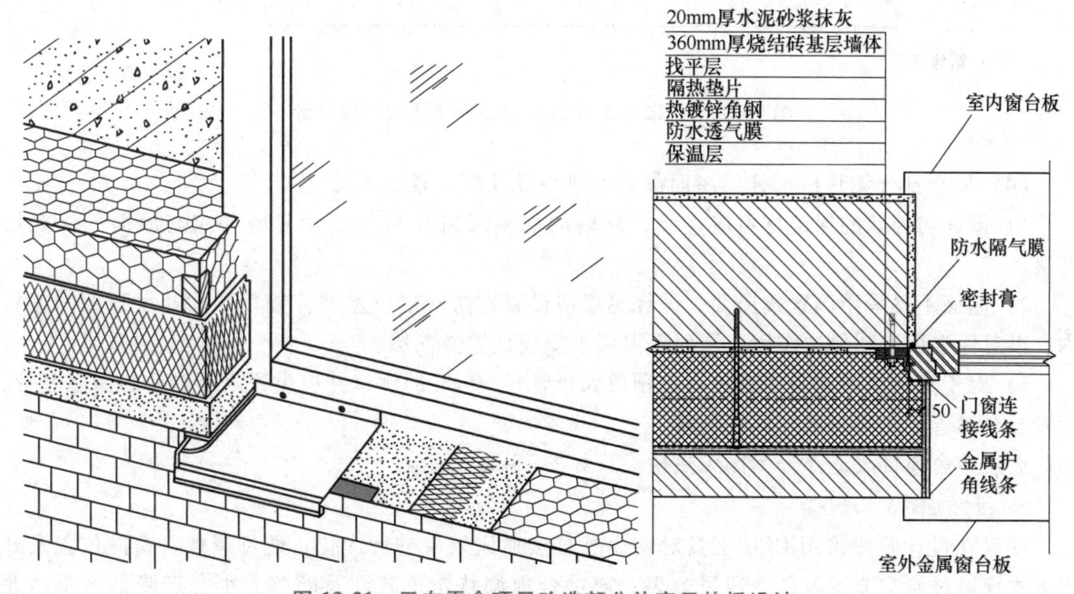

图 13-21 天友零舍项目改造部分外窗无热桥设计

(3) 地面的无热桥设计 天友零舍项目未设置地下空间，地面地板下设置 250mm 厚挤塑聚苯板的地面保温层。地面保温层与外墙内侧、内墙两侧在地面以下的保温层相连。保温层埋置深度从室外地面向下延伸 1m，且地面保温层的两侧均设置一道 SB 卷材防水层。天友零舍项目改造部分地面无热桥设计如图 13-22 所示。

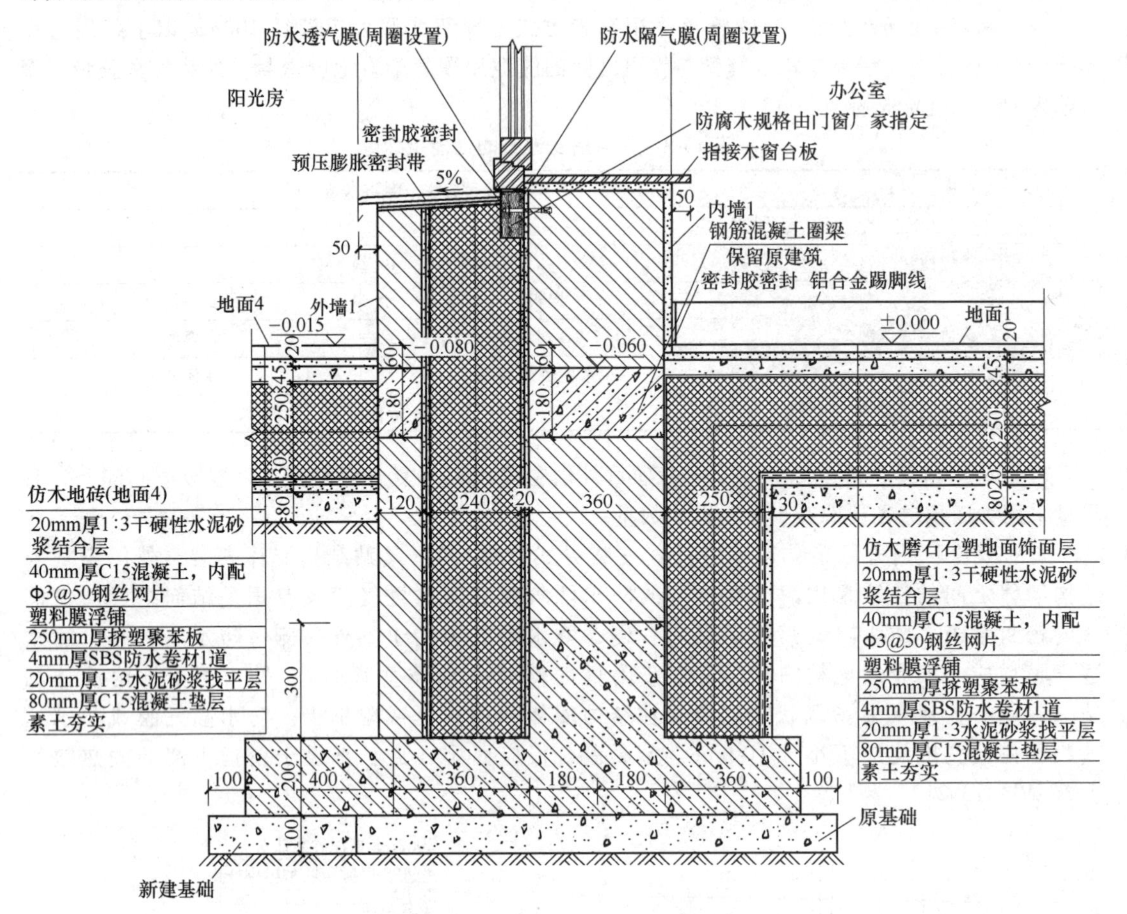

图 13-22　天友零舍项目改造部分地面无热桥设计

（4）屋顶部分无热桥设计　屋面部分无热桥设计应注意以下几点：

1）屋面与外墙的保温材料应连续，外墙的保温层需完全包裹女儿墙并应与屋面的保温层搭接。

2）屋面不得采用倒置式屋面，即保温层应设置在防水层下侧并应铺设到女儿墙顶部的盖板内，以对保温层起到保护作用，屋面保温层下侧应设置隔气层。

3）对于穿透屋面的金属管道，应预留大于管径 50mm 的洞口并应设置阻断热桥的保温套管，套管与金属管道之间应填充保温材料。

天友零舍项目改造部分屋面无热桥设计如图 13-23 所示。

5. 自然通风

项目在设计阶段采用 CFD 工具对室内外自然通风效果进行优化，通过调整外窗的位置及开启方式促进过渡季节室内自然通风效果；通过合理调整建筑高度及院落大小合理降低冬季西北季风下的冷风渗透，营造舒适的室外行走风环境；同时，该项目合理设置楼梯间兼作自然通风塔，增强过渡季室内自然通风。该项目户内自然通风效果模拟分析如图 13-24 所示，户外行走风环境模拟分析如图 13-25 所示。

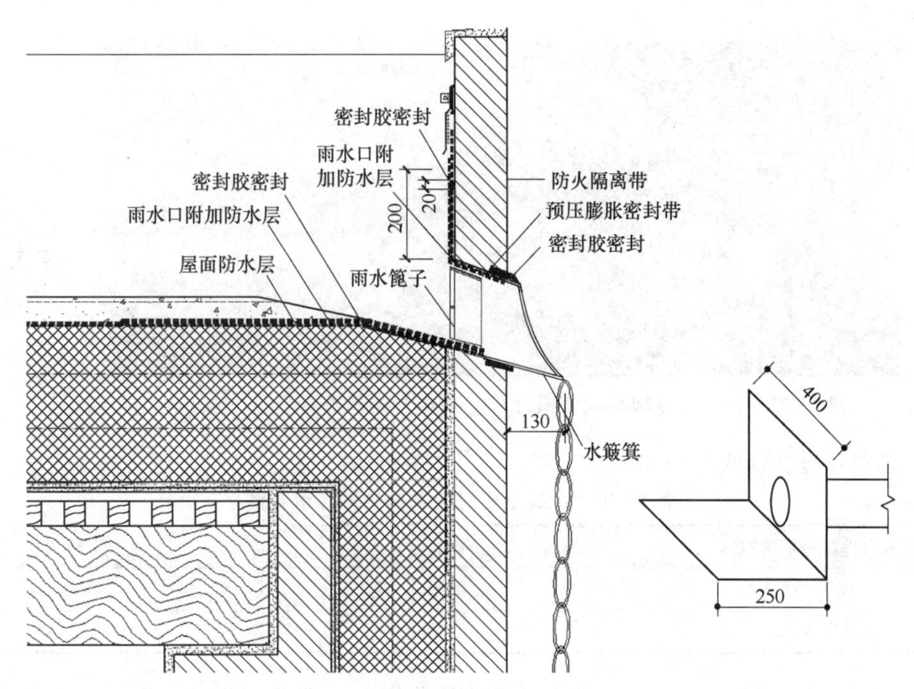

图 13-23　天友零舍项目改造部分屋面无热桥设计

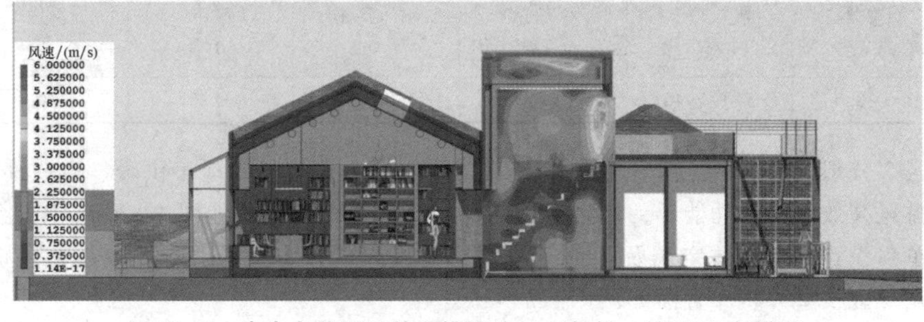

图 13-24　户内自然通风效果模拟分析（扫描二维码可看彩图）

13.1.3　主动式技术措施应用

1. 空调系统

该项目采用能源环境一体机为建筑提供冷热源。能源环境一体机集制冷、供暖、空气净化、引新风、排风高效热回收功能于一体。夏季名义制冷工况环境干球温度为35℃，冬季名义制热工况环境干球温度为-12℃。北京市极端最低温度为-27.4℃，极端最高温度为42℃。建筑主要

图 13-25　户外行走风环境模拟分析（扫描二维码可看彩图）

房间室内热湿环境参数见表 13-10。

表 13-10　建筑主要房间室内热湿环境参数

室内热湿环境参数	冬季	夏季
温度/℃	≥20	≤26
相对湿度(%)	≥30	≤60

能源环境一体机分室外和室内部分，室外部分为空气源热泵机组，室内部分为集制冷、制热、净化、新风、排风热回收为一体的室内机。风冷热泵模块机组可在室外温度变化范围内正常运行，室内的空气经过能源环境一体机室内机冷却/加热、净化后，送至各个房间，在靠近衣帽间的位置进行集中回风。设备可手动调节引进室外新鲜空气并经过净化后送入，也可通过室内空气质量传感器检测室内 CO_2 浓度，当 CO_2 浓度超标时，自动引入室外的新鲜空气。该项目新风热回收系统的全热回收效率不低于 70%，显热回收效率不低于 75%。能源环境一体机热回收装置单位风量风机耗功率应≤0.45W/(m^3/h)。能源环境一体机室外机设备参数见表 13-11。

表 13-11　能源环境一体机室外机设备参数

电源电压/V	制冷量/kW	输入功率/W	供热量/kW	输入功率/W	噪声/dB(A)	重量/kg
220	3.5~8.0	540~2940	4.5~8.5	1440~2540	≤25	38

分区 1 和分区 2 分别设置一台能源环境一体机，能源环境一体机集制冷、供暖、空气净化、引进新鲜空气、排风高效热回收功能于一体，空调能源一体机系统原理图如图 13-26 所示。会议室不经常使用，单独设置一台分体空调及一台新风热回收机组，分体空调供冷供暖加新风机提供室外新风。空调分区及室外机布置图如图 13-27 所示。

经计算，零舍项目总冷负荷为 41.03kW，气密区内单位面积冷负荷为 41.03W/m^2；项目总热负荷为 45.84kW，单位面积热负荷为 14.86W/m^2。

2. 节能照明

在典型的居住建筑中，供暖空调及照明能耗占主要部分，建筑照明一般分为天然采光和人工照明两个方面。天然采光对于室内舒适度有诸多益处，它增强视觉舒适度，辅助调节生物周期节奏，增加认知表现以及产生精神益处。天然采光与人工照明相互影响、相互制约，一方面，天然采光减少了建筑人工照明的需求，另一方面，外窗及天窗面积增加会增大建筑的空调采暖负荷。

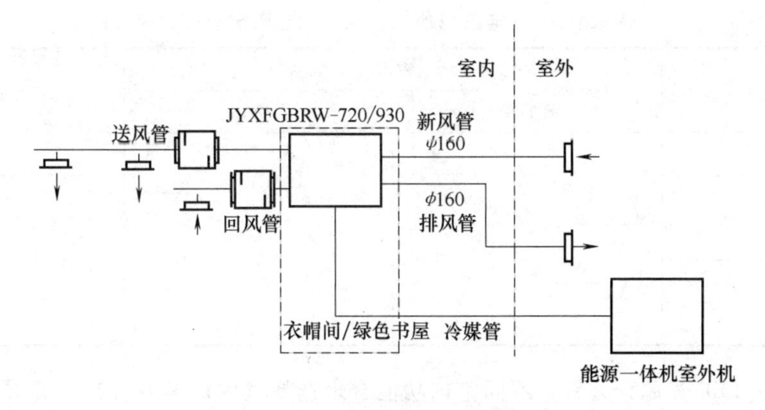

图 13-26　空调能源一体机系统原理图

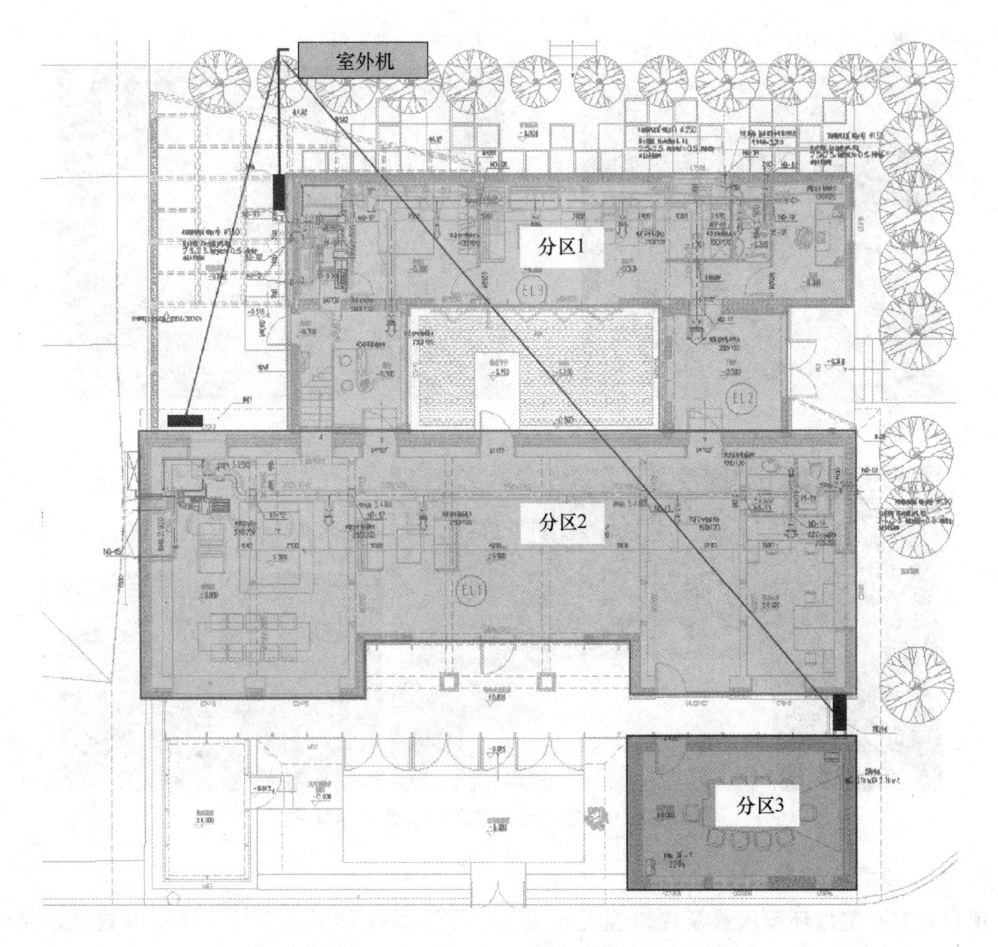

图 13-27　天友零舍项目空调分区及室外机布置图

当天然采光无法满足《建筑照明设计标准》（GB 50034—2013）中的规定值（见表 13-12）的要求时，采用人工照明。根据《近零能耗建筑技术标准》（GB/T 51350—2019）要求，近零能耗建筑应选择高效节能光源和灯具，并宜选择 LED 光源。

表 13-12　住宅照明功率密度和作业面照度规定值

房间	照明功率密度/(W/m²)		对应照度值/lx
	现行值	目标值	
起居室	7	6	100
卧室			75
餐厅			150
厨房			100
卫生间			100

项目均采用LED光源，并针对不同室内功能合理选择室内灯具及灯具布置方式，展厅部位采用带状LED光源，并在展示局部设置射灯，卧室及起居室采用吸顶灯，餐厅采用筒灯。室内灯具布置及安装效果示意图如图13-28所示。

• 餐厅——筒灯

• 起居室——吸顶灯

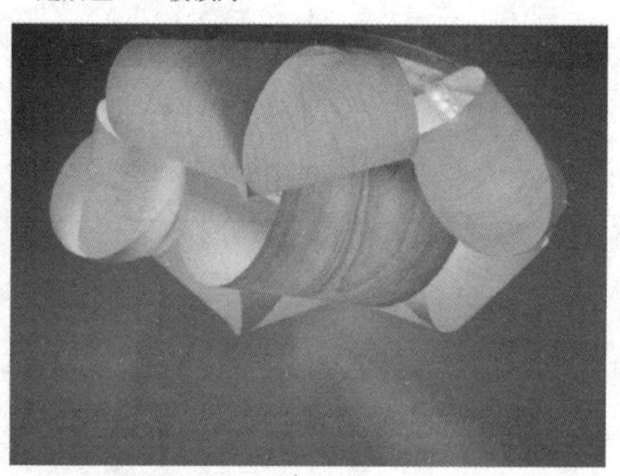

• 灯源

图 13-28　室内灯具布置及安装效果示意图

3. 能耗监测与控制

项目设置有室内环境质量及建筑能耗监测系统，该系统对项目室内外环境参数及建筑分项能耗进行监测和记录，监测参数如下：

1）项目屋顶设置小型气象站对室外温湿度、太阳辐照度等气象参数进行监测。

2）对项目光伏发电量、冷热源及照明等关键用能设备进行重点计量。

3）对项目室内环境进行监测，包括室内温湿度、二氧化碳及PM2.5含量等。

4）对项目采用的太阳能光伏瓦及彩色薄膜光伏系统发电量进行独立计量。

在满足室内环境参数需求的前提下，以降低房间综合能耗为目的，合理确定房间的控制模式，制定不同的空间场景模式。项目冷热源及新风系统均由环控一体机提供，机组的运行控制如下：

1）根据室内 CO_2 浓度变化，控制风机转速及新风阀开度调节。

2）根据室内温湿度控制室外机的运行工况。

3）项目设置有能耗监测展示触摸屏，实现数据的便捷查看及分析（见图 13-29）。

13.1.4　可再生能源利用

图 13-29　能耗监测展示系统示意图

根据《太阳能资源评估方法》（GB/T 37526—2019），全国太阳能资源大致分为五类地区（见表 13-13），北京地区属于太阳能资源较丰富地区（二类），年辐射量约 5.61×106kJ/m^2，年日照时数为 2761h。

目前市场上的太阳能利用技术主要有三种，一是太阳能热利用技术，即把太阳辐射能转换成热能并加以利用；二是太阳能光伏发电技术，即利用半导体材料等的光伏效应原理制造太阳能光伏板，将光能转换成电能；三是太阳能空调技术。太阳能热水及太阳能发电技术发展相对较为成熟，项目中主要采用太阳能热水系统及太阳能光伏瓦、彩色薄膜光伏发电系统。光伏分布图如图 13-30 所示。

表 13-13　全国太阳能资源划分

等级	资源代号	年总辐射量 /(MJ/m^2)	年日照时数 /(h/a)	等量热量所需标准燃煤 /kg
最丰富地区	Ⅰ	6680～8400	3200～3300	225～285
较丰富地区	Ⅱ	5852～6680	3000～3200	200～225
中等地区	Ⅲ	5016～5852	2200～3000	170～200
较差地区	Ⅳ	4180～5016	1400～2200	140～170
最差地区	Ⅴ	3344～4180	1000～1400	115～140

图 13-30　光伏分布图（扫描二维码可看彩图）

1. 太阳能光伏瓦

项目中采用单玻光伏瓦，单玻光伏瓦的质量仅为 5.2kg，是双玻瓦的一半。单玻质量的大大减轻便于单人单手拿放，并结合其独特的 C 形卡槽结构，使得安装效率大大提升。单玻光伏瓦结构及其应用效果示意图如图 13-31 所示。

图 13-31　单玻光伏瓦结构及其应用效果示意图

项目采用的光伏瓦，单片功率为 30W，每平方米功率为 100W，单片尺寸为 700mm（宽）×500mm（高）×8mm（厚），安装屋面整体坡度约为 25°，安装数量为 200 片，装机量为 6kW，主瓦总面积为 70m²，配瓦总面积为 172.5m²。屋顶光伏瓦布置图如图 13-32 所示。

经模拟计算光伏瓦首年发电量为 0.84 万 kW · h，25 年累计发电量为 18.9 万 kW · h。

项目屋面安装光伏系统

- 主瓦排布：图中蓝色部分
- 配瓦排布：图中黄色部分
- 安装倾角：25°
- 组件类型：单玻光伏瓦30W

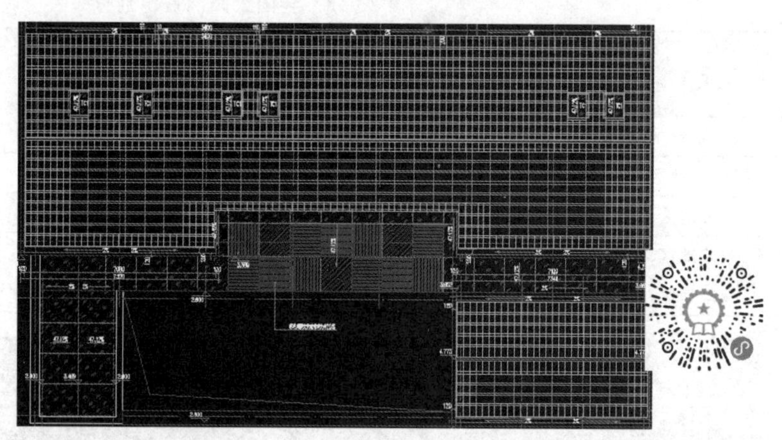

图 13-32　屋顶光伏瓦布置图（扫描二维码可看彩图）

2. 彩色薄膜光伏采光顶

项目南院阳光房屋面设置有彩色薄膜光伏采光顶。一方面，彩色薄膜光伏采光顶能产生电能，降低建筑能耗；另一方面，彩色薄膜光伏采光顶在太阳光的照射下能在建筑内产生斑斓的光影效果。

该项目彩色薄膜光伏采光顶共设计有绿色、黄色、橙色、蓝色四种不同的颜色，组件透光率为 20%，光伏组件尺寸为 1100mm（宽）×1300mm（高）×6.8mm（厚），安装数量为 14 片，采用 2 块组串，共 7 串，输入到一台单相 1.1 kW 的并网逆变器。组件配置由外向内依次为 3.2mmTCO（半钢化）+1.14PVB（透明）+6mm（超白钢化）+12A+6mm（超白钢化）+0.76mmPVB（透明）+

0.38mmPVB（彩色）+6mm（超白钢化）（见图 13-33）。

图 13-33　阳光房彩色薄膜光伏采光顶

经模拟计算得到彩色薄膜光伏采光顶首年发电量为 0.13 万 kW · h，25 年发电量为 2.9 万 kW · h。

该项目光伏系统每年年均发电量 0.872 万 kW · h，25 年累计发电量约 21.8 万 kW · h。

3. 太阳能热水系统

项目中采用平板太阳能热水系统，该系统由平板集热器、储水箱、水管、支架及配件等部分组成，其中平板集热器布置于北院屋面，集热板倾斜角度 45°，储水箱布置于二层阁楼内（见图 13-34）。

项目平板太阳能热水系统为装配式居住模块，满足卫生间热水需求。经计算，项目平均热水用量为 320L/d，太阳能热水保证率为 50%。

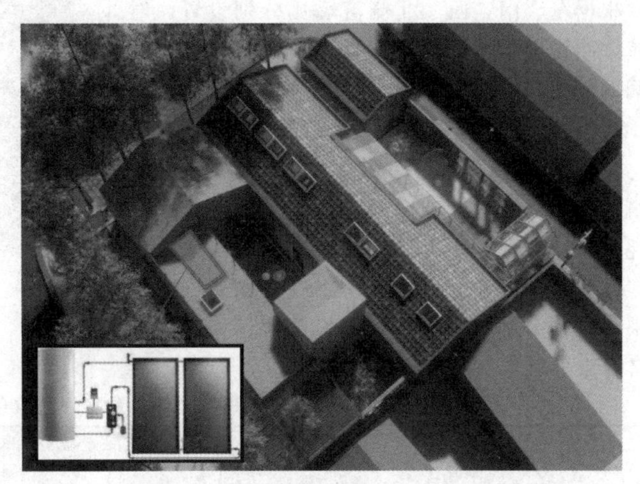

图 13-34　太阳能热水系统布置示意图

4. 太阳能景观装置

该项目围墙采用艺术化设计及建造方式，同时巧妙地应用太阳能折叠发电纸做成艺术装置，为附近居民提供免费的充电端（见图 13-35）。

该太阳能装置骨架是不同角度的 L 形铝板固定在建筑围墙上形成支架，将柔性太阳能发电纸固定在支架上，形成层叠的光伏装置效果。该装置采用太阳能发电纸，扣式设计，外表材质采用织物，内部采用发光薄膜，做到了体积小、质量轻，内部布局设置保障了它可折叠为笔记本大小，携带方便。单片太阳能发电纸额定功率为 8W，折叠尺寸为 141mm×212mm×16mm，最大输出功率为 5V/1.2A，质量 190g，电量不能存储，即发即用。

经测试，晴天时与太阳照射方向垂直放置发电纸，10min 充电约 3%，与交流电充电速度相当；随意放置但发电纸迎着太阳方向，10min 充电约 2%，效果逊于交流电充电；在阴影中充电时，15min 充电约 1%，充电效果一般，弱电发光技术比较有作用；薄云时与太阳照射方向垂直放置发电纸，10min 充电约 2%；随意放置但发电纸迎着太阳方向时，10min 充电约 1%；厚云时，充电效果不明显。

图 13-35 太阳能景观装置示意图

13.1.5 建筑能耗模拟与优化

项目采用 eQUEST 能耗模拟软件进行能耗模拟，根据建筑设计图中的墙体中线建立，门窗尺寸根据东、南、西、北侧窗墙比分别设置，对外遮阳结构进行参数化等效处理，同时根据室内房间的使用功能及系统特性简化分区，分为 A、B、C 三个区域，图 13-36 所示为建筑能耗物理模型。

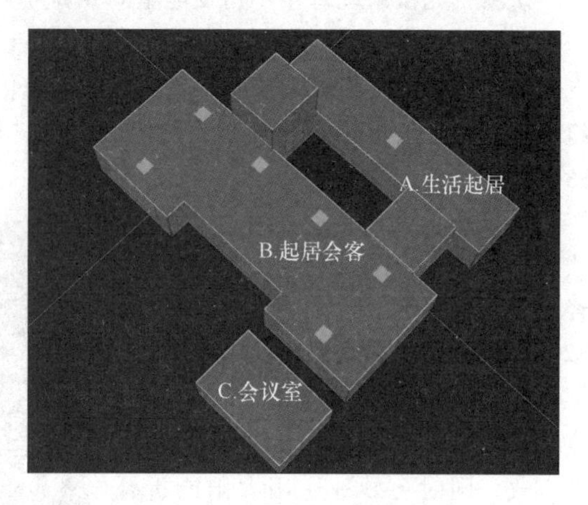

图 13-36 建筑能耗物理模型

根据第 13.1.1 节~第 13.1.4 节中介绍的建筑被动式技术措施和主动式技术措施，对建筑能耗进行模拟。

建筑年耗电量采用 eQUEST 能耗模拟软件，根据北京市典型气象数据年气象数据计算。全年各月室外气象条件参数见表 13-14。

表 13-14 全年各月室外气象条件参数

月份	月平均干球温度/℃	月平均湿球温度/℃	月总辐射/(MJ/m²)	月总散射辐射/(MJ/m²)
1	2.4	4.5	220.5	125.9
2	1.6	3.8	281.3	124.5
3	6.8	2.6	446.2	114.5
4	14.4	8.7	527.5	125.2
5	20.7	14.3	632.1	143.2
6	24.2	19.1	553.4	120.4
7	26.1	22.6	506.2	114.4
8	25.5	22.1	496.8	137.7
9	20.7	16.6	451.3	131.4
10	14.3	11.0	345.5	158.3
11	5.3	2.6	203.1	100.2
12	0.6	2.8	211.8	52.1

根据表 13-14 中的气候条件参数及系统特性，分别对供暖季节 11 月—3 月，过渡季及制冷季 6 月—9 月分别进行模拟。项目全年能耗模拟结果见表 13-15，分项能耗占比如图 13-37 所示。

综上所述，对该项目年度能耗的预测分析计算，其年度耗电量为 12609.94kW·h，太阳能光伏系统年度平均发电量 8720kW·h，净年度耗电量 3889.94kW·h，单位面积耗电量 9.67kW·h/(m^2·a)，达到近零能耗建筑设计要求。按照华北地区电网平均碳排放因子 0.8843kgCO_2/kW·h 计算，单位面积碳排放量 8.55kgCO_2/(m^2·a)，实现了近零排放的目标。

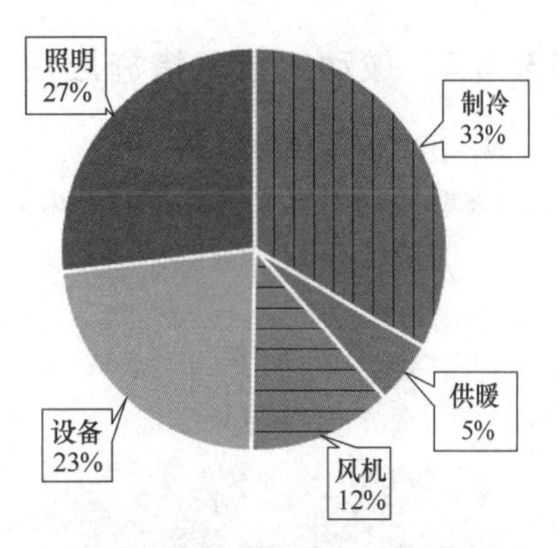

图 13-37　建筑年度耗电量比例分析

表 13-15　项目全年能耗模拟结果

能耗类别	全年总电耗/kW·h	单位面积电耗/(kW·h/m^2)
制冷	4163.72	14.26
供暖	641.9635	2.20
风机	1530	5.24
设备	2890	9.90
照明	3370	11.54

13.2　中德天津大邱庄生态城门户展示公园展厅项目

13.2.1　建筑概况

项目位于中德天津大邱庄生态城门户展示公园内（见图 13-38），项目建筑面积为 1953m^2，地上两层，建筑高度为 11.9m。该项目的主要功能是展示和办公，要求充分体现被动式建筑和装配式建筑的先进理念，为零（负）碳建筑。

项目技术措施示意图如图 13-39 所示，在设计过程中零碳建筑理念通过以下三个方面体现：

在被动式技术建筑技术营造方面主要采用了高性能围护体系设计，可调节外遮阳+采光天窗设计，被动式冷却+通风塔设计，装配式钢结构+被动房设计，雨水收集利用+海绵景观设计。

在主动式建筑设备能效提升方面采用了高性能空气源热泵供冷、供热技术，高性能新风热回收技术、节能照明技术，以及能耗监测与展示系统。

在可再生能源利用技术方面采用了太阳能光伏发电和空气源热泵技术。

图 13-38　项目效果图

13.2.2 被动式技术措施应用

1. 围护结构性能

该项目采用的主要围护结构热工性能示意如图 13-40 所示。

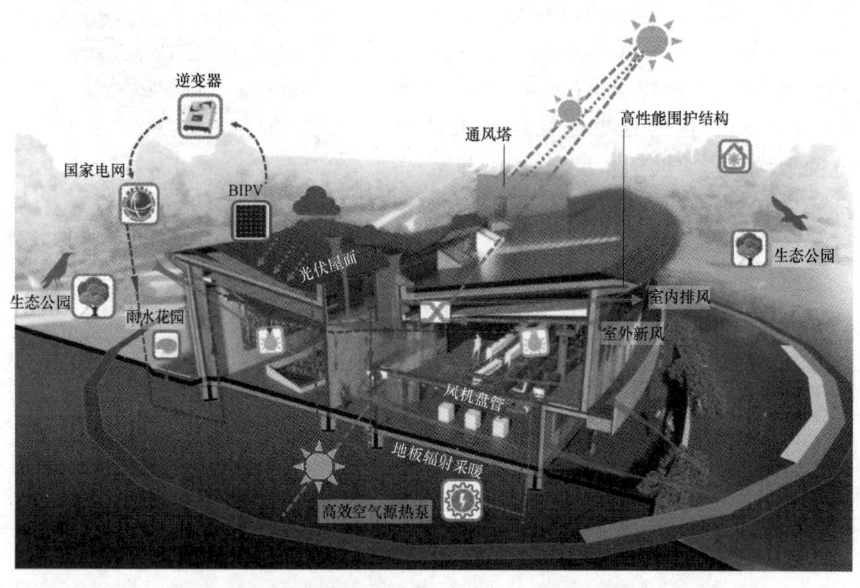

图 13-39 技术措施示意图（扫描二维码可看彩图）

窗墙比	南：0.28　　北：0.05　　东/西：0.07		
体形系数	0.33	建筑层数	地上2层；地下0层

图 13-40 主要围护结构热工性能示意图

（1）非透明围护结构体系　非透明围护结构选用的保温材料性能见表 13-16。

表 13-16　保温材料性能

保温材料名称	密度 /(kg/m³)	导热系数 /[W/(m·K)]	蓄热系数 /[W/(m²·K)]	导热系数修正系数	燃烧性能等级	使用部位
岩棉条	>100	0.048	0.75	1.2	A 级	外墙
岩棉板	140~160	0.04	0.75	1.25	A 级	屋顶/楼板
高容重石墨聚苯板	≥30	0.033	0.36	1.1	B1 级	屋顶
挤塑聚苯板	22~35	0.032	0.32	1.1	B1 级	地面
建筑保温砂浆 Ⅰ 型	240~300	0.07	1.2	1.25	A 级	内墙

各非透明围护结构的传热系数计算表见表 13-17~表 13-19。

表 13-17　外墙传热系数计算表

外墙每层材料名称	厚度/mm	导热系数/[W/(m·K)]	蓄热系数/[W/(m²·K)]	热阻值/(m²·K/W)	热惰性指标 $D=RS$	修正系数 α
岩棉板	80	0.04	0.75	1.667	1.5	1.2
岩棉条	250	0.048	0.75	4.34	3.91	1.2
蒸压砂加气混凝土(黏结灰缝≤4mm)	200	0.09	1.64	2.116	3.64	1.05
外墙各层之和	530	—	—	8.12	9.05	—
外墙热阻 $R_o=R_i+\sum R+R_e=8.27\text{m}^2\cdot\text{K/W}$;$R_i=0.110\text{m}^2\cdot\text{K/W}$;$R_e=0.040\text{m}^2\cdot\text{K/W}$						
外墙传热系数 $K_p=1/R_o=0.12\text{W/(m}^2\cdot\text{K)}$						
太阳辐射吸收系数 $\rho=0.70$						

表 13-18　屋面传热系数计算表

屋面每层材料名称	厚度/mm	导热系数/[W/(m·K)]	蓄热系数/[W/(m²·K)]	热阻值/(m²·K/W)	热惰性指标 $D=RS$	修正系数 α
细石混凝土(内配筋)	40.0	1.740	17.20	0.023	0.40	1.00
碎石,卵石混凝土	20.0	1.510	15.36	0.013	0.20	1.00
模塑石墨聚苯板(屋面、夹心保温)	250.0	0.033	0.36	6.887	2.73	1.10
水泥砂浆	20.0	0.930	11.37	0.022	0.24	1.00
钢筋混凝土	120.0	1.740	17.20	0.069	1.19	1.00
屋面各层之和	450.0	—	—	7.01	4.76	—
屋面热阻 $R_o=R_i+\sum R+R_e=7.16\text{m}^2\cdot\text{K/W}$;$R_i=0.110\text{m}^2\cdot\text{K/W}$;$R_e=0.040\text{m}^2\cdot\text{K/W}$						
屋面传热系数 $K_p=1/R_o=0.14\text{W/(m}^2\cdot\text{K)}$						
太阳辐射吸收系数 $\rho=0.70$						

表 13-19　地面传热系数计算表

地面每层材料名称	厚度/mm	导热系数/[W/(m·K)]	蓄热系数/[W/(m²·K)]	热阻值/(m²·K/W)	热惰性指标 $D=RS$	修正系数 α
水泥砂浆	20.0	0.930	11.37	0.022	0.24	1.00

（续）

地面 每层材料名称	厚度/ mm	导热系数/ [W/(m·K)]	蓄热系数/ [W/(m²·K)]	热阻值/ (m²·K/W)	热惰性指标 $D=RS$	修正系数 α
钢筋混凝土 1	100.0	1.740	17.20	0.057	0.99	1.00
挤塑聚苯板	250	0.032	0.32	7.1025	2.5	1.10
钢筋混凝土 2	100.0	1.740	17.20	0.057	0.99	1.00
地面各层之和	470.0	—	—	7.24	4.72	—
地面热阻 $R_o=R_i+\sum R+R_e=7.24m^2\cdot K/W$；$R_i=0.110m^2\cdot K/W$；$R_e=0.040m^2\cdot K/W$						
地面传热系数 $K_p=1/R_o=0.135W/(m^2\cdot K)$						

项目地面采用250mm厚挤塑聚苯板作为保温层，地面传热系数为0.135W/(m²·K)，远小于近零能耗建筑技术标准的要求。

（2）透明围护结构热工性能

1）外窗。外窗采用内平开铝木复合窗（5mm超白玻+12mmAr+5mm超白玻Low-E+12mmAr+5mm超白Low-E），传热系数1.00W/(m²·K)，太阳得热系数为0.54，玻璃太阳得热系数为0.47，气密性为8级，可见光透射比为0.60，满足《近零能耗建筑技术标准》（GB/T 51350—2019）的相关规定。

南向外窗采用挑檐作为固定外遮阳，经过模拟计算保证挑檐的宽度和角度满足夏天时不让阳光直射进室内，冬季还能保证充足日照的要求。东西朝向采用可调节活动外遮阳。

2）天窗。项目在中庭部位设置采光天窗。天窗采用高强聚氨酯断桥铝天窗（4mm钢化玻璃+0.76mmPVB胶膜+5mm超白Low-E+0.3mm真空层+5mm钢化玻璃+6mm空气层+4mm钢化玻璃），天窗传热系数为1.0W/(m²·K)。天窗外部设置电动调节外遮阳。

2. 屋顶天窗及风塔热压通风系统

项目南侧紧靠水面，而水面的温度会低于地面温度，为了充分利用这部分天然冷源，利用热空气上升、冷空气下降的原理，在中庭顶部设置了电动可开启天窗，并设置了通风塔，在能够利用自然通风降温时，打开屋顶天窗和通风塔外窗以及首层南向外门、窗进行通风降温（见图13-41）。

3. 围护结构气密性

该建筑首层卫生间为对外的公共卫生间，故将它划分为单独的区域，除首层卫生间以外的区域为一个气密区（见图13-42）。分区如下：

该建筑地面气密层钢筋混凝土板构成：屋面气密层由钢承板混凝土楼板构成；外墙气密层为15mm厚的水泥砂浆抹灰层，有构件穿抹灰层时抹灰层外周围设100mm宽气密胶带密封，抹灰层内有ALC板缝、防火板缝处增加防水隔气膜（见图13-43）。

由不同材料构成的气密层的连接处，内墙处采用防水隔气膜进行密封，外墙处采用防水透气膜（见图13-44）。

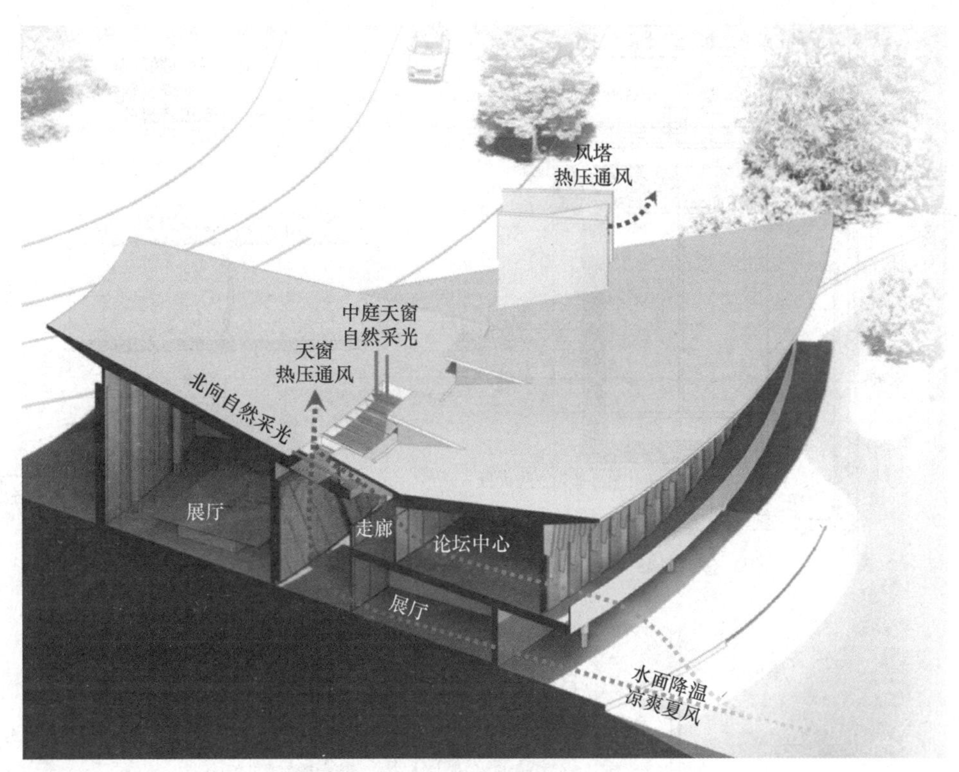

图 13-41　天窗及通风塔示意图

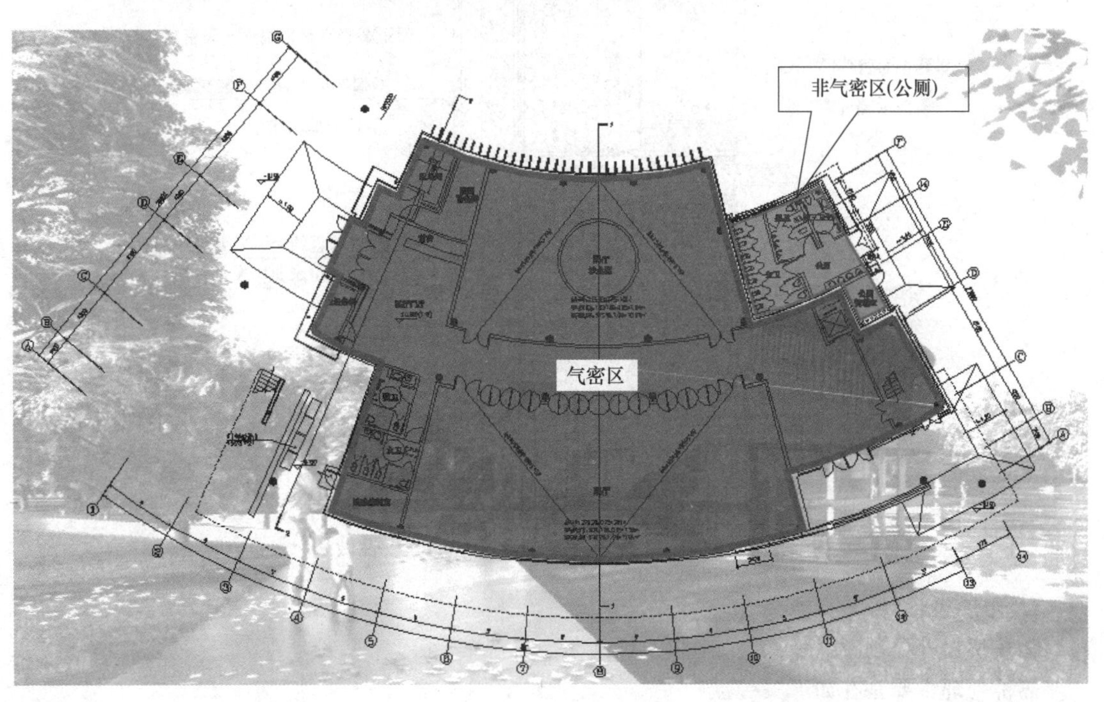

图 13-42　气密区分区图（扫描二维码可看彩图）

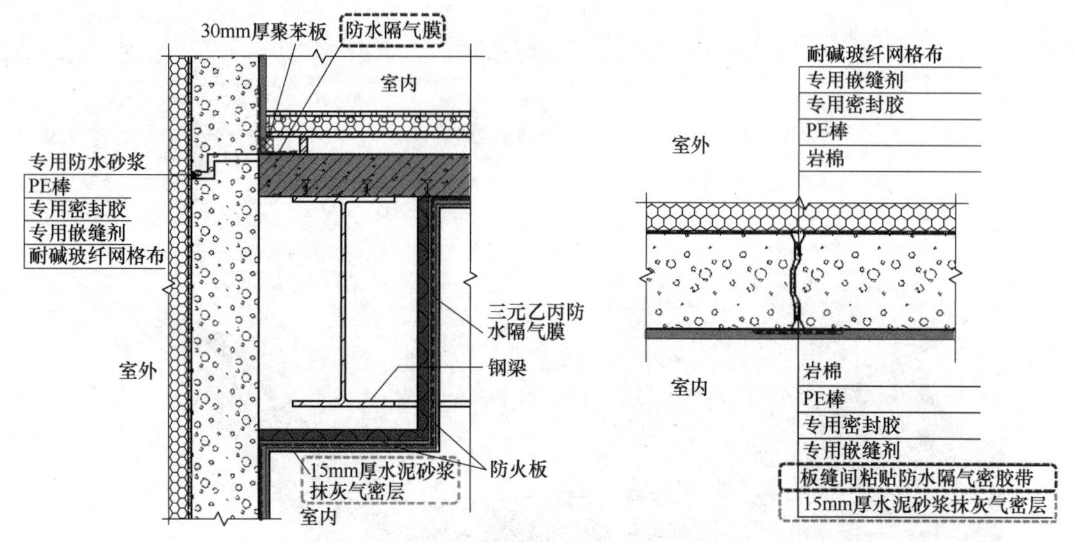

图 13-43　ALC 板缝节点气密性加强做法详图

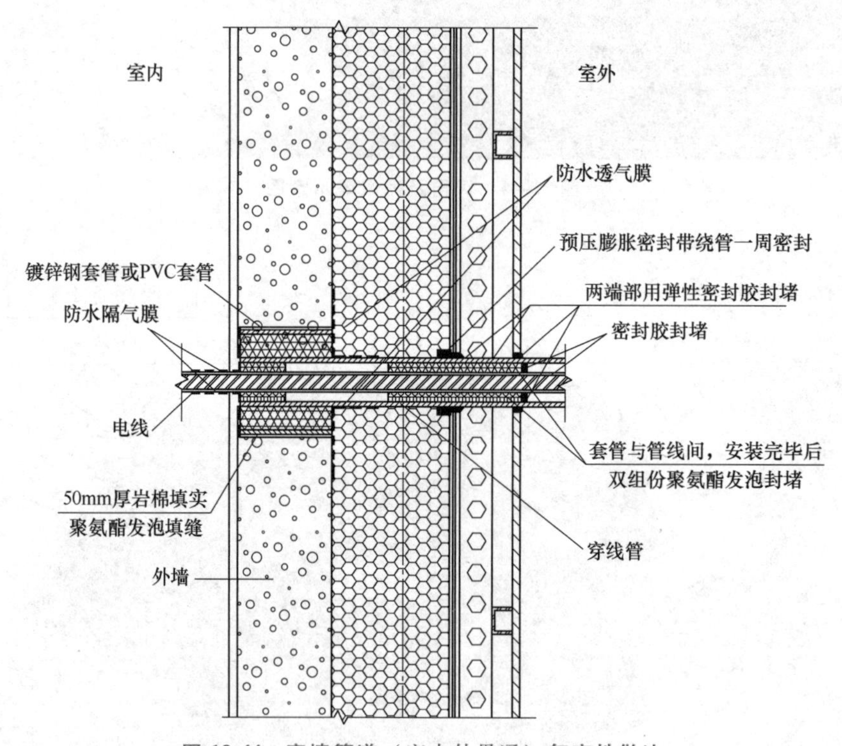

图 13-44　穿墙管道（室内外贯通）气密性做法

4. 无热桥设计

无热桥设计控制重点示意图如图 13-45 所示。

热桥处理主要是在如下关键点：

（1）不同区域热桥处理　外墙保温采用（150+100）mm 厚岩棉条配套胶黏剂错缝粘贴，条缝处增设耐碱玻纤网布一层，岩棉条板铺设方式采用双层错缝搭接，在保温层外侧通过绝热锚栓与基层墙体固定，锚栓数量不少于 6 个/m^2，如图 13-46 所示。

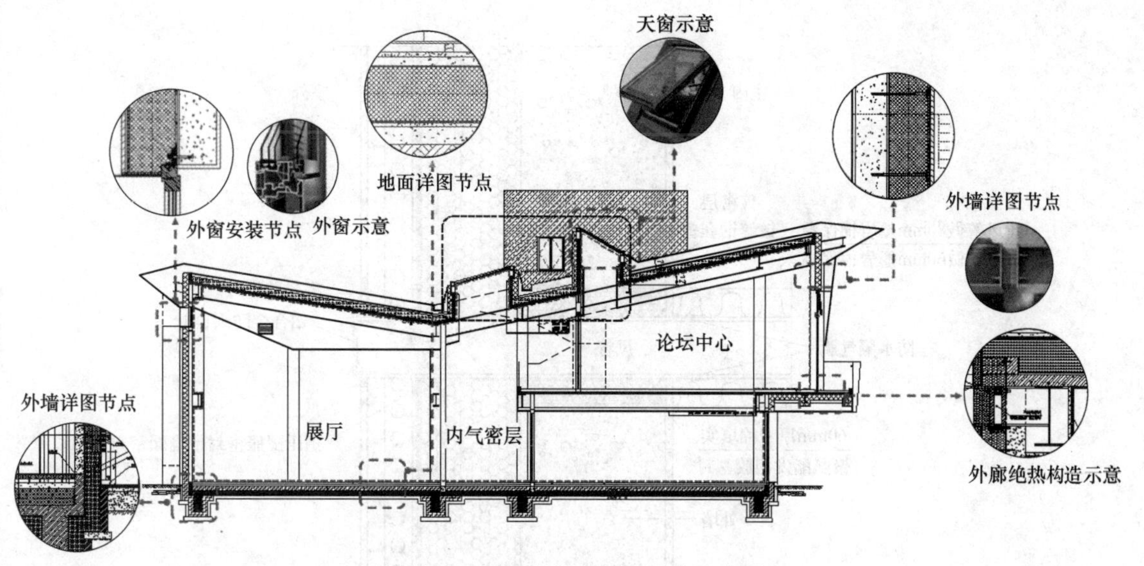

图 13-45　无热桥设计控制重点示意图

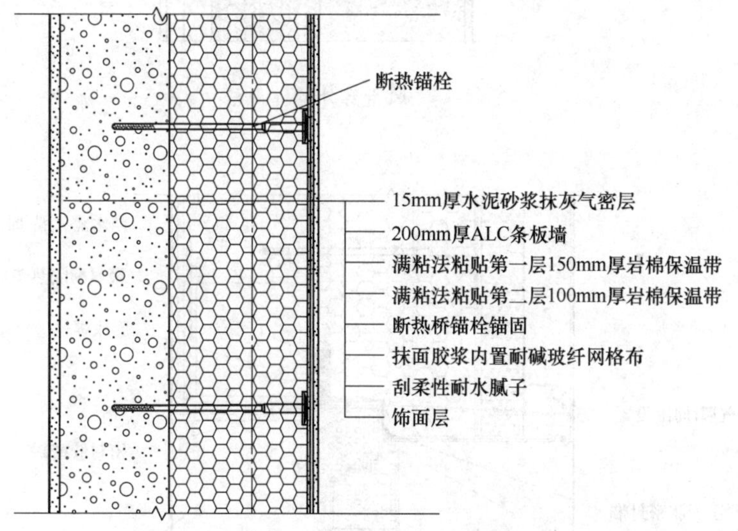

图 13-46　项目外墙无热桥设计

外墙墙角是热桥的薄弱环节，极易产生结露，在设计时建筑外墙阴阳角处保温系统均采用错缝搭接方式并设置金属护角线条。

当外墙有穿墙管道时，穿墙管道采用套管方式，预留孔洞大于管径 100mm 以上，周边做 80(50) mm 厚岩棉保温，墙体结构或套管与管道之间的缝隙用聚氨酯发泡胶密封，外贴气密胶带，如图 13-47 所示。

（2）外门窗无热桥设计　项目外门窗采用铝木复合保温窗，内置暖边间隔条，且尽量采用大面积透光玻璃减少分隔框的数量。

所有气密区内外门窗均采用外挂式安装方式，窗/门框紧贴结构墙体安装，外门窗框与结构墙体之间的缝隙采用耐久性良好的防水隔气膜、防水透气膜及专用黏结剂组成门窗洞口的密封系统。防水隔气膜用于室内一侧，防水透气膜用于室外一侧，防水隔气膜、防水透气膜均应一侧有效地粘贴在门窗框或附框的侧面（墙体垂直面），另一侧与结构墙体粘贴。外窗无热桥设计如图 13-48 所示。

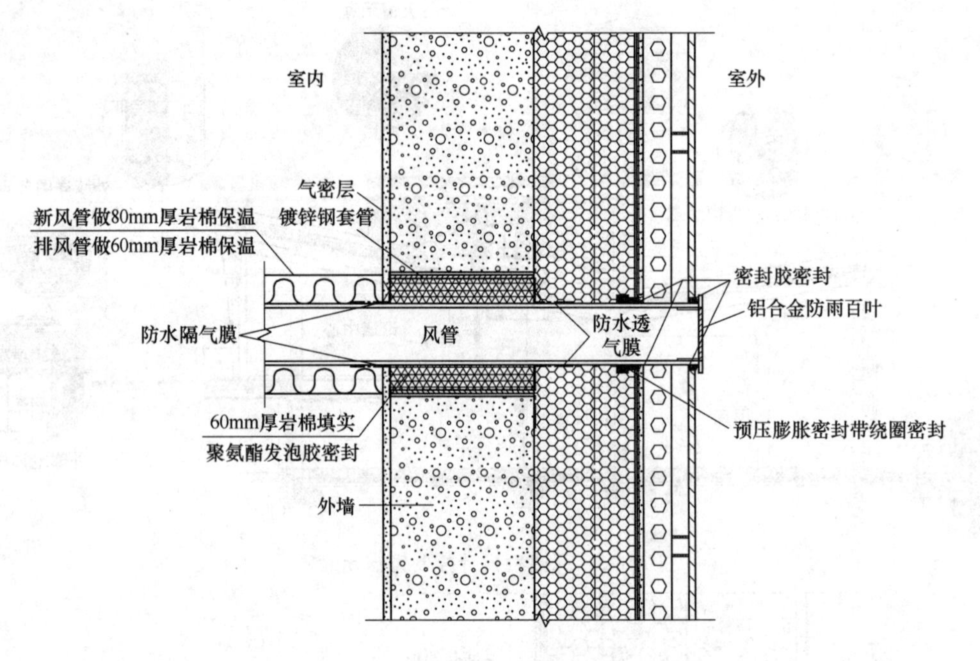

图 13-47　风管穿外墙体做法

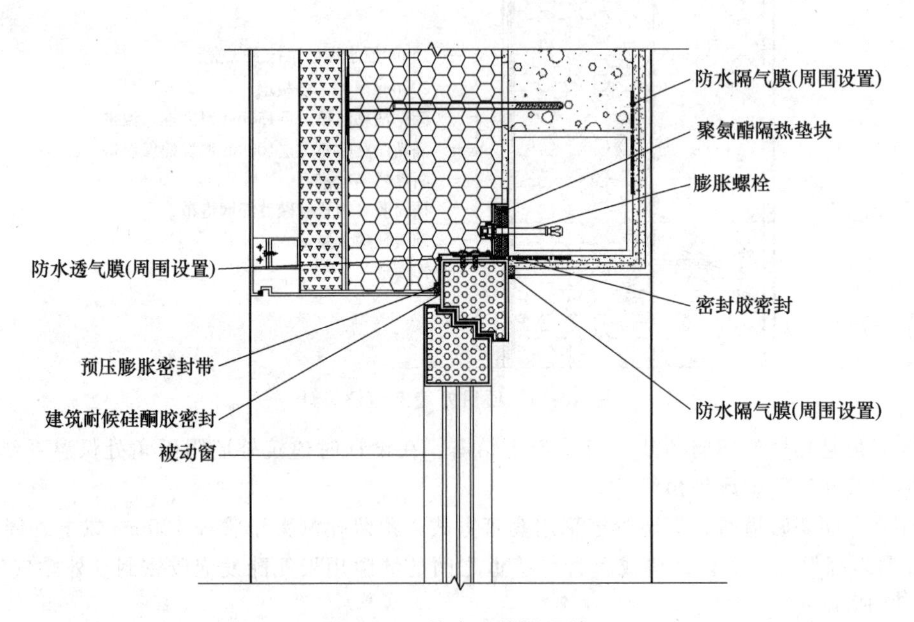

图 13-48　外窗无热桥设计

(3) 地面的无热桥设计　地面底板下设置 250mm 厚挤塑聚苯板保温层，地面保温层与外墙内侧、内墙两侧在地面以下的保温层相连接，保温层埋置深度从室外地面向下延伸 1m，且地面保温层的两侧均设置一道 SB 卷材防水层，如图 13-49 所示。

(4) 屋顶部分无热桥设计　屋面部分无热桥设计应注意以下几点：

1) 屋面与外墙的保温材料应连续，外墙的保温层需完全包裹女儿墙并应与屋面的保温层搭接。

2）屋面不得采用倒置式屋面，即保温层应设置在防水层下侧并应铺设到女儿墙顶部的盖板内以对保温层起到保护作用，屋面保温层下侧应设置隔气层。

3）对于穿透屋面的金属管道，应预留大于管径 50mm 的洞口并应设置阻断热桥的保温套管，套管与金属管道之间应填充保温材料。

管线穿屋面无热桥设计如图 13-50 所示。

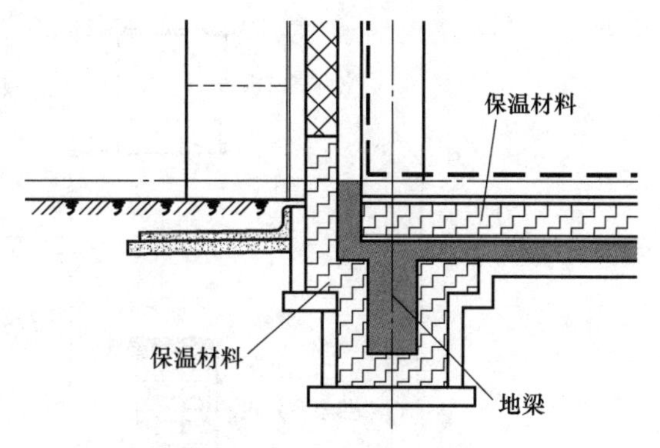

图 13-49　地面无热桥设计

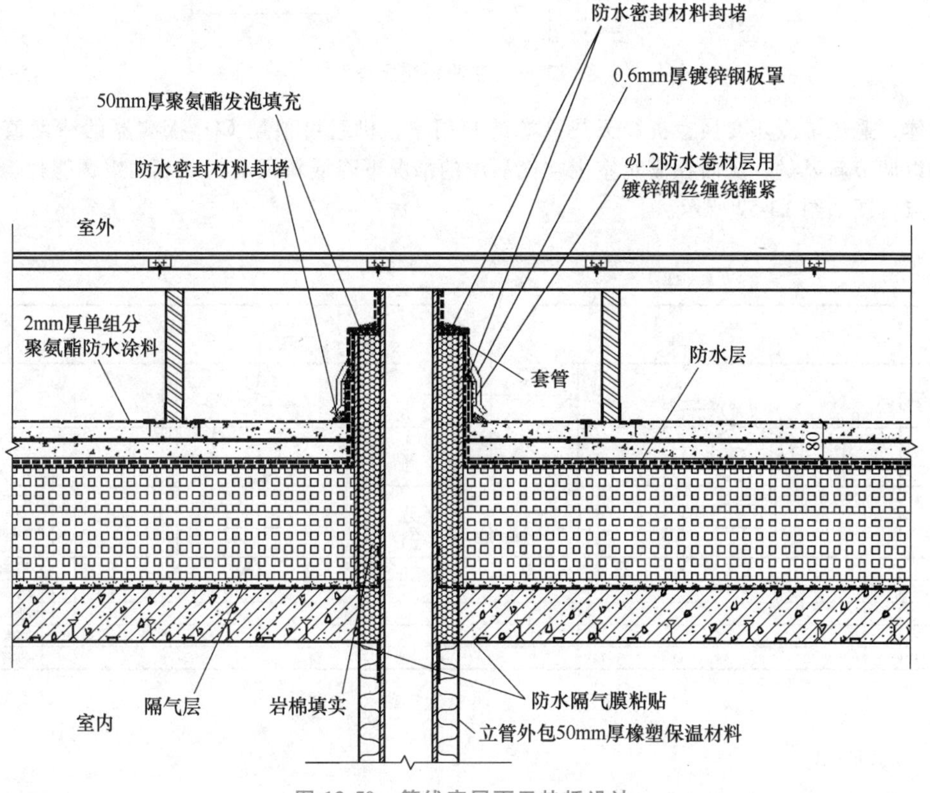

图 13-50　管线穿屋面无热桥设计

13.2.3　主动式技术措施应用

1. 空调系统

该项目采用多联式空气源热泵为建筑提供冷热源，夏天采用直膨式室内机为建筑供冷，冬季热泵机组为地板辐射末端提供 45/40℃ 的热水，通过低温地板辐射供暖。空调系统原理图如图 13-51 所示。

2. 高性能新风热回收系统

新风系统单独设置，采用高效热回收新风机组为建筑提供新风，它的全热回收效率≥70%，显热热回收效率≥75%。机组内部设置旁通装置在过渡季节打开旁通装置排风和新风均不经过热

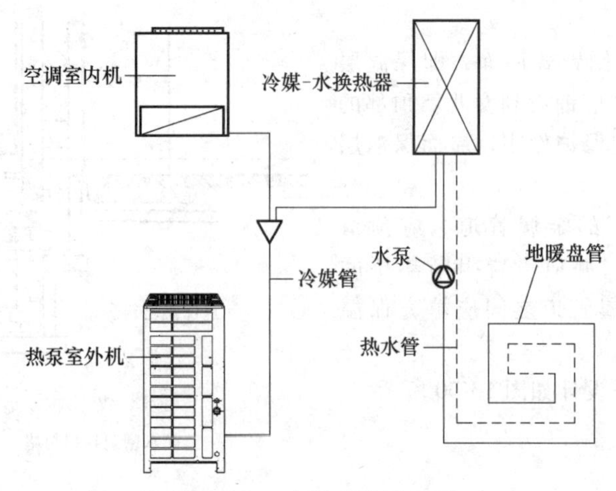

图 13-51　空调系统原理图

回收芯体，避免了冷热交换，提高天热冷源的利用率；机组可根据 CO_2 探测器的浓度值控制风机变频以调节新风量，从而在满足室内空气品质的情况下降低新风量，以节约空调能耗。新风机组控制点位图如图 13-52 所示。

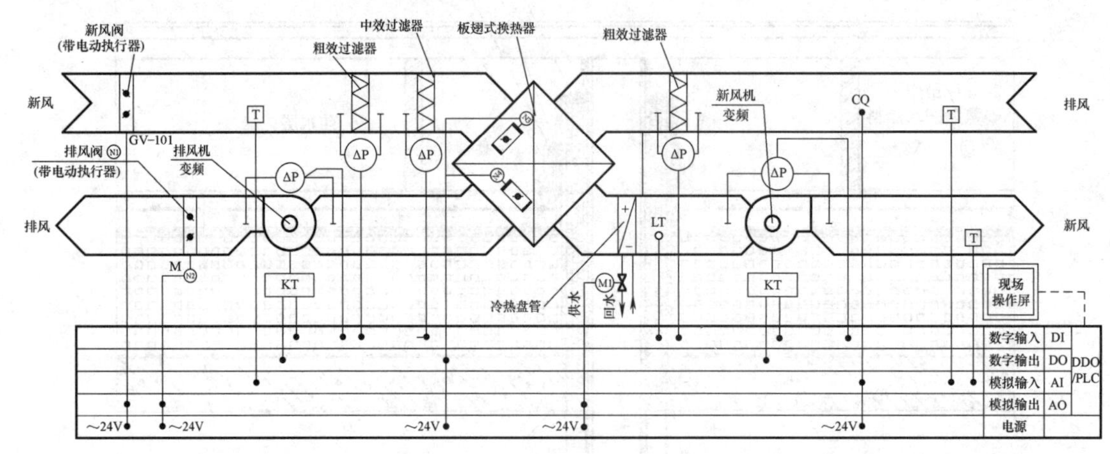

图 13-52　新风机组控制点位图

3. 节能照明

同第 13.1.3 节“2. 节能照明”内容。

4. 能耗监测与控制

同第 13.1.3 节“3. 能耗监测与控制”内容。

13.2.4　太阳能光伏发电规模

分别在建筑北侧南向屋面布置光伏组件 90 块，南侧北向屋面铺设光伏组件 144 块，场地内停车棚布置光伏组件 324 块（见图 13-53）。整个项目光伏组件安装功率为 251kWp，年发电量预测为 279000kW · h。建筑本体屋面装机容量为 110kWp，发电量预测为 111785kW · h。

13.2.5　能耗模拟

采用 eQuest 能耗模拟软件对项目能耗进行模拟分析，依据第 13.2.1 节～第 13.2.4 节中的设计参数，建立建筑数值模拟的物理模型，如图 13-54 所示。

图 13-53　太阳能光伏板分布图

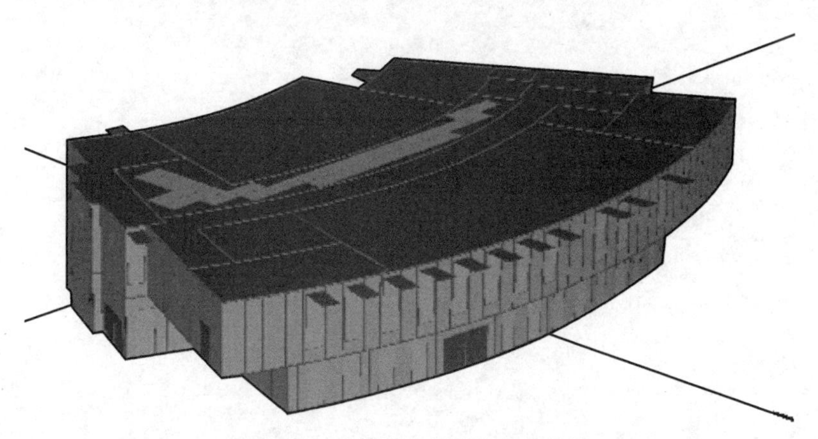

图 13-54　建筑数值模拟的物理模型

建筑全年能耗模拟结果见表 13-20。模拟结果表明建筑单位面积年耗能量为 45.9kW · h/(m^2 · a)，建筑本体光伏系统预测产能量为 67.88kW · h/(m^2 · a)，余下部分可向电网输出 21.98kW · h/(m^2 · a)。按照华北地区电网平均碳排放因子 0.8843kgCO_2/(kW · h) 计算，项目单位面积碳排放量为 19.44kgCO_2/(m^2 · a)，实现了零（负）碳排放的目标。

表 13-20　建筑全年能耗模拟结果

项　目	总能耗/(kW · h)	单位建筑面积能耗/[kW · h/(m^2 · a)]
供暖能耗	9396	5.71
供冷能耗	8472	5.14
输配系统能耗	144	0.09
设备能耗	19385	11.77
照明系统能耗	27434	16.66
通风系统能耗	2719	1.65

（续）

项　　目	总能耗/(kW·h)	单位建筑面积能耗/[kW·h/(m²·a)]
电梯系统能耗	7754	4.88
可再生能源产能量	111785	67.88
建筑能耗综合值	-36481	-21.98

参考文献

[1] 中华人民共和国住房和城乡建设部. 近零能耗建筑技术标准：GB/T 51350—2019 [S]. 北京：中国建筑工业出版社，2019.

[2] 中华人民共和国住房和城乡建设部. 建筑照明设计标准：GB 50034—2013 [S]. 北京：中国建筑工业出版社，2014.

[3] 中华人民共和国住房和城乡建设部. 被动式低能耗建筑：严寒和寒冷地区居住建筑：16J908-8 [S]. 北京：中国计划出版社，2017.

[4] 中华人民共和国住房和城乡建设部. 建筑碳排放计算标准：GB/T 51366—2019 [S]. 北京：中国建筑工业出版社，2019.

附录

附录 A　我国主要城市的建筑热工设计分区

我国主要城市的建筑热工设计分区见附表 A-1。

附表 A-1　主要城市建筑热工设计分区

气候分区及气候子区		代表性城市
严寒地区	严寒 A 区	博克图、伊春、呼玛、海拉尔、满洲里、阿尔山、玛多、黑河、嫩江、海伦、齐齐哈尔、富锦、哈尔滨、牡丹江、大庆、安达、佳木斯、二连浩特、多伦、大柴旦、阿勒泰、那曲
	严寒 B 区	
	严寒 C 区	长春、通化、延吉、通辽、四平、抚顺、阜新、沈阳、本溪、鞍山、呼和浩特、包头、鄂尔多斯、赤峰、额济纳旗、大同、乌鲁木齐、克拉玛依、酒泉、西宁、日喀则、甘孜、康定
寒冷地区	寒冷 A 区	丹东、大连、张家口、承德、唐山、青岛、洛阳、太原、阳泉、晋城、天水、榆林、延安、宝鸡、银川、平凉、兰州、喀什、伊宁、阿坝、拉萨、林芝、北京、天津、石家庄、保定、邢台、济南、德州、兖州、郑州、安阳、徐州、运城、西安、咸阳、吐鲁番、库尔勒、哈密
	寒冷 B 区	
夏热冬冷地区	夏热冬冷 A 区	南京、蚌埠、盐城、南通、合肥、安庆、九江、武汉、黄石、岳阳、汉中、安康、上海、杭州、宁波、温州、宜昌、长沙、南昌、株洲、永州、赣州、韶关、桂林、重庆、达县、万州、涪陵、南充、宜宾、成都、遵义、凯里、绵阳、南平
	夏热冬冷 B 区	
夏热冬暖地区	夏热冬暖 A 区	福州、莆田、龙岩、梅州、兴宁、英德、河池、柳州、贺州、泉州、厦门、广州、深圳、湛江、汕头、海口、南宁、北海、梧州、三亚
	夏热冬暖 B 区	
温和地区	温和 A 区	昆明、贵阳、丽江、会泽、腾冲、保山、大理、楚雄、曲靖、泸西、屏边、广南、兴义、独山
	温和 B 区	瑞丽、耿马、临沧、澜沧、思茅、江城、蒙自

附录 B　围护结构热工性能

根据建筑热工设计的气候分区，各类建筑的围护结构热工性能应分别符合附表 B-1~附表 B-24 规定。当不能满足规定时，必须进行权衡判断。

1. 居住建筑非透光围护结构热工性能参数限值

附表 B-1 严寒地区 A 区居住建筑围护结构热工性能参数限值

围护结构部位	传热系数 $K/[W/(m^2 \cdot K)]$	
	≤3 层	>3 层
屋面	≤0.15	≤0.15
外墙	≤0.25	≤0.35
架空或外挑楼板	≤0.25	≤0.35
阳台门下部芯板	≤1.20	≤1.20
非供暖地下室顶板(上部为供暖房间时)	≤0.35	≤0.35
分隔供暖与非供暖空间的隔墙、楼板	≤1.20	≤1.20
分隔供暖与非供暖空间的户门	≤1.50	≤1.50
分隔供暖设计温度温差大于 5K 的隔墙、楼板	≤1.50	≤1.50
围护结构部位	保温材料层热阻 $R/(m^2 \cdot K/W)$	
周边地面	≥2.00	≥2.00
地下室外墙(与土壤接触的外墙)	≥2.00	≥2.00

附表 B-2 严寒地区 B 区居住建筑围护结构热工性能参数限值

围护结构部位	传热系数 $K/[W/(m^2 \cdot K)]$	
	≤3 层	>3 层
屋面	≤0.20	≤0.20
外墙	≤0.25	≤0.35
架空或外挑楼板	≤0.25	≤0.35
阳台门下部芯板	≤1.20	≤1.20
非供暖地下室顶板(上部为供暖房间时)	≤0.40	≤0.40
分隔供暖与非供暖空间的隔墙、楼板	≤1.20	≤1.20
分隔供暖与非供暖空间的户门	≤1.50	≤1.50
分隔供暖设计温度温差大于 5K 的隔墙、楼板	≤1.50	≤1.50
围护结构部位	保温材料层热阻 $R/(m^2 \cdot K/W)$	
周边地面	≥1.80	≥1.80
地下室外墙(与土壤接触的外墙)	≥2.00	≥2.00

附表 B-3 严寒地区 C 区居住建筑围护结构热工性能参数限值

围护结构部位	传热系数 $K/[W/(m^2 \cdot K)]$	
	≤3 层	>3 层
屋面	≤0.20	≤0.20
外墙	≤0.30	≤0.40
架空或外挑楼板	≤0.30	≤0.40
阳台门下部芯板	≤1.20	≤1.20
非供暖地下室顶板(上部为供暖房间时)	≤0.45	≤0.40

（续）

围护结构部位	传热系数 K/[W/(m^2·K)]	
	≤3 层	>3 层
分隔供暖与非供暖空间的隔墙、楼板	≤1.50	≤1.50
分隔供暖与非供暖空间的户门	≤1.50	≤1.50
分隔供暖设计温度温差大于 5K 的隔墙、楼板	≤1.50	≤1.50
围护结构部位	保温材料层热阻 R/(m^2·K/W)	
周边地面	≥1.80	≥1.80
地下室外墙(与土壤接触的外墙)	≥2.00	≥2.00

附表 B-4　寒冷 A 区居住建筑围护结构热工性能参数限值

围护结构部位	传热系数 K/[W/(m^2·K)]	
	≤3 层	>3 层
屋面	≤0.25	≤0.25
外墙	≤0.35	≤0.45
架空或外挑楼板	≤0.35	≤0.45
阳台门下部芯板	≤1.70	≤1.70
非供暖地下室顶板(上部为供暖房间时)	≤0.50	≤0.50
分隔供暖与非供暖空间的隔墙、楼板	≤1.50	≤1.50
分隔供暖与非供暖空间的户门	≤2.00	≤2.00
分隔供暖设计温度温差大于 5K 的隔墙、楼板	≤1.50	≤1.50
围护结构部位	保温材料层热阻 R/(m^2·K/W)	
周边地面	≥1.60	≥1.60
地下室外墙(与土壤接触的外墙)	≥1.80	≥1.80

附表 B-5　寒冷 B 区居住建筑围护结构热工性能参数限值

围护结构部位	传热系数 K/[W/(m^2·K)]	
	≤3 层	>3 层
屋面	≤0.30	≤0.30
外墙	≤0.35	≤0.45
架空或外挑楼板	≤0.35	≤0.45
阳台门下部芯板	≤1.70	≤1.70
非供暖地下室顶板(上部为供暖房间时)	≤0.50	≤0.50
分隔供暖与非供暖空间的隔墙、楼板	≤1.50	≤1.50
分隔供暖与非供暖空间的户门	≤2.00	≤2.00
分隔供暖设计温度温差大于 5K 的隔墙、楼板	≤1.50	≤1.50
围护结构部位	保温材料层热阻 R/(m^2·K/W)	
周边地面	≥1.50	≥1.50
地下室外墙(与土壤接触的外墙)	≥1.60	≥1.60

附表 B-6　夏热冬冷 A 区居住建筑围护结构热工性能参数限值

围护结构部位	传热系数 K/[W/(m²·K)]	
	热惰性指标 D≤2.5	热惰性指标 D>2.5
屋面	≤0.40	≤0.40
外墙	≤0.60	≤1.00
底面接触室外空气的架空或外挑楼板	≤1.00	
分户墙、楼梯间隔墙、外走廊隔墙	≤1.50	
楼板	≤1.80	
户门	≤2.00	

附表 B-7　夏热冬冷 B 区居住建筑围护结构热工性能参数限值

围护结构部位	传热系数 K/[W/(m²·K)]	
	热惰性指标 D≤2.5	热惰性指标 D>2.5
屋面	≤0.40	≤0.40
外墙	≤0.80	≤1.20
底面接触室外空气的架空或外挑楼板	≤1.20	
分户墙、楼梯间隔墙、外走廊隔墙	≤1.50	
楼板	≤1.80	
户门	≤2.00	

附表 B-8　夏热冬暖 A 区居住建筑围护结构热工性能参数限值

围护结构部位	传热系数 K/[W/(m²·K)]	
	热惰性指标 D≤2.5	热惰性指标 D>2.5
屋面	≤0.40	≤0.40
外墙	≤0.70	≤1.50

附表 B-9　夏热冬暖 B 区居住建筑围护结构热工性能参数限值

围护结构部位	传热系数 K/[W/(m²·K)]	
	热惰性指标 D≤2.5	热惰性指标 D>2.5
屋面	≤0.40	≤0.40
外墙	≤0.70	≤1.50

附表 B-10　温和 A 区居住建筑围护结构热工性能参数限值

围护结构部位	传热系数 K/[W/(m²·K)]	
	热惰性指标 D≤2.5	热惰性指标 D>2.5
屋面	≤0.40	≤0.40
外墙	≤0.70	≤1.50
底面接触室外空气的架空或外挑楼板	≤1.00	
分户墙、楼梯间隔墙、外走廊隔墙	≤1.50	
楼板	≤1.80	
户门	≤2.00	

附表 B-11　温和 B 区居住建筑围护结构热工性能参数限值

围护结构部位	传热系数 K/[W/(m^2·K)]
屋面	≤1.00
外墙	≤1.80

2. 居住建筑透光围护结构热工性能参数限值

附表 B-12　严寒地区居住建筑透光围护结构热工性能参数限值

气候分区	围护结构部位	传热系数 K/[W/(m^2·K)]	
		≤3 层	>3 层
严寒 A 区	窗墙面积比≤0.3	≤1.40	≤1.60
	0.3<窗墙面积比≤0.45	≤1.40	≤1.60
	天窗	≤1.40	≤1.40
严寒 B 区	窗墙面积比≤0.3	≤1.40	≤1.80
	0.3<窗墙面积比≤0.45	≤1.40	≤1.60
	天窗	≤1.40	≤1.40
严寒 C 区	窗墙面积比≤0.3	≤1.60	≤2.00
	0.3<窗墙面积比≤0.45	≤1.40	≤1.80
	天窗	≤1.60	≤1.60

附表 B-13　寒冷地区居住建筑透光围护结构热工性能参数限值

气候分区	围护结构部位	传热系数 K/[W/(m^2·K)]		太阳得热系数 SHGC
		≤3 层	>3 层	
寒冷 A 区	窗墙面积比≤0.3	≤1.80	≤2.20	—
	0.3<窗墙面积比≤0.50	≤1.50	≤2.00	—
	天窗	≤1.80	≤1.80	—
寒冷 B 区	窗墙面积比≤0.3	≤1.80	≤2.20	—
	0.3<窗墙面积比≤0.50	≤1.50	≤2.00	夏季东西向≤0.55
	天窗	≤1.80	≤1.80	≤0.45

附表 B-14　夏热冬冷地区居住建筑透光围护结构热工性能参数限值

气候分区	围护结构部位	传热系数 K /[W/(m^2·K)]	太阳得热系数 SHGC（东、西向/南向）
夏热冬冷 A 区	窗墙面积比≤0.25	≤2.80	—
	0.25<窗墙面积比≤0.40	≤2.50	夏季≤0.40/—
	0.40<窗墙面积比≤0.60	≤2.00	夏季≤0.40/冬季≥0.50
	天窗	≤2.80	夏季≤0.20/—
夏热冬冷 B 区	窗墙面积比≤0.25	≤2.80	—/—
	0.25<窗墙面积比≤0.40	≤2.80	夏季≤0.40/—
	0.40<窗墙面积比≤0.60	≤2.50	夏季≤0.25/冬季≥0.50
	天窗	≤2.80	夏季≤0.20/—

附表 B-15　夏热冬暖地区居住建筑透光围护结构热工性能参数限值

气候分区	围护结构部位	传热系数 K /[W/(m^2·K)]	太阳得热系数 SHGC (西向/东、南向/北向)
夏热冬暖 A 区	窗墙面积比≤0.25	≤3.00	≤0.35/≤0.35/≤0.35
	0.25<窗墙面积比≤0.35	≤3.00	≤0.30/≤0.30/≤0.35
	0.35<窗墙面积比≤0.40	≤2.50	≤0.20/≤0.30/≤0.35
	天窗	≤3.00	≤0.20
夏热冬暖 B 区	窗墙面积比≤0.25	≤3.50	≤0.30/≤0.35/≤0.35
	0.25<窗墙面积比≤0.35	≤3.50	≤0.25/≤0.30/≤0.30
	0.35<窗墙面积比≤0.40	≤3.00	≤0.20/≤0.30/≤0.30
	天窗	≤3.50	≤0.20

附表 B-16　温和地区居住建筑透光围护结构热工性能参数限值

气候分区	围护结构部位	传热系数 K /[W/(m^2·K)]	太阳得热系数 SHGC (东、西向/南向)
温和 A 区	窗墙面积比≤0.20	≤2.80	—
	0.20<窗墙面积比≤0.40	≤2.50	—/冬季≥0.50
	0.40<窗墙面积比≤0.50	≤2.00	—/冬季≥0.50
	天窗	≤2.80	夏季≤0.30/冬季≥0.50
温和 B 区	东西向外窗	≤4.00	夏季≤0.40/—
	天窗	—	夏季≤0.30/冬季≥0.50

3. 公共建筑围护结构热工性能参数限值

附表 B-17　严寒地区 A、B 区甲类公共建筑围护结构热工性能参数限值

围护结构部位		传热系数 K/[W/(m^2·K)]	
		体形系数≤0.30	0.30<体形系数≤0.50
屋面		≤0.25	≤0.20
外墙(包括非透明幕墙)		≤0.35	≤0.30
底面接触室外空气的架空或外挑楼板		≤0.35	≤0.30
地下车库与供暖房间之间的楼板		≤0.50	≤0.50
非供暖楼梯间与供暖房间之间的隔墙		≤0.80	≤0.80
单一立面外窗(包括透光幕墙)	窗墙面积比≤0.2	≤2.50	≤2.20
	0.2<窗墙面积比≤0.3	≤2.30	≤2.00
	0.3<窗墙面积比≤0.4	≤2.00	≤1.60
	0.4<窗墙面积比≤0.5	≤1.70	≤1.50
	0.5<窗墙面积比≤0.6	≤1.40	≤1.30
	0.6<窗墙面积比≤0.7	≤1.40	≤1.30
	0.7<窗墙面积比≤0.8	≤1.30	≤1.20
	窗墙面积比>0.8	≤1.20	≤1.10

（续）

围护结构部位	传热系数 K/[W/(m² · K)]	
	体形系数≤0.30	0.30<体形系数≤0.50
屋顶透光部分（屋顶透光部分面积≤20%）	≤1.80	
围护结构部位	保温材料层热阻 R/(m² · K/W)	
周边地面	≥1.10	
供暖地下室与土壤接触的外墙	≥1.50	
变形缝（两侧墙内保温时）	≥1.20	

附表 B-18　严寒地区 C 区甲类公共建筑围护结构热工性能参数限值

围护结构部位		传热系数 K/[W/(m² · K)]	
		体形系数≤0.30	0.30<体形系数≤0.50
屋面		≤0.30	≤0.25
外墙（包括非透明幕墙）		≤0.38	≤0.35
底面接触室外空气的架空或外挑楼板		≤0.38	≤0.35
地下车库与供暖房间之间的楼板		≤0.70	≤0.70
非供暖楼梯间与供暖房间之间的隔墙		≤1.00	≤1.00
单一立面外窗（包括透光幕墙）	窗墙面积比≤0.2	≤2.70	≤2.50
	0.2<窗墙面积比≤0.3	≤2.40	≤2.00
	0.3<窗墙面积比≤0.4	≤2.10	≤1.90
	0.4<窗墙面积比≤0.5	≤1.70	≤1.60
	0.5<窗墙面积比≤0.6	≤1.50	≤1.50
	0.6<窗墙面积比≤0.7	≤1.50	≤1.50
	0.7<窗墙面积比≤0.8	≤1.40	≤1.40
	窗墙面积比>0.8	≤1.30	≤1.20
屋顶透光部分（屋顶透光部分面积≤20%）		≤2.30	
围护结构部位		保温材料层热阻 R/(m² · K/W)	
周边地面		≥1.10	
供暖地下室与土壤接触的外墙		≥1.50	
变形缝（两侧墙内保温时）		≥1.20	

附表 B-19　寒冷地区甲类公共建筑围护结构热工性能参数限值

围护结构部位	体形系数≤0.30		0.30<体形系数≤0.50	
	传热系数 K /[W/(m² · K)]	太阳得热系数 SHGC（东、南、西向/北向）	传热系数 K /[W/(m² · K)]	太阳得热系数 SHGC（东、南、西向/北向）
屋面	≤0.40	—	≤0.35	—
外墙（包括非透明幕墙）	≤0.50	—	≤0.45	—
底面接触室外空气的架空或外挑楼板	≤0.50	—	≤0.45	—

（续）

围护结构部位		体形系数≤0.30		0.30<体形系数≤0.50	
		传热系数 K /[W/(m^2·K)]	太阳得热系数 SHGC（东、南、西向/北向）	传热系数 K /[W/(m^2·K)]	太阳得热系数 SHGC（东、南、西向/北向）
地下车库与供暖房间之间的楼板		≤1.00	—	≤1.00	—
非采暖楼梯间与供暖房间之间的隔墙		≤1.20	—	≤1.20	—
单一立面外窗（包括透光幕墙）	窗墙面积比≤0.2	≤2.50	—	≤2.50	—
	0.2<窗墙面积比≤0.3	≤2.50	≤0.48/—	≤2.40	≤0.48/—
	0.3<窗墙面积比≤0.4	≤2.00	≤0.40/—	≤1.80	≤0.40/—
	0.4<窗墙面积比≤0.5	≤1.90	≤0.40/—	≤1.70	≤0.40/—
	0.5<窗墙面积比≤0.6	≤1.80	≤0.35/—	≤1.60	≤0.35/—
	0.6<窗墙面积比≤0.7	≤1.70	≤0.30/0.40	≤1.60	≤0.30/0.40
	0.7<窗墙面积比≤0.8	≤1.50	≤0.30/0.40	≤1.40	≤0.30/0.40
	窗墙面积比>0.8	≤1.30	≤0.25/0.40	≤1.30	≤0.25/0.40
屋顶透光部分（屋顶透光部分面积≤20%）		≤2.40	≤0.35	≤2.40	≤0.35
围护结构部位		保温材料层热阻 R/(m^2·K/W)			
周边地面		≥0.60			
供暖地下室与土壤接触的外墙		≥0.90			
变形缝（两侧墙内保温时）		≥0.90			

附表 B-20　夏热冬冷地区甲类公共建筑围护结构热工性能参数限值

围护结构部位		传热系数 K /[W/(m^2·K)]	太阳得热系数 SHGC（东、南、西向/北向）
屋面		≤0.40	—
外墙（包括非透明幕墙）	热惰性指标 D≤2.5	≤0.50	—
	热惰性指标 D>2.5	≤0.80	
底面接触室外空气的架空或外挑楼板		≤0.70	—
单一立面外窗（包括透光幕墙）	窗墙面积比≤0.2	≤3.00	≤0.45
	0.2<窗墙面积比≤0.3	≤2.60	≤0.40/0.45
	0.3<窗墙面积比≤0.4	≤2.20	≤0.35/0.40
	0.4<窗墙面积比≤0.5	≤2.20	≤0.30/0.35
	0.5<窗墙面积比≤0.6	≤2.10	≤0.30/0.35
	0.6<窗墙面积比≤0.7	≤2.10	≤0.25/0.30
	0.7<窗墙面积比≤0.8	≤2.00	≤0.25/0.30
	窗墙面积比>0.8	≤1.80	≤0.20
屋顶透光部分（屋顶透光部分面积≤20%）		≤2.20	≤0.30

附表 B-21　夏热冬暖地区甲类公共建筑围护结构热工性能参数限值

围护结构部位		传热系数 K/[W/(m²·K)]	太阳得热系数 SHGC（东、南、西向/北向）
屋面		≤0.40	—
外墙（包括非透明幕墙）	热惰性指标 D≤2.5	≤0.70	—
	热惰性指标 D>2.5	≤1.50	
单一立面外窗（包括透光幕墙）	窗墙面积比≤0.2	≤4.00	≤0.40
	0.2<窗墙面积比≤0.3	≤3.00	≤0.35/0.40
	0.3<窗墙面积比≤0.4	≤2.50	≤0.30/0.35
	0.4<窗墙面积比≤0.5	≤2.50	≤0.25/0.30
	0.5<窗墙面积比≤0.6	≤2.40	≤0.20/0.25
	0.6<窗墙面积比≤0.7	≤2.40	≤0.20/0.25
	0.7<窗墙面积比≤0.8	≤2.40	≤0.18/0.24
	窗墙面积比>0.8	≤2.00	≤0.18
屋顶透光部分（屋顶透光部分面积≤20%）		≤2.50	≤0.25

附表 B-22　温和地区甲类公共建筑围护结构热工性能参数限值

围护结构部位		传热系数 K/[W/(m²·K)]	太阳得热系数 SHGC（东、南、西向/北向）
屋面	热惰性指标 D≤2.5	≤0.50	—
	热惰性指标 D>2.5	≤0.80	
外墙（包括非透光幕墙）	热惰性指标 D≤2.5	≤0.80	—
	热惰性指标 D>2.5	≤1.50	
底面接触室外空气的架空或外挑楼板		≤1.50	—
单一立面外窗（包括透光幕墙）	窗墙面积比≤0.2	≤5.20	—
	0.2<窗墙面积比≤0.3	≤4.00	≤0.40/0.45
	0.3<窗墙面积比≤0.4	≤3.00	≤0.35/0.40
	0.4<窗墙面积比≤0.5	≤2.70	≤0.30/0.35
	0.5<窗墙面积比≤0.6	≤2.50	≤0.30/0.35
	0.6<窗墙面积比≤0.7	≤2.50	≤0.25/0.30
	0.7<窗墙面积比≤0.8	≤2.50	≤0.25/0.30
	窗墙面积比>0.8	≤2.00	≤0.20
屋顶透光部分（屋顶透光部分面积≤20%）		≤3.00	≤0.30

附表 B-23　乙类公共建筑围护结构（屋面、外墙、楼板）热工性能参数限值

围护结构部位	传热系数 K/[W/(m²·K)]				
	严寒 A、B 区	严寒 C 区	寒冷地区	夏热冬冷地区	夏热冬暖地区
屋面	≤0.35	≤0.45	≤0.55	≤0.60	≤0.60

（续）

围护结构部位	传热系数 K/[W/(m²·K)]				
	严寒 A、B 区	严寒 C 区	寒冷地区	夏热冬冷地区	夏热冬暖地区
外墙（包括非透明幕墙）	≤0.45	≤0.50	≤0.60	≤1.00	≤1.50
底面接触室外空气的架空或外挑楼板	≤0.45	≤0.50	≤0.60	≤1.00	—
地下车库与供暖房间之间的楼板	≤0.50	≤0.70	≤1.00	—	—

附表 B-24　乙类公共建筑围护结构（外窗）热工性能参数限值

围护结构部位	传热系数 K/[W/(m²·K)]					太阳得热系数 SHGC		
外窗（包括透光幕墙）	严寒 A、B 区	严寒 C 区	寒冷地区	夏热冬冷地区	夏热冬暖地区	寒冷地区	夏热冬冷地区	夏热冬暖地区
单一立面外窗（包括透光幕墙）	≤2.00	≤2.20	≤2.50	≤3.00	≤4.00	—	≤0.45	≤0.40
屋顶透光部分（屋顶透光部分面积≤20%）	≤2.00	≤2.20	≤2.50	≤3.00	≤4.00	≤0.40	≤0.35	≤0.30

附录 C　建筑外窗（包括透光幕墙）热工性能参数

附表 C-1　居住建筑外窗（包括透光幕墙）传热系数 K 和太阳得热系数 SHGC 值

性能参数		严寒地区	寒冷地区	夏热冬冷地区	夏热冬暖地区	温和地区
传热系数 K/[W/(m²·K)]		≤1.00	≤1.20	≤2.00	≤2.50	≤2.00
太阳得热系数 SHGC	冬季	≥0.45	≥0.45	≥0.40	—	≥0.40
	夏季	≤0.30	≤0.30	≤0.30	≤1.50	≤0.30

附表 C-2　公共建筑外窗（包括透光幕墙）传热系数 K 和太阳得热系数 SHGC 值

性能参数		严寒地区	寒冷地区	夏热冬冷地区	夏热冬暖地区	温和地区
传热系数 K/[W/(m²·K)]		≤1.20	≤1.50	≤2.20	≤2.80	≤2.20
太阳得热系数 SHGC	冬季	≥0.45	≥0.45	≥0.40	—	—
	夏季	≤0.30	≤0.30	≤0.15	≤0.15	≤0.30

注：太阳得热系数为包括遮阳（不含内遮阳）的综合太阳得热系数。